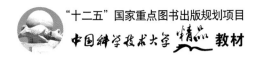

"十二五"国家重点图书出版规划项目

中国科学技术大学精品教材

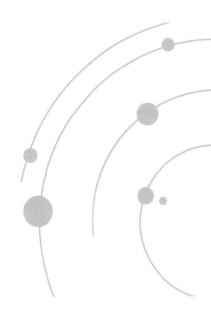

崔宏滨／编著

Fundamentals of Optics

# 光学基础教程

中国科学技术大学出版社

## 内 容 简 介

本书对几何光学和波动光学的理论体系作了较全面的阐述,并对光的量子性作了初步的介绍。全书以光与物质相互作用的实验事实为基础,从光的物理模型出发,对光学的现象和规律作了较全面的讨论,并介绍了光学的发展及其在各个领域中的应用。对于光学中重要的物理概念和实验现象,推导严谨,论述详细。为了使读者能够掌握处理光学问题的方法,本书附有较多的例题和习题。

本书可作为理工科以及师范院校物理学专业的本科生教材,也可供理工科非物理学有关专业的学生使用。

**图书在版编目(CIP)数据**

光学基础教程/崔宏滨编著. —合肥:中国科学技术大学出版社,2013.9
(中国科学技术大学精品教材)
"十二五"国家重点图书出版规划项目
ISBN 978-7-312-03312-4

Ⅰ.光… Ⅱ.崔… Ⅲ.光学—高等学校—教材 Ⅳ.O43

中国版本图书馆 CIP 数据核字(2013)第 213029 号

中国科学技术大学出版社出版发行
安徽省合肥市金寨路 96 号,230026
http://press.ustc.edu.cn
安徽省瑞隆印务有限公司印刷
全国新华书店经销

开本:710 mm×960 mm 1/16 印张:35.75 插页:2 字数:683 千
2013 年 9 月第 1 版 2013 年 9 月第 1 次印刷
定价:63.00 元

# 总　　序

2008年,为庆祝中国科学技术大学建校五十周年,反映建校以来的办学理念和特色,集中展示教材建设的成果,学校决定组织编写出版代表中国科学技术大学教学水平的精品教材系列。在各方的共同努力下,共组织选题281种,经过多轮、严格的评审,最后确定50种入选精品教材系列。

五十周年校庆精品教材系列于2008年9月纪念建校五十周年之际陆续出版,共出书50种,在学生、教师、校友以及高校同行中引起了很好的反响,并整体进入国家新闻出版总署的"十一五"国家重点图书出版规划。为继续鼓励教师积极开展教学研究与教学建设,结合自己的教学与科研积累编写高水平的教材,学校决定,将精品教材出版作为常规工作,以《中国科学技术大学精品教材》系列的形式长期出版,并设立专项基金给予支持。国家新闻出版总署也将该精品教材系列继续列入"十二五"国家重点图书出版规划。

1958年学校成立之时,教员大部分来自中国科学院的各个研究所。作为各个研究所的科研人员,他们到学校后保持了教学的同时又作研究的传统。同时,根据"全院办校,所系结合"的原则,科学院各个研究所在科研第一线工作的杰出科学家也参与学校的教学,为本科生授课,将最新的科研成果融入到教学中。虽然现在外界环境和内在条件都发生了很大变化,但学校以教学为主、教学与科研相结合的方针没有变。正因为坚持了科学与技术相结合、理论与实践相结合、教学与科研相结合的方针,并形成了优良的传统,才培养出了一批又一批高质量的人才。

学校非常重视基础课和专业基础课教学的传统,也是她特别成功的原因之一。当今社会,科技发展突飞猛进、科技成果日新月异,没有扎实的基础知识,很难在科学技术研究中作出重大贡献。建校之初,华罗庚、吴有训、严济慈等老一辈科学家、教育家就身体力行,亲自为本科生讲授基础课。他们以渊博的学识、精湛的讲课艺术、高尚的师德,带出一批又一批杰出的年轻教员,培养了一届又一届优秀学生。入选精品教材系列的绝大部分是基础课或专业基础课的教材,其作者大多直接或间接受到过这些老一辈科学家、教育家的教诲和影响,因此在教材中也贯穿着这些先辈的教育教学理念与科学探索精神。

改革开放之初,学校最先选派青年骨干教师赴西方国家交流、学习,他们在带回先进科学技术的同时,也把西方先进的教育理念、教学方法、教学内容等带回到中国科学技术大学,并以极大的热情进行教学实践,使"科学与技术相结合、理论与实践相结合、教学与科研相结合"的方针得到进一步深化,取得了非常好的效果,培养的学生得到全社会的认可。这些教学改革影响深远,直到今天仍然受到学生的欢迎,并辐射到其他高校。在入选的精品教材中,这种理念与尝试也都有充分的体现。

中国科学技术大学自建校以来就形成的又一传统是根据学生的特点,用创新的精神编写教材。进入我校学习的都是基础扎实、学业优秀、求知欲强、勇于探索和追求的学生,针对他们的具体情况编写教材,才能更加有利于培养他们的创新精神。教师们坚持教学与科研的结合,根据自己的科研体会,借鉴目前国外相关专业有关课程的经验,注意理论与实际应用的结合,基础知识与最新发展的结合,课堂教学与课外实践的结合,精心组织材料、认真编写教材,使学生在掌握扎实的理论基础的同时,了解最新的研究方法,掌握实际应用的技术。

入选的这些精品教材,既是教学一线教师长期教学积累的成果,也是学校教学传统的体现,反映了中国科学技术大学的教学理念、教学特色和教学改革成果。希望该精品教材系列的出版,能对我们继续探索科教紧密结合培养拔尖创新人才,进一步提高教育教学质量有所帮助,为高等教育事业作出我们的贡献。

侯建国

中国科学技术大学校长
中国科学院院士
第三世界科学院院士

# 前　　言

　　牛顿的著作《自然哲学的数学原理》(以下简称《原理》)是物理学诞生的标志。

　　读者也许要问:在牛顿之前,有很多人研究了某些物理问题,也取得了一些成果,例如阿基米德对浮力的研究、开普勒对行星运动的研究、伽利略对运动的研究等等,但为什么物理学没有在这些人的手中诞生呢?

　　让我们看看牛顿的书名吧。

　　按照牛顿的理解,物理学就是将自然界的规律和原理用数学加以阐述所形成的理论体系。

　　在《原理》中,牛顿不仅仅根据实验和观测总结了物体机械运动的普遍规律(牛顿三定律和万有引力定律),还用数学方法将这些定律加以表述,并用数学逻辑推导出了一些具体问题的解决方案。这样一来,关于物体的机械运动,就被表述成了受基本规律制约的、相互关联的成体系的理论,这就是力学。而且,物体的机械运动是物体之间相互作用的表现,这种相互作用,用"力"这一物理概念进行描述。

　　值得指出的是,随后发展起来的电磁学、热学等物理学的分支,都是按牛顿的思路和方法而形成的理论体系,都是以实验定律为基础(如电磁学中,基本的定律是库仑定律、安培定律、电磁感应定律、洛伦兹力定律等;热力学中,基本的定律是热力学三定律等),定义一些基本的物理量,用数学方法导出一些物理定律,这样就可以用来处理和解决物理问题了。

　　物理教科书的作用,就是将已经形成体系的物理学理论介绍给初学者,以帮助他们对物理学的理论体系有所了解,对物理学的定律有所认识,并能够运用物理学的方法理解和处理实际的物理问题,或者借鉴物理学的理论和方法处理其他领域的问题。

　　为了使初学者能够在尽量短的时间内正确地掌握物理知识,要求教科书的内容正确、结构完整,更重要的是,教科书要有很好的逻辑。教科书的作者必须有能力将复杂、丰富的内容进行整理,将有关联的论题归类。这样一来,虽然初学者身处知识的海洋,却由于受到正确的指引,就可以顺利抵达目的地。

至于光学,首先要解决的问题就是:光是什么?

从物理上看,这一问题就是:应该用什么样的模型来描述光?

当然应当根据光的表现来回答这一问题。在不同的情形下,光的表现大相径庭。所以,在不同的条件下,可以用光线、光波、光子这些不同的模型来描述光。而光的成像理论、波动理论、量子理论正是基于不同的模型而建立起来的。

本书就是针对光的不同模型,分别介绍了光线成像的理论体系、光波相干和非相干的理论体系以及光量子的理论体系。

需要指出的是,物理学是实验科学,上述理论体系都是建立在物理实验的基础之上的。

大学本科阶段,波动光学是整个光学的核心内容。而贯穿整个波动光学的主线则是光波的叠加原理。具体来说,干涉和衍射是光的相干叠加,在处理方法上,前者可以直接应用光波的叠加原理将几列波的振动或复振幅直接相加,而后者则需要通过求解菲涅耳-基尔霍夫衍射积分公式;在实验装置上,干涉是将光分束,而衍射则不是如此。在分析光的偏振特性时,往往是将正交的光矢量进行叠加,这是一种非相干叠加。

几何光学的成像理论虽然简单,但非常实用,是人们在生活和工作中经常要用到的知识,所以本书对这部分内容也作了尽可能详尽的介绍。

准确理解光的量子理论,需要更多的物理和数学的基础,因而本书仅仅介绍了光量子的实验基础。

作者的第一本光学教科书于 2005 年由科学出版社出版。在使用过程中,得到了很多读者的鼓励和指正,作者获益匪浅。与那一本书相比,本书的体例有所不同,这样做的目的主要是便于作为教材使用。这样改动的效果如何,只有通过使用才能知晓。作者诚恳希望读者指出书中的错误和不足,以便重印或再版时加以改正。

崔宏滨

2013 年 6 月

# 目　　次

# 第 1 章　光线、光波与光量子

## 1.1　光线与几何光学

几何光学是最早发展起来的光学分支,这一分支主要研究光在透明介质中的传播,在介质分界面处的反射、折射以及光学成像问题。

### 1.1.1　光线模型

日常生活的经验告诉我们,有光就有影,无论是室外阳光下山体、树木和楼房的阴影,还是室内灯光、烛光下家具、人体甚至灯罩的影子……类似的例子不胜枚举。对于这种司空见惯的现象,最直接的解释当然就是"光是沿直线传播的"。"如影随形"这句成语,说的就是"形"遮蔽了直线行进的光,从而产生"影";"形"到哪里,"影"就跟随到哪里。日晷(图 1.1.1(a))就是古人发明的利用这一现象计时的工具。除了这些现象之外,经过人工处理的光源,例如激光、探照灯等,其光束更直接展示了沿直线传播的特性(图 1.1.1(b)和(c))。

其实,沿直线传播,仅仅是光在均匀介质中的特性。如果介质不均匀,则光的传播路径将会弯曲(在渐变的介质中)或偏折(在介质突变处)。

既然光的传播路径总是沿着直线、曲线或折线,就可以用一条数学上的"线"来描述光的传播。这样的几何线称作**光线**(ray)。于是,光线就可以作为光的物理模型。依据光线模型和实验定律,并利用几何学的知识框架所建立的光学理论体系就是**几何光学**。

几何光学是关于光的唯象性理论体系,这一理论体系撇开光的物理本质,仅仅讨论光的宏观现象。几何光学以光线传播、反射、折射的实验定律为基础,主要处理光的成像问题。在几何光学的体系内,是无法定义诸如光速、光强、波长等物理量的。

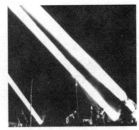

(a) 日晷 　　　　　(b) 激光束 　　　　　(c) 探照灯光束

**图 1.1.1　光沿直线传播的实例**

### 1.1.2　几何光学的实验定律

几何光学的实验定律主要描述光线在介质中的传播、在不同介质界面处的反射和折射的规律,是经过长期的观察和严格的实验总结出来的。

**1. 光的直线传播定律**

在均匀介质中沿直线传播是光线的最基本性质。

除了图 1.1.1 中所列出的实例,读者也可以根据观察实际物体的经验得到上述结论。

设想在均匀介质的空间中,例如空气中,有 $P,Q$ 两点,如果 $P$ 点有一光源(几何光学中的光源,是指本身发光,或者由于被其他光源照射而反光的物体),则在 $Q$ 点的观察者可以看到它发出的光。由于从 $P$ 到 $Q$ 有无数条路径,$P$ 点的光是沿什么样的路径到达 $Q$ 点的呢?

可以用一个简单的实验来验证,如图 1.1.2 所示,用一个不透光的挡板,放在 $P,Q$ 间的任一处,将会发现,只有挡板处在连接上述两点的直线上时,才能遮住 $P$ 点发出的光,这时,$Q$ 点的观察者看不见 $P$ 点。从而可以得到结论:$P$ 点的光是沿

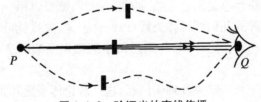

**图 1.1.2　验证光的直线传播**

直线传到 $Q$ 点的。即光的直线传播定律可表述如下：

在均匀介质中，光沿直线传播。

如果介质是非均匀的，则光的传播将会发生偏折，即不再沿着一条直线传播。但是，总可以设法发现光传播的路径，这条路径是折线或曲线。

**2. 光的反射定律**

投射到镜面的一束光线，将从镜面返回并继续传播，这就是光的**反射**（reflection）。可以用带有测角装置的仪器研究激光束在镜面上的反射，如图 1.1.3 所示。实验表明，一条入射光线只有唯一的一条反射光线，且两条光线相对于镜面的法线是对称的。

也可以设想在光源 $P$ 和观察点 $Q$ 之间放一个不透光的挡板，如图 1.1.4 所示，那么，$Q$ 点处的观察者将无法直接看到 $P$。但是，如果在旁边放置一块平面反光镜 M 的话，$Q$ 点处的观察者又可以看见 $P$，只是这时的 $P$ 处在与原来对称的位置上，观察者看到的是 $P$ 经过平面镜 M 所成的像 $P'$。也就是说，$P$ 点发出光，经平面镜 M 反射后到达 $Q$ 点。那么，光是沿哪一条路径到达 $Q$ 点的呢？

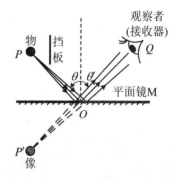

图 1.1.3　实验测量光的反射　　　　图 1.1.4　验证光的反射

在 $Q$ 点的观察者看来，光是从 $P'$ 点发出的，而 $P'$ 点正好处在与 $P$ 点关于反射镜平面对称的位置。由于已经证明了光在均匀介质中的直线传播定律，所以光只能是沿着直线 $P'Q$ 传播的。用一条直线连接 $P'$ 点和 $Q$ 点，该直线与反射镜平面的交点为 $O$，即到达 $Q$ 点的光一定经过 $O$ 点。但真实的光线是从 $P$ 点发出的，则从 $P$ 点发出的光是在反射镜面上的 $O$ 点被反射然后到达 $Q$ 点的。过 $O$ 点作镜面的法线，$PO$ 与法线的夹角 $\theta$ 称为**入射角**（angle of incidence），$QO$ 与法线的夹角 $\theta'$ 称为**反射角**（angle of reflection）。从几何关系可以立刻得到：$P,P',O,Q$ 诸点在同一平面内,而且光线的反射角 $\theta'$ 与入射角 $\theta$ 是相等的。

如图 1.1.5 所示,光线在反射面上的入射点为 $O$,$O$ 点处的法线为 $n$。由入射光线和 $n$ 构成的平面 $\Pi$ 为**入射面**(plane of incidence)。入射光线、反射光线与法线 $n$ 的夹角分别为入射角 $i$ 和反射角 $i'$,则光的反射定律可以表述如下:

反射光线在入射面内,反射光线与入射光线分别在法线的两侧,且反射角等于入射角。

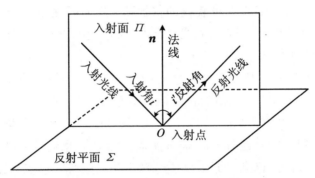

图 1.1.5　入射面、入射角与反射角

反射定律可以用公式表示为

$$i' = i \tag{1.1.1}$$

### 3. 光的折射定律

如图 1.1.6 所示,当一条光线从一种介质(例如空气)进入另一种介质(例如玻璃)时,光线的传播方向将发生偏折,这就是**折射**(refraction)。实验表明,如果介质不是具有各向异性结构的晶体,且入射光不是很强,每一条入射光线只有唯一的一条折射光线。

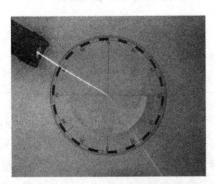

图 1.1.6　实验观察光的折射

利用实验装置中的测角器,可以测得折射光线的方向随入射角变化的规律;也可以换用不同的介质进行类似的测量,根据实验数据得出光线折射的规律。

同前面分析光线传播和反射的方法类似,读者也可以从观察处在另一种介质中的物所发生的现象得出光线折射的规律。

如图 1.1.7 所示,物(光源)和观察者分别处在不同的透明介质中,两种介质有分界面。例如,在一个空的容器中有一物 $P$,然后向容器中加入水。此时,从水面上看,物的位置发生了改变,从原来的 $P$ 点移到了 $P'$ 点,即在介质 2 中 $Q$ 点处的观察者看来,光源好像是处在另一点 $P'$(像点),而不是其实际位置 $P$ 点。这说明 $P$ 点发出的光在传播过程中发生了偏折。由于光在均匀介质 1 和 2 中都是沿直线传播的,所以发生偏折的位置只能在两种介质

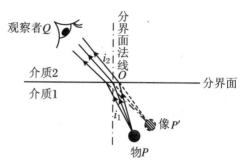

图 1.1.7　验证光的折射

的分界面上。光线 $P'Q$ 与分界面的交点为 $O$,光线在 $O$ 点发生折射。即实际上,光的传播路径是 $PO$ 和 $OQ$。

实际上,在透明介质的界面处,往往既有反射光,也有入射光,如图 1.1.8 所示。

折射定律的表述与反射定律类似。如图 1.1.9 所示,过入射 $O$ 点作分界面的法线 $n$,入射角为 $i_1$,定义折射光线 $OQ$ 与法线的夹角为**折射角** $i_2$。实验表明,在两种介质不变时,$\sin i_1/\sin i_2$ 的数值与角度无关,是一个常数。如果用**折射率**(refractive index)表征介质的这种特性,并记为 $n$,则有 $\sin i_1/\sin i_2 = n_{21}$,$n_{21}$ 是两种介质的**相对折射率**,即介质 2 相对于介质 1 的折射率。或者说,$\sin i_1/\sin i_2$ 只与两种介质有关,也可以表示为 $\sin i_1/\sin i_2 = n_2/n_1$。可以知道,仅仅从这一比例式是无法确定折射率的数值的,所以**规定**真空的折射率的数值为 1,则其他介质的折射率可以参照真空,通过实验测量来确定,这样的折射率就是**绝对折射率**。表1.1.1 列出了钠黄光在部分介质中的折射率。

图 1.1.8　透明介质分界面处的反射与折射

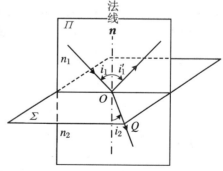

图 1.1.9　入射面、入射角、反射角、折射角

表 1.1.1　纳黄光(589.3 nm)在介质中的折射率*

| 介质 | $n$ | 介质 | $n$ | 介质 | $n$ | 介质 | $n$ |
|------|-----|------|-----|------|-----|------|-----|
| 标准空气 | 1.000 277 | 水 | 1.333 0 | 熔融石英 | 1.358 | 冰 | 1.31 |
| 氦** | 1.000 036 | 乙醇 | 1.361 | 氯化钠 | 1.50 | 硅 | 4.01 |
| 氢** | 1.000 132 | 苯 | 1.501 2 | 金刚石 | 2.419 | 角膜 | 1.337 5 |
| 二氧化碳** | 1.000 45 | 甘油 | 1.472 9 | 各种玻璃 | 1.5~2.0 | 晶状体 | 1.386~1.406 |

\* 表中晶体材料的折射率系对其中的寻常光而言。

\*\* 均指 0 ℃,1 atm(标准大气压)下的气体。atm 表示标准大气压,1 atm＝1.013 25×10⁵ Pa。

如图 1.1.9 所示,$\Sigma$ 为两种介质的分界面。光线由介质 1 入射到介质 2 中,发生折射,入射角和折射角分别为 $i_1$ 和 $i_2$。光的折射定律可以表述为:

折射光在入射面内,反射光线与入射光线分别在法线的两侧,且有

$$n_1 \sin i_1 = n_2 \sin i_2 \tag{1.1.2}$$

其中 $n_1$ 和 $n_2$ 分别为两种介质的折射率。折射定律通常称作**斯涅耳定律**(斯涅耳,Willebrord Snell,1580~1626,1621 年提出),也称作**笛卡儿定律**(笛卡儿,René Descartes,1596~1650)。

由于光在不同的介质中会发生折射,如果在光传播的路径上介质的情况比较复杂,或者说,介质是连续变化的,则光的路径,或者光线,就不是一条直线或折线,而会成为曲线。光线实际上就是光传播的路径,因此,用几何上的线表示,光线可以是直线、折线或任意形状的曲线。

**4. 光的可逆性原理**

在均匀介质中,光可以从 $P$ 点沿直线传播到 $Q$ 点,则光必定可以沿相反的路径从 $Q$ 点传播到 $P$ 点。如果介质是不均匀的,则从 $P$ 点传播到 $Q$ 点的光线是曲线,光可以沿同样的路径从 $Q$ 点传播到 $P$ 点。在光的反射和折射中,光线如果沿反射或折射方向入射,则相应的反射光或折射光将沿原来的入射光的方向,如图 1.1.10 所示,即光路是可逆的。这就是**光路可逆性原理**。

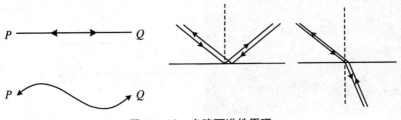

图 1.1.10　光路可逆性原理

从光路可逆性原理出发,在图 1.1.11 中,如果物点 $P$ 发出的光线经光学系统后在 $Q$ 点成像,则 $Q$ 点发出的光线经同一系统后必然会在 $P$ 点成像,即物像之间是共轭的。

**图 1.1.11　物像之间是共轭的**

如果考虑到反射和折射后光强的改变,例如在图 1.1.12 中,设入射光强为 $I$,经分界面反射和折射后成为强度分别为 $I_1$ 和 $I_2$ 的两部分,如图 1.1.12(a)所示。反过来,如果使这两部分光各自沿原来反射和折射的路径入射,如图 1.1.12(b)所示,则最后总的效果是只在原来入射方向出现强度为 $I$ 的光,这是从分界面折射和反射两部分光叠加的结果。而在分界面的另一侧,虽然也各有一束反射光和折射光,但这两部分叠加之后相互抵消了,总的效果与图 1.1.12(a)的情形相同。这种情况说明,不仅仅光路是可逆的,或者说,这是更具普遍意义的**光的可逆性原理**。

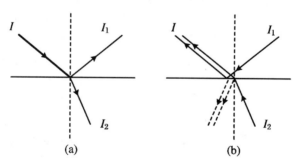

**图 1.1.12　一般意义上光的可逆性**

光的直线传播定律、反射定律和折射定律是几何光学的三大实验定律,它们构成了几何光学的基础。从上面的讨论可以看出,只要引入光线的物理模型,上述定律便能够得到严格的检验和描述。

**5. 几何光学定律成立的条件**

上述实验定律,并不是在任何条件下都适用。首先,这些定律仅仅是光的宏观表现,无论是光的传播,还是反射、折射,介质的空间尺度,以及反射面、折射面的尺度都是较大的,通常都在数十或数百微米以上。同时,由于光在介质中传播时,介质的均匀性对光的折射有较大的影响,光强很大时(例如强激光)介质的光学性质将会改变。因而几何光学定律只有在满足下述条件时才能较好地成立:

(1) 光学系统的尺度远大于光波的波长;

(2) 介质是各向同性的;

(3) 光强不是很大。

### 1.1.3 费马原理

光线的直线传播定律、反射定律和折射定律是实验研究的结果,人们试图找出它们的内在联系,并用一个更基本的规律来概括和描述它们。正如所前面指出的那样,由于几何光学不涉及光的物理本质,所以无法从最基本的物理模型推导出上述定律。但是,用一个更加广义的原理对它们进行概括还是可行的,这就是**费马原理**。

费马(Pierre de Fermat,1601~1665)是在 1657 年提出这一原理的。他指出:光沿着所需时间为极小值的路径传播。(The actual path between two points taken by a beam of light is the one which is traversed in the least time.)

需要说明的是,在费马所处的时代,尽管有人已经意识到光在不同的介质中传播的速度应该是不同的,但却无法从实验上测定光速。为了表述费马的思想,首先要引入**光程**(optical path length,简写作 OPL)这一概念。

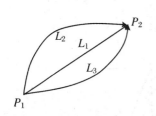

光程等于折射率与光所经过的路程的乘积。若记 $n$ 为折射率,$s$ 为沿光的路径的距离,则光程 $L = ns$。在非均匀介质中,光程要用积分计算。图 1.1.13 表示了光沿不同路径传播时的光程。

**费马原理** 两点之间光的实际路径,是光程平稳的路径。

**图 1.1.13 不同路径的光程**

平稳的含义是光程可以取极值(极大值、极小值)或恒定值;在数学上,用变分表示为

$$\delta(\widehat{P_1 P_2}) = \delta\left(\int_{P_1}^{P_2} n \mathrm{d}s\right) = 0 \tag{1.1.3}$$

请注意,式(1.1.3)是路径积分。

有一些物理结论,不是建立在实验基础上的定律,也不是从数学上导出的定理,而是一个最基本的假设,是一切理论的出发点。一切定理和定律都建立在它的基础之上,这就是原理。原理是一切理论体系的出发点。费马原理不是定理,也不是定律,它是几何光学的一个最基本的假设。

从费马原理可以导出几何光学的实验定律,读者可以通过本节的习题对此加

以证明。

**【例 1.1】**　设计一种平凸聚光透镜,使其可以将沿透镜光轴入射的平行光全部会聚到一点。

**【解】**　如图 1.1.14 所示,设该透镜材料的折射率为 $n$,会聚点为 $F$,$F$ 即是透镜的一个焦点,则凸面的形状只要使从透镜平面上的所有点到 $F$ 的光程相等即可。

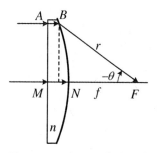

在透镜平面处,光轴上 $M$ 点到 $F$ 点的光程为 $n\,\overline{MN} + f$,轴外任一点 $A$ 到 $F$ 点的光程为 $n\,\overline{AB} + r$。

过 $B$ 向光轴作垂线,这样就在透镜中切出了一个等厚度的薄层,光线在该层中的光程都相等。于是由费马原理,可得到

**图 1.1.14　例 1.1 中的光路**

$$r = f + n(r\cos\theta - f)$$

即

$$r = \frac{(n-1)f}{n\cos\theta - 1}$$

这是一条抛物线。因此透镜的凸面是满足上式的旋转抛物面。

## 1.1.4　光的全反射

### 1. 棱镜对光线的折射

三棱镜是一种常用的折射器件,其横截面是三角形,光从一个侧面入射,再从另一侧面出射,共经过了两次折射。出射光线相对于入射光线转过的角度,称作**偏转角**。

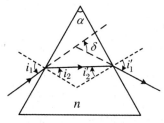

如图 1.1.15 所示,光线在三棱镜左侧面的入射角和折射角分别为 $i_1$ 和 $i_2$,在右侧面的入射角和折射角分别为 $i_2'$ 和 $i_1'$,则光线的偏转角为

$$\delta = (i_1 - i_2) + (i_1' - i_2') = (i_1 + i_1') - (i_2 + i_2')$$

由于法线与两侧面垂直,所以棱镜的顶角

$$\alpha = i_2 + i_2' \tag{1.1.4}$$

**图 1.1.15　光在三棱镜中的折射**　从而有

$$\delta = i_1 + i_1' - \alpha \tag{1.1.5}$$

可以证明,当 $i_1 = i_1'$,$i_2 = i_2'$,即入射光线和出射光线对称时,有最小的偏转角 $\delta_{\min}$。此时,$\alpha = 2i_2$,$\delta_{\min} = 2i_1 - \alpha$。由折射定律 $\sin i_1 = n\sin i_2$,即可得到

$$n = \frac{\sin i_1}{\sin i_2} = \frac{\sin \dfrac{\alpha + \delta_{\min}}{2}}{\sin \dfrac{\alpha}{2}} \tag{1.1.6}$$

通过测量 $\alpha$ 和 $\delta_{\min}$,即可得到棱镜材料的折射率。这是一种早期在实验室中广泛应用而采用纯粹几何光学手段测量透明介质折射率的方法。

实验表明,不同颜色的光在同一种介质中的折射率是不同的,因而,一束平行白光经空气-玻璃界面折射后,由于不同颜色的光的折射角不同,将沿着不同的方向出射(图 1.1.16),即不同颜色的光将在空间中散开,这就是光的**色散**。表 1.1.2 列出了部分典型光学玻璃在可见光区域的色散情况,可以看出,在可见光区域,折射率随波长的改变比较平缓。所以仅仅经过一次折射,色散的效果往往不是很明显。利用三棱镜,可以连续进行两次折射,这样,从另一侧出射的光,色散比较明显,便于观察和测量。因而用三棱镜可以容易观察到不同波长的光经过它之后的色散现象,如图 1.1.16 所示,牛顿就是采用这种方法观察到了光的色散。

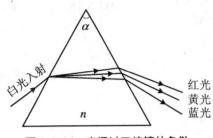

**图 1.1.16 光通过三棱镜的色散**

**表 1.1.2 典型光学玻璃的色散**

| 光谱线<br>(nm) | 冕牌玻璃<br>(K9) | 钡冕牌玻璃<br>(BaK7) | 重冕牌玻璃<br>(ZK6) | 轻火石玻璃<br>(QF3) | 钡火石玻璃<br>(BaF1) | 重火石玻璃<br>(ZF1) |
|---|---|---|---|---|---|---|
| 365.0 | 1.535 82 | 1.594 17 | 1.638 62 | 1.611 97 | 1.573 71 | 1.700 22 |
| 404.7 | 1.529 82 | 1.586 20 | 1.630 49 | 1.599 68 | 1.565 53 | 1.682 29 |
| 435.8 | 1.526 26 | 1.581 54 | 1.625 73 | 1.592 80 | 1.560 80 | 1.672 45 |
| 486.1 | 1.521 95 | 1.575 97 | 1.619 99 | 1.584 81 | 1.555 18 | 1.661 19 |
| 546.1 | 1.518 26 | 1.571 30 | 1.515 19 | 1.578 32 | 1.550 50 | 1.652 18 |
| 589.3 | 1.516 30 | 1.568 80 | 1.612 60 | 1.574 90 | 1.548 00 | 1.647 50 |
| 656.3 | 1.513 89 | 1.565 82 | 1.609 49 | 1.570 89 | 1.545 02 | 1.642 07 |
| 766.5 | 1.511 04 | 1.562 38 | 1.605 92 | 1.566 38 | 1.541 60 | 1.626 09 |
| 853.0 | 1.509 18 | 1.560 23 | 1.602 68 | 1.563 66 | 1.339 46 | 1.632 54 |
| 950.8 | 1.507 78 | 1.558 66 | 1.602 06 | 1.561 72 | 1.537 91 | 1.630 07 |

图 1.1.17 是由三个密接的三棱镜所构成的阿米西组合棱镜，平行白光从另一侧出射时，光束在入射方向两侧对称地散开。

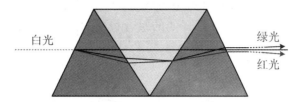

白光

绿光

红光

**图 1.1.17　阿米西组合棱镜**

### 2. 全反射

由折射定律 $n_1\sin i_1 = n_2\sin i_2$，可得 $\sin i_2 = (n_1/n_2)\sin i_1$。如果 $n_1 > n_2$，则可能有 $(n_1/n_2)\sin i_1 \geqslant 1$，但 $\sin i_2 \leqslant 1$，所以当 $\sin i_1 \geqslant n_2/n_1$ 时，折射光实际上不存在，只有反射光，这种情况就是**全反射**（total reflection），如图 1.1.18 所示。

当 $n_1 > n_2$，且入射角满足 $i_1 \geqslant \arcsin(n_2/n_1)$ 时，就会出现全反射。出现全反射时的最小入射角

$$i_c = \arcsin \frac{n_2}{n_1} \tag{1.1.7}$$

$i_c$ 称作**全反射临界角**，如图 1.1.19 所示。

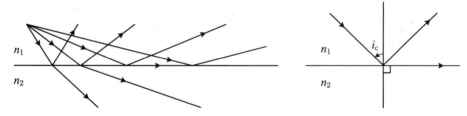

$n_1$

$n_2$

$n_1$

$i_c$

$n_2$

**图 1.1.18　从光密介质射向光疏介质（折射角比入射角大）**　　**图 1.1.19　全反射时的临界角**

对两种介质，折射率较大的一方称为**光密介质**，折射率较小的一方称为**光疏介质**。当光从光密介质射向光疏介质时，若入射角大于 $i_c$，就会出现全反射，这种全反射也称作**全内反射**（total internal reflection）。

### 3. 全反射棱镜

全反射棱镜有极其广泛的应用，图 1.1.20 所示的是直角三棱镜，从直角面入射的光线，在斜面处发生全反射，从另一直角面射出，可以改变光线的方向。图 1.1.21 是单反照相机中的屋脊形五棱镜，经过两次全反射，光线方向改变，使得成在毛玻璃上水平方向的像变为直立的，与景物一致。图 1.1.22 所示的阿米西棱镜

是一种倒转棱镜,可以使像倒转。图 1.1.23 是由一对斜面相对、顶边正交的三棱镜构成的珀罗组合棱镜,这种组合棱镜广泛应用在现代双筒望远镜中,不仅可以将像倒转,还能将光路折叠,使得在有限的空间中获得较大的光程。

图 1.1.24 中还列出了一些其他的组合棱镜,作用和效果与珀罗组合棱镜相同。

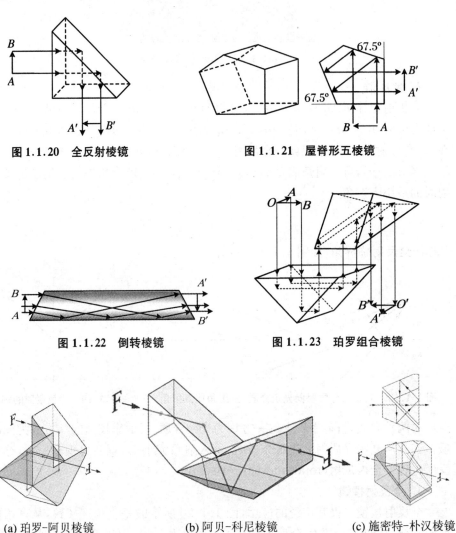

图 1.1.20  全反射棱镜 　　　　　　　　图 1.1.21  屋脊形五棱镜

图 1.1.22  倒转棱镜 　　　　　　　　　图 1.1.23  珀罗组合棱镜

(a) 珀罗-阿贝棱镜 　　　　(b) 阿贝-科尼棱镜 　　　　(c) 施密特-朴汉棱镜

图 1.1.24  组合棱镜

除了三棱镜之外,还有其他一些专用于测量光的色散的棱镜。如图 1.1.25 中的阿贝棱镜、佩林-布罗卡棱镜,光线在这样的棱镜中两次折射之间还有一次全反射,由于反射可以使不同波长光线间的角度差进一步增大,所以色散效果比三棱镜要好。

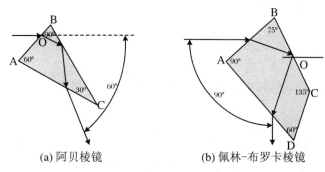

(a) 阿贝棱镜　　　　　　　　　　(b) 佩林-布罗卡棱镜

**图 1.1.25　用于色散的棱镜**

图 1.1.26 所展示的是一种由三块棱镜组成的分色棱镜。在棱镜的接触面上,镀有特殊的光学薄膜,可以仅仅使高频或低频的光透过,而其他成分的光被反射。例如,$F_1$ 是低通膜,使红光、绿光(频率较低的)通过,而蓝光被反射;$F_2$ 是高通膜,使绿光通过(频率较高的),红光被反射。这样,不同波段的光线沿三个相差很大的方向射出。

【例 1.2】　直角锥棱镜是由三个相互垂直的平面构成的玻璃四面体,相当于从立方体中切下一角,如图 1.1.27 所示。证明:从斜面射入的光线,经过三个面依次反射后,将沿着入射的方向返回。

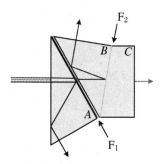　　　　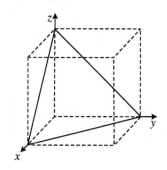

**图 1.1.26　用于色散的棱镜**　　　**图 1.1.27　直角棱锥**

进入棱锥的光线在每一个直角面上都发生全反射。这种棱镜也称作阿波罗棱镜。1969 年阿波罗 11 号首次将由 100 块直角锥棱镜组成的阵列反射器送上月球,用它反射来自地球的激光,用这种方式准确地测定了月球与地球之间的距离。

**【解】** 以该棱锥直角的三个棱作为直角坐标轴,从斜面进入棱锥的光线的方向可以用单位矢量表示为

$$k = k_x e_x + k_y e_y + k_z e_z$$

其中 $e_x, e_y, e_z$ 分别为沿坐标轴方向的单位矢量,$k_x, k_y, k_z$ 为相应的方向余弦。

由于 $e_x, e_y, e_z$ 代表光线矢量的分量,每一个分量分别与一个反射面垂直,故被每一个面反射后,相应的分量方向反转,所以,经过三个面反射后,光线的矢量变为

$$k' = -(k_x e_x + k_y e_y + k_z e_z) = -k$$

该矢量与从斜面进入棱锥的光线矢量平行,因而在经过斜面折射后,出射的方向与射向斜面的光线平行,而方向恰好相反。

自行车的尾灯就是按照这一原理设计的。尾灯中有许多由红色塑料制成的直角棱锥,这些棱锥整齐地排成阵列,就组成了一个向后反射器。夜间,当汽车灯光照在它上面时,无论光的入射方向如何,反射光都能返回汽车,而且光强远大于一般的漫反射光,就像发光的红灯,使汽车驾驶员能够识别,以保证安全。

### 4. 全反射光纤

光纤是利用全内反射原理制成的光线传输元件,结构如图 1.1.28 所示,通常有三层结构,中心是折射率较高的玻璃纤维,外面是一层低折射率的材料,其外还有一层包膜。由于玻璃纤维的直径很小,通常只有 0.1 mm 左右,而外面的两层通常都是有机材料,所以光纤很容易弯曲而不折断。

由于只有大于临界角时才能产生全反射,所以,从端面射入光纤的光线,对于光纤轴线的张角必须限制在一定范围之内,如图 1.1.28 中左端的上下虚线间的夹角。

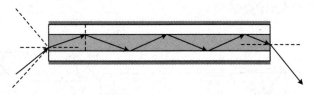

**图 1.1.28 光纤中的全反射**

光纤弯曲时,其中的全反射过程不会改变(图 1.1.29)。但是由于光纤很细,所以单根光纤无法传输图像,实际上利用集束光纤传输光学图像,如图 1.1.30 所示。

**图 1.1.29 可以弯曲的光纤**  　**图 1.1.30 依靠集束光纤传输光学图像**

## 1.1.5　变折射率光学

### 1. 变折射率介质

两种不同的透明介质有明显的分界面,例如空气中的玻璃表面等等。在这样的分界面处,光线的方向将发生折变,这是一种突变,可以用折线表示。

但是,还有另一类透明介质,即使是同一种介质中,各处的折射率也不相同。例如大气,由于受重力和温度的影响,在不同的环境、不同的高度,大气的密度不同,从而引起折射率不同。另外,由大气压强分布而引起的空气流动,也会造成折射率的不同。这种折射率的变化不是突变的,往往没有明显的边界,而是渐变的。在这种情况下,光线方向的变化也是渐变的,用光滑的曲线,而不是折线表示。

具有渐变折射率的介质的折射率是空间位置的函数,一般情况下可以写作 $n = n(\boldsymbol{r})$,其中 $\boldsymbol{r} = x\boldsymbol{e}_x + y\boldsymbol{e}_y + z\boldsymbol{e}_z$ 是表示空间位置的位矢。实际中,折射率空间分布的函数关系往往十分复杂,本书只讨论较为简单的情况,在这种情况下,折射率仅随空间的一个参量变化。

可以根据处理问题的方便而灵活地选取坐标系。例如,在选定的直角坐标系中,设介质的折射率仅随坐标 $y$ 改变,用函数表示为

$$n = n(y)$$

其中的任意一条光线在某一点 $(x_0, y_0)$ 的方向已知,那么,如何确定光线在介质中的传播路径?

### 2. 光线方程

可以采用微分学中常用的方法,将介质分成一系列厚度为 $\mathrm{d}y$ 的薄层,设每一层中的折射率是均匀的,如图 1.1.31 所示。在其中任意一层的界面上,应用折射定律,有

$$n\sin i = n_j\sin i_j = n_{j+1}\sin i_{j+1}$$
$$= n(y_0)\sin i(y_0) = n_0$$

折射率和光线入射角、折射角的变化可表示为

$$n_{j+1} = n_j + \Delta n_j$$
$$i_{j+1} = i_j + \Delta i_j$$

由于

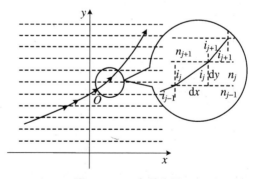

图 1.1.31　介质分层

$$\frac{\Delta y}{\Delta x} = \frac{\mathrm{d}y}{\mathrm{d}x} = \cot i$$

利用三角函数公式

$$\sin i = \frac{1}{\sqrt{1 + \cot^2 i}} = \frac{1}{\sqrt{1 + (\mathrm{d}y/\mathrm{d}x)^2}} = \frac{n_0}{n} \sin i_0$$

可以得到

$$\left(\frac{\mathrm{d}y}{\mathrm{d}x}\right)^2 = \frac{n^2 - n_0^2 \sin^2 i_0}{n_0^2 \sin^2 i_0} \tag{1.1.8}$$

这就是光线方程。可以根据折射率分布函数 $n = n(y)$ 和已知条件 $n_0, i_0$ 求解光线方程。

**【例 1.3】** 若一条笔直而平坦的高速公路上方空气的折射率随高度 $y$ 的变化规律为 $n = n_0(1 + Ay)$,式中 $A = 0.8 \times 10^{-6}$ m$^{-1}$,$n_0$ 是地面处空气的折射率。一个人站在公路上向远处观察,他的眼睛离地面的高度 $H = 1.6$ m,问此人能看到公路上最远的距离 $d$ 是多少?

**分析** 由于空气的折射率随高度的增加而变大,所以从公路上发出的光线将向上弯曲传播。如果从远处公路表面发出的光线传播到人所在的位置时,其高度超过人眼的位置,则无法看到。为求 $d$,需要知道光线的轨迹,因此,可将公路上方的空气划分为许多平行于地面的薄层,而每层的折射率可以视作不变量,而相邻两层的折射率略有变化。光线穿过各个薄层时遵循折射定律,再加上相应的几何关系,就可以得到光线轨迹的方程,从而求出 $d$ 值。

**【解】** 取直角坐标系,如图 1.1.32(a)所示,设光线自坐标原点发出,将公路上

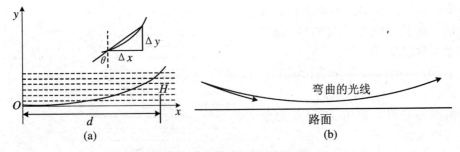

图 1.1.32 路面附近弯曲的光线

方的空气划分为一系列平行于地面的薄层,各层的折射率为 $n_0, n_1, n_2, \cdots$。从原点发出的光线几乎沿着公路表面传播,则光线经过各个空气层折射时满足下列关系:

$$n_0 = n_1 \sin\theta_1 = n_2 \sin\theta_2 = \cdots = n \sin\theta \tag{1}$$

式中 $\theta$ 是光线在任一薄层中传播时光线与该薄层界面的夹角。由式(1)及题意,可得

$$n_0 = n\sin\theta = n_0(1 + Ay)\sin\theta \tag{2}$$

如图 1.1.32(a)所示,由几何关系

$$\frac{\Delta y}{\Delta x} = \frac{\mathrm{d}y}{\mathrm{d}x} = \cot\theta$$

可得

$$\sin\theta = \frac{1}{\sqrt{1 + \cot^2\theta}} = \frac{1}{\sqrt{1 + (\mathrm{d}y/\mathrm{d}x)^2}}$$

代入式(2),有

$$1 + Ay = \sqrt{1 + \left(\frac{\mathrm{d}y}{\mathrm{d}x}\right)^2}$$

上式两端平方,得

$$1 + 2Ay + A^2 y^2 = 1 + \left(\frac{\mathrm{d}y}{\mathrm{d}x}\right)^2$$

由于 $A = 0.8 \times 10^{-6} \ \mathrm{m}^{-1}$,可以将 $A^2 y^2$ 略去,得到

$$\left(\frac{\mathrm{d}y}{\mathrm{d}x}\right)^2 = 2Ay \tag{3}$$

式(3)即是光线满足的微分方程。式(3)也可以改写成

$$\frac{\mathrm{d}y}{\sqrt{y}} = \sqrt{2A}\mathrm{d}x \tag{4}$$

两端积分,得到

$$2\sqrt{y} = \sqrt{2A}x + C$$

由初始条件 $x = 0$ 时,$y = 0$,可知积分常数 $C = 0$。于是光线的轨迹为

$$y = \frac{A}{2}x^2 \tag{5}$$

当 $y = H$ 时,有

$$d = \sqrt{\frac{2H}{A}} = 2 \times 10^3 \ \mathrm{m}$$

即此人最远能看到 2 000 m 长的公路。

事实上,在路面附近,光线发生弯曲的情况如图 1.1.32(b)所示,这种光线的弯曲似乎是被远处路面反射的结果,看起来,好像路面上有一个反射镜(实际上,观察者往往会根据生活常识认为是一汪积水),这是晴朗炎热的夏天常见的景象。炽热的沙漠中,也有类似的现象。冬季的海面上,空气的折射率分布与上述情形正好相反,低处折射率较大,高处折射率较小,光线在空气中沿曲线传播,如图 1.1.33

所示,弯曲的光线使远处的景物若隐若现,这就是人们所说的"海市蜃楼"。

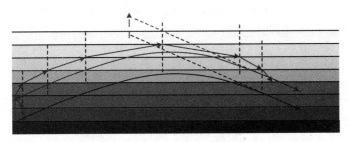

**图 1.1.33 海市蜃楼现象的解释**

**【例 1.4】** 设光纤的折射率分布满足 $n^2(r) = n^2(0)(1 - \alpha^2 r^2)$,式中 $\alpha$ 为比 1 小得多的常数,$n(0)$ 为光纤轴线中心的折射率,$r$ 为光纤中一点到其轴线的距离。试求传导光线的轨迹方程,并证明:在傍轴光线条件下,光纤有自聚焦的特性。

**分析** 光学纤维分两类,一类称阶跃型光纤,其折射率沿径向呈阶梯形分布,这种光纤的传输机制是全反射原理,故又称全反射光纤。进入光纤端面的光线在不同折射率介质的界面上经多次全反射而传播到另一端。光纤可以黏合、弯曲,用于图像传输。

还有一种新型光纤,其折射率从轴线沿径向连续变小,光线在这种光纤中被连续折射,故名折射型光纤(或梯度型光纤)。本题讨论的即是这种新型光纤中光线的传播轨迹。因此,可以将光纤分割成许多同轴薄圆筒,将每层圆筒的折射率看作常数。由对称性可知,只需要分析含光纤轴线的截面内的光线轨迹即可。由折射定律及几何关系可以求得光线的轨迹。

**【解】** 设 $Oz$ 表示光纤轴线,$Or$ 垂直于 $Oz$,表示光线的半径方向。现沿径向将光纤分为一系列薄层,如图 1.1.34 所示,相应的折射率记作 $n_1, n_2, \cdots$。光线在光纤中连续折射,沿轴向传播(图 1.1.35)。按折射定律,有

$$n_1 \sin\theta_1 = n_2 \sin\theta_2 = \cdots = 常量$$

因此对于折射率连续分布的情况,有

$$n(r)\sin\theta = n(r)\cos\varphi = n(0)\cos\varphi_1 = 常量 \tag{1}$$

式中 $\theta$ 表示光线在距轴线 $r$ 处的切线方向与半径的夹角,而 $\varphi$ 是其余角。另外,$n(0), \varphi_1$ 分别表示光纤轴线的折射率和光线与轴线的夹角。

为了求光线轨迹的方程,先考虑光线轨迹上任一点的斜率

$$\frac{\mathrm{d}r}{\mathrm{d}z} = \tan\varphi = \left(\frac{1}{\cos^2\varphi} - 1\right)^{1/2} \tag{2}$$

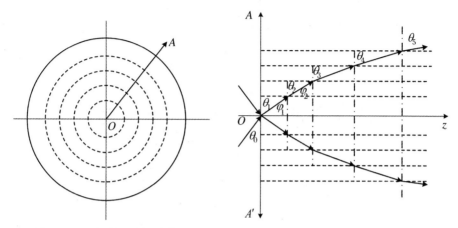

图 1.1.34　折射型光纤的截面　　　　图 1.1.35　折射型光纤中的光线

将式(1)代入式(2),整理后得到

$$\mathrm{d}z = \frac{n(0)\cos\varphi_1 \mathrm{d}r}{\left[n^2(r) - n^2(0)\cos^2\varphi_1\right]^{1/2}} \tag{3}$$

将 $n^2(r) = n^2(0)(1 - \alpha^2 r^2)$ 代入上式,并积分,得

$$z = \int_0^r \frac{n(0)\cos\varphi_1 \mathrm{d}r}{\left[n^2(r) - n^2(0)\cos^2\varphi_1\right]^{1/2}} = \frac{\cos\varphi_1}{\alpha}\arcsin\frac{\alpha r}{\sin\varphi_1}$$

可求出 $r$ 的表达式:

$$r = \frac{\sin\varphi_1}{\alpha}\sin\left(\frac{\alpha}{\cos\varphi_1}z\right) \tag{4}$$

式(4)表明光的路径为正弦曲线。振幅 $(\sin\varphi_1)/\alpha$ 与初始条件 $\varphi_1$ 有关。设 $L$ 表示该正弦曲线的空间周期,则应有

$$\frac{2\pi}{L} = \frac{\alpha}{\cos\varphi_1} \tag{5}$$

假定光线自光纤端面 $r = 0$ 处入射,且入射角为 $\theta_0$,则由折射定律,有

$$\sin\theta_0 = n(0)\sin\theta_1$$

代入上式,可得

$$\frac{2\pi}{L} = \frac{\alpha}{\sqrt{1 - \sin^2\theta_0/n^2(0)}}$$

显然,从不同方向入射的光线,其 $\theta_0$ 不同,$L$ 也不同。但当小角度入射时(傍

轴近似),$\cos\varphi_1 \approx 1$,所有光线有相同的 $L = 2\pi/\alpha$。

它们的轨迹如图 1.1.36 所示。这意味着光线在光纤中传播时有聚焦效应,这样的光纤称作自聚焦光纤。自聚焦光纤可用来成像,称为自聚焦透镜,它的直径很小,焦距很短,能沿弯曲路径成像,分辨率高,被广泛应用在光纤通信和工业诊断的内窥镜等方面。

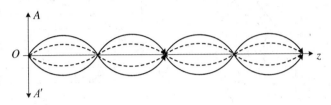

**图 1.1.36    折射型光纤中的自聚焦效应**

# 1.2    光波与波动光学

波动光学是现代光学的核心部分,波动光学的核心是研究光的干涉、衍射、偏振,以及光与物质的相互作用问题。

## 1.2.1    光的电磁波模型

早在惠更斯(Christiaan Huygens,1629～1695)与牛顿(Isaac Newton,1642～1727)之间著名的关于光的波动说和粒子说的争论之前,格里马第(Francesco Maria Grimaldi,1618～1663)、胡克(Robert Hooke,1635～1792)等人就提出了光是波动的观点,但直到托马斯·杨(Thomas Young,1773～1829)和菲涅耳(Augustin-Jean Fresnel,1788～1827)分别在 1801 年和 1817 年观察到了光的干涉和衍射的现象,光的波动学说才有了实验基础。只不过在当时,人们认为光与机械波类似,必须在弹性介质中传播。

1865 年,麦克斯韦(James Clerk Maxwell,1831～1879)总结出了关于电磁场规律的方程组,提出了电磁波理论。根据这一理论,可以得出电磁波的传播速度为 $v = 1/\sqrt{\mu_r \mu_0 \epsilon_r \epsilon_0}$。当时,韦伯(Wilhelm Eduard Weber,1804～1891)等人通过测

量磁导率和介电常数,计算所得出的电磁波的速度竟然与已经测量到的光的速度一致,这就使得麦克斯韦推测光就是电磁波。1887 年,赫兹(Heinrich Rudolf Hertz,1847~1894)利用自己发明的探测器和振荡器,研究了波长足够短的电磁波的反射、折射等物理性质,实验结果显示这些性质与光相同,麦克斯韦的推测被赫兹的实验所证实。就在同一年,迈克耳孙(Albert Abrahan Michelson,1852~1931)利用自己发明的干涉仪否定了弹性介质**以太**(ether)的存在。至此,光的电磁波理论才有了完整而坚实的物理基础。

　　光是电磁波,这是当今公认的结论,或者说,光是电磁辐射频谱的一段,如图 1.2.1所示。我们所说的光,通常是指**可见光**(visible light),即波长在 400~760 nm 的一段电磁辐射。在光学中,研究的范围通常还包括波长较长的**红外光**(infrared light,IR)和波长较短的**紫外光**(ultraviolet light,UV)。

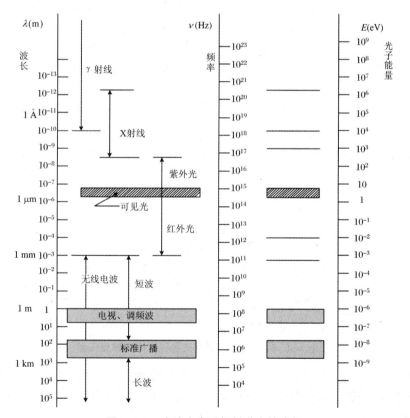

**图 1.2.1　光波在电磁辐射谱中的波段**

由于光的频率极高,约为 $10^{14}$ Hz,即光波场中任何一点的量值每秒交变 $10^{14}$ 次,这种高频交变到目前为止还无法用任何光电仪器直接测量出来,因为电子仪器的响应依靠电子状态的改变,按照 $\omega = \sqrt{k/m}$,电子的质量尽管很小,然而若使其以如此高的频率振动,要求回复力系数 $k$ 的数值非常大,这是很难做到的。同时,光的波长很短,只有 $10^{-4}$ mm,这种空间周期性也超出了人类直接感知或很多仪器的测量极限。所以,在宏观条件下,光的波动性不能直接体现出来,只有光与尺度很小的物体作用时,才能通过干涉、衍射等行为表现出明显的波动性。这里所说的空间尺度,通常是微米量级,与光波长的量级接近。在这种情形下,用电磁波模型处理光的问题,才能得到与实际符合的结论。

无论是机械波还是电磁波,都反映了一些力学量(物理量)在空间的分布。例如,机械振动在弹性介质中传播形成机械波,描述机械波的物理量,是与空间各点振动相关的力学量,例如质点偏离平衡位置的**位移**(displacement)、**振幅**(amplitude)、**频率**(frequency)、**周期**(period)、**相位**(phase)等等。这些物理量(力学量)在空间的分布,也可以用场的概念来描述。所以,波与场是等价的物理概念。或者说,我们既可以从振动的传播这一观点看待波,也可以从场,即物理量在空间的分布这一观点看待波。

从物理本质上看,光是电磁波,是**矢量波**(vector wave)(图 1.2.2),光波场就是与电场和磁场有关的物理量在空间的分布,这些物理量包括**电场强度**(electric field intensity)、**磁感应强度**(magnetic induction intensity)等等。而且,这些物理量的值是随着时间变化的。所以,光或者光波,就是交变的电磁场。光波的物理特征,以及光波与物质的相互作用,都可以用电磁理论描述。

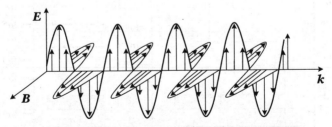

**图 1.2.2   光波的电场强度矢量和磁感应强度矢量**

从一般意义上看,光波与机械波或者普通的电磁波(即通常所说的无线电波)之间有许多共同的规律。因而,我们可以直接将力学或电磁学中的某些结论用于对光波的理解和描述。

## 1.2.2　光波场的周期性

周期性是波动的基本特征,它所反映的就是物理量随时间的周期性变化或在空间的周期性分布。虽然我们常说波是由振动(机械振动、电磁振动等等)所引起的,但波的周期性与振动的周期性是不同的。

### 1．光波的时间周期性

在波场中的每一点处都有扰动。对于机械波来说,这种扰动就是机械振动,即质点的位置($r$)或位移($\Delta r$)做周期性的变化;对于电磁波,这种扰动就是该点的电场强度($E$,通常称作**电矢量**或**电场分量**)、磁感应强度($B$,通常称作**磁矢量**或**磁场分量**)做周期性的变化。这种变化是随时间的变化,可以用周期 $T$ 或者频率$\nu$($\nu = 1/T$)来表示的。如果用坐标图表示,则横轴就是时间坐标,纵轴就是相应的物理量。这是波场的时间周期性。这种时间周期性就是(波场中每一点)振动的周期性。波场中的某一点 $z$,如果做简谐振动,则其时间的周期性可以用图 1.2.3 表示。

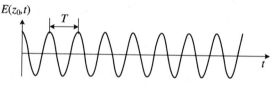

**图 1.2.3　光波的时间周期性**

### 2．光波的空间周期性

对于整个空间或整个波场而言,物理量是周期性分布的,即间隔一定空间距离的点,其位移(对于机械波)、电场强度、磁感应强度(对于电磁波)等物理量都有相同的量值。这种周期性就是波场的空间周期性,是波场最基本的物理特征。反映这种周期性的物理量是**波长** $\lambda$(wavelength),或者**波数**(wave number)。波数是波长的倒数,记作 $\tilde{\nu}$($\tilde{\nu} = 1/\lambda$)。波长是物理量空间分布的周期,波数其实就是物理量空间分布的频率。如果用坐标图表示,则横轴就是空间的位置或距离,纵轴就是相应的物理量。正弦波(波场中各点都是同频率、同振幅的简谐振动)的空间周期性可以用图 1.2.4 表示。

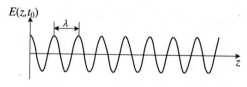

**图 1.2.4　光波的空间周期性**

　　因此,光或者光波场,或者一般的波或波场,同时具有时间和空间两重周期性。而实际上,由于受表达方式的限制,图 1.2.3 和图 1.2.4 都是对波场特征的不完整描述,只是分别反映了波场中某一点(图 1.2.3)以及某一时刻(图 1.2.4)的特征。

　　由此也可以认识到,波的数学表达式,必须能够同时反映这两重周期性。或者说,波的数学表达式必须是时间和空间的周期性函数。

　　在真空中,可见光波长 $\lambda$ 的范围为 $400\sim760$ nm,光速 $c$ 为 $3\times10^8$ m/s。由 $\nu=c/\lambda$,可得短波、长波的频率分别为

$$\nu_R = \frac{3\times10^8\ \text{m/s}}{760\times10^{-9}\ \text{m}} = 3.9\times10^{14}\ \text{Hz}$$

$$\nu_V = \frac{3\times10^8\ \text{m/s}}{400\times10^{-9}\ \text{m}} = 7.5\times10^{14}\ \text{Hz}$$

可见光的频率的量级为 $10^{14}$ Hz,这是一个非常高的频率。

　　相应的波数分别为

$$\tilde{\nu}_R = \frac{1}{\lambda} = \frac{1}{760\times10^{-9}\ \text{m}} = 1.32\times10^6\ \text{m}^{-1} = 1.32\times10^4\ \text{cm}^{-1}$$

$$\tilde{\nu}_V = \frac{1}{\lambda} = \frac{1}{400\times10^{-9}\ \text{m}} = 2.5\times10^6\ \text{m}^{-1} = 2.5\times10^4\ \text{cm}^{-1}$$

习惯上,波数的单位采用 cm$^{-1}$,1 cm$^{-1}$ 称作 1 个波数。

　　**【例 1.5】**　一列频率为 $\nu$、波长为 $\lambda$ 的光波沿 $+z$ 方向传播,其电场强度的振幅为 $E_0$。设在原点的初相位为 $\varphi_0$,求该列光波 $t$ 时刻 $z$ 点的电场强度的表达式。

　　**【解】**　初相位(initial phase)$\varphi_0$ 是指这列波在零时刻($t=0$)、原点($z=0$)的相位。

　　光波传播的速度 $v=\nu\lambda$,从原点传播到 $z$ 点的时间为 $\Delta t=z/v$。

　　原点处的电场强度可表示为 $E(0,t)=E_0\cos(\varphi_0-2\pi\nu t)$。

　　由于 $z$ 点的振动比原点的振动滞后 $\Delta t$,故 $t$ 时刻 $z$ 点的场强就是 $t-\Delta t$ 时刻原点的场强,于是有

$$E(z,t)=E(0,t-\Delta t)=E_0(z)\cos\left[\varphi_0-2\pi\nu\left(t-\frac{z}{v}\right)\right]$$

$$=E_0(z)\cos\left(\varphi_0+\frac{2\pi}{\lambda}z-2\pi\nu t\right)$$

式中 $E_0(z)$ 为光波在 $z$ 点处的振幅。

　　记 $k=2\pi/\lambda$,$\omega=2\pi\nu$,则有

$$E(z,t)=E_0(z)\cos(kz-\omega t+\varphi_0)$$

由于波数 $\tilde{\nu}=1/\lambda$ 表示波的空间频率,即波在单位空间长度内的周期数,则 $k=2\pi/\lambda$

表示的就是空间 $2\pi$ 个单位长度内波的周期数,因而 $k$ 也称作**圆波数**(circular wave number)或**角波数**(angular wave number);频率 $\nu$ 表示单位时间内波振动的次数,则 $\omega = 2\pi\nu$ 表示 $2\pi$ 个单位时间内波振动的次数,所以 $\omega$ 也称作**圆频率**(circular frequency)或**角频率**(angular frequency)。

由于复数 $e^{\pm i(kz-\omega t+\varphi_0)} = \cos(kz-\omega t+\varphi_0) \pm i\sin(kz-\omega t+\varphi_0)$,其实部和虚部都是周期性的函数,故光波也可以用复指数表示为

$$E(z,t) = E_0(z)e^{\pm i(kz-\omega t+\varphi_0)}$$

复指数表达式的实部或虚部就是光波的实数表达式。

## 1.2.3 光波的传播

"波是振动在空间的传播",这一说法用于描述弹性介质中的机械波当然是正确的。对于光波,或更一般意义上的电磁波而言,所谓"振动",当然与波场中质点的机械运动毫无关系。"振动"一词所指的往往是光波场中电场强度、磁感应强度等物理量的周期性变化,所以,用"扰动"一词似乎更加确切。

光的传播,就是将光波场中的物理量从一点传播到另一点。例如,光波的电场分量的表达式为 $E(z,t) = E_0 e^{i(kz-\omega t+\varphi_0)}$,其传播的过程就是将矢量 $E$ 从空间的某一点传播到另一点;在没有吸收等其他损耗的情况下,就是将该物理量以不变的值传播。而该物理量的值取决于相位 $\varphi(z,t) = kz-\omega t+\varphi_0$,即波场中物理量的值是由相位决定的,所以也可以说扰动的传播其实就是相位的传播。传播的过程其实是一个时间、空间都要变化的过程,就是经过 $\Delta t$ 的时间,将 $t$ 时刻 $z$ 点的扰动 $E(z,t)$(或相位 $kz-\omega t+\varphi_0$)传播到 $z+\Delta z$ 点。

如图 1.2.5 所示,在 $t$ 时刻,空间点 $z$ 处的物理量 $E(z,t)$ 经过时间 $\Delta t$ 后,传播到了空间另一点 $z' = z+\Delta z$,则扰动传播的表达式可以写作 $E(z',t') = E(z,t)$ 或 $\varphi(r',t') = \varphi(r,t)$,即 $z(z+\Delta z) - \omega(t+\Delta t) + \varphi_0 = kz-\omega t+\varphi_0$。整理得到 $k\Delta z - \omega\Delta t = 0$,即 $\Delta z/\Delta t$

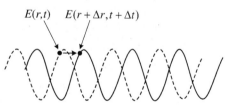

$E(r,t)$　$E(r+\Delta r,t+\Delta t)$

**图 1.2.5　扰动与相位的传播**

$= \omega/k$。而 $\Delta z/\Delta t = dz/dt$ 就是物理量 $E(z,t)$ 在空间传播的速度,或者扰动传播的速度,即波速。因此

$$v = \frac{\omega}{k} \tag{1.2.1}$$

这表示波沿 $+z$ 方向传播的速度。由于式(1.2.1)反映了相位传播的速度,所以也

称作**相速度**(phase velocity)。

值得注意的是,如果波的表达式为 $E(z,t) = E_0 e^{i(kz+\omega t+\varphi_0)}$,则得到

$$v = \frac{dz}{dt} = -\frac{\omega}{k} \tag{1.2.2}$$

这表示光波沿 $-z$ 方向传播。

用电磁波模型,同样可以解释光在介质中的传播,以及在界面处反射、折射的规律。

在各向均匀的介质中,设一列光波沿 $+z$ 方向传播,则在光波场中,与 $z$ 垂直的平面上,各点的相位相等,这就是**波面**。可以将光波传播的过程看作是波面随时间在空间移动的过程。

如图 1.2.6(a)所示,一列波本来在折射率为 $n_1$ 的介质中传播,当这列波上一点 $A_1$ 到达两种介质的分界面上时,另一点 $B_1$ 仍在介质 1 中。当 $B_1$ 的光传播到分界面上 $B_2$ 点时,从 $A_1$ 发出的光已经反射回介质 1 中的某点 $A_2$。由于在同种介质中,光的速度相同,所以 $\overline{A_1A_2} = \overline{B_1B_2}$,则以 $A_1$ 的中心作一个半径等于 $\overline{B_1B_2}$ 的球面,并过 $B_2$ 点作该球面的切平面,则 $A_2$ 必定是切点,切面就是反射波的波面。显然,反射光在入射面内且反射角等于入射角。这就是光的反射定律。

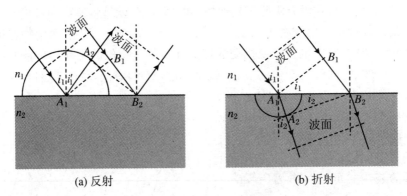

(a) 反射                     (b) 折射

**图 1.2.6　光波的反射与折射**

再分析折射的情况,如图 1.2.6(b)所示,当从 $B_1$ 发出的光传播到分界面上 $B_2$ 点时,从 $A_1$ 发出的光已经进入介质 2 中,由于光在两同种介质中的速度之比为 $v_2/v_1 = n_1/n_2$,所以这时光在介质 2 中传播的距离为 $n_1 \overline{B_1B_2}/n_2$,以 $A_1$ 的中心作一个半径等于 $n_1 \overline{B_1B_2}/n_2$ 的球面,并过 $B_2$ 点作该球面的切平面,这就是折射波的波面,$A_1$ 到切点 $A_2$ 的连线就是折射波的方向。由于 $\dfrac{\overline{A_1A_2}}{\sin i_1} = \dfrac{\overline{B_1B_2}}{\sin i_2}$,所以有

$n_1 \sin i_1 = n_2 \sin i_2$。这就是光的折射定律。

## 1.2.4　矢量波与标量波

　　光是电磁波,因而是一种矢量波,电场分量 $E$、磁场分量 $B$、波的传播方向 $k$ 都是矢量,而且两两之间相互垂直,如图 1.2.7 所示。所以应该用矢量表达式描述光波场。

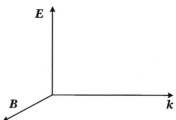

图 1.2.7　电磁波矢量

　　光波的传播方向用**波矢**(wave vector)表示。波矢的定义如下:

$$k = \frac{2\pi}{\lambda}s \qquad (1.2.3)$$

其中 $\lambda$ 为光的波长,$s$ 为光传播方向上的单位矢量。即波矢的方向为波的传播方向,数值为 $2\pi/\lambda$,就是之前所定义的圆波数 $k$。

　　光波是横波,在真空和各向同性介质中,电场强度矢量 $E$、磁感应强度矢量 $B$、波矢 $k$ 是两两正交的,而且电场强度矢量 $E$、磁感应强度矢量 $B$ 之间有固定的相位关系,如图 1.2.8 所示。

　　电场分量的振幅、磁场分量的振幅、波长、频率等是标量。

　　简单的平面波(planar wave)和球面波(spherical wave)的矢量表达式如下:

　　　　对于平面波,

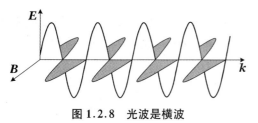

图 1.2.8　光波是横波

$$E(r,t) = E_0(r)e^{i(k\cdot r - \omega t + \varphi_0)} \qquad (1.2.4)$$

$$B(r,t) = B_0(r)e^{i(k\cdot r - \omega t + \varphi_0)} \qquad (1.2.5)$$

对于球面波,

$$E(r,t) = \frac{e_0(r)}{r}e^{i(k\cdot r - \omega t + \varphi_0)} \qquad (1.2.6)$$

$$B(r,t) = \frac{b_0(r)}{r}e^{i(k\cdot r - \omega t + \varphi_0)} \qquad (1.2.7)$$

但是,用矢量描述光波,给数学上的计算和推导都带来了许多不便。而事实上,由于光源的发光机制,在多数情况下,尤其是在真空和各向同性介质中,光波电矢量在横向,即垂直于波矢 $k$ 的方向上的分布是均匀和对称的(图 1.2.9),因而在与波矢垂直的平面中任意选定一个方向,电矢量在该方向的特征与其他方向并没有区别,所以只需用标量对波的特征进行描述即可。即使电矢量的分布是非对称的,通常也可以采用正交分解的方法,得到 $\boldsymbol{E} = E_x \boldsymbol{e}_x + E_y \boldsymbol{e}_y, a$ 其中分量 $E_x$ 和 $E_y$ 用标量表示。

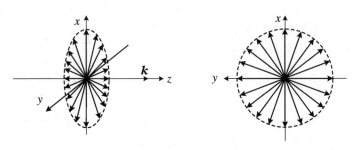

**图 1.2.9　光波电矢量的对称性分布**

因此,在光学中,用标量方法处理矢量波是一种常用的手段。当采用标量表达式处理光波时,有时也将研究对象称作**标量波**(scalar wave)。

### 1.2.5　光强

电磁场不仅具有能量,而且传输能量,电磁场传播的能量可以用**能流密度**(energy flux density)描述。而电磁场各点的能量不尽相同,可用**能量密度**进行描述,所谓能量密度,是指电磁场中单位体积中的能量。

按照电磁理论,电磁场的能量密度 $w = (\boldsymbol{E} \cdot \boldsymbol{D} + \boldsymbol{H} \cdot \boldsymbol{B})/2$,其中 $\boldsymbol{D}$ 为电位移矢量。对在各向同性无源介质中的简谐波,由于 $\boldsymbol{B} = \pm(1/\omega)\boldsymbol{k} \times \boldsymbol{E}$,所以容易算得

$$w = \frac{1}{2}\left(\varepsilon_0 E^2 + \frac{B^2}{\mu_0}\right) = \varepsilon_0 E^2$$

利用能量密度,可以得到能流和能流密度的表达式。

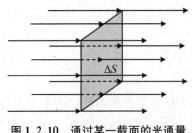

**图 1.2.10　通过某一截面的光通量**

**能流**指单位时间内通过光波场中某一截面的能量,即**光功率**,也称辐射通量。

需要指出的是,有的文献中将能量称作**光通量**,这是不准确的。实际上,光通量与光的辐射通量是不同的,光通量通常是与人的视觉关联的一个物理量。

如图 1.2.10 所示,若光的传播速度为 $v$,单位时间内横截面面积为 $\Delta S$ 中的光波传播

过的距离为 $v \times 1$，则传过该截面的光功率 $P = wv\Delta S$。

**能流密度**指单位时间内通过垂直于传播方向单位面积的能量。

由上述定义可以看出，能流密度实际上是一个矢量，其方向表示电磁场能量传输的方向。由电磁学理论，可以得到

$$S = E \times H \tag{1.2.8}$$

$S$ 称为**坡印廷矢量**（Poyinting vector），其大小可以用电磁波的能量密度 $w$ 和波的速度 $v$ 表示为

$$S = wv = \frac{v}{2}(\varepsilon E^2 + \mu H^2)$$

由于光具有极高的时间频率（$10^{14}$ Hz），所以在实验中所测量到的实际上总是在一段时间内能流密度的平均值。**光强**（intensity of light）就是光波场平均能流密度的绝对值，就是平均坡印廷矢量的绝对值，按照电磁理论，为

$$I = \langle |S| \rangle = \langle |E \times H| \rangle \tag{1.2.9}$$

例如，对于各向同性无源介质中的简谐波，利用

$$E(r,t) = E_0(r)\mathrm{e}^{\mathrm{i}(k \cdot r - \omega t + \varphi_0)}$$

$$B(r,t) = B_0(r)\mathrm{e}^{\mathrm{i}(k \cdot r - \omega t + \varphi_0)}$$

$$B = \pm \frac{1}{\omega}k \times E, \quad B = \mu_r\mu_0 H$$

可以得到

$$I = \langle |S| \rangle = \langle |E \times H| \rangle = \left\langle \left| E \times \frac{B}{\mu_r\mu_0} \right| \right\rangle = \frac{1}{T}\int_0^T \frac{k}{\omega\mu_r\mu_0}E^2\mathrm{d}t$$

其中 $k/\omega = \sqrt{\mu_r\mu_0\varepsilon_r\varepsilon_0}$，所以

$$\int_0^T \frac{k}{\omega\mu_r\mu_0}E^2\mathrm{d}t = \int_0^T \sqrt{\frac{\varepsilon_r\varepsilon_0}{\mu_r\mu_0}}E^2\mathrm{d}t$$

$$= \sqrt{\frac{\varepsilon_r\varepsilon_0}{\mu_r\mu_0}}\int_0^T E_0^2\cos^2(k \cdot r - \omega t + \varphi_0)\mathrm{d}t$$

$$= \sqrt{\frac{\varepsilon_r\varepsilon_0}{\mu_r\mu_0}}\frac{T}{2}E_0^2$$

即

$$I = \frac{1}{2}\sqrt{\frac{\varepsilon_r\varepsilon_0}{\mu_r\mu_0}}E_0^2 = \frac{1}{2\mu_r\mu_0}\sqrt{\varepsilon_r\mu_r\mu_0\varepsilon_0}E_0^2 \tag{1.2.10}$$

按照电磁波理论，$c = 1/\sqrt{\mu_0\varepsilon_0}$，$v = 1/\sqrt{\varepsilon_r\mu_r\mu_0\varepsilon_0}$，而折射率 $n = c/v =$

$\sqrt{\varepsilon_r\mu_r}$，其中 $c$ 和 $v$ 分别为光在真空中和介质中的速度。因而，上式可以化为

$$I = \frac{n}{2c\mu_r\mu_0}E_0^2 \tag{1.2.11}$$

在可见光范围内，一般情况下透明介质的磁导率（magnetic permeability）$\mu_r\approx1$，故

$$I \approx \frac{n}{2c\mu_0}E_0^2 \tag{1.2.12}$$

如果不考虑光强的量纲，而只关心其相对数值，则可略去式中的物理学常量 $c$ 和 $\mu_0$，得到 $I\propto nE_0^2$。

如果光只是在同一种介质中传播，通常也可以将相对光强简写作

$$I = E_0^2 \tag{1.2.13}$$

即可以用电场分量振幅的平方表示光强。这里需要指出的是，$E_0^2$ 的量纲与光强的量纲不同，在光学中以振幅的平方 $E_0^2$ 代表光强，只是反映了光强与振幅之间的关系，可以在相同的条件下比较光的相对强度。实际上应该用下式表示：

$$I \propto E_0^2 \tag{1.2.14}$$

在可见光波段，无论是人的视觉，还是照相底片的曝光，都是由电磁波的电场分量引起的，而各种现代的光探测器，例如 CCD 等，都是电荷响应器件，只与光的电场分量相互作用，而电磁波的磁场分量通常不会导致介质物理性质的改变。因而，只需要研究光波的电场分量即可。光的电场强度矢量，也称作**光矢量**。

## 1.2.6　光的多普勒效应

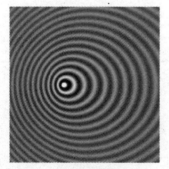

一个做机械振动的波源 $S$ 发出频率为 $f$ 的波，当波源与接收器有相对运动时，接收器所测量到的波的频率 $f'$ 并不等于 $f$，这就是波的**多普勒效应**（Doppler effect）。如图 1.2.10 所示，波源向左运动时，对于其左侧的接收器来说，所接收到的波频率增大；而对于其右侧的接收器来说，所接收到的波频率减小。

若波源的振动频率为 $f$，在静止介质中的传播速度为 $v$，则在静止介质中，其频率与波长的关系为 $f = c/\lambda$。可以按以下方式得到多普勒效应的表达式。

**图 1.2.11　波源向左运动产生的多普勒效应**

设波源静止，而接收器相对于介质以速度 $v_r$ 运动。并规定：接收器远离波源运动时，$v_r<0$；朝

向波源运动时, $v_r>0$。则波相对于接收器的速度为 $v+v_r$,这也是单位时间内进入接收器的波列长度,这样长度的波列中所含波的周期数为 $(v-v_r)/\lambda$,对于接收器而言,所接收到的波的频率即为

$$f' = \frac{v+v_r}{\lambda} = \frac{v+v_r}{v}f$$

设接收器静止,波源相对于介质以速度 $v_s$ 运动。并规定:波源朝向接收器运动时, $v_s>0$;远离接收器运动时, $v_s<0$。波在介质中传播的速度与波源是否运动无关,仍为 $v$。在波源振动一个周期的过程中,它所发出波的前端传过距离 $\lambda=v/f$,而波源同时亦前进 $v_s T = v_s/f$,介质中波的后端到前端的距离为 $\lambda' = \lambda - v_s/f = (v-v_s)/f$,这就是介质中的波长,则接收器测量到的波的频率为

$$f' = \frac{v}{\lambda'} = \frac{v}{v-v_s}f$$

若波源和接收器都运动,且速度沿一条直线,它们相对于介质的运动速度分别为 $v_s$ 和 $v_r$,如图 1.2.12 所示,则在静止介质中,波速为 $v$,波长变为 $\lambda' = (v-v_s)/f$。而接收器测量到的频率为 $f' = (v+v_r)/\lambda'$,即

$$f' = \frac{v+v_r}{v-v_s}f \tag{1.2.15}$$

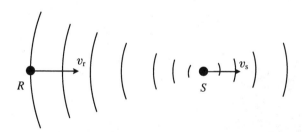

**图 1.2.12　波源、接收器相对于介质的运动**

光也有多普勒效应。但是,由于光并不是在所谓的"以太"中传播,所以不能用式(1.2.15)描述。

光的多普勒效应是一种相对论效应。设光源和接收器分别处于两个惯性系,两坐标系的相对速度为 $u$。并约定:两坐标系相向运动时, $u<0$;反向运动时, $u>0$。则光的多普勒效应可表示为

$$f' = \sqrt{\frac{c-u}{c+u}}f \tag{1.2.16}$$

当 $u \ll c$ 时,式(1.2.16)成为 $f' = (1-u/c)f$。可见,若光源离观察者远去,

则 $u>0, f'<f$，测量到的波的频率减小，这就是所谓的光谱线红移。反之，若光源向观察者靠近，则 $u<0, f'>f$，测量到的波的频率增大，这就是所谓的光谱线蓝移。

利用频率为 $f$ 的激光照射运动的物体，测量被物体反射的光的频率 $f'$，就可以根据式(1.2.16)得到物体运动的速度和方向。在天文学上，用这种方法测量天体的运动。恒星的热辐射光谱与太阳相似，测量遥远的星系在可见光波段的光谱，并将其与太阳的光谱进行比较，就可以看出光谱线是红移还是蓝移，从而计算出该星系相对于太阳系运动的速度和方向。测量结果表明，绝大多数星系的光谱线都表现出红移，图 1.2.13 中，右侧是遥远的星系在可见光波段的光谱，左侧是太阳在可见光波段的光谱，两相比较，表明该星系的谱线朝红色的方向移动；而且发现距离太阳系越远的星系的红移幅度越大。这些测量结果都支持宇宙大爆炸和宇宙膨胀的假说。

在天文测量中也发现了蓝移现象，例如仙女座星系发出的光就有蓝移，这说明该星系在朝向银河系移动。

如果光源与接收器的相对速度 $u$ 与观察方向不共线，两者之间的夹角为 $\theta$，如图 1.2.14 所示，则多普勒关系表示为

$$f' = \frac{\sqrt{1 - u^2/c^2}}{1 + u\cos\theta/c} f \tag{1.2.17}$$

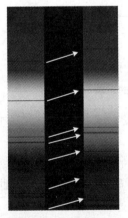

图 1.2.13　星系谱线的红移

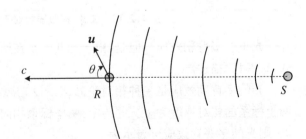

图 1.2.14　相对速度与观察方向不共线

# 1.3　光量子与量子光学

光的量子理论是近代物理学的重要组成部分,是目前仍在不断取得新进展的重要光学分支。光的波粒二象性,以及由此推广的物质的波粒二象性,是量子理论的基础。光量子这一模型是为了解决经典物理学难以克服的困难而提出的,是物理学发展的必然结果,光子这一物理模型有着坚实的实验基础。

## 1.3.1　黑体辐射

### 1. 辐射场的物理参数

辐射场就是电磁场,任何发出电磁波(光波)的物体都在其周围形成一个辐射场,辐射场是一个矢量场。

描述辐射场的物理参数很多,本书重点介绍以下几个。

(1) 辐射通量

温度为 $T$ 时,辐射场单位体积中,频率 $\nu$ 附近频率间隔 $\mathrm{d}\nu$ 内的辐射能量表示为

$$\mathrm{d}\Phi(\nu, T) = E(\nu, T)\mathrm{d}\nu \tag{1.3.1}$$

其中 $E(\nu, T)$ 就是单位体积中,频率 $\nu$ 附近单位频率间隔的**辐射通量**,称作**辐射谱密度**或**辐射本领**,也称**单色辐出度**。

(2) 吸收本领

将照射到物体上的电磁波的通量记为 $\mathrm{d}\Phi(\nu, T)$,其中被物体吸收的通量记为 $\mathrm{d}\Phi'(\nu, T)$,则比例

$$A(\nu, T) = \frac{\mathrm{d}\Phi'(\nu, T)}{\mathrm{d}\Phi(\nu, T)} \tag{1.3.2}$$

称为物体的**吸收本领**或**吸收比**。

### 2. 热辐射

(1) 物体间的热交换

如图 1.3.1 所示,有与外界隔绝的几个物体,起初温度各不相同。假设它们相互间只能以热辐射的形式交换能量,则每一个物体都向外辐射能量,同时

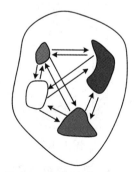

**图 1.3.1　物体间通过辐射交换能量**

也吸收其他物体辐射到其表面的能量。温度低的物体,辐射较小,吸收较大;而温度高的,辐射较大,吸收较小。经过一段时间后,所有物体的温度相同,达到了热平衡状态。

热平衡时,每一个物体辐射的能量等于其吸收的能量,即热平衡状态下,吸收本领大的物体的辐射本领也大。

(2) 基尔霍夫(Gustav Kirchhoff,1824~1887)热辐射定律

热平衡状态下,物体的辐射本领与吸收本领成正比,比值只与 $\nu,T$ 有关,即

$$\frac{E(\nu,T)}{A(\nu,T)} = f(\nu,T) \tag{1.3.2}$$

$f(\nu,T)$ 是普适函数,与物质无关。如果知道了 $f(\nu,T)$ 的规律,则可以对物体的热辐射性质进行全面而深入的研究。

如果通过实验来测量上述普适函数 $f(\nu,T)$,则必须同时测量 $E(\nu,T)$ 和 $A(\nu,T)$,但是这样会使研究变得比较复杂,因为吸收本领 $A(\nu,T) = \dfrac{\mathrm{d}\Phi'(\nu,T)}{\mathrm{d}\Phi(\nu,T)}$,并不容易测量。如果设法使 $A(\nu,T)\equiv1$,则 $f(\nu,T) = E(\nu,T)$,只需要测量单色辐出度,就可以得到普适函数 $f(\nu,T)$。

$A(\nu,T)\equiv1$,表明物体对辐照到它上面的能量全部吸收,没有反射。用通俗的语言说,由于它不反光,可以认为它是黑的。因而 $A(\nu,T)\equiv1$ 的物体,称作**绝对黑体**。

但实际上并不存在表面不反光的绝对黑体,实验中用的绝对黑体都是专门制作的。一个开有小孔的空腔,对射入其中的光几乎可以全部吸收,如图 1.3.2 所示,其中的装置等效于绝对黑体。这时,只要测量空腔开口处的辐射本领,即可以得到 $f(\nu,T) = E(\nu,T)$。黑体辐射的测量装置如图 1.3.3 所示。

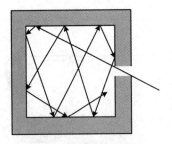

图 1.3.2  绝对黑体

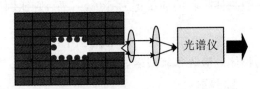

图 1.3.3  黑体辐射的测量装置

### 3. 黑体辐射的实验规律

实验测量得到的黑体辐射的光谱如图 1.3.4 所示,表明在不同的温度下,黑体的辐射本领不同;同时,在不同的波长(频率)处,辐射本领也不同。

在 19 世纪末 20 世纪初的一段时间内,许多人对黑体辐射进行了较深入的研究,从实验和理论上总结出了黑体辐射的规律。

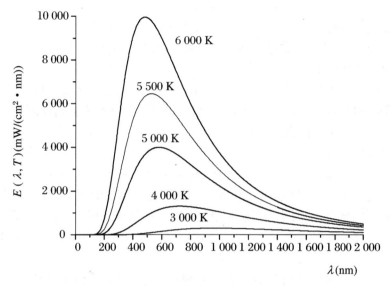

**图 1.3.4　黑体辐射的测量结果**

(1) 斯忒藩-玻尔兹曼定律

斯忒藩(J. Stefan,1835~1893)和玻尔兹曼(L. E. Boltzmann,1844~1906)分别于 1879 年和 1884 年发表了对黑体辐射的研究结果。

黑体辐射光谱中每一条曲线下的面积,表示黑体的辐射通量,即某一温度下总的辐射本领,该辐射本领与温度的四次方成正比,即

$$\Phi(T) = \int_0^\infty E(\nu, T)\mathrm{d}\nu = \sigma T^4 \tag{1.3.3}$$

其中 $\sigma = 5.670\,32 \times 10^{-18}\,\mathrm{W/(m^2 \cdot K^4)}$,为**斯忒藩-玻尔兹曼常量**。

这就是**斯忒藩-玻尔兹曼定律**。

(2) 维恩位移定律

1983 年,维恩(Wilhelm Carl Werner Otto Fritz Franz Wien,1864~1928)从热力学导出了黑体辐射谱应当具有下述形式:

$$E(\nu, T) = c\nu^3 f\left(\frac{\nu}{T}\right) = \frac{c^5}{\lambda^5} f\left(\frac{c}{\lambda T}\right) \tag{1.3.4}$$

或者进一步写成

$$E(\nu, T) = \frac{\alpha \nu^3}{c^2} \mathrm{e}^{-\beta \nu / T}, \quad E(\lambda) = \frac{\alpha c^2}{\lambda^5} \mathrm{e}^{-\beta c /(\lambda T)}$$

其中 $v$ 为分子的运动速度, $\alpha$ 和 $\beta$ 为常量,这就是**维恩公式**。虽然函数 $f(v/T)$ 或 $f(c/(\lambda T))$ 的表达式无法得到,但可以求出辐射本领极大值的关系式:

$$T\lambda_{\max} = b \tag{1.3.5}$$

其中 $\lambda_{\max}$ 表示辐射本领最大的波长, $b = 2.897\ 8 \times 10^{-3}$ mK。

式(1.3.5)称作**维恩位移定律**。维恩由于"发现了热辐射的规律"而于 1911 年获得诺贝尔物理学奖。

维恩位移定律在实际中有广泛的应用,在无法进行接触测温的情况下,通过观察物体的辐射谱,可以得到物体的温度。例如在炼钢厂中,人们通过观察高炉中钢水的颜色能够判断出钢水的温度。

(3) 瑞利-金斯定律

瑞利(Lord Rayleigh,1842～1919)和金斯(J. H. Jeans,1877～1946)分别于 1900 年和 1905 年用经典统计物理方法研究了黑体辐射的规律。瑞利"由于对重要气体密度的研究,并因此而发现了氩"而于 1904 年获得诺贝尔物理学奖。

假设黑体空腔中的电磁波以驻波的形式存在,则可以推导出从黑体中辐射出的能量。

瑞利认为,空腔中的电磁波在腔的内壁不断地反射,只有以驻波的形式存在,才会不因叠加而湮灭。驻波要满足一定的条件,即其波节(振动为零处)必须在腔壁处,见图 1.3.5。将黑体的空腔看作是一个边长为 $L_x, L_y, L_z$ 的方匣子,可以得到

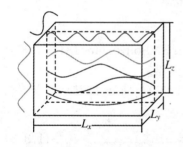

$$\sin(k_x L_x) = 0, \quad \sin(k_y L_y) = 0, \quad \sin(k_z L_z) = 0$$

所以必须有

**图 1.3.5 驻波的边界条件**

$$\begin{cases} k_x = n_x \pi/L_x \\ k_y = n_y \pi/L_y \\ k_z = n_z \pi/L_z \end{cases} \tag{1.3.6}$$

其中 $n_x, n_y, n_z$ 都是整数。

驻波的波矢大小为

$$|\boldsymbol{k}| = |k_x \boldsymbol{e}_x + k_y \boldsymbol{e}_y + k_z \boldsymbol{e}_z| = \pi^2 \left[ \left(\frac{n_x}{L_x}\right)^2 + \left(\frac{n_y}{L_y}\right)^2 + \left(\frac{n_z}{L_z}\right)^2 \right] \tag{1.3.7}$$

利用关系式

$$\omega = 2\pi\nu = \frac{2\pi c}{\lambda} = kc$$

式(1.3.7)可化为

$$1 = \left[\frac{n_x}{\omega L_x/(\pi c)}\right]^2 + \left[\frac{n_y}{\omega L_y/(\pi c)}\right]^2 + \left[\frac{n_z}{\omega L_z/(\pi c)}\right]^2 \qquad (1.3.8)$$

由于 $n_x, n_y, n_z$ 都是整数,所以,对于一个确定的频率 $\omega$,这三个整数的不同组合 $(n_x, n_y, n_z)$ 是有限的。每一个组合,虽然所决定的波矢大小 $|k|$ 都是相同的,但由于波矢在空腔中的方向可以有多种取向,所以代表了不同的驻波。整数 $(n_x, n_y, n_z)$ 的每一个组合,称作一个**驻波模式**。

式(1.3.8)是椭球面的方程,可以看作是以三个整数 $n_x, n_y, n_z$ 为直角坐标轴的椭球面,如图 1.3.6 所示。$0\sim\omega$ 之间的驻波模式 $(n_x, n_y, n_z)$ 数就是第一象限球面内的所有整数点的数目,这些点是其中所有单位体积方格的顶点,顶点数等于其中单位体积的方格数。由于每个方格的体积为 1,所以顶点的数目就是第一象限内所有方格的体积之和,这些体积的总和与椭球在第一象限的体积相等。该体积为

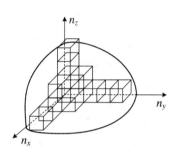

图 1.3.6 整数组合 $(n_x, n_y, n_z)$ 的数目

$$\frac{1}{8}\frac{4\pi}{3}\frac{\omega L_x}{\pi c}\frac{\omega L_y}{\pi c}\frac{\omega L_z}{\pi c} = \frac{1}{6}\frac{\omega^3}{\pi^2 c^3}V \qquad (1.3.9)$$

其中 $V = L_x L_y L_z$ 为黑体腔的体积。

由于每一个驻波都有两个自由度,所以驻波的模式数应当是式(1.3.9)的 2 倍,即

$$n_\omega = \frac{1}{3}\frac{\omega^3}{\pi^2 c^3}V = \frac{8\pi}{3}\frac{\nu^3}{c^3}V \qquad (1.3.10)$$

圆频率小于 $\omega$ 的总的驻波模式数为上述椭球的体积,单位体积内,频率在 $\nu \sim \nu + \mathrm{d}\nu$ 间的驻波数为

$$\mathrm{d}n_\omega = 8\pi\frac{\nu^2}{c^3}\mathrm{d}\nu$$

也可表示为

$$\rho\mathrm{d}\nu = \frac{8\pi}{c^3}\nu^2\mathrm{d}\nu \qquad (1.3.11)$$

而从小孔辐射出的驻波数(即分子运动论中的泄流数)

$$\Gamma = \frac{1}{4}c\rho \qquad (1.3.12)$$

每一个驻波模式,就是一个**经典谐振子**,按照**能量均分定理**,每个谐振子的能量为

$$\varepsilon = kT \tag{1.3.13}$$

辐射出的能量,即辐射本领

$$E(\nu, T) = \Gamma kT = \frac{2\pi}{c^2}\nu^2 kT \tag{1.3.14}$$

或以波长表示为

$$E(\lambda, T) = \frac{2\pi c}{\lambda^4}kT \tag{1.3.15}$$

式(1.3.14)和式(1.3.15)就是**瑞利-金斯定律**。

从经典物理学的角度看,瑞利-金斯定律是无懈可击的。它从辐射场的性质出发,得到了黑体空间中单位体积驻波的谱密度,从而可求出从小孔辐射出的驻波(谐振子)的数目和能量。

图1.3.7画出了维恩定律、瑞利-金斯定律与实验结果的比较。容易看出,在波长较大的波段,瑞利-金斯定律与实验结果一致,符合得较好;但是,在短波区域,当$\lambda \to 0$,$E(\lambda, T) \to \infty$时,与实验结果严重偏离。由于这种偏离出现在波长较短的区域,所以称为"紫外灾难"。"紫外灾难"说明,用经典物理学理论无法解释黑体辐射的规律。

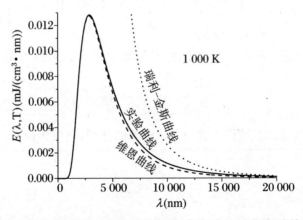

**图1.3.7 维恩曲线(虚线)、瑞利-金斯曲线(点线)与实验曲线(实线)的比较**

虽然从图上看起来维恩公式与实验结果的符合比瑞利-金斯定律还要好,但是,维恩公式与实验的偏离却是系统的,即从物理的观点看,它的偏离比瑞利-金斯定律还要严重。

## 1.3.2　光量子假说

**1. 普朗克对黑体辐射的解释**

1900 年,普朗克(Max Planck,1858~1947)从黑体辐射曲线的形状,"猜"出了辐射本领所应具有的数学表达式。为了从理论上推导出这样的表达式,他作了一个假设:黑体空腔中谐振子的能量不能任意取值,而只能取一系列不连续的、分立的数值,可以设这些能量值为

$$\varepsilon = 0, \varepsilon_0, 2\varepsilon_0, 3\varepsilon_0, 4\varepsilon_0, \cdots$$

而且能量与谐振子频率之间有以下关系:

$$\varepsilon_0 = h\nu \tag{1.3.16}$$

其中 $\nu$ 为谐振子的频率。

由于不同频率的谐振子能量不同,从统计的角度看,一个谐振子处于不同能量状态的概率也不相同,即一个谐振子处于能量 $E_n = n\varepsilon_0$ 态的概率正比于 $e^{-n\varepsilon_0/(kT)}$。

空腔内每一个驻波,即每一个谐振子的平均能量可以根据上述概率分布计算:

$$\bar{\varepsilon} = \frac{\sum_n n\varepsilon_0 e^{-n\varepsilon_0/(kT)}}{\sum_n e^{-n\varepsilon_0/(kT)}} = \frac{\sum_n n\varepsilon_0 e^{-n\varepsilon_0 \beta}}{\sum_n e^{-n\varepsilon_0 \beta}}$$

$$= -\frac{\partial}{\partial \beta}\left(\ln \sum_{n=0}^{\infty} e^{-n\varepsilon_0 \beta}\right) = -\frac{\partial}{\partial \beta}\left(\ln \frac{1}{1 - e^{-\varepsilon_0 \beta}}\right)$$

$$= \frac{\partial}{\partial \beta}\ln(1 - e^{-\varepsilon_0 \beta}) = \frac{\varepsilon_0 e^{-\varepsilon_0 \beta}}{1 - e^{-\varepsilon_0 \beta}} \frac{e^{\varepsilon_0 \beta}}{e^{\varepsilon_0 \beta}} = \frac{\varepsilon_0}{e^{\varepsilon_0 \beta} - 1}$$

所以每个普朗克谐振子的平均能量为

$$\bar{\varepsilon} = \frac{h\nu}{e^{h\nu/(kT)} - 1} \tag{1.3.17}$$

这与瑞利-金斯的假设式(1.3.13)不相同,即 $\bar{\varepsilon} \neq kT$。

利用谐振子的谱密度公式(1.3.11)和(1.3.12),可以算出黑体的辐射本领

$$E(\nu, T) = \frac{2\pi}{c^2}\nu^2 \frac{h\nu}{e^{h\nu/(kT)} - 1} = \frac{2\pi}{c^2}\frac{h\nu^3}{e^{h\nu/(kT)} - 1} \tag{1.3.18}$$

可以对公式(1.3.18)作进一步的分析。$kT$ 实际上是谐振子热运动的动能。在长波段,谐振子的能量较小,即 $h\nu \ll kT$,这时

$$\frac{1}{e^{h\nu/(kT)} - 1} \approx \frac{1}{1 + \dfrac{h\nu}{kT} - 1} = \frac{kT}{h\nu}$$

于是辐射本领

$$E(\nu, T) = \frac{2\pi}{c^2} h\nu^3 \frac{kT}{h\nu} = \frac{2\pi}{c^2} \nu^2 kT$$

与瑞利-金斯定律符合。

在短波段,谐振子的能量较大,即 $h\nu \gg kT$,$e^{h\nu/(kT)} \gg 1$,式(1.3.18)化为

$$E(\nu, T) = \frac{2\pi}{c^2} h\nu^3 e^{-h\nu/(kT)} \tag{1.3.19}$$

即在短波区域(即所谓的紫外波段),随着频率的增加,即随着波长的减小,辐射本领迅速减小,并趋近于0,这与实验结果一致。

普朗克的分立能量谐振子假设虽然解释了黑体辐射的实验规律,解决了"紫外灾难",但是,由于这一假设看起来没有什么依据,在当时并没有得到认可。

**2. 空腔中的光波与宇宙的背景辐射**

1965 年,美国贝尔实验室的两位工程师阿诺·彭齐亚斯和罗伯特·威尔逊使用他们自己设计的射电望远镜收到了一个来自宇宙空间的波长为 7.35 cm 的微波信号,这一信号与方向、时间无关,被人们称作宇宙背景微波辐射。很快,就有科学家指出,这是来自于宇宙的黑体辐射。

按照宇宙大爆炸的学说,整个宇宙是有一定大小的,就相当于一个巨大的密闭空腔,这样空腔中就会残留有当初大爆炸时的电磁辐射(即黑体辐射)。由于辐射与温度相关,由此算得宇宙空间的背景温度为 2.7 K。彭齐亚斯和威尔逊因此而于 1978 年获得了诺贝尔物理学奖。

图 1.3.8 是宇宙背景探测者卫星所测量到的宇宙背景辐射的谱图。

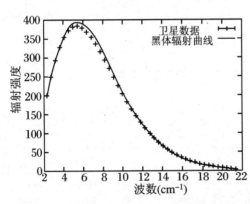

**图 1.3.8 宇宙背景微波辐射的实验测量结果与黑体辐射曲线的比较**

**3. 光量子与光的波粒二象性**

(1) 光电效应

现代意义上的光电效应是赫兹在进行电磁波实验过程中发现的。1887 年,赫兹将一对电火花隙(通过线圈连接的一对电极,置于空气中,当有电磁波通过线圈时,会在电极间产生电场,从而将电极间的空气电离,发出电火花)放在一个带有玻

璃观察窗的暗盒中,以便更好地观察电火花。他注意到,放电时,两极间火花的长度变短了,而这正是由于那块作为观察窗的玻璃板的影响。将玻璃板移开之后,电极间的火花又变长了。当他用不吸收紫外光的石英代替普通玻璃板后,火花的长度则没有缩短。赫兹认为,这块处在电磁波源和接收线圈之间的玻璃板吸收了紫外辐射,而紫外辐射会导致电荷在电火花隙间跳跃。他对这一现象研究了数月之后写出了研究报告。

1899 年,J·J·汤姆孙采用克鲁克斯管研究光电效应,他用紫外光照射真空管中的金属电极(阴极),发现回路中有电流出现,这就是**光电流**(photocurrent),说明由于光的照射,有电子从金属中被打出,这就是**光电子**(photoelectron)。改变入射光的波长和强度,会引起电流强度的改变。他测量的结果是:入射光的强度越强、频率越短,光电流就越大。1901年,特斯拉(Nikola Tesla,1856~1943)利用光电效应为电容器充电,并获得发明专利。图 1.3.9 是研究光电效应的实验装置。

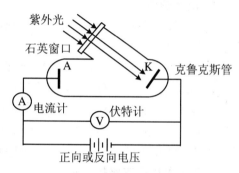

**图 1.3.9 光电效应的实验研究装置**

对光电效应进行深入、仔细研究的是德国物理学家勒纳德。1902 年,他使用一个大功率的电弧灯研究真空管中金属电极的光电效应。通过测量光电子的截止电压(stopping voltage),他得到结论:光电子的最大动能只与照射到金属上光的频率有关,而与光的强度无关;当照射到电极上的紫外光频率增大时,光电子的动能相应增大;如果光的频率小于某一数值,则没有光电子发射,这样的频率就是截止频率(cutoff frequency),对于不同的金属电极,有一个与材料有关的截止频率。

(2) 爱因斯坦对光电效应的解释

受到普朗克分立能量谐振子假设的启发,1905 年,爱因斯坦(Albert Einstein,1879~1955)更进一步提出了"能量子"的概念,并成功地解释了光电效应。

按照爱因斯坦的"能量子"假说,光辐射中每一个能量子所携带的能量为

$$E = h\nu \tag{1.3.20}$$

即光辐射中,每一个"能量子"都是分立的,这就是光的粒子性,后来,"能量子"被人们称作**光子**(photon)。

金属中的电子,由于受到束缚,从表面逸出时需要克服一定的势能,这就是**功函数**(work function,也称**逸出功**),记为 $W$。光电子的能量为

$$E_k = h\nu - W \tag{1.3.21}$$

如果在真空管的电极上加反向电压,则光电子的动能要损失。恰好使得光电子不能到达阳极的反向电压就是截止电压 $V_s$,这时,$eV_s = E_k$,于是 $V_s = h\nu/e - W/e$,即

$$h = \frac{eV_s + W}{\nu} \tag{1.3.22}$$

密立根用了 10 年的时间,从实验上验证了爱因斯坦的光量子假说,并且测量了式(1.3.20)中 $h$ 的数值,得到 $h = 6.63 \times 10^{-34}$ J·s,$h$ 称作**普朗克常量**(Plank constant),是一个基本的物理学常量。

**4. 康普顿效应**

1921 年,康普顿(Arthur Holly Compton,1892~1962)发现了 X 射线在材料中的非相干散射现象。

康普顿的实验结果如图 1.3.10 所示,经过单色化的 X 射线入射到不同的材料上,在散射光中,一部分波长不变,是相干散射;另一部分波长变长,是非相干散射。康普顿还注意到,对于同一种元素,在不同的角度上,非相干散射的波长改变不同;而在同一角度上,不同的元素非相干散射所占的比例不同,元素序数较小的轻原子非相干散射的成分较大,而元素序数较大的重原子,相干散射的成分较大。上述实验现象称作**康普顿效应**(Compton effect)。

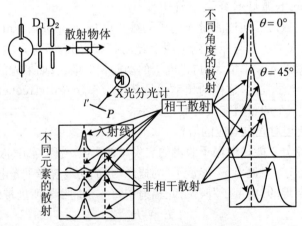

**图 1.3.10 康普顿散射的实验结果**

康普顿利用光子模型,成功地解释了这一现象。

从光子的观点看,入射的 X 射线光子具有能量和动量。对于光子而言,由于

能量 $E = h\nu$,利用爱因斯坦的质能关系 $E = mc^2$,以及动量的表达式 $p = mc$,可以得到光子的动量表达式为

$$p = h\nu/c \tag{1.3.23}$$

入射的 X 射线光子与电子发生弹性碰撞,在碰撞过程中,动量和能量是守恒的,如图 1.3.11 所示,即

$$\begin{cases} h\nu + m_0 c^2 = h\nu' + mc^2 \\ \boldsymbol{p} = \boldsymbol{p}' + m\boldsymbol{v} \end{cases} \tag{1.3.24}$$

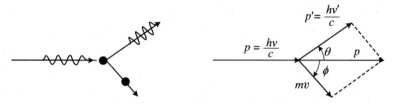

**图 1.3.11  光子与电子的弹性碰撞**

将式(1.3.24)中的第一式变为

$$mc^2 = h\nu - h\nu' + m_0 c^2 \tag{1.3.25}$$

而将式(1.3.24)中的第二式写成标量表达式,可得到

$$(mv)^2 = \left(\frac{h\nu}{c}\right)^2 + \left(\frac{h\nu'}{c}\right)^2 - 2\frac{h\nu}{c}\frac{h\nu'}{c}\cos\theta \tag{1.3.26}$$

式(1.3.25)的两端平方,得

$$m^2 c^4 = h^2 \nu^2 + h^2 \nu'^2 - 2h^2 \nu\nu' + m_0^2 c^4 + 2m_0 c^2 h(\nu - \nu') \tag{1.3.27}$$

对式(1.3.26)作如下的数学变换:

$$m^2 c^2 v^2 = h^2 \nu^2 + h^2 \nu'^2 - 2h^2 \nu\nu' \cos\theta \tag{1.3.28}$$

式(1.3.27)减式(1.3.28),得

$$m^2 \left(1 - \frac{v^2}{c^2}\right) c^4 = m_0^2 c^4 - 2h^2 \nu\nu'(1 - \cos\theta) + 2m_0 hc^2(\nu - \nu') \tag{1.3.29}$$

按照相对论,由于

$$m \sqrt{1 - \frac{v^2}{c^2}} = m_0$$

式(1.3.29)变为

$$m_0^2 c^4 = m_0^2 c^4 - 2h^2 \nu\nu'(1 - \cos\theta) + 2m_0 hc^2(\nu - \nu')$$

整理后即为 $\dfrac{h}{m_0 c}(1 - \cos\theta) = \dfrac{c}{\nu'} - \dfrac{c}{\nu}$,也即

$$\Delta\lambda = \lambda_C(1 - \cos\theta) \tag{1.3.30}$$

其中

$$\lambda_C = \frac{h}{m_0 c} = 2.426\ 31 \times 10^{-3}\ \text{nm} = 0.024\ 263\ 1\text{Å}$$

称作**康普顿波长**。

用式(1.3.30)可以解释对同一种元素,在不同的角度上非相干散射的波长不同的现象。而对于不同元素的散射,可以这样理解:由于康普顿的散射模型中假设电子是自由电子,但实际上,在材料中,还有一些成键的束缚电子,如每个原子的内壳层电子。这些束缚电子由于受到原子核的束缚,其动量、能量在碰撞(散射)前后变化很小,所以光子在与束缚电子的散射过程中,动量和能量的变化也很小,可以认为是相干散射。在轻原子中,束缚电子的数目相对较少,因而非相干散射的光子数目较多;而在重的原子中,束缚电子的数目较多,因而相干散射的光子数目较多。

普朗克由于"发现能量子,从而对物理学的发展作出了巨大的贡献"而于 1918年获得了诺贝尔物理奖;爱因斯坦因为"在理论物理方面的成就,尤其是发现了光电效应的规律"而于 1921 年获得了诺贝尔物理奖;密立根则是因为"基本电荷及光电效应方面的工作"而于 1923 年获得了诺贝尔物理奖;而康普顿因为"发现了后来以其名字命名的效应"于 1927 年获得了诺贝尔物理学奖。

**5. 光压**

光子有动量,光照射到物体表面时,光子由于碰撞,将会产生压力,这就是光压。

根据定义,光强是单位面积的光通量,从光子的观点看,光强的表达式应当为 $I = nh\nu c$,其中 $n$ 为单位体积中的光子数,$c$ 为光速。记每个光子的动量为 $p_\varphi$,光正入射到物体表面,若全被反射,则动量的改变量为 $2p_\varphi$,对表面的冲量亦为 $2p_\varphi$,而冲量为 $F\Delta t$。单位时间内,有 $nc$ 个光子入射到单位表面上,由此可算得光压为

$$P = 2ncp_\varphi = 2nh\nu = \frac{2I}{c} \tag{1.3.31}$$

若表面对光强的反射率为 $\rho$,则平均而言,相当于每个入射光子被反射的概率为 $\rho$,动量改变量为 $(1 + \rho)p_\varphi$,相应地,光压变为

$$P = \frac{(1 + \rho)I}{c} \tag{1.3.32}$$

## 1.3.3　物质的波粒二象性

光子具有动量,每个光子的动量为 $p = E/c = h\nu/c = h/\lambda$,也可以将其写作

$$\lambda = \frac{h}{p} \tag{1.3.33}$$

式(1.3.33)将反映粒子性的动量和反映波动性的波长结合了起来,表明波动性、

粒子性是物质不可分割的两种基本属性。这就是德布罗意（Louis Victor de Broglie，1892～1987）所提出的"物质波"的概念。

作为粒子，光子具有质量

$$m = \frac{h\nu}{c^2} \qquad (1.3.34)$$

光的粒子性表现在光与物质的相互作用方面，波长越短，光子的能量越高，其粒子性越显著，如电离气体、光电效应、康普顿效应、荧光效应和单光子记录等等。

光的波动性表现在光的传播、干涉、衍射以及散射、反射、折射等方面，波长较长的光有着显著的波动性。

不仅光具有粒子性，粒子也具有波动性，微观粒子具有波粒二象性，这都是被实验所证实的。

德布罗意由于"发现了电子的波动本质"而于 1929 年获得了诺贝尔物理学奖。

# 习 题 1

1. 如图所示，一条光线射入镜面间并反射 $n$ 次，最后沿入射时的光路返回。试写出 $\theta_i$ 与 $\alpha$ 间的关系表达式。

2. 光线以入射角 $i$ 射到折射率为 $n$ 的物体上，设反射光线与折射光线成直角。问入射角与折射率之间的关系如何？

3. 证明：当一条光线通过平板玻璃时，出射光线方向不变，只产生侧向平移。当入射角 $i_1$ 很小时，位移 $\Delta x = \frac{n-1}{n} i_1 t$。其中，$n$ 为玻璃的折射率，$t$ 为玻璃板的厚度。

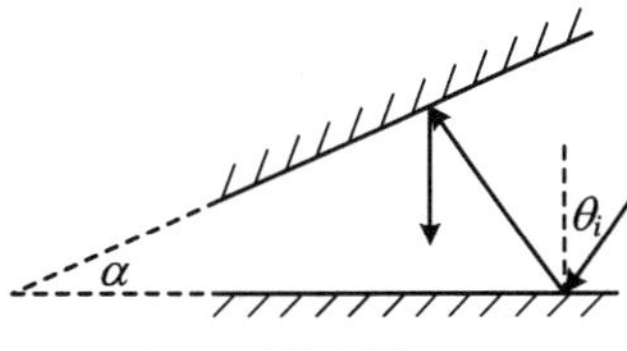

**题 1 图**

4. 将几个透明的平行平板叠在一起，这些平板的折射率可以取任意值。证明：一束光通过这些平板后，出射光的方向只与最外侧的两层平板的折射率有关，而与中间平板的折射率无关。

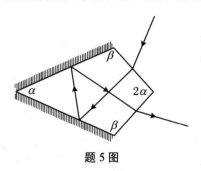

**题 5 图**

5. 如图所示，棱镜的顶角为 $\alpha$，两个侧面涂上反射膜，一条光线按图中的方式，经折射、反射、反射、折射后射出。

（1）证明：光线的偏转角恒等于 $2\alpha$，且与入射方向无关。

（2）用此棱镜，能否产生色散？

6. 把一片玻璃板放在装满水的玻璃杯上，一束光从空气射向玻璃板。光线在玻璃板和水的分界面上能否发生全反射?

7. 红光和紫光对同种玻璃的折射率分别是 1.51 和 1.53。当这些光线射到玻璃和空气的分界面上时,全反射的最小角度是多少? 当白光以 $41°$ 的角入射到玻璃和空气的分界面上时,将会有什么现象发生?

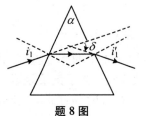

题 8 图

8. 如图所示,一条光线通过一顶角为 $\alpha$ 的棱镜。

(1) 证明:出射光线相对于入射光线的偏向角为 $\delta = i_1 + i_1' - \alpha$;

(2) 证明:在 $i_1 = i_1'$ 时,有最小偏向角 $\delta_{\min}$,而且 $n = \dfrac{\sin\left[(\alpha + \delta_{\min})/2\right]}{\sin(\alpha/2)}$,式中 $n$ 为棱镜材料的折射率,在已知 $\alpha$ 的情况下,通过测量 $\delta_{\min}$,利用上式可以算出棱镜材料的折射率;

(3) 顶角 $\alpha$ 很小的棱镜称为光楔,证明:光线小角入射光楔产生的偏向角为 $\delta = (n-1)\alpha$。

9. 顶角为 $50°$ 的棱镜,在空气中对某一波长的光,最小偏向角 $\delta_{\min} = 35°$。如果浸入水中,最小偏向角等于多少?(水的折射率为 1.33。)

10. 下图是一种求折射线方向的追迹作图法。例如,为了求光线通过棱镜的路径(如图(a)所示),可以 $O$ 为中心作两圆弧(图(b)),其半径分别正比于折射率 $n$,$n'$。作 $OR$ 平行于入射光线,作 $RP$ 平行于棱镜第一分界面的法线,则 $OP$ 的方向即为第一次折射后光线的方向。再作 $QP$ 平行于第二分界面的法线,则 $OQ$ 的方向即为出射线的方向,从而 $\angle ROQ = \delta$ 即为偏向角,证明此法的依据。

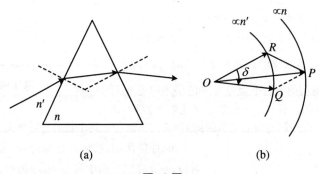

(a)                    (b)

题 10 图

11. 组合玻罗棱镜由两块 $45°$ 角直角棱镜组成,利用两块直角棱镜的四个直角面上产生的全反射,使像倒转,与凸透镜成实像的情况一致,试证明之。

12. 极限法测液体折射率的装置如图所示,$\triangle ABC$ 是直角棱镜,其折射率 $n_g$ 已知。将待测液体涂一薄层于其上表面 $AB$,再覆盖一块毛玻璃。用扩展光源在掠入射的方向上照明。从棱镜的 $AC$ 面出射的光线的折射角将有一个下限 $i'$。如用望远镜观察,则在视场中出现有明显分界线的半明半暗区,可以据此测出角 $i'$。证明待测液体的折射率可以由下式算出:$n = \sqrt{n_{\mathrm{g}}^2 - \sin^2 i'}$。用这种方法测量液体的折射率,测量范围受什么限制?

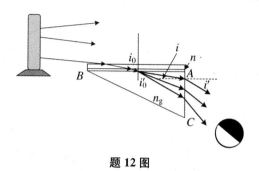

**题 12 图**

13. 如图所示,光从塑料棒的一端射入,若要保证射入的光总是在棒内全反射传播,其折射率至少是多大?

14. 在圆形木塞中心垂直插入一大头针,然后将其倒放浮于水面上,调节大头针露出的长度,使观察者从水面上无论以何种角度都恰好看不到水下的大头针。如果测得大头针顶端在水面之下的深度为 $h$,木塞直径为 $d$,求水的折射率。

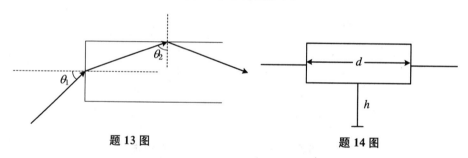

**题 13 图**　　　　　**题 14 图**

15. 如图所示,一条光线以入射角 $i$ 射入折射率为 $n$ 的球形水滴。

(1) 求此光线在水滴内另一侧球面的入射角 $\alpha$,这条光线是被全反射还是被部分反射?

(2) 反射光从水滴射出,计算偏向角 $\delta$ 的表达式;

(3) 求偏向角最小时的入射角 $i$。

16. 水槽中盛水,深 20 cm,底部有一光源,水面上放一不透光纸片。要使从水面上任何角度都看不到光源,纸片的形状和面积应怎样?

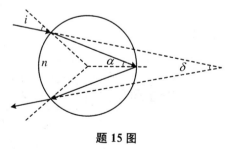

**题 15 图**

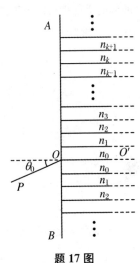

题 17 图

17. 设有一块透明光学材料,由折射率稍微不同的许多相互平行、厚度为 $d = 0.1$ mm 的薄层密接构成。图中所表示的是与各薄层垂直的一个截面,$AB$ 为此材料的端面,与薄层界面垂直。$OO'$ 表示截面的中心线。各薄层的折射率 $n_k = n_0 - k\nu$,其中 $n_0 = 1.414\,2$,$\nu = 0.002\,5$。今有一光线 $PO$ 以入射角 $\theta_0 = 30°$ 射向 $O$ 点。求此光线在材料内能够达到的离 $OO'$ 最远的距离。

18. 如图所示,一玻璃块的厚度为 $d$,折射率随高度 $y$ 变化的关系式为 $n(y) = \dfrac{n_0}{1 - y/r_0}$,其中 $n_0 = 1.2$,$r_0 = 1.3$ cm。一束光线沿 $x$ 轴射入,从 $A$ 点射出,出射角 $\alpha = 30°$,试求:

(1) 光线在玻璃中的径迹;

(2) $A$ 点处玻璃的折射率;

(3) 玻璃的厚度 $d$。

19. 如图所示,介质的折射率沿 $y$ 方向变化,一束光线垂直入射到界面上的 $O$ 点,已知 $O$ 点处介质的折射率为 $n_0$。若光线在介质内部的径迹为抛物线,试求 $n(y)$ 的函数式。

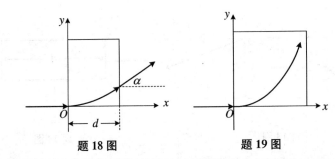

题 18 图        题 19 图

20. 如图所示,一束平行白光沿 $x$ 方向通过屏 P 上小孔 $C$ 后,射向玻璃立方体 A。设 A

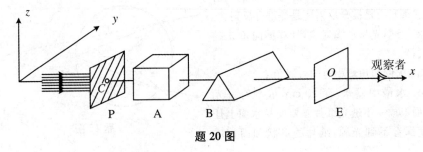

题 20 图

的折射率在 $y$ 方向上随着 $y$ 值的增加而线性增大;但在与 $y$ 轴垂直的平面内均匀。从 A 射出的光线经过折射率均匀的玻璃三棱镜 B 后，照到与 $x$ 轴垂直的观察屏(毛玻璃)E 上。试在图中定性地画出所看到的 E 上的图像。

21. 一列一维波的振动表示为

$$E(P,t) = A\cos[\omega(t - z/v)]$$

$z/v$ 的含义是什么？如果将其表示为

$$E(P,t) = A\cos(\omega t - \omega z/v)$$

$\omega z/v$ 的含义是什么？

22. 一平面波的波函数为

$$E(P,t) = A\cos[5t - (2x - 3y + 4z)]$$

式中 $x,y,z$ 的单位为 m，$t$ 的单位为 s。试求：

(1) 时间频率；

(2) 波长；

(3) 波矢的大小和方向；

(4) 在 $z = 0$ 和 $z = 1$ 平面上的相位分布。

23. 在玻璃中，$z$ 方向上传播的单色平面波的波函数为

$$E(P,t) = 10^2\exp\left\{-\mathrm{i}\left[\pi \times 10^{15}\left(t - \frac{z}{0.65c}\right)\right]\right\}$$

式中 $c$ 为真空中的光速，时间以 s 为单位，电场强度以 V/m 为单位，距离以 m 为单位。试求：

(1) 光波的振幅和时间频率；

(2) 玻璃的折射率；

(3) $z$ 方向的空间频率；

(4) 在 $xz$ 平面内与 $x$ 轴成 $45°$ 角方向上的空间频率。

24. 太阳光垂直射向地面，测得地面附近的能流密度为 $1.35\ \mathrm{kW/m^2}$，计算地面上太阳光电场强度的振幅。如果用一个直径为 5 cm 的透镜将太阳光聚成面积 1 $\mathrm{mm^2}$ 的光斑，计算光斑上的能流密度和电场强度的振幅。

25. 假设来自太阳的光的峰值波长为 475 nm，试求太阳表面的温度。

26. 人的正常体温是 37 ℃，求人体辐射的峰值波长。

27. 计算下列波长的光量子能量(以 eV 表示)：

(1) 红外光，$2.0\ \mu\mathrm{m}$；

(2) 紫外光，250 nm。

28. 波长为 400 nm 的光照射在功函数为 2.48 eV 的表面上。试求：

(1) 该表面发射的电子的最大动能；

(2) 光的截止波长。

29. 在光电效应中，一个光子完全被一个电子所吸收。试证明：如果吸收该光子的是一个自由电子，那么能量守恒和动量守恒不可能同时满足。

30. 在康普顿散射实验中,证明:光子能量损失的比例随着波长的减小而增加,并分别计算波长为 0.071 1 nm 和 0.002 2 nm 的光子的能量损失。

31. 证明:电子的动能若取非相对论的表达式(即 $E_k = p^2/(2m)$),那么康普顿移动有以下表达式:

$$\lambda' - \lambda = \left(1 - \frac{h\nu - h\nu'}{2mc^2}\right)^{-1} \frac{h}{mc}(1 - \cos\theta)$$

并证明:当发射电子的速度远小于 $c$ 时,上述方程与

$$\lambda' - \lambda = \frac{h}{mc}(1 - \cos\theta)$$

一致。

# 第 2 章　光 学 成 像

## 2.1　成像的基本概念

### 2.1.1　从盲人摸象说起

　　人能够一眼看清大象的全貌,这当然是由于来自大象的光线经过眼睛后在视网膜上形成了一个完整的图像。在《伊索寓言》中,四个盲人则用"摸"的方式,分别构建出了大象的腿、尾、牙和躯干的图像,虽然他们没能将这几部分合成起来,得到大象准确而完整的图像,但说明用其他方式也能够获得物体的像。

　　其实,"物"是客观存在的,"像"只是物的再现。人们本能地以为"像"只是由"光"所构成的,这也是因为造化赋予我们视觉的结果。在黑暗中,我们能够摸出器物的形状,没有视觉的蝙蝠依然能够"看"得清清楚楚,等等。所以,除了光学方法之外,还有其他的成像方式。

　　"摸"其实是一种扫描过程,手上的每一个触点就是一个"探针"。如果用探针扫描物体,并使探针能够分辨物体上的凸凹、虚实、材质等细节,并将扫描所得到的信息按序排列,也可以再现物体的形貌。如果将扫描信息用图形表现,就得到扫描客体的像。盲人摸象,其实就是扫描成像的过程。

　　扫描是一种逐点成像的方式,探针越细小,分辨本领就越高;对不同信号的识别越灵敏,准确度就越高。

　　现代高分辨率的显微镜,如扫描电子显微镜、扫描隧道显微镜、原子力显微镜等等,都是采用这种逐点扫描的方式再现物体的形貌和结构的,近场光学显微镜也采用这种方式。

　　用于医学诊断的 X 射线成像,是利用人体中不同组织对 X 射线吸收的差异,依据透射 X 射线的强度而成像的。尽管可以将 X 射线称作 X 光,但 X 光不能像可见光那样利用透镜折射成像,所以医用 X 射线机中没有任何光学透镜,只是记录透射 X 射线的强度而已。更先进的 CT 成像,与光学成像相去更远。所谓 CT,是 Computerized Tomography 的缩写,意思是"由计算机所得的断层图像",或简称"计算机断层扫描"。使一束细 X 射线绕身体某部位轴向旋转,并同步记录透射的强度,将扫描结果输入计算机,就可得到被射线束扫过的断层图像。当然,为了生成图像,在计算机中需要建立一个庞大的数据库,该数据库就是各种生理组织的解剖结果与 X 射线透过率的关系库。除此之外,还有核磁共振成像,它们的机理不同,但方法类似。微波束由于和人体中的元素产生共振而被吸收,根据微波扫描过程中吸收的数据,也可以通过计算机合成图像。

## 2.1.2 光学成像的基本要素

光学成像,就是用折射、反射的方法将物再现。如果将物和像都看成是一系列按序排列的空间点,那么,只要像点与物点一一对应,像就与物整体对应,如图 2.1.1 所示。

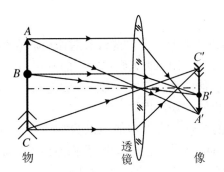

从光线的观点看,物点就是光线束的出发点,像点就是光线束的会聚点。

因而,研究光学成像,可以从物点发出的光束经过光学系统的变换后的会聚性入手。

图 2.1.1　成像过程中物点与像点一一对应

以下首先讨论成像的一些基本概念。

### 1. 同心光束

从同一点发出的或会聚到同一点的光线,称为**同心光束**(concentric beam,或 homocentric beam,有时形象地称作 pencil),如图 2.1.2 所示。

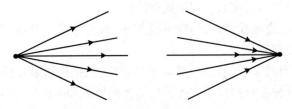

图 2.1.2　发散和会聚的同心光束

物和像都是由一系列的点构成的,物点和像点一一对应,于是就得到了对应的物和像。从光线的性质看,物上的每一点都发出同心光束,而对应的像点都由同心光束会聚得到,所以,成像的最基本条件是要满足同心光束的不变性。当然,这仅仅是对点成像的要求。从整个物和像的对应关系看,还要满足物像间的相似性,即空间上各个点之间的相互位置要一一对应,同时,每一对物像点的颜色,即光的波长要一一对应,这就要求成像的光学系统不产生畸变,没有像差、色差等等。

### 2. 光具组

单个平面反射镜或球面反射镜可以成像,单个透镜可以成像,甚至单个折射面也能够成像,这些都可以看作是光学成像的基本元件。但更多的情况是将多个成像元件组合起来,以达到更好的成像效果。这样组合起来的一系列成像光学器具,就是**光具组**(optical system)。

从对光线的作用看,光具组就是由若干个反射面或折射面组成的光学系统。光具组的对称轴就是所谓的**光轴**(optical axis)。

### 3. 物方和像方

物所发出的光线经过成像元件或光具组之后成像。这样一来,光具组就将光线传播的空间分为两部分:一部分是物所在的空间,或者是物所发出的光线所在的空间,称为**物方空间**,简称为**物方**;而另一部分空间是像所在的空间,或者会聚成像的光线所在的空间,称为**像方空间**,简称为**像方**。

在透镜成像的情形下,物光线和像光线总是在透镜的两侧,或者说,观察者总是通过透镜观察物,这时物方和像方是分开的、互不交叠的。而在反射镜成像的情形下,由于光线总是被反射回来,而不可能穿透到镜面的另一侧,所以物方和像方是重叠的,总是在镜面的同一侧。

有时,看起来像并不在像方。例如,平面镜成像或凹透镜成像就是这样:平面镜的像在镜面的另一侧,而凹透镜的像在物方。因而,用像所在的空间来定义像方是不严格的。平面镜之所以能够成像,是因为光线被反射,而凹透镜之所以能够成像,是因为光线被折射,它们的像都是由被反射或折射后的光线构成的。这些成像光线所处的空间是像方,与像看起来在何处没有直接的关系。

### 4. 实像和虚像

经过光具组的像方光线,如果是会聚的,则在像方会聚成同心光束,就形成实像,如图 2.1.3(a)所示。实像是真实的光线会聚而成的,从光学角度看,与实物的性质是相似的。

经过光具组的像方光线,如果是发散的,则在像方无法会聚,不能形成实像。但是,如果将这些发散的光线反向延长后,将会聚到某一点,如图 2.1.3(b)所示。对于观察者来说,这些发散的同心光束就是从这样的会聚点射出的,因而这些会聚点也是像点。只是这样的点并不是真实的像方光线会聚而成的,所以这样的像就是虚像。虚像一定不能在像方形成。

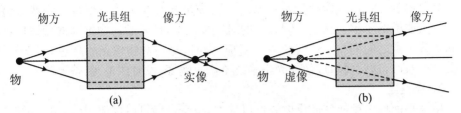

图 2.1.3　实像与虚像

　　我们说虚像不是真实光线会聚而成的,不是指虚像不能发出真实的光线。对于观察者来说,虚像在像方的光线是真实的光线,观察虚像同观察实物的效果是一样的,如图 2.1.4 所示;而且成虚像的光线发散角很大,在不同的位置处都能很容易地观察到。

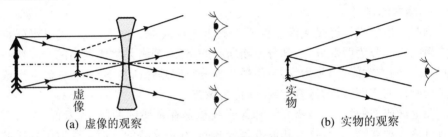

图 2.1.4　虚像与实物的观察

　　相比于虚像的观察来说,直接观察实像显得困难。由于受到光具组通光孔径的限制,像方同心光束的发散角往往比较小,所以只有在一定的范围内才能观察到成实像的光线,如图 2.1.5(a)所示。所以往往通过接收屏或者毛玻璃观察实像,如图 2.1.5(b)所示。由于接收屏和毛玻璃表面的粗糙引起光线的漫反射或散射,光线的发散角增大,观察起来要方便得多。

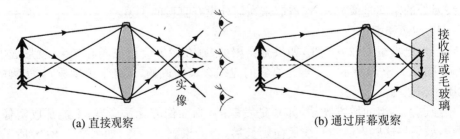

图 2.1.5　实像的观察

### 5. 成像中的费马原理

在图 2.1.6 所示的成像系统中,像平面上的 $A'$, $B'$ 等各点分别是物平面上 $A$, $B$ 等各点的像,即从每一个物点(例如 $A$ 点)发出的沿不同方向的所有光线经过光具组后都会聚到像上的一个对应点(即 $A'$ 点)。

**图 2.1.6 物像之间的等光程性**

从 $A$ 点到 $A'$ 点的所有光线都是实际光线,按照费马原理,这些经过不同路径的光线的光程都是平稳的,因而只能取恒定值。也就是说,不管光线经哪条路径,凡是从 $A$ 点发出的通过同样的光学系统到达 $A'$ 点的光线,都是等光程的。这就是**物像之间的等光程性**。

## 2.1.3 平面反射成像

如图 2.1.7(a)所示,设反射平面 $M$ 上方有一发光物点 $A$,所发出光线 $AB_1$, $AB_2$,…经 $M$ 反射后是发散的,在平面的上方无法会聚。但是,对于上方的观察者来说,看起来所有这些光线好像都是从平面的下方 $A'$ 点发出的。由反射定律可知,$A'$ 是 $A$ 关于平面 $M$ 的对称点。或者说,经平面反射后,$A$ 点在 $A'$ 点成像。

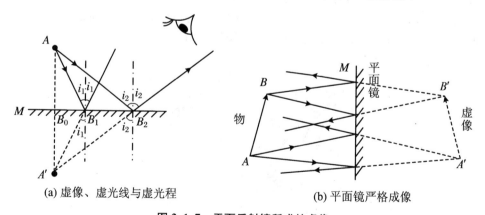

(a) 虚像、虚光线与虚光程                (b) 平面镜严格成像

**图 2.1.7 平面反射镜所成的虚像**

由于光线并没有进入平面的下方,所以 $A'$ 并不是真实光线会聚而成的,而是

视觉上将反射光线反向延长后会聚形成的,因此,反射光线在 $M$ 下方的反向延长线是"虚光线",而 $A'$ 就是"虚像"。

按照费马原理,物像之间应该是等光程的,在虚像的情况下,就要求

$$n\,\overline{AB_1} + n'\,\overline{B_1A'} = n\,\overline{AB_2} + n'\,\overline{B_2A'}$$

式中 $n$,$n'$ 分别为平面上下两方的折射率。显然,上式对任意方向光线成立的条件是,等式的值为 $0$,即

$$n\,\overline{AB_1} = -n'\,\overline{B_1A'}, \quad n\,\overline{AB_2} = -n'\,\overline{B_2A'}$$

实光线 $AB_1$,$AB_2$ 的光程 $n\,\overline{AB_1}$,$n\,\overline{AB_2}$ 无疑都是正值,因此,为使费马原理成立,虚光线 $B_1A'$,$B_2A'$ 的光程 $n'\overline{B_1A'}$,$n'\overline{B_2A'}$ 应当为负值。而 $\overline{AB_1} = \overline{B_1A'}$,$\overline{AB_2} = \overline{B_2A'}$。如果平面上方的折射率为 $n$,则平面下方(即虚光线所在的空间)的折射率为

$$n' = -n$$

虚光线的光程称作**虚光程**。

人为地引入虚光程,是为了更方便地应用费马原理解决成虚像的问题。

由反射定律容易得到,一个任意形状的物体上任一点都可经平面镜在对称位置成一个虚像,整个物体则可以成一个等大小、对称的虚像,如图 1.1.6(b) 所示。值得一提的是,在所有的成像元件中,只有平面镜是能够严格精确成像的。

### 2.1.4　平面折射成像

#### 1. 折射光成像

如图 2.1.8 所示,来自同一点光源 $Q$ 的入射光,经平面 $M$ 折射后,可以按照折射定律计算出每一条折射光线的方向。由公式 $\sin i_2 = (n_1/n_2)\sin i_1$ 可以看出,不同方向的入射光线经折射后将成为发散的光束,折射光线的反向延长线不再会聚于同一点。因而严格说来,平面折射是不能成像的。

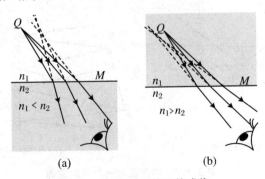

图 2.1.8　折射不能严格成像

然而,在日常生活中,我们可以看清水面下的游鱼或包裹在玻璃立方体中的物体,也可以透过玻璃看清窗外的物体,说明物点发出的光线经平面折射后依然可以成像。下面通过例题分析成像的条件。

**【例2.1】** 在平静水面下深度 $s$ 处有一个物点,在水面上的观察者能否清晰地看到该物点? 如果能够,物点看起来在何处?

**【解】** 水下物点发出的光线束,经过平面折射后如果仍能会聚于同一点,则可以清晰成像。

如图2.1.9所示,从物点发出两条光线,一条正入射到水面,另一条的入射角为 $i$。这两条光线反向延长后交于水面下的 $Q$ 点。由折射定律和几何关系,可得 $s' = l\cot i'$,$s = l\cot i$,于是

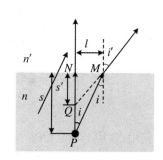

$$s' = s\frac{\cot i'}{\cot i} = s\frac{\sin i}{\sin i'}\frac{\cos i'}{\cos i}$$

可见不同方向的光线的会聚点 $Q$ 并不相同,这样一来,就无法成像。

但是,如果上述两条光线的发散角不是很大,即 $i$ 很小,则 $\cos i'/\cos i \approx 1$,可得

**图2.1.9 傍轴光线经平面折射成像**

$$s' \approx s\frac{\sin i}{\sin i'} = s\frac{n'}{n}$$

发散角不大的光线可近似会聚于同一点而成像。

光线发散角较小,称这些光线满足**傍轴条件**,或**近轴条件**。在傍轴条件下,通过平面折射的光线可以成像。

**【例2.2】** 在例2.1中,如果不是在正上方观察,而是斜向下观察,所看到的物在何处?

**【解】** 如图2.1.10所示,设折射率为 $n$ 的介质中的物点到分界面的距离为 $s$,

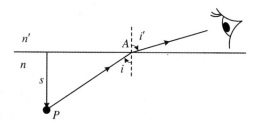

**图2.1.10 观察者不在物点的正上方**

进入眼睛的光线,在分界面处的入射角为 $i$,折射角为 $i'$。将这样的入射角作为已知量,用以表示观察者相对于物点的位置。

作出另一条近邻光线,入射角为 $i + \delta i$,相应的折射角为 $i' + \delta i'$,如图2.1.11所示。两条折射光线反向延长后,相交于 $Q$,$Q$ 点到分界面的距离为 $s'$,相对于物点的水平位移为 $x$。

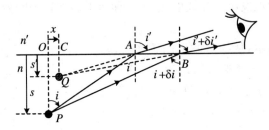

**图 2.1.11  像的位置**

利用 $\triangle OPA$ 和 $\triangle OPB$ 中的几何关系,可得到

$$\overline{AB} = \overline{OB} - \overline{OA} = \overline{OP}\tan(i + \delta i) - \overline{OP}\tan i$$
$$= s[\tan(i + \delta i) - \tan i]$$

利用 $\triangle CQA$ 和 $\triangle CQB$ 中的几何关系,可得到

$$\overline{AB} = \overline{CB} - \overline{CA} = \overline{CQ}\tan(i' + \delta i') - \overline{CQ}\tan i'$$
$$= s'[\tan(i' + \delta i') - \tan i']$$

从而有

$$s' = s\,\frac{\tan(i + \delta i) - \tan i}{\tan(i' + \delta i') - \tan i'}$$

由于图 2.1.11 中两条光线是近邻的,$\delta i$ 和 $\delta i'$ 都很小,于是有

$$\tan(i + \delta i) \approx \tan i + \frac{\delta i}{\cos^2 i}, \quad \tan(i' + \delta i') \approx \tan i' + \frac{\delta i'}{\cos^2 i'}$$

由此得到

$$s' = s\,\frac{\delta i \cos^2 i'}{\delta i' \cos^2 i}$$

根据折射定律 $n\sin i = n'\sin i'$,可得

$$n\delta i\cos i = n'\delta i'\cos i', \quad 即 \quad \frac{\delta i}{\delta i'} = \frac{n'\cos i'}{n\cos i}$$

作恒等变换:$n'\cos i' = \sqrt{n'^2 - n'^2 \sin^2 i'} = \sqrt{n'^2 - n^2 \sin^2 i}$,得到

$$s' = s\,\frac{n'}{n}\,\frac{\cos^3 i'}{\cos^3 i} = \frac{s}{nn'^2}\,\frac{\sqrt{(n'^2 - n^2 \sin^2 i)^3}}{\cos^3 i}$$

这就是像点的竖直位置。

利用△$OPA$ 和△$CQA$ 中的几何关系,有

$$x = \overline{OC} = \overline{OA} - \overline{CA} = \overline{OP}\tan i - \overline{CQ}\tan i' = s\tan i - s'\tan i'$$

又因为

$$s'\tan i' = s'\frac{n'\sin i'}{n'\cos i'} = \frac{s}{nn'^2}\frac{\sqrt{(n'^2 - n^2\sin^2 i)^3}}{\cos^3 i}\frac{n\sin i}{\sqrt{n'^2 - n^2\sin^2 i}}$$

$$= \frac{s}{n'^2}\frac{(n'^2 - n^2\sin^2 i)\sin i}{\cos^3 i} = s\tan i\frac{n'^2 - n^2\sin^2 i}{n'^2\cos^2 i}$$

所以

$$x = s\tan i - \frac{n'^2 - n^2\sin^2 i}{n'^2\cos^2 i}s\tan i = \frac{n'^2\cos^2 i - n'^2 + n^2\sin^2 i}{n'^2\cos^2 i}s\tan i$$

$$= \frac{n^2\sin^2 i - n'^2\sin^2 i}{n'^2\cos^2 i}s\tan i = \frac{n^2 - n'^2}{n'^2}s\tan^3 i$$

可见,观察者位置不同时,像所在的位置也不同。

## 2.2　傍轴光线经球面折射成像

球面是对称性最高,也是较容易加工制作的一类曲面,折射球面和反射球面是光学成像的基本单元。本节将讨论同心光束经单个球面之后成像的条件和一般规律。

### 2.2.1　单球面折射成像

**1. 轴上物点成像**

在图 2.2.1 中,球心为 $C$,半径为 $r$ 的球面Σ 两侧的折射率分别为 $n$,$n'$,光轴与球面的交点为 $O$,$O$ 就是该球面的顶点(vertex)。物点 $Q$ 在光轴上,$Q$ 点沿任意方向发出的一条光线入射到球面上,记入射点为 $M$,∠$MCO$ 为 $\varphi$。该光线在 $M$ 点处的入射角和折射角分别为 $i$ 和 $i'$。经折射后,该光线与光轴在 $Q'$ 点相交。由于从 $Q$ 点发出的沿着光轴射向球面的光线经过球面折射后方向不变,仍沿光轴方向,所以,$Q'$ 点就是 $Q$ 点发出的两条不同方向光线的会聚点。

记经过 $M$ 点的光线的长度分别为 $p$ 和 $p'$,与光轴的夹角分别为 $u$ 和 $u'$,$Q$ 和

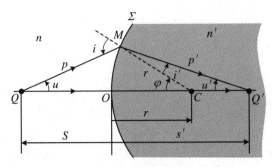

**图 2.2.1 轴上物点经单球面折射成像**

$Q'$ 到球面顶点 $O$ 的距离分别为 $s$ 和 $s'$。在 $\triangle QMC$ 和 $\triangle Q'MC$ 中,按正弦定理,有

$$\frac{p}{\sin\varphi} = \frac{s+r}{\sin i}, \quad \frac{p'}{\sin\varphi} = \frac{s'-r}{\sin i'}$$

上述两式可进一步分别化为

$$\frac{p}{n(s+r)} = \frac{\sin\varphi}{n\sin i}, \quad \frac{p'}{n'(s'-r)} = \frac{\sin\varphi}{n'\sin i'}$$

按折射定律 $n\sin i = n'\sin i'$,可以得到

$$\frac{p}{n(s+r)} = \frac{p'}{n'(s'-r)} \tag{2.2.1}$$

在 $\triangle QMC$ 和 $\triangle Q'MC$ 中,按余弦定理,有

$$p^2 = (s+r)^2 + r^2 - 2r(s+r)\cos\varphi$$

$$p'^2 = (s'-r)^2 + r^2 + 2r(s'-r)\cos\varphi$$

上述两式可分别化为

$$\begin{aligned}
p^2 &= s^2 + 2rs + r^2 + r^2 - 2r(s+r)\cos\varphi \\
&= s^2 + 2s(s+r)(1-\cos\varphi) \\
&= s^2 + 4r(s+r)\sin^2\frac{\varphi}{2}
\end{aligned} \tag{2.2.2}$$

$$\begin{aligned}
p'^2 &= s'^2 - 2rs' + r^2 + r^2 + 2r(s'-r)\cos\varphi \\
&= s'^2 - 2s'(s'-r)(1-\cos\varphi) \\
&= s'^2 - 4r(s'-r)\sin^2\frac{\varphi}{2}
\end{aligned} \tag{2.2.3}$$

将式(2.2.2)和式(2.2.3)代入式(2.2.1),可得

$$\frac{s^2 + 4r(s+r)\sin^2\dfrac{\varphi}{2}}{n^2(s+r)^2} - \frac{s'^2 - 4r(s'-r)\sin^2\dfrac{\varphi}{2}}{n'^2(s'-r)^2}$$

整理后,有

$$\frac{s^2}{n^2(s+r)^2} - \frac{s'^2}{n'^2(s'-r)^2} = -\sin^2\frac{\varphi}{2}\left[\frac{4r}{n^2(s+r)} + \frac{4r}{n'^2(s'-r)}\right] \quad (2.2.4)$$

由式(2.2.4)可以看出,$s'$ 是 $s$ 和 $\varphi$ 的函数。也就是说,从同一物点发出的光线方向不同(即 $\varphi$ 不同)时,折射后的光线与光轴的交点是不同的,即同心光束经球面折射后,失去同心性。

欲使折射光线保持同心性,则要求式(2.2.4)中的 $s'$ 仅仅是 $s$ 的函数,而与 $\varphi$ 无关。只有在满足下述两种条件之一时,这一要求才能成立。

(1) 等式右端为 0。

如果 $\varphi$ 很小,即 $\varphi \ll \pi$ 时,$\sin^2(\varphi/2) \approx 0$。此时,式(2.2.4)的右端为 0,由此可得

$$\frac{s^2}{n^2(s+r)^2} = \frac{s'^2}{n'^2(s'-r)^2} \quad (2.2.5)$$

即

$$\frac{n(s+r)}{s} = \pm \frac{n'(s'-r)}{s'} \quad (2.2.6)$$

当 $\varphi$ 很小时,物方光线、像方光线与光轴的夹角 $u$ 和 $u'$ 都很小,所有成像的光线都临近光轴,这样的条件称作**傍轴条件**,或**近轴条件**。

对于图 2.2.1 所示的情况,式(2.2.6)中应取正号。整理后得到

$$\frac{n'}{s'} + \frac{n}{s} = \frac{n'-n}{r} \quad (2.2.7)$$

这就是傍轴条件下单个折射球面的物像公式,式中 $s$ 定义为**物距**(object distance),$s'$ 定义为**像距**(image distance)。

记

$$\Phi = \frac{n'-n}{r} \quad (2.2.8)$$

$\Phi$ 称为折射球面的**光焦度**(focal power)。光焦度的量纲为长度的倒数,按国际标准单位制,其单位为 $\mathrm{m}^{-1}$,称作**屈光度**(diopter,符号为 D)。光焦度是折射球面的基本光学参数,由球面的曲率半径和球面两侧的折射率之差决定。

使光平行入射,相当于物在无穷远处,$s = \infty$,得

$$s' = \frac{n'r}{n'-n} = f' \quad (2.2.9)$$

$f'$ 称作**像方焦距**(image focal length,或者 second focal length),像点 $Q'$ 所在位置为**像方焦点**(image focus),如图 2.2.2 所示。

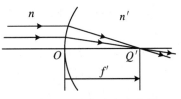

**图 2.2.2　像方焦点与像方焦距**

折射光为平行光,相当于在无穷远处会聚成像,$s' = \infty$,得

$$s = \frac{nr}{n' - n} = f \tag{2.2.10}$$

$f$ 称作**物方焦距**(object focal length,或者 first focal length),物点 $Q$ 所在位置为**物方焦点**(object focus),如图 2.2.3 所示。

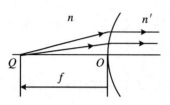

图 2.2.3　物方焦点与物方焦距

定义了焦距 $f$ 和 $f'$ 之后,物像公式(2.2.7)亦可写为

$$\frac{f'}{s'} + \frac{f}{s} = 1 \tag{2.2.11}$$

这称为**高斯公式**(高斯,Carl Friedrich Gauss,1777～1855)。

(2) 等式两端均等于 0。

由于式(2.2.4)中,分子中的物距和像距可以取任意值,所以只有 $r = \infty$,且 $n'^2 = n^2$,才能满足这一条件。这时,等式左端为 $s^2 / \infty - s'^2 / \infty = 0$,而等式右端为 $-\sin^2 \frac{\varphi}{2} \left( \frac{4r}{n^2 r} + \frac{4r}{-n'^2 r} \right) = 0$。在这一条件下,对于任意的角度 $\varphi$,式(2.2.4)都能够成立,并不仅仅限于傍轴光线。

$r = \infty$,表示界面为平面。至于 $n'^2 = n^2$ 的含义,可以这样看:如果 $n' = n$,则两侧是同一种介质,该界面没有任何物理意义;只有当 $n' = -n$ 时,界面才有意义。从传统意义上对折射的理解与定义,负的折射率难以接受。但是,如果按照数学上对角度的定义观察反射定律,由于入射光线和反射光线相对于法线的旋转方向恰相反,所以反射角应当是负值,如图 2.2.4 所示。这样一来,可以将反射定律写作 $-i' = i$,如果将其作为折射定律的特例,则有 $n' \sin(-i) = n \sin i$,因而必须有 $n' = -n$。

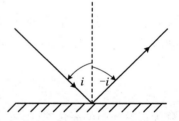

图 2.2.4　反射定律中角度的正负值

由此可知,$r = \infty$ 且 $n' = -n$,就表示平面反射镜,物像关系为

$$s' = -s \tag{2.2.12}$$

像距取负值,表示成像于反射镜的另一侧,像不在像方。对于成像公式中的符号,后面将作详细的讨论。

在上节中已经讨论过平面镜可以严格精确地成像,通过上面的分析,读者可进一步看出,平面反射镜是唯一能够严格成像的几何光学器件。

### 2. 轴外物点成像

实际的物体总有一定的空间尺度,多数物点总是在光轴之外。轴外物点发出的光线成像规律又是怎样的呢?

球面的对称性是最高的,凡是过球心的直线都是其对称轴,也就是所谓的光轴。如果将图 2.2.1 中的光轴绕球心 $C$ 旋转,则物点和像点相应旋转,并划出一段圆弧,如图 2.2.5 所示,其中圆弧 $QQ_1$ 的像就是圆弧 $Q'Q_1'$,即圆弧 $QQ_1$ 和圆弧 $Q'Q_1'$ 是相互共轭的。

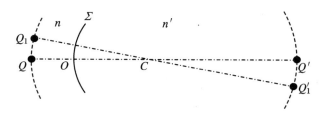

**图 2.2.5  轴外物点成像**

不妨将原来的光轴(即图中水平方向的光轴)称作**主光轴**,设物是一段垂直于主光轴的直线,如图 2.2.6 所示,则轴外的物点 $P$ 的物距比 $Q$ 点要大一些,按物像公式 $n'/s' + n/s = (n' - n)/r$ 或高斯公式 $f'/s' + f/s = 1$,物距 $s$ 越大,像距 $s'$ 越小。则在满足傍轴条件时,像 $\overset{\frown}{P'Q'}$ 应当是进一步向球心弯曲的弧线(注意,不是圆弧)。

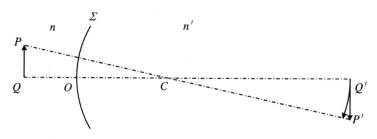

**图 2.2.6  傍轴条件下的物与像**(弧线近似为直线)

如果是垂轴小物,所成的像也很小,这时,曲线 $\overset{\frown}{P'Q'}$ 近似为垂轴的直线。因而,在满足傍轴条件时,垂轴直线所成的像也是垂轴直线。图 2.2.6 中仅仅画出了一个过光轴的平面,而实际上,垂轴平面的像也是垂轴平面;所以,物所在的垂轴平面就是**物平面**,而对应的像所在的垂轴平面就是**像平面**。

从轴外物点成像的特点可以看出,所谓的傍轴光线,不仅仅是指临近光轴或主光轴的光线束,例如,轴外物点的光线束不临近主光轴。广义的傍轴光线是指发散角不是很大的光线束。

## 2.2.2　像的横向放大率

如图 2.2.7 所示,将物和像的高度(即物和像的横向长度)分别记为 $y$ 和 $y'$,并定义像高与物高的比值为像的**横向放大率**(transverse magnification),以符号 $\beta$ 表示。则

$$\beta = \frac{\overline{P'Q'}}{\overline{PQ}} = \frac{s'\tan i'}{s\tan i}$$

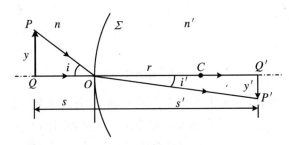

图 2.2.7　像的横向放大率

光线 $PO$ 经球面折射后变为 $OP'$,相应的角度关系为 $n'\sin i' = n\sin i$。由于是傍轴光线,入射角、折射角都很小,故 $\tan i' \approx \sin i'$,$\tan i \approx \sin i$,从而有

$$\frac{s'\tan i'}{s\tan i} \approx \frac{s'\sin i'}{s\sin i} = \frac{ns'}{n's}$$

则横向放大率

$$\beta = \frac{y'}{y} = \frac{ns'}{n's} \tag{2.2.13}$$

## 2.2.3　焦平面

按照前面的讨论,焦点随着光轴绕球心旋转,在傍轴条件下就形成了分别过焦点 $F$ 和 $F'$ 的垂轴的平面 $\mathscr{F}$ 和 $\mathscr{F}'$,这样的平面称作**焦平面**(focal plane),如图2.2.8 所示。由于物方焦点发出的光线会聚在像方无穷远处,而来自物方无穷远处的光线会聚于像方焦点,所以物方焦平面 $\mathscr{F}$ 就是无穷远处的像的物平面,而像方焦平面 $\mathscr{F}'$ 就是无穷远处物的像平面。

由于从物方焦点发出的同心光束在像方是与光轴平行的光线,可以看出,从物

方焦平面 $\mathscr{F}$ 上同一点发出的光线,经球面折射后在像方是相互平行的光线;同理,相互平行的物方光线,经球面折射后,必定会聚于像方焦平面 $\mathscr{F}'$ 上的同一点。

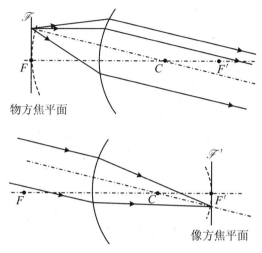

物方焦平面

像方焦平面

**图 2.2.8　焦平面及其光学性质**

由焦平面的光学性质,可以得到求任一光线经球面折射后的方向的作图方法。对于沿任意方向的入射光线,都可以作出与该光线平行的光轴,即与入射光线平行的且通过球心的直线。相对于已经取定的光轴,可以把这条新光轴称为**次光轴**。在满足傍轴条件下,次光轴与像方焦平面的交点即是这条次光轴的焦点,与次光轴平行的入射光线一定通过其焦点,即次光轴与像方焦平面的交点。

从上述推导可以看出,光线的傍轴条件(即 $\varphi \ll \pi$),以及物点的傍轴条件(即 $y \approx 0$),是球面成像的充要条件。由此就可以保持光束的同心性和物像的相似性。这就要求用于成像的折射球面的通光孔径不能很大,同时物的线度也不能很大。这样一来,就对成像系统,包括光具组和物都有了极大的限制,几乎无法得到实用的球面成像系统。实际上,真正"严格"的成像系统是无法实用化的,实用的系统都是在满足一定条件下尽可能把上述两个傍轴条件的限制放宽的结果。

在引入并定义了焦点、焦距、焦平面等概念后,单个折射球面的光学性质可以用相应的光学参数描述,如图 2.2.9 所示。

在高斯公式中,所有的距离都从过球面顶点的垂轴平面算起,这样的平面称作球面的**主平面**(principal plane)。

【例 2.3】　推导不同类型的折射球面在傍轴条件下成像的物像关系。

【解】　读者可以看出,本节分析单球面的成像规律是在凸球面(对于物方)上,物方折射率小于像方折射率的条件下进行的。以下区分不同的情形分别进行讨论。

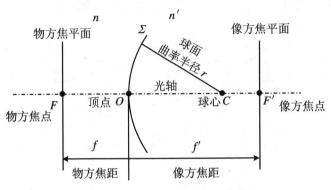

图 2.2.9　单个折射球面的光学参数

（a）凸球面，且 $n > n'$。

这正是前面讨论过的情形，如图 2.2.10 所示。在本例中，采用另一种方法进行讨论。

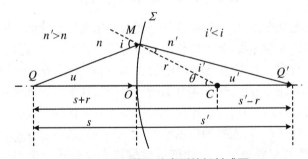

图 2.2.10　第一种类型的折射球面

图 2.2.10 中，$M$ 点处的入射光线、折射光线与光轴的夹角分别记为 $u$ 和 $u'$，$M$ 点处法线（即球面的半径）与光轴的夹角记为 $\theta$。在 $\triangle QMC$ 中，$\angle MQC = u = i - \theta$，$\overline{CM} = r$，$\overline{QC} = \overline{QO} + \overline{OC} = s + r$，$\sin\angle QMC = \sin i$。

由正弦定理，有 $\sin\angle MQC = \dfrac{\overline{CM}}{\overline{QC}}\sin\angle QMC$。将角度与边长的关系代入，可得到

$$\sin(i - \theta) = \frac{r}{s + r}\sin i \tag{1}$$

在 $\triangle Q'MC$ 中，$\angle MQ'C = u' = \theta - i'$，$\overline{Q'C} = \overline{Q'O} - \overline{OC} = s' - r$。应用正弦定理，

同样可得

$$\sin(\theta - i') = \frac{r}{s' - r}\sin i' \tag{2}$$

由于是傍轴光线,式(1)、式(2)中的各个角度都很小,即 $\sin(i - \theta) \approx i - \theta$,$\sin i \approx i$,$\sin(\theta - i') \approx \theta - i'$,$\sin i' \approx i'$。从而式(1)、式(2)可分别化为

$$i - \theta = \frac{r}{s + r}i \tag{3}$$

$$\theta - i' = \frac{r}{s' - r}i' \tag{4}$$

以上两式相加,得到 $i - i' \approx \frac{r}{s' - r}i' + \frac{r}{s + r}i$,整理后,得

$$\frac{s}{s + r}i = \frac{s'}{s' - r}i' \tag{5}$$

而折射定律 $n\sin i = n'\sin i'$ 在小角情形下变为

$$ni \approx n'i' \tag{6}$$

将式(6)代入式(5)中,有 $\frac{n's}{s + r} = \frac{ns'}{s' - r}$,即有

$$\frac{n}{s} + \frac{n'}{s'} = \frac{n' - n}{r} \tag{7}$$

与前面的结果完全一致。

(b) 凸球面,且 $n < n'$。

从图 2.2.11 可以看出,这时物点发出的同心光束折射后在像方是发散的,不能会聚成实像,但在傍轴条件下,折射光线的反向延长线在物方会聚成虚像。

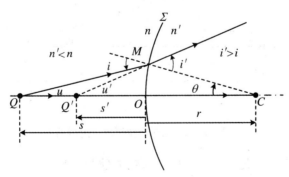

**图 2.2.11 第二种类型的折射球面**

与(a)中的分析类似,在 $\triangle QMC$ 中,$\angle MQC = u = i - \theta$,$\overline{QC} = s + r$。在

$\triangle Q'MC$中,$\angle MQ'C = u' = \theta - i'$,$\overline{Q'C} = \overline{Q'O} + \overline{OC} = s' + r$,在 $\triangle QMC$ 和 $\triangle Q'MC$中,根据正弦定理,分别有

$$\sin(i - \theta) = \frac{r}{s + r}\sin i \quad 和 \quad \sin(i' - \theta) = \frac{r}{s' + r}\sin i'$$

在小角情形下,有

$$i - \theta \approx \frac{r}{s + r}i \tag{8}$$

$$i' - \theta \approx \frac{r}{s' + r}i' \tag{9}$$

式(8)减式(9),得到 $i - i' \approx \frac{r}{s + r}i - \frac{r}{s' + r}i'$,整理后得 $\frac{s}{s + r}i \approx \frac{s'}{s' + r}i'$。

利用小角折射定律 $ni \approx n'i'$,得到 $n\frac{s + r}{s} = n'\frac{s' + r}{s}$,最后整理得到

$$\frac{n}{s} + \frac{n'}{-s'} = \frac{n' - n}{r} \tag{10}$$

式(10)与式(7)形式一致,只是像距 $s'$ 的前面有一负号。这是由于成虚像造成的差别。

（c）凹球面,且 $n > n'$。

这时,由于总有 $i' < i$,所以若物点 $Q$ 在球心 $C$ 之外,它发出的傍轴同心光束经折射后必定在像方会聚成实像 $Q'$（图2.2.12）。

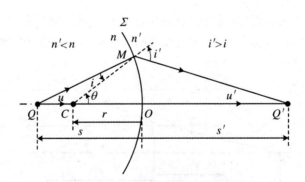

**图2.2.12 第三种类型的折射球面**

在$\triangle QMC$ 中,$\angle MQC = u = \theta - i$,$\overline{QC} = \overline{QO} - \overline{OC} = s - r$。在 $\triangle Q'MC$ 中,$\angle MQ'C = u' = i' - \theta$,$\overline{Q'C} = \overline{Q'O} + \overline{OC} = s' + r$。于是有

$$\sin(\theta - i) = \frac{r}{s - r}\sin i \quad 和 \quad \sin(i' - \theta) = \frac{r}{s' + r}\sin i'$$

在傍轴条件下,有

$$\theta - i = \frac{r}{s-r}i \tag{11}$$

$$i' - \theta = \frac{r}{s'+r}i' \tag{12}$$

以上两式相加,得到 $i' - i \approx \frac{r}{s'+r}i' + \frac{r}{s-r}i$,整理后得 $\frac{s}{s-r}i = \frac{s'}{s'+r}i'$。代入小角折射定律,得到 $\frac{n's}{s-r} = \frac{ns'}{s'+r}$,整理后,有

$$\frac{n'}{s'} + \frac{n}{s} = \frac{n'-n}{-r} \tag{13}$$

物像关系式(13)与式(7)形式一致,但由于此处为凹球面(对于物方),所以在球面半径的前面有一负号。

(d) 凹球面,且 $n < n'$。

这时,由于总有 $i' < i$,所以物点发出的傍轴同心光束经折射后在像方必定发散,只能在物方成虚像(图 2.2.13)。

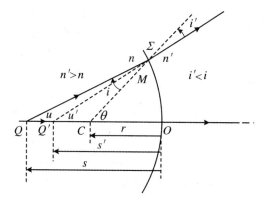

图 2.2.13 第四种类型的折射球面

在 $\triangle QMC$ 中,$\angle MQC = u = \theta - i$,$\overline{QC} = \overline{QO} - \overline{OC} = s - r$。在 $\triangle Q'MC$ 中,$\angle MQ'C = u' = \theta - i'$,$\overline{Q'C} = \overline{Q'O} - \overline{OC} = s' - r$。于是有

$$\sin(\theta - i) = \frac{r}{s-r}\sin i \quad \text{和} \quad \sin(\theta - i') = \frac{r}{s'-r}\sin i'$$

在傍轴条件下,有

$$\theta - i = \frac{r}{s-r}i \tag{14}$$

$$\theta - i' = \frac{r}{s' - r}i' \tag{15}$$

式(14)减式(15)，得到 $i' - i \approx \frac{r}{s-r}i - \frac{r}{s'-r}i'$，整理后得 $\frac{s}{s-r}i = \frac{s'}{s'-r}i'$。代入小角折射定律，得到 $\frac{n's}{s-r} = \frac{ns'}{s'-r}$，整理后，有

$$\frac{n'}{-s'} + \frac{n}{s} = \frac{n'-n}{-r} \tag{16}$$

物像关系式(16)与式(7)形式一致，但由于此处为凹球面（对于物方），而且成虚像，所以在球面半径和像距的前面各有一负号。

**【例 2.4】** 针对射向球面的会聚同心光束，导出物像公式

**【解】** 这样的入射光束在物方并无会聚点，也就是没有真实的物点。光束的会聚点在球面的右侧，就是将入射光束延长后的会聚点 $Q$。既然成像公式要给出物像之间的数学关系，在没有实物的情形下，也可以将上述物方光线的会聚点 $Q$ 作为物点。当然 $Q$ 是未经折射的入射光束的虚拟会聚点，称作**虚物**。

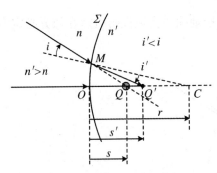

图 2.2.14 会聚同心光束经
球面折射后成像

设入射光束满足傍轴条件，则经球面折射后，将会聚于 $Q'$ 点。$Q'$ 点就是虚物 $Q$ 的像点，如图 2.2.14 所示。

同推导实物成像的方法和步骤相仿，对于图 2.2.14 中的两个以球面半径 $CM$ 为公共边的 $\triangle QMC$ 和 $\triangle Q'MC$ 中，注意到 $\angle MQC = i + \theta$，$\angle MQ'C = i' + \theta$，$\overline{QC} = r - s$，$\overline{Q'C} = r - s'$，应用正弦定理，可以得到

$$\sin(\theta + i) = \frac{r}{r-s}\sin i, \quad \sin(\theta + i') = \frac{r}{r-s'}\sin i'$$

在傍轴条件下，上述两式相减消去 $\theta$，有 $i - i' \approx \frac{r}{r-s}i - \frac{r}{r-s'}i'$，即

$$\frac{s}{r-s}i \approx \frac{s'}{r-s'}i'$$

利用小角折射定律 $ni \approx n'i'$，得到 $n's/(r-s) = ns'/(r-s')$。最后得到

$$\frac{n}{-s} + \frac{n'}{s'} = \frac{n'-n}{r}$$

会聚入射光线经球面的折射，可以作为虚物成像进行处理。

物像公式的形式与例 2.3 中的式(7)相同,只是由于是虚物成像,物距 $s$ 的前面有一负号。

## 2.2.4 几何光学的符号约定

从例 2.3 和例 2.4 可以看出,在各种单球面折射成像的各种类型下,物像之间的关系都可以用公式 $\frac{n}{\pm s} + \frac{n'}{\pm s'} = \frac{n' - n}{\pm r}$ 表示,只是要区分不同情形下,在物距、像距和球面半径之前的正负号。这样一来,就使得问题变得有点复杂。

其实,这样的问题也可以采用以下方式处理:将正负号与物距、像距、球面半径的绝对值合并,使上述数值在不同的情形下取正值或负值。这样就可以将所有不同的成像情形用一个公式描述,并根据各个物理量数值的正负号判断物像的虚实和球面的凹凸。这就是几何光学中的符号约定。除了上述距离和半径之外,对于物像的高度、光线的角度也可以进行符号约定。

应该指出,这种负号约定并没有一致的标准,只是一种根据习惯而定出的符号法则而已,不同的约定或符号体系并无优劣之分。

对距离、线段和角度的符号,本书采用以下方式进行约定:

(1) 球心在像方,球面曲率半径 $r > 0$;球心在物方,球面曲率半径 $r < 0$。也就是说,对像方(观察者)而言,凹球面的半径为正值,凸球面的半径为负值。

(2) 物在物方,物距 $s > 0$;物在像方,物距 $s < 0$。

实际中,物(即所谓"实物")自然在物方,这没有问题;物在像方的情况,是指逐次成像过程中"虚物"的情形,正如例 2.2 中所讨论的会聚光线成像的情形。

(3) 像在像方,像距 $s' > 0$;像在物方,像距 $s' < 0$。

成在像方的肯定是实像,成在物方的肯定是虚像。这样就是约定实像的像距为正值,虚像的像距为负值,同(2)中的实物的物距为正值,虚物的物距为负值的约定实质相同。

焦距是特殊的物距、像距,焦距的符号约定及其含义与物距、像距相同,即:物方焦点在物方,其焦距 $f > 0$;像方焦点在像方,其焦距 $f' > 0$;反之,均为负值。

(4) 物、像的横向尺度(高度)$y$ 和 $y'$ 均用垂轴直线段表示。线段在主光轴之上,$y > 0$;线段在主光轴之下,$y < 0$。

(5) 角度自主光轴或球面法线算起,逆时针方向为正,顺时针方向为负。角度正负值的约定,与数学中角度的度量一致。

(6) 本书中,涉及几何光学的图形中的参量均标注为正值,对实际为负值的参量,均加负号,以遵守本书的符号约定。

在反射的情形中,物方、像方在球面的同一侧。而上述符号系统是依据折射的情形,即物方、像方分居球面两侧而约定的,因此对反射球面,另给出符号约定。

(7) 对观察者而言,凹反射球面的曲率半径为负值,凸反射球面的曲率半径为正值。

(8) 像在实物的一方,即像在像方,像距为正值;像在实物的另一方,即像在球面的另一侧,像距为负值。

(9) 实物在反射球面的物方,实物的物距为正值;虚物在反射球面的另一侧,虚物的物距为负值。

图 2.2.15 是关于半径、高度和角度约定的符号示意,其中左侧为物方,右侧为像方。

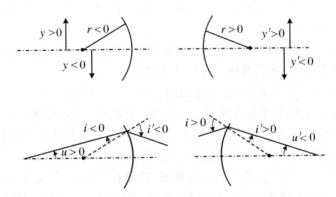

**图 2.2.15　曲率半径、高度及角度的符号约定**

在上述约定下,折射球面的横向放大率公式(2.2.13)应当表示为

$$\beta = \frac{y'}{y} = -\frac{ns'}{n's} \qquad (2.2.14)$$

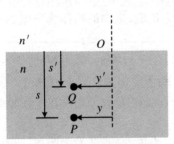

**图 2.2.16　用物像公式计算水下物点的成像**

【**例 2.5**】　用本节的成像方法重做例 2.2。

【**解**】　当球面曲率半径 $r = \infty$ 时,即为平面。此时物像公式为 $n/s + n'/s' = 0$,于是得到

$$s' = -\frac{n'}{n}s$$

在水面下(物方)成虚像,如图 2.2.16 所示,与直接用折射定律的结果一致。

在物点附近作折射面的一条法线,以物、像到

该法线的距离作为像高,则横向放大率为

$$\beta = \frac{y'}{y} = -\frac{ns'}{n's} = -\frac{n'}{n}\left(-\frac{n'}{n}\right) = +1$$

即说明像点、物点到该法线的距离相等,也即看起来像在物的正上方,而且像与物的大小、倒正都一致。

【**例 2.6**】 用费马原理证明物像关系式(2.2.7)。

【**证明**】 费马原理是指物像之间的任意路径都是等光程的。可以用两种方法对此加以证明。

方法 1 如图 2.2.17 所示,只要证明任意路径的光程 $np + n'p'$ 与沿光轴的光程 $ns + n's'$ 相等即可。

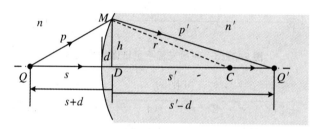

**图 2.2.17 利用等光程性证明物像公式**

自入射点 $M$ 作光轴的垂线 $MD$,记 $\overline{MD} = h$,利用圆的相交弦定理,可得

$$(2r - d)d = h^2$$

光线满足傍轴条件 $d \ll r$,上式可化为 $2rd \approx h^2$,即 $d \approx h^2/(2r)$。

在 $\mathrm{Rt}\triangle QMD$ 中,有

$$p^2 = (s + d)^2 + h^2 \approx s^2 + 2sd + d^2 + 2rd \approx s^2 + 2(s + r)d$$

$$p \approx s\sqrt{1 + \frac{2(s + r)d}{s^2}} \approx s\left[1 + \frac{(s + r)d}{s^2}\right] = s + \frac{(s + r)d}{s}$$

同理,在 $\mathrm{Rt}\triangle Q'MD$ 中,有

$$p'^2 = (s' - d)^2 + h^2 \approx s'^2 - 2s'd + d^2 + 2rd \approx s'^2 - 2(s' - r)d$$

$$p' \approx s'\sqrt{1 - \frac{2(s' - r)d}{s'^2}} \approx s' - \frac{(s' - r)d}{s'}$$

由 $np + n'p' = ns + n's'$,可得

$$ns + \frac{ns + nr}{s}d + n's' - \frac{n's' - n'r}{s'}d = ns + n's'$$

整理后,得到

$$\frac{ns + nr}{s}d - \frac{n's' - n'r}{s'}d = 0$$

化简，即有

$$\frac{n'}{s'} + \frac{n}{s} = \frac{n' - n}{r}$$

方法 2　如图 2.2.18 所示，在 $\triangle QMC$ 和 $\triangle Q'MC$ 中，根据余弦定理，有

$$p = \sqrt{r^2 + (r + s)^2 - 2r(r + s)\cos\theta}$$

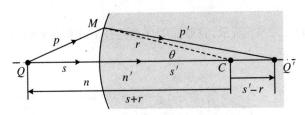

**图 2.2.18　利用光程平稳证明物像公式**

利用傍轴条件 $\cos\theta \approx 1 - \theta^2/2$，上式可化为

$$p = \sqrt{2r^2 + 2rs + s^2 - 2r(r + s)(1 - \theta^2/2)} = \sqrt{s^2 + r(r + s)\theta^2}$$

$$\approx s\left[1 + \frac{r(r + s)}{2s^2}\theta^2\right] = s + \frac{r(r + s)}{2s}\theta^2$$

同理，可得

$$p' \approx s' - \frac{r(s' - r)}{2s'}\theta^2$$

于是任意路径的光程

$$L = np + n'p' = n\left[s + \frac{r(r + s)}{2s}\theta^2\right] + n'\left[s' - \frac{r(s' - r)}{2s'}\theta^2\right]$$

取极值的条件为

$$\frac{\mathrm{d}L}{\mathrm{d}\theta} = n\frac{r(r + s)}{s}\theta - n'\frac{r(s' - r)}{s'}\theta = 0$$

当 $\theta \neq 0$ 时，可得 $n\frac{r(r + s)}{s} - n'\frac{r(s' - r)}{s'} = 0$，即

$$\frac{n'}{s'} + \frac{n}{s} = \frac{n' - n}{r}$$

进一步计算

$$\frac{\mathrm{d}^2 L}{\mathrm{d}\theta^2} = r\left(n\frac{r + s}{s} - n'\frac{s' - r}{s'}\right) = 0$$

说明光程是恒定值，即物像之间的光程相等。

**【例 2.7】** 用物像之间的等光程性推导单球面折射的物像公式。

**【解】** 如图 2.2.19 所示,物点为 $Q$,像点为 $Q'$,沿光轴的成像光线,物方和像方的长度分别为 $s$ 和 $s'$;对另一条任意的傍轴成像光线,物方和像方的长度分别为 $p$ 和 $p'$。

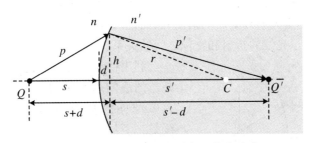

**图 2.2.19 利用等光程性推导物像公式**

自傍轴光线在球面上的入射点向光轴作垂线,垂线的长度为 $h$,垂足到球面定点的距离记为 $d$。该垂线将球面半径分为长度分别为 $d$ 和 $2r - d$ 的两段。利用圆的相交弦定理,可得 $d(2r - d) = h^2$。在傍轴条件下,$d \ll r$,于是有

$$2rd \approx h^2 \quad 或 \quad d \approx \frac{h^2}{2r} \tag{1}$$

在两个以上述垂线为邻边的直角三角形中,根据勾股定理并利用式(1),可得

$$p^2 = (s + d)^2 + h^2 \approx s^2 + 2sd + d^2 + 2rd \approx s^2 + 2(s + r)d$$

$$p'^2 = (s' - d)^2 + h^2 \approx s'^2 - 2s'd + d^2 + 2rd \approx s'^2 - 2(s' - r)d$$

于是

$$p = s\sqrt{1 + \frac{2(s + r)d}{s^2}} \approx s\left[1 + \frac{(s + r)d}{s^2}\right] = s + \frac{(s + r)d}{s}$$

$$p' = s'\sqrt{1 - \frac{2(s' - r)d}{s'^2}} \approx s'\left[1 - \frac{(s' - r)d}{s'^2}\right] \approx s' - \frac{(s' - r)d}{s'}$$

物像之间的等光程性为 $np + n'p' = ns + n's'$,即

$$ns + \frac{ns + nr}{s}d + n's' - \frac{n's' - n'r}{s'}d = ns + n's'$$

对上式作以下恒等变换:

$$\frac{ns + nr}{s}d - \frac{n's' - n'r}{s'}d = 0, \quad \frac{ns + nr}{s} - \frac{n's' - n'r}{s'} = 0$$

$$n + \frac{nr}{s} - n' + \frac{n'r}{s'} = 0, \quad \frac{n'r}{s'} + \frac{nr}{s} = n' - n$$

最后得到

$$\frac{n'}{s'} + \frac{n}{s} = \frac{n'-n}{r}$$

## 2.2.5 成像的作图法

每一条物方光线都有唯一的一条像方光线,根据光的可逆性原理,这条像方光线反向入射,必将沿入射线的反向射出,因而说两者之间是**共轭**的。用作图法可以方便而直观地表示光线的折射和物像之间的关系。

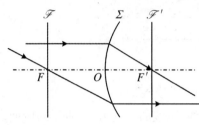

**图 2.2.20　单个折射球面的共轭光线**

利用特殊光线的共轭性表示物像关系,是作图法的基本原则。如图 2.2.20 所示,在单球面的情况下,两对基本的共轭光线是:

(1) 平行于光轴的物方光线↔经过像方焦点的像方光线;

(2) 经过物方焦点的物方光线↔平行于光轴的像方光线。

除此之外,利用物方和像方焦平面的性质,也是作图法常采用的手段。

【例2.8】　用作图法画出图 2.2.21 中入射光线经球面之后的折射光线,其中(a)的焦距为正值,而(b)的焦距为负值。

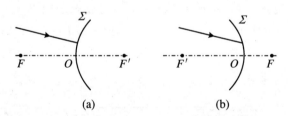

**图 2.2.21　用作图法求出图中入射光线的像方共轭光线**

【解】　物像关系是在傍轴条件下获得的,因而作图时,光线在球面上的入射点应当画在主平面上。

利用焦平面的特性,可以很容易解决问题。

(a) **第一种方法**　如图 2.2.22 所示,作出物方焦平面$\mathscr{F}$,过$\mathscr{F}$与入射光线的交点 $A$ 作一条平行于光轴的辅助光线1,该光线的像方共轭光线1′经过像方焦点$F'$,则上述光线的像方光线必定平行于光线 1′。

**第二种方法**　如图 2.2.23 所示,作出像方焦平面$\mathscr{F}'$,作一条与上述光线平行且过物方焦点 $F$ 的辅助光线2,其共轭光线平行于光轴且与$\mathscr{F}'$交于 $B$ 点,则入射光线的共轭光线必经过 B 点。

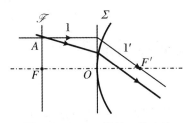 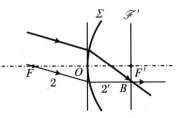

图 2.2.22　(a)的第一种方法　　　图 2.2.23　(a)的第二种方法

(b) 焦距为负值的折射球面,其物方焦点在像方,而像方焦点在物方。

第一种方法　延长入射光线,与物方焦平面 $\mathscr{F}$ 的交点为 $A$;作一条辅助光线 1,平行于光轴且射向 $A$,则上述两条入射光线经过物方焦平面上同一点,在像方相互平行,如图 2.2.24 所示。

第二种方法　作一条与入射光线平行且射向物方焦点 $F$ 的辅助光线 2,则这两条光线的像方光线必射向像方焦平面 $\mathscr{F}'$ 上的同一点 $B$,如图 2.2.25 所示。

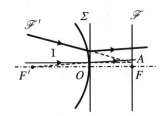 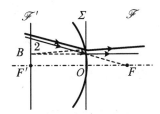

图 2.2.24　(b)的第一种方法　　　图 2.2.25　(b)的第二种方法

如果已知物 $PQ$,则可以按图 2.2.26 的方法求出像 $P'Q'$。

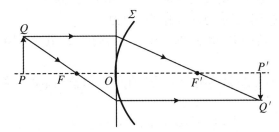

图 2.2.26　用作图法求折射球面的像

# 2.3 傍轴光经球面反射成像

球面反射镜简称球面镜,通过光线的反射成像。凹面镜(图 2.3.1)、凸面镜(图 2.3.2)是被广泛使用的光学元件。

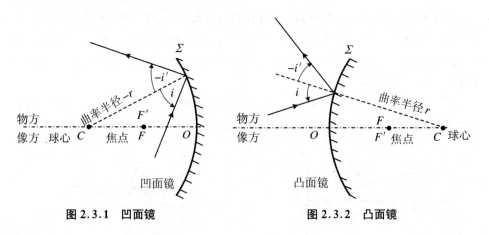

图 2.3.1　凹面镜　　　　　　　　图 2.3.2　凸面镜

## 2.3.1　球面反射的物像公式

球面折射的物像关系为 $n/s' + n/s = (n'-n)/r$,如果将反射也归于一种折射,并且用折射定律表示,则因为 $n\sin i = n'\sin i'$,而且 $i' = -i$,必定可以得到 $n' = -n$,即像方的折射率是物方折射率的负值。

同时,在反射的情形中,物方、像方在球面的同一侧,其中像距的度量与折射情形下的方向恰好相反。

所以如果要将球面折射的物像关系转化为反射情况下的物像关系,需要同时作以下代换:

$$n' \mapsto -n, \quad s' \mapsto '$$

即不仅要将 $n'$ 以 $-n$ 代替,同时还要将像距 $s'$ 改成 $-s'$,从而得到

$$\frac{-n}{-s'} + \frac{n}{s} = \frac{-n-n}{r} = -\frac{2n}{r}$$

由于光线的反射与折射率无关,故反射球面的物像公式为

$$\frac{1}{s'} + \frac{1}{s} = -\frac{2}{r} \qquad\qquad (2.3.1)$$

球面反射镜的焦距为

$$f = f' = -\frac{r}{2} \qquad\qquad (2.3.2)$$

由于反射镜的物方、像方均在反射面的同一侧,所以其物方焦距和像方焦距相等。

虽然球面反射镜的焦距与折射率无关,但是,对于处在折射率为 $n$ 的介质中的反射镜,其光焦度通常仍然写作 $\Phi = -2n/r$,这样,焦距仍可用光焦度表示为

$$f = \frac{n}{\Phi} = \frac{n}{-2n/r} = -\frac{r}{2}$$

读者当然也可以根据光线在球面上反射的规律直接推导出式(2.3.1)。如图 2.3.3 所示,以凹面镜为例,注意到按照本书的符号约定,曲率半径为负值,$\overline{CQ'} = -(s' + r)$。

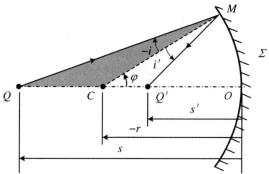

图 2.3.3  用反射定律推导球面镜的物像公式

在 $\triangle QMC$ 和 $\triangle Q'MC$ 中,由正弦定理,有

$$\frac{p}{s + r} = -\frac{p'}{s' + r}$$

由余弦定理,有

$$p^2 = (s + r)^2 + r^2 - 2r(s + r)\cos\varphi$$

$$p'^2 = (s' + r)^2 + r^2 - 2r(s' + r)\cos\varphi$$

于是可以得到

$$\frac{s^2}{(s + r)^2} - \frac{s'^2}{(s' + r)^2} = -\sin^2\frac{\varphi}{2}\left(\frac{4r}{s + r} - \frac{4r}{s' + r}\right)$$

对于傍轴光线,有 $s^2/(s + r)^2 = s'^2/(s' + r)^2$,开平方,并取负号,有

$$\frac{s}{s+r} = -\frac{s'}{s'+r}$$

同样可得到式(2.3.1)。

当 $r = \infty$ 时,式(2.3.1)可化为 $s' = -s$,即为平面反射镜的物像公式。

对于球面反射镜,依据本书的符号系统,凹面镜的半径为负值,凸面镜的半径为正值。则凹面镜的焦距为正值,焦点在镜前;而凸面镜的焦距为负值,焦点在镜后,如图2.3.4所示。

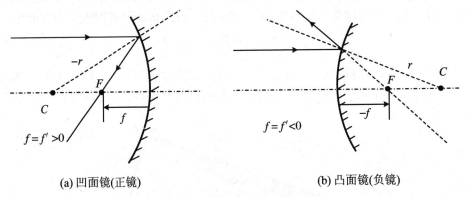

(a) 凹面镜(正镜)　　　　　　　(b) 凸面镜(负镜)

**图2.3.4　凹面镜、凸面镜的焦点**

球面反射镜的高斯公式为

$$\frac{f}{s'} + \frac{f}{s} = 1 \tag{2.3.3}$$

## 2.3.2　球面镜成像的特点

### 1. 像的横向放大率

根据式(2.1.15),球面折射成像横向放大率公式为

$$\beta = \frac{y'}{y} = -\frac{ns'}{n's}$$

按照符号约定,用 $-n$ 代替 $n'$,同时将 $s'$ 改成 $-s'$,可得球面反射成像的横向放大率

$$\beta = \frac{y'}{y} = -\frac{s'}{s} \tag{2.3.4}$$

### 2. 像的虚实与倒正

由式(2.3.1),可得

$$s' = -\frac{sr}{2s + r}$$

实物成像时,物距总是正值,即 $s > 0$,所以球面镜的成像规律如下:

(1) 凸面镜,$r > 0$。

$s' < 0$,只能成虚像,而且横向放大率 $\beta = -s'/s = r/(2s + r)$,$0 < \beta < +1$,只能成正立、缩小的虚像。

(2) 凹面镜,$r < 0$。

$s > -r/2$,$s' > 0$,成实像,既可以是放大的,也可以是缩小的,像总是倒立的。

$s < -r/2$,$s' < 0$,成虚像,横向放大率 $\beta = -s'/s = r/(2s + r) > +1$,虚像总是正立、放大的。

### 2.3.3　球面镜成像的作图法

凹面镜和凸面镜中特殊的共轭光线如图 2.3.5 和图 2.3.6 所示。

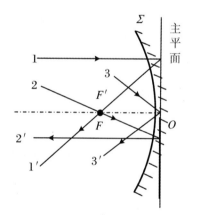
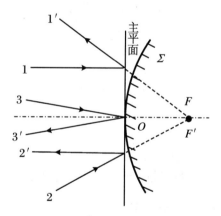

图 2.3.5　凹面镜中特殊的共轭光线　　　图 2.3.6　凸面镜中特殊的共轭光线

在凹面镜中,由于焦点在物(像)方,所以光线可以通过焦点;而凸面镜的焦点在反射镜后侧,光线无法经过,在这种情形下,所谓"经过焦点的光线"系指延长线经过焦点,或者指向焦点的光线。

在反射镜中,由于物方、像方的折射率相反,所以经过球面顶点的两条共轭光线 3 和 $3'$ 的角度相反。

球面镜成像的特点可以用作图法表示,如图2.3.7所示.

(a) 凹面镜可以成倒立的实像或正立、放大的虚像

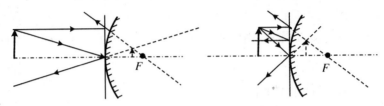

(b) 凸面镜只能成正立、缩小的虚像,物距越远,像越小

**图 2.3.7　凹面镜、凸面镜成像的特点**

# 2.4　傍轴光经薄透镜成像

　　成像光学系统的基本单元,主要是平面和球面反射镜以及透镜。本节主要讨论单个薄透镜的五项关系和成像规律。

## 2.4.1　薄透镜

　　如图2.4.1所示,透镜由折射率为 $n_L$ 的透明介质制作,透镜两侧表面都是球面。朝向物方(折射率为 $n$)的一侧球面记作 $\Sigma_1$,球心为 $C_1$,曲率半径为 $r_1$;朝向像方(折射率为 $n'$)的一侧球面记作 $\Sigma_2$,球心为 $C_2$,曲率半径为 $r_2$。通过球心 $C_1$、$C_2$ 的直线就是透镜的对称轴,称作光轴,光轴与透镜表面的交点就是顶点 $O_1$ 和 $O_2$,$O_1$ 和 $O_2$ 间的距离记为 $d$,用 $d$ 表示该透镜的厚度。

　　所谓薄透镜,是指透镜的厚度 $d$ 比球面半径小得多,同时 $d$ 也比成像时的物距、像距小得多(即 $d \ll r_1, r_2, |s|, |s'|$)的透镜。由于厚度很薄,所以可以认为 $d$

$=0$,这样一来,两球面的顶点 $O_1$ 和 $O_2$ 也可以认为是重合的,重合点记为 $O$,就是透镜光轴的中心,称为薄透镜的**光心**(optical center)。

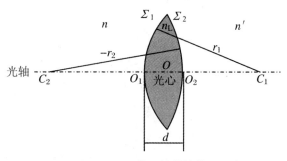

图 2.4.1　薄透镜的结构

## 2.4.2　薄透镜成像的物像公式

2.2.1 小节中已经讨论了单个球面折射时的物像公式,经过成像透镜的光线,要依次被两侧的球面折射,相当于经历两次成像,可以采用下述的逐次成像法,由单球面的物像公式得到薄透镜的物像公式。

**1. 逐次成像法**

物所发出的光线经薄透镜折射成像的过程是这样的:首先,光线在第一球面处发生折射;然后经过透镜的介质;最后经第二球面折射成像。因此,要得到物像之间的关系,当然可以针对上述过程,依次计算光线经两球面折射的情况,以得到最后的结果。

上述计算过程中逐次应用了折射定律,略嫌繁琐。前面我们已经得到了傍轴光线经过单个球面折射的成像公式,所以,上述的每一次折射过程,当然就是一次成像过程,因而,从成像的过程讨论薄透镜的问题也是可以的。

左侧(即物方)物点 $Q$ 先经第一球面 $\Sigma_1$ 成像 $Q_1'$,这当然要假设球面 $\Sigma_2$ 不存在,则 $\Sigma_1$ 右侧介质的折射率都是 $n_L$。由于无论是实像还是虚像,都发出光线,所以可以将 $Q_1'$ 作为物点,再经第二折射面 $\Sigma_2$ 成像 $Q'$,$Q'$ 即为 $Q$ 经透镜后所成的像。这种让光线依次通过多个折射(或反射)球面成像的方法称为**逐次成像法**。

物点经薄透镜的两次成像过程用图 2.4.2 表示。

(1) $Q$ 经 $\Sigma_1$ 成像于 $Q_1'$。

物距为 $s$,物方的折射率为 $n$,像方的折射率为 $n_L$,应用物像关系公式 (2.2.7),得到

$$\frac{n_L}{s_1'} + \frac{n}{s} = \frac{n_L - n}{r_1} \qquad (2.4.1)$$

其中像距为 $s_1'$，像位于折射率为 $n_L$ 的介质中。

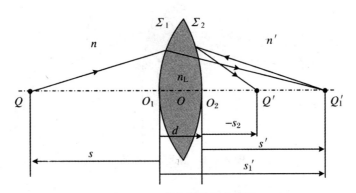

**图 2.4.2　薄透镜的逐次成像**

记 $\Phi_1 = (n_L - n)/r_1$，它为第一折射球面 $\Sigma_1$ 的光焦度。

(2) $Q_1'$ 再经 $\Sigma_2$ 成像于 $Q'$。

将经 $\Sigma_1$ 所成的中间像 $Q_1'$ 作为 $\Sigma_2$ 的物，按照本书的符号约定，物距为 $d - s_1'$。由于是薄透镜，所以 $d - s_1' \approx -s_1'$，$Q_1'$ 实际上是 $\Sigma_2$ 的虚物。此时，物方的折射率为 $n_L$，像方的折射率为 $n'$。再次应用公式(2.2.7)，得到

$$\frac{n'}{s'} + \frac{n_L}{-s_1'} = \frac{n' - n_L}{r_2} \qquad (2.4.2)$$

记 $\Phi_2 = (n' - n_L)/r_2$，它为第二折射球面 $\Sigma_2$ 的光焦度。式(2.4.1)和式(2.4.2)相加，有

$$\frac{n'}{s'} + \frac{n}{s} = \frac{n_L - n}{r_1} + \frac{n' - n_L}{r_2}$$
$$= \Phi_1 + \Phi_2 = \Phi \qquad (2.4.3)$$

这就是薄透镜的物像公式。其中

$$\Phi = \frac{n_L - n}{r_1} + \frac{n' - n_L}{r_2} \qquad (2.4.4)$$

为薄透镜的光焦度。

需要指出的是，只有成像过程中相邻球面的间隔为 0 时，整个成像系统的光焦度才等于各个球面的光焦度之和，因而式(2.4.4)仅仅对薄透镜才适用。

**2. 薄透镜的焦点与焦平面**

令 $s' = \infty$，得到薄透镜的物方焦距

$$f = \frac{n}{\dfrac{n_L - n}{r_1} + \dfrac{n' - n_L}{r_2}} = \frac{n}{\Phi} \tag{2.4.5}$$

令 $s = \infty$，得到薄透镜的像方焦距

$$f' = \frac{n'}{\dfrac{n_L - n}{r_1} + \dfrac{n' - n_L}{r_2}} = \frac{n'}{\Phi} \tag{2.4.6}$$

形式上与单折射球面的焦距类似。

薄透镜的焦点和焦平面的定义与单个球面相同,如图 2.4.3 所示。

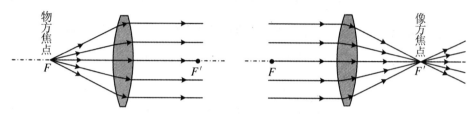

**图 2.4.3　薄透镜的物方焦点与像方焦点**

如果透镜置于空气中,取 $n = n' = 1$,有

$$f = f' = \frac{1}{(n_L - 1)(1/r_1 - 1/r_2)} \tag{2.4.7}$$

式(2.4.7)称为**磨镜者公式**。

将上述焦距的表达式(2.4.5)和(2.4.6)代入式(2.4.3),得到薄透镜的高斯公式

$$\frac{f'}{s'} + \frac{f}{s} = 1 \tag{2.4.8}$$

在高斯公式中,物距和像距都是以光心为基点度量的,或以经过光心的垂轴平面(薄透镜的主平面)为度量起点。

如果用焦点或焦平面作为度量的基准点,用到焦点的距离表示物像的位置,如图 2.4.4 所示,即 $s = x + f$, $s' = x' + f'$,则高斯公式可写作

$$\frac{f'}{x' + f'} + \frac{f}{x + f} = 1$$

整理得到

$$xf' + ff' + x'f + f'f = x'x + x'f + f'x + f'f$$

即有

$$xx' = ff' \tag{2.4.9}$$

这就是**牛顿物像公式**。

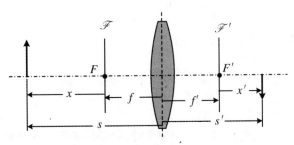

**图 2.4.4　牛顿公式和高斯公式中的物距、像距**

由磨镜者公式可以看出,在空气中,薄透镜焦距的正负号取决于两球面的曲率半径。根据

$$\frac{1}{r_1} - \frac{1}{r_2} = \frac{r_2 - r_1}{r_1 r_2}$$

如果 $r_1$ 为正值,$r_2$ 为负值,则焦距 $f,f'$ 为正值,这是普通的双凸透镜,中间厚,边缘薄;如果 $r_1$ 为负值,$r_2$ 为正值,则焦距 $f,f'$ 为负值,这是普通的双凹透镜,中间薄,边缘厚;如果 $r_1$ 为正值,$r_2$ 为正值,且 $|r_1| > |r_2|$,则焦距 $f,f'$ 为正值;如果 $r_1$ 为负值,$r_2$ 为负值,且 $|r_1| > |r_2|$,则焦距 $f,f'$ 为正值,这是月牙形透镜,中间厚,边缘薄;如果 $r_1$ 为负值,$r_2$ 为负值,且 $|r_1| < |r_2|$,则焦距 $f,f'$ 为负值,中间薄,边缘厚。

$f = f' > 0$,像点在透镜的右侧,为会聚透镜,称为**正透镜**,正透镜具有实焦点;$f = f' < 0$,像点在透镜的左侧,为发散透镜,称为**负透镜**,负透镜具有虚焦点。

综上所述,在空气中,凡是中间厚、边缘薄的透镜都是会聚正透镜;反之,是发散负透镜,如图 2.4.5 所示。

如果将薄透镜置于折射率更大的介质中,例如玻璃中的气泡,或水中的气泡所形成的透镜,则上述正负透镜恰好相反。

如果从透镜对波面形状改变的观点来看,则上述结论是当然的。

**3. 经过光心的光线**

如图 2.4.6 所示,由于对称性,在光心附近,可以认为透镜的两个表面相互平行,又由于透镜很薄,$d \approx 0$,故经过透镜光心的光线可以看作是透过了很薄的平行平板,在透镜的两侧介质折射率相等时,通过薄透镜光心的光线不改变方向。

**4. 从费马原理看光学成像**

依据费马原理,可以证明空气中的正透镜必定是中间厚,边缘薄;负透镜必定是中间薄,边缘厚。

所谓正透镜,系指物方焦点在其物方,而像方焦点在其像方,如图 2.4.7 所示。

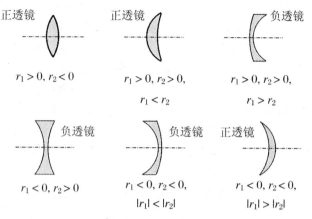

正透镜　　　　正透镜　　　　　　负透镜

$r_1 > 0, r_2 < 0$　　$r_1 > 0, r_2 > 0,$　　　　$r_1 > 0, r_2 > 0,$

　　　　　　　　$r_1 < r_2$　　　　　　　　$r_1 > r_2$

负透镜　　　　负透镜　　　　正透镜

$r_1 < 0, r_2 > 0$　　$r_1 < 0, r_2 < 0,$　　　$r_1 < 0, r_2 < 0,$

　　　　　　　　$|r_1| < |r_2|$　　　　　　　$|r_1| > |r_2|$

图 2.4.5　各种构型的正透镜与负透镜

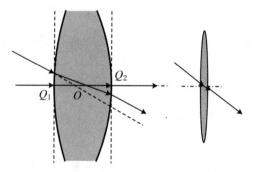

图 2.4.6　经过透镜光心的光线

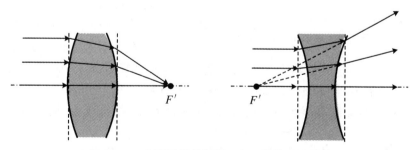

图 2.4.7　用费马原理解释正负透镜的结构特征

平行光自左侧入射,会聚到正透镜右侧的焦点。光线愈远离光轴,光路所经过的距离愈长。为使各个路径的光程相等,则远离光轴的光线在透镜中的距离必须较短(由于透镜的折射率大于空气的折射率)。所以正透镜的形状,必须是愈远离中心轴线,厚度愈薄,因而正透镜的形状,必定是中间厚、边缘薄的结构。

负透镜使入射平行光在像方发散,在透镜物方成虚像。虚光线的光程为负值。远离光轴的虚光线的光程值较大。按费马原理,实光线在透镜中的光程加上虚光线的虚光程应为0,为使各个路径的光程相等,则远离光轴的光线在透镜中的距离必须较长,所以负透镜的形状,必定是中间薄、边缘厚的结构。

**【例2.9】** 一个点光源位于凸透镜的主光轴上。当点光源位于 $A$ 点处,它成像于 $B$ 点。而当它位于 $B$ 点,它成像于 $C$ 点。已知 $\overline{AB}=10\,\mathrm{cm}$,$\overline{BC}=20\,\mathrm{cm}$,试判断凸透镜的位置,并求出凸透镜的焦距。

**【解】** 题中 $A$,$B$,$C$ 三点有图2.4.8所示的两种配置方式。

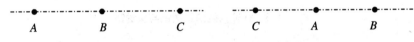

**图2.4.8 例2.9中物像的相对位置**

凸透镜的成像规律如图2.4.9所示,物在焦点之外,成实像于像方焦点之外;物在焦点之内,成放大的虚像于物方,且虚像在物的外侧。

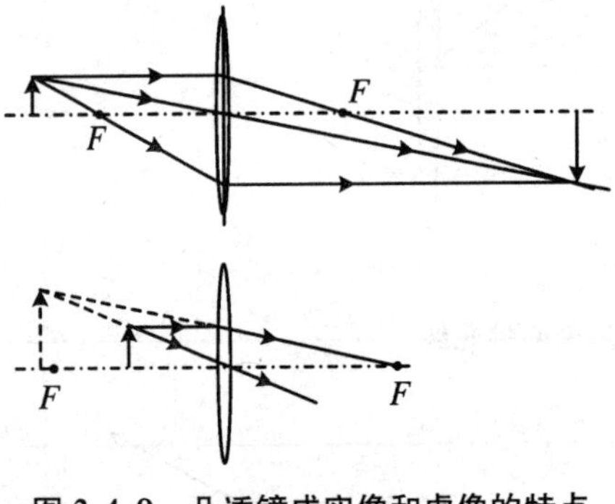

先看第一种配置方式,透镜共有四个位置,如图2.4.10所示。在图2.4.10(a)和(b)中,应是在 $B$ 点成虚像,但与凸透镜成虚像的规律不符;在图2.4.10(c)中,看起来 $A$ 处的物在 $B$ 处成实像,$B$ 处的物又在 $C$ 处成虚像,但是,由于光路是可逆的,所以 $B$ 点如果成实像,则置于 $B$ 点的实物必在 $A$ 处成实像。又因为实像

**图2.4.9 凸透镜成实像和虚像的特点**

总是在焦点之外,该处的物也不可能成虚像。因而只有图2.4.10(d)是可能的。即 $A$ 处的物在 $B$ 处成虚像,$B$ 处由于是虚像点,光线是所谓的虚光线,所以 $B$ 处的实物与 $A$ 处的实像不存在可逆的光路,不可能在 $A$ 处再成像,而是在 $C$ 处成虚像。

根据图2.4.10(d)中所标注的物距和像距,列出高斯公式,进行计算:

$$s'_B = \frac{s_A f}{s_A - f} = -(10 + s_A)$$

$$s_B = -s'_B$$

$$s'_C = \frac{s_B f}{s_B - f} = \frac{(10 + s_A)f}{(10 + s_A) - f} = -(30 + s_A)$$

将数据代入，得到 $10f = 10s_A + s_A^2$，$20f = 300 + 40s_A + s_A^2$。先消去 $f$，有

$$0 = -300 - 20s_A + s_A^2$$

解得 $s_A = 30$，$s_A = -10$（舍去）。

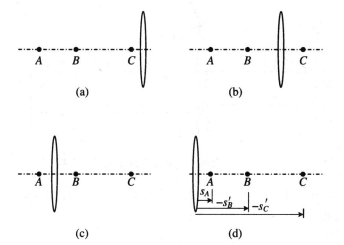

图 2.4.10　凸透镜位置的判定

因此，只有 $f = 120\ \text{cm}$。

读者可自行分析第二种配置方式，算得透镜的焦距为 $f = 40/9\ \text{cm}$。

**4. 像的横向放大率**

因为是经过两个球面逐次成像，所以总放大率为两次成像的放大率的乘积，即

$$\beta = \beta_1 \beta_2 = \left(-\frac{n s'_1}{n_L s}\right)\left(-\frac{n_L s'}{-n' s'_1}\right) = -\frac{n s'}{n' s} \qquad (2.4.10)$$

**5. 拉格朗日-亥姆霍兹恒等式**

如图 2.4.11 所示，物在 $Q$ 点，成像于 $Q'$ 点。在成像过程中，对光线的角放大率为

$$\frac{-u'}{u} \approx \frac{\tan(-u')}{\tan u} = \frac{h/(s' - d)}{h/(s + d)} \approx \frac{s}{s'}$$

根据像的横向放大率公式 $\dfrac{y'}{y} = -\dfrac{ns'}{n's}$，结合上式，可得

$$\frac{s'}{s} = -\frac{ny}{n'y'} = \frac{-u'}{u}$$

于是有

$$ynu = y'n'u' \qquad (2.4.11)$$

这就是单球面折射的**拉格朗日-亥姆霍兹恒等式**。

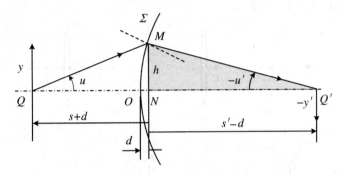

**图 2.4.11 物像之间共轭光线与光轴的夹角**

容易看出，在逐次经过各个球面依次成像的过程中，拉格朗日-亥姆霍兹恒等式始终成立，即

$$ynu = y''n_\mathrm{L}u'' = y'n'u' \qquad (2.4.12)$$

### 2.4.3 薄透镜成像的作图法

**1. 共轭光线**

由薄透镜焦点和光心的特性，可知下列的特殊光线之间有一一对应的物像关系：

平行于光轴的物方入射光线↔经过像方焦点的光线；

经过物方焦点的入射光线↔平行于光轴的像方光线；

经过光心的物方入射光线↔经过光心并与入射光线方向相同的像方光线。

上述三对特殊的光线之间是物像关系，因而称它们是相互共轭的，如图2.4.12和图 2.4.13 所示。

值得注意的是，对于负透镜，其物方焦点实际上位于像方，而像方焦点实际上位于物方。

下面通过具体的实例说明薄透镜成像的作图方法。

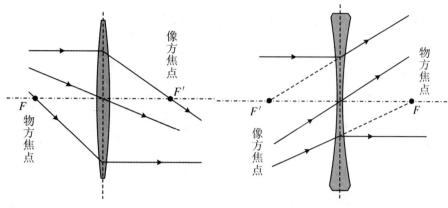

图 2.4.12　凸透镜的共轭光线　　　　图 2.4.13　凹透镜的共轭光线

**【例 2.10】**　如图 2.4.14 所示,作出任意入射光线经凸透镜折射后的像方共轭光线。

**【解】**　可以用三种不同的作图法求解,如图 2.4.15 所示。

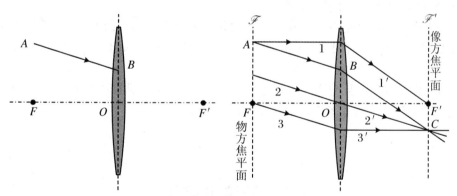

图 2.4.14　射向凸透镜的任意物方光线　图 2.4.15　求解凸透镜像方光线的三种方法

(1) 作平行于光轴的入射光线 1,并使光线 1 与原入射光线在物方焦平面相交,则辅助光线的像方共轭光线 1′ 必经过像方焦点且与待求光线平行。

(2) 作通过光心且与原光线平行的入射光线 2,则辅助光线在像方的光线 2′ 方向不变,且与待求光线在像方焦平面相交。

(3) 作与该光线平行的入射光线 3,并使之过物方焦点,则其在像方为平行于光轴的光线 3′,相互平行的入射光线必相交于像方焦平面上。

**【例2.11】** 如图2.4.16所示,作出任意入射光线经凸透镜折射后的像方共轭光线。

**【解】** 同样有三种不同的作图法,如图2.4.17所示。

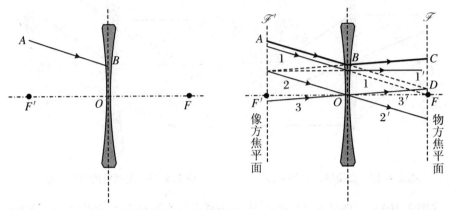

**图 2.4.16    射向凹透镜的任意物方光线**　　**图 2.4.17    求解凹透镜像方光线的三种方法**

(1) 作平行且过物方焦点的辅助入射光线 1,则辅助线在像方的光线 $1'$ 必平行于光轴,且与原光线交于像方焦平面上。

(2) 作平行且过光心的入射光线 2,则其共轭光线 $2'$ 的方向不变,且 $2'$ 与待求光线必交于像方焦平面上,由于像方焦平面位于物方(光线入射一方),实际是折射光线的反向延长线在像方焦平面上相交。

(3) 作经过光心且与原光线在物方焦平面上相交的辅助光线 3,则光线 3 的共轭光线 $3'$ 与待求光线在像方必是相互平行的光线。

# 2.5    透镜组成像

为了获得所需的效果,实用的成像系统往往由多个透镜共轴排列,构成透镜组。例如,照相机的镜头就是由多片共轴透镜构成的。其中,柯克物镜由 3 片透镜构成;匹兹万物镜由 4 片构成;天塞物镜、海利亚物镜由 4 片构成;双高斯物镜、普兰那物镜、松那物镜,都由 6 片透镜构成;变焦镜往往由 15 片左右的透镜构成,等等。

光线每经过一个透镜,成一次像。因而用逐次成像法可以方便地解决透镜组的成像问题。

## 2.5.1 透镜组成像的计算

逐次成像计算的要点,是要确定物像的虚实,尤其是物的虚实。

每一个透镜的像,是下一个透镜的物,如果像位于下一个透镜的物方,则是实物;如果像不在下一个透镜的物方,则必定是虚物。

实物或者虚物可以用物距的正负值体现。设两透镜光心间距为 $d$,前一透镜的像距为 $s_1'$,则该像到下一透镜的距离为 $s_2 = d - s_1'$,$s_2$ 就是下一次成像的物距。$s_1' < d$,物距 $s_2$ 取正值,则为实物;$s_1' > d$,物距 $s_2$ 取负值,则为虚物。

以下通过例题加以说明。

【例 2.12】 计算物体经过平行玻璃平板所成的像。

【解】 如图 2.5.1 所示,设厚度为 $d$ 的玻璃平板置于空气中,记空气和玻璃的折射率分别为 $n_1$ 和 $n_2$,物到玻璃的第一个侧面的距离为 $s_1$。

平面的曲率半径 $r = \infty$,则物像公式为

$$\frac{n'}{s'} + \frac{n}{s} = 0$$

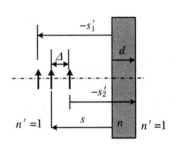

**图 2.5.1 玻璃平板的逐次成像**

第一次折射成像:像距 $s_1' = - n's/n = - n_2 s_1/n_1$,成虚像,横向放大率为 $+1$。该虚像作为第二折射面的物,到第二折射面的物距 $s_2 = d - s' = d + n_1 s_1/n_2$。

第二次成像:像距 $s_2' = - n_1 s_2/n_2 = - (s_1 + n_1 d/n_2)$,仍成虚像,横向放大率依然为 $+1$。

由于像距 $s_2'$ 从第二面算起,向右为正,而物距 $s_1$ 从第一面算起,向左为正,于是像相对于原物向右的位移

$$\Delta = s_2' + (s_1 + d) = - \left(s_1 + \frac{n_1}{n_2}d\right) + s_1 + d$$

$$= \left(1 - \frac{n_1}{n_2}\right)d = \left(1 - \frac{1}{n_2}\right)d$$

$\Delta > 0$,即像在物的右侧,比物更靠近玻璃,看起来比原物要大一些。

【例 2.13】 计算物体经过顶角为 $\alpha$ 的光楔所成的像。

【解】 所谓光楔,就是顶角很小的玻璃三棱镜。记物到光楔一个侧面的距离为 $s$。

如图 2.5.2 所示,自物点向光楔左侧面作垂线,第一次折射所成的像在该垂线上,因而该垂线可作为平面折射成像的光轴。

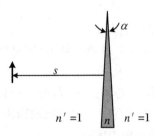

图 2.5.2　光楔成像

显然所成的为虚像,像距

$$s_1' = -\frac{n}{n'}s = -\frac{n}{1}s = -ns$$

这个虚像处于第二折射面的物方,因而是光楔右侧面成像的实物。

自像向光楔右侧面作垂线,这是右侧面成像的光轴,第二次所成的像在这一光轴上。

由于光楔很薄,故第二次成像的物距 $s_2 = 0 - s_1' = ns$,算得像距

$$s_2' = -\frac{n'}{n}s_2 = -\frac{1}{n}ns = -s$$

与物到光楔的距离相同。

由图 2.5.3 可见,由于光楔两侧面不平行,故最后的像会向楔尖方向稍稍移动,移动的距离为

$$\Delta h = (ns - s)\alpha = (n - 1)s\alpha$$

【例 2.14】　如图 2.5.4 所示,$L_1$ 和 $L_2$ 为薄透镜,$L_1$ 的焦距为 4 cm,$L_2$ 为平凸透镜,平面一侧朝向 $L_1$,透镜材料的折射率为 1.5,球面半径为 12 cm,球面上镀有反射膜。$L_1$ 和

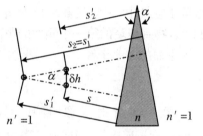

图 2.5.3　不平行平面的逐次成像

$L_2$ 的间距为 10 cm,物 $Q$ 在 $L_1$ 前 5.6 cm 处,求 $Q$ 点最后成像的位置。

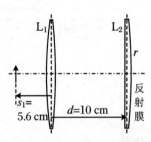

图 2.5.4　例 2.11 中的光学元件

【解】　不妨将题中一侧涂有反射膜的透镜看作是空气中的一个透镜和一个球面反射镜的组合,两者之间有一层极薄的空气层。

这样一来,空气中的透镜 $L_2$ 的焦距

$$f_2 = \frac{1}{\Phi} = \frac{1}{\Phi_1 + \Phi_1}$$

$$= \frac{1}{0 + \dfrac{1-n}{r}} = \frac{1}{\dfrac{1-1.5}{-12}} = 24(\text{cm})$$

半径为 12 cm 的凹球面镜的焦距 $f_3 = -r/2 = 6$ cm。

用逐次成像法计算。

（1）第一次成像，物经透镜 $L_1$：物距 $s_1 = 5.6\,\text{cm}$，像距

$$s_1' = \frac{s_1 f_1}{s_1 - f_1} = \frac{5.6 \times 4}{5.6 - 4} = 14(\text{cm})$$

成实像，在 $L_1$ 的右侧。

（2）第二次成像，$L_1$ 的像作为物，经透镜 $L_2$：物距 $s_2 = d - s_1' = 10 - 14 = -4$（cm），像距

$$s_2' = \frac{s_2 f_2'}{s_2 - f_2} = \frac{-4 \times 24}{-4 - 24} = \frac{24}{7}(\text{cm})$$

成实像，在镜 $L_2$ 的右侧。

（3）第三次成像，$L_2$ 的像作为物，经球面反射镜：物距 $s_3 = 0 - s_2' = -24/7$（cm），是虚物。像距

$$s_3' = \frac{s_3 \cdot f_3}{s_3 - f_3} = \frac{-24/7 \times 6}{-24/7 - 6} = \frac{24}{11}(\text{cm})$$

成实像，在球面反射镜的左侧。

（4）第四次成像，球面反射镜的像作为 $L_2$ 的物，光线向左：物距 $s_4 = 0 - s_3' = -24/11(\text{cm})$，是虚物。像距

$$s_4' = \frac{s_4 f_2'}{s_4 - f_2} = \frac{-24/11 \cdot 24}{-24/11 - 24} = 2(\text{cm})$$

成实像，在 $L_2$ 的左侧。

（5）第五次成像，$L_2$ 的像作为 $L_1$ 的物，向左成像：物距 $s_5 = d - s_4' = 8\,\text{cm}$，像距 $s_5' = 8\,\text{cm}$，成实像，在 $L_1$ 的左侧。

综上，总的横向放大率为

$$\prod_i \left(-\frac{s_i'}{s_i}\right) = \left(-\frac{14}{5.6}\right)\left(-\frac{24/7}{-4}\right)\left(-\frac{24/11}{-24/7}\right)\left(-\frac{2}{-24/11}\right)\left(-\frac{8}{8}\right) = 1.25$$

**【例 2.15】** 将薄透镜的一侧涂上反射膜，讨论这样的"透反射镜"的成像特征。

**【解】** 只要算出这样的光学器件的焦距，就可以知道其成像特征。而计算焦距，只需以平行光入射，算得最后成像的位置即可。

在例 2.14 中，假设透镜与反射球面之间有一层薄薄的空气，即透镜和球面反射镜都置于空气中。这样假设的合理性是需要证明的，因为实际上，透反射镜成像的过程，应当是（空气到玻璃的）球面折射→（玻璃到玻璃的）球面反射→（玻璃到空气的）球面折射。所以针对本题，采用三种不同的方法求解，再看看所得结果是否

一致。

**解法 1** 可以将这种装置看作是一个薄透镜和一个球面镜的组合,两者的间距为 0。

透镜的焦距

$$f_1 = \frac{1}{(n-1)(1/r_1 - 1/r_2)} = \frac{r_1 r_2}{(n-1)(r_2 - r_1)}$$

球面镜的焦距 $f_2 = -r_2/2$。

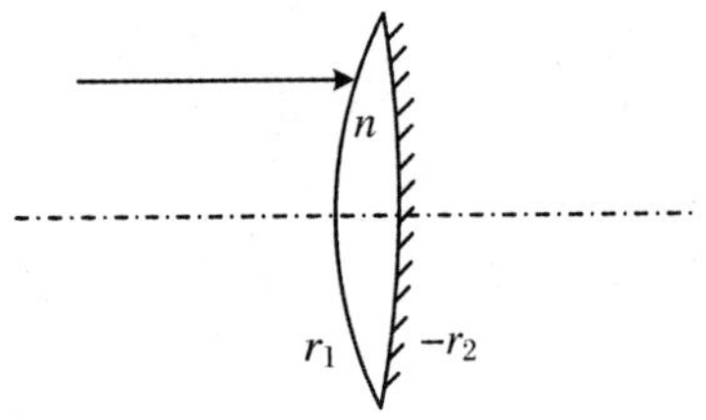

如图 2.5.5 所示,以平行光入射,计算该光具组的焦距。

经透镜成像于 $s_1' = f_1$。对球面反射镜,该像的物距 $s_2 = -f_1$,经球面镜成像,像距

$$s_2' = \frac{s_2 f_2}{s_2 - f_2} = \frac{f_1 f_2}{f_1 + f_2}$$

图 2.5.5 计算透反射镜的焦距

反射光再经透镜成像。物距 $s_3 = -s_2'$,像距

$$s_3' = \frac{s_3 f_1}{s_3 - f_1} = \frac{-\dfrac{f_1 f_2}{f_1 + f_2} f_1}{-\dfrac{f_1 f_2}{f_1 + f_2} - f_1} = \frac{f_1^2 f_2}{f_1(f_1 + 2f_2)} = \frac{f_1 f_2}{f_1 + 2f_2} = \frac{1}{2/f_1 + 1/f_2}$$

$s_3'$ 就是该光具组的像方焦距 $f$。由于是球面反射,且物方、像方重合,故光具组相当于一个球面反射镜,焦距

$$f = \frac{f_1 f_2}{f_1 + 2f_2} = \frac{\dfrac{r_1 r_2}{(n-1)(r_2 - r_1)} \dfrac{r_2}{2}}{\dfrac{r_1 r_2}{(n-1)(r_2 - r_1)} + \dfrac{2r_2}{2}} = \frac{1}{2} \frac{r_1 r_2}{n(r_2 - r_1) - r_2}$$

**解法 2** 从各个球面对光线的折射、反射分析成像。则逐次成像过程为:$\Sigma_1$ 折射(空气→玻璃)→$\Sigma_2$ 反射(玻璃→玻璃)→$\Sigma_1$ 反射(玻璃→空气)。

平行光经球面 $\Sigma_1$ 折射(空气→玻璃),像距即为 $\Sigma_1$ 的右焦距

$$s_1' = \frac{nr_1}{n-1}$$

再经球面 $\Sigma_2$ 反射(玻璃→玻璃),物距 $s_2 = -s_1' = -\dfrac{nr_1}{n-1}$,像距

$$s_2' = -\frac{r_2 s_2}{r_2 + 2s_2} = \frac{r_2 s_1'}{r_2 - 2s_1'}$$

最后经球面 $\Sigma_1$ 折射(玻璃→空气),物距 $s_3 = -s_2'$,像距

$$s'_3 = -\frac{s_3 r_1}{(1-n)s_3 + nr_1}$$

$s'_3$ 是光具组的焦距 $f$。

$$f = \frac{\dfrac{r_2 f'_1}{r_2 - 2f'_1}r_1}{-(1-n)\dfrac{r_2 f'_1}{r_2 - 2f'_1} + nr_1}$$

$$= \frac{r_2 f'_1 r_1}{-(1-n)r_2 f'_1 + nr_1(r_2 - 2f'_1)}$$

$$= \frac{r_2 \dfrac{nr_1}{n-1}r_1}{-(1-n)r_2 \dfrac{nr_1}{n-1} + nr_1\left(r_2 - 2\dfrac{nr_1}{n-1}\right)}$$

$$= \frac{nr_1 r_2}{-(1-n)nr_2 + n\big[(n-1)r_2 - 2nr_1\big]}$$

$$= \frac{1}{2}\frac{r_1 r_2}{n(r_2 - r_1) - r_2}$$

可以看出,解法 1 与解法 2 所得的结果相同,因而一侧涂有反射膜的透镜可以看作是在空气中密接的透镜与反射镜。

解法 3  利用各个球面的光焦度计算

由于光线依次经过三个密接球面成像,这三个密接球面构成的光具组的光焦度就等于各个球面的光焦度之和,即 $\Phi = \Phi_1 + \Phi_2 + \Phi_3$,而

$$\Phi_1 = \frac{n-1}{r_1}, \quad \Phi_2 = -\frac{2n}{r_2}, \quad \Phi_3 = \frac{1-n}{-r_1}$$

所以整个装置的光焦度

$$\Phi = \Phi_1 + \Phi_2 + \Phi_3 = \frac{n-1}{r_1} - \frac{2n}{r_2} - \frac{1-n}{r_1} = \frac{2n(r_2 - r_1) - 2r_2}{r_1 r_2}$$

而焦距

$$f = \frac{1}{\Phi} = \frac{2(n-1)r_2 - 2nr_1}{r_1 r_2}$$

$$= \frac{1}{2}\frac{r_1 r_2}{n(r_2 - r_1) - r_2} = \frac{1}{2n(1/r_1 - 1/r_2) - 2/r_1}$$

## 2.5.2  透镜组成像的作图

逐次成像法就是将光线经第一镜所成的像作为第二镜的物,再经过第二镜

成像。

在应用逐次成像法作图时,要区分不同的情况,用不同的方法加以处理。

(1)前次所成的实像,位于下次成像的透镜的物方,如图 2.5.6 和图 2.5.7 所示。

这是最简单的情况,前次的像作为后次的物,直接作图。

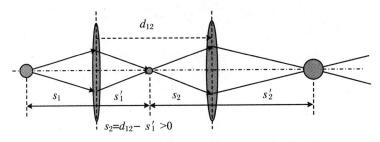

图 2.5.6　前次的实像为后次的实物,经正透镜成像

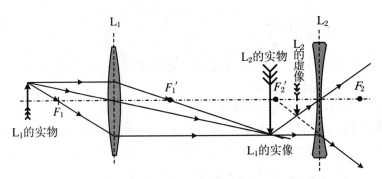

图 2.5.7　前次的实像为后次的实物,经负透镜成像

(2)前次所成的为虚像,如图 2.5.8 和图 2.5.9 所示。

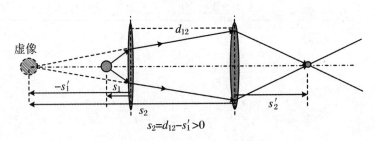

图 2.5.8　虚像作为实物

虚像位于前次透镜的物方,则必定位于后次成像透镜的物方,因而该虚像就是后次成像透镜的实物。

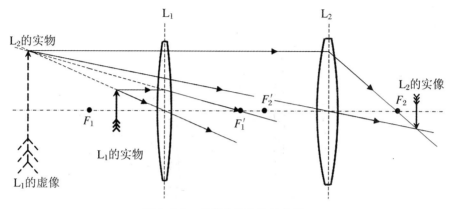

**图 2.5.9　虚像作为实物的作图**

(3) 前次所成的实像位于下次成像的透镜的像方,如图 2.5.10 所示。前次所成的像,是下次成像透镜的虚物。

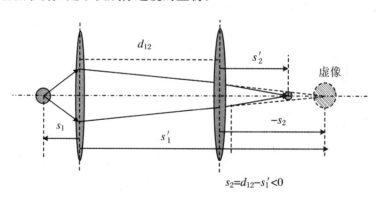

**图 2.5.10　虚物成像**

物经 $L_1$ 所成的像位于 $L_2$ 的左侧(物方),即在经过 $L_2$ 之前已经成一实像,因此,该像作为 $L_2$ 的物,是真实的,就是实物。

应用作图法,读者会发现,第一透镜的像成在第二透镜的像方,即对于第二透镜来说,第一透镜的像是"虚物"。虚物是不能作为物发光成像的,因而需要特殊处理。

如图 2.5.11 所示,射向第二透镜的光线都是要会聚到虚物处的,因而,可以任意选两条特殊的光线,这里选了经过第二透镜物方焦点的和平行于光轴的两条光线,则很容易就确定了折射后的共轭光线,并作出了最后成像的位置(图2.5.12)。

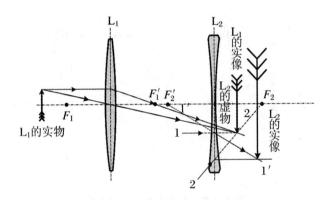

**图 2.5.11　用形成虚物的特殊光线作图**

实际上,按照前面介绍的求任意入射光线的共轭光线的步骤与方法,完全可以作出图2.5.13中光线1和2经L₂后所成的像。

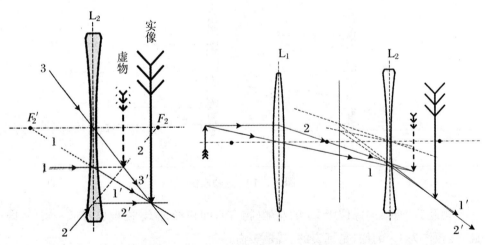

**图 2.5.12　虚物成像作图**　　　　**图 2.5.13　形成虚物的任意光线作图**

【例2.16】　一平凸透镜焦距为 $f$,其平面上镀了银,在其凸面一侧距它 $2f$ 处,垂直于主轴放置一高为 $y$ 的傍轴小物,其下端在透镜的主轴上(图2.5.14)。

(1) 用作图法画出物经镀银透镜所成的像,并说明该像是虚像还是实像;

（2）计算像的位置和大小。

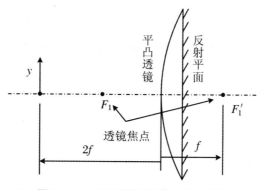

图 2.5.14　平面镀反射膜的平凸透镜

**【解】**　逐次成像过程的分步作图方法如图 2.5.15 所示，也可以采用图 2.5.16 所示的方法作图。

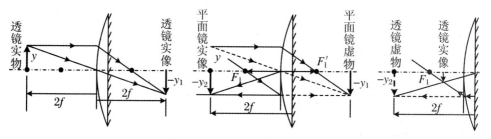

图 2.5.15　逐次成像作图（Ⅰ）

最后成像的位置和像的大小见图 2.5.17。算得最后像到透镜的距离为 $2f/3$，像高为 $-y/3$。

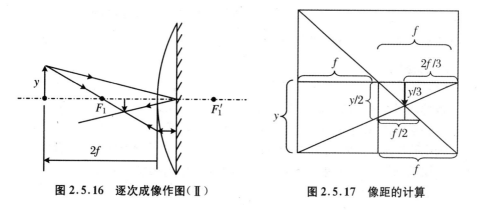

图 2.5.16　逐次成像作图（Ⅱ）　　　　图 2.5.17　像距的计算

# 2.6 焦距的实验测定

焦距是球面镜、透镜等光学元件最基本的光学参数。精确地测量焦距是光学课程学习的基本训练内容之一。

## 2.6.1 正镜焦距的测量

焦距为正值的球面镜和透镜,可以方便地成实像,因而可以直接测量焦距。

### 1. 凹面镜

如图 2.6.1 所示,在不透光的纸板上开一个小孔,使光透过小孔照射到凹面镜

照明光源

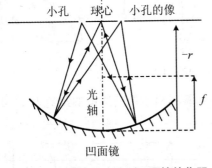

**图 2.6.1　用自准直法测凹面镜的焦距**

上。保持纸面的法线与凹面镜的对称轴平行,并前后移动纸板。如果小孔恰好位于球心,则所有光线将沿着球面法线射向球面,并沿原路返回,会聚于小孔处。这种情况当然不便于观察到。如果纸板位于球心,而小孔稍稍偏离球面的轴线,则小孔的像也成在纸面上,且物、像相对于球面轴线对称。对称中心就是球心。这样就可以测量出球面的半径,进而得到凹面镜的焦距。

在上述测量中,当物平面位于球心处且与光轴垂直时,经过球心入射的光线原路返回并在原处成像,因而这种方法称作自准直法。

### 2. 凸透镜

(1) 自准直法

也可以用自准直法测量凸透镜的焦距,如图 2.6.2 所示。在凸透镜的右侧放置一垂轴平面镜,在透镜的左侧,光源和透镜之间放置一开有小孔的垂轴纸板。

当小孔位于焦点时,发出的光束经透镜后成为平行于光轴的光束,若该光束正射到平面镜,反射后的光束仍与光轴平行,则经透镜后仍会聚于交点处。

若小孔位于透镜焦平面上光轴之外,则必成像于轴线另一侧的对称位置。

（2）共轭法

由于物像之间是共轭的，在实物成实像的情形中，将物置于像平面处，则在原来的物平面处成像。

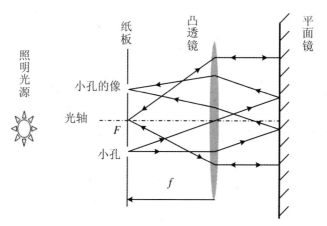

**图 2.6.2　用自准直法测凸透镜的焦距**

如图 2.6.3 所示，固定物平面，使凸透镜沿轴线移动，并根据情况调整接收屏到物平面的距离 $D$。如果能够在屏上观察到清晰的像，则固定物平面和像平面。继续移动透镜，直到在接收屏上观察到第二次成像。记接收屏到物平面的距离为 $D$，两次成像时透镜的间距为 $d$。

两次成像过程中，物距和像距之间有以下关系：

$$s'_1 = s_2, \quad s'_2 = s_1$$
$$s_1 + s'_1 = s_2 + s'_2 = D$$
$$s'_1 - s_1 = s_2 - s'_2 = d$$

解得

$$s_1 = \frac{D-d}{2}, \quad s'_1 = \frac{D+d}{2}$$

由透镜的高斯公式 $f/s' + f/s = 1$，可得到

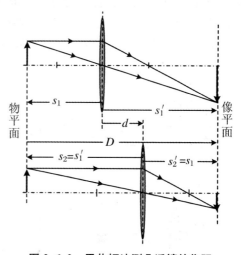

**图 2.6.3　用共轭法测凸透镜的焦距**

$$f = \frac{D^2 - d^2}{4D} \tag{2.6.1}$$

这种方法称作"共轭法"。

## 2.6.2 负镜焦距的测量

负镜系指凸面镜、凹透镜,它们的焦距是负值,无法对实物直接成实像,因而不能直接测量其焦距。

### 1. 凹透镜

(1) 物像法

如图 2.6.4 所示,先使物 $Q$ 经一凸透镜成实像于 $Q'$,然后在凸透镜的右侧共轴放置待测的凹透镜,得到实像 $Q''$。由图 2.6.4 可以看出,在逐次成像过程中,$Q'$ 是凹透镜的虚物,而虚物 $Q''$ 经凹透镜成实像。测量两次成像的位置到凹透镜的距离,即得 $-s,s'$。

由物像公式 $f/s' + f/s = 1$,可以得到凹透镜的焦距

$$f = \frac{ss'}{s + s'}$$

(2) 自准直法

如图 2.6.5 所示,先让点光源 $Q$ 经凸透镜成实像于 $Q'$点,测得像距 $s'$。然后,在凸透镜与 $Q'$点之间放置待测的凹透镜,使其与凸透镜共轴,并在凹透镜的右侧与光轴垂直处放置平面镜。移动凹透镜到一个合适的位置,使 $Q$ 经过整个光学系统后所成的像 $Q''$ 与其自身重合。测得此时凹透镜与凸透镜间的距离为 $d$。

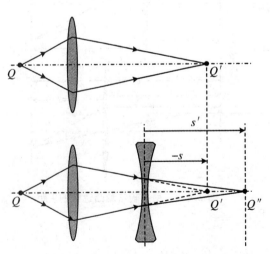

图 2.6.4 用物像法测凹面镜的焦距

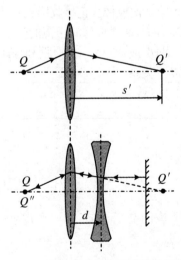

图 2.6.5 用自准直法测凹透镜的焦距

既然在原位置成像,则射向反射镜的光必定沿其法线,即平行于光轴,可见射向待测凹透镜的光线是瞄向其物方焦点的,则 $Q'$ 点就是凹透镜的物方焦点,从而凹透镜的焦距

$$f = d - s'$$

**2. 凸面镜**

如图 2.6.6 所示,在凸面镜的前面放置一凸透镜。如果凸透镜的像恰位于凸面镜的球心,则光线按原路返回而在物所在的位置成一个等大小的倒立实像。这也是一种测凸面镜焦距的自准值方法。

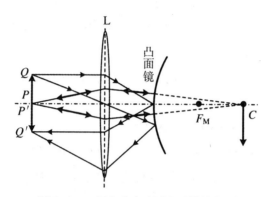

**图 2.6.6  用自准直法测凸透镜的焦距**

# 2.7  非傍轴光成像

球面镜、薄透镜等成像元件对傍轴光线才能很好地保持同心光束的同心性不变。傍轴条件要求光线束的发散角不能很大,因而限制了成像过程中的光通量。本节讨论非傍轴光成像的条件,以及对非傍轴光成像的透镜。

## 2.7.1  透镜组的阿贝正弦条件

如图 2.7.1 所示,$P'Q'$ 为傍轴小物 $PQ$ 的像,设该像已经消除了球差,光具组物方、像方的折射率分别为 $n$ 和 $n'$。其中各条光线满足以下条件:
$PS$//光轴,$PN$//$QM$,$PR \perp QM$,$P'R' \perp M'Q'$,$R,R'$为垂足。

由于 $P'Q'$ 为傍轴小像,所以有 $\overline{F'Q'} \approx \overline{F'P'}$, $\overline{G'R'} \approx \overline{G'P'}$。

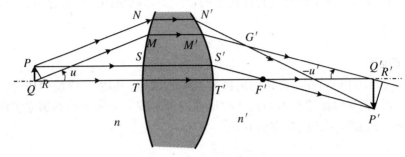

图 2.7.1　非傍轴光线成像

又由于物像间的等光程性,有

$$\overline{QMM'Q'} = \overline{QTT'Q'}, \quad \overline{PNN'P'} = \overline{PSS'P'}$$

由于 $PS//$ 光轴,$PN//QM$,所以有

$$\overline{PSS'F'} = \overline{QTT'F'}, \quad \overline{PNN'G'} = \overline{RMM'G'}$$

$$\overline{QR} = \overline{QMM'Q'} - \overline{RMM'G'} - \overline{G'Q'} = \overline{QTT'Q'} - \overline{PNN'G'} - \overline{G'R'} + \overline{Q'R'}$$

$$= \overline{QTT'F'} + \overline{F'Q'} - \overline{PNN'P'} + \overline{Q'R'} = \overline{PSS'F'} + \overline{F'P'} - \overline{PNN'P'} + \overline{Q'R'}$$

$$= \overline{PSS'P'} - \overline{PNN'P'} + \overline{Q'R'} = \overline{PNN'P'} - \overline{PNN'P'} + \overline{Q'R'} = \overline{Q'R'}$$

即 $n\,\overline{QR} = n'\overline{Q'R'}$。由于

$$\overline{QR} = \overline{PQ}\sin u, \quad \overline{Q'R'} = \overline{P'Q'}\sin(-u')$$

记物高 $\overline{PQ} = y$,像高 $\overline{P'Q'} = -y'$,所以有

$$ny\sin u = n'y'\sin u' \tag{2.7.1}$$

式(2.7.1)称作**阿贝正弦条件**(阿贝,Ernst Karl Abbe,1840～1905)。

阿贝正弦条件是在轴上已消除球差的前提下,傍轴物点的一个大口径光束成像的充要条件,即阿贝正弦条件可以不要求光线满足傍轴条件。

### 2.7.2　球形齐明透镜与齐明点

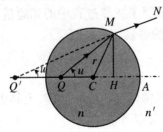

图 2.7.2　透明球的齐明点

满足阿贝正弦条件的一对共轭点,称作**齐明点**。

例如,折射率为 $n$ 的球体的轴上有一物点 $Q$,像方的折射率为 $n'$(图 2.7.2),点 $Q$ 发出的一条光线,在球面上的入射点为 $M$。由于像方的折射光线是发散的,故只可能成虚像。将折射光线 $MN$ 反向延长后,与光轴交于点 $Q'$。由于点 $Q'$ 为虚像点,所以物像间的光程为 $n\,\overline{QM} - n'\overline{MQ'}$。

如果满足关系 $\overline{QC} = \dfrac{n'}{n}r$, $\overline{Q'C} = \dfrac{n}{n'}r$,则有 $\dfrac{\overline{QC}}{r} = \dfrac{n'}{n} = \dfrac{r}{\overline{Q'C}}$,于是 $\triangle QCM \sim$

$\triangle MQ'C$,则

$$\frac{\overline{QM}}{\overline{MQ'}} = \frac{\overline{QC}}{\overline{MC}} = \frac{\overline{QC}}{r} = \frac{n'}{n}, \quad n\,\overline{QM} = n'\overline{MQ'}$$

所以 $Q,Q'$ 间的光程 $n\,\overline{QM} - n'\overline{MQ'} = 0$,即对于任意的 $M$ 点,物像间都是等光程的。

这样的一对物像点称作折射球面的齐明点。

同时,由于 $\sin u = \overline{MH}/\overline{QM}$, $\sin u' = \overline{MH}/\overline{MQ'}$,而

$$\frac{\sin u'}{\sin u'} = \frac{\overline{MQ'}}{\overline{QM}} = \frac{n}{n'}, \quad \frac{\overline{AQ'}}{\overline{AQ}} = \frac{r + \overline{CQ'}}{r + \overline{CQ}} = \frac{1 + \dfrac{n}{n'}}{1 + \dfrac{n}{n}} = \frac{n}{n'}$$

设位于齐明点的物像高度分别为 $y$ 和 $y'$,所以横向放大率为

$$\frac{y'}{y} = \frac{n\,\overline{AQ'}}{n'\overline{QA}} = \frac{n^2}{n'^2}$$

从而有

$$\frac{\sin u'}{\sin u'} = \frac{\overline{AQ'}}{\overline{AQ}} = \frac{ny}{n'y'}$$

即

$$ny\sin u = n'y'\sin u'$$

这正是阿贝正弦条件。

实际成像时,当然不可能将物置于玻璃球之内的齐明点处,而是采用"油浸物镜"。如图 2.7.3 所示,将一滴折射率与玻璃相等的透明油滴在样品上,再将玻璃半球浸入油滴中。若样品位于球面的一个齐明点处,则成像于另一齐明点处。

高倍的显微物镜的工作原理正是如此。

如图 2.7.4 所示的弯月形透镜是另一种齐名透镜。其中大球面 $\Sigma_1$ 的球心为 $C_1$,位于 $C_1$ 的物点 $Q$,经球面 $\Sigma_1$ 折射后仍成虚像于 $C_1$ 点。而该

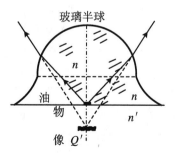

**图 2.7.3　油浸物镜的齐明点**

虚像是小球面 $\Sigma_2$ 的实物,处于折射率为 $n$ 的介质中。如果 $C_1$ 恰好是球面 $\Sigma_2$ 的一个齐明点,则在另一齐明点处成像 $Q'$。

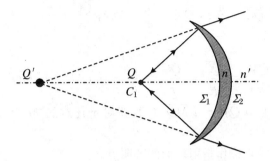

图 2.7.4 弯月形齐明透镜的原理

## 2.7.3 齐明透镜组

齐明透镜主要用作高倍显微物镜。由于每个齐明透镜的齐明点位置是确定的,而每次成像的横向放大率也是确定的,不可能很大,所以为了获得较高的放大倍数,往往要采用齐明透镜组,每个透镜所成的像都恰好位于下一个透镜的齐明点处。这样,一方面已获得较高的放大倍数,同时也可充分利用进入透镜的光通量,使像的亮度尽量高。由于齐明透镜每次成像都使像距进一步增大,而光束的发散角进一步减小,所以,经过几个齐明透镜之后,成像光束已满足傍轴条件,后续的成像过程,用普通的球面透镜即可保证像的精度和亮度。

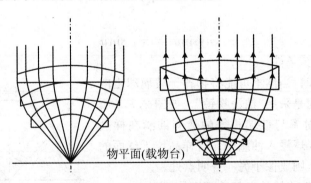

图 2.7.5 齐明透镜组的结构示意

# 2.8 理想共轴球面系统的成像

## 2.8.1 理想光具组

由多个球面透镜、反射球面或折射球面共轴放置所组成的成像系统,就是**共轴球面系统**;由遵循高斯成像公式的元件构成的成像系统,称**理想光具组**。

只能使傍轴光成像的薄透镜并不是实用的成像元件,通常只有理论上的意义。实际上,为了获得优质的像,照相镜头、望远镜、显微镜、投影镜头等几乎所有的成像系统都采用了多个共轴的透镜和反射镜,其中的透镜都是厚透镜,这些厚透镜的组合能够消除各种像差。这样的系统应用广泛,因而对其物像关系的研究是十分必要的。

首先,在这样的系统中,每个按照高斯光学理论成像的折射球面成了基本的成像单元,每个厚透镜有两个折射球面。

其次,光具组的成像是一种逐次的过程,不仅整个光具组是这样,每个厚透镜也是如此。因而可以采用逐次成像法得出系统的物像关系。

但是,如果对每一个不同的系统,都反复这样计算,显然是不合适的,因而,有必要找出复杂系统成像的基本特性和共同规律。

本节讨论的共轴光具组是一种可以完美成像的理想光学系统。该系统应当满足如下要求:

(1) 物方每一个点对应于像方的一个点,两者是一对共轭点;

(2) 物方每一条直线对应于像方的一条直线点,两者是一对共轭直线;

(3) 物方每一个平面对应于像方的一个平面,两者是一对共轭平面;

(4) 光轴上任何一点的共轭点仍在光轴上;

(5) 任何垂直于光轴的平面的共轭面仍与光轴垂直;

(6) 在垂直于光轴的同一个平面内,横向放大率相同;

(7) 在垂直于光轴的不同平面内,横向放大率一般不同,但是,如果垂轴平面内有两个横向放大率相同,则该系统内横向放大率处处相同。

这样的系统称作**望远**系统。

正是基于上述要求,可以定义理想共轴光学系统的基点(cardinal point)和基面(cardinal plane)。

对于上述要求中的(3),可以用下面的例子加以说明。

**【例 2.17】** 确定单个成像元件中横向放大率为 +1 的一对共轭平面。

**【解】** 设光学元件的物方和像方焦距分别为 $f$ 和 $f'$,共轭平面的物距和像距分别为 $s$ 和 $s'$,则由高斯公式 $f'/s' + f/s = 1$,可得 $s' = sf'/(s - f)$,横向放大率

$$\beta = -\frac{n}{n'}\frac{s'}{s} = -\frac{n}{n'}\frac{f'}{s - f} = -\frac{n}{n'}\frac{1}{s/f' - f/f'} = +1$$

由此可得

$$s = f'\left(\frac{f}{f'} - \frac{n}{n'}\right) = f'\left(\frac{n}{n'} - \frac{n}{n'}\right) = +0$$

上式中结果表示为 $+0$,是强调实物的物距由正值而趋于 $0$,而像距

$$s' = \frac{sf'}{s - f} = \frac{1}{\dfrac{1}{f'} - \dfrac{f}{sf'}} = \frac{1}{\dfrac{1}{f'} - \dfrac{n}{n'}\dfrac{1}{s}} = \frac{1}{-\infty} = -0$$

式中的结果表示为 $-0$,是因为实物成像,分母为 $-\infty$,强调实物所成的是虚像。

这就是单个成像元件,即单个折射面、单个反射面或单个薄透镜的主平面,这说明单个成像单元中横向放大率为 $+1$ 的一对共轭平面是重合的。

反之,若是虚物成像,则物距为 $-0$,而像距为 $+0$,即虚物成实像。

从上述计算过程可以看出,横向放大率为 $+1$ 的共轭平面是唯一的。

**【例 2.18】** 讨论焦平面的共轭平面。

**【解】** 如图 2.8.1 所示,从无穷远处一点发出的光线,到达透镜时,可以认为是相互平行的。

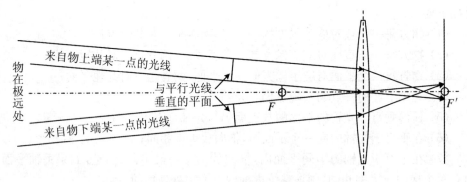

**图 2.8.1 焦平面的共轭平面**

相互平行的物方光线会聚于像方焦平面上,则无穷远处物平面的像平面就是像方焦平面。

相应地,物方焦平面与无穷远处的像方平面共轭。

如果作上述平行光线的垂面,则从无穷远处的物点到该平面上光点的距离(光程)是相等的,而物点到像点的光程也是相等的。因此,从上述垂面上各点到焦平面上的像点的光程是相等的。这是一个在波动光学中处理干涉、衍射问题时经常被引用的一个结论。

## 2.8.2　共轴球面系统的基点和基面

对于薄透镜,只要知道了光心位置以及物方和像方的焦点位置,就可以用物像公式方便地解决任何光线的成像问题。同样,对于共轴的球面系统,确定了基本的点和面后,也可以完全确定物像关系。

共轴球面系统的基点和基面如下。

**1. 焦点**

物方无穷远处的物点在像方的共轭点就是像方焦点,记为 $F'$;像方无穷远处的像点在物方的共轭点就是物方焦点,记为 $F$。

焦点就是平行于系统光轴的光束的共轭点。

**2. 焦平面**

与无穷远处的像平面共轭的物平面为物方焦平面,记为 $\mathscr{F}$;与无穷远处的物平面共轭的像平面为像方焦平面,记为 $\mathscr{F}'$。

也就是说,平行光束,其实就是来自无穷远处的一列同心光束,将会聚在像方焦平面上的一个点;从物方焦平面上一点发出的同心光束,将会聚于无穷远处,其实就是像方的平行光束。即中心在焦面上的同心光束的共轭光束就是平行光束。

**3. 主平面**

横向(垂轴)放大率等于 $+1$ 的一对共轭平面为主平面。物方主平面记为 $\mathscr{H}$,像方主平面记为 $\mathscr{H}'$。

对于薄透镜而言,通过光心且与光轴垂直的平面,是物方和像方的分界面,既处于物方,也处于像方,而且横向放大率为 $+1$,所以,就是其主平面。

距离凸透镜 $2f$ 的一对共轭面,其横向放大率为 $-1$,所以不是主平面。

同样,对于单个反射球面,或折射球面,其主平面就是过球面顶点的垂轴平面。

**4. 主点**

主平面与主光轴的交点为**主点**(principal point)。物方主点记作 $H$,像方主点记作 $H'$。

如果是厚透镜,或者是一般的共轴光具组,其物方和像方的主平面往往是分离的,那么,应当如何确定呢? 下面通过具体的例子进行讨论。

【**例 2.19**】 如图 2.8.2 所示,两个已知的透镜,相对位置确定,共轴放置。试确定该光具组的焦平面和主平面。

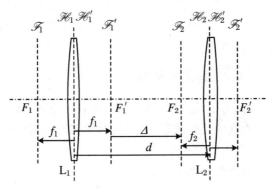

图 2.8.2 透镜组

【**解**】 图 2.8.2 中,已标出了每个透镜的主平面和焦平面。第二透镜主平面 $\mathscr{H}_2$ 到第一透镜主平面 $\mathscr{H}'_1$ 的距离为 $d$,而第一透镜像方焦平面 $\mathscr{F}'_1$ 到第二透镜物方焦平面 $\mathscr{F}_2$ 的距离为 $\Delta$,$\Delta$ 称作光学间隔。按照符号约定,$\mathscr{F}_2$ 在 $\mathscr{F}'_1$ 的右侧,$\Delta>0$;$\mathscr{F}_2$ 在 $\mathscr{F}'_1$ 的左侧,$\Delta<0$。且

$$\Delta = d - f_1 - f_2$$

首先确定光具组的主平面。为了求出光具组的主平面,只要求出其中一对横向放大率为 $+1$ 的共轭平面即可。

设物方主平面到第一透镜主平面 $\mathscr{H}_1$ 的物距为 $s_1$,则该平面经 $L_1$ 成像。由高斯公式 $1/s'_1 + 1/s_1 = 1/f_1$,得到像距

$$s'_1 = \frac{s_1 f_1}{s_1 - f_1}$$

再经 $L_2$ 第二次成像,物距

$$s_2 = d - s'_1 = d - \frac{s_1 f_1}{s_1 - f_1}$$

像距

$$s'_2 = \frac{s_2 f_2}{s_2 - f_2} = \frac{\left(d - \dfrac{s_1 f_1}{s_1 - f_1}\right) f_2}{d - \dfrac{s_1 f_1}{s_1 - f_1} - f_2}$$

两次成像的总横向放大率

$$\beta = \left(-\frac{s_1'}{s_1}\right)\left(-\frac{s_2'}{s_2}\right) = \frac{f_1}{s_1 - f_1} \frac{f_2}{d - \dfrac{s_1 f_1}{s_1 - f_1} - f_2}$$

$$= \frac{f_1 f_2}{ds_1 - df_1 - s_1 f_1 - s_1 f_2 + f_1 f_2} = +1$$

整理后,得到 $s_1(d - f_1 - f_2) - df_1 + f_1 f_2 = f_1 f_2$,解得

$$s_1 = \frac{df_1}{d - f_1 - f_2} \tag{1}$$

这是物方主平面 $\mathscr{H}$ 到 $\mathscr{H}_1$ 的距离。由于这是一个线性方程的解,所以解是唯一的,即物方主平面是唯一的。

同理,可得像方主平面 $\mathscr{H}_1'$ 到第二透镜主平面 $\mathscr{H}_2'$ 的距离

$$s_2' = \frac{df_2}{d - f_1 - f_2} \tag{2}$$

透镜组的物方和像方主平面如图 2.8.3 所示。

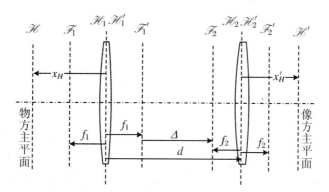

**图 2.8.3 透镜组的主平面**

将式(1)和式(2)分别写为如下形式:

$$x_H = \frac{df_1}{\Delta} \tag{3}$$

$$x_H' = \frac{df_2}{\Delta} \tag{4}$$

下面再确定光具组的焦平面。与光轴平行的入射光线经过光具组之后,与光轴的交点就是像方焦点。

平行光经 $L_1$ 成像于 $L_1$ 的像方焦点 $F_1'$ 处,像距 $s_1' = f_1$。再经 $L_2$ 第二次成像,

物距
$$s_2 = d - s_1' = d - f_1$$

像距
$$s_2' = \frac{s_2 f_2}{s_2 - f_2} = \frac{(d - f_1) f_2}{d - f_1 - f_2}$$

像点就是光具组的像方焦点 $\boldsymbol{F}'$。上述距离是 $\boldsymbol{F}'$ 到 L$_2$ 主平面 $\mathscr{H}_2'$ 的距离。若像方的距离都从像方主平面焦平面 $\mathscr{H}'$ 算起,则像方焦平面 $\mathscr{F}'$ 到像方主平面 $\mathscr{H}'$ 的距离

$$s_2' - x_H' = \frac{(d - f_1) f_2}{d - f_1 - f_2} - \frac{d f_2}{d - f_1 - f_2} = -\frac{f_1 f_2}{d - f_1 - f_2} = -\frac{f_1 f_2}{\Delta}$$

定义上述距离为光具组的像方焦距 $f'$,则

$$f' = -\frac{f_1 f_2}{\Delta}$$

同理,可得光具组的物方焦距,即物方焦平面 $\mathscr{F}$ 到物方主平面 $\mathscr{H}$ 的距离

$$f = -\frac{f_1 f_2}{\Delta}$$

如图 2.8.4 所示。

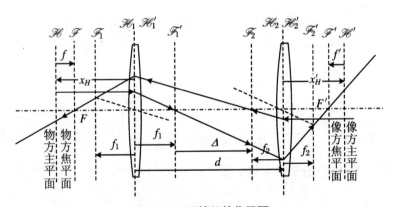

图 2.8.4　透镜组的焦平面

在空气中,由于透镜组的物方焦距与像方焦距相等,可以得到透镜组的光焦度

$$\Phi = \frac{n}{f} = -\frac{d - f_1 - f_2}{f_1 f_2} = \frac{1}{f_1} + \frac{1}{f_2} - \frac{d}{f_1 f_2} = \Phi_1 + \Phi_2 - d\Phi_1\Phi_2$$

也可以用作图法求出透镜组的主平面和焦平面。

如图 2.8.5 所示。有物方一条与光轴平行的入射光线,按作图法可得到其像

方光线,像方光线与光轴的交点就是像方焦点 $F'$,据此得到像方焦平面 $\mathscr{F}'$。

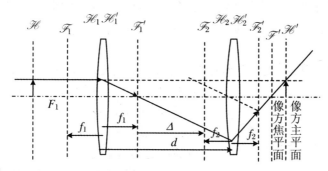

图 2.8.5　用作图法求透镜组的主平面和焦平面

由于主平面是横向放大率为 $+1$ 的一对共轭平面,即在主平面上,物与像等高。上述物方的入射光线一定经过物方主平面上的一点,该点一定在像方出射光线上,在该处对应的像点与物点等高。于是可以将入射光线延长,延长线与出射光线的交点就是该物点在像方的像点。由于像方主平面是唯一的,所以上述交点一定在像方主平面 $\mathscr{H}'$ 上。

同理,可以求出物方焦平面 $\mathscr{F}$ 和物方主平面 $\mathscr{H}$。

对于一般的情形,可按以下方法处理。

系统的焦点、焦平面可以按定义直接得到。在仅仅知道了焦点的情况下,可以用作图法求出其主平面。假设已知主平面 $\mathscr{H}$ 和 $\mathscr{H}'$,其上有一对共轭点 $M$ 和 $M'$,如图 2.8.6 所示。则从 $M$ 作两条光线:经过物方焦点 $F$ 的光线 1 和平行于光轴的光线 2。光线 1 的共轭光线 $1'$ 必经过 $M'$ 点且平行于光轴;同样,光线 2 的共轭光线 $2'$ 必须过 $M'$ 点和像方焦点 $F'$,在无法确定系统组成的情况下,光线 $2'$ 只能是从 $M'$ 到 $F'$ 的连线。由于两个主平面 $\mathscr{H}$ 和 $\mathscr{H}'$ 上的横向放大率为 $+1$,所以 $M'$ 与 $M$ 等高,或者 $M'$ 与 $M$ 的连线平行于光轴。

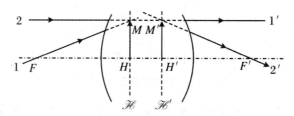

图 2.8.6　光具组主平面的确定

从上述过程也可以得到确定系统主平面的方法:过物方焦点的光线与其平行

于光轴的共轭光线的交点,就是物方主平面上的一点,过此点的垂轴平面就是物方主平面。平行于光轴的入射光线与过像方焦点的共轭线的交点,就是像方主平面上的一点,过此点的垂轴平面就是像方主平面。

### 5. 节点

如图 2.8.7 所示,光线 1 和光线 1′是一对共轭光线,这两条光线与光轴的夹角

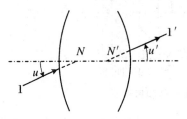

图 2.8.7　光具组的节点

分别为 $u$ 和 $u'$,与光轴的交点分别为 $N$ 和 $N'$。如果 $u' = u$,则 $N$ 和 $N'$ 称为**节点**(nodal point)。需要指出的是,光线 1 和光线 1′是任意的一对共轭光线。

因此,节点的定义应当是:光轴上角放大率等于 1 的一对共轭点。其中物方节点记作 $N$,像方节点记作 $N'$。

对于两侧介质相等的薄透镜而言,物方节点、像方节点重合,即其光心。

## 2.8.3　共轴球面系统的物像关系

对于已知基点和基面的共轴球面光学系统,可以用简单的方法获得其物像关系。

### 1. 作图法

如图 2.8.8 所示,已知光具组的基点和基面,物 $PQ$ 发出的光线射到物方主平面 $\mathscr{H}$ 上。由于主平面的横向放大率恒等于 $+1$,故 $\mathscr{H}$ 上的入射点与像方主平面 $\mathscr{H}'$ 上的出射点关于光轴等高。这样,再根据系统焦点的定义,可以得到两条像方共轭光线,方便地确定像 $P'Q'$ 的位置、方向和大小。

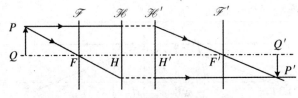

图 2.8.8　共轴球面系统作图法

与单个光学元件,例如折射球面、反射球面、薄透镜等相比,复杂的理想共轴光具组的物方主平面 $\mathscr{H}$ 和像方主平面 $\mathscr{H}'$ 往往相互分离,甚至其位置可能交错,例如物方主平面比像方主平面更靠近像方。物方焦平面 $\mathscr{F}$ 和像方焦平面 $\mathscr{F}'$ 相对于主

平面 $\mathscr{H}$ 和 $\mathscr{H}'$ 的分布也不是对称的。

同样,对已知基点的光具组,可以方便地求得任何一条入射光线的像方光线,例如图 2.8.9 中所示的情形,既可以作一条平行于光轴且与入射光线通过物方焦平面 $\mathscr{F}$ 上同一点的辅助光线 1,光线 1 的共轭光线 $1'$ 通过像方焦点 $F'$,且与入射光线的像方光线平行;也可以利用与入射光线平行且通过物方焦点 $F$ 的辅助光线 2,其共轭光线 $2'$ 平行于光轴,且与入射光线的像方光线交于像方焦平面 $\mathscr{F}'$ 上的同一点。

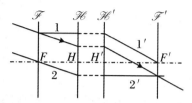

**图 2.8.9** 共轴球面系统中的共轭光线

**2. 计算法**

对于上述用作图法获得的物像关系,也可以用公式表达。

在图 2.8.10 中,所有的距离(物距、像距、焦距等)既可以从主平面算起,也可以从焦平面算起,而且仍然按照本章前面的符号约定,记 $\overline{HR} = \overline{P'Q'} = -y'$,$\overline{M'H'} = \overline{PQ} = y$,$\overline{PF} = x$,$\overline{P'F'} = x'$。系统的物方焦距 $f = \overline{HF}$,像方焦距 $f' = \overline{H'F'}$,物距 $s = \overline{HP}$,像距 $s' = \overline{H'P'}$。

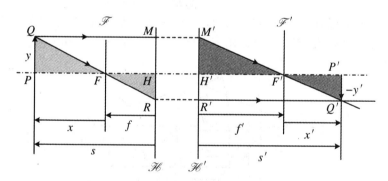

**图 2.8.10** 理想光具组的物像公式

由于 $\triangle PFQ \sim \triangle HFR$,所以 $\overline{PQ}/\overline{HR} = \overline{PF}/\overline{FH}$,即

$$\frac{y}{-y'} = \frac{x}{f} = \frac{s-f}{f}$$

由于 $\triangle P'F'Q' \sim \triangle H'F'R'$,所以 $\overline{P'Q'}/\overline{M'H'} = \overline{P'F'}/\overline{F'H'}$,即

$$\frac{y}{-y'} = \frac{f'}{x'} = \frac{f'}{s'-f'}$$

因此有

$$\frac{s-f}{f} = \frac{f'}{s'-f'}, \quad \frac{x}{f} = \frac{f'}{x'}$$

整理后可得到

$$\frac{f}{s} + \frac{f'}{s'} = 1 \tag{2.8.1}$$

$$xx' = ff' \tag{2.8.2}$$

式(2.8.1)在形式上与薄透镜的高斯公式一样,这就是理想共轴球面光学系统的高斯公式。只是物距、物方焦距要从物方主点 $H$ 或物方主平面 $\mathscr{H}$ 算起,而像距、像方焦距要从像方主点 $H'$ 或像方主平面 $\mathscr{H}'$ 算起。

式(2.8.2)就是理想光具组的牛顿公式,物距从物方焦点 $F$ 或物方焦平面 $\mathscr{F}$

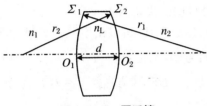

**图 2.8.11　厚透镜**

算起,而像距要从像方焦点 $F'$ 或像方焦平面 $\mathscr{F}'$ 算起。

对已知参数的共轴球面系统,无论用作图法还是计算法,其原理和步骤都与单个薄透镜的成像情况相同。

**【例 2.20】** 确定图 2.8.11 中厚透镜的基点和基平面。

**【解】** 厚透镜有两个折射球面,两球面间是折射率为 $n_L$ 的透明介质。每个球面的焦点如图 2.8.12 所示。可以用逐次成像法确定其焦平面和主平面。

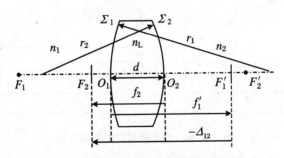

**图 2.8.12　厚透镜中各个球面的参数**

第一和第二折射球面的物方和像方焦距分别为

$$f_1 = \frac{n_1 r_1}{n_L - n_1}, \quad f_1' = \frac{n_L r_1}{n_L - n_1},$$

$$f_2 = \frac{n_L r_2}{n_2 - n_L}, \quad f_2' = \frac{n_2 r_2}{n_2 - n_L}$$

该厚透镜前后两折射球面的光学间隔,即第一面的像方焦点到第二面的物方焦点的距离

$$\Delta_{12} = d - f_2 - f_1' = d - \frac{n_L(r_1 - r_2)}{n_L - 1}$$

若物方主平面到第一球面 $\Sigma_1$ 的距离为 $x_H$,则由高斯公式,该面经 $\Sigma_1$ 成像,像距

$$s_1' = \frac{x_H f_1'}{x_H - f_1}$$

再经第二折射球面成像,物距 $s_2 = d - s_1' = d - x_H f_1'/(x_H - f_1)$,像距 $s_2' = \frac{s_2 f_2'}{s_2 - f_2}$。

总的横向放大率

$$\beta = \left(-\frac{n_1 s_1'}{n_L x_H}\right)\left(-\frac{n_L s_2'}{n_2 s_2}\right) = \frac{n_1}{n_2} \frac{f_1'}{x_H - f_1} \frac{f_2'}{d - \dfrac{x_H f_1'}{x_H - f_1} - f_2}$$

$$= \frac{n_1}{n_2} \frac{f_1' f_2'}{(d - f_1' - f_2)x_H - df_1 + f_1 f_2}$$

对于主平面,$\beta = +1$,即

$$\frac{n_1}{n_2} \frac{f_1' f_2'}{(d - f_1' - f_2)x_H - df_1 + f_1 f_2} = 1$$

于是得到

$$x_H = \frac{df_1 + \dfrac{n_1}{n_2}f_1' f_2' - f_1 f_2}{d - f_1' - f_2}$$

其中

$$\frac{n_1}{n_2}f_1' f_2' = \frac{n_1}{n_2} \frac{n_L}{\Phi_1} \frac{n_2}{\Phi_2} = \frac{n_1}{\Phi_1} \frac{n_L}{\Phi_2} = f_1 f_2$$

$$x_H = \frac{df_1}{d - f_1' - f_2} = \frac{df_1}{\Delta_{21}}$$

同理,可得像方主平面到第二折射球面 $\Sigma_2$ 的距离

$$x_H' = \frac{df_2'}{d - f_1' - f_2} = \frac{df_2'}{\Delta_{21}}$$

下面求解厚透镜的焦平面。

物方平行入射光线成像于 $\Sigma_1$ 的像方焦平面处,到球面 $\Sigma_2$ 的物距 $s_2 = d - f_1'$,经 $\Sigma_2$ 成像,像距

$$s_2' = \frac{s_2 f_2'}{s_2 - f_2} = \frac{(d - f_1')f_2'}{d - f_1' - f_2}$$

到像方主平面的距离

$$f' = s_2' - x_H' = \frac{(d - f_1')f_2'}{d - f_1' - f_2} - \frac{df_2'}{d - f_1' - f_2} = -\frac{f_1'f_2'}{d - f_1' - f_2} = -\frac{f_1'f_2'}{\Delta}$$

同理,可得物方焦距

$$f = -\frac{f_1 f_2}{\Delta}$$

如果 $n_2 = n_1$,则 $f_1 f_2 = f_1' f_2'$,所以只要物方和像方的折射率相等,厚透镜的物方焦距和像方焦距就相等。

若将每一折射球面的焦距以透镜的参数代入,则用 $n_1, n_2, n_L, r_1, r_2, d$ 表示的主平面和焦平面位置。

双凸厚透镜的主平面位置大致如图 2.8.13 所示。

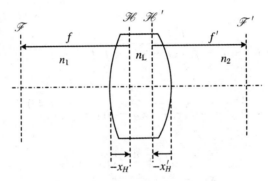

**图 2.8.13 双凸厚透镜的主平面**

## 2.8.4 基点和基平面的确定

本小节讲述如何由已知的系统的基点和基平面求整个系统的基点和基平面。

**1. 作图法**

例如,已知两个光学系统的基点,如图 2.8.14 所示,作一条平行于光轴的入射线 1,它经系统 Ⅰ 后成为过该系统的像方焦点 $F_1'$ 的光线 1'。为确定这一光线经过系统 Ⅱ 后的方向,过系统 Ⅱ 的物方焦点 $F_2$ 作辅助线 2 平行于光线 1',经过系统 Ⅱ 后,光线 2 的共轭光线与光线 1' 在系统 Ⅱ 的像方焦平面相交,由此作出光线 1' 的共轭光线 1''。光线 1'' 与光轴的交点就是整个系统的像方焦点 $F'$,像方光线 1'' 与物方光线 1 的延长线的交点位于等高线上,即横向放大率等于 +1,所以该点必是像方主平面 $\mathscr{H}'$ 上的一点。

由此可以求出系统像方焦平面、像方焦点、像方主平面、像方主点。

按相同的步骤,可以求出系统的物方焦平面、物方焦点、物方主平面、物方主点。

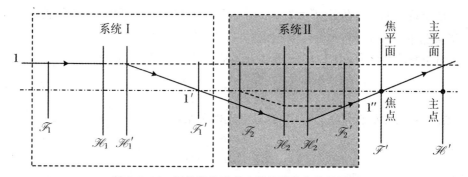

图 2.8.14　用作图法确定光具组的基点和基平面

**2. 计算法**

如图 2.8.15 所示的两个理想光具组,为了表示这两个系统的相对位置,可以这样做:

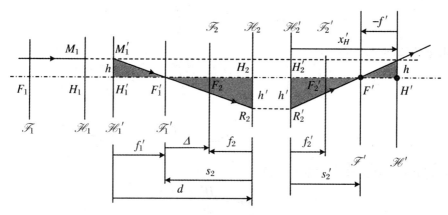

图 2.8.15　光具组基点位置的计算

(1) 记系统 I 的像方焦点到系统 II 的物方焦点的间距 $\overline{F_1'F_2} = \Delta$,$\Delta$ 称作两系统的间隔。

(2) 记系统 I 的像方主点到系统 II 的物方主点的间距 $\overline{H_1'H_2} = d$。

其中 $\Delta$ 和 $d$ 的正负值的规定与本书的符号系统一致。可见两者之间的关系为

$$\Delta = d - f_1' - f_2 \tag{2.8.2}$$

作一条平行于光轴的入射光线,该光线的共轭光线经过系统 I 的像方焦点 $F_1'$,再经过系统 II 后,共轭光线与光轴的交点就是整个系统的像方焦点 $F'$,与入射光线

的交点在整个系统的像方主平面 $\mathcal{H}'$ 上。

整个系统的像方焦距 $f' = \overline{H'F'}$，而整个系统的像方主平面 $\mathcal{H}'$ 的位置可以用 $\mathcal{H}'$ 到系统 Ⅱ 的像方主平面 $\mathcal{H}'_2$ 的距离标记，为 $x'_H = \overline{H'_2 H'}$。

对于系统 Ⅱ 而言，由于 $F'_1$ 与 $F'$ 共轭，有 $f'_2/s'_2 + f_2/s_2 = 1$，可得到

$$s'_2 = \frac{f'_2 s_2}{s_2 - f_2} = \frac{f'_2 s_2}{\Delta} \tag{2.8.3}$$

在两对对顶的直角三角形中，有以下比例关系：

$$\frac{h}{h'} = \frac{f'_1}{s_2}, \qquad \frac{h}{h'} = \frac{-f'}{s'_2}$$

则 $f'_1/s_2 = -f'/s'_2$，即

$$s'_2 = -\frac{s_2 f'}{f'_1} \tag{2.8.4}$$

由式(2.8.3)和式(2.8.4)，可得 $-\dfrac{s_2 f'}{f'_1} = \dfrac{f'_2 s_2}{\Delta}$。从而可解得整个系统的像方焦距

$$\overline{H'F'} = f' = -\frac{f'_1 f'_2}{\Delta}$$

又根据式(2.8.4)，可得

$$s'_2 = -\frac{s_2 f'}{f'_1} = \left(-\frac{\Delta + f_2}{f'_1}\right)\left(-\frac{f'_1 f'_2}{\Delta}\right) = \frac{(\Delta + f'_2)f'_2}{\Delta}$$

而

$$x'_H = \overline{H'_2 H'} = s'_2 - f' = \frac{(\Delta + f_2)f'_2}{\Delta} - \frac{f'_1 f'_2}{\Delta} = \frac{(f'_1 + \Delta + f_2)f'_2}{\Delta}$$

即可得到整个系统像方主平面的位置

$$x'_H = \frac{df'_2}{\Delta} \tag{2.8.5}$$

像方焦距也可以表示为

$$f' = -\frac{f'_1 f'_2}{\Delta} = -\frac{f'_1}{d}x'_H \tag{2.8.6}$$

整个系统的物方主平面 $\mathcal{H}$ 的位置用 $\mathcal{H}$ 到系统 Ⅰ 的物方主平面 $\mathcal{H}_1$ 的距离表示，记作 $x_H$，物方焦距 $f$ 定义为物方焦点 $\mathcal{F}$ 到物方主平面 $\mathcal{H}$ 的距离。根据理想光学系统的共轭性，只需要将式(2.8.5)和式(2.8.6)中相应的共轭量作对换，即可得系统的物方焦平面和物方主平面的位置，即 $f'_1 \mapsto f_2, f'_2 \mapsto f_1, f' \mapsto f, x'_H \mapsto x_H$，从而有

$$x_H - \frac{df_1}{\Delta} \tag{2.8.7}$$

$$f = -\frac{f_1 f_2}{\Delta} = -\frac{f_2}{d} x_H \tag{2.8.8}$$

在望远镜、显微镜中常用的**惠更斯目镜**由两片凸透镜组成,结构如图 2.8.16(a) 所示。其中朝向视场的一片称作向场镜(简称场镜),朝向眼睛的一片称作接目镜。

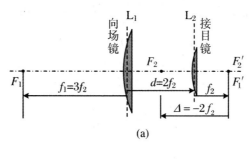

(a)

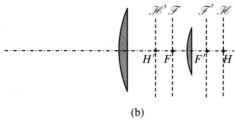

(b)

**图 2.8.16　惠更斯目镜**

根据光具组基点的公式,可算得

$$x'_H = \frac{d f'_2}{\Delta} = -f_2, \quad x_H = \frac{d f_1}{\Delta} = -3 f_2, \quad f = f' = -\frac{f'_1 f'_2}{\Delta} = \frac{3}{2} f_2$$

惠更斯目镜的基点和基平面标于图 2.8.16(b)中。可见,对于目镜之外的物, 惠更斯目镜只能成缩小的实像,而目镜的作用是要成一个放大的虚像以便于观察, 所以这种目镜不能用于观察实物,而是用在显微镜中,观察物镜所成的实像,该实 像位于目镜的物方焦平面上。

图 2.8.17 所示的为另一种目镜的结构,即**冉斯登目镜**。这种目镜的基点 如下:

$$x'_H = \frac{d f_1}{\Delta} = -f_2, \quad x_H = \frac{d f'_2}{\Delta} = -f_2, \quad f = f' = -\frac{f'_1 f'_2}{\Delta} = f_2$$

冉斯登目镜可用于观察实物,贴近向场镜的实物经目镜成一个放大的虚像,但其主 要用途与惠更斯目镜一样,用作显微镜和望远镜的目镜。

**【例 2.21】**　确定图 2.8.18 中厚透镜的基点和基平面。

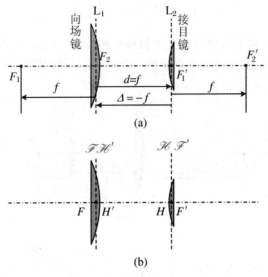

图 2.8.17　冉斯登目镜

**【解】**　该厚透镜由两个间距为 $d$ 的折射球面构成,每个球面的主平面(图 2.8.19)是过各自顶点的垂轴平面。记两球面的光焦度分别为 $\Phi_1$,$\Phi_2$,焦距分别为 $f_1,f_1',f_2,f_2'$：

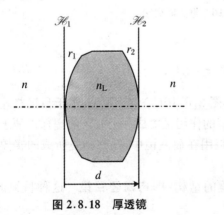

图 2.8.18　厚透镜

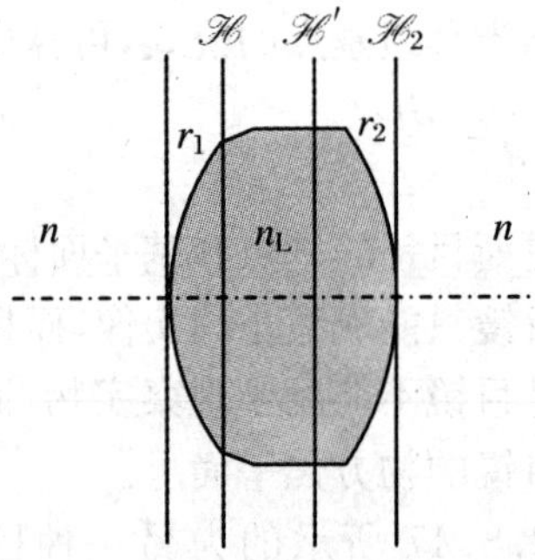

图 2.8.19　厚透镜的主平面

$$f_1 = \frac{nr_1}{n_L - n}, \quad f_1' = \frac{n_L r_1}{n_L - n}, \quad f_2 = \frac{n_L r_2}{n - n_L}, \quad f_2' = \frac{nr_2}{n - n_L}$$

两球面的光学间隔 $\Delta = d \quad f_1' \quad f_2$,则

$$x_H = \frac{df_1}{\Delta} = \frac{d}{d/f_1 - f_1'/f_1 - f_2/f_1}$$

$$= \frac{d}{d(n_L - n)/(nr_1) - n_L/n + n_L r_2/(nr_1)}$$

$$= \frac{ndr_1}{d(n_L - n) - n_L r_1 + n_L r_2}$$

$$x_H' = \frac{df_2'}{\Delta} = \frac{d}{d/f_2' - f_1'/f_2' - f_2/f_2'}$$

$$= \frac{d}{d(n - n_L)/(nr_2) + n_L r_1/(nr_2) - n_L/n}$$

$$= \frac{ndr_2}{d(n - n_L) + n_L r_1 - n_L r_2}$$

$$= -\frac{ndr_2}{d(n_L - n) - n_L r_1 + n_L r_2}$$

主平面的位置示于图 2.8.19。

$$f = -\frac{f_1 f_2}{\Delta} = \frac{nn_L r_1 r_2/(n_L - n)^2}{d - n_L r_1/(n_L - n) + n_L r_2/(n_L - n)}$$

$$= \frac{nn_L}{n_L - n} \frac{r_1 r_2}{(n_L - n)d - n_L r_1 + n_L r_2}$$

$$f' = -\frac{f_1' f_2'}{\Delta} = \frac{nn_L}{n_L - n} \frac{r_1 r_2}{(n_L - n)d - n_L r_1 + n_L r_2}$$

　　实际上,由于 $f_1' f_2' = f_1 f_2$,所以只要物方和像方的折射率相等,厚透镜的物方焦距和像方焦距就相等,只是厚透镜没有与薄透镜相似的光心,这些焦距都分别从物方主平面和像方主平面算起,相应的两个焦点也不是对称地分布于厚透镜的两侧。但是,只要确定了厚透镜的基平面,就可以方便地采用高斯成像理论处理其成像问题。

　　又由于

$$\frac{1}{f} = \frac{n_L - n}{nn_L} \frac{(n_L - n)d - n_L r_1 + n_L r_2}{r_1 r_2}$$

$$= \frac{1}{n}\left[ \frac{n_L - n}{r_1} + \frac{n - n_L}{r_2} + d\frac{(n_L - n)^2}{n_L r_1 r_2} \right]$$

如果将 $n/f$ 定义为厚透镜的光焦度,则

$$\Phi = \Phi_1 + \Phi_2 - \frac{d}{n_L}\Phi_1\Phi_2 \qquad (2.8.9)$$

厚透镜的计算结果与薄透镜组的计算结果形式上是一致的。

整个厚透镜的主平面相对于物方、像方折射球面的移动也可用光焦度表示,即

$$x_H = \frac{ndr_1}{d(n_L - n) - n_L r_1 + n_L r_2}$$

$$= \frac{nd}{d\frac{n_L - n}{r_1} - n_L\left(1 - \frac{r_2}{r_1}\right)} = \frac{nd}{d\Phi_1 - n_L\left(1 + \frac{\Phi_1}{\Phi_2}\right)}$$

$$x'_H = -\frac{nd}{d\frac{n_L - n}{r_2} - n_L\left(\frac{r_1}{r_2} - 1\right)} = \frac{nd}{d\Phi_2 - n_L\left(1 + \frac{\Phi_2}{\Phi_1}\right)}$$

厚透镜两侧折射球面的主平面 $\mathscr{H}_1, \mathscr{H}_2$ 分别是过各自顶点的垂轴平面。对整个透镜而言,其物方主平面 $\mathscr{H}$ 和像方主平面 $\mathscr{H}'$ 的位置相对于 $\mathscr{H}_1$ 和 $\mathscr{H}'_2$ 的移动可以用 $x_H$ 和 $x'_H$ 表示。对于处在空气中的厚透镜,$n = 1$,可将前面的计算结果简化并整理,得

$$x_H = \frac{dr_1}{d(n_L - 1) - n_L(r_1 - r_2)} \tag{2.8.10}$$

$$x'_H = -\frac{dr_2}{d(n_L - 1) - n_L(r_1 - r_2)} \tag{2.8.11}$$

$$\frac{x_H}{x'_H} = -\frac{r_1}{r_2} \tag{2.8.12}$$

其中球面曲率半径的正负号按本书的符号约定取值。

如果是对称的双凸或双凹厚透镜,$r_1 = -r_2$,$x_H/x'_H = +1$,则主平面相对于球面顶点对称移动,而且

$$x_H = x'_H = \frac{d}{(n_L - 1)d/r_1 - 2n_L}$$

取光学玻璃的折射率 $n_L \approx 1.50$,且球面曲率半径往往比透镜厚度大得多,则有

$$x_H = x'_H = -\frac{d}{3}, \quad f' = -\frac{n_L}{n_L - 1}\frac{r_1^2}{(n_L - 1)d - 2n_L r_1} \approx r_1$$

对于平凸或平凹厚透镜,不妨取 $r_2 = \infty$,则

$$x_H = 0, \quad x'_H = -\frac{2d}{3}$$

而对于两球面曲率半径符号相同的弯月形厚透镜,要依据曲率半径的具体数值进行计算。例如,取 $r_1, r_2 > 0$,对 $r_1 < r_2$ 的正透镜,$x_H \approx \frac{d}{n_L(r_2/r_1 - 1)}$,$x_H > 0$,而 $x'_H = \frac{d}{n_L(r_1/r_2 - 1)}$,$x'_H < 0$;对 $r_1 > r_2$ 的负透镜,$x_H < 0$,而 $x'_H > 0$。

图 2.8.20～图 2.8.23 中给出了一些典型厚透镜主平面的大致位置,读者可自

行验证。

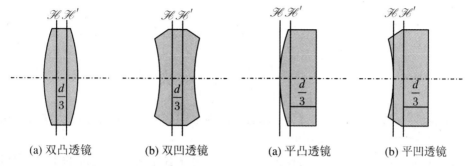

(a) 双凸透镜　　　　(b) 双凹透镜　　　　(a) 平凸透镜　　　　(b) 平凹透镜

**图 2.8.20　对称型厚透镜**　　　　　**图 2.8.21　平凸和平凹厚透镜**

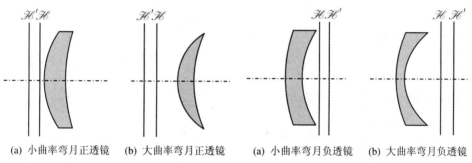

(a) 小曲率弯月正透镜　(b) 大曲率弯月正透镜　　(a) 小曲率弯月负透镜　(b) 大曲率弯月负透镜

**图 2.8.22　弯月形正厚透镜**　　　　　**图 2.8.23　弯月形负厚透镜**

如果厚透镜两侧的折射率不相等,分别记作 $n_1$ 和 $n_2$,将每个球面的焦距用光焦度表示,则 $f_1 = n_1/\Phi_1, f'_1 = n_L/\Phi_1, f_2 = n_L/\Phi_2, f'_2 = n_2/\Phi_2$,仍可以得到

$$x_H = \frac{df_1}{\Delta} = \frac{d}{d/f_1 - f'_1/f_1 - f_2/f_1} = \frac{d}{d\Phi_1/n_1 - n_L/n_1 - n_L\Phi_1/n_1\Phi_2}$$

$$x'_H = \frac{df'_2}{\Delta} = \frac{d}{d/f'_2 - f'_1/f'_2 - f_2/f'_2} = \frac{d}{d\Phi_2/n_2 - n_L\Phi_2/n_2\Phi_1 - n_L/n_2}$$

即

$$x_H = \frac{n_1 d}{d\Phi_1 - n_L(\Phi_1/\Phi_2 + 1)} = \frac{n_1 d\Phi_2/n_L}{d\Phi_1\Phi_2/n_L - (\Phi_1 + \Phi_2)}$$

$$= -\frac{n_1 d\Phi_2}{n_L \Phi} \tag{2.8.13}$$

$$x'_H = \frac{n_2 d}{d\Phi_2 - n_L(\Phi_2/\Phi_1 + 1)} = \frac{n_2 d\Phi_1/n_L}{d\Phi_1\Phi_2/n_L - (\Phi_1 + \Phi_2)}$$

$$= -\frac{n_2 d\Phi_1}{n_L \Phi} \tag{2.8.14}$$

$$f = -\frac{f_1 f_2}{\Delta} = -\frac{n_L}{d\Phi_2} \quad x_H = \frac{n_1}{\Phi_1 + \Phi_2 - d\Phi_1\Phi_2/n_L} = \frac{n_1}{\Phi} \tag{2.8.15}$$

$$f' = -\frac{f_1' f_2'}{\Delta} = -\frac{n_L}{d\Phi_1} \quad x_H' = \frac{n_2}{\Phi_1 + \Phi_2 - d\Phi_1\Phi_2/n_L} = \frac{n_2}{\Phi} \tag{2.8.16}$$

其中光焦度的定义与式(2.8.9)相同。

**【例 2.22】** 试确定图 2.8.24 中空心玻璃球的基点和基平面的位置。

**【解】** 将空心玻璃球看作两个厚透镜的组合,则可以利用例 2.21 的结果。

对于左半球(图 2.8.25),

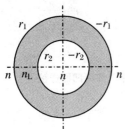

**图 2.8.24　空心玻璃球**

$$x_{1H} = \frac{(r_1 - r_2)r_1}{(r_1 - r_2)(n_L - 1) - n_L r_1 + n_L r_2} = -r_1$$

$$x_{1H}' = -\frac{(r_1 - r_2)r_2}{(r_1 - r_2)(n_L - 1) - n_L r_1 + n_L r_2} = r_2$$

物方主点和像方主点均在球心处。因此

$$f = \frac{nn_L}{n_L - n} \frac{r_1 r_2}{(n_L - n)d - n_L r_1 + n_L r_2}$$

$$f_1 = \frac{n_L}{n_L - 1} \frac{r_1 r_2}{(n_L - 1)(r_1 - r_2) - n_L(r_1 - r_2)} = -\frac{n_L r_1 r_2}{(n_L - 1)(r_1 - r_2)}$$

$$f' = -\frac{f_1' f_2'}{\Delta} = \frac{nn_L}{n_L - n} \frac{r_1 r_2}{(n_L - n)d - n_L r_1 + n_L r_2}$$

$$f_1' = -\frac{n_L r_1 r_2}{(n_L - 1)(r_1 - r_2)}$$

对于右半球(图 2.8.26),

$$x_{2H} = r_2, \quad x_{2H}' = -r_1$$

物方主点和像方主点均在球心处。因此

$$f_2 = -\frac{n_L r_1 r_2}{(n_L - 1)(r_1 - r_2)}, \quad f_2' = -\frac{n_L r_1 r_2}{(n_L - 1)(r_1 - r_2)}$$

对于整个空心球(图 2.8.27),$d = 0$,$\Delta = d - f_1' - f_2 = -2f_2$,因此

$$x_H = x_H' = 0, \quad f = f' = \frac{f_1}{2} = -\frac{n_L r_1 r_2}{2(n_L - 1)(r_1 - r_2)}$$

这等效于一个凹透镜。

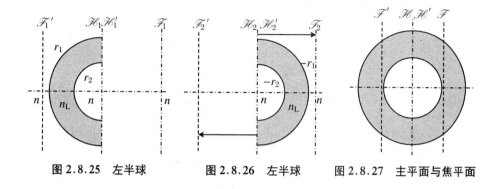

图 2.8.25  左半球        图 2.8.26  左半球        图 2.8.27  主平面与焦平面

# 2.9  光线转换矩阵

## 2.9.1  光线状态的矩阵表示

在均匀介质中,光是直线,从而光线的特征可以用其方向和线上一点的位置表示。其中方向可用其相对于主光轴的角度表示,该点的位置用线上一点到主光轴的距离表示。光线经过球面后,方向改变,上述角度的数值会发生改变;光线在同一种介质中传播,例如在一个透镜的两个球面之间,或者在相邻透镜的两个相对的球面之间,其高度的数值会发生改变。

### 1.单球面的折射和反射

在图 2.9.1 中,入射光线 $r$ 经球面折射后变为 $r'$,入射点为 $M$,$M$ 到轴线的距离 $y = y'$,$M$ 点两侧的光线与光轴间的夹角为 $\alpha$ 和 $\alpha'$,球面法线与光轴间的夹角为 $\beta$,角度之间有以下关系:

$$i = \alpha - \beta, \quad i' = \alpha' - \beta, \quad -\beta = \frac{y'}{x}$$

对于满足傍轴条件的光线,折射定律可写作 $ni = n'i'$,所以

$$n\left(\alpha + \frac{y}{x}\right) = n'\left(\alpha' + \frac{y}{x}\right)$$

注意到 $x \approx r$,则

$$n'\alpha' = n\alpha - \frac{n' - n}{r}y = n\alpha - \Phi y$$

其中 $\Phi=(n'-n)/r$ 为单球面的光焦度。

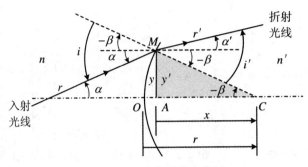

**图 2.9.1　光线的状态表示**

如果分别用$(\alpha,y)$和$(\alpha',y')$表示入射光线和折射光线在 $M$ 点的空间特征,则在 $M$ 点处,入射光线与折射光线之间的关系可以用矩阵运算表示为

$$\begin{bmatrix} n'\alpha' \\ y' \end{bmatrix} = \begin{bmatrix} 1 & -\Phi \\ 0 & 1 \end{bmatrix}\begin{bmatrix} n\alpha \\ y \end{bmatrix} \qquad (2.9.1)$$

记

$$r = \begin{bmatrix} n\alpha \\ y \end{bmatrix} \qquad (2.9.2)$$

$$r' = \begin{bmatrix} n'\alpha' \\ y' \end{bmatrix} \qquad (2.9.3)$$

则上述两个$2\times1$矩阵就表示入射前后光线的状态,称为光线的状态矩阵。而$2\times2$矩阵

$$R = \begin{bmatrix} 1 & -\Phi \\ 0 & 1 \end{bmatrix} \qquad (2.9.4)$$

表示折射球面的作用,称为球面的折射矩阵。$R$ 的行列式值为 1,$|R|=1$。

对于反射球面,由于 $n'=-n=-1$,$\Phi=-2/r$,球面反射镜的折射矩阵为

$$R = \begin{bmatrix} 1 & 2/r \\ 0 & 1 \end{bmatrix}$$

**2. 过渡矩阵**

如图 2.9.2 所示,两相邻球面之间的空间成为过渡空间,光线从球面 $\Sigma_1$ 上的 $M_1$ 点传到球面 $\Sigma_2$ 上的 $M_2$ 点,这两点处的光线之间有如下关系:

$$y_2 = y_1' + d_{21}\alpha_1' = (d_{21}/n_1')n_1'\alpha_1' + y_1'$$

$$n_2\alpha_2 = n_1'\alpha_1' + 0$$

其中 $n_1' = n_2$ 为过渡空间的折射率，$d_{21}$ 为过渡空间的长度。

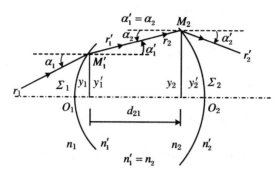

**图 2.9.2　光线在折射球面间的过渡**

将上述两式用矩阵运算表示：

$$\begin{bmatrix} n_2\alpha_2 \\ y_2 \end{bmatrix} = \begin{bmatrix} 1 & 0 \\ d_{21}/n_1' & 1 \end{bmatrix}\begin{bmatrix} n_1'\alpha_1' \\ y' \end{bmatrix} \tag{2.9.5}$$

记

$$T_{21} = \begin{bmatrix} 1 & 0 \\ d_{21}/n_1' & 1 \end{bmatrix} \tag{2.9.6}$$

称之为过渡矩阵。$T_{21}$ 的行列式值等于 1，$|T_{21}| = 1$。

在 $M_2$ 处，入射到 $\Sigma_2$ 上的光线的状态可以用矩阵关系表示为

$$r_2 = T_{21}r_1' = T_{21}R_1 r_1$$

从 $\Sigma_2$ 出射的光线状态为

$$r_2' = R_2 r_2 = R_2 T_{21}R_1 r_1 \tag{2.9.7}$$

式(2.9.7)反映了光线经过一个由两折射球面组成的光学系统之后状态改变所经历的矩阵运算，即由球面的折射矩阵 $R_1$，$R_2$ 以及球面间的过渡矩阵 $T_{21}$，可以算出光线的状态。

记

$$S = R_2 T_{21}R_1 \tag{2.9.8}$$

称之为系统矩阵。

$S$ 为 $2\times 2$ 矩阵，可表示为 $S = \begin{bmatrix} S_{11} & S_{12} \\ S_{21} & S_{22} \end{bmatrix}$。由系统矩阵的定义式(2.9.8)，可

以得到

$$S = \begin{bmatrix} 1 & -\Phi_2 \\ 0 & 1 \end{bmatrix} \begin{bmatrix} 1 & 0 \\ d_{21}/n_1' & 1 \end{bmatrix} \begin{bmatrix} 1 & -\Phi_1 \\ 0 & 1 \end{bmatrix}$$

$$= \begin{bmatrix} 1 & -\Phi_2 \\ 0 & 1 \end{bmatrix} \begin{bmatrix} 1 & -\Phi_1 \\ d_{21}/n_1' & -\Phi_1 d_{21}/n_1' + 1 \end{bmatrix}$$

$$= \begin{bmatrix} 1 - \Phi_2 d_{21}/n_1' & -(\Phi_1 + \Phi_2 - \Phi_1 \Phi_2 d_{21}/n_1') \\ d_{21}/n_1' & 1 - \Phi_1 d_{21}/n_1' \end{bmatrix}$$

系统矩阵的各个矩阵元如下：

$$S_{11} = 1 - \Phi_2 d_{21}/n_1', \quad S_{12} = -(\Phi_1 + \Phi_2 - \Phi_1 \Phi_2 d_{21}/n_1')$$
$$S_{21} = d_{21}/n_1', \quad S_{22} = 1 - \Phi_1 d_{21}/n_1'$$

根据式(2.8.13)，矩阵元 $S_{12}$ 的负值就是这两个球面所组成的系统的光焦度，即

$$\Phi = -S_{12} \tag{2.9.9}$$

又根据厚透镜主平面的表达式

$$x_H = -\frac{\Phi_2 d_{21}}{n_1'} \frac{n_1}{\Phi}, \quad x_H' = -\frac{\Phi_1 d_{21}}{n_1'} \frac{n_2'}{\Phi}$$

矩阵元 $S_{12}, S_{22}$ 可分别表示为

$$S_{12} = 1 + x_H \frac{\Phi}{n_1} = 1 - x_H \frac{S_{12}}{n_1}, \quad S_{22} = 1 + x_H' \frac{\Phi}{n_2'} = 1 - x_H \frac{S_{12}}{n_2'}$$

从而可以得到

$$x_H = \frac{n_1(1 - S_{11})}{S_{12}} \tag{2.9.10}$$

$$x_H' = \frac{n_2'(1 - S_{22})}{S_{12}} \tag{2.9.11}$$

而系统矩阵的行列式值等于1，即 $|S| = 1$。

对于 $n$ 个共轴球面系统(图2.9.3)，其系统矩阵一般可表示为

$$S = R_n T_{n,n-1} R_{n-1} \cdots R_3 T_{32} R_2 T_{21} R_1 \tag{2.9.12}$$

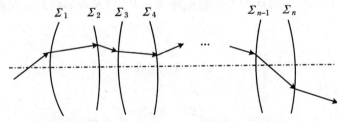

图2.9.3 连续多个共轴球面的系统矩阵

例如，空气中薄透镜的系统矩阵为

$$S = \begin{bmatrix} 1 & -(\varPhi_1 + \varPhi_2) \\ 0 & 1 \end{bmatrix} = \begin{bmatrix} 1 & -(n-1/r_1 + 1 - n/r_2) \\ 0 & 1 \end{bmatrix}$$

## 2.9.2　成像矩阵的计算

如图 2.9.4 所示，$Q$ 点的物经过光具组后在 $Q'$ 点成像，则在一对共轭物像点处，光线的状态矩阵分别为 $\boldsymbol{r}_Q = \begin{bmatrix} n_1 \alpha_1 \\ y \end{bmatrix}$ 和 $\boldsymbol{r}'_{Q'} = \begin{bmatrix} n'_m \alpha'_m \\ y' \end{bmatrix}$。

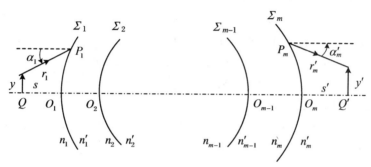

**图 2.9.4　计算成像矩阵**

从物点到光学系统的第一个球面，即从 $Q$ 到 $P_1$ 处的过渡矩阵为

$$\boldsymbol{T}_{1Q} = \begin{bmatrix} 1 & 0 \\ s/n_1 & 1 \end{bmatrix}$$

从光学系统最后一个球面到像点，即从 $P_m$ 到 $Q'$ 处的过渡矩阵为

$$\boldsymbol{T}_{Q'_m} = \begin{bmatrix} 1 & 0 \\ s'/n'_m & 1 \end{bmatrix}$$

因此 $Q$ 到 $Q'$ 的光线的矩阵变换为

$$\boldsymbol{r}'_{Q'} = \boldsymbol{T}_{Q'_m} \boldsymbol{S} \boldsymbol{T}_{1Q} \boldsymbol{r}_Q$$

在系统矩阵已确定的情况下，上述矩阵运算的过程为

$$\begin{bmatrix} n'_m \alpha'_m \\ y' \end{bmatrix} = \begin{bmatrix} 1 & 0 \\ s'/n'_m & 1 \end{bmatrix} \begin{bmatrix} S_{11} & S_{12} \\ S_{21} & S_{22} \end{bmatrix} \begin{bmatrix} 1 & 0 \\ s/n_1 & 1 \end{bmatrix} \begin{bmatrix} n_1 \alpha_1 \\ y \end{bmatrix}$$

$$= \begin{bmatrix} 1 & 0 \\ s'/n'_m & 1 \end{bmatrix} \begin{bmatrix} S_{11} + (s/n_1)S_{12} & S_{12} \\ S_{21} + (s/n_1)S_{22} & S_{22} \end{bmatrix} \begin{bmatrix} n_1 \alpha_1 \\ y \end{bmatrix}$$

$$= \begin{bmatrix} S_{11} + (s/n_1)S_{12} & S_{12} \\ S_{21} + (s/n_1)S_{22}\, S_{22} + (s'/n_m')S_{12} & S_{22} + \dfrac{S'}{n_m}S_{12} \end{bmatrix} \begin{bmatrix} n_1\alpha_1 \\ y \end{bmatrix}$$

$$= \begin{bmatrix} [S_{11} + (s/n_1)S_{12}]n_1\alpha_1 + S_{12}\,y \\ \left(S_{21} + \dfrac{s}{n_1}S_{22} + \dfrac{s'}{n_m'}S_{11} + \dfrac{ss'}{n_1 n_m'}S_{12}\right)n_1\alpha_1 + \left(S_{22} + \dfrac{s'}{n_m'}S_{12}\right)y \end{bmatrix}$$

记矩阵

$$A = \begin{bmatrix} S_{11} + (s/n_1)S_{12} & S_{12} \\ S_{21} + (s/n_1)S_{22} + (s'/n_m')S_{11} + (ss'/n_1 n_m')S_{12} & S_{22} + (s'/n_m')S_{12} \end{bmatrix} \tag{2.9.13}$$

称之为物像矩阵,其行列式的值等于 1。因此

$$y' = [S_{21} + (s/n_1)S_{22} + (s'/n_m')S_{11} + (ss'/n_1 n_m')S_{12}]n_1\alpha_1$$
$$+ [S_{22} + (s'/n_m')S_{12}]y$$

在傍轴条件下,$y'$ 与 $\alpha_1$ 无关,即

$$[S_{21} + (s/n_1)S_{22} + (s'/n_m')S_{11} + (ss'/n_1 n_m')S_{12}]n_1\alpha_1 = 0$$

物像矩阵化为

$$A = \begin{bmatrix} S_{11} + (s/n_1)S_{12} & S_{12} \\ 0 & S_{22} + (s'/n_m')S_{12} \end{bmatrix} \tag{2.9.14}$$

同时可以得到

$$y' = [S_{22} + (s'/n_m')S_{12}]y - (s'/n_m')[S_{11} + (s/n_1)S_{12}]$$
$$= S_{21} + (s/n_1)S_{22}$$

则系统所成像的横向放大率

$$\beta = \frac{y'}{y} = S_{22} + (s'/n_m')S_{12} \tag{2.9.15}$$

像距为

$$\frac{s'}{n_m'} = -\frac{(s/n_1)S_{22} + S_{21}}{(s/n_1)S_{12} + S_{11}} \tag{2.9.16}$$

式(2.9.15)和式(2.9.16)即为用物像矩阵元素表示的物像关系。

由于物像矩阵行列式的值等于 1,即

$$[S_{11} + (s/n_1)S_{12}][S_{22} + (s'/n_m')S_{12}] = 1$$

故横向放大率亦可表示为

$$\beta - \frac{1}{S_{11} + (s/n_1)S_{12}} \tag{2.9.17}$$

因此系统的物像矩阵可表示为

$$A = \begin{bmatrix} 1/\beta & -\Phi \\ 0 & \beta \end{bmatrix} \tag{2.9.18}$$

如果已知系统矩阵 $S$ 和物距 $s$,则系统的物像矩阵 $A$ 可完全确定,并可根据其矩阵元得到像的横向放大率 $\beta$,从而进一步求得像距 $s'$。

通过上面的讨论,读者不难看出,矩阵方法和光具组方法是两种处理成像的不同方法。在光具组中,需要知道每个透镜的主平面、焦平面等参数,进而用逐次成像法确定整个光具组的光学参数,从而得出物像关系。而矩阵方法,则是根据光线在每个球面上的折射,通过矩阵元的运算,确定系统的矩阵,进而得到物像关系。由于矩阵运算适于在计算机上完成,所以这种方法在光学工程中有很广泛的应用。

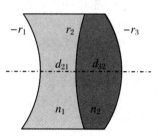

图 2.9.5　复合厚透镜

【例 2.23】　空气中有一复合透镜,球面曲率半径分别为 $-1.00$ m,$1.50$ m,$-1.00$ m,厚度分别为 4 cm,5 cm,两镜介质的折射率分别为 1.632 和 1.500。试用矩阵方法求复合透镜的光焦度。

【解】　先求出系统矩阵:

$$S = \begin{bmatrix} 1 & -\dfrac{1-n'_2}{r_3} \\ 0 & 1 \end{bmatrix} \begin{bmatrix} 1 & 0 \\ d_{32}/n'_2 & 1 \end{bmatrix} \begin{bmatrix} 1 & -\dfrac{n'_2-n'_1}{r_2} \\ 0 & 1 \end{bmatrix}$$

$$\cdot \begin{bmatrix} 1 & 0 \\ d_{21}/n'_1 & 1 \end{bmatrix} \begin{bmatrix} 1 & -\dfrac{n'_1-1}{r_1} \\ 0 & 1 \end{bmatrix}$$

$$= \begin{bmatrix} 1 & -0.5 \\ 0 & 1 \end{bmatrix} \begin{bmatrix} 1 & 0 \\ 1/30 & 1 \end{bmatrix} \begin{bmatrix} 1 & 0.088 \\ 0 & 1 \end{bmatrix} \begin{bmatrix} 1 & 0 \\ 5/204 & 1 \end{bmatrix} \begin{bmatrix} 1 & 0.632 \\ 0 & 1 \end{bmatrix}$$

$$= \begin{bmatrix} 0.973\,2 & 0.201\,5 \\ 0.057\,91 & 1.039\,5 \end{bmatrix} = \begin{bmatrix} 0.97 & 0.20 \\ 0.058 & 1.04 \end{bmatrix}$$

所以此厚透镜的光焦度为 $\Phi = -S_{12} = -0.20$ m$^{-1}$,焦距 $f = -5.0$ m,主平面

$$x_H = \frac{n_1(1-S_{11})}{S_{12}} = \frac{1-0.97}{0.20} = 0.15\,(\text{m})$$

$$x'_H = \frac{n'_2(1-S_{22})}{S_{12}} = \frac{1-1.04}{0.20} = -0.2\,(\text{m})$$

# 习　题　2

1. 圆柱形玻璃容器中装有一种在紫外光照射下可以发出绿色荧光的液体,玻璃对绿光的折射率为 $n_1$,液体对绿光的折射率为 $n_2$。当容器的内外半径之比为多少时,容器的壁厚看起来为 0?

2. 一玻璃球直径为 200 mm,折射率为 1.53,在球内有两个气泡,看起来一个恰在球心处,另一个在球心到前球面的正中间。求两个气泡的实际位置。

3. 将一根长 40 cm 的透明棒一端磨平,另一端磨成半径为 12 cm 的半球面。有一小物沿棒轴嵌入棒中,并与棒的两端等距。从平面一端看去,物的表观深度为 12.5 cm。求从球面一端看去,物的表观深度是多少?

4. 一尾热带鱼长 2 cm,在直径为 30 cm 的球形薄壁玻璃鱼缸的中心。求从外观察,看到的鱼的位置和大小。

5. 有一半径为 128 mm 的玻璃半球,其主轴垂直于平面,轴上放置一长度为 20 mm 的物体 AB。观察者在平面一侧,看到 AB 的两个不很明亮的像,恰好头尾相接,此时 B 端距离平面 20 mm,求玻璃的折射率。

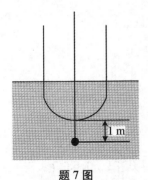

**题 7 图**

6. 平面镜前有一个半径为 $R$ 的球形玻璃鱼缸,缸壁很薄。缸中充满水,水的折射率为 $n$,鱼缸中心到镜面的距离为 $3R$,浴缸右侧一观察者沿着轴线观察,这时小鱼恰在距离镜面最近处以速度 $v$ 沿缸壁游动。求观察者所看到的鱼的两个像的相对速度。

7. 如图所示,一圆筒的下端为薄壁玻璃球面,半径为 10 cm。将圆筒探入水中。通过圆筒向下窥视,球面下 1 m 处的物点看起来在何处?(已知水的折射率为 1.33。)

8. 有一种高脚酒杯,如图所示。杯内底面为一凸起的球面,球心在顶点 $O$ 下方玻璃中的 $C$ 点,球面的半径 $R = 1.50\,\mathrm{cm}$, $O$ 到杯口平面的距离为 8.0 cm。在杯脚底中心处 $P$ 点紧贴一张画片,$P$ 点距 $O$ 点 6.3 cm。这种酒杯未斟酒时,若从杯口处向杯底方向观看,看不出画片上的景物,但如果斟了酒,再从杯口处向杯底方向观看,将看到画片上的景物。已知玻璃的折射率 $n_1 = 1.56$,酒的折射率 $n_2 = 1.34$,试通过计算,分析解释这一现象.

9. 有一细长的圆柱形均匀玻璃棒,其一个端面是平面(垂直于轴线),另一个端面是球面,球心位于轴线上。现有一很细的光束沿平行于轴线方向且很靠近轴线入射。当光从平端面射入棒内时,光线从另一端面射出后与轴线的交点到球面的距离为 $a$;当光线从球形端面射入棒内时,光线在

**题 8 图**

棒内与轴线的交点到球面的距离为 $b$。试近似地求出玻璃的折射率 $n$。

10. 如图所示，一球面反射镜将平行光会聚在 $x_0 = 20\ \text{cm}$ 处。将水(折射率为 4/3)注满球面，光通过一张白纸片上的针孔射向反射镜，距离 $x$ 为多大时在纸片上成清晰的像？

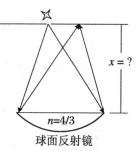

题 10 图

11. 使一束向 $P$ 点会聚的光在达到 $P$ 点之前通过一玻璃平板，玻璃板垂直于光束的轴线。问会聚点如何移动？移动多少？(设玻璃板的厚度为 $d$，折射率为 $n$。)

12. 眼睛和物体间有一折射率 $n = 1.5$ 的玻璃平板，厚度 $d = 30\ \text{cm}$。求人眼看到的像和物之间的距离。

13. 水平放着一个凹面镜，曲率半径为 $60\ \text{cm}$，里面装满了水。求出这个镜子的焦距。(水的折射率为 4/3。假设水的厚度和镜子的曲率半径相比很小。)

14. 玻璃毛细管的内径看起来为 $2.66\ \text{mm}$，求管的实际内径。(设管的外径远大于内径，玻璃的折射率为 1.53。)

15. 一发光点位于一透明球的后表面，从前表面出射的傍轴光束恰为平行光。求此透明球材料的折射率。

16. 已知一个凹透镜的两球面的光焦度分别为 $5\ \text{m}^{-1}$ 和 $-10\ \text{m}^{-1}$，透镜的直径为 $30\ \text{mm}$，中心厚 $2\ \text{mm}$。问用以制造该透镜的平板玻璃(折射率为 1.5)至少应多厚？该透镜的边缘有多厚？

17. 半径为 $R$ 的透明球体的半面镀一层反射膜，问此球的折射率为何值时，从空气中入射的光经此球反射后仍沿原方向返回？

18. 一折射率为 1.50、厚度为 $20\ \text{mm}$ 的平凸透镜放在纸面上，球面的曲率半径为 $80\ \text{mm}$。分别求当球面向下和平面向下时，纸上与透镜接触处文字的成像位置。

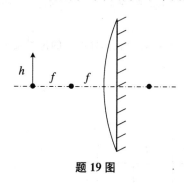

题 19 图

19. 一平凸透镜焦距为 $f$，其平面上镀了银。现在其凸面一侧距它 $2f$ 处，垂直于主轴放置一高为 $h$ 的小物，其下端在透镜的主轴上(如图所示)。

(1) 用作图法画出物经镀银透镜所成的像，并说明该像是虚的，还是实的。

(2) 通过计算，求出此像的位置和大小。

20. 一凸球面镜浸没在折射率为 1.33 的水中，高为 $1\ \text{cm}$ 的物在凸面镜前 $40\ \text{cm}$ 处，像在镜后 $8\ \text{cm}$ 处。求像的大小、正倒、虚实以及凸面镜的曲率半径和光焦度。

21. 实物放在凹面镜前什么位置能成倒立的放大像？为什么？是实像还是虚像？

22. 一玻璃半球的曲率半径为 $R$，折射率为 1.5，其平面的一侧镀银(见图)，有一物高为

$h$,放在曲面顶点前 $2R$ 处。求：

（1）由曲面所成的第一个像的位置；

（2）该光具组最后所成像的位置。

23．直径 $\Phi = 4\text{ cm}$ 的长玻璃棒的一端磨成曲率半径 $R = 2\text{ cm}$ 的半球形,长 $0.1\text{ cm}$ 的物垂直于棒的轴线,距球面顶点 $8\text{ cm}$ 处,见图。求像的位置和大小,并作图。

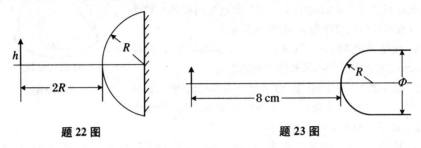

题 22 图　　　　　　　　　　题 23 图

24．右图是牛顿显微物镜的原理图:在凹面反射镜中心开一个小孔,凹面反射镜的曲率半径为 $8\text{ cm}$,在凹面镜中心右侧 $2\text{ cm}$ 处有一小平面镜 M。若凹面镜左方距小孔 $1\text{ cm}$ 处有一物长 $0.1\text{ cm}$,求物体经此光学系统后成像的位置及像的大小,并作出光路图。

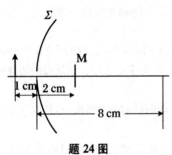

题 24 图

25．一点光源位于凸透镜的主光轴上。当点光源位于 $A$ 点处,它成像在 $B$ 点。而当它位于 $B$ 点,它成像于 $C$ 点。已知 $\overline{AB} = 10\text{ cm}$,$\overline{BC} = 20\text{ cm}$,试求凸透镜的焦距。

26．透过焦距为 $9\text{ cm}$ 的会聚透镜,观察在平静水面下 $1.2\text{ m}$ 处的一条小鱼,如图所示。若透镜位于水面上方 $0.6\text{ m}$,看到的小鱼位于何处?（假设鱼在透镜光轴上,$n_{空气} = 1$,$n_{水} = 4/3$。）

27．设计并解释这样一个透镜组,它由两个会聚透镜组成,并能在物体所在的位置成一个与物体大小相同的倒立虚像(见图)。

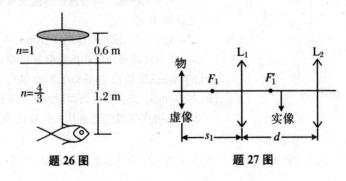

题 26 图　　　　　　　　题 27 图

28. 如图所示,一个等腰直角三棱镜($n = 1.5$)和两个薄透镜所组成的光学系统中,求物体最后成像的位置和像的大小。(设物体长 1 cm。)

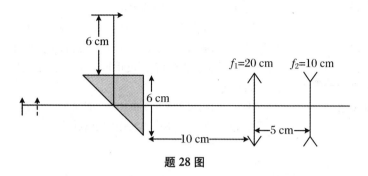

**题 28 图**

29. 用凸透镜和平面镜可以测凹透镜的焦距。方法是:先让点光源 $Q$ 经凸透镜成实像于 $Q'$ 点,测得像距 $s'$。然后,在凸透镜与 $Q'$ 点之间放置待测的凹透镜,使其与凸透镜共轴,并在凹透镜右侧垂直于光轴放置平面镜,如图所示。移动凹透镜到一个合适的位置,使 $Q$ 经过整个光学系统后所成的像与其自身重合。测得此时凹透镜与凸透镜间的距离为 $d$,计算凹透镜的焦距。

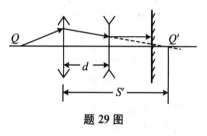

**题 29 图**

30. 如图所示,物处于最左端透镜的左方 10 cm 处。使用逐次成像法求最后的成像位置。(已知四个薄透镜均处于空气中,像方焦距分别为 $f'_1 = f'_3 = -5$ cm,$f'_2 = f'_4 = 5$ cm。)

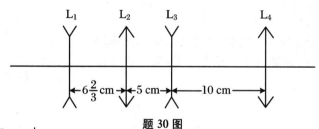

**题 30 图**

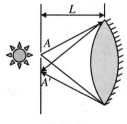

**题 31 图**

31. 由两个完全相同的球面薄表壳玻璃胶合在一起,中间是空气,其中一块玻璃的表面镀银成为球面反射镜,如图所示。利用准直法,即让灯泡发出的光通过白屏上的针孔,调节 $L$ 可在白屏上得到孔的清晰的像,这时测得 $L = 20$ cm。如果在表壳中充满折射率为 4/3 的水,问 $L$ 为何值时,在白屏上能得到孔的清晰像?

32. 把曲率半径为 $r$ 的对称薄双凸透镜放在水平镜面上,透镜和平面镜之间加入折射率为 $n_2$ 的液体,透镜的折射率为 $n_1$。设透镜上方距离 $l$ 处物像重合,试求 $n_1, n_2$ 和 $r$ 间的关系。

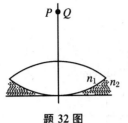

题 32 图

33. 一烧杯内水深 4 cm,杯底有一枚硬币,水面上放置一焦距为 30 cm 的薄透镜,硬币的中心位于透镜的光轴上。若透镜上方的观察者(通过透镜)看到硬币还在原处,问透镜应放于距离水面多高的位置?

34. (1) 用作图法求图中光线 1 的光轭光线;

(2) 用作图法求图中光具组的节点位置。

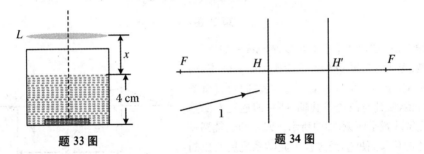

题 33 图                    题 34 图

35. 共心透镜两球面的曲率半径分别为 $r_1, r_2$,如图所示。透镜材料的折射率为 $n$,厚度为 $d$。试求该透镜的主点位置。

36. 两薄透镜共轴,一个是会聚透镜,$f_1 = 10$ cm;另一个为发散透镜,$f_2 = -15$ cm,两者相距 5 cm(见图)。

(1) 求透镜组的焦点、主点的位置;

(2) 若将一物体放在会聚透镜左侧 10 cm 处,求像的位置、横向放大率,问像是虚的还是实的,是正的还是倒的?

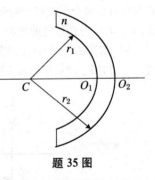

题 35 图

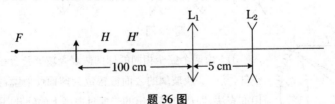

题 36 图

37. 物体浸于水中,发出的光线横穿过一个半径为 $R$ 的球形空气泡,水的折射率为 4/3。

(1) 当物体离气泡很远时,求像的位置,并指出像的正倒和虚实;

（2）当物体位于气泡的左侧表面时，求像的位置，并指出像的正倒和虚实。

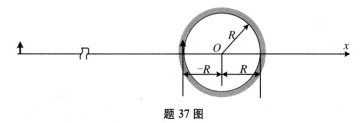

**题 37 图**

38. 设有一个放置在空气中的透镜系统，光焦度为 $\Phi$，主平面间距 $\overline{HH'} = d$。求证：放大率为 $-1$ 的两共轭面之间的距离为 $d + 4/\Phi$。

39. 如图所示，考虑一双透镜系统，一个高 1 cm 的物体位于凸透镜左侧 40 cm 处。计算像的大小和位置。

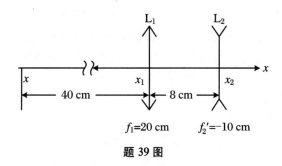

**题 39 图**

40. 考虑一个厚透镜，第一个曲面与第二个曲面的曲率半径分别为 $-10$ cm 和 20 cm。透镜厚度为 10 cm，折射率为 1.5。试求该厚透镜的主点、节点和焦点的位置。

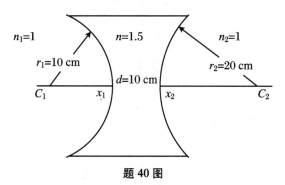

**题 40 图**

41. 折射率为 1.5 的共心透镜与凹面镜的球心重合于 $C$ 点，置于空气中，透镜的曲率半径分别为 50 cm 和 40 cm。凹面镜的曲率半径为 $-80$ cm。求反射系统的基点，并讨论其特性。

42. 在一个半径为 $r$、折射率为 $n$ 的透明球的后半个表面镀以反射膜,构成一个向后反射器。

(1) 试求反射器的系统矩阵;

(2) 若 $x_1$ 左侧 $r$ 处有一物高 1 mm,求像的大小与位置。(设 $r=1$ cm,$n=1.5$。)

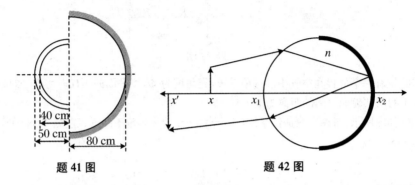

题 41 图　　　　　　　　　　　　　题 42 图

43. 空气中有一复合透镜,球面曲率半径分别为 $-1.0$ m,$1.5$ m,$-1.0$ m,厚度分别为 4 cm,5 cm,两镜介质的折射率分别为 1.632 和 1.5。用矩阵方法求复合透镜的光焦度。

44. 如图所示,一空心玻璃球,内外半径分别为 $r$ 和 $R$,置于空气中。玻璃的折射率 $n=1.5$,求系统的各个基点的位置。

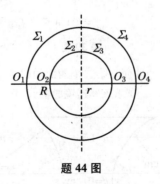

题 44 图

# 第3章 成像仪器

## 3.1 光　阑

任何一个实际的透镜或透镜组的孔径总是有限的,这样一来,能够通过光学系统的辐射通量和光束的发散角就受到了限制。成像仪器中对入射光束或出射光束的辐射通量和光束的发散角进行限制的机构就是**光阑**。例如,各种透镜、反射镜总是有一定大小,透镜、反射镜的口径对辐射通量就起到了限制的作用;还可以在光路中加上调控辐射通量的装置,如照相机的光圈,眼睛的瞳孔也是一种光阑。

光阑除了限制和调控进入光学系统的辐射通量,还可以改变成像质量,减小或消除像差,并能调节成像时的景深。

### 3.1.1　光阑与光瞳

在图 3.1.1(a)中,物点距离较近时,通过第一透镜 $L_1$ 的光,只有一部分能够透过第二透镜 $L_2$,即对入射光起限制作用的是 $L_2$ 的孔径,$L_2$ 的孔径是**有效光阑**;而在图 3.1.1(b)中,对同样的光学系统,物距较大时,透过 $L_1$ 的光,能够全部透过 $L_2$,这时对辐射通量起限制作用的是 $L_1$ 的孔径,$L_1$ 的孔径是有效光阑。

因而,一个实际的光学系统,到底哪一部分起到光阑的作用,并不是一成不变的,而要根据具体情况判定。

通常,光学系统中还要设置可以改变

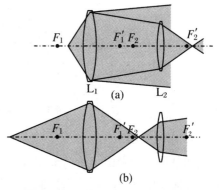

**图 3.1.1　不同条件下的有效光阑**

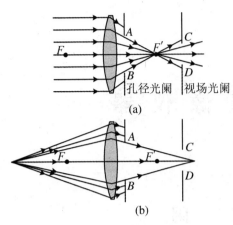

图 3.1.2　孔径光阑与视场光阑

口径的光阑,以便灵活地控制辐射通量。如图 3.1.2 所示,除了透镜口径对光的限制,还有特意设置的光阑 AB 和 CD。而由于位置不同,这两个光阑实际上所起的作用是不一样的。

### 1. 孔径光阑

在图 3.1.2 中,由于光阑 AB 较靠近透镜,故可以控制进入系统的光束截面(a)或入射光束张角(b),从而起着控制进入系统的辐射通量的作用,这一类光阑称作**孔径光阑**。

### 2. 视场光阑

在图 3.1.2 中,CD 靠近成像平面,其作用主要是控制在像平面上的成像范围,而不影响进入系统的辐射通量,这样的一类光阑实际上改变像平面上的成像或照明区域的范围,因而被称作**视场光阑**。

### 3. 入射光瞳

位于透镜像方的孔径光阑 AB 的大小直接决定了物方入射光束的张角,但该张角却不能以 AB 对物点 P 的张角进行度量,因为光线经过透镜发生了折射。

如果要直接度量孔径光阑 AB 对入射光束张角的限制,则可以用 AB 在物方的像作为基准。如图 3.1.3 所示,AB 经透镜在物方对应的像是 $A'B'$,$A'B'$ 对 P 点的张角就是实际入射光束的张角。$A'B'$ 称作**入射光瞳**。

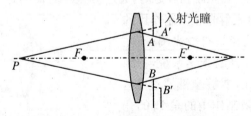

图 3.1.3　孔径光阑与入射光瞳

### 4. 出射光瞳

如果孔径光阑位于透镜 $L_1$ 和 $L_2$ 之间,如图 3.1.4 中的 AB,则该光阑对 $L_1$ 之前的入射光束进行限制,同时,也对经 $L_2$ 在像方出射光束的张角起到了限制作用。

容易看出，$AB$ 经 $L_2$ 所成的像 $A''B''$ 可以用来度量出射光束的张角，则 $A''B''$ 称作**出射光瞳**。

如图 3.1.5 所示，对于由 $L_1$ 和 $L_2$ 所组成的光学系统，入射光瞳 $A'B'$ 是孔径光阑 $AB$ 在系统物方（左侧）的像，而出射光瞳 $A''B''$ 是 $AB$ 在系统像方（右方）的像。即对于透镜 $L_1$，$A'B'$ 和 $AB$ 是共轭的；对于透镜 $L_2$，$A''B''$ 和 $AB$ 是共轭的。

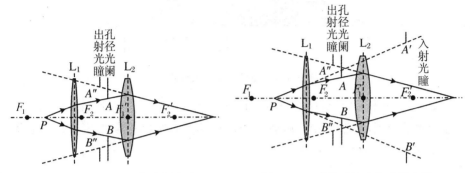

图 3.1.4　孔径光阑与出射光瞳　　　图 3.1.5　成像系统中的孔径光阑、
入射光瞳与出射光瞳

### 5. 入射窗与出射窗

如图 3.1.6 所示，透镜的口径是孔径光阑，而在像平面之前的圆孔 $AB$ 就是视场光阑。由于 $AB$ 的遮挡，像平面上的成像区域受到限制，只有物上 $DE$ 之间的部分才能成像。

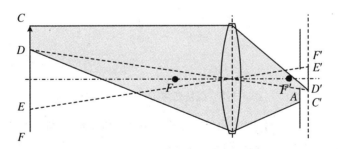

图 3.1.6　视场光阑限制成像范围

在图 3.1.6 中，透镜限制入射光束的张角，是有效的孔径光阑，光阑 $AB$ 靠近像平面，对于孔径（就是图中的透镜）而言，是视场光阑。由于视场光阑 $AB$ 的阻挡，物 $CDEF$ 经透镜后，只有 $DE$ 之间的部分能够成像 $D'E'$，而 $CD$ 和 $EF$ 部分被遮挡，不能成像。

如图 3.1.7 所示，视场光阑 $AB$ 在物方所成的像 $A'B'$ 称作**入射窗**。

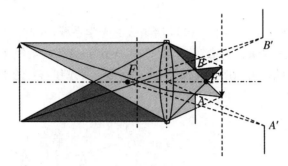

图 3.1.7　视场光阑与入射窗

如果视场光阑 $AB$ 之后还有透镜，则 $AB$ 又对之后的成像起到限制作用，相当于限制了物的范围，因而，$AB$ 经后面的透镜在其像方所成的像 $A''B''$ 称作**出射窗**，如图 3.1.8 所示。

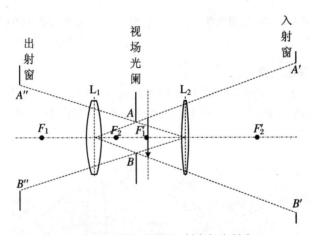

图 3.1.8　视场光阑、入射窗与出射窗

由图 3.1.8 可见，对于 $L_1$ 而言，入射窗 $A'B'$ 和视场光阑 $AB$ 是共轭的；对于 $L_2$ 而言，出射窗 $A''B''$ 和视场光阑是共轭的。

## 3.1.2　实际光学系统的光阑与光瞳

图 3.1.9 所示的为七片四组结构的普兰纳照相物镜，每一个透镜的口径都起到了光阑的作用，除此之外，还有一个专门设置的光阑 $AB$，位于透镜组的中间。在这样的物镜中，$AB$ 是有效的光阑，相应的入射光瞳是 $A'B'$，而出射光瞳

是 $A''B''$。

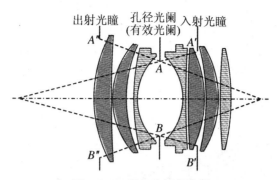

**图 3.1.9　照相物镜的光阑**

　　图 3.1.10 是一架显微镜的光路示意图。显微物镜的口径本身就很小,所以往往物镜就是有效的孔径光阑,而系统的入射光瞳也是物镜,与孔径光阑重合。当然,有的显微镜中也有专门设置的孔径光阑,这样的光阑都靠近物镜。显微镜的物镜、目镜的焦距都很短,而物镜到目镜的距离比焦距要长得多,因而物镜或者光阑经目镜所成的像在目镜的像方焦平面附近,这就是系统的出射光瞳。

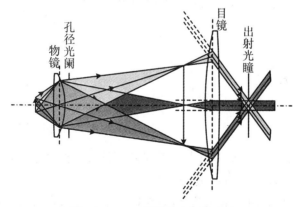

**图 3.1.10　显微镜的光阑与光瞳**

　　由图 3.1.10 可见,凡是进入入射光瞳(即物镜,或特设的孔径光阑)的光线,都可以从出射光瞳射出。

　　使用显微镜时,眼睛要紧贴目镜观察。如果将眼睛也作为光学系统的一个组成部分,则眼睛的瞳孔也是一个光阑。当瞳孔比显微镜的出射光瞳还小时,瞳孔就成了出射光瞳(因为观察时眼睛与目镜之间的距离为 0)。

　　与显微镜不同,望远镜物镜的焦距比目镜的焦距长很多,而且物镜的像方焦点与目镜的物方焦点重合。对于从远处射来的光线,物镜就是有效的光阑,起到了孔径光阑的作用,如图 3.1.11 所示。由于相对于目镜的焦距,望远镜镜筒的长度要大得多,所以物镜经目镜所成的像就在目镜的像方焦平面处,这就是出射光瞳。当然,实际的望远镜的目镜口径比眼睛的瞳孔要大,所以使用时,有效的出射光瞳是眼睛的瞳孔。

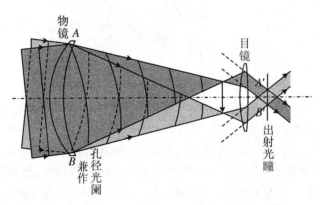

**图 3.1.11　望远镜的光阑与光瞳**

# 3.2　像　　差

　　第 2 章中的成像理论或理想光具组理论,是傍轴光线在球面上反射或折射的成像理论,其实是在比较严格的傍轴条件下所得到的一种近似。实际的成像系统中,当然不可能仅仅利用傍轴光线成像,所以除了平面反射镜之外,其他的元件都会产生不同程度的像差。另外,即使对同一种介质,其折射率与波长有关,不同波长的光在同一种介质中的折射率不同,这也会产生一定的像差。

　　由于不满足傍轴条件而产生的像差,称作**单色像差**;而由于折射率随波长的改变(即色散)而产生的像差,称作**色像差**,或**色差**。

　　以下讨论各种不同类型像差产生的原因及对像差的矫正。

## 3.2.1  球差

**1. 球差的产生**

所谓焦点,是在傍轴条件下,物方与光轴平行的入射光线在像方的会聚点。对于非傍轴光线,则轴上物点发出的同心光束经过球面的折射不能再保持光束的同心性,也就不存在焦点。如图 3.2.1 所示,宽光束经过球面透镜后,会在像方焦点附近形成一个弥散斑,而不是一个点,这就是**球面像差**,简称**球差**。

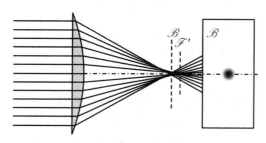

图 3.2.1  球差的产生

无论是球面镜,还是凸透镜、凹透镜,都有球差,如图 3.2.2～图 3.2.4 所示。

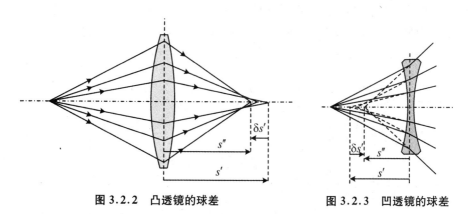

图 3.2.2  凸透镜的球差　　　　图 3.2.3  凹透镜的球差

物方轴上的同心光束在像方汇集,由于球差,像方光线不再是同心光束。记 $s'$ 为傍轴光束的像距,而 $s''$ 为像方非近轴光线与光轴的交点的距离,则球差可以用 $\delta s' = s'' - s'$ 表示。

不同类型的光学元件的球差可以用图 3.2.5 所示的曲线表示,图中纵坐标 $y$

表示光线到光轴的距离。

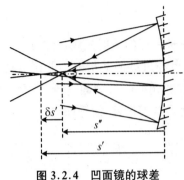

图 3.2.4　凹面镜的球差

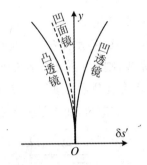

图 3.2.5　球差的曲线表示

**2. 球差的矫正**

由图 3.2.2～图 3.2.5 可见,正透镜与负透镜的球差 $\delta s' = s'' - s'$ 是相反的,因而如果将正负透镜适当地组合,则可以在一定程度上消除球差。

在图 3.2.6 中,经过凸透镜的光束,与光轴的交点在平面 $\mathscr{F}'$ 和 $\mathscr{F}''$ 之间,再经过凹透镜后,则基本上可以会聚到平面 $\mathscr{F}$ 上。这样的透镜组合就是一种消球差的透镜。

组合透镜消球差的效果可以用图 3.2.7 中的曲线表示。任何实际的球面透镜组合都不可能完全消除球差,但适当地选择球面曲率半径、材料折射率、透镜间隔等参数,可以使球差达到最小。实际的消球差透镜,既可以使正负透镜间有一定的间隔,也可以用透明树脂将两个由不同折射率材料的正负透镜黏合,如图 3.2.8 所示。

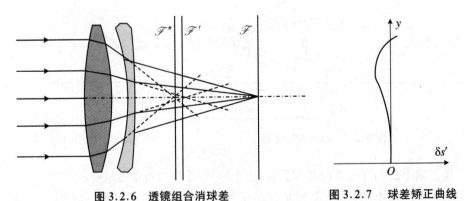

图 3.2.6　透镜组合消球差　　　　　图 3.2.7　球差矫正曲线

对于凹面镜,可以在入射光路上加一片凹透镜,以起到消球差的作用,如图 3.2.9(a)所示,这就是所谓的包沃斯-马克苏托夫折返式消球差系统;也可以用一片特制的矫正板放在凹面镜的光路上将球差消除到最小,如图3.2.9(b)所示,这就是施密特系统。

### 3.2.2 慧差

球差是针对轴上物点成像过程中的像差而定义的。如果物点在轴外,则像点也在轴外,物像之间的连线与光轴间有一定的夹角,这时产生的像差就与球差有所不同。

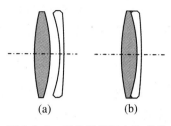

图 3.2.8 正负透镜组合消球差

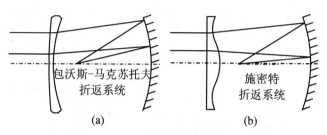

图 3.2.9 凹面镜的折返式消球差系统

如图 3.2.10 所示,轴外物点 $P$,在满足傍轴条件下成像于像平面上的 $P'$ 点,会聚到 $P'$ 点的光线,实际上是来自 $P$ 点的、以直线 $PP'$ 为轴的、发散角很小的一个空心圆锥体内的物方光束。而发散角比较大的光束,则会在像平面上弥散成一个圆斑,但该圆斑的中心会偏离 $P'$ 点。光束的发散角愈大,则弥散斑愈大,且中心偏离 $P'$ 点愈远。这样,在像平面上就形成了一个类似于彗星的斑点。这种像差称作**彗形像差**,简称彗差。

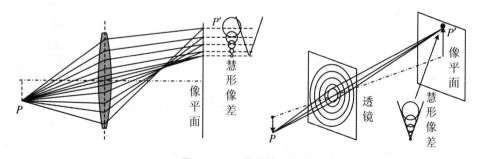

图 3.2.10 彗差的形成

彗差与球差都是由于成像光束不满足傍轴条件而产生的,从而也是可以在一定条件下进行矫正的。但是,在任何一个系统中,球差与彗差是同时存在的,而两者矫正的方法却不一样,因而不可能同时消除。

由于齐明点不要求傍轴光线,所以在一对齐明点处,既无球差,也无彗差。显微物镜就是利用这一点成像的。

### 3.2.3　像散

如果物点远离光轴,即使发出的是很窄的圆锥形同心光束,经过透镜后,也会产生像差。经过透镜折射后,原来截面是圆形的物方光束,在像方,其截面变为椭圆形,而且椭圆的形状随着距离的改变而有所改变:先是长轴在竖直方向,随着距离增大,逐渐退化成一段竖直方向的直线;然后渐变为一个很小的正圆形,又渐渐退化成一段水平方向的直线;之后,逐渐变为长轴在水平方向的椭圆,如图 3.2.11

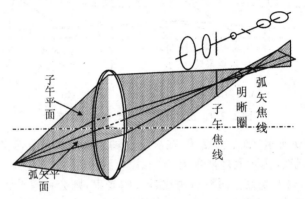

**图 3.2.11　像散**

所示。因此在像方不能形成同心光束,而在光束截面最小的地方,要么会聚成一段直线,要么会聚成一个圆斑,这种现象称作**像散**。

**图 3.2.12　像散实例**

竖直方向的平面称作**子午平面**,水平方向的平面称作**弧矢平面**。像方光束形成的两条直线分别称作**子午焦线**和**弧矢焦线**。在两条焦线之间,光束所形成的最小圆形斑是最清晰的像,称作**明晰圈**。

由于像散,各处成像的情况如图3.2.12所示,在子午焦线处,像由于在竖直方向散开而模糊;在弧矢焦线处,像由于在水平方向散开而模糊;在明晰圈处,像的模糊程度最低。因而像平面应当在明晰圈处。

### 3.2.4 像场弯曲

对于物方的垂轴平面,其在像方的共轭面只有在轴线附近才是平面,而在距轴较远的区域,像面会出现弯曲,这一现象称作**像场弯曲**,或**像面弯曲**,如图 3.2.13 所示。

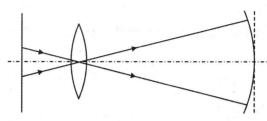

图 3.2.13 像场弯曲

平面型的物成像时,在相应的曲面上才能观察到清晰的像,结果使得像平面上的傍轴区域比较清晰,而离轴较远的区域比较模糊。

### 3.2.5 畸变

由于横向放大率并不相同,距轴不同的物点所成的像也会出现像差。这种像差通常不会使像变得模糊不清,但会使像与物有显著的差异,例如物面上的直线将变为曲线。这种像差称作**畸变**。

图 3.2.14 是两种典型的畸变。如果离轴愈远横向放大率愈大,则产生枕形畸变;反之,则产生桶形畸变。

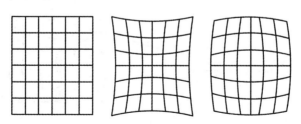

图 3.2.14 枕形畸变与桶形畸变

### 3.2.6 色差

**1. 色差的产生**

色差当然是由于光在介质中的色散引起的。色差与光线是否是傍轴无关,由于光的折射率与波长有关,不同波长的光有不同的折射率,因而即使对于已经消除了各种单色像差的透镜,其焦距仍然是波长的函数,即不同波长的光有不同的焦距。因此同一物点发出的白光,经过透镜后,其中不同波长的光将会聚在不同的平面上。

### 2. 色差的矫正

如图 3.2.15 所示,如果将正立和倒立的三棱镜进行适当的组合(包括对棱镜的顶角、取向和折射率进行适当的调整),则可以最大限度地削弱色散,进而对色差进行矫正。

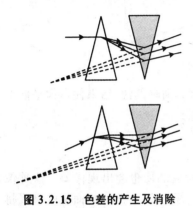

**图 3.2.15 色差的产生及消除色差的原理**

由于凸透镜和凹透镜的表面可以近似地看作是由一段段的平面构成的,即可以看作是由一个个顶角连续改变的棱镜构成的,故可以将凸透镜和凹透镜进行组合,以达到消除色差的效果。实际上,所有的成像镜头都是由多个正负透镜构成的透镜组,不仅仅用来矫正单色像差,也同时对色差进行矫正。图 3.2.16 就是两款按这一思路设计的物镜,相邻的镜片都是用不同的材料制成的。其中三片三组的柯克物镜是一款经典的照相物镜,图中 R 代表长波端的红光,B 代表短波端的蓝光,白光经过三片透镜后,色差相互抵消,可以很好地成像。

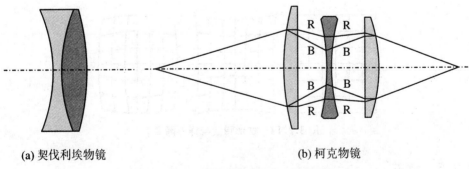

(a) 契伐利埃物镜                    (b) 柯克物镜

**图 3.2.16 利用凸凹透镜组合消除色差**

# 3.3 眼 睛

## 3.3.1 眼睛的光学特性

眼睛的解剖学结构如图 3.3.1 所示,眼球的最外部是一层坚韧的包膜,前部是透明的角膜,其余不透明部分是巩膜。晶状体将眼球分为前后两个区域。前面的前房中充满水状液体,折射率为 1.336;之后是虹膜,虹膜中心是瞳孔,孔径可在 1.4～8 mm 间调节。后面是黏性的玻璃体,折射率亦为 1.336;玻璃体之后是视网膜。视网膜上分布着视神经末梢,视神经细胞有圆柱状和圆锥状两种,圆柱细胞仅仅能分辨亮暗,而圆锥细胞则能分辨色彩和影像的细节。所有视神经集束后进入大脑,从而在视网膜上形成一个没有神经末梢的小区域,这是一个视觉盲区,称为盲点或盲斑。图 3.3.2 是常用来验证盲点存在的图案。读者可闭上左眼,以右眼注视左侧图形,并前后移动,则会在某一位置处发现右侧图形消失,这是因为此时该图形恰成像于左眼的盲点处。同理可验证左眼盲点的存在。据此可以判断,右眼的盲点在晶状体光轴的左侧,左眼的盲点在光轴的右侧。

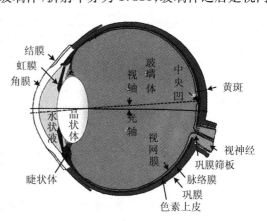

图 3.3.1 眼睛的结构

图 3.3.2 验证盲点的存在

盲点上方附近有一个黄色的扁圆斑,称作黄斑,黄斑中心有一个水平方向约
0.3 mm、竖直方向约 0.2 mm 的凹坑,称作中央凹。中央凹区域几乎全是圆锥细
胞,因而是视觉最灵敏的区域。观察物体时,总是通过眼球的旋转,使像成在中央
凹。因而,眼睛的光轴(解剖学对称轴)与视轴(通过中央凹与晶状体中心的轴线)
是不重合的。

晶状体的外观犹如一个双凸透镜,是眼睛的成像元件,是由折射率不同的组织
分层构成的。总的来说,晶状体的折射率约为 1.386。通过睫状体肌肉的伸缩,改
变晶状体两侧球面的曲率半径,从而可以将不同距离的物清晰地成像于视网膜上。
因此晶状体等效于一个可变焦距的凸透镜。

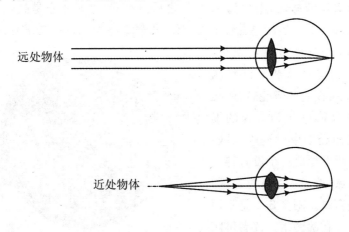

**图 3.3.3  晶状体改变球面曲率半径以观察不同距离的物体**

晶状体的对称轴,即是眼睛的光轴。光轴的长度,即人眼的前后径约为
24.3 mm(成年人的平均值)。视网膜到光心的距离仅仅可以进行微小的调节。观
察远处物体时,该距离最短,等于晶状体对无穷远处聚焦时像方的焦距;观察近处
物体时,眼球的前后径略微增大。通常,人眼对物距为 25 cm 的物体很容易看清
楚,所以该距离被称为**明视距离**,本书将明视距离记为 $s_0 = 25$ cm。

也可以用一个简单的光学系统表示人眼的结构,如图 3.3.4 所示,折射球面的
曲率半径为 5.7 mm,物方焦距和像方焦距分别为 17.1 mm 和 22.8 mm。这种模
型称作**简化眼**。

如果用更加准确的模型表示人眼,则其中应包括多个折射球面,如图 3.3.5 所
示,这就是所谓的示意眼,示意眼的光学参数列在表 3.3.1 中。

表 3.3.1 示意眼的光学参数

| 名 称 | 厚度 $d$(mm) | 折射率 | 球面半径 $r$(mm) |
|---|---|---|---|
| 角膜 | 0.5 | 1.376 | 7.7(空气－角膜) |
| 水状液 | 3.1 | 1.336 | 6.8(角膜－水状液) |
| 晶状体 | 3.6 | 1.386 | 10.0(水状液－晶状体)<br>－6.0(晶状体－玻璃液) |
| 玻璃液 | 17.2 | 1.336 | －9.7(玻璃液－空气) |

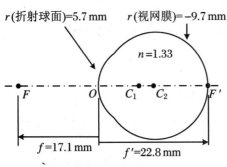

图 3.3.4 简化眼的光学参数

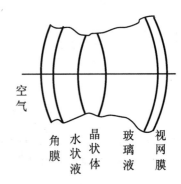

图 3.3.5 示意眼的光学参数

## 3.3.2 视力的矫正

通过调节机构改变晶状体的焦距,正常的眼睛可以看清不同距离处的物体。以下定义远点和近点两个与视觉有关的参数。

**1. 远点**

当睫状肌松弛时,晶状体的曲率半径最大,焦距也最长,这时能够在视网膜上清晰成像的物体到眼睛的距离就是远点。

当物体在远点之外时,所成像的像距较短,如果眼睛的前后径较大,虽尽力调节,这时视网膜到晶状体的距离仍大于眼睛的焦距(就是这时的像距),则视网膜上是模糊的像,因而对于远点之外的景物是难以分辨细节的,如图 3.3.6(a)所示。

医学上,将远点在无限远处的眼睛作为正视眼,正视眼的像方焦点在视网膜上。

**2. 近点**

观察近处的物体,睫状肌收缩,压迫晶状体使其曲率半径变小,当肌肉收缩和晶体变形达到极限时,晶状体的曲率半径最小,焦距也最短,这时能够在视网膜上清晰成像的物体到眼睛的距离就是近点。

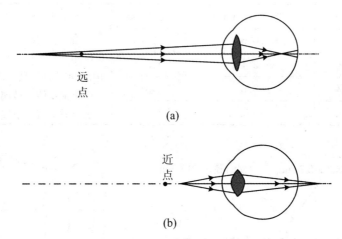

(a)

(b)

图 3.3.6 远点与近点

物体再移近,像距增大,超过眼睛最大的前后径,则所成的像在视网膜之外,难以看清,图 3.3.6(b)显示了物在近点之内成像的情形。

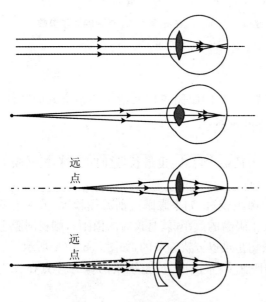

图 3.3.7 近视及其矫正

### 3. 近视及其矫正

所谓近视,就是眼球的径向变长,或角膜及晶状体的曲率变大,或是眼内介质折射率异常,当物体较远时,所成的像在视网膜之前,如图 3.3.7 所示。只有物在有限远处,才能在视网膜上成像,即近视眼的远点不在无限远处。

要矫正近视,必须设法使无限远处的物移至该眼的远点处。为了做到这一点,可以在眼前加一个负透镜,使无限远处的物体在远点成一虚像即可。

例如,远点是 1 m 的近视眼,要佩戴焦距 $f = -1$ m 的眼镜,镜片的光焦度 $\Phi = -1$ D,也就是 100 度的近视镜。

#### 4. 远视及其矫正

所谓远视,就是眼球的径向变短,或视网膜距晶状体太近,在睫状肌完全放松的状态下,无限远处的物体成像于视网膜之后,或者,要看清远处的物体,睫状肌也要收缩;在明视距离以内的物体,即使睫状肌收缩到极限,也成像于视网膜之后,愈加看不清楚,如图3.3.8所示。相比于正视眼,远视眼的近点太远。

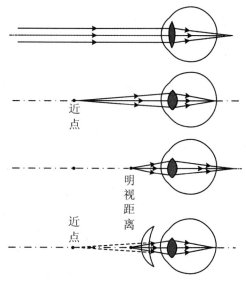

要矫正远视,就必须设法将明视距离以内的物移至近点处。那就要在眼前加一个正透镜,使近处的物体在其近点成一虚像。

例如,近点是2.5 m的远视眼,只需将物距 $s = 0.25$ m 的物成虚像于 $-2.5$ m 即可。由此可算得透镜的焦距

图 3.3.8 远视及其矫正

$$f = \frac{ss'}{s + s'} = \frac{-2.5 \times 0.25}{-2.5 + 0.25} = 0.278\,(\text{m})$$

镜片的光焦度 $\Phi = 1/f = 3.6$ D,即 360 度的远视镜。

# 3.4 目 镜

目镜的作用是在明视距离处成一个虚像,便于眼睛观察,目镜的放大率大于1。显微镜、望远镜的目镜通常有较复杂的结构,而放大镜则非常简单,往往只是一个双凸透镜。

## 3.4.1 放大镜

放大镜是一个凸透镜,当物位于放大镜的物方焦点之内时,可以成一个放大、

正立的虚像,便于眼睛观察。当所成的虚像处在眼睛的明视距离处时,眼睛的观察效果较好。

如图3.4.1所示,眼睛直接观察高度为 $y$ 的物体时,通常将其置于明视距离 $s_0$ 处。此时,物对眼睛的张角为

$$2\omega = \frac{y}{s_0}$$

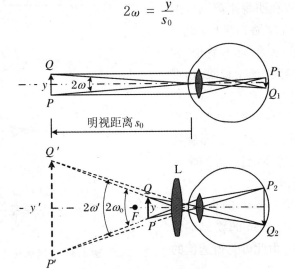

**图 3.4.1　放大镜对物的成像**

放大镜就是一个凸透镜,用放大镜观察,则要求物在眼的明视距离处成一虚像。为了获得尽量大的放大率,常将物置于放大镜物方焦点的内侧较靠近焦点处。物体在物方焦点内侧,成一放大、正立的虚像。此时,物对透镜的张角和虚像对透镜的张角是同一个角,记作 $2\omega_0$。虚像对眼睛的张角记作 $2\omega'$,$\omega_0$ 与 $\omega'$ 是不相等的。但当物尽量靠近透镜的焦点,且眼睛紧贴透镜时,像对眼睛的张角是最大的,这时 $2\omega_0$ 与 $2\omega'$ 基本相等(当然任何人都不可能以这种方式使用放大镜,所以 $2\omega'$ 只是用来作为一个指标,表示可能的最大张角)。虚像对眼的最大张角为

$$2\omega' = \frac{y}{s} \approx \frac{y}{f}$$

于是透镜角放大率

$$M = \frac{\omega'}{\omega} = \frac{s_0}{f} = \frac{25}{f} \tag{3.4.1}$$

也可以对角放大率作严格的计算。由于放大镜的虚像要成在眼睛的明视距离处,而此时眼睛紧贴放大镜,放大镜所成像的像距 $s' = -s_0$,物距应当为

$$s = \frac{s_0 f}{s_0 - f}$$

此虚像对眼睛(也是放大镜)的张角为 $2\omega_i = \dfrac{y'}{s_0} = \dfrac{y}{s} = \dfrac{y(s_0 - f)}{s_0 f}$, 角放大率应当为

$$M_0 = \frac{\omega_i}{\omega} = \frac{y(s_0 - f)}{(s_0 f)/(y/s_0)} = \frac{s_0 - f}{f} = \frac{25}{f} - 1$$

与式(3.4.1)的结果有所不同。实际上,在观察时,使用者为了获得尽量大的放大效果,不一定使像成在明视距离处,而是往往成在更远处,所以采用式(3.4.1)表示角放大率,更接近实际效果。

短焦距透镜具有较大的放大率。但由于短焦距透镜的球面曲率半径较小,这类透镜往往无法满足傍轴条件,像差较大,同时孔径又很小,所以并不适用。单个透镜的放大率不能很大。可以用组合透镜,既可以使焦距很短,又没有像差,这类组合透镜称作**目镜**。

从图 3.4.1 中可以看出,物对晶状体的张角等于在视网膜上所成的像对晶状体的张角,而眼轴的长度几乎不变,因而角放大率的含义,其实就是通过放大镜所看到的物与直接用裸眼所看到的物在视觉上大小的比值,即两个在视网膜上像大小的比值。

## 3.4.2 显微镜和望远镜中的目镜

在望远镜、显微镜等光学仪器中,整个光学系统通常可分为物镜和目镜两部分,它们的作用各不相同。使这两部分恰当地组合,可得到良好的视觉效果。

物体通过物镜成一个实像,用眼睛直接观察实像是相当困难的。而且,如果物距很大,通常成一个缩小的实像;物距很小,尽管可以成一个放大的实像,但往往放大倍数有限,所以还要使物镜所成的像经目镜再成一个放大、正立的虚像。通过目镜观察物镜所成的像,与通过放大镜观察实物的原理是一样的。但目镜不是一个简单的放大镜,正如前面所指出的,单个放大镜的角放大率十分有限,而且会有像差。所以,实用的目镜都是经过专门设计的具有独特结构的透镜组。显微镜和望远镜的目镜原理和结构都是一样的,下面就以各种显微目镜为例加以讨论。

在 2.8.4 小节中介绍过两种目镜——惠更斯目镜和冉斯登目镜。图 3.4.2 给出了其结构和主平面、焦平面的位置。

惠更斯目镜的焦点在目镜内部,因而只能用来观察物镜所成的位于目镜物方焦平面附近的实像。实际上,物镜所成的像对场镜来说是虚物,该虚物经场镜后成像于接目镜的物方焦平面处,如图 3.4.3 所示。所以,如果要在惠更斯目镜的物

平面上放置叉丝或标尺,应当将其放在接目镜的物方焦平面处。但是,由于叉丝或标尺仅仅经过接目镜成像,所以会有明显的色像差。

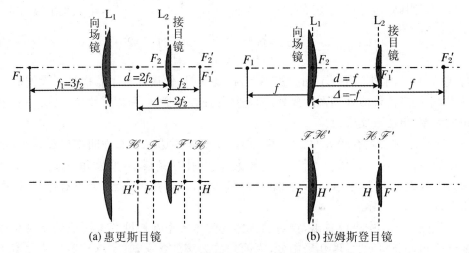

(a) 惠更斯目镜          (b) 拉姆斯登目镜

**图 3.4.2    惠更斯目镜、冉斯登目镜的基平面**

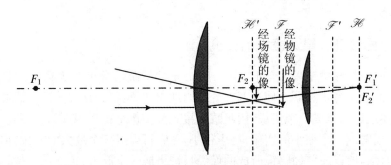

**图 3.4.3    惠更斯目镜中的成像过程**

冉斯登目镜的物方焦点在向场镜处,严格说来也只能观察像,但可以将其结构略作改变,使向场镜和接目镜的间距 $d = 2f_2/3$,由此算得 $x_H = -2f_2/3$, $x'_H = -2f_2/3$, $f = f' = f_2$。这样目镜的物方焦点就前移到了向场镜之外 $2f/3$ 处,如图 3.4.4 所示,改进后的冉斯登目镜也可以直接观察实物。同时,为便于测量,可以在冉斯登目镜的物平面(即物方焦平面附近)上放置十字叉丝或标尺,观察时,叉丝或标尺与物镜所成的像一同放大,而不会像惠更斯目镜那样产生色像差。

惠更斯目镜、冉斯登目镜是最简单的目镜。为了提高成像质量,高档目镜的结构要复杂得多。图 3.4.5 是惠更斯目镜和冉斯登目镜的简单改进型(称凯尔纳型），接目镜由两片透镜组成，可以单独起到消色差的作用，使得惠更斯目镜中也可放置叉丝。

而图 3.4.6 和图 3.4.7 中的目镜是三组式 Periplan 目镜，可以很好地消除各种像差和色差。

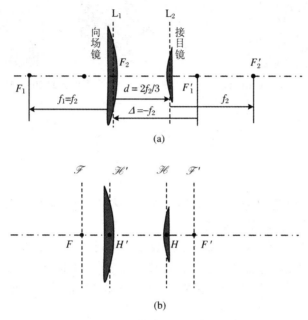

(a)

(b)

图 3.4.4　改进后的冉斯登目镜及其基平面

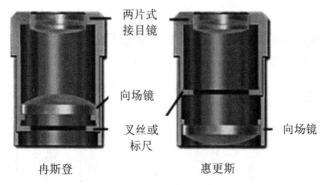

冉斯登　　　　　　　　　惠更斯

图 3.4.5　惠更斯、冉斯登目镜的改进（凯尔纳型）

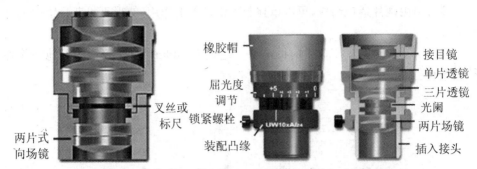

图 3.4.6　三组式 Periplan 目镜　　　图 3.4.7　屈光度可调的 10× 消像差目镜

橡胶帽
屈光度调节
锁紧螺栓
装配凸缘

叉丝或标尺
两片式向场镜

接目镜
单片透镜
三片透镜
光阑
两片场镜
插入接头

# 3.5　物　　镜

　　物镜用在照相机、望远镜、显微镜等光学仪器中,电影放映机和投影仪的镜头也是物镜。物镜的作用是成实像。

　　照相物镜对成像的清晰度和准确度要求最高,投影物镜的要求与照相物镜相同,而望远物镜则是简化的长焦距照相物镜。显微物镜则要求有尽量高的横向放大率,同时,由于是用来观察微小的对象,所以显微物镜的孔径都很小,尤其是高倍的显微物镜。

## 3.5.1　照相物镜

　　目前,在照相机中使用的各类镜头有上百种,大多都是精心设计反复改进并经过长期应用的成熟产品,能够很好地消除各类像差和色差,并有尽可能大的光阑。图 3.5.1～图 3.5.8 列出了部分经典的照相物镜。

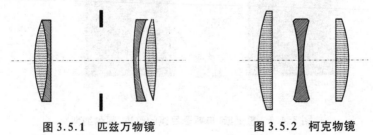

图 3.5.1　匹兹万物镜　　　　　　图 3.5.2　柯克物镜

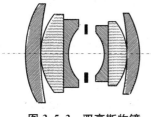

图 3.5.3　双高斯物镜

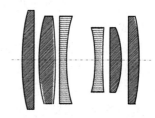

图 3.5.4　六片式普兰纳物镜

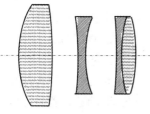

图 3.5.5　天塞物镜

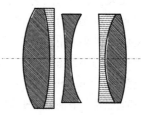

图 3.5.6　海利亚物镜

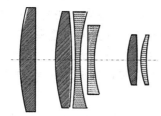

图 3.5.7　松纳物镜

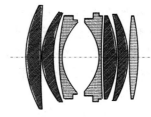

图 3.5.8　七片式普兰纳物镜

这些物镜有些是非对称式镜头，就是光圈前、后两方的光学结构彼此不对称。有些是对称式镜头，所谓对称式镜头，是指镜头中间设置光圈，在光圈前后由相同的两组透镜以对称式结构组成。

非对称式镜头有：

匹兹万镜头（Petzval lens），是匈牙利数学家匹兹万（J. M. Petzval）于 1841 年首次用数学计算方法设计出来的，用于拍摄人像。该镜头系四片三组，第一组是凹凸二透镜黏合而成为正光透镜，第二组和第三组分别为单片凹透镜和单片凸透镜。在第一、二组之间装有光圈。最大相对孔径为 1∶3.4，视角约 25°。该镜头对球面像差和色差的校正很好，但存在严重的像场弯曲现象。

柯克镜头（Cooke triplet lens），具有三片三组式结构，由英国的泰勒·哈勃森公司（Taylor Hobson）的泰勒（H. D. Tealor）于 1894 年设计。该镜头由三片分立的透镜组成；前后两组均为单片凸透镜，由钡冕玻璃制成；中间一组为单片凹透镜，由火石玻璃制成。

三片三组式柯克镜头属于正光摄影镜头。此镜头的光学结构是能够校正全部六种初级像差的最简单结构，但对像差的校正仍不完善。

天塞镜头(Tessar lens)，是由三片三组式的柯克镜头演变而来的，即将柯克镜头中最后一组的单片凸透镜变为凹、凸透镜各一片胶合而成的正透镜组，它是由德国卡尔·蔡司光学公司(Carl Zelss)的鲁道夫(P. Rudolph)于 1902 年设计的。

四片三组式天塞镜头由于引入了胶合透镜，三片式柯克镜头剩余的高级像散和轴外球差得到了部分校正，从而使成像质量得到改善。其视场角也稍为增大。天塞镜头问世后被世界各国光学工厂广为仿制，并成为世界最著名的镜头。我国部分普及型照相机的摄影镜头大多采用天塞型镜头结构。

海里亚镜头(Helior lens)，具有五片三组式结构，也是由三片式柯克镜头演变而来的。它是将柯克镜头中前、后两组单片凸透镜改为凹、凸透镜各一片胶合而成的正光摄影镜头。该镜头有较平直的像场，基本上克服了像散现象，与天塞镜头相比，成像质量有进一步的提高，视场角也进一步增大，所以在航空和人像摄影中应用较多。

松纳镜头(Zeiss Sonnar lens)，最早由德国卡尔·蔡司公司的 L·别鲁泰列设计，属于非对称型结构的正光摄影镜头。它也是由三片式柯克镜头演变而来的，其结构上的最大特点是第二组特别厚，常由三片透镜胶合而成。

松纳镜头对高级球差校正的效果较好，有效孔径也较大，而且有很大的视场。

对称式镜头有：

双高斯镜头(Double Gauss lens)，具有六片四组式结构，1896 年由德国卡尔·蔡司公司的鲁道夫设计。该镜头属于对称型正光镜头，它由六片四组透镜组成，光圈位于第二、三组之间。

该镜头的结构能同时增大像场，相对孔径很大，视角中等。它很容易对像差做校正，并且使球差、像散、场曲、色差也得到了很好的校正，因而该镜头成像质量很高。由于镜头的上述特点，所以它被广泛应用于高档和中档照相机及专业电影摄影机的摄影镜头。

许多镜头都是从双高斯镜头演变而来的，如普兰纳物镜(Zeiss Planar lens)，具有更大的光圈。

上述物镜基本上都是焦距在 50 mm 附近的标准镜头，成像的效果与人眼观察的效果相似，可很好地用于人像摄影和近处景物的拍摄。除此之外，还有视场范围很大的广角镜和用于远摄的长焦镜。

图 3.5.9 是一个典型的对称式广角镜头，焦距很短。图 3.5.10 是另一种非对

称式的广角镜头。图 3.5.11 是一种望远镜头。

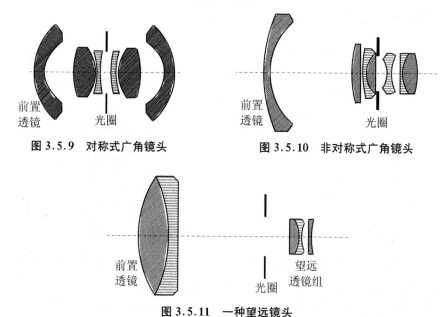

图 3.5.9　对称式广角镜头　　　　　图 3.5.10　非对称式广角镜头

图 3.5.11　一种望远镜头

### 3.5.2　显微物镜

　　显微物镜的作用是成一个尽可能大的实像。由于显微镜筒的长度不可能很长,故要求成像时物距尽量短,以获得一个横向放大率很大的实像。这样,就要求其焦距很短,所以放大倍数愈高的显微物镜,其焦距愈短。

　　倍数更高的显微物镜由于距离物非常近,成像光线已不能满足傍轴条件,所以是齐明透镜或齐明透镜组。

# 3.6　显　微　镜

### 3.6.1　显微镜的结构

　　显微镜由物镜、镜筒和目镜组成,其光路如图 3.6.1 所示。由于显微镜的作用是得到放大倍数(或角放大率)尽量大的像,故物镜焦距很短,在使用时,应使物距尽量小,也就是使物在物镜的物方焦点外附近。这样,经物镜就可以成一放大、倒立的实像,该实像位于目镜的物方焦点内侧附近。

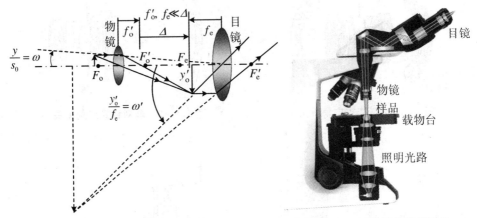

图 3.6.1  显微镜的光学原理          图 3.6.2  显微镜的光学结构

镜筒的长度 $l = f'_o + \Delta + f_e$,其中 $f'_o$ 为物镜的像方焦距(也等于其物方焦距),$f_e$ 为目镜的物方焦距(也等于其像方焦距),$f'_o, f_e \ll \Delta$。对物镜而言,物距 $s_1 \approx f'_o$,像距 $s'_1 \approx \Delta + f'_o \approx \Delta$。记 $y$ 为物高,则物镜所成的实像的高度为

$$y'_1 = -\frac{s'_1}{s_1} y \approx -\frac{\Delta}{f'_o} y \tag{3.6.1}$$

所以物镜所成像的横向放大率为

$$\beta_o = -\frac{\Delta}{f'_o} \tag{3.6.2}$$

该实像位于目镜物方焦点内侧,再经目镜成一放大的虚像,该虚像位于人眼的明视距离处。眼睛一般紧贴在目镜处观察,所以像对目镜光心的张角即等于对眼睛的张角。由此可得显微镜的角放大率

$$M = \frac{\omega'}{\omega} = \frac{y'_o / f_e}{y / s_0} = \frac{y'_o}{y} \frac{s_0}{f_e} = \beta_o M_e \tag{3.6.3}$$

其中

$$M_e = \frac{s_0}{f_e} \tag{3.6.4}$$

为目镜的角放大率。

## 3.6.2  显微镜的标志

每一台显微镜往往配有一组物镜和目镜,通过物镜与目镜的组合得到各种不

同的放大倍数或角放大率。每一个镜头的特定参数都标在明显的位置。

显微目镜的参数主要有角放大率 $M_e$ 和目视场直径 $\Phi$,$\Phi$ 的单位是 mm,通常标为 $M_e \times / \Phi$,例如 $10 \times / 18$,表示放大倍率为 10,视场为 18 mm。图 3.6.3 是一些显微目镜的实物。

**图 3.6.3　显微目镜**

图 3.6.4 和图 3.6.5 是显微物镜的标志及其含义,主要参数为透镜组的结构类型、横向放大率、数值孔径($NA$)、机械筒长(mm)、盖玻片厚度等等。例如,标志为 Apo 40/0.95 160/0.17,意味着这是复消色差物镜,放大倍数为 40,数值孔径为 0.95,机械筒长 160 mm,盖玻片厚度为 0.17 mm;Plan 10/0.25 Ph $\infty$/0.17,是指平场消色差物镜,放大倍数为 10,数值孔径为 0.25,机械筒长 $\infty$,盖玻片厚度为 0.17 mm。图 3.6.6 画出了不同类型物镜的数值孔径所对应的入射光束的张角。

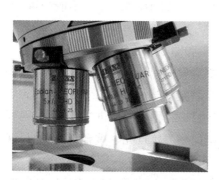

**图 3.6.4　显微物镜**

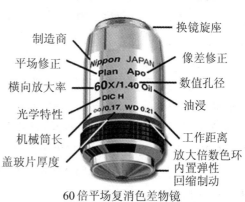

制造商
平场修正
横向放大率
光学特性
机械筒长
盖玻片厚度
换镜旋座
像差修正
数值孔径
油浸
工作距离
放大倍数色环
内置弹性
回缩制动
60 倍平场复消色差物镜

**图 3.6.5　显微物镜的标志**

除了上述标志之外,物镜上还有不同的色环(图 3.6.7),表示不同的放大倍数(表 3.6.1)。

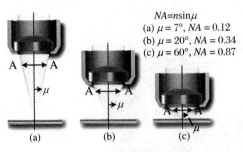

$NA=n\sin\mu$
(a) $\mu = 7°$, $NA = 0.12$
(b) $\mu = 20°$, $NA = 0.34$
(c) $\mu = 60°$, $NA = 0.87$

图 3.6.6　不同显微镜的数值孔径　　　图 3.6.7　不同倍率显微物镜及其色环

表 3.6.1　显微物镜色环的含义

| 倍率 | 1× | 2× | 4× | 10× | 20× | 40× | 60× | 100× |
|------|-----|-----|-----|------|------|------|------|-------|
| 色环 | 黑 | 茶 | 红 | 黄 | 绿 | 浅蓝 | 深蓝 | 白 |

# 3.7　望　远　镜

望远镜用以观察远处的物体,并使远处的物体在眼睛的明视距离处成一个虚像,便于眼睛观察。远处的物体往往很大,如天体、山脉等等,所以望远镜的作用并不是成一个放大的像。远处的物体,对眼睛的张角 $\omega$ 很小,因此细节不能分辨,望远镜就是将光线相对于光轴的夹角放大。

最典型的两种望远镜的光学原理如图 3.7.1 和图 3.7.2 所示。其中物镜为一个长焦距的正透镜(往往是正透镜组),由于观察对象的物距往往很大,几乎可视作是在无限远处,故物镜的焦距较长,使得物体经物镜后成一个尽量大的倒立的实像,该实像几乎位于物镜的像方焦平面处。通过目镜将物镜的像进一步放大,得到一个虚像。所以,望远镜物镜的像方焦点与目镜的物方焦点几乎重合,镜筒的长度 $L = f'_o + f_e$。

开普勒望远镜的目镜为正透镜,最后所成虚像为倒立的;伽利略望远镜的目镜是负透镜,物镜的像对目镜而言是虚物,最后经目镜成正立的虚像。

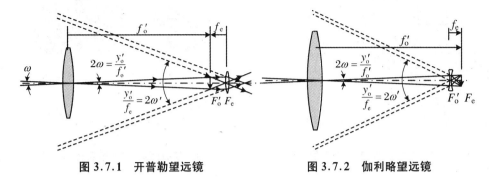

图 3.7.1　开普勒望远镜　　　　　图 3.7.2　伽利略望远镜

由于物很远,所以物对眼睛的张角几乎等于对物镜的张角,也就是实像对物镜的张角,即

$$\omega = \frac{y'_o}{f'_o} \tag{3.7.1}$$

而由图 3.7.1 或图 3.7.2 可以看出,虚像对眼睛的张角等于物镜的像对目镜的张角,于是

$$\omega = \frac{y'_o}{f_e} \tag{3.7.2}$$

则望远镜的角放大率为

$$M = \frac{\omega'}{\omega} = \frac{-y'_o/f_e}{y'_o/f'_o} = -\frac{f'_o}{f_e} \tag{3.7.3}$$

因此,物镜的焦距比目镜的焦距大得越多,则角放大率越大,所以高倍数的望远镜的镜筒往往很长。

与显微镜不同,望远镜,尤其是便携式望远镜,其中物镜目镜是不可更换的。望远镜的参数标志为 $M \times D$,其中 $D$ 为物镜的孔径。例如,图 3.7.3 中的 $7 \times 50$ 望远镜,系指角放大倍数为 7,物镜孔径为 50 mm。

图 3.7.3 所示的双筒望远镜中有一对组合全反射三棱镜,即珀罗组合棱镜,该组合棱镜一方面将光路折返,相当于使镜筒加长;另一方面使倒像转为正像。带有珀罗组合棱镜的望远镜,从外观上看目镜与物镜不共轴。还有另外一类便携式双筒望远镜,其中采用阿贝-科尼组合棱镜,同样起到折叠光路和成正像的作用,但目镜和物镜是共轴的。

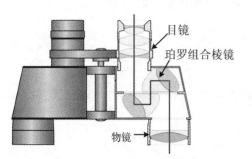

目镜

珀罗组合棱镜

物镜→

**图 3.7.3 带有珀罗组合棱镜的望远镜**

单筒望远镜　　双筒望远镜

阿贝-科尼组合棱镜

**图 3.7.4 带有阿贝-科尼组合棱镜的望远镜**

# 3.8 照 相 机

照相机是让物体发出的光线经过镜头后在底片上成像的光学仪器。因为底片对光线感光并进行记录,所以不能记录虚像。因而要求物体经照相机的物镜(镜头)在底片上成一倒立的实像。

高级照相机的镜头是很精密的光具组,为了消除各种像差,是由各种不同形状的透镜组合而成的。其作用相当于一个无像差的理想薄透镜。

为了获得清晰的图像与合适的构图,照相机都有对焦和取景机构。按照取景方式的不同,光学照相机主要有单镜头反光式(图 3.8.1)和傍轴取景式(图 3.8.2)两种。

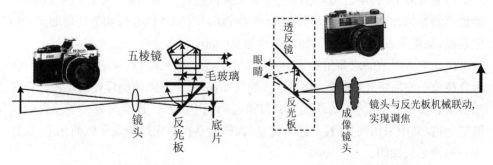

五棱镜

毛玻璃

镜头　反光板　底片

透反镜

眼睛

反光板

成像镜头

镜头与反光板机械联动,实现调焦

**图 3.8.1 单镜头反光相机**　　**图 3.8.2 傍轴取景相机**

单镜头反光式(single lens reflector,SLR)照相机的光路中有一块可以绕轴转动的反光板,取景对焦时,反光板处于45°位置,像成在反光板上方的磨砂玻璃上,屋脊形五棱镜可以将磨砂玻璃上的像转过90°,使眼睛通过取景窗看到正立的像,通过移动镜头就可以得到一个清晰的像。而照相底片的位置和磨砂玻璃是关于反光板对称的,如果升起反光板并同时开启遮挡在底片前的快门,像就成在了底片上,照相过程就完成了。单反相机的成像光路与调焦(测距)光路合而为一,底片与毛玻璃相对于反光镜对称,毛玻璃上的像与底片上的像是一样的。这种照相机可以根据需要更换不同的镜头。

傍轴取景器式(平视取景,view finder)照相机,成像光路与调焦光路独立。取景器包括一个半透半反的分光镜(图3.8.2中所标的透反镜)和一个可以转动的反光镜。眼睛在取景窗观察时,可以同时看到直接透过分光镜射来的光和经过反光板再经过分光镜反射的光。一般来说,通过两条不同的光路进入眼睛的光线是不重合的,所以眼睛看到的是两个分开的像;如果这两条光线重合,则看到的两个像是重合的。当物体较远时,进入取景器的光线基本上是平行光,如果反光板和分光镜相互平行,这时,经过反光板反射到分光镜的光和直接透过分光镜的光是重合的。如果物移近,则两条光线不再平行,像也不重合,但转动反光板,可以使两个像重合。反光板的转动与成像镜头的前后移动是通过机械装置联动的。当取景器的两个像重合时,在底片上成的像也是清晰的。这种机械联动的成像机构是在照相机的设计中已设定好的。所以通过这种方式也可以获得清晰的照片。这种照相机由于取景光路与成像光路分离,而且取景窗处在镜头光轴的侧边,所以称作傍轴取景式照相机。

与单镜头反光式相机相比,这种傍轴式相机结构简单,轻便耐用,但由于取景必须与固定的镜头联动,一般情况下镜头不能更换,而且由于取景窗位于镜头的傍轴,对较近物体拍摄时,取景会产生偏差。

现代数码相机的光路与传统相机相似,只是用CCD(一种电荷耦合器件)取代感光胶片,并将CCD上的图像输出到显示屏上,观察显示屏上的像,即可准确判断取景和对焦的情况。除了显示屏之外,数码相机也有与传统相机相似的光学取景窗。由于CCD不同于仅能一次曝光的感光胶片,所以取景时,相机的快门是处于开启状态的。

为了获得较好的效果,照相机的镜头结构都比较复杂,往往是由多片、多组共轴的凸透镜和凹透镜构成的,以达到消除色差、像差、畸变的效果,而且,每一片镜头上都要涂敷增透膜。

根据镜头焦距的不同,一般分为广角镜头(28 mm$<f<$50 mm)、标准镜头

（$f \approx 50$ mm），长焦镜头（$f > 50$ mm ）、焦距更短的镜头（$f \ll 28$ mm）（称作鱼眼镜头）。

如图 3.8.3 所示，由于景物到相机的距离往往较大，所以像距基本与镜头的焦距相当，即镜头光心到底片的距离基本上等于像方焦距，因而焦距越长，像的横向放大率越大。

如图 3.8.4 所示，由于底片大小是一定的，当像距短时，画面的张角较大，故短焦距镜头的视角较大。

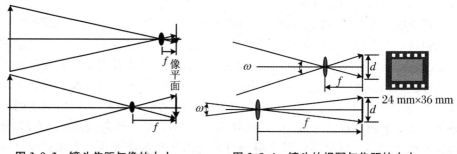

图 3.8.3　镜头焦距与像的大小　　　　图 3.8.4　镜头的视野与焦距的大小

短焦距镜头的视角比长焦距镜头视角要大，因为 $\omega = L/f'$，其中 $L$ 为胶片宽度。对于 35 mm 照相机，底片为 35 mm × 24 mm，$L$ 的范围为 24～42 mm，$f = 50$ mm 时，$\omega = 42/50 = 0.84 \approx 48°$。

下面谈一下景深。对于固定的物距 $s$，像平面在像距 $s'$ 处。即对于理想镜头，像平面上是同心光束的会聚点。但是，在像平面附近的一个很小的范围内，光线的发散范围不大，也可以认为像都是清晰的（图 3.8.5），该范围 $\Delta s'$ 称为像方景深。同样，照相时，空间上前后分布的物，在底片上不能同时清晰成像。如果物点在底片上所成的像点发散不大，也可以认为是清晰的，所以，在底片上能够清晰成像的物距范围称作物方景深。景深与镜头的焦距和光圈（光阑）有关。

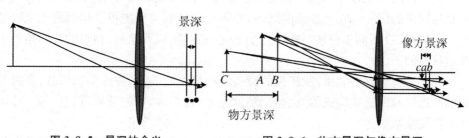

图 3.8.5　景深的含义　　　　　　图 3.8.6　物方景深与像方景深

由 $1/s' + 1/s = 1/f$，可得 $s = s'f/(s'-f)$。取微分，有

$$ds = \frac{f(s'-f)ds' - s'fds'}{(s'-f)^2} = -\frac{f^2 ds'}{f^2 (s'/f-1)^2} = -\frac{ds'}{(s'/f-1)^2}$$

即 $\Delta s = \Delta s'/(s'/f-1)^2$，$s'/f \geqslant 1$。对于固定的 $\Delta s'$ 和 $f$，$s$ 大，$s'$ 小，$\Delta s$ 越大，即物方景深越大。

$$ds' = \frac{f(s-f)ds - sfds}{(s-f)^2} = -\frac{f^2 ds}{f^2 (s/f-1)^2} = -\frac{ds}{(s/f-1)^2}$$

即 $\Delta s' = \Delta s/(s/f-1)^2$。对于固定的 $\Delta s$ 和 $s$，$f$ 大，$\Delta s'$ 大，相同物距的物体，其像距增大，相当于景深变小。

当光圈很小时，由于只有严格的傍轴光线才能进入，所以可以获得较好的成像质量，相应地，像方景深也比较大；当光圈较大时，傍轴条件不能很好满足，成像质量降低，景深也比较小。

照相机可以通过改变进光量（光阑）实现对底片的正确曝光（图 3.8.7）。

进光量 $\propto$ 光阑面积 $\propto$（镜头孔径）$^2$。

光圈数也称作 F 数，$F = f/D$，其中 $f$ 为镜头焦距，$D$ 为镜头光瞳的直径。可见进光量与 F 数的平方成反比。

F 数可取一系列值：$22,16,11,8,5.6,4,2.8,2,1.4,\cdots$（图 3.8.8）。相邻 F 数的光圈的通光量相差 1 倍。

如前所述，不同的光圈有不同的景深。

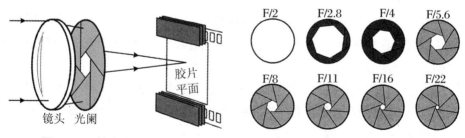

图 3.8.7　镜头的光阑（光圈）　　　图 3.8.8　不同 F 数的光阑大小

同时，也可以通过设定和控制快门的速度，即通过快门打开的时间来控制曝光量。照相机上所标的快门速度等于快门曝光时间的倒数。

照相机的快门挡位分为 B 门（手控），$1,2,4,8,16,30(32),60(64),125(128),250(256),500(512),1\,000(1\,024),2\,000(2\,048),4\,000(4\,096),8\,000(8\,192),\cdots$（单位为 $s^{-1}$）。

快门依构造分为中心式和帘幕式(横向布帘、纵向钢帘)。前者中心处曝光时间较边缘处长,后者的闪光同步摄影速度不是很高。

# 3.9 光度学概论

光是一种电磁辐射,尽管红外光、紫外光,甚至 X 光都被冠以"光"的名称,但这些不能被眼睛感知的电磁辐射通常不是光学的研究范围。本书中所涉及的光,主要是指可见光。虽然红外光、紫外光、X 光等的波长与可见光比较接近,许多物理性质也可以用与可见光相同的原理加以阐述,但截至目前,至少从应用的角度看,光学研究的领域依然主要是可见光。

**光度学**(photometry)是关于可见光度量的一门学科,而关于电磁辐射度量的学科是辐射量度学(radiometry),从研究范围看,可以认为光度学是辐射度量学的一部分。但是,辐射量度学采用各种实验仪器测量电磁辐射能量、功率、强度等物理量的绝对量值,而光度学则必须考虑不同波长的光在视觉上所引起的不同响应,所以,这两者还是有着显著的区别。

## 3.9.1 辐射通量与光通量

在有光波的空间中取一个任意形状的截面(其实就是一个空间曲面),则单位时间内传播过该截面的能量就是辐射通量,或者辐射功率,辐射通量的单位是瓦特(W)。

如果上述曲面是光源的表面,则辐射通量就是光源的辐射功率。在几何光学的范畴,所谓的光源并非特指自身发光的物体,更多是指由于受到其他光源辐照而将光反射或漫反射的物体。

由于辐射往往是非单色的,而且不同波长的光辐射功率也不尽相同,所以有必要引入另一个物理量,能够反映某个波长的辐射通量。如果记 $\Psi(\lambda)$ 为波长 $\lambda$ 附近单位波长间隔内的辐射通量,则所有波长的辐射通量为

$$\psi = \int_0^\infty \psi(\lambda)\mathrm{d}\lambda \quad \text{或者} \quad \mathrm{d}\Psi = \psi(\lambda)\mathrm{d}\lambda$$

$\psi(\lambda)$ 所反映的就是辐射通量随波长的分布,称作**辐射通量的谱密度**,或**单色辐**

出度。

　　人眼对不同波长的光有不同的响应,即相同辐射通量的不同波长的光,在眼睛看来,亮度是不一样的。例如,实验可以这样进行:在较明亮的环境中,启动一个单色光源,并逐渐增大其辐射通量,直到眼睛能够感觉到光辐射,这时,记下该种单色光的辐射通量。然后,换用另一单色光源进行相同的实验。经过对大量正常人眼的测试,发现人眼对波长 $\lambda = 555.0\,\mathrm{nm}$ 的绿光最敏感,即眼睛能感受到光辐射时,这一波长光的辐射通量是最低的。

　　如果在较暗的环境中重复上述实验,则会有不同的结果,这时,眼睛对波长 $\lambda = 510.0\,\mathrm{nm}$ 附近的光最敏感。

　　如果将上述实验中记录到的辐射通量(实际上是辐射通量的谱密度)记作 $\Psi_\lambda$,则

$$V(\lambda) = \frac{\Psi_{555}}{\Psi_\lambda} \quad 或 \quad V(\lambda) = \frac{\Psi_{510}}{\Psi_\lambda} \tag{3.9.1}$$

就是反映人眼对不同波长光的响应灵敏度的函数,称为**视见函数**(luminosity function)。

　　明亮环境中的结果称作**适亮性视见函数**,而昏暗环境中的结果称作**适暗性视见函数**。

　　图 3.9.1 是两种视见函数的曲线,表 3.9.1 是适亮性视见函数和适暗性视见函数的实验值。

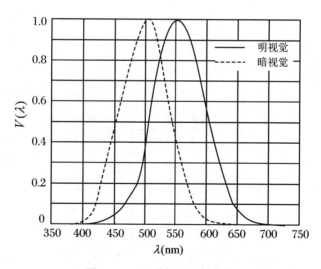

**图 3.9.1　两种视见函数曲线**

表 3.9.1  视见函数与光视效能值

| λ (nm) | 适亮性 视见函数 | 适亮性光视效能 (lm/W) | 适暗性 视见函数 | 适暗性光视效能 (lm/W) |
|---|---|---|---|---|
| 380 | 0.000 039 | 0.027 | 0.000 589 | 1.001 |
| 390 | 0.000 120 | 0.082 | 0.002 209 | 3.755 |
| 390 | 0.000 120 | 0.082 | 0.002 209 | 3.755 |
| 400 | 0.000 396 | 0.270 | 0.009 290 | 15.793 |
| 410 | 0.001 210 | 0.826 | 0.034 840 | 59.228 |
| 420 | 0.004 000 | 2.732 | 0.096 600 | 164.220 |
| 430 | 0.011 600 | 7.923 | 0.199 800 | 339.660 |
| 440 | 0.023 000 | 15.709 | 0.328 100 | 557.770 |
| 450 | 0.038 000 | 25.954 | 0.455 000 | 773.500 |
| 460 | 0.060 000 | 40.980 | 0.567 000 | 963.900 |
| 470 | 0.090 980 | 62.139 | 0.676 000 | 1 149.200 |
| 480 | 0.139 020 | 94.951 | 0.793 000 | 1 348.100 |
| 490 | 0.208 020 | 142.078 | 0.904 000 | 1 536.800 |
| 500 | 0.323 000 | 220.609 | 0.982 000 | 1 669.400 |
| 507 | 0.444 310 | 303.464 | 1.000 000 | 1 700.000 |
| 510 | 0.503 000 | 343.549 | 0.997 000 | 1 694.900 |
| 520 | 0.710 000 | 484.930 | 0.935 000 | 1 589.500 |
| 530 | 0.862 000 | 588.746 | 0.811 000 | 1 378.700 |
| 540 | 0.954 000 | 651.582 | 0.655 000 | 1 105.000 |
| 550 | 0.994 950 | 679.551 | 0.481 000 | 817.700 |
| 555 | 1.000 000 | 683.000 | 0.402 000 | 683.000 |
| 560 | 0.995 000 | 679.585 | 0.328 800 | 558.960 |
| 570 | 0.952 000 | 650.216 | 0.207 600 | 352.920 |
| 580 | 0.870 000 | 594.210 | 0.121 200 | 206.040 |
| 590 | 0.757 000 | 517.031 | 0.065 500 | 111.350 |

| $\lambda$（nm） | 适亮性视见函数 | 适亮性光视效能（lm/W） | 适暗性视见函数 | 适暗性光视效能（lm/W） |
|---|---|---|---|---|
| 600 | 0.631 000 | 430.973 | 0.033 150 | 56.355 |
| 610 | 0.503 000 | 343.549 | 0.015 930 | 27.081 |
| 620 | 0.381 000 | 260.223 | 0.007 370 | 12.529 |
| 630 | 0.265 000 | 180.995 | 0.003 335 | 5.670 |
| 640 | 0.175 000 | 119.525 | 0.001 497 | 2.545 |
| 650 | 0.107 000 | 73.081 | 0.000 677 | 1.151 |
| 660 | 0.061 000 | 41.663 | 0.000 313 | 0.532 |
| 670 | 0.032 000 | 21.856 | 0.000 148 | 0.252 |
| 680 | 0.017 000 | 11.611 | 0.000 072 | 0.122 |
| 690 | 0.008 210 | 5.607 | 0.000 035 | 0.060 |
| 700 | 0.004 102 | 2.802 | 0.000 018 | 0.030 |
| 710 | 0.002 091 | 1.428 | 0.000 009 | 0.016 |
| 720 | 0.001 047 | 0.715 | 0.000 005 | 0.008 |
| 730 | 0.000 520 | 0.355 | 0.000 003 | 0.004 |
| 740 | 0.000 249 | 0.170 | 0.000 001 | 0.002 |
| 750 | 0.000 120 | 0.082 | 0.000 001 | 0.001 |
| 760 | 0.000 060 | 0.041 | 0.000 000 | 0.000 |
| 770 | 0.000 030 | 0.020 | 0.000 000 | 0.000 |

**光通量**则是眼睛所感受到的辐射通量。对相同波长的光,眼睛所感受到的光通量与其辐射通量成正比;但对于辐射通量相等而波长不同的光,眼睛感受到的光通量却不同,光通量与视觉函数成正比。所以光通量正比于辐射通量与视见函数的乘积,即

$$\mathrm{d}\Phi(\lambda) \propto V(\lambda)\mathrm{d}\Psi(\lambda) \tag{3.9.2}$$

光通量的单位是**流明**(lumen,记作 lm)。

其实,光通量也是光功率,与辐射通量的含义是相似的,只不过针对人的视觉,用另一种名称和单位表示,就如同热量和功,单位分别用卡和焦耳表示,可以通过

热功当量相互转换。所以需要引入一个比例常数,将一定的辐射通量转换为一定的光通量,这个常数就是**光功当量**,也称**光视效能**,记作 $K_\lambda$。

规定辐射通量如下:1 W 的波长 $\lambda = 555.0$ nm 的绿光的光通量的数值为683 lm,记作

$$K_{\max} = 683 \text{ lm/W} \tag{3.9.3}$$

而 $\lambda = 555.0$ nm 的绿光的视觉函数 $V(555.0) \equiv 1$(定义),则光通量与辐射通量的关系可用等式写作

$$d\Phi(\lambda) = K_M V(\lambda) d\Psi(\lambda) \tag{3.9.4}$$

其中 $K_M$ 是波长为 555.0 nm 的或最大的光功当量。

表 3.9.1 中分别列出了适亮性光视效能和适暗性光视效能的数值。图 3.9.2 画出了光视效能曲线,图 3.9.3 则是黑体的光视效能曲线。

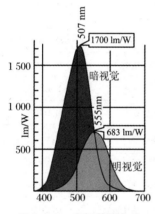

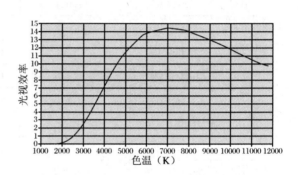

图 3.9.2　光视效能曲线　　　　　图 3.9.3　黑体的光视效率

各种不同波长光的总光通量,以积分形式表述,可写作

$$\Phi(\lambda) = K_M \int_0^\infty V(\lambda) d\Psi(\lambda) = K_M \int_0^\infty V(\lambda) \psi(\lambda) d\lambda \tag{3.9.5}$$

照明光源的效果当以光通量作为标志,对于电光源而言,它所发出的总光通量 $\Phi$ 与其所消耗的电功率 $P$ 之比称作该电光源的**通计发光效率** $\eta$,可写作

$$\eta = \frac{\Phi}{P} \tag{3.9.6}$$

$\eta$ 表示每消耗 1 W 电功率所发出的流明数。

### 3.9.2　发光强度和亮度

均匀介质中的点光源发出的光在各个方向上是相同的。点光源的**发光强度**可

以定义为沿某一方向单位立体角内的光通量,即

$$I = \frac{\mathrm{d}\Phi}{\mathrm{d}\Omega} \tag{3.9.7}$$

而一般光源的发光强度在不同的方向是有差异的。在球坐标系中,若用$(\theta, \varphi)$表示方向,用$I_{\theta, \varphi}$表示某一方向的发光强度,则在该方向上的光通量

$$\mathrm{d}\Phi = I_{\theta, \varphi} \mathrm{d}\Omega = I_{\theta, \varphi} \sin\theta \mathrm{d}\theta \mathrm{d}\varphi$$

而总的光通量

$$\Phi = \int_0^{2\pi} \mathrm{d}\varphi \int_0^{\pi} I_{\theta, \varphi} \sin\theta \mathrm{d}\theta$$

发光强度的单位是**坎德拉**(candela,记作 cd),发光强度的单位是国际单位制中七个基本单位之一。其定义为:1 坎德拉是一光源在给定方向上的发光强度,该光源发出频率为 $5.40 \times 10^{14}$ Hz 的单色辐射,而且在此方向上的辐射强度为 1/683 W/sr,sr 为单位立体角。

如果光源是任意形状的空间曲面,则沿不同方向所发出的光强是不同的。如图 3.9.4 所示,取一法线为 $\boldsymbol{n}$ 的面元 $\mathrm{d}S$,而观察者到该面元的连线与法线之间的夹角为 $\theta$,即 $\mathrm{d}S$ 在 $\boldsymbol{n}$ 方向上的投影为 $\mathrm{d}S_\perp$,则在观察者看来,面元 $\mathrm{d}S$ 在 $\boldsymbol{n}$ 方向上的**亮度**就是从单位投影面积发出的在单位立体角内的光通量,即

$$B = \frac{\mathrm{d}I}{\mathrm{d}S_\perp} = \frac{\mathrm{d}I}{\mathrm{d}S\cos\theta} \tag{3.9.8}$$

也可以表示为

$$B = \frac{\mathrm{d}\Phi}{\mathrm{d}\Omega \mathrm{d}S_\perp} = \frac{\mathrm{d}\Phi}{\mathrm{d}\Omega \mathrm{d}S\cos\theta} \tag{3.9.9}$$

这样的发光体称作**余弦辐射体**,也称作**朗伯光源**(朗伯,Johann Heinrich Lambert,1728~1777)。

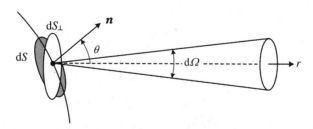

**图 3.9.4　余弦发光体的亮度**

## 3.9.3　照度

被光照射的物体的表面单位面积的光通量称作**照度**。

如果面元大小为 dS，光通量为 dΦ，则该面元上的照度为

$$E = \frac{\mathrm{d}\Phi}{\mathrm{d}S}$$ (3.9.10)

照度的单位是**勒克斯**（lux，记作 lx），或**辐透**（phot）。

# 3.10　物镜的聚光本领

广义的光源所发出的光，或反射、漫反射的光，可以在空间中各个方向传播。因而，距离光源愈远的地方，光的强度应当愈弱。但是，摄影过程中，相同的光照条件下，曝光量常常不会因为物的远近而有所改变。这一现象可以通过对照相物镜聚光本领的分析加以解释。

物镜的聚光本领是描述其聚集光通量的物理量，物镜的作用是成实像，因而物镜的聚光本领可以用像平面的照度来计量。

在一般条件下，泛泛地讨论物镜的聚光本领是比较麻烦的，往往得不到一个简洁的数量关系，从实用的角度出发，涉及物镜聚光本领的光学系统主要是照相机、望远镜和显微镜。照相机在拍摄过程中，物距通常比镜头的焦距大得多，因而像距比较接近像方焦距。望远镜更是在其像方焦平面处成实像。而显微镜则要求物距很短，接近物方焦距，而像距比像方焦距大得多。所以只需针对上述情况对物镜的聚光本领进行分析即可。

## 3.10.1　显微镜：光源较近

如图 3.10.1 所示，入射光瞳为圆形，物上一垂直于物镜光轴的面元为 dS，该面元沿主轴的亮度为 B，该光瞳对面元 dS 的张角为 2u。在光瞳上取一个小区域（图中阴影部分），对于面元 dS，该区域的方位角为 $u_1$，张角为 $\mathrm{d}u_1$，立体角为 $\mathrm{d}\Omega_1$。

可以算得立体角

$$\mathrm{d}\Omega_1 = \sin u_1 \mathrm{d}u_1 \mathrm{d}\varphi$$

从而面元发出的通过上述光瞳上小区

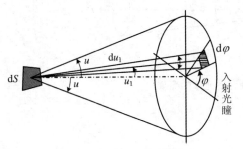

**图 3.10.1　光源较近时物镜的聚光**

域的光通量为

$$B_{u_1}\cos u_1 \mathrm{d}S\mathrm{d}\Omega_1 = B_{u_1}\sin u_1 \cos u_1 \mathrm{d}u_1 \mathrm{d}\varphi \mathrm{d}S$$

通过整个光瞳的光通量为

$$\mathrm{d}\Phi = \mathrm{d}S\int_0^u B_{u_1}\sin u_1 \cos u_1 \mathrm{d}u_1 \int_0^{2\pi}\mathrm{d}\varphi$$

若 $B_{u_1}$ 不随角度改变,即 $B_{u_1} = u$,则

$$\mathrm{d}\Phi = 2\pi B\mathrm{d}S\int_0^u \sin u_1 \cos u_1 \mathrm{d}u_1 = \pi B\sin^2 u\mathrm{d}S$$

若上述面元所成的像为 $\mathrm{d}S'$,像的亮度为 $B'$,像对光瞳的张角为 $u'$,则同样有

$$\mathrm{d}\Phi' = \pi B'\sin^2 u'\mathrm{d}S'$$

设透镜组对光的透过率为 $t$,即 $\mathrm{d}\Phi' = t\mathrm{d}\Phi$;物、像的亮度与物、像处的光强成正比,而光强(即光的平均能流密度)为 $I = \dfrac{n}{2c\mu_r\mu_0}E_0^2$;不考虑透镜对光的吸收,像方、物方光的振幅相等。于是

$$\frac{B'}{B} = \frac{\mathrm{d}\Phi'}{\mathrm{d}\Phi}\frac{\sin^2 u\mathrm{d}S}{\sin^2 u'\mathrm{d}S'} = t\frac{\sin^2 u}{\sin^2 u'}\frac{\mathrm{d}S}{\mathrm{d}S'}$$

按照阿贝正弦条件 $\dfrac{\sin u}{\sin u'} = \dfrac{n'y'}{ny} = \dfrac{n'}{n}\beta$,而 $\dfrac{\mathrm{d}S}{\mathrm{d}S'} = \dfrac{1}{\beta^2}$($\beta$ 为横向放大率),所以

$$\frac{B'}{B} = t\frac{n'^2}{n^2}$$

像面的照度为

$$E = \frac{\mathrm{d}\Phi'}{\mathrm{d}S'} = \frac{t\mathrm{d}\Phi}{\mathrm{d}S'} = \pi tB\sin^2 u\,\frac{\mathrm{d}S}{\mathrm{d}S'}$$

$$= \frac{\pi tB\sin^2 u}{\beta^2} = \frac{\pi tB_0}{\beta^2}(n\sin u)^2 \qquad (3.10.1)$$

其中 $B_0$ 等于物在真空(空气)中的亮度。记 $n\sin u = NA$,称为透镜的数值孔径。因此显微物镜的聚光本领,即显微镜中像面的照度正比于数值孔径的平方。

## 3.10.2　望远镜与照相机:光源较远

当物距很大时,式(3.10.1)中的数值孔径由于距离所引起的改变量很小,而且横向放大率也难以计算,所以要采用出射光瞳进行计算。

如图 3.10.2 所示,出射光瞳的直径为 $d'$,像面对出射光瞳的张角为 $u'$,像方焦点

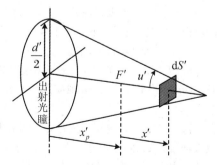

**图 3.10.2　光源较远时物镜的聚光**

到出射光瞳的距离为 $x'_p$，像平面到像方焦点的距离为 $x'$。

由于 $n' \sin u' = n \sin u / \beta$，而 $\sin u' \approx d' / (x'_p + x')$，所以像面的照度为

$$E' = \pi t B_0 n'^2 \sin^2 u' = \pi t B_0 n'^2 \frac{d'^2}{(x'_p + x')^2}$$

对于望远镜而言，$x'_p + x' \approx f'$，而且出射光瞳与入射光瞳相当，则有

$$E' = \pi t B_0 n'^2 \sin^2 u' = \frac{\pi t B_0 n'^2}{4} \left( \frac{d}{f'} \right)^2 \qquad (3.10.2)$$

对于照相机而言，由于 $n' = n = 1$，镜头为对称结构，出射光瞳与入射光瞳相等，像面的照度为

$$E' = \frac{\pi t B_0}{4} \left( \frac{d}{f'} \right)^2 \frac{1}{(1 - \beta)^2} \qquad (3.10.3)$$

拍摄远物时，$\beta \ll 1$，式(3.10.3)化为

$$E' = \frac{\pi t B_0}{4} \left( \frac{d}{f'} \right)^2 \qquad (3.10.4)$$

拍摄近物时，$\beta \approx -1$，像面的照度为

$$E' = \frac{\pi t B_0}{16} \left( \frac{d}{f'} \right)^2 \qquad (3.10.5)$$

可见 $E'$ 都取决于 $d/f'$，因而将其称作**相对孔径**。

# 习 题 3

1. 某人戴了 500 度(光焦度为 $-5\,\mathrm{m}^{-1}$)的近视镜后，矫正为正常眼。问此人眼睛的最小光焦度是多少？若此人不戴眼镜，眼前多远以外的物体就看不清楚了？

2. 某人对其眼前 1.5 m 以内的物体看不清楚，需配怎样的眼镜？

3. 正常眼睛戴上 300 度的近视镜或 300 度的远视镜后，能否看清楚远处的景物？为什么？

4. 既然正常人眼的视觉有从 25 cm 到 $\infty$ 的调节能力，为什么在调节显微镜时，物点离清晰成像的位置有微小的偏移就看不清楚了？

5. 有一天文望远镜，物镜与目镜相距 90 cm，放大倍数为 8。求物镜和目镜的焦距。

6. 某人欲将一架 250 倍的显微镜改装为望远镜，已知显微镜物镜的焦距为 1 cm，镜筒长 23 cm。若不改变筒长，则应选用焦距为多少的物镜？改装后的望远镜的放大倍数为多少？

7. 一架显微镜物镜的焦距为 4 mm，中间像成在物镜像方焦点后 160 mm 处。如目镜的放大倍数为 20，问显微镜的放大倍数是多少？

8. 用折射率为 1.516 3 的玻璃制作一个倍数为 10 的惠更斯目镜，计算两平凸透镜球面

的曲率半径以及两透镜间的距离。

9. 望远镜物镜的焦距为 50 cm,已调节正常。若要用此望远镜看清楚 50 m 处的物体,应如何移动目镜?

10. 有一架天文望远镜,物镜焦距为 40 cm,相对孔径 $f = 5.0$ cm,测得出瞳直径为 2 cm。求望远镜的放大倍数和目镜焦距。

11. 有一伽利略望远镜,物镜和目镜相距 12 cm。若望远镜的放大倍数为 4,求目镜和物镜的焦距。

12. 要制作一个倍数为 3 的望远镜,已有一个焦距为 50 cm 的物镜,问(1) 开普勒型,(2) 伽利略型中目镜的光焦度和物镜到目镜的距离各是多少?

13. 要制作一个倍数为 10 的冉斯登目镜。若镜片都选用折射率为 1.5163 的 K9 玻璃,试求两镜片的曲率半径和间隔。

14. 有一架开普勒型望远镜,已知物镜的焦距为 200 mm,目镜的焦距为 25 mm,为了得到正立的像,在物镜的第二焦点前加一个珀罗组合棱镜,它在光路上相当于一块厚度为 45 mm 的平行平板玻璃(折射率为 1.5)。求这样的正像望远镜镜筒的长度。

15. 试比较 F/2.8 和 F/0.9 的镜头在像面上的照度。假如两镜头有相等的透过率并且用于拍摄同一物体,若 F/2.8 的镜头需曝光 0.2 秒,问用 F/0.9 的镜头需曝光多少秒?

# 第4章　光波与物质的相互作用

## 4.1　光波在界面上的反射与折射

光学中所涉及的多数情形，是光在两种透明绝缘介质分界面处的反射和折射。在几何光学中，光线在介质分界面处的行为遵循反射定律和折射定律。

从电磁波的观点看，光波除了传播方向之外，还有复振幅、相位等物理量，要考察这些物理量在反射、折射过程中的变化和相互关系，则应当用电磁理论分析在分界面处光与物质的相互作用。

### 4.1.1　光波在绝缘介质分界面处的反射定律与折射定律

在分界面附近，可将入射波、反射波和折射波均视为平面波，如图 4.1.1 所示。

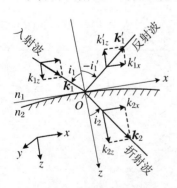

**图 4.1.1　界面处的光波**

入射波的电场分量和磁场分量分别表示为

$$E_1 = E_{10}e^{i(k_1 \cdot r - \omega_1 t)}, \quad B_1 = B_{10}e^{i(k_1 \cdot r - \omega_1 t)}$$

反射波的电场分量和磁场分量分别表示为

$$E'_1 = E'_{10}e^{i(k'_1 \cdot r - \omega'_1 t)}, \quad B'_1 = B'_{10}e^{i(k'_1 \cdot r - \omega'_1 t)}$$

折射波的电场分量和磁场分量分别表示为

$$E_2 = E_{20}e^{i(k_2 \cdot r - \omega_2 t)}, \quad B_2 = B_{20}e^{i(k_2 \cdot r - \omega_2 t)}$$

用麦克斯韦方程组处理电磁波在绝缘介质（$\mu_r \approx 1$）边界处的问题，可得到以下结果：

$$\omega_1 = \omega'_1 = \omega_2, \quad k'_{1y} = k_{2y} = 0$$

$$k_{1x} = k'_{1x} = k_{2x}, \quad k'_{1z} = -k_{1z}, \quad k_2 = \frac{n_2}{n_1}k_1$$

对上述结果进行分析，可得到如下结论：

(1) $\omega_1 = \omega_1' = \omega_2$，说明反射波、折射波的频率与入射波相同。

(2) $k_{1y}' = k_{2y} = 0$，说明反射波、入射波仍在入射面内。

(3) $k_{1x}' = k_{1x}$，$k_{1z}' = -k_{1z}$，说明反射波的波矢和入射波的波矢相对于分界面法线是对称的，这就是反射定律，即 $i_1' = -i_1$。

(4) $k_{2x} = k_{1x}$，$k_2 = (n_2/n_1)k_1$，由 $k_{1x} = k_1\sin i_1$，$k_{2x} = k_2\sin i_2$，可以得到 $n_1\sin i_1 = n_2\sin i_2$，这就是折射定律。

可见，光的反射定律、折射定律都可以从电磁理论加以证明。

## 4.1.2　光波在绝缘介质分界面处的全反射

若 $\varepsilon_{r1} > \varepsilon_{r2}$，则 $n_1 > n_2$，即光从光密介质射入光疏介质，折射角 $i_2$ 大于入射角 $i_1$。当折射角 $i_2 \geqslant \pi/2$ 时，可以得到 $k_{2x} = k_x = k\sin i_1$，$k_2 = (n_2/n_1)k_1$。记 $n_{21} = n_2/n_1$，由此可得

$$k_{2z} = \sqrt{k_2^2 - k_{2x}^2} = ik_1\sqrt{\sin^2 i_1 - n_{21}^2}$$

$k_{2z}$ 为虚数。设 $k_{2z} = i\kappa$，而 $\kappa = k_1\sqrt{\sin^2 i_1 - n_{21}^2}$，则折射波的电场分量变为

$$\boldsymbol{E}_2 = \boldsymbol{E}_{20}e^{-\kappa z}e^{i(k_{2x}x - \omega_1 t)}$$

这是沿着 $x$ 方向传播的光波，同时沿着 $z$ 方向以指数衰减。这样的光波只存在于分界面附近的一个薄层中，该薄层的厚度为

$$\Delta z = \kappa^{-1} = \frac{1}{k_1\sqrt{\sin^2 i_1 - n_{21}^2}} = \frac{2\pi}{\lambda\sqrt{\sin^2 i_1 - n_{21}^2}} \tag{4.1.1}$$

这样的光波称作**倏逝波**。

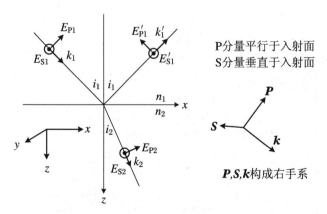

**图 4.1.2　电矢量的分解**

### 4.1.3 分界面处反射波、折射波与入射波的电场强度

**1. 光矢量的分解**

电磁波是横波,电矢量 $E$ 与波矢 $k$ 垂直。将各列波的电场分量进行正交分解,分解为平行于入射面的 P 分量和垂直于入射面的 S 分量,并且 P 分量、S 分量和波矢 $k$ 构成右手系。规定 S 分量沿 $+y$ 方向为正。

**2. 菲涅耳公式**

在入射点处,反射波、折射波的电矢量与入射波的电矢量之间有如下的关系:

$$\frac{E'_{S1}}{E_{S1}} = \frac{\sqrt{\varepsilon_{r1}}\cos i_1 - \sqrt{\varepsilon_{r2}}\cos i_2}{\sqrt{\varepsilon_{r1}}\cos i_1 + \sqrt{\varepsilon_{r2}}\cos i_2}, \qquad \frac{E'_{P1}}{E_{P1}} = \frac{\sqrt{\varepsilon_{r2}}\cos i_1 - \sqrt{\varepsilon_{r1}}\cos i_2}{\sqrt{\varepsilon_{r2}}\cos i_1 + \sqrt{\varepsilon_{r1}}\cos i_2}$$

$$\frac{E_{S2}}{E_{S1}} = \frac{2\sqrt{\varepsilon_{r1}}\cos i_1}{\sqrt{\varepsilon_{r1}}\cos i_1 + \sqrt{\varepsilon_{r2}}\cos i_2}, \qquad \frac{E_{P2}}{E_{P1}} = \frac{2\sqrt{\varepsilon_{r1}}\cos i_1}{\sqrt{\varepsilon_{r2}}\cos i_1 + \sqrt{\varepsilon_{r1}}\cos i_2}$$

对于透明的电介质,由于 $\mu_r \approx 1$,所以有 $\sqrt{\varepsilon_{r1}} \approx n_1$,$\sqrt{\varepsilon_{r2}} \approx n_2$。利用折射定律,可将上述关系式变换为另一种形式。例如,对第一式可作如下变换:

$$\frac{\sqrt{\varepsilon_{r1}}\cos i_1 - \sqrt{\varepsilon_{r2}}\cos i_2}{\sqrt{\varepsilon_{r1}}\cos i_1 + \sqrt{\varepsilon_{r2}}\cos i_2} = \frac{n_1\cos i_1 - n_2\cos i_2}{n_1\cos i_1 + n_2\cos i_2} = \frac{\dfrac{n_1}{n_2}\cos i_1 - \cos i_2}{\dfrac{n_1}{n_2}\cos i_1 + \cos i_2}$$

$$= \frac{\dfrac{\sin i_2}{\sin i_1}\cos i_1 - \cos i_2}{\dfrac{\sin i_2}{\sin i_1}\cos i_1 + \cos i_2} = \frac{\sin i_2\cos i_1 - \sin i_1\cos i_2}{\sin i_2\cos i_1 + \sin i_1\cos i_2}$$

$$= -\frac{\sin(i_1 - i_2)}{\sin(i_1 + i_2)}$$

则上述各式可写为如下形式:

$$\frac{E'_{S1}}{E_{S1}} = \frac{n_1\cos i_1 - n_2\cos i_2}{n_1\cos i_1 + n_2\cos i_2} = -\frac{\sin(i_1 - i_2)}{\sin(i_1 + i_2)} \tag{4.1.2}$$

$$\frac{E'_{P1}}{E_{P1}} = \frac{n_2\cos i_1 - n_1\cos i_2}{n_2\cos i_1 + n_1\cos i_2} = \frac{\tan(i_1 - i_2)}{\tan(i_1 + i_2)} \tag{4.1.3}$$

$$\frac{E_{S2}}{E_{S1}} = \frac{2n_1\cos i_1}{n_1\cos i_1 + n_2\cos i_2} = \frac{2\sin i_2\cos i_1}{\sin(i_1 + i_2)} \tag{4.1.4}$$

$$\frac{E_{P2}}{E_{P1}} = \frac{2n_1\cos i_1}{n_2\cos i_1 + n_1\cos i_2} = \frac{2\sin i_2\cos i_1}{\sin(i_1 + i_2)\cos(i_1 - i_2)} \tag{4.1.5}$$

式(4.1.2)~式(4.1.5)称为**菲涅耳公式**。

菲涅耳公式中的各个物理量是电场强度的瞬时值,所描述的是同一点(即入射

点)、同一时刻(入射瞬间)不同波列的电场强度之间的关系,而不是在任意位置处的关系,更不是各列波振幅之间的关系。

在式(4.1.2)和式(4.1.3)中,比值可能会出现负值,这说明反射光的 P 分量可能与入射光的 P 分量振动方向相反,反射光的 S 分量也可能与入射光的 S 分量振动方向相反。但是,对于折射的光波,只要不出现全反射,由于式(4.1.4)和式(4.1.5)的比值总是正的,所以折射波电矢量各个分量的振动方向总是与入射波相同。

# 4.2　关于菲涅耳公式的讨论

## 4.2.1　反射率与透射率

### 1. 复振幅的反射率和透射率

对于定态光波,由于电场强度可以用复数表示为 $E = A\mathrm{e}^{\mathrm{i}\varphi}\mathrm{e}^{-\mathrm{i}\omega t} = \widetilde{U}\mathrm{e}^{-\mathrm{i}\omega t}$,而 $\widetilde{U} = A\mathrm{e}^{\mathrm{i}\varphi}$ 为复振幅,则 $E_2/E_1 = \widetilde{U}_2/\widetilde{U}_1$,所以菲涅耳公式也是反射波、折射波与入射波的复振幅之间的关系式。从菲涅耳公式可以直接得到复振幅的**反射率**(reflectivity)和**透射率**(transmissivity)。复振幅的反射率和透射率可以用菲涅耳公式表示为

$$\widetilde{r}_{\mathrm{S}} = \frac{\widetilde{U}'_{\mathrm{S1}}}{\widetilde{U}_{\mathrm{S1}}} = -\frac{\sin(i_1 - i_2)}{\sin(i_1 + i_2)}, \quad \widetilde{r}_{\mathrm{P}} = \frac{\widetilde{U}'_{\mathrm{P1}}}{\widetilde{U}_{\mathrm{P1}}} = \frac{\tan(i_1 - i_2)}{\tan(i_1 + i_2)}$$

$$\widetilde{\tau}_{\mathrm{S}} = \frac{\widetilde{U}_{\mathrm{S2}}}{\widetilde{U}_{\mathrm{S1}}} = \frac{2\sin i_2\cos i_1}{\sin(i_1 + i_2)}, \quad \widetilde{\tau}_{\mathrm{P}} = \frac{\widetilde{U}_{\mathrm{P2}}}{\widetilde{U}_{\mathrm{P1}}} = \frac{2\sin i_2\cos i_1}{\sin(i_1 + i_2)\cos(i_1 - i_2)}$$

通过对以上式子的分析可以看出,$\widetilde{\tau}_{\mathrm{S}}$,$\widetilde{\tau}_{\mathrm{P}}$ 总是正实数(在不发生全反射时),所以复振幅的透射率其实就是振幅的透射率。而 $\widetilde{r}_{\mathrm{S}}$,$\widetilde{r}_{\mathrm{P}}$ 可以是正实数或负实数,但其绝对值也是振幅的反射率。

### 2. 光强反射率和透射率

光强是能流密度,即通过单位截面的光功率。按照电磁理论,$I = \dfrac{n}{2c\mu_{\mathrm{r}}\mu_0}E_0^2$,所以,利用菲涅耳公式可以直接得到光强的反射率和透射率如下:

$$R_{\mathrm{S}} = r_{\mathrm{S}}^2 = \frac{\sin^2(i_1 - i_2)}{\sin^2(i_1 + i_2)}, \quad R_{\mathrm{P}} = r_{\mathrm{P}}^2 = \frac{\tan^2(i_1 - i_2)}{\tan^2(i_1 + i_2)}$$

$$T_P = \frac{n_2}{n_1} t_P^2 = \frac{n_2}{n_1} \frac{4 \sin^2 i_2 \cos^2 i_1}{\sin^2(i_1 + i_2)}$$

$$T_S = \frac{n_2}{n_1} t_S^2 = \frac{n_2}{n_1} \frac{4 \sin^2 i_2 \cos^2 i_1}{\sin^2(i_1 + i_2) \cos^2(i_1 - i_2)}$$

**3. 能流的反射率和透射率**

能流是光的辐射通量,等于光强与光束截面的乘积。

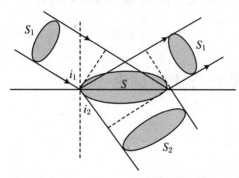

图 4.2.1　折射后光束横截面的变化

如图 4.2.1 所示,设入射光束在界面上的投影面积为 $S$。由于反射角等于入射角,所以反射光的光束截面保持与入射光相同,均为 $S_1 = S \cos i_1$,因而能流的反射率就等于光强的反射率,即 $R_S = r_S^2$,$R_P = r_P^2$,但折射角不等于入射角,所以折射光束的截面积与入射光不同,$S_2 = S \cos i_2$,从而知两者间的关系为 $S_2/S_1 = \cos i_2 / \cos i_1$。能流的透射率为

$$T_S = \frac{I_{S2} S_2}{I_{S1} S_1} = t_S^2 \frac{\cos i_2}{\cos i_1}, \quad T_P = \frac{I_{P2} S_2}{I_{P1} S_1} = t_P^2 \frac{\cos i_2}{\cos i_1}$$

图 4.2.2 表示在某些情况下反射率、透射率与入射角的关系。

在垂直入射时,入射角和折射角都为 0,于是得到复振幅的反射率为

$$\frac{E'_{S1}}{E_{S1}} = \frac{n_1 - n_2}{n_1 + n_2} \tag{4.2.1}$$

$$\frac{E'_{P1}}{E_{P1}} = \frac{n_2 - n_1}{n_2 + n_1} \tag{4.2.2}$$

而复振幅的透射率为

$$\frac{E_{S2}}{E_{S1}} = \frac{2n_1}{n_1 + n_2} \tag{4.2.3}$$

$$\frac{E_{P2}}{E_{P1}} = \frac{2n_1}{n_2 + n_1} \tag{4.2.4}$$

可见,如果 $n_1 > n_2$,则复振幅的透射率可以大于 1。但这并不违反能量守恒原理。因为,第一,此时光强的透射率为

$$T_P = T_S = \frac{n_2}{n_1} \left( \frac{2n_1}{n_2 + n_1} \right)^2 = \frac{4 n_1 n_2}{(n_2 + n_1)^2}$$

$$= \frac{4 n_1 n_2}{(n_2 + n_1)^2} < 1 \quad (n_1^2 + n_2^2 > 2 n_1 n_2)$$

更重要的是,光强是能流密度,即单位面积的光功率,并不是能流。

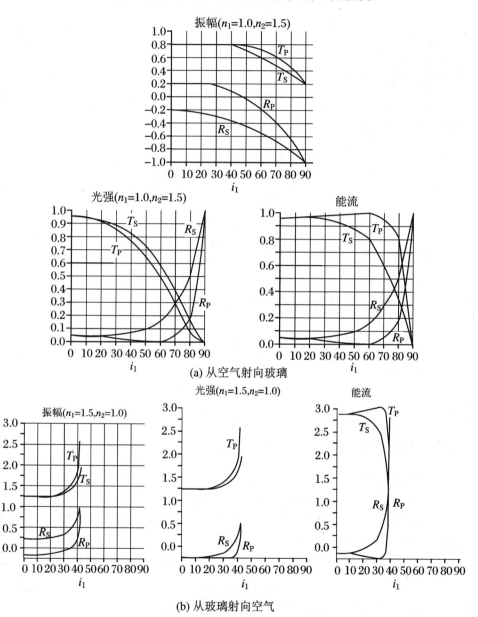

图 4.2.2　振幅、光强以及能流的反射率、透射率与入射角的关系

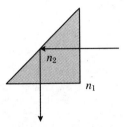

**图 4.2.3　全反射棱镜**

【例 4.1】　图 4.2.3 为一全反射棱镜，$n_2 = 1.6$，空气折射率 $n_1 = 1$。计算由于反射而损失的能量。

**分析**　在棱镜的两个直角边处，由于反射，入射光损失部分能量，可利用菲涅耳公式求解本题。

【解】　在界面处入射，由于是垂直入射，$i_1 = i_2 = 0$。入射光为自然光，P 分量、S 分量的强度相等，于是能流的透射率为

$$T_1 = \frac{w_1}{w_0} = \frac{I_1}{I_0}\frac{\cos i_2}{\cos i_1} = \frac{n_2}{n_1}\frac{A_{P1}^2 + A_{S1}^2}{A_{P0}^2 + A_{S0}^2}$$

$$= \frac{n_2}{n_1}t^2 = \frac{n_2}{n_1}\left(\frac{2n_1}{n_1 + n_2}\right)^2 \frac{4n_1 n_2}{(n_1 + n_2)^2}$$

$$= \frac{4 \times 1.6}{(1 + 1.6)^2} = 0.946\,7$$

在斜面处，由于全反射，无能量损失。

在出射分界面处，能流的透射率为

$$T_2 = \frac{w_2}{w_1} = \frac{I_2}{I_1}\frac{\cos i_2}{\cos i_1} = \frac{n_1}{n_2}\frac{A_{P2}^2 + A_{S2}^2}{A_{P1}^2 + A_{S1}^2} = \frac{n_1}{n_2}t'^2 = \frac{n_1}{n_2}\left(\frac{2n_2}{n_1 + n_2}\right)^2$$

$$= \frac{4n_1 n_2}{(n_1 + n_2)^2} = \frac{4 \times 1.6}{(1 + 1.6)^2} = 0.946\,7$$

综上，总透射率

$$T = T_1 T_2 = 0.946\,7^2 \approx 0.896\,3$$

能量损失了 $1 - 0.896\,3 = 0.103\,7 = 10.37\%$。

## 4.2.2　半波损失

### 1. 布儒斯特角

根据菲涅耳公式，对于 P 分量而言，当 $i_1 + i_2 = \pi/2$ 时，$\tan(i_1 + i_2) \to \infty$，因而 $r_P = 0$，说明反射光中，P 分量为零，只有 S 分量。这是一个特殊的入射角，称为**布儒斯特角**（布儒斯特，Sir David Brewster，1781～1868），记为 $i_B$。当入射角 $i_1 = i_B$ 时，由折射定律 $n_1 \sin i_B = n_2 \sin i_2 = n_2 \cos i_B$，即可得到

$$i_B = \arctan \frac{n_2}{n_1} \tag{4.2.5}$$

### 2. 反射导致的相位突变

如果将菲涅耳公式看作反射波、透射波的复振幅与入射波的复振幅的比值，则有

$$\widetilde{r} = \frac{\widetilde{U}_1'}{\widetilde{U}_1} = \frac{A_1' e^{i\varphi_1'}}{A_1 e^{i\varphi_1}} = \frac{A_1'}{A_1} e^{i(\varphi_1' - \varphi_1)} = \frac{A_1'}{A_1} e^{i\Delta\varphi_1}$$

$$\widetilde{t} = \frac{\widetilde{U}_2}{\widetilde{U}_1} = \frac{A_2 e^{i\varphi_2}}{A_1 e^{i\varphi_1}} = \frac{A_2}{A_1} e^{i(\varphi_2 - \varphi_1)} = \frac{A_2}{A_1} e^{i\Delta\varphi_2}$$

其中 $\varphi_1, \varphi_1', \varphi_2$ 分别为在入射点处入射光、反射光、折射光的相位,而 $\Delta\varphi_1 = \varphi_1' - \varphi_1$ 为反射光与入射光的相位差,$\Delta\varphi_2 = \varphi_2 - \varphi_1$ 为折射光与入射光的相位差。对于两个复数的比值而言,其幅角便是相应两列波的相位差,即反射波、透射波与入射波间的相位关系为 $\Delta\varphi_1 = \arg(\widetilde{r})$,$\Delta\varphi_2 = \arg(\widetilde{t})$。

　　从菲涅耳公式可以看出,只要不发生全反射,透射率总是正实数,则其幅角为 0。这说明折射光与入射光在入射点的相位是相同的,即没有因为折射而出现额外的相位的突变。

　　但反射波的情况却较为复杂。一方面,复振幅的反射率既可能取正值,也有可能取负值;另一方面,光从光密介质向光疏介质入射时,还会出现全反射。

　　若复振幅的反射率为负值,说明反射光电矢量的方向与约定的正方向相反,这就意味着,由于反射,电矢量的振动方向突然反向。振动方向相反,意味着光波电矢量的相位有了 $\pi$ 的突变,如果认为相位的突变是由于光程的突变而引起的,这种情况就被形象地称作"半波损失"。

　　相位的突变当然会引起电矢量方向的改变,如图 4.2.4 所示,但反射光与入射光的方向往往是不同的,而光又是横波,所以在一般情况下,泛泛地讨论这样的问题并没有什么意义。以下针对几种特殊的情形进行详细的研究。

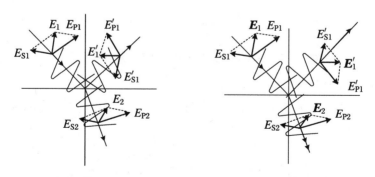

(a) 各列波的相位相同　　　　　(b) 反射波有相位突变

图 4.2.4　反射波的相位及电矢量方向的改变

### 3. 出现半波损失的特例

（1）掠入射

在掠入射的情况下，入射光、反射光几乎贴着界面传播，其波矢的方向几乎是平行的。

设光波由光疏介质射向光密介质，即 $n_1 < n_2$。此时，$i_1, i_2 \approx \pi/2$，而且 $i_1 - i_2 > 0, \pi/2 < i_1 + i_2 < \pi$。由菲涅耳公式，可得

$$\frac{E_{S1}'}{E_{S1}} < 0, \qquad \frac{E_{P1}'}{E_{P1}} < 0$$

这说明反射光中，P 分量、S 分量的方向均在反射瞬间反转。如图 4.2.5 所示，如果沿着 $x$ 轴负方向观察，看到入射光的 P 分量指向 $-z$，S 分量指向 $+y$，而在反射光中，P 分量指向 $+z$，S 分量指向 $-y$，合矢量 $E_1'$ 恰好与 $E_1$ 相反，可见反射波电矢量的振动方向瞬间反转，相当于有 $\pi$ 的相位突变，或者说反射光有半波损失。

当光波由光密介质射向光疏介质，即 $n_1 > n_2$ 时，反射光各个分量的方向如图 4.2.5 中阴影部分所示，这时没有半波损失。

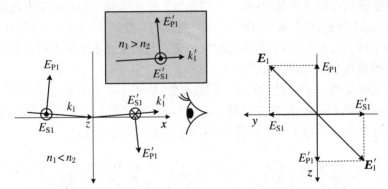

**图 4.2.5　掠入射时反射光相位及电矢量方向的突变**

（2）垂直入射

此时，反射光的方向与入射光几乎反向，$i_1, i_2$ 接近于 0。当 $n_1 < n_2$ 时，可得到

$$\frac{E_{S1}'}{E_{S1}} < 0, \qquad \frac{E_{P1}'}{E_{P1}} > 0$$

这就意味着，在反射光中，S 分量在反射瞬间反转，P 分量也反转。如图 4.2.6 所示，沿 $z$ 轴正方向观察，看到入射光的 P 分量指向 $-x$，S 分量指向 $+y$，而反射光的 P 分量指向 $-x$，S 分量指向 $-y$，合矢量 $E_1'$ 恰好与 $E_1$ 相反，可见反射波电矢量的振动方向瞬间反转，反射光有半波损失。

当 $n_1 > n_2$ 时,如图 4.2.6 中阴影部分所示,反射光没有半波损失。

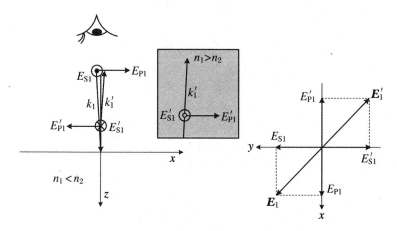

**图 4.2.6　垂直入射时反射光相位及电矢量方向的突变**

其实,在垂直入射的情况下,有时反射光的电矢量方向并没有倒转,也被视为产生了半波损失。例如,如果入射光只有 P 分量,$n_1 < n_2$,从菲涅耳公式可得到 $E'_{P1}/E_{P1} > 0$,这恰恰意味着反射光的电矢量没有倒转,其方向与入射光中的电矢量一致,如图 4.2.7 所示。但是如果将反射光与入射光对比的话,则在分界面处,两者的电矢量方向确实是相反的,所以这种情况也被视为有半波损失。

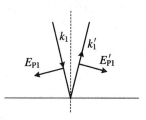

**图 4.2.7　反射光与入射光的 P 分量方向相反**

(3) 薄膜的反射

如图 4.2.8 所示,光波入射到透明薄膜上,在上表面发生反射和折射,进入薄膜的光波还会在内侧表面发生多次的反射和折射,因而在上表面有多列反射波,下表面有多列透射波。

如果薄膜的上下表面相互平行,或者有较小的夹角,则各列反射波几乎相互平行,各列反射波也相互平行。在这种情况下,可以方便地比较各列平行光波电矢量的方向。

根据公式

$$\widetilde{r}_S = -\frac{\sin(i_1 - i_2)}{\sin(i_1 + i_2)} \quad \text{和} \quad \widetilde{r}_P = \frac{\widetilde{U}'_{P1}}{\widetilde{U}_{P1}} = \frac{\tan(i_1 - i_2)}{\tan(i_1 + i_2)}$$

当 $i_1 > i_2$ 时,$\widetilde{r}_S < 0$;当 $i_1 < i_2$ 时,$\widetilde{r}_S > 0$;而 $\widetilde{r}_P$ 的正负情况不仅取决于 $i_1$ 和 $i_2$ 的

相对大小,还与 $i_1 + i_2$ 的大小有关。在薄膜的每个界面处,两侧的折射率有各种可能,以下分别加以考虑。

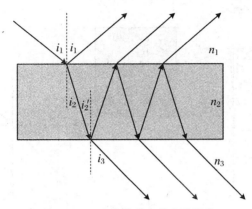

**图 4.2.8　光在薄膜上的半波损失**

(a) 薄膜两侧的折射率相等。

这种情形下,$i_2' = i_2$,$i_3 = i_1$。在上下两个分界面处,$i_1 + i_2 = i_2' + i_3$,即在外侧面反射的 $\tilde{r}_S$ 和 $\tilde{r}_P$ 与内侧面反射的 $\tilde{r}_S$ 和 $\tilde{r}_P$ 的符号正好相反。因而可以确定,第一列反射波没有经历过反射,没有半波损失,而其余各列透射波都经历过偶数次相同(光密到光疏,或光疏到光密)的反射,要么都没有半波损失,要么半波损失可以抵消,所以所有透射波都不用考虑半波损失。

第一列反射波在分界面外侧反射,其余各列反射波经历了奇数次分界面内侧的反射,所以,如果第一列反射波有半波损失,则其余各列都没有;如果第一列反射波没有半波损失,则其余各列都有。也就是说,在考虑各列反射波的相位差时,必须在第一列和其余各列之间计入 π 的额外相位。

(b) 薄膜两侧的折射率不等,但薄膜的折射率最大(或最小)。

在这种情形下,外侧面反射的 $\tilde{r}_S$ 与内侧面反射的 $\tilde{r}_S$ 的符号正好相反。同时,由于 $i_2' \approx i_2$,故 $i_1 + i_2 \approx i_2' + i_3$。因此多数情况下,外侧面反射的 $\tilde{r}_P$ 与内侧面反射的 $\tilde{r}_P$ 的符号也相反。所以半波损失的情况与第一种情形相似。

(c) 折射率依次增大,即 $n_1 < n_2 < n_3$。

这时,$i_2' \approx i_2$,$i_2' > i_3$。在通常的情况下,只考虑第一列和第二列反射波,当入射角较小时(这是实际中最常遇到的情形),它们都有(相对来说等于没有)半波损失。

(d) 折射率依次减小,即 $n_1 > n_2 > n_3$。

对于第一列和第二列反射波,当入射角较小时,它们都没有半波损失。

## 4.2.3　斯托克斯倒逆关系

一列波在介质的分界面上,将分为反射和折射两部分。设分界面对于复振幅的反射率和透射率分别为 $\tilde{r},\tilde{t}$,在入射点处,入射波复振幅为 $\tilde{U}$,如图 4.2.9(a)所示,则反射波、透射波的复振幅分别为 $\tilde{U}_r = \tilde{U}\tilde{r}$ 和 $\tilde{U}_t = \tilde{U}\tilde{t}$。

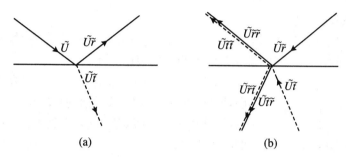

图 4.2.9　光的可逆性与斯托克斯倒逆关系

如果将上述情形反过来,即一列复振幅为 $\tilde{U}_r$ 的波和一列复振幅为 $\tilde{U}_t$ 的波分别沿着反射波和折射波的路径射过来,如图 4.2.9(b)所示。从光的可逆性原理可以判断,总的效果应该是只有一列沿着原来入射路径的波列 $\tilde{U}$,可以用公式表示为

$$\begin{cases} \tilde{U}r^2 + \tilde{U}\tilde{t} \cdot \tilde{t}' = \tilde{U}, \\ \tilde{U}\tilde{t} \cdot \tilde{t} + \tilde{U}\tilde{t} \cdot \tilde{r}' = 0, \end{cases} \quad \text{即} \quad \begin{cases} r^2 + \tilde{t} \cdot \tilde{t}' = 1 \\ \tilde{r} \cdot \tilde{t} + \tilde{t} \cdot \tilde{r}' = 0 \end{cases}$$

由此可以得到

$$r = -r' \tag{4.2.6}$$

或

$$r^2 = r'^2 \tag{4.2.7}$$

以及

$$\tilde{t} \cdot \tilde{t}' = 1 - r^2 \tag{4.2.8}$$

上述关系式(4.2.7)和(4.2.8)称作**斯托克斯倒逆关系**(斯托克斯,Sir George Gabriel Stokes,1819～1903)。

# 4.3 光的吸收

## 4.3.1 吸收的实验规律

### 1. 线性吸收定律

实验研究表明,当光强不是很大时,光通过一定厚度的电介质时,被吸收的光强与吸收体的厚度成正比,即呈现线性吸收的规律。

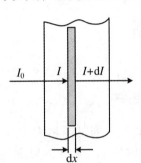

如图 4.3.1 所示,在各向同性均匀介质中取一薄层,厚度为 $dx$,光射入薄层前的强度记为 $I$,从薄层射出后,强度为 $I+dI$,其中 $dI$ 为负值。根据上述光强的吸收规律,有

$$-dI = \alpha I dx$$

其中 $\alpha$ 为与介质有关的常数,称为**吸收系数**。可以解得

$$I = I_0 e^{-\alpha x} \qquad (4.3.1)$$

**图 4.3.1　介质对光的线性吸收**

这一规律称作**布格尔定律**(布格尔,Pierre Bouguer,1698～1758)或**朗伯定律**。

在溶液中,上述吸收定律依然成立,但是,对同一类型的溶液,吸收系数与溶液的浓度成正比,即

$$\alpha = AC \qquad (4.3.2)$$

其中 $A$ 是与溶液(溶质、溶剂等)有关的常数,$C$ 为溶液的浓度。因而有

$$I = I_0 e^{-ACx} \qquad (4.3.3)$$

这一定律称作**比尔定律**(比尔,August Beer,1825～1863)。

### 2. 吸收介质中光波的表达式

光在介质中由于吸收而衰减的情况,可以用光波的振动表达式来表示。在介质中,电磁波的表达式可以写作

$$\tilde{U} = A_0 e^{i(kx-\omega t)} = A_0 e^{i(2\pi/\lambda)nx} e^{-i\omega t}$$

如果上述表达式中的 $n$ 是实数,那么波在介质中传播时,振动不会衰减,这就是常见的简谐波的形式。这是不考虑吸收和其他衰减因素的情况。如果因为介质的吸

收而光损失能量，则振幅将会衰减。这时，可以将折射率写为复数形式，即 $\tilde{n} = n(1 + i\kappa)$，则介质中波的表达式为 $\tilde{U} = A_0 e^{i(2\pi/\lambda)n(1+i\kappa)x} e^{-i\omega t} = A_0 e^{-(2\pi/\lambda)n\kappa x}$ · $e^{i(2\pi/\lambda)nx} e^{-i\omega t}$，即

$$\tilde{U} = A_0 e^{-(2\pi/\lambda)n\kappa x} e^{-i[\omega t - (2\pi/\lambda)nx]} \tag{4.3.4}$$

其中虚数指数表示平面波，而实数指数则表示波的振幅 $A_0 e^{-(2\pi/\lambda)n\kappa x}$ 随距离的增大而衰减。

在这种情况下，光强的表达式变为

$$I = |\tilde{U}|^2 = A_0^2 e^{-(4\pi/\lambda)n\kappa x} = I_0 e^{-(4\pi/\lambda)n\kappa x} = I_0 e^{-\alpha x}$$

可以看出，吸收系数为

$$\alpha = \frac{4\pi}{\lambda} n\kappa \tag{4.3.5}$$

即复折射率 $\tilde{n} = n(1 + i\kappa)$ 的虚部 $n\kappa$ 反映了光波由于被介质的吸收而发生的光强衰减。

## 4.3.2　吸收系数与波长的关系

实验研究表明，同一种介质往往对不同的波长的光有不同程度的吸收，也就是吸收系数与波长有关。吸收系数与波长的关系大体可以分为下述两种情况。

**1. 普遍吸收**

在这种情况下，吸收系数与波长无关，吸收后所有成分的光强都有大致相同的改变。

例如，不含杂质的玻璃对于可见光的各个波长成分都有几乎相同的吸收，白光通过后，所有成分的光强都将减弱。

但是，对所有波段的光波都普遍吸收的介质是不存在的。例如玻璃，对紫外和更短波长的光有较强烈的吸收。空气也是如此，其中的臭氧分子对波长小于 300 nm 的紫外线有强烈的吸收，从而保护了地球上的生命不受强紫外线的照射。对于红外光，大气层只是在一些狭窄的波段是透明的，这些对红外光吸收较小的波段称作"大气窗口"。

**2. 选择吸收**

在这种情况下，介质的吸收系数与光的波长有关，只强烈地吸收某些波长成分的光。这是由于介质中的原子的能级差正好与入射光中的某些波长的能量对应，而强烈地吸收这些波长成分。这种吸收也称作共振吸收，与吸收波长对应的光谱

线称作共振线。

地球被一层大气所包裹着,大气层吸收了来自宇宙空间的高强度的射线,保护了地球上的生命,同时又能够使可见光透过大气,给地球带来光明。大气对各个波段的电磁辐射的吸收率可以用图 4.3.2 表示。

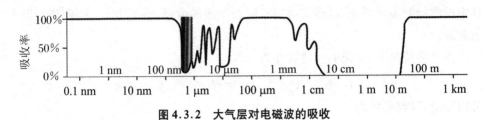

图 4.3.2　大气层对电磁波的吸收

从图 4.3.3 中可以看出,大气对可见光、无线电波的吸收较低,对短波辐射的吸收较强,而对红外波段的辐射,表现出显著的选择性吸收。这样的选择性吸收是由大气中的某些分子所造成的。图 4.3.3 表示了大气中的分子对不同波段电磁辐射的吸收。

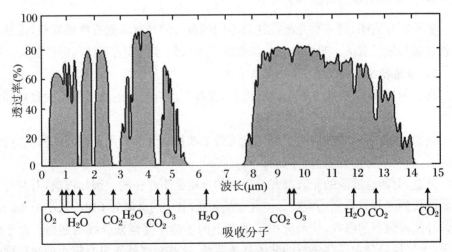

图 4.3.3　大气中分子对电磁辐射的吸收

从图 4.3.3 中可以看出,某些红外辐射可以穿透大气层,这些波段称作大气的**红外窗口**。红外窗口对地球保持适宜的温度至关重要。如果红外窗口变小,则由于红外辐射难以通过大气层,地球温度会上升,这就是**温室效应**(greenhouse effect)。水、二氧化碳对红外波段的电磁辐射吸收强烈,是影响温室效应的主要因素。大气中水蒸气的含量是相对恒定的,而由于工业化,二氧化碳的含量不断上升,这就是造成温室效应的原因。

### 4.3.3　吸收光谱与物体的颜色

#### 1. 吸收光谱

白光(连续波长)入射后,被吸收的光显示为光谱中的暗线。吸收光谱是吸收物质中的原子吸收入射光能量的结果,因而可做成分分析。

吸收光谱都是采用透射方式测量的,所以有时也称透射光谱。

图 4.3.4 为吸收光谱的实验装置示意图,图 4.3.5 为钠的吸收光谱,其中 589.59 nm 和 588.99 nm 的两条黄色光谱线就是钠光谱的 D 线。

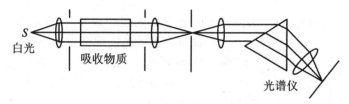

**图 4.3.4　测量吸收光谱的实验装置**

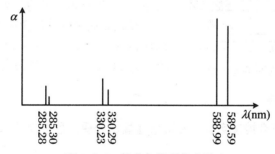

**图 4.3.5　钠蒸气的吸收光谱**

#### 2. 物体的颜色

物体由于对光的吸收不同而呈现出不同的颜色。

例如,金子是黄色的,那是由于其中的金原子对其他成分的光波吸收较强,则由其表面反射的光只剩下了黄色的成分。这是体色,也称表面色。

但是,如果将其打制成极薄的金箔,则其反射光仍是黄色的,但透射光却是绿色的。这是由于金箔厚度极小,故对光的吸收很小,因而,除了反射黄色之外,其他颜色的光将从金箔透射,这些不同颜色的透射光混合的结果,对眼睛呈现绿色。

发光体由于辐射波长范围的不同,也呈现出不同的颜色。

例如,纯的$Al_2O_3$是无色透明的,这就是刚玉或白宝石。但含有其他杂质的$Al_2O_3$则有其他的颜色,例如,$Al_2O_3$掺入$Cr^{3+}$呈红色,而$Al_2O_3$掺入$Fe^{3+}$和$Ti^{3+}$呈蓝色,$Al_2O_3$掺入$Fe^{3+}$和$Ni^{3+}$呈黄色。

# 4.4 光的色散

## 4.4.1 色散现象

白光通过透明介质后,不同颜色的光会以不同的角度射出,从而在空间分开,这是牛顿最先发现的。由于不同颜色的光在空间散开了,所以这种现象称作光的色散。

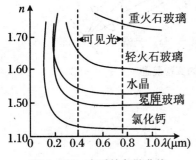

图 4.4.1 介质的色散曲线

这当然是由于不同波长的光具有不同折射率,即 $n = n(\lambda)$。

图 4.4.1 是一些介质的折射率与波长的关系,一些光学玻璃的色散可见表 1.1.2。

光在介质中的传播速度也会随波长改变,因而色散也可表示为 $v = v(\lambda)$。通常用色散率 $dn/d\lambda$ 表示折射率随波长变化的幅度。

## 4.4.2 色散规律

可以用牛顿正交棱镜实验非常形象地显示介质的色散规律,如图 4.4.2 所示,

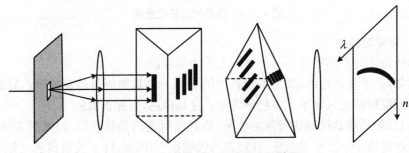

图 4.4.2 用牛顿正交棱镜实验装置

透过狭缝的白光经过透镜后,平行地射向第一块棱镜,经该棱镜色散后,不同波长的光沿水平方向散开,红光在外侧,蓝光靠里侧。这些光再射入第二块棱镜,由于第二块棱镜与第一块棱镜的棱相互垂直,故在第二块棱镜中,色散出现在竖直方向上,里侧的蓝光折射率大,从下方射出,而外侧的红光由于折射率小,从上方射出,从而在屏幕上自然形成一条彩色的曲线,这就是光的折射率 $n$ 随波长 $\lambda$ 的分布。图 4.4.3 则是测量气态原子色散的装置。

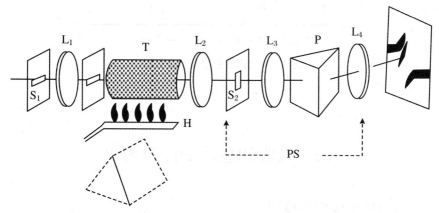

**图 4.4.3　气态原子色散的牛顿正交棱镜实验装置**

实验研究表明,折射率 $n$ 随波长 $\lambda$ 的增大而减小,而且在波长小的地方减小得快。

根据实验测得的数据,可以得到正常色散的**柯西公式**(柯西,Augustin-Louis Cauchy,1789~1857)

$$n = A + \frac{B}{\lambda^2} + \frac{C}{\lambda^4} \tag{4.4.1}$$

其中 $A, B, C$ 是与介质有关的常数,需要由实验测定。柯西公式是一个经验公式,在波长范围不是很大时,可以只取前两项,即

$$n = A + \frac{B}{\lambda^2} \tag{4.4.2}$$

但是,实验表明,一般情况下,物质存在一个吸收带,也就是在某一个波长范围内,光由于被介质强烈吸收,而不能通过介质,所以无法测量这一波长范围内介质的折射率,光的色散在这一区域的表现称为**反常色散**,如图 4.4.4 所示。

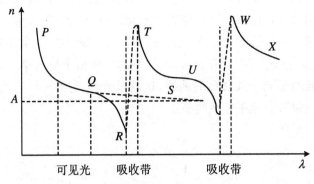

**图 4.4.4　正常色散与反常色散**

# 4.5　吸收和色散的经典理论

## 4.5.1　经典的电偶极子模型

电荷将在其周围产生电场,静止的电荷产生静电场;匀速运动的电荷产生稳恒的磁场,例如导线中的直流电;做加速运动的电荷,即当电荷的运动速度、方向改变时,将会产生交变电场,并向外辐射电磁波,例如,约束在环形轨道中的电子束团,将沿轨道切线方向发出电磁辐射,这就是同步辐射。

在电介质中,原子、分子都处于束缚状态,即核外电子都被束缚在原子附近。在没有外场作用的情况下,介质处于电中性,即核外电子所形成的负电中心与原子核的正电中心基本重合;在外场的作用下,正负电中心分离,介质被极化,其中的电子与离子会形成电偶极子(electric dipole)。采用简单的物理模型,可以将电偶极子作为弹性振子处理,即弹性系数 $k$ 为常数,振子有一个固有的振动频率 $\omega_0$。介质中的电偶极子,在入射光电场 $E$ 的作用下,将会做受迫振动,并辐射出电磁波。这就是经典的受激原子发光的模型,最初由洛伦兹(Hendrik Antoon Lorentz,1853~1928)提出,因而也称作**洛伦兹模型**。

设电偶极子在外场 $E$ 的作用下做受迫振动。考虑到带电粒子的环境,按照电磁学的理论,其运动方程为

$$m\ddot{x} + g\dot{x} + kx = -eE \tag{4.5.1}$$

其中 $x$ 为介质中的电子偏离平衡位置的距离, 即位移, $g\dot{x}$ 为阻尼项, $g$ 为阻力系数, $kx$ 为准弹性项, 表示回复力。式 (4.5.1) 可以进一步化为

$$\ddot{x} = -\frac{eE}{m} - \omega_0^2 x - \gamma\dot{x} \tag{4.5.2}$$

其中 $\omega_0 = \sqrt{k/m}$, 为电子的固有 (本征) 振动频率, $\gamma = g/m$ 为阻尼常数。设外电场的频率为 $\omega$, 即 $E = E_0 e^{-i\omega t}$, 求解上述常微分方程, 可得到

$$x = \frac{eE_0}{m} \frac{1}{(\omega_0^2 - \omega^2) + i\omega\gamma} e^{-i\omega t} \tag{4.5.3}$$

## 4.5.2 单一本征频率

首先讨论最简单的情形, 设介质中的束缚电子只有单一的固有频率。

此时, 在入射电磁场的作用下, 带电粒子产生位移, 介质发生极化, 极化强度为 $P = -NZex$, 其中 $N$ 为原子的数密度, $Z$ 为每个原子中参与形成电偶极子的核外电子数, 则极化率为 $\chi = P/(\varepsilon_0 E)$。

由相对介电常量的定义, 得到

$$\varepsilon_r = 1 + \chi = 1 + \frac{ZNe^2}{\varepsilon_0 m} \frac{1}{(\omega_0^2 - \omega^2) + i\omega\gamma}$$

以及折射率与介电常量的关系 $n = \sqrt{\varepsilon_r}$, 从而可以得到

$$\tilde{n}^2 = \varepsilon_r = 1 + \frac{ZNe^2}{\varepsilon_0 m} \frac{1}{(\omega_0^2 - \omega^2) + i\gamma\omega}$$

$$= 1 + \frac{ZNe^2}{\varepsilon_0 m} \frac{\omega_0^2 - \omega^2}{(\omega_0^2 - \omega^2)^2 + (\gamma\omega)^2} + i \frac{ZNe^2}{\varepsilon_0 m} \frac{\gamma\omega}{(\omega_0^2 - \omega^2)^2 + (\gamma\omega)^2} \tag{4.5.4}$$

而复折射率为 $\tilde{n} = n(1 + i\kappa)$, 所以

$$\tilde{n}^2 = n^2(1 - \kappa^2) + i2n^2\kappa \tag{4.5.5}$$

$\tilde{n}^2$ 的实部和虚部分别为

$$n^2(1 - \kappa^2) = 1 + \frac{ZNe^2}{\varepsilon_0 m} \frac{\omega_0^2 - \omega^2}{(\omega_0^2 - \omega^2)^2 + (\gamma\omega)^2} \tag{4.5.6}$$

$$2n^2\kappa = \frac{ZNe^2}{\varepsilon_0 m} \frac{\gamma\omega}{(\omega_0^2 - \omega^2)^2 + (\gamma\omega)^2} \tag{4.5.7}$$

这就是电介质折射率的亥姆霍兹方程。其中 $\kappa$ 反映了波在介质中的损耗。

在损耗很低的情况下, 即 $\kappa \ll 1$ 时, 式 (4.5.6) 为

$$n^2 = 1 + \frac{ZNe^2}{\varepsilon_0 m} \frac{\omega_0^2 - \omega^2}{(\omega_0^2 - \omega^2)^2 + (\gamma\omega)^2}$$

可见,介质的折射率可能大于1,也可能小于1,甚至可能是负值。

下面针对不同的入射光频率进行讨论。

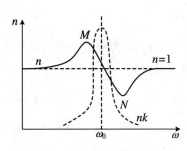

**图 4.5.1  折射率与频率的关系**

（1）当 $0 \leqslant \omega \leqslant \omega_0$ 时,$n > 1$,且 $n$ 随 $\omega$ 的增加而增加,这是正常色散区域。此时,如果忽略吸收,且不计阻尼,即 $\gamma = 0$,则

$$n^2(1 - \kappa^2) = 1 + \frac{ZNe^2}{\varepsilon_0 m} \frac{1}{\omega^2 - \omega_0^2} \quad (4.5.8)$$

（2）当 $\omega = \omega_0$ 时,$n$ 达到最大值,产生共振吸收,在吸收区内,$n$ 随 $\omega$ 的增加而减少,这是反常色散区域。

（3）当 $\omega_0 \leqslant \omega \leqslant \infty$ 时,$n < 1$,这也是正常色散区域。

上述结果可以用图 4.5.1 表示。

### 4.5.3  多个本征频率

事实上,介质中的原子体系往往不只有一个本征振动频率。设每一个原子系统有一系列本征频率:$\omega_1, \omega_2, \cdots, \omega_j, \cdots$,阻尼常数为 $\gamma_1, \gamma_2, \cdots, \gamma_j, \cdots$,相应的振子个数为 $f_1, f_2, \cdots, f_j, \cdots$,则 $\sum\limits_j f_j = Z, N\sum\limits_j f_j = NZ$。仿照单一本征频率下的推导过程,可以得到

$$\varepsilon_r = 1 + \frac{Ne^2}{\varepsilon_0 m} \sum_j \frac{f_j}{(\omega_j^2 - \omega^2) + i\omega\gamma_j}$$

类似地,有

$$n^2(1 - \kappa^2) = 1 + \frac{Ne^2}{\varepsilon_0 m} \sum_j \frac{\omega_j^2 - \omega^2}{(\omega_j^2 - \omega^2)^2 + (\gamma_j\omega)^2}$$

$$2n^2\kappa = \frac{Ne^2}{\varepsilon_0 m} \sum_j \frac{\gamma_j\omega}{(\omega_j^2 - \omega^2)^2 + (\gamma_j\omega)^2}$$

在其中每一个本征频率 $\omega_j$ 附近,由于求和的各项中只有一项有较大的数值,会产生共振吸收,其色散曲线与图 4.5.1 相似,而总的色散曲线就是由一段段这样的曲线连接起来的。

# 4.6　光　的　散　射

## 4.6.1　散射现象

入射光与介质中的带电粒子相互作用,带电粒子在入射光的激发下做受迫振动,发出电磁波,这是有真实扰动源的光波,有时也称作次波,但与惠更斯所引入的次波是不同的。如果介质是均匀的,则所发出的电磁波经叠加后,总是有确定的方向,即除了沿着入射光原来的方向有光继续传播之外,其他的方向是没有光的;但如果介质是不均匀的,则从介质中发出的次波在其间其他方向不能完全抵消,可以向任意方向传播,这就是散射,所以,光在密度不均匀的介质中总能产生散射。

根据散射机制的不同,主要有:

(1) 悬浮质点的散射:指均匀分布或悬浮在介质中的质点,例如空气中的尘埃、溶液中的胶体等等。

(2) 分子散射:虽然介质是均匀的,但是由于分子的热运动,其中密度会产生起伏,从而产生散射。

## 4.6.2　散射定律

### 1. 瑞利散射

当散射体的尺寸小于波长时,入射光中不同的波长成分有不同的散射,实验和理论研究表明,散射光强与入射光波长的四次方成反比,即 $I \propto \lambda^{-4}$。这样的散射称作**瑞利散射**(Rayleigh scattering)

例如,大气中的分子以及其中细小的尘埃颗粒,会对日光产生明显的散射。如果没有大气,空中没有散射光,则天空的背景应当是黑的,这就是宇航员在大气层外和月球上所见到的景象。我们在白昼之所以看得见明亮的天空,就是由于日光受到大气的散射,而这些被散射后的光从四面八方进入我们的眼睛。晴朗的天空呈现蓝色,是因为白光中的短波成分散射较强,因而,在偏离太阳直射的方向,蓝紫色的成分总是要比红黄色的成分要多。而旭日和落日之所以是红彤彤的,那是由于早晚太阳斜射向地面,所经历的大气层的厚度要比正午时分厚得多,因而日光中的短波被大量散射,沿着原来方向前进的主要是其中的长波成分。相比较而言,正午时分,太阳直射地面,阳光所经过的大气层的厚度比较薄,对短波的散射没有早晚强烈,因而太阳是耀眼的白色。

**2. 米-德拜散射**

当散射体颗粒度大于波长时,散射光强对波长的依赖性不强,各个波长成分的散射光强差别不大,这样的散射称作**米-德拜散射**(Mie-Debye scattering)。

云雾由水滴组成,这些水滴的直径可以与光的波长相比,因而对光的散射不再遵循瑞利散射定律,而要服从米-德拜散射的规律,所以我们看到的云是白色的。当空气中的悬浮颗粒较多时,米-德拜散射起的作用也比较大,这时也看不见湛蓝的天空了,而是白蒙蒙的。注意观察吸烟者,会发现从烟头处冒出的是缕缕青烟(蓝色),而从吸烟者口鼻出来的则是白烟,这也是因为烟头冒出的烟中,所含的多是燃烧后的分子,从而引起瑞利散射;而从口鼻出来的烟中则含有大量的水汽,引起米-德拜散射。

散射光强与波长以及散射物大小的关系可用图 4.6.1 表示,其中 $a$ 为散射体的线度。

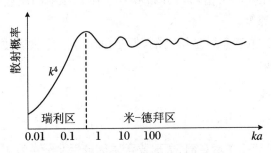

**图 4.6.1 瑞利散射与米-德拜散射**

当 $a<0.3\dfrac{\lambda}{2\pi}$ 时,$\dfrac{2\pi}{\lambda}a = ka<0.3$,发生瑞利散射。

当 $a<0.3\dfrac{\lambda}{2\pi}$ 时,$ka>0.3$,发生米-德拜散射。

# 习　题　4

1. 光的电矢量与入射面之间的夹角称作振动的方位角。设入射线偏光的方位角为 $\alpha$,入射角为 $i$,分界面两侧介质的折射率分别为 $n_1,n_2$。求反射光和折射光的方位角 $\alpha_1,\alpha_2$。

2. 波长为 546.1 nm 的绿光在 K9 玻璃中的折射率为 1.518,在空气中的折射率为 1.000。

(1) 问一束绿光垂直透过一块 K9 玻璃后光强损失了多少?

(2) 某种照相镜头由 16 片薄透镜构成,试估算绿光透过这样的镜头后,光强是原来的百分之几。(不考虑玻璃对光的吸收)

3. 有一块 K9 玻璃平板,两表面相互平行。黄光(波长为 589.3 nm)以 45°角入射,进入玻璃后,在两个表面之间可以多次反射、折射。设入射光只有 P 分量,光强为 $I_0$,求从上表面和下表面射出的前三列波的强度。

4. 计算光从空气射向水面时的布儒斯特角。(已知水的折射率为 4/3。)

5. 光的方位角为 20°,以布儒斯特角入射到折射率为 1.560 的玻璃表面上。计算反射光和折射光的方位角。

6. 光从空气中以布儒斯特角入射到玻璃表面上,玻璃的折射率为 1.50。计算:

(1) P 分量和 S 分量的能流反射率;

(2) P 分量和 S 分量的能流透射率。

7. 一均匀介质的吸收系数 $\alpha = 0.32 \text{ cm}^{-1}$。求出射光强变为入射光强的 1/10,1/5,1/2 时介质的厚度。

8. 设海水的吸收系数 $\alpha = 2 \text{ m}^{-1}$,而人眼能感受到的光强为太阳光强的 $10^{-18}$。试问在海面下多深处,人眼还能看见光?

9. 证明:当介质厚度 $l = 1 \text{ cm}$,而吸收系数又很小时,吸收率 $G = (I_0 - I)/I_0$ 在数值上就等于吸收系数本身。

10. 用 $A = 1.539\,74, B = 4.652\,8 \times 10^5 \text{ Å}$ 的玻璃做成 50°棱角的棱镜,当其对 550.0 nm 的入射光处于最小偏向角位置时,问其角色散率是多少(rad/Å)?

11. 某种玻璃对不同波长的折射率在 $\lambda_1 = 400.0 \text{ nm}$ 时,$n_1 = 1.63$;$\lambda_2 = 500.0 \text{ nm}$ 时,$n_2 = 1.58$。假定柯西公式 $n = A + B/\lambda^2$ 适用,求此种玻璃在 600.0 nm 时的 $\mathrm{d}n/\mathrm{d}\lambda$。

12. 一块玻璃对波长为 0.070 nm 的 X 射线的折射率比 1 小 $1.600 \times 10^{-6}$。求 X 射线能在此玻璃的外表面发生全反射(全外反射)的最大掠射角。

13. 同时考虑介质对光的吸收和散射,吸收系数 $\alpha = \alpha_0 + \alpha_s$,其中 $\alpha_0$ 是真正的吸收系数,而 $\alpha_s$ 为散射系数。朗伯定律为 $I = I_0 \mathrm{e}^{-(\alpha_0 + \alpha_s)L}$。若光经过一定厚度的某种介质后,只有 20% 的光强通过,已知该介质的散射系数为真正吸收系数的 1/2。若消除散射,透射光强可增加多少?

14. 计算波长为 253.6 nm 和 546.1 nm 的两条谱线的瑞利散射强度之比。

# 第5章 光波的相干叠加与非相干叠加

## 5.1 定态光波及其表示

### 5.1.1 光源的发光机制

光是原子、分子等运动所发出的,从机制上看,发光主要有两种微观过程。

**1. 热辐射**

带电粒子的运动状态发生改变,将会向外辐射电磁波,例如无线电波就是电子在天线中振荡产生的。

光源中包含有大量的带电粒子,即使是中性的原子或分子,由于自身的运动,正负电荷中心也会分离,形成具有电极或磁极的粒子,如电偶极子、电四极子、磁偶极子等等。这样的带电粒子做无规、随机的热运动,运动过程中,粒子的状态不断改变,从而向外辐射电磁波。这种由于热运动而产生的电磁波,称作**热辐射**。温度越高,粒子热运动的能量也就越高,状态的改变也就越剧烈,热辐射也就越强。

图 5.1.1 是不同温度下热辐射的功率密度随辐射波长的分布,也称**黑体辐射谱**。可以看出,在数千摄氏度的温度下,可见光的辐射是热辐射的主要部分。

白炽灯等电光源,通电后,其中的灯丝温度很高,因而发出热辐射。火焰是由于化学反应而产生的高温气体,其中的原子、分子由于剧烈的热运动而发光。太阳等恒星由于内部持续进行的热核反应,释放出巨大的能量,使其处于极高的温度,向外发出各种波段的电磁辐射。

热辐射与温度有关,光源温度不同时,辐射光谱也不同,视觉上的照明效果也不同,因而常用色温表示热光源的辐射特性。

### 2. 跃迁辐射

除了热辐射之外,原子、分子内部能量的改变也会引起光的发射。

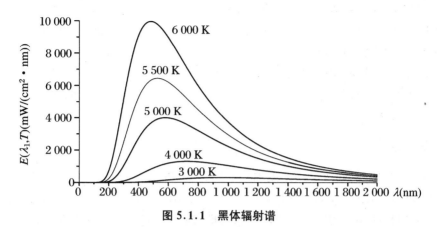

**图 5.1.1　黑体辐射谱**

按照玻尔理论,原子本身可以处在一系列分立的能量状态,这种不同的状态称作**能级**,如图 5.1.2 所示。其中能量最低的状态为**基态**,其他能量较高的状态为**激发态**。处于基态的原子吸收能量后,可以**跃迁**到某个激发态。处于激发态的原子不稳定,很容易跃迁回基态,或其他能量较低的激发态或亚稳态,并以电磁辐射的形式释放出能量。

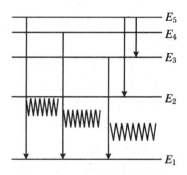

孤立原子在能级间跃迁时,所发出的光波具有特定的波长,这是与热辐射发光的重要区别。由于原子的能级由其结构所决定,故不同的原子具有独特的发射光谱。

**图 5.1.2　原子的能级与跃迁发光**

### 3. 普通光波的复杂性

机械波由机械振动引起,在弹性介质中传播,一般的无线电波由振荡电路产生,通过天线向自由空间发射。这两种波,由于波源可以调控,故其频率、振幅、相位和传播方向等参量可以较方便地进行控制。同机械波或一般的无线电波相比,光波要复杂得多,这种复杂性可以从两方面来分析。

第一,光源的复杂性。光由原子产生,光源中包含大量原子。例如,对于凝聚态物质而言,原子的密度约为 $10^{23}$ 个$/cm^3$,即使仅有百万分之一的原子是发光的,数量也有 $10^{17}$ 个$/cm^3$ 之巨。这样一来,每个原子发光的过程是无法控制的,或者说,在任一时刻,都有无数个原子发出无数列光波,因而光波的频率、振幅、相位和传播方向等参量无法控制。

第二,空间的复杂性。波场中的介质分布往往非常复杂,因而光波与介质的相互作用也非常复杂,而且,即使是同一种介质,与不同波长、不同振幅的波也有不同的作用,从而也使得波场的特征变得非常复杂。

但是,从应用的角度看,人们总是设法避免上述复杂的情形,而是设法在特定的条件下利用自然现象。因此,我们必须从中找出最具有典型特征同时又是最简单的波进行研究。

## 5.1.2 定态光波

光学中研究的问题大多是无源场的问题,或者说是在自由空间中研究光的特征,波场中没有电荷或电流分布,而且总是在有限的时间和空间中对光进行研究。例如,光电探测器的响应时间可以达到纳秒(ns,$10^{-9}$秒)、皮秒(ps,$10^{-12}$秒)。

因而可以将研究过程中的光波作为**定态光波**(stationary wave)进行处理。

具有下述性质的波场称为定态波场:

(1) 波场空间中,各点的扰动是同频率的简谐振动,即波场中各点具有相同的振动频率 $\nu$。

(2) 波场中各点扰动的振幅不随时间变化,在空间中形成一个稳定的振幅分布。即波场中各点的振幅只与空间位置有关,而与时间无关。

如果光波电矢量(即电场强度矢量)的表达式为 $E = E(r, t)$,对于定态光波,振幅与时间无关,则振幅可以写作 $E_0(r)$ 或者 $E_0(P)$,其中 $r$ 为空间点 $P$ 的**位矢**(position vector)。又由于波场中各点的振动频率相同,故每一点都做简谐振动,于是每点的振动都可写作 $\cos[\varphi(P) - \omega t + \varphi_0]$ 的形式,其中 $\varphi(P)$(也可以写作 $\varphi(r)$)是相位中只与空间位置有关的部分,称作**空间相位**。可以看出,$E_0(r)$ 是振幅的空间分布,$\varphi(r)$ 是相位的空间分布,由于是定态光波,这两者均与时间 $t$ 无关。从而一个定态光波场的表达式可以写作

$$E(r, t) = E_0(P)\cos[\varphi(P) - \omega t + \varphi_0]$$

由于定态光波是**单色波**(monochromatic wave,或者 monochromatic light),波场中各点的频率 $\omega$ 相同,因而也可简单地写作

$$E = E[\varphi(P), t]$$

由于要求波场中各点的能量密度不变,故对于无源光波场来说,意味着能量不再进一步扩散,那么,满足上述要求的光波应当充满全空间,即空间各点都做相同频率的简谐振动,这就是无限长的单色波列,而实际上这样的光波是无法得到的。

所以，定态光波只有理论上的意义，是一种理想化的模型。而真实的情况是，在光波场中的接收器（例如接收屏，或光电响应器件）上，一个波列的持续时间往往比其扰动周期长得多，或者在仪器响应的时间内波场没有变化，就可将其当作无限长的波列来处理，或认为光波场是定态的。

任何复杂的**非单色波**（nonmonochromatic wave，或者 nonmonochromatic light）都可以分解为一系列单色波的叠加。

需要指出的是，正弦波是一种最简单的定态光波，但定态光波不仅仅限于正弦波。定态波场中，空间各点的振幅可以不同，只要是稳定的就可以。

## 5.1.3　定态光波的数学表示

### 1. 标量表示

定态光波场中，各点的振幅不随时间改变，而且只有单一的频率，所以可以用余弦函数表示为

$$E(r, t) = E_0(r)\cos[\varphi(r) - \omega t] \tag{5.1.1}$$

也可以用复指数表示为（取正指数）

$$E(r, t) = E_0(r)e^{i[\varphi(r) - \omega t]} \tag{5.1.2}$$

复指数表达式也可写成 $E(r, t) = E_0(r)e^{i\varphi(r)} e^{-i\omega t}$。定态光波的频率都是相等的，因而其中与时间有关的因子 $e^{-i\omega t}$ 可以略去不写。剩余的部分不包含时间因子，为定态部分，即

$$\widetilde{E}(r) = E_0(r)e^{i\varphi(r)} \tag{5.1.3}$$

这些与时间无关的部分为称为定态光波的**复振幅**（complex amplitude），复振幅包含了振幅 $E_0(r)$ 和相位 $\varphi(r)$ 的空间分布，直接表示了光波在空间 $P$ 点的振动；或者说复振幅表示了定态光波在空间的分布情况。所以，对于定态光波，凡是需要用振动描述的地方，都可以用复振幅描述。

在光波的标量表达式中，更习惯用 $A(P)$ 表示振幅，$\psi(P)$ 表示余弦式的振动，$\widetilde{U}(P)$ 表示复振幅，则波的振动和复振幅通常被写成下面的形式：

$$\psi(P, t) = A(P)\cos[\varphi(P) - \omega t] \quad 和 \quad \widetilde{U}(P) = A(P)e^{i\varphi(P)}$$

由于可以用振幅的平方表示光强，故定态光波场在 $P$ 点的强度可以直接从复振幅求得：

$$I(P) = A^2(P) = \widetilde{U}^*(P)\widetilde{U}(P) \tag{5.1.4}$$

### 2. 有关光波的几个概念

（1）**波面**：对于定态光波场，指空间中相位 $\varphi(P)$ 相同的点所组成的平面或曲

面,这是光波的**等相位面**(cophasal surface,或 surface of constant phase)。波面也称作**波阵面**。

(2) **波前**(wave front):指光波场中的任一平面或曲面。实际上,波前有时也称作波阵面,波阵面一词来自 wave front,这一名称最初的含义是指一列波最靠前的波面,在空气动力学中,仍然使用这一概念,但光学中,这一名词的含义已发生了变化。

由于光学器件的接收面往往是平面,如照相机的底片、探测器的窗口、接收屏等等,所以在光学中,波前更多情况下指的是光波场中的一个平面。

(3) **波前函数**(wave front function):光波场中某一个波前(往往是接收平面)上的振动表达式或复振幅表达式。

在处理光学问题中,通常将坐标系的 $z$ 轴选作光的传播方向,接收平面(接收屏)垂直于 $z$ 轴,有时取接收屏的坐标 $z = 0$。在这种情况下,波前就是 $z = 0$ 的平面,波前函数就是 $\psi(x, y, 0, t)$ 或 $\tilde{U}(x, y)$,或者只要知道了 $z = 0$ 波前上的振幅分布 $A(x, y)$ 和相位 $\varphi(x, y)$ 分布,就可以确定波前函数。

(4) **等幅面**:指振幅相等的空间点构成的曲面。

(5) **共轭波**(conjugate wave):在某一波前上,复振幅互为共轭的波,即波前函数互为共轭的波。

(6) **波线**(wave line):指与波面垂直的直线,表示波的传播方向。

可以看出,波线与波矢的方向是相同的,波线就是几何光学中的光线。

## 5.1.4  球面波与平面波

光波场是三维分布的空间场。在时刻 $t$,其电场强度可以用矢量式表示为 $\boldsymbol{E} = \boldsymbol{E}(\boldsymbol{r}, t) = \boldsymbol{E}(x\boldsymbol{e}_x + y\boldsymbol{e}_y + z\boldsymbol{e}_z, t)$,在任意时刻 $t$,空间任意点 $\boldsymbol{r} = x\boldsymbol{e}_x + y\boldsymbol{e}_y + z\boldsymbol{e}_z$ 处,有一个确定的电场强度;或者,对于定态光波,可以用电场强度表示为 $\boldsymbol{E}(\boldsymbol{r}, t) = \boldsymbol{E}_0(\boldsymbol{r})\cos[\varphi(\boldsymbol{r}) - \omega t + \varphi_0]$。可以看出,在某一时刻 $t$,电场的特征由空间相位 $\varphi(\boldsymbol{r})$ 决定。即空间相位相等的地方,电场强度,即电矢量值和变化趋势相同。因而可根据波面的形状将定态光波做简单的分类。

具有相同相位的空间点(即波面)应满足下述方程(在相同时刻):

$$\varphi(\boldsymbol{r}) = 常数 \tag{5.1.5}$$

场点 $P$ 可以用直角坐标表示为 $P(x, y, z) = x\boldsymbol{e}_x + y\boldsymbol{e}_y + z\boldsymbol{e}_z$;或者用球坐标表示为 $P(r, \theta, \varphi)$;或者用柱坐标表示为 $P(r, z, \varphi)$。

**1. 球面波**

波场中,相位相等的面是球面,这样的波就是**球面波**(spherical wave)。

从一个点光源发出的光波,在各向同性的均匀空间中传播,在距离光源相等的各点,振动相同,其波面是球面。

由于从点光源发出的球面波的能量向周围空间扩散,波场中的能量密度随着波的传播而降低,所以波场中 $P$ 点的振幅与该点到光源的距离成反比,即 $A(r) = a/r$,其中 $a$ 是常数,球面波的振幅随着 $r$ 的增大线性衰减。

由于空间是球对称的,所以空间相位的分布与方向无关,只取决于场点到源点的距离,即相位可表示为 $\varphi(r) = kr + \varphi_0$。

因而球面波的余弦表达式为

$$\psi(r, t) = \frac{a}{r}\cos(kr - \omega t + \varphi_0) \tag{5.1.6}$$

复振幅表达式为

$$\widetilde{U}(r) = \frac{a}{r}\mathrm{e}^{\mathrm{i}kr + \mathrm{i}\varphi_0} \tag{5.1.7}$$

不仅从点源发出的光波是球面波,在均匀空间中向某一点会聚的光波也是球面波。

球面波可以看作是从某一点光源发出的波(图 5.1.3),或是向某一点会聚的波(图 5.1.4)。

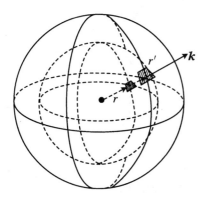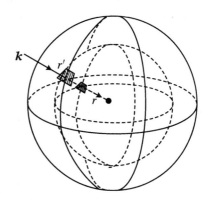

图 5.1.3　从中心发散的球面波　　图 5.1.4　向中心会聚的球面波

例如,如果波源为 $O(0,0,0)$,波面的相位为 $\varphi(r) = kr - \omega t + \varphi_0$,沿着球面的任一法线方向,波面传播中要保持相位不变,则有

$$kr - \omega t + \varphi_0 = k(r + \mathrm{d}r) - \omega(t + \mathrm{d}t) + \varphi_0$$

波面传播速度

$$v = \frac{\mathrm{d}r}{\mathrm{d}t} = \frac{\omega}{k}$$

这为从原点发出的发散球面波。

若波面表达式为 $\varphi(P) = kr + \omega t + \varphi_0$，则波面传播速度

$$v = -\frac{\mathrm{d}r}{\mathrm{d}t} = -\frac{\omega}{k}$$

这为向中心传播的球面波，即向原点会聚的球面波。

如图 5.1.5 所示，平行光经凸透镜后，会聚到其像方焦平面上，就成为会聚的球面波；如果将凸透镜换为凹透镜，则折射后的光波成为从凹透镜像方焦点发散的球面波。

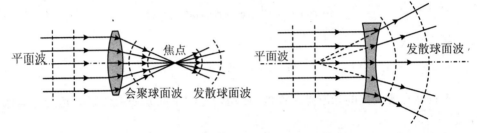

**图 5.1.5　经透镜后会聚和发散的球面波**

【**例 5.1**】　比较从 $(0,0,-z_0)$ 和 $(0,0,z_0)$ 处发出的和向 $(0,0,-z_0)$ 和 $(0,0,z_0)$ 会聚的球面波在 $z = 0$ 平面上的波前函数（图 5.1.6）。

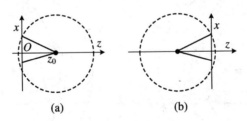

(a)　　　　　　　　(b)

**图 5.1.6**

【**解**】　从 $(0,0,z_0)$ 发出的球面波在 $(x,y,0)$ 平面上的振动为

$$U_+(x,y,0) = \frac{A}{\sqrt{x^2 + y^2 + z_0^2}} \cos(k\sqrt{x^2 + y^2 + z_0^2} - \omega t + \varphi_0)$$

从 $(0,0,-z_0)$ 发出的球面波在 $(x,y,0)$ 平面上的振动为

$$U_-(x,y,0) = \frac{A}{\sqrt{x^2 + y^2 + z_0^2}} \cos(k\sqrt{x^2 + y^2 + z_0^2} - \omega t + \varphi_0)$$

向 $(0,0,z_0)$ 点会聚的球面波在 $(x,y,0)$ 平面上的振动为

$$U_+^*(x,y,0) = \frac{A}{\sqrt{x^2 + y^2 + z_0^2}} \cos(-k\sqrt{x^2 + y^2 + z_0^2} - \omega t + \varphi_0)$$

向 $(0,0,-z_0)$ 点会聚的球面波在 $(x,y,0)$ 平面上的振动为

$$U_-^*(x,y,0) = \frac{A}{\sqrt{x^2 + y^2 + z_0^2}} \cos(-k\sqrt{x^2 + y^2 + z_0^2} - \omega t + \varphi_0)$$

【例 5.2】　比较从 $(x_0,y_0,-z_0)$ 和 $(x_0,y_0,z_0)$ 处发出的和向 $(x_0,y_0,-z_0)$ 和 $(x_0,y_0,z_0)$ 会聚的球面波在 $(x,y,0)$ 平面上的波前函数(图 5.1.7)。

【解】　如果点光源在 $(x_0,y_0,\pm z_0)$ 处,则发出和会聚的球面波分别为

$$U_\pm(x,y,0) = \frac{A}{\sqrt{(x-x_0)^2 + (y-y_0)^2 + z_0^2}}$$
$$\cdot \cos[k\sqrt{(x-x_0)^2 + (y-y_0)^2 + z_0^2} - \omega t + \varphi_0]$$

$$U_\pm^*(x,y,0) = \frac{A}{\sqrt{(x-x_0)^2 + (y-y_0)^2 + z_0^2}}$$
$$\cdot \cos[-k\sqrt{(x-x_0)^2 + (y-y_0)^2 + z_0^2} - \omega t + \varphi_0]$$

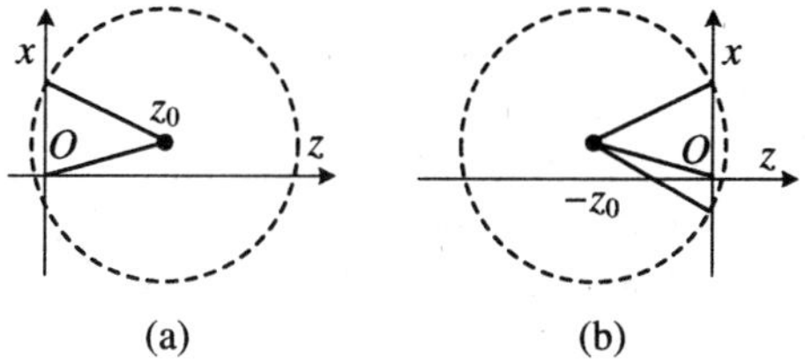

图 5.1.7

通过上面的讨论可以看出,在平面波前上,球面波的波前函数比较复杂。

对于球面波,它在某点的振幅和相位只与该点到源点的距离 $r$ 有关,而与场点相对于源点的方位无关,所以在球面波的表达式化简和变换的过程中,应该注意这一点。

**2. 平面波**

在波场中,相位相等的面是平面,这样的波就是**平面波**(plane wave),图5.1.8 就是平面波的示意图。

从点光源发出的球面波,在无穷远处,波面成为平面;经过光学装置的变换,也可以将球面波变为平面波。例如图 5.1.5 中,从凸透镜物方焦点发出的球面波,或向凹透镜物方焦点会聚的球面波,经过透镜后,变为平面

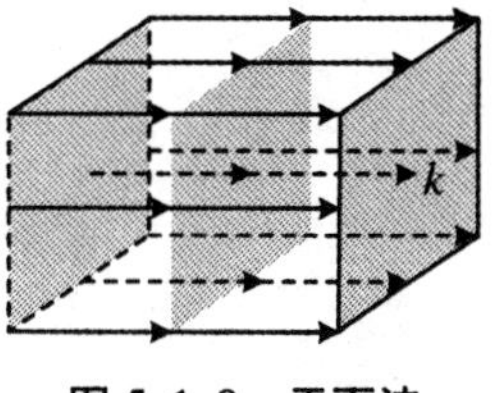

图 5.1.8　平面波

波。这就是透镜对波面的变换作用。

平面波的传播方向是唯一的。在传播过程中,光波的能量不再扩散,因而波场中各处的能量密度都相等,所以平面波的振幅 $A(P)$ 为常数。

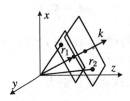

**图 5.1.9 平面波的波面**

如图 5.1.9 所示,由于波面垂直于波矢,同一波面上任一点的位矢 $r$ 在波矢 $k$ 上的投影都是相等的,则其空间相位必定由 $k \cdot r$ 决定。在直角坐标系中,空间点 $P$ 的位矢为 $r = xe_x + ye_y + ze_z$,将波矢表示为 $k = k_x e_x + k_y e_y + k_z e_z$($k_x$, $k_y$, $k_z$ 为波矢的三个直角坐标分量)。所以平面波的空间相位 $\varphi(r)$ 为直角坐标的线性函数,即平面波的空间相位 $\varphi(r)$ 的表达式为

$$\varphi(r) = k \cdot r + \varphi_0 = k_x x + k_y y + k_z z + \varphi_0 \qquad (5.1.8)$$

其中常数 $\varphi_0$ 为初相位,即 $t = 0$ 时空间坐标原点的相位。

平面波的余弦表达式为

$$\psi(r,t) = A\cos(k_x x + k_y y + k_z z - \omega t + \varphi_0) \qquad (5.1.9)$$

复振幅为

$$\tilde{U}(r) = A e^{i(k_x x + k_y y + k_z z) + i\varphi_0} \qquad (5.1.10)$$

下面讨论关于平面波波矢的方向的表示。

习惯上,在直角坐标系中,常用矢量与三个坐标轴之间的夹角表示该矢量的方向,或用单位长度矢量在三个直角坐标轴上的投影表示该矢量的方向,这就是矢量的方向余弦。

如图 5.1.10 所示,波矢的方向可以用角度表示为 $(\alpha, \beta, \gamma)$,其中的三个角度分别是波矢 $k$ 与 $x, y, z$ 轴的夹角,则波矢可以用方向余弦表示为

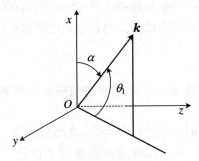

**图 5.1.10 用方向余弦角或与平面间的角表示波矢**

$$k = k(\cos\alpha\, e_x + \cos\beta\, e_y + \cos\gamma\, e_z)$$

在光学中，习惯用波矢与三个坐标平面的夹角表示平面波的方向，这些角就是波矢与坐标轴夹角的余角，即 $\theta_1 = \pi/2 - \alpha$，$\theta_2 = \pi/2 - \beta$，$\theta_3 = \pi/2 - \gamma$。则 $(\theta_1, \theta_2, \theta_3)$ 分别是波矢 $\boldsymbol{k}$ 与 $yz$，$xz$ 和 $xy$ 三个坐标平面的夹角（图 5.1.11）。

波矢表示式变为

$$\boldsymbol{k} = k(\sin\theta_1\, \boldsymbol{e}_x + \sin\theta_2\, \boldsymbol{e}_y + \sin\theta_3\, \boldsymbol{e}_z)$$

如图 5.1.12 所示，方向为 $\boldsymbol{k} = k(\sin\theta_1\, \boldsymbol{e}_x + \sin\theta_2\, \boldsymbol{e}_y + \sin\theta_3\, \boldsymbol{e}_z)$ 的平面波，在 $z = 0$ 处的波前上。若原点处的相位为 $\varphi_0$，则波前函数可表示为

$$\begin{aligned}
\varphi(x, y, 0) &= \boldsymbol{k} \cdot \boldsymbol{r} = k(\sin\theta_1\, \boldsymbol{e}_x + \sin\theta_2\, \boldsymbol{e}_y + \sin\theta_3\, \boldsymbol{e}_z)(x\boldsymbol{e}_x + y\boldsymbol{e}_y + 0\boldsymbol{e}_z) + \varphi_0 \\
&= k(x\sin\theta_1 + y\sin\theta_2) + \varphi_0
\end{aligned}$$

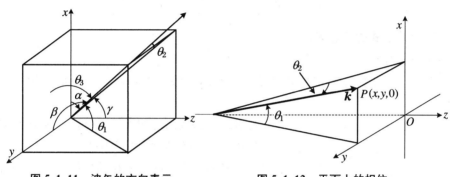

图 5.1.11　波矢的方向表示　　　　图 5.1.12　平面上的相位

在实际中，往往根据情况选取坐标系，以使在接收屏（通常是平面型的）上的波前函数的表达式尽量简单。例如，往往取波矢所在的平面为 $xz$ 平面，并将接收屏所在的平面取作 $xy$ 平面。这样一来，在坐标系中，由于波矢 $\boldsymbol{k}$ 与 $y$ 轴垂直，波矢的表达式为 $\boldsymbol{k} = k(\sin\theta_1\, \boldsymbol{e}_x + \sin\theta_3\, \boldsymbol{e}_z)$，波前 $z = 0$，其上任意一点的位矢为 $\boldsymbol{r} = x\boldsymbol{e}_x + y\boldsymbol{e}_y$，则波前函数为 $\varphi(x, y, 0) = \boldsymbol{k} \cdot \boldsymbol{r} + \varphi_0 = kx\sin\theta_1 + \varphi_0$。

例如，通常将波矢的方向取作 $+z$ 方向，即平面波沿着 $+z$ 方向传播，其波面垂直于 $z$ 轴。如果在 $t$ 时刻，坐标轴上某一点 $z$ 处波面的相位为 $\varphi(t, z) = kz - \omega t + \varphi_0$，则波面传播的速度为 $v = \omega/k$，该速度也是相位传播的速度，简称相速度。

如果波面的表达式为 $\varphi(z) = -kz - \omega t + \varphi_0$，或者 $\varphi(z) = kz + \omega t + \varphi_0$，则其相速度为 $v = -\omega/k$，向 $-z$ 方向传播。

【例 5.3】　一平面波的波函数为 $E(P, t) = A\cos[5t - (2x - 3y + 4z)]$，式中 $x, y, z$ 的单位为 m，$t$ 的单位为 s。试求：(1) 时间频率；(2) 波长；(3) 空间频率矢量

的大小和方向。

【解】 由 $E(p,t)$ 的表达式,可知:

(1) 时间频率

$$\nu = \frac{\omega}{2\pi} = \frac{5}{2\pi} = 0.796\,(\text{Hz})$$

(2) 波长

$$\lambda = \frac{2\pi}{k} = \frac{2\pi}{\sqrt{k_x^2 + k_y^2 + k_z^2}} = \frac{2\pi}{\sqrt{2^2 + 3^2 + 5^2}} = 1.17\,(\text{cm})$$

(3) 空间频率

$$\tilde{\nu} = \frac{1}{\lambda} = 0.86\,\text{cm}^{-1}, \qquad 方向:\frac{\boldsymbol{k}}{k} = \frac{2\boldsymbol{e}_x - 3\boldsymbol{e}_y + 4\boldsymbol{e}_z}{\sqrt{29}}$$

### 3. 其他形式的定态光波

(1) 柱面波

从无限长的细线光源发出的光波的波面为圆柱面,称为**柱面波**(cylindrical wave)。

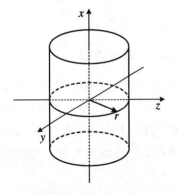

**图 5.1.13 柱面波**

透过细长狭缝出射的光波也可以视作柱面波。

如图 5.1.13 所示,由于圆柱的表面积 $S = 2\pi rH$,其中 $H$ 为柱高,所以在柱面波场中,振幅随着到光源距离的增大而衰减,即 $A(P) = a/\sqrt{r}$,而空间相位也只与到光源的距离有关,即 $\varphi(P) = kr + \varphi_0$。

柱面波场通常用极坐标系描述,柱面波的振动表达式为

$$\psi(r,t) = \frac{a}{\sqrt{r}}\cos(kr - \omega t + \varphi_0) \qquad (5.1.11)$$

复振幅

$$\tilde{U}(r) = \frac{a}{\sqrt{r}}\mathrm{e}^{\mathrm{i}(kr+\varphi_0)} \qquad (5.1.12)$$

(2) 高斯光束

在实际中,并没有非常简单的平面波、球面波或柱面波,而常常是非常复杂的非均匀的光波场。例如,在激光器的谐振腔中,稳定的光波可以用高斯型函数表示,即振幅和相位在横向($x,y$)的分布都是高斯型函数,如图 5.1.14 所示。具有

这种类型波面的光波称作**高斯光束**(Gaussian beam)。

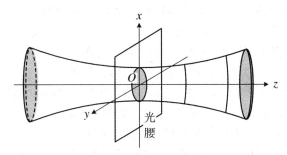

图 5.1.14　高斯光束

高斯光束的振幅和相位如下:

(a) 振幅

$$A(P) = \frac{A_0}{\omega(z)} \exp\left[\frac{x^2 + y^2}{\omega^2(z)}\right] \tag{5.1.13}$$

(b) 相位

$$\varphi(P) = k\left[z + \frac{x^2 + y^2}{2r(z)}\right] + \varphi_0 \tag{5.1.14}$$

在原点处,波面为平面,此处称作"光腰",振幅和相位分别为

$$A(x,y,0) = \frac{A_0}{\omega(0)} \exp\left[\frac{x^2 + y^2}{\omega^2(0)}\right] \quad 和 \quad \varphi(x,y,0) = \varphi_0$$

在光腰之外,波面都是球面,但各处球面的曲率不等,越远处曲率越大。

# 5.2　光程差与相位差

## 5.2.1　相位取决于光程

虽然光程这一概念并不是在光的波动理论中最先被提出来的,但这却是波动光学中极为重要的一个概念。

例如,对于平面波,其空间相位表示为 $\varphi(P) = \boldsymbol{k} \cdot \boldsymbol{r} + \varphi_0 = k_x x + k_y y + k_z z + \varphi_0$,而波矢大小为 $k = 2\pi/\lambda = 2\pi n/\lambda_0$,其中 $\lambda_0$ 为真空中的波长,$n$ 为介质的折射率。在折射率不同的介质中,光经过一个振动周期所传过的距离不同。

以沿着 $z$ 方向传播的一维平面波为例,设初相位 $\varphi_0 = 0$,则其相位为 $\varphi(z) =$

$kz = 2\pi nz/\lambda_0 = 2\pi ns/\lambda_0$，其中 $nz = ns$ 称作介质中光波的光程，即光走过的路径（路程）与介质折射率的乘积。不管在何种介质中，频率相同的光经过一个振动周期，走过的光程总是相等的。由此可见，相位由光程决定。即对于定态光波，在同一时刻，空间中光程相同的点，其相位也相同，因而振动也相同。或者说，光程相等的空间点所构成的面，即等光程面，就是等相位面，即波面。

这里需要指出的是，同一列光波在不同的介质中传播时，其时间频率 $\nu$ 保持不变。

平面波通过棱镜或透镜，将发生折射。折射后，光的方向和波面都会发生改变。棱镜、透镜的原理都可以从光程的变化进行解释。

例如在图 5.2.1 中，设平面波正射入棱镜之前，波面为 $ABC$，从棱镜的另一个

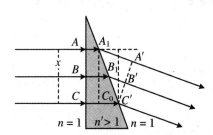

图 5.2.1 平面波经棱镜折射

面上的不同点射出时，经过的光程分别为 $n'\overline{AA_1}$，$n'\overline{BB_1}$，$n'\overline{CC_1}$，等等，各不相同，这时的波面，即等相位面，必须处于 $A'B'C'$，才能使得 $n'\overline{AA_1} + \overline{A_1A'} = n'\overline{BB_1} + \overline{B_1B'} = n'\overline{CC'}$。从 $C$ 处入射的光到达棱镜的另一侧表面上 $C'$ 点时，从 $C$ 点以上 $x$ 处的 $A$ 点入射的光应该到达距离另一侧表面上的出射点 $A_1$ 为 $nx\tan\alpha$ 的球面上。由于出射后

波面到棱镜的距离是 $x$ 的线性函数，故波面仍是平面。由图 5.2.1 可以看出，在波面 $A'B'C'$ 处，光程 $\overline{A_1A'} = \dfrac{x}{\cos\alpha}\cos\left(\dfrac{\pi}{2} - \alpha - \theta\right)$，而经 $C'$ 点的光程为 $n'\overline{C_0C'} = n'x\tan\alpha$。由 $\overline{A_1A'} = n'\overline{C_0C'}$，即得 $n'\sin\alpha = \sin(\alpha + \theta)$，注意到 $\alpha$ 是入射角，而 $\alpha + \theta$ 是折射角，这就是折射定律。

对于球面透镜，由于球面的形状是二次曲面的形式，所以平面波经过透镜后，等相位面不再是平面，即波面的形状发生改变。经过中央厚、边缘薄的凸透镜，其波面如图 5.2.2 所示；而经过边缘厚、中央薄的凹透镜，波面则变为图 5.2.3 所示的形状。可以证明，在满足傍轴条件时，上述光波变为会聚或者发散的球面波。

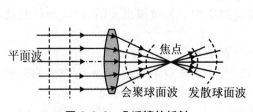

图 5.2.2 凸透镜的折射

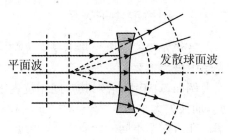

图 5.2.3 凹透镜的折射

图 5.2.4 中,经过平凸透镜,平面波(平行光)从平面一侧入射,会聚到另一侧的焦点 $F$ 处。从不同位置出射的光波,在透镜中所经过的光程是不一样的。在波场中,光程差(optical path difference,OPD)为波长整倍数的两点,相位差是 $2\pi$ 的整倍数。即当 $\Delta L = j\lambda$ 时,$\Delta\varphi = j2\pi$。其振动是相同的。设想将透镜切成许多平行薄片,光在每一片中的光程为波长的整数倍。每一薄片中央是相互平行的平面,外边缘则是球面。在薄片两侧平面上,光波的振幅相等,相位相差 $2\pi$,即光波在薄片两侧平面处的振动完全相同。而边缘部分一侧是平面,另一侧是球面,光波在两侧的相位差取决于球面。所以,图中矩形薄片对折射并无贡献,可以将其去掉,只保留各个薄片边缘上带有球面的圆环部分,然后将这些圆环排放在同一个平面上,成为一个新的透镜。平面光即平行光束经过该透镜后,仍将会聚在原来的焦点上。根据这一原理做成的透镜称为菲涅耳透镜(Fresnel lens),如图 5.2.4 所示。

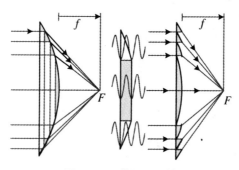

**图 5.2.4　菲涅耳透镜**

早期的菲涅耳透镜都是由一个一个的表面是球面的玻璃圆环组成,主要用于聚光,例如灯塔中的指示灯、舞台用的聚光灯,以及各种探照灯等等。现在往往用压制成型的透明塑料薄片制作菲涅耳透镜,既可用于聚光,也可用于成像,作用与透镜相同,而且成本低、轻薄易用。只是由于受到加工精度的限制,这种透镜的成像质量远远不如完整球面的透镜,不能用于照相机等专门的成像器件中。

细心的读者一定会注意到,菲涅耳透镜违反了费马原理,因为物像之间的光程不再相等,只是相位相等。其实,费马原理是基于光线模型所提出来的,在光的波动模型中,并非处处都能成立。

## 5.2.2　相位的超前与滞后

在光学中,时常要用到诸如**相位超前**(phase advance)或**相位滞后**(phase lag)等说法,这种超前或滞后的含义是什么? 泛泛讨论相位的超前与滞后问题并无意义,下面结合光学中常见的实例对这一问题加以说明。

第一,来自同一波源的光波在波前上不同位置的相位。

如图 5.2.5 所示,点光源 $S$ 发出的光波到达平面波前上两个不同点 $P_1$,$P_2$,由于相应的光程 $L_2 > L_1$,所以这列光波先到达 $P_1$ 点,则 $P_1$ 点的相位比 $P_2$ 点超前 $\Delta\varphi = k\Delta L = 2\pi(L_2 - L_1)/\lambda$。

对于图 5.2.6 所示的平面波,与波矢垂直的 $\Sigma$ 是波面。容易看出,$P_1$ 点的相位比 $P_2$ 点超前,两者之间的光程差为 $\Delta L = \Delta x\sin\theta$,相位差为 $\Delta\varphi = k\Delta L = 2\pi\Delta x\sin\theta/\lambda$。

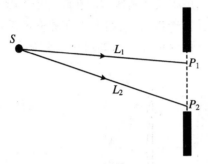

图 5.2.5　球面波相位的超前

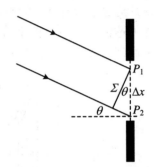

图 5.2.6　平面波相位的超前

第二,来自不同波源的光波在波前上同一点的相位。

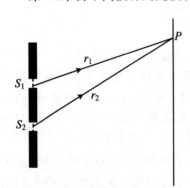

图 5.2.7　来自不同光源光
波相位的超前

如图 5.2.7 所示,从两个等相位的光源 $S_1$,$S_2$ 发出的光波经过不同的光程到达波前上的 $P$ 点。由于相应的光程 $r_2 > r_1$,所以来自 $S_1$ 的波比来自 $S_2$ 点的波相位超前。

第三,两列波的路径相同,但折射率不同。

如图 5.2.8 所示,两列同方向传播的平面波,频率相同,振动方向垂直,通过某种各向异性的介质。电矢量沿 $x$ 方向的光波,在介质中的折射率为 $n_x$,电矢量沿 $y$ 方向的光波,在介质中的折射率为 $n_y$,不妨设 $n_x > n_y$,因而两列波的速度也不同,$v_x < v_y$,所以 $x$ 方向振动的光波,其相位比 $y$ 方向振动的光波滞后。在介质中传播过距离 $d$ 后,前者的光程比后者大 $\Delta L = (n_x - n_y)d$,前者的相位比后者滞后 $\Delta\varphi = k_0\Delta L = 2\pi(n_x - n_y)d/\lambda_0$。其中 $k_0$ 为这两列同频率光波在真空中的波矢大

小,而 $\lambda_0$ 为这两列波在真空中的波长。

可见,可以根据光波传播过程的光程来判断相位的超前或滞后问题。经历的光程大,相位将滞后。由于空间相位的表达式为 $kz$ 或 $kr$,故光程差 $\Delta L$ 所引起的相位差为 $k\Delta L$。而且,如果要比较两列波的相位的话,在本书所采用的波函数表达式 $\psi(P,t) = A(P)\cos[\varphi(P) - \omega t]$ 和复振幅表达式 $\tilde{U}(P) = A(P)\mathrm{e}^{\mathrm{i}\varphi(P)}$ 中,相位大,表示滞后。

在图 5.2.7 中,若 $S_1$ 的相位比 $S_2$ 超前 $\Delta\varphi_0$,两列光到 $P$ 点的光程差为 $\Delta L = r_2 - r_1$。则在 $P$ 点,$S_1$ 发出的光波比 $S_2$ 发出的光波相位超前 $\Delta\varphi = \Delta\varphi_0 + k\Delta L = \Delta\varphi_0 + k(r_2 - r_1)$。按照这种算法,如果 $\Delta\varphi > 0$,说明在 $P$ 点 $S_1$ 发出的光波比 $S_2$ 发出的光波相位超前;若 $\Delta\varphi < 0$,则说明在 $P$ 点 $S_1$ 发出的光波比 $S_2$ 发出的光波相位滞后。

但是,在有些光学书籍中,由于习惯的原因,定态波的表达式往往写作如下形式:

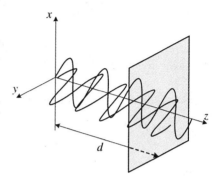

图 5.2.8　速度不同的光波相位的超前

$$U(P,t) = A(P)\cos[\omega t - \varphi(P) + \varphi_0]$$

在这种表达式中,情况则正好相反,相位的数值大表示超前。

## 5.3　球面光波在接收屏上的傍轴条件与远场条件

在实际工作中,往往需要知道光波在一个平面波前上的光强、振动以及相位的分布,即平面上的波前函数,例如成像平面(照相底版)或者探测器表面。通过前面的例子可以看出,在平面波前上,例如接收屏上,平面波的相位函数都是线性的,较为简单;而球面波,或者柱面光波的相位函数都是非线性的,要复杂得多,如图5.3.1所示。所以,往往要研究点光源发出的球面波在平面接收屏上的振幅分布和相位分布。

然而,在满足一定条件时,可以将球面波近似地作为平面波处理,这样可以使问题大为简化。例如,由于地球距离太阳很远,所以在地面上的一个不大的区域

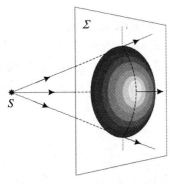

**图 5.3.1　在平面波前上的球面波**

内,将阳光视作平面光并无不妥。以下就讨论在傍轴和远场条件下,如何简化球面波在平面上的波函数。

### 5.3.1　轴上物点的傍轴条件和远场条件

如图 5.3.1 所示,发光的物点在 $Oxyz$ 坐标系的原点,接收屏 $x'y'$ 与物平面 $xy$ 的距离为 $z$,在接收屏上的任一点 $P(x', y')$,记 $\overline{O'P} = \rho, \overline{OP} = r$,则有

$$\rho = \sqrt{x'^2 + y'^2}, \quad r = \sqrt{z^2 + \rho^2}$$

球面波在波前 $x'y', P$ 点的振幅为

$$A(P) = \frac{a_0}{\sqrt{z^2 + \rho^2}} = \frac{a_0}{z\sqrt{1 + \left(\frac{\rho}{z}\right)^2}} = \frac{a_0}{z\left[1 + \frac{1}{2}\left(\frac{\rho}{z}\right)^2 + \cdots\right]}$$

如果满足

$$\rho^2 \ll z^2 \tag{5.3.1}$$

则 $(\rho/z)^2$ 项以及其他高次项可以忽略,从而有

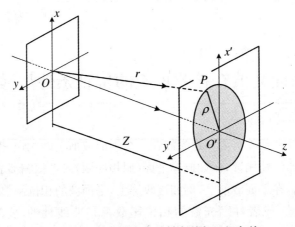

**图 5.3.2　轴上物点的傍轴条件与远场条件**

$$A(P) \approx \frac{a_0}{z} \tag{5.3.2}$$

即在平面波前 $x'y'$ 上,各点的振幅均相等。

$\rho^2 \ll z^2$ 称为**傍轴条件**，或者**近轴条件**。上述近似称作**傍轴近似**（paraxial approximation）。

傍轴条件说明，在平面波前上靠近光轴的一个不大的区域内，球面波的振幅近似为常数。

在这一区域内，相位为

$$\varphi(x', y') = kr = k\sqrt{z^2 + \rho^2} = kz\sqrt{1 + \left(\frac{\rho}{z}\right)^2}$$

$$= kz + \frac{k\rho^2}{2z} + \frac{k\rho^2}{2z}\left(\frac{\rho}{z}\right)^2 + \cdots$$

在傍轴条件下，$(\rho/z)^2 \ll 1$，所以上式中第三项之后的部分都可以忽略，于是有

$$\varphi(x', y') \approx kz + \frac{k\rho^2}{2z} = k\left(z + \frac{x'^2 + y'^2}{2z}\right) \tag{5.3.3}$$

轴上物点发出的球面波在平面波前上的波函数可以简化为

$$\widetilde{U}(x', y') = \frac{a_0}{z}\exp\left[ik\left(z + \frac{x'^2 + y'^2}{2z}\right) + i\varphi_0\right] \tag{5.3.4}$$

如果

$$z \gg \frac{\rho^2}{\lambda} \tag{5.3.5}$$

考虑球面波在波前 $x'y'$ 上的相位

$$\varphi(x', y') = k\sqrt{z^2 + \rho^2} = kz + \frac{k\rho^2}{2z} + \cdots$$

由于 $\rho^2/z \ll \lambda$，故 $k\rho^2/(2z) \ll k\lambda/2 = \pi$，即 $\rho^2/(2z)$ 以及其他高阶小量对相位的贡献可以忽略，此时

$$\varphi(x', y') \approx kz \tag{5.3.6}$$

$z \gg \rho^2/\lambda$ 称为**远场条件**（far field condition）。上述近似称作**远场近似**（far field approximation）。

即在平面波前 $x'y'$ 上，各点的相位均相等。

由于实际中光波的波长总是很小，即 $\lambda \ll z$ 总可满足，所以由远场条件可得

$$\rho^2 \ll \lambda z \ll zz = z^2$$

这就是傍轴条件式(5.3.1)，即远场条件必然包含傍轴条件。

在远场条件下，轴上物点发出的球面波在平面波前上的波函数可以简化为

$$\widetilde{U}(x', y') = \frac{a_0}{z}\exp(ikz + i\varphi_0) \tag{5.3.7}$$

满足远场条件时,在接收屏上,球面波可以作为平面波处理。

例如,设单色点光源发出的球面波的波长 $\lambda$ 为 500 nm,波前的横向宽度 $\rho$ 为 1 mm。实际情况下,只要按 10~100 倍的数量级估算即可,由式(5.3.1),傍轴条件为 $\rho^2 \ll z^2$,取 $z^2 = 50\rho^2$,可得 $z_1 = 7$ mm 即满足傍轴条件。由式(5.3.5),远场条件为 $|z| \gg \rho^2/\lambda$,取 $z = 50\rho^2/\lambda$,可得 $z_2 = 100$ m 即满足远场条件。

### 5.3.2 轴外物点的傍轴条件和远场条件

在 $z = 0$ 的物平面上有一个点光源 $Q(x, y)$,接收屏在平面 $x'y'$ 上,场点为 $P(x', y')$,如图 5.3.3 所示。

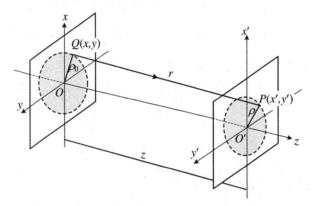

图 5.3.3 轴外物点的傍轴条件和远场条件

点光源 $Q$ 到场点 $P$ 的间距 $\overline{QP}$ 可表示为

$$r = \sqrt{(x - x')^2 + (y - y')^2 + z^2}$$
$$= \sqrt{x^2 + y^2 + z^2 - 2xy - 2x'y' + x'^2 + y'^2}$$

将场点到接收屏中心的距离 $\overline{PQ'}$ 表示为 $\rho = \sqrt{x^2 + y^2}$,则

$$r = \sqrt{x^2 + y^2 + z^2 + \rho^2 - 2xy - 2x'y'}$$
$$= z\sqrt{1 + \frac{x^2 + y^2}{z^2} + \frac{\rho^2}{z^2} - \frac{2xy + 2x'y'}{z}}$$

当物点和场点都满足傍轴条件时,即 $\rho^2 \ll z^2$,$\rho_0^2 \ll z^2$,有

$$r \approx z\left(1 + \frac{x^2 + y^2}{2z^2} + \frac{\rho^2}{2z^2} - \frac{xy + x'y'}{z^2}\right)$$
$$= z + \frac{x^2 + y^2}{2z} + \frac{\rho^2}{2z} - \frac{xy + x'y'}{z}$$

则接收屏上的复振幅为

$$\tilde{U}(x',y') = \frac{a_0}{z}\exp\left[\mathrm{i}k\left(z + \frac{x^2 + y^2}{2z} + \frac{\rho^2}{2z}\right)\right]\exp\left[-\mathrm{i}k\left(\frac{xx' + yy'}{z}\right)\right]$$

$$(5.3.8)$$

点光源的远场条件为 $z \gg \rho_0^2/\lambda$，即 $x^2/\lambda \ll z, y^2/\lambda \ll z$；场点的远场条件为 $z \gg \rho^2/\lambda$，即 $x'^2/\lambda \ll z, y'^2/\lambda \ll z$。

如果点光源 $Q$ 满足远场条件，而场点 $P$ 满足傍轴条件，则式(5.3.8)可化为

$$\tilde{U}(x',y') = \frac{a_0}{z}\exp\left[\mathrm{i}kz\left(1 + \frac{\rho^2}{2z^2}\right)\right]\exp\left[-\mathrm{i}k\left(\frac{xx' + yy'}{z}\right)\right] \quad (5.3.9)$$

如果光源 $Q$ 满足傍轴条件，而同时场点 $P$ 满足远场条件，则式(5.3.8)可化为

$$\tilde{U}(x',y') = \frac{a_0}{z}\exp\left[\mathrm{i}kz\left(1 + \frac{x^2 + y^2}{2z^2}\right)\right]\exp\left[-\mathrm{i}k\left(\frac{xx' + yy'}{z}\right)\right]$$

$$(5.3.10)$$

由于接收屏幕与点光源的相对位置是确定的，所以式中 $x, y, z$ 都是不变量，这样一来，接收屏上的光波可以按平面波处理。

# 5.4　光波的叠加原理

光波场中各点的电场强度都随时间做周期性变化，这种变化称作光矢量的振动或扰动，可以用周期性的函数来描述。虽然电磁场的扰动与机械波的振动机制不同，但是它们所遵循的规律是相同的。

## 5.4.1　光波的独立传播定律

如果两个实物粒子发生碰撞，则它们的运动状态都将改变，都会偏离原来的运动方向。但是，如果两列波相遇，情况将有所不同。

例如，两列水波相遇时，尽管在相互重叠的区域波的状态会有明显的改变，但相遇之后，还能保持各自的状态不变，并继续传播；夜空中两探照灯的光束相遇后，并没有改变光束的方向和强度(图5.4.1)；在交响乐演奏中，我们仍能分辨出乐队中各种乐器发出的不同音调，等等。所有这些事实都告诉我们，波在相遇的过程中和相遇之后，并没有因为彼此之间的相互作用而改变其固有的特征。这就是波的

独立传播定律。

图 5.4.1　光波的相遇

光波的独立传播定律：从不同振源（扰动源）发出的波在空间相遇时，如果振动不十分强烈，各个波将保持各自的特性不变，继续传播，相互之间没有影响。

波的独立传播定律是波动的最基本定律之一，无论对于机械波或电磁波，含义都是相同的。不同的波之间，只要振动不十分强烈，则介质的特性不发生改变，在这种情况下，不同的波列之间就不会相互影响，这一点与我们在力学中所熟悉的实物粒子间的相互作用是不同的（图 5.4.2）。

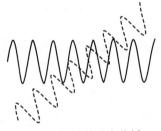

(a) 光波的独立传播

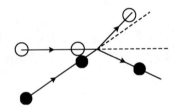

(b) 相互作用的粒子运动状态改变

图 5.4.2　光波的传播

## 5.4.2　光波的叠加原理

不同的波列在相遇的区域，扰动将互相叠加（superposition）。对于机械波，机械振动的叠加遵循力学定律；对于电磁波，是电场强度、磁感应强度的叠加，其叠加的过程将遵循电磁学原理，如图 5.4.3 所示。这种叠加过程可以用波的叠加原理描述。

光波的叠加原理：几列（波列的数目是有限的，或无限但可数的）波在相遇点所引起的总扰动是各列波独自在该点所引起的扰动的矢量叠加（矢量线性叠加）。

机械波、电磁波（包括光波）的叠加都遵循相同的原理，因为机械波、电磁波都是矢量，都按矢量合成的方法进行叠加。

但波的叠加原理只有在一定的条件下才能成立。

成立的条件：在线性介质中，而且振动不是十分强烈时。在振动很强烈时，线性介质会变为非线性的。

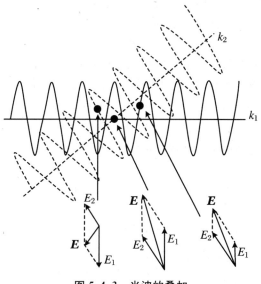

图 5.4.3　光波的叠加

应当注意,波的叠加,不是强度的叠加,也不是振幅的简单相加,而是扰动矢量的叠加。对于光波而言,就是在相遇点处,各列波的电场强度的叠加,磁场强度的叠加。

另外需要指出的是,虽然上述波的叠加原理阐述的是一般性的原理,适用于普遍的情况,但是在光学中往往用来处理分立、有限的几个波列,或无限但可数的波列叠加的情况。

## 5.5　光波的叠加方法

### 5.5.1　代数法

光的叠加,就是振动的叠加,即各列光波的电场强度矢量的叠加。对于没有偏振特性的光波,可以按用标量的方法处理其叠加问题。

如果仅从叠加原理看,光波与机械波和普通电磁波并没有区别,所以,可以直接应用以前的结论讨论光的叠加。

首先讨论同频率、同振动方向的单色光间的叠加。这是一种最简单,也是光学中最常见的情况,可以用一维表达式描述叠加的情况。

设两列波在相遇点的振动表示为

$$\psi_1 = A_1\cos(\varphi_1 - \omega t) \quad \text{和} \quad \psi_2 = A_2\cos(\varphi_2 - \omega t)$$

则合振动的表达式可以通过将上述两振动表达式直接相加得到。这种叠加方法称作**瞬时值法**或**代数法**。从数学上可知,这样的两个振动相加后,仍为简谐振动。即

$$\psi = \psi_1 + \psi_2 = A_1\cos(\varphi_1 - \omega t) + A_2\cos(\varphi_2 - \omega t)$$

$$= (A_1\cos\varphi_1 + A_2\cos\varphi_2)\cos\omega t + (A_1\sin\varphi_1 + A_2\sin\varphi_2)\sin\omega t$$

$$= A(\cos\varphi\cos\omega t + \sin\varphi\sin\omega t) = A\cos(\varphi - \omega t)$$

即合振动为

$$\psi = A\cos(\varphi - \omega t) \tag{5.5.1}$$

其中

$$A^2 = A_1^2 + A_2^2 + 2A_1 A_2\cos(\varphi_2 - \varphi_1) \tag{5.5.2}$$

$$\tan\varphi = \frac{A_1\sin\varphi_1 + A_2\sin\varphi_2}{A_1\cos\varphi_1 + A_2\cos\varphi_2} \tag{5.5.3}$$

### 5.5.2 复数法

如果将上述两列光波的振动用复指数表示,则为

$$\tilde{\psi}_1 = A_1 e^{i(\varphi_1 - \omega t)} = \tilde{U}_1 e^{-i\omega t}, \quad \tilde{\psi}_2 = A_2 e^{i(\varphi_2 - \omega t)} = \tilde{U}_2 e^{-i\omega t}$$

其中 $\tilde{U}_1 = A_1 e^{i\varphi_1}$, $\tilde{U}_2 = A_2 e^{i\varphi_2}$,是两列波在相遇点的复振幅。

上述两列波在相遇点的合振动等于上述两复数相加,这就是**复数法**。合振动的复数表达式为

$$\tilde{\psi} = \tilde{\psi}_1 + \tilde{\psi}_2 = A_1 e^{i(\varphi_1 - \omega t)} + A_2 e^{i(\varphi_2 - \omega t)}$$

$$= (A_1 e^{i\varphi_1} + A_2 e^{i\varphi_2})e^{-i\omega t} = (\tilde{U}_1 + \tilde{U}_2)e^{-i\omega t} = \tilde{U}e^{-i\omega t}$$

合振动的复振幅为

$$\tilde{U} = \tilde{U}_1 + \tilde{U}_2 = A_1 e^{i\varphi_1} + A_2 e^{i\varphi_2} = Ae^{i\varphi}$$

由复数的运算法则,可得 $A^2$ 及 $\varphi$ 的表达式,与式(5.5.2)和式(5.5.3)相同。

即合振动的复振幅等于两列光波的复振幅的和,就是将两列波的复振幅直接相加。

### 5.5.3 振幅矢量法

复振幅 $\tilde{U}_1 = A_1 e^{i\varphi_1}$, $\tilde{U}_2 = e^{i\varphi_2}$ 都是复数,可以用复平面上的矢量表示,如图

5.5.1所示。求 $\tilde{U} = \tilde{U}_1 + \tilde{U}_2$，就是求复数 $\tilde{U}_1,\tilde{U}_2$ 所对应的两个矢量的和，即 $\tilde{U}$ 可以按照矢量求和的方法得到，这种方法称作**振幅矢量法**。

这种方法比较直观，特别是对于多列波的叠加，处理起来更加方便。如果求

$$\tilde{U} = \sum_{j=1}^{n} \tilde{U}_j$$

其中 $\tilde{U}_j = A_j e^{i\varphi_j}$，可以按 $\varphi_1 - \varphi_2$ 让各个矢量依次首尾相接，相邻两矢量 $\tilde{U}_j,\tilde{U}_{j+1}$ 之间的夹角就是它们之间的相位差 $\Delta\varphi_{j+1,j} = \varphi_{j+1} - \varphi_j$，如图 5.5.2 所示。合振动的

振幅 $\tilde{U}$ 所对应的矢量从第一矢量的起点指向最后一个矢量的终点。

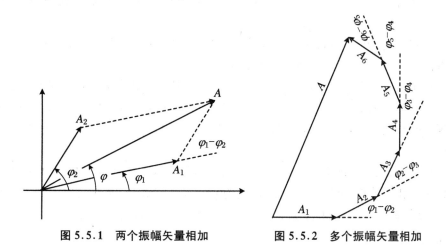

图 5.5.1　两个振幅矢量相加　　　图 5.5.2　多个振幅矢量相加

# 5.6　光波的叠加强度

## 5.6.1　光波叠加的特点

光波的数学表达式、光波的叠加原理和叠加方法与其他类型的矢量波，例如机械波和无线电波，并没有区别。但是，叠加的结果却大不相同。例如一般的机械波或电磁波叠加时，很容易观察到由于叠加而引起的干涉现象。即在一列波的波峰与另一列波的波谷相遇的地方，振动相互抵消，这一点合振动的振幅最小；而在两

列波的波峰与波峰(或波谷与波谷)相遇处,振动加强,合振动的振幅最大。叠加的结果,使得波场中某些地方振动增强(即合振动的振幅增大),而某些地方振动减弱(即合振动的振幅减小),波场的能量由于波的叠加而重新分布,这就是所谓的波的干涉。

我们可以用肉眼直接观察到机械波的波动过程,以及它们之间的干涉,例如水波的干涉。对于无线电波,也可以借助简单的仪器观察到电磁振荡及其相互干涉的过程。例如在示波器上可以观察到交流电信号的波形,以及由于它们叠加所产生的各种物理图像,这就是利萨如图形(Lissajou figures)。从波动的角度看,虽然光与机械波和普通电磁振荡没有本质的区别,但是,却几乎无法观察到普通光源之间的干涉,例如,无论是两盏灯发出的光,或是两只蜡烛发出的光,都没有明显的干涉。

也就是说,第一,我们无法直接观察或测量光波电矢量周期性变化的情况;第二,普通的光也无法产生干涉。这到底是为什么?

对于第一点,是比较容易理解的。光的波长在 $400 \sim 760$ nm,其频率约是 $10^{14}$ Hz,这样短的变化周期,不仅比人眼的响应时间要短得多,也比普通电子仪器的响应时间短得多,所以,我们无法直接感受到光的振动情况,即光矢量周期变化的情况。

对于第二点,干涉的结果,表现为叠加后波场振幅的变化,两列波在相遇点,如果相位是相同或相近的,则引起的合振动的振幅就变大,因而强度增大;如果相位相反,则合振动的振幅就要减小,因而强度也要变弱。普通的光不能产生干涉,说明光波之间的相位有着某种特殊性。

能够产生干涉现象的波是相干的。普通的光源之间不能产生干涉,说明它们之间是不相干的。

发光是由于原子、分子的跃迁或热运动的结果。一方面,任何光源中都包含有大量的发光的原子、分子(称作发光中心),例如,凝聚态物质(固体、液体)中原子的密度约为 $10^{23}$ 个/$cm^3$,即使其中发光中心仅仅占十亿分之一,也多达 $10^{14}$ 个/$cm^3$,无论是跃迁发光还是热运动发光,在同一时刻,从光源中所发出的光波的数量都是极大的。

另一方面,发光的过程是无法控制的。这一点与机械波和无线电波的区别尤其明显。音叉等物体做机械振动就能产生机械波,电子在振荡回路中运动就能产生无线电波,因而机械波、无线电波产生的过程都是可以调控的,可以非常容易地使波源稳定持续地振荡,从而获得稳定持续的波列。而无论原子跃迁还是热运动,都是无规的随机的过程,因而所发出的光波也是无规的随机的。

综上,对于实际的光源,任何时刻都会发出大量的毫无关联的光波,在光波场中的任何一点,这些光波的相位都是随机的。

## 5.6.2　光波的相干叠加与非相干叠加

正如前面所指出的,由于测量仪器的响应时间比光波的扰动周期大许多,光强的测量值实际上是光波的能流密度在一定时间内(即仪器响应时间内)积累强度的平均值。设观察时间或仪器响应时间为 $\tau(\tau \gg T)$,则光强场点某处的光强为

$$I = \frac{1}{\tau}\int_0^\tau A^2 \mathrm{d}t \tag{5.6.1}$$

**1. 定态光波的叠加强度**

根据前面推导的结果,两列振动方向相同、频率相同的单色光可以表示为

$$\psi_1(P,t) = A_1(P)\cos[\varphi_1(P) - \omega t], \quad \psi_2(P,t) = A_2(P)\cos[\varphi_2(P) - \omega t]$$

按照光的叠加原理,这两列光波在场点 $P$ 所引起的合振动为

$$\psi(P,t) = \psi_1(P,t) + \psi_2(P,t) = A(P)\cos[\varphi(P) - \omega t]$$

合振动的振幅由以下关系确定:

$$A^2(P) = A_1^2(P) + A_2^2(P) + 2A_1(P)A_2(P)\cos[\varphi_2(P) - \varphi_1(P)]$$

以上诸式中的符号 $P$ 表示空间某一点,即所谓的“场点”,式中特意将振幅、相位写作 $A(P)$ 和 $\varphi(P)$ 的形式,主要为了表明两列波是在相遇点 $P$ 进行叠加的,而且在不同的场点,两列波的振幅 $A_1(P)$, $A_2(P)$,相位 $\varphi_1(P)$, $\varphi_2(P)$,以及相位差 $\Delta\varphi(P) = \varphi_2(P) - \varphi_1(P)$ 都是不尽相同的,如图 5.6.1 和图 5.6.2 所示。

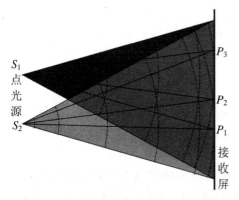

**图 5.6.1　两列球面波在接收屏上的叠加**

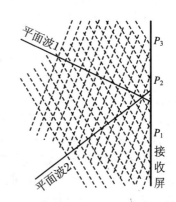

**图 5.6.2　两列平面波在接收屏上的叠加**

上述两列光叠加后的强度可以表示为

$$I(P) = \frac{1}{\tau}\int_0^\tau A^2 \mathrm{d}t$$

$$= \frac{1}{\tau}\int_0^\tau [A_1^2 + A_2^2 + 2A_1A_2\cos(\varphi_2 - \varphi_1)]\mathrm{d}t \qquad (5.6.2)$$

既然 $\psi_1$ 和 $\psi_2$ 都是定态光波,则振幅 $A_1(P),A_2(P)$,相位 $\varphi_1(P),\varphi_2(P)$,以及相位 $\Delta\varphi(P) = \varphi_2(P) - \varphi_1(P)$ 都是稳定的,与时间无关,因而光的强度为

$$I(P) = A_1^2 + A_2^2 + 2A_1A_2\cos\Delta\varphi \qquad (5.6.3)$$

或者以光强表示为

$$I(P) = I_1 + I_2 + 2\sqrt{I_1I_2}\cos[\Delta\varphi(P)] \qquad (5.6.4)$$

从式(5.6.3)或式(5.6.4)可以看出,一般情况下,$I \neq I_1 + I_2$。

实际上,对于定态光波而言,相位差 $\Delta\varphi(P) = \varphi_2(P) - \varphi_1(P)$ 是由空间的位置决定的。在空间不同的位置,两列波有不同的相位差,叠加后,由于 $2A_1A_2\cos\Delta\varphi$ 取不同的值,将会有不同的强度,即在光波的重叠区域,光强变得不均匀了,有些地方光强变大,比其中每一列光单独产生的强度的和还要大;而另一些地方光强减弱。因而光场中出现了明暗交错的情况,即出现干涉现象,这时在波场中就会出现干涉图样,或称作**干涉花样**(interference pattern),而 $2A_1A_2\cos\Delta\varphi$ 称为**干涉项**(interference term)。

由于干涉项与时间无关,故干涉图样是稳定的。

可见,频率相同,而且振动方向相同的定态光波必然会产生干涉。

(1) 当 $\Delta\varphi = 2j\pi$ 时,$\cos\Delta\varphi = 1$,

$$I = A_1^2 + A_2^2 + 2A_1A_2 = (A_1 + A_2)^2 > I_1 + I_2 \qquad (5.6.5)$$

光强取最大值,称作**相长干涉**(constructive interference)。

(2) 当 $\Delta\varphi = (2j+1)\pi$ 时,$\cos\Delta\varphi = -1$,

$$I = A_1^2 + A_2^2 - 2A_1A_2 = (A_1 - A_2)^2 < I_1 + I_2 \qquad (5.6.6)$$

光强取最小值,称作**相消干涉**(destructive interference)。

即两列波在空间相遇,如果有固定的相位差,便会出现干涉现象,使得光的能量重新分布。

能够产生干涉的光,称为**相干光**(coherent light)。相干光之间叠加产生干涉,这种叠加称作**相干叠加**(coherent superposition)。

**2. 实际光源所发出光波的叠加**

正如前面所指出的,频率相同、有相同振动方向的定态光波必定是相干的。不仅仅是对于光波,我们很容易观察到机械波、无线电波的干涉,就是因为我们可以通过控制波源而获得满足相干条件的机械波、无线电波。然而,光波的干涉却并不

容易观察到,即使是完全同类的光源,也不能观察到它们之间所形成的干涉。也正是因为如此,惠更斯、牛顿这样的天才才不得不进行长期的争论。

实际的光波之间不相干,当然是由于光辐射的特点有别于机械波或无线电波。前面已经指出,无论是跃迁辐射还是热辐射,都是大量原子无规的、随机的过程,所产生的波列也是大量的、随机的、无规的,对于这样的过程,我们不妨以两种方式看待。

(1) 认为每个光源发出的是一列光波,但光波的相位是随机的。

这样一来,每个光源发出的光波就不是定态的,在波场中任一点的相位 $\varphi_1(P, t)$,$\varphi_2(P, t)$ 都随时间迅速变化(之所以说"迅速变化",是因为光波的时间频率高达 $10^{14}$ Hz),因而它们的相位差 $\Delta\varphi = \varphi_2 - \varphi_1$ 就不是稳定值,而是随时间做无规、随机的改变。在这种情况下,由于 $\cos\Delta\varphi$ 在 $(-1, +1)$ 范围内随机取值,则有 $\int_0^\tau \cos\Delta\varphi \mathrm{d}t = 0$,于是得到

$$I = A_1^2 + A_2^2 = I_1 + I_2$$

这是两列光的强度简单相加,相加的结果,使得光波重叠的区域具有相等、均匀的强度,就是我们通常观察到的现象。在这种情况下,两列光之间是没有干涉的。或者说,由于这两列光波之间的相位是没有关联的,故它们是**非相干光**(incoherent light)。

(2) 认为每个光源在任一时刻都发出大量的光波,每一列光波都是定态的。

可以认为每次跃迁,或每个做热运动的原子或分子的每次状态改变都发出一列波,这列波的持续时间很短,但在很短的时间内,仍然可以将其看作是定态的。由于在波场中任何一点,这些波列的相位是随机的。正如图 5.6.3 所示,不多的几列波叠加后,空间中可以形成显著的明暗分布;但是,大量的光波叠加后,任一点的强度都将变得均匀,原因是任意两列波之间的相位差是随机的,因而叠加后,这些干涉项都相互抵消了,结果仅仅是各列波强度的相加,即 $I = \sum_{i=1}^\infty I_i$,不会出现干涉。

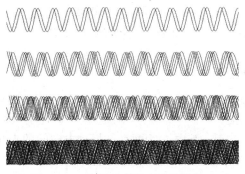

**图 5.6.3 大量无关联光波的叠加**

这种叠加过程其实是由于大量光波相位的随机性造成的,叠加的结果,使得波场中各处合振动的振幅都是均匀的,因而光强也是均匀的,不会出现干涉。实际光源所形成的光波场都是这样的。

非相干光之间的叠加不会产生干涉,这种叠加称作**非相干叠加**(incoherent superposition)。非相干叠加,就是各列光的强度直接相加。

### 5.6.3 振动方向相互垂直的光波的叠加

若两列光波的电矢量(即电场强度)相互垂直,则磁矢量(即磁场强度)也相互垂直。从而可以将这两列波的电场强度和磁场强度分别表示为 $E_{1x}$,$H_{1y}$ 和 $E_{2y}$,$H_{2x}$。由于光强为能流密度的平均值,用坡印廷矢量表示,第一列光波的强度为 $I_1 = \langle |S_1| \rangle = \langle |E_{1x} \times H_{1y}| \rangle$,第二列光波的强度为 $I_2 = \langle |S_2| \rangle = \langle |E_{2x} \times H_{2y}| \rangle$。叠加后,总的电场强度为 $E = E_{1x} + E_{2y}$,总的磁场强度为 $H = H_{1y} + H_{2x}$。则合振动的能流密度,即坡印廷矢量为

$$S = E \times H = (E_{1x} + E_{2y}) \times (H_{1y} + H_{2x})$$
$$= E_{1x} \times H_{1y} + E_{1x} \times H_{2x} + E_{2y} \times H_{1y} + E_{2y} \times H_{2x}$$
$$= E_{1x} \times H_{1y} + E_{2y} \times H_{2x} = S_1 + S_2$$

其中 $S_1$、$S_2$ 分别为两列波各自的能流密度。因而合振动的光强为

$$I = \langle |S| \rangle = \langle |S_1 + S_2| \rangle = \langle |S_1| \rangle + \langle |S_2| \rangle = I_1 + I_2$$

在这种情况下,两列波叠加后的光强就是它们各自光强的简单相加,因而不会出现干涉现象。所以,振动方向相互垂直的光波是非相干的。

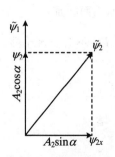

图 5.6.4 电矢量的
正交分解

如果两列光波电矢量的振动既不平行,也不垂直,则可将其中一列波的振动矢量(电矢量)正交分解,分解后的两个分量分别平行和垂直于另一个振动矢量,如图 5.6.4 所示,然后再进行叠加。设振动矢量 $\psi_1$ 沿 $y$ 方向,将 $\psi_2$ 正交分解,即得到

$$\psi = \psi_1 + \psi_2 = (\psi_1 + \psi_{2y})e_y + \psi_{2x}e_x$$

光强为

$$I = A_1^2 + A_{2y}^2 + 2A_1A_{2y}\cos\Delta\varphi + A_{2x}^2$$
$$= I_1 + I_2 + 2A_1A_2\cos\alpha\cos\Delta\varphi$$

其中 $\alpha$ 为两列波振动方向间的夹角,$\Delta\varphi = \varphi_2 - \varphi_1$ 为两列波的相位差。由于干涉项 $2A_1A_2\cos\alpha\cos\Delta\varphi$ 的存在,所以这两列光波也能产生干涉。

## 5.6.4　不同频率光波的叠加

从数学上看,频率不同的两余弦函数相加,其结果不能化简为一个简谐函数,即两列不同频率的单色波(定态光波)叠加,其结果不再是定态光波。下面通过一个简单的例子对此加以说明。

考虑振动方向相同、传播方向相同、振幅相同,而频率不同的两列波,即

$$\psi_1 = A_0\cos(k_1 z - \omega_1 t)　和　\psi_2 = A_0\cos(k_2 z - \omega_2 t)$$

它们在空间某一点的合振动为

$$\begin{aligned}
\psi &= \psi_1 + \psi_2 \\
&= 2A_0\cos\frac{(k_1 + k_2)z - (\omega_1 + \omega_2)t}{2}\cos\frac{(k_1 - k_2)z - (\omega_1 - \omega_2)t}{2} \\
&= 2A_0\cos(k_m z - \omega_m t)\cos(\bar{k}z - \bar{\omega}t) \qquad (5.6.7)
\end{aligned}$$

其中

$$\bar{k} = \frac{k_1 + k_2}{2},\quad \bar{\omega} = \frac{\omega_1 + \omega_2}{2},\quad k_m = \frac{k_1 - k_2}{2},\quad \omega_m = \frac{\omega_1 - \omega_2}{2}$$

显然,$k_m < \bar{k}$,$\omega_m < \bar{\omega}$,即 $\cos(k_m z - \omega_m t)$ 随时间和空间的变化都比 $\cos(\bar{k}z - \bar{\omega}t)$ 慢。

如果将 $2A_0\cos(k_m z - \omega_m t)$ 看作是简谐部分 $\cos(\bar{k}z - \bar{\omega}t)$ 的振幅,则由于该振幅随时间振荡,所以,合成后的光波场不再是定态的,如图 5.6.5 所示。

但是,如果这两列波的频率(波长)相差不大,即 $\bar{\omega} \approx \omega_1 \approx \omega_2$,$\bar{k} \approx k_1 \approx k_2$,则 $\omega_m \ll \bar{\omega}$,$k_m \ll \bar{k}$,于是,波场 $2A_0\cos(k_m z - \omega_m t)\cos(\bar{k}z - \bar{\omega}t)$ 就相当于缓慢变化的因子 $\cos(k_m z - \omega_m t)$ 对 $\cos(\bar{k}z - \bar{\omega}t)$ 的振幅起调制作用,或者频率为 $\bar{\omega}$ 的波的振幅较缓慢地随时间变化,如图 5.6.6 所示。

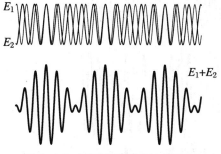

图 5.6.5　不同频率的光波的叠加

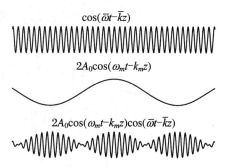

图 5.6.6　振幅调制

由于 $\omega_m, k_m$ 很小,故测量光强时,可以得到光强数值随时间的变化。根据上面的分析,可得到光强

$$I = 4A_0^2 \cos^2(\omega_m t - k_m z) = 2A_0^2[1 + \cos2(\omega_m t - k_m z)] \quad (5.6.8)$$

叠加之后,光波场在空间的强度分布随时间变化,并不是一个稳定的干涉场,这就是**光学拍**(optical beat)。拍频(beat frequency)为 $2\omega_m = \omega_1 - \omega_2$,就是波场中某一点光强变化的时间频率。

上述推导过程中,为了得到简单的解析表达式,假设两列光波的振幅相等。实际上,只要两列波的波长不等,叠加后一定会形成光学拍。如图 5.6.7 所示,设某

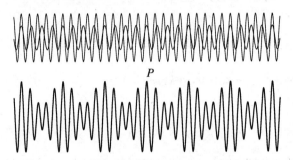

图 5.6.7 两列频率、振幅均不等的光波的叠加

一瞬间,这两列波在空间点 $P$ 同相位,则该点合振动的振幅最大,从 $P$ 点向前、向后的各点,由于相位不同甚至相反,则合振动振幅逐渐减小。如果记波长 $\lambda_1$ 和 $\lambda_2$ 的最小公倍数为 $\lambda_m$,则在距离 $P$ 点等于 $n\lambda_m$ 处的各点,两列波的相位又相同,合振动的振幅又会出现极大值。结果同样也能形成光学拍。从一般意义上看,无论参与叠加的光波数目如何,只要各列波的波长 $\lambda_i$ 都取分立的、确定的数值,则 $\lambda_1$, $\lambda_2, \cdots, \lambda_i, \cdots$ 一定有最小公倍数 $\lambda_m$,都可以形成光学拍,如图 5.6.8 所示。

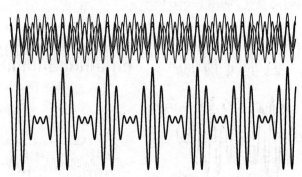

图 5.6.8 三列频率、振幅均不等的光波的叠加

于是可以得到以下结论：

(1) 不同频率的光是不相干的；

(2) 频率相近的单色光叠加形成光学拍；

(3) 不同频率的定态光波叠加得到非定态光。

### 5.6.5　光的相干条件

结合 5.6.2～5.6.4 小节中讨论的结果，可以得到结论，只有满足下列条件的光才是相干光：

(1) $\Delta\varphi$ 稳定；

(2) $\omega$ 相同；

(3) 存在相互平行的振动分量。

上述三个条件称作**相干条件**。

重新考察 5.6.3 小节中的例子。当两列波叠加时，如果振动矢量间有一夹角，则叠加后的振动

$$\boldsymbol{\psi} = \boldsymbol{\psi}_1 + \boldsymbol{\psi}_2 = (\psi_1 + \psi_{2y})\boldsymbol{e}_y + \psi_{2x}\boldsymbol{e}_x$$

光强为

$$I = A_1^2 + A_{2y}^2 + 2A_1A_{2y}\cos\Delta\varphi + A_{2x}^2 = I_1 + I_2 + 2A_1A_2\cos\alpha\cos\Delta\varphi$$

由于光强表达式中含有干涉项 $2A_1A_2\cos\alpha\cos\Delta\varphi$，这两列波也是相干的。实际上，上式中 $\psi_1$ 与 $\psi_{2y}$ 进行相干叠加，$\psi_2$ 在 $x$ 方向的分量 $\psi_{2y}$ 没有参与干涉，这一部分的强度 $A_{2x}^2$ 只是作为干涉后的背景出现在总的强度中。

# 5.7　波包与群速度

一列单色波可以用复数表示为 $\tilde{U}(z, t) = a(z)\mathrm{e}^{\mathrm{i}(kz-\omega t)}$，其中与时间无关的部分，即 $a(z)\mathrm{e}^{\mathrm{i}kz}$ 就是这列波的复振幅。而非单色光（即波长连续分布的复色光）中包含有不同波长的光，实际上是波长不同的一系列单色波的叠加，叠加的结果将会形成**波群**（wave group）。

如果非单色光由一系列波长不等的波列组成，其中第 $j$ 列波的振动记为 $\tilde{U}_j(z, \lambda_j, t)$，则按照光波的叠加原理，合振动可表示为

$$\tilde{U}(z, t) = \sum_j \tilde{U}_j(z, \lambda_j, t)$$

这里讨论波长连续分布的非单色光,则上述求和变为积分,即

$$\tilde{U}(z,t) = \int_0^\infty \tilde{U}(z,\lambda,t)\mathrm{d}\lambda = \int_0^\infty a(z,\lambda)\mathrm{e}^{\mathrm{i}(kz-\omega t)}\mathrm{d}\lambda \qquad (5.7.1)$$

其中 $a(z,\lambda)$ 为非单色光中波长为 $\lambda$ 附近的单位波长间隔内的光波成分在空间 $z$ 点的振幅,也就是常说的振幅的谱密度。由于 $\lambda = 2\pi/k$,对波长 $\lambda$ 的积分也可以化为对波矢大小 $k$ 的积分,即

$$\tilde{U}(z,t) = \int_0^\infty \tilde{U}(z,k,t)\mathrm{d}\lambda = \int_0^\infty a(z,k)\mathrm{e}^{\mathrm{i}(kz-\omega t)}\mathrm{d}k \qquad (5.7.2)$$

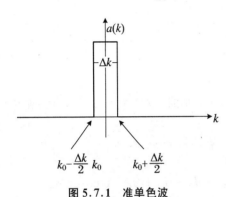

图 5.7.1　准单色波

设波矢的分布范围为 $k_0 \pm \Delta k/2$。为计算简单,可以假设其中的各个单色成分有相等的振幅,如图 5.7.1 所示,即振幅可表示为

$$a(z,k) = \frac{A}{\Delta k} \qquad (5.7.3)$$

假设非单色波的波长范围 $\Delta\lambda$ 或 $\Delta k$ 相当有限,即 $\Delta\lambda \ll \lambda_0$,或 $\Delta k \gg k_0$,这称作**准单色波**(quasi-monochromatic light)。由于准单色波的波长范围很小,可以将 $\omega = \omega(k)$ 用泰勒公式展开,并取到一阶近似,则有

$$\omega(k) = \omega(k_0) + \left(\frac{\mathrm{d}\omega}{\mathrm{d}k}\right)_{k_0}(k-k_0) = \omega(k_0) + v_\mathrm{g}(k-k_0)$$

其中 $(\mathrm{d}\omega/\mathrm{d}k)_{k_0} = v_\mathrm{g}$,从而可得到

$$\begin{aligned}
kz - \omega t &= kz - [\omega(k_0) + v_\mathrm{g}(k-k_0)]t \\
&= (k-k_0)z - v_\mathrm{g}(k-k_0)t + k_0 z - \omega(k_0)t
\end{aligned}$$

积分式(5.7.2)化为

$$\tilde{U}(z,t) = \frac{A}{\Delta k}\int_{k_0-\frac{\Delta k}{2}}^{k_0+\frac{\Delta k}{2}} \mathrm{e}^{\mathrm{i}[(k-k_0)z-v_\mathrm{g}(k-k_0)t]}\mathrm{e}^{\mathrm{i}[k_0 z-\omega(k_0)t]}\mathrm{d}k$$

记 $\omega(k_0) = \omega_0$,并作积分变量的代换 $k - k_0 = k'$,则有

$$\tilde{U}(z,t) = \frac{A}{\Delta k}\left[\int_{-\frac{\Delta k}{2}}^{\frac{\Delta k}{2}} \mathrm{e}^{\mathrm{i}k'(z-v_\mathrm{g}t)}\mathrm{d}k\right]\mathrm{e}^{\mathrm{i}(k_0 z-\omega_0 t)} = \frac{A}{\Delta k}\frac{\mathrm{e}^{\mathrm{i}\Delta k/(z-v_\mathrm{g}t)2} - \mathrm{e}^{-\mathrm{i}\Delta k(z-v_\mathrm{g}t)/2}}{\mathrm{i}(z-v_\mathrm{g}t)}\mathrm{e}^{\mathrm{i}(k_0 z-\omega_0 t)}$$

$$= \frac{A}{\Delta k}\frac{2\mathrm{i}\sin\frac{\Delta k}{2}(z-v_\mathrm{g}t)}{\mathrm{i}(z-v_\mathrm{g}t)}\mathrm{e}^{\mathrm{i}(k_0 z-\omega_0 t)} = A\frac{\sin\frac{\Delta k}{2}(z-v_\mathrm{g}t)}{\frac{\Delta k}{2}(z-v_\mathrm{g}t)}\mathrm{e}^{\mathrm{i}(k_0 z-\omega_0 t)}$$

上述有一定波长分布范围的准单色波叠加的结果,是具有不同频率的两部分的乘积:高频部分的角频率为 $\omega(k_0)$,波矢大小为 $k_0$;低频部分的角频率为 $v_g\Delta k/2$,波矢大小为 $\Delta k/2$。叠加的结果也可以用图 5.7.2 表示。

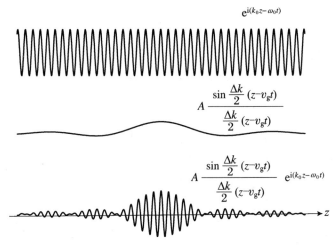

**图 5.7.2　准单色波的叠加**

由于低频部分变化缓慢,可以将其并入振幅部分,则总的效果相当于波矢大小为 $k_0$、频率为 $\omega(k_0)$、振幅为 $A\dfrac{\sin(\Delta k/2)(z-v_g t)}{(\Delta k/2)(z-v_g t)}$ 的波,即

$$\widetilde{U}(z,t)=\left[A\frac{\sin\Delta k/2(z-v_g t)}{\Delta k/2(z-v_g t)}\right]e^{i(k_0 z-\omega_0 t)} \qquad (5.7.4)$$

由于振幅在空间是振荡衰减的,实际上,合成波的有效部分只是图 5.7.2 中的中央部分,这一部分是主极大;而其余部分由于振幅小得多,所产生的效应不明显。这样,不同频率的波叠加的结果,就形成了一个在空间传播的**波包**。在时刻 $t$,其主极大值的位置为 $z_0=v_g t$,以速度 $v$ 在空间传播。相邻极小值的位置由 $\Delta k(z_{\pm1}-v_g t)/2=\pi$ 决定,即 $z_{\pm1}=v_g t\pm2\pi/\Delta k$。

波包的大小就是上述主极大的有效分布区域,通常取 $z_{+1}-z_{-1}$ 长度的一半。可以算得

$$L_0=\frac{z_{+1}-z_{-1}}{2}=\frac{2\pi}{\Delta k}=\frac{\lambda^2}{\Delta\lambda} \qquad (5.7.5)$$

这就是波包的大小,或非单色波列叠加后的有效长度。

如果将式(5.7.5)中的波长用频率代替,则由于 $\dfrac{\lambda^2}{\Delta\lambda}=\dfrac{\lambda^2\nu^2}{\Delta\nu c}=\dfrac{c}{\Delta\nu}$,波包的有效

长度也可以表示为

$$L_0 = \frac{c}{\Delta \nu} \tag{5.7.8}$$

波包的速度就是中央主极大传播的速度,为

$$v_g = \frac{d\omega}{dk} \tag{5.7.9}$$

$v_g$ 就是准单色光叠加之后所形成的波群或波包传播的速度,称为**群速度**。

而其中每一个单色成分 $\tilde{U}(z,k,t) = a(z,k)e^{i(kz-\omega t)}$,独自传播的速度为

$$v_p = \frac{\omega}{k} \tag{5.7.10}$$

这是该成分振动传播的速度,也就是相位传播的速度,称为**相速度**。

由于 $\omega = 2\pi/\nu = 2\pi v_p/\lambda = k v_p$,所以有

$$v_g = \frac{d\omega}{dk} = \frac{d(k v_p)}{dk} = v_p + k\frac{d v_p}{dk}$$

而

$$dk = d\left(\frac{2\pi}{\lambda}\right) = -\frac{2\pi}{\lambda^2}d\lambda = -\frac{k}{\lambda}d\lambda$$

最后得到

$$v_g = v_p - \lambda\frac{d v_p}{d\lambda} \tag{5.7.11}$$

其中 $d v_p/d\lambda$ 反映的是介质中单色光速度随波长的变化关系。实际上,由于介质中的光速与折射率 $n$ 有关,即 $v_p = c/n$,所以 $d v_p/d\lambda$ 是色散关系。

由于在真空中没有色散,$d v_p/d\lambda = 0$,故 $v_g = v_p$,即光波的群速度和相速度相等。

由于理想的单色波是无限长的波列,是定态光波,故波场中各点的强度等物理量总是保持不变的,即单色波列不含有任何信息,即实际上无法测量单色波的相速度。但是,由于在真空中,光波没有色散,所以准单色波的群速度与其中每一波长成分的相速度相等。真空中的光速 $c$ 其实就是光的相速度,也是准单色波的群速度,是一个不变的数值。

但是,在介质中,光出现色散,$d v_p/d\lambda \neq 0$,因而 $v_g \neq v_p$。

如果 $d v_p/d\lambda > 0$,则 $v_g < v_p$;如果 $d v_p/d\lambda < 0$,则 $v_g > v_p$。通常情况下,由于短波的折射率较大,所以 $d v_p/d\lambda > 0$,$v_g < v_p$,即群速度小于相速度。

由于非单色波的能量主要集中在波包中,故波包的群速度就是波所携带的能量传播的速度,也就是实验上测得的波的速度。严格的单色波实际上是不存在的,而介质通常都是有色散的,所以在介质中测量所得到的光速都是群速度。只有在真空中,由于 $v_g = v_p$,测得的光速才与相速度相等。目前公认的光速的数值是 1983 年第 17 届国际计量大会通过的,其值为

$$c = 299\ 792\ 458\ \text{m/s}$$

就是真空中准单色光的群速度。

# 习　题　5

1. 有一束波长为 $\lambda$ 的平行光,其波矢与坐标轴的夹角分别为 $\alpha, \beta, \gamma$,已知 $\alpha = 30°, \beta = 75°$。

(1) 写出这列波的波函数 $U(x, y, z)$,可设振幅为 $A$,原点相位为 0;

(2) 写出其波前函数 $U(x, y)$;

(3) 若方向角 $\beta$ 改为 $\beta_1 = 90°, \beta_2 = 150°$,分别求其波前函数 $U_1(x, y), U_2(x, y)$。

2. 如图所示,一平面简谐波沿 $x$ 方向传播,波长为 $\lambda$,设 $x = 0$ 的点的相位 $\varphi_0 = 0$。

(1) 写出沿 $x$ 轴波的相位分布 $\varphi(x)$;

(2) 写出沿 $y$ 轴波的相位分布 $\varphi(y)$;

(3) 写出沿 $r$ 方向波的相位分布 $\varphi(r)$。

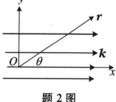

**题 2 图**

3. 如图所示,一平面简谐波沿 $r$ 方向传播,波长为 $\lambda$,设 $r = 0$ 的点的相位为 $\varphi_0$。

(1) 写出沿 $r$ 方向波的相位分布 $\varphi(r)$;

(2) 写出沿 $x$ 轴波的相位分布 $\varphi(x)$;

(3) 写出沿 $y$ 轴波的相位分布 $\varphi(y)$。

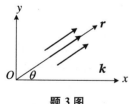

**题 3 图**

4. 一个顶角 $\alpha$ 很小的三棱镜(光楔)的折射率为 $n$,可以使光线发生折射,如图所示。计算表明,平行光(平面波)入射时,经光楔后,方向偏转 $\delta = (n-1)\alpha$;当发出球面波的单色点光源 $S$ 距离光楔 $l$ 时,从另一侧看到光源 $S'$ 位于 $S$ 的正上方 $h = (n-1)\alpha l$ 处。分别计算平面波入射和球面波入射时在光楔右侧距离 $s$ 处平面 $\Sigma$ 上的波前函数。

5. 一单色物点置于凸透镜物方(左侧)2 倍焦距处,计算该物点发出的光波经透镜后,在像方(右侧)会聚点前、后 1 倍焦距处平面 $\Sigma_1$ 和 $\Sigma_2$ 上的波前函数。(认为透镜的孔径很小,

光波满足傍轴条件。可设会聚点处的初相位为 0。)

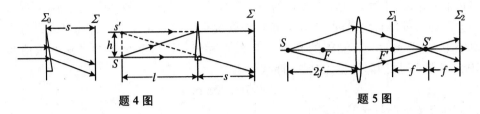

**题 4 图**　　　　　　　　　　　　　　**题 5 图**

6. 一列单色波在折射率为 $n$ 的介质中由 $A$ 点传播到 $B$ 点,其相位改变了 $2\pi$,问光程改变了多少? 从 $A$ 到 $B$ 的路程是多少?

7. 频率为 $6\times10^{14}$ Hz,相速度为 $3\times10^8$ m/s 的光波,在传播方向上相位差为 $60°$ 的任意两点之间的最短距离是多少?

8. 钠黄光(钠原子的 D 双线)的波长分别为 $\lambda_1 = 589.0$ nm,$\lambda_2 = 589.6$ nm,设 $t=0$ 时刻两列波的波峰在原点 $z=0$ 处重合。求:

(1) 在传播路径上的哪些位置两列波的波峰还能重合?

(2) 经过多长时间,两列波的波峰又可以在原点重合?

9. 波长为 404.7 nm 的蓝光在重火石玻璃中的折射率为 1.682,而波长为 766.5 nm 的红光在重火石玻璃中的折射率为 1.636。分别求出它们在这种玻璃中的波长以及相速度。如果这两种光在玻璃中的某一点相位相同,经过多少距离后,有 $\pi$ 的相位差? 这时哪种光的相位超前?

10. 在波前 $xy$ 平面上,分别出现了以下的波前函数的相位:

$$\tilde{U}_1 \propto \exp\left(\mathrm{i}5k\,\frac{x^2+y^2}{D}\right), \quad \tilde{U}_2 \propto \exp\left(-\mathrm{i}k\,\frac{x^2+y^2}{2D}\right)$$

$$\tilde{U}_3 \propto \exp\left(\mathrm{i}4k\,\frac{x^2+y^2}{2D}\right)\cdot\exp\left(-\mathrm{i}4k\,\frac{5x+8y}{2D}\right)$$

其中 $k$ 为波数,$D>0$。请根据这些波前函数,判断波场的类型和特征。

11. (1) 从太阳上的一点发出的球面光波到达地球,估算在地面上一个多大的范围内,可以作为平面波处理。(已知太阳距地球 $1.8\times10^8$ km,对于其所发出的可见光中心波长 550 nm 的光波而言。)

(2) 月亮上一点发出的球面波到地球上,估算在地面上一个多大的范围内,可以作为平面波处理。(已知月亮距地球 $3.8\times10^5$ km,对于其所发出的可见光中心波长 550 nm 的光波而言。)

12. 一射电源距地面高度约 300 km,向地面发射波长 20 cm 的微波,接收器的孔径为 2 m。问这种情况下,是否满足远场条件?

13. 一平面波的复振幅表达式为 $\tilde{U}(P) = A\exp\left[\mathrm{i}k\left(\frac{1}{\sqrt{14}}x + \frac{2}{\sqrt{14}}y + \frac{3}{\sqrt{14}}z\right)\right]$。试求

这列平面波的传播方向。

14. 一平面波的复振幅为 $\widetilde{E}(P) = A\exp\left[-\mathrm{i}\dfrac{k}{5}(3x-4z)\right]$。试求波的方向,并写出在 $xy$ 平面上的相位。

15. 设两列单色光波在空间某一点的振动分别为 $E_1 = 4\cos\left(2\pi\times10^{15}t\right)$ 和 $E_2 = 6\cos\left(2\pi\times10^{15}t+\dfrac{\pi}{6}\right)$。求该点的合振动。

16. 四列同方向振动的单色波在 $P$ 点的振动分别为

$$E_1 = 5\cos(2\pi\times10^{14}t),\quad E_2 = 5\cos\left(2\pi\times10^{14}t+\frac{\pi}{6}\right)$$

$$E_3 = 5\cos\left(2\pi\times10^{14}t+\frac{\pi}{3}\right),\quad E_4 = 5\cos\left(2\pi\times10^{14}t+\frac{\pi}{2}\right)$$

计算该点的合振幅及初相位。

17. 如图所示,从 $S_1$ 和 $S_2$ 各发出波长为 10 m 的电磁波,在彼此靠近的两个点 $P_1$ 和 $P_2$ 测得电磁波的强度分别为 9 W/m² 和 16 W/m²,若 $\overline{S_1P_1} = 2\,560$ m,$\overline{S_1P_2} = 2\,450$ m,$\overline{S_2P_1} = 3\,000$ m,$\overline{S_2P_2} = 2\,555$ m。问 $S_1$ 和 $S_2$ 处电磁波的强度为多少?(设两列波从 $S_1$ 和 $S_2$ 发出时同相位,忽略电磁波振幅随距离的衰减,可以不考虑这些波的电矢量间的夹角。)

18. 如图所示,两列波长为 500 nm 的单色波传过 100 cm 的距离,由 $A$ 到达 $B$ 处,其中一列波穿过盛水的玻璃杯,玻璃杯壁厚 0.5 cm,内壁间距 10 cm。设两列波在 $A$ 同相位,求在 $B$ 处的相位差。(已知玻璃和水的折射率分别为 1.52 和 1.33。)

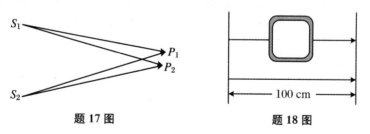

题 17 图　　　　　题 18 图

19. 求两列波 $E_1 = A\cos(kz-\omega t)$,$E_2 = -A\cos(kz-\omega t)$ 的合振动。

20. 用振幅矢量法证明:

$$3\cos(kz-\omega t) + 4\sin(kz-\omega t) = 5\cos(kz-\omega t+\Delta\varphi)$$

并确定 $\Delta\varphi$ 的值。

21. 一列驻波的表达式为 $E = 100\sin\dfrac{2}{3}z\cos(5\pi t)$,找出可以合成这种驻波的两列单色波。

22. 载有信号的波列 $E = A(1+a\cos\omega_m t)\cos\omega_c t$ 是频率为 $\omega_c$ 的单色波,振幅被频率为 $\omega_m$ 的单色波调制。证明:这列载波是频率为 $\omega_c$,$\omega_c+\omega_m$ 和 $\omega_c-\omega_m$ 的三列单色波叠加的结

果。

23. 真空中有两列单色波沿 $z$ 方向传播：

$$E_1 = A\cos 2\pi\left(\nu t - \frac{z}{\lambda}\right), \quad E_2 = A\cos 2\pi\left[(\nu + \Delta\nu)t - \frac{z}{\lambda - \Delta\lambda}\right]$$

其中 $\Delta\nu = 3\times 10^8$ Hz。试求这两列波叠加所形成的波的振幅、强度变化的空间周期。

24. 对于光波，证明：

$$\frac{1}{v_g} = \frac{n}{c} + \frac{\omega}{c}\frac{\mathrm{d}n}{\mathrm{d}\omega}$$

25. 在液体表面下，比波长大很多的深度中传播的表面波的相速度为 $v_P = \sqrt{\dfrac{g\lambda}{2\pi} + \dfrac{2\pi\gamma}{\rho\lambda}}$，其中 $\gamma$ 为液体的表面张力，$\rho$ 为液体的密度。计算在长波极限下，一个脉冲（准单色波）的群速度。

26. 证明：$v_g = \dfrac{c}{n} + \dfrac{\lambda c}{n^2}\dfrac{\mathrm{d}n}{\mathrm{d}\lambda}$。

27. 一列波在周期性结构中传播，其频率 $\omega = 2\omega_0\sin(kl/2)$。求出这列波的相速度和群速度的表达式。

27. 设等离子体中，电磁波的色散关系为 $\omega^2 = \omega_P^2 + c^2 k^2$，其中 $\omega_P$ 为常数。求出相速度和群速度的表达式，并证明：$v_p v_g = c^2$。

28. 激光出现之前，单色性最好的光源是氪同位素[86]Kr 放电管发出的波长为 605.7 nm 的红光，其波列长约 700 mm。求其波长分布范围和频率分布范围。

29. 测量二硫化碳的折射率的实验数据如下：波长为 589.0 nm 时，折射率为 1.629；波长为 656.0 nm 时，折射率为 1.620。求波长为 589.9 nm 时，光波在其中的相速度、群速度以及群速折射率。

# 第6章 光的干涉与干涉装置

## 6.1 杨氏干涉与相干光的获得

### 6.1.1 实验装置

1801年,托马斯·杨(Thomas Young,1773~1829)成功地进行了光的双缝干涉实验,第一次以直接的实验事实证明了光的波动性。

杨氏干涉的实验装置可以用图6.1.1表示,其中最关键的部分是在光源和接收屏之间的一个带双缝(或双孔)的挡板;而单缝屏的作用是限制光源的空间尺度,从而获得较清晰的干涉花样。

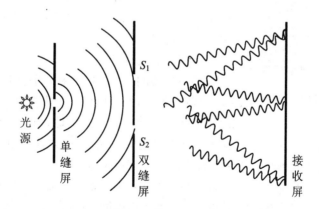

**图6.1.1　杨氏干涉实验中分光波示意图**

双缝屏上的两条狭缝间隔很小,而接收屏到双缝屏的距离较大。利用这样的装置,就可以在接收屏上观察到明暗交错的干涉条纹。图6.1.2是钠灯的D线

($\lambda = 589$ nm)的双缝干涉条纹(其中 $d$ 为双缝间隔)。

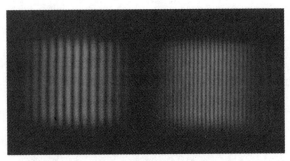

**图 6.1.2　钠灯 D 黄线的双缝干涉花样**
左:$d = 0.250$ mm;右:$d = 0.500$ mm

在托马斯·杨成功观察到光的干涉现象之前,关于光的本质有两种相反的观

点——以惠更斯为代表的波动说和以牛顿为代表的微粒说。要判断光是否具有波动性,最直接的方法就是观察光之间是否有类似于机械波的干涉现象。机械波的干涉现象是很容易观察到的,最常见的事实就是向水中投两个石子,则可以看到激发出的两列波在水中传播和干涉的情况,图 6.1.3 就是在波纹槽中两列水波的干涉花样。根据这样的思路,如果光是一种波动的话,那么,从两个光源发出的两列光一旦相遇也能够产生类似的结果。但是,在托马斯·杨之前,从来没有关于这样的光的干涉现象的记录。

人们不禁要问:惠更斯、牛顿、胡克(Robert Hooke,1635～1792)等等,都是取得了巨大成就的物理学家,而

**图 6.1.3　水波的干涉花样**

双缝干涉实验的装置和方法又是如此简单,为什么他们就没有想到用这种方法进行验证以解决争论呢? 或者说,为什么争论了将近百年之后才由托马斯·杨想到了用这种方式使光进行干涉?

光的干涉不像水波的干涉那样容易产生,当然是由于光的频率的特殊性以及光源的发光机制的特殊性。正如本书前面所指出的,发光是原子、分子跃迁或热运动的结果,而任何实际的光源中,参与发光的原子、分子数目是巨大的,而这些原子、分子的发光过程又是随机的,所以,从波动的观点看,任何实际光源在任一时刻都发出大量的、相位随机的光波。所以,即使两个相同的光源,也不能仅仅发出两列光波,而是发出大量不相干的光波,当然无法形成干涉。

而杨氏的双缝,就是一种可以获得两列相干光波的装置。

## 6.1.2　杨氏干涉的物理过程

经过双缝的光波,被分成了两部分,这两部分在相遇点按照光的叠加原理进行叠加,于是就形成了干涉。令人不解的是,为什么两个同样的光源不能产生干涉,而这样的双缝就能产生干涉。实际上,杨氏干涉中包含了两种不同的叠加过程。

**1. 同一列光波之间的相干叠加**

从光源发出无穷多列光波,其中的每一列经过双缝 $S_1$ 和 $S_2$ 都分成了两部分。例如所有入射波中的第 $i$ 列光波 $U_i$,经双缝后分出的两列光波分别记为第 $i_1$ 列 $U_{i1}$ 和第 $i_2$ 列 $U_{i2}$。$U_{i1}$ 和 $U_{i2}$ 来自同一列波 $U_i$,所以具有相同的频率和振动方向,在接收屏上的相遇点,两列光波的相位差也是固定的,是与时间无关的稳定值。在图 6.1.4 所示的情形下,它们之间的光程差为

$$\Delta L_i = (l_{i1} + r_{i1}) - (l_{i2} + r_{i2}) = (l_{i1} - l_{i2}) + (r_{i1} - r_{i2})$$
$$= \Delta L_i(S) + \Delta L_i(P)$$

其中 $\Delta L_i(S) = l_{i1} - l_{i2}$ 是由于光源的位置所产生的光程差,$\Delta L_i(P) = r_{i1} - r_{i2}$ 是由于接收屏上不同的相遇点所产生的光程差。

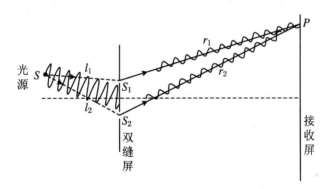

**图 6.1.4　双缝干涉中两列光波的光程差**

这两列波在接收屏上 $P$ 点的相位差为

$$\Delta\varphi_i(P) = k\Delta L_i = \frac{2\pi}{\lambda}\big[\Delta L_i(S) + \Delta L_i(P)\big]$$

由于 $U_{i1}$ 和 $U_{i2}$ 是相干的,在接收屏上 $P$ 点叠加的强度为

$$I_i = A_{i1}^2 + A_{i2}^2 + 2A_{i1}A_{i2}\cos\Delta\varphi_i \tag{6.1.1}$$

其中 $A_{i1}$,$A_{i2}$ 分别是在场点 $P$ 处 $U_{i1}$,$U_{i2}$ 的振幅。

式(6.1.1)所表示的是两列相干光 $U_{i1}$ 和 $U_{i2}$ 之间的相干叠加。

**2. 不同波列之间的非相干叠加**

如前所述,相干叠加发生于同一列波分出的两个成分之间。但干涉过程中,总是有无穷多列波同时到达接收屏上的 $P$ 点,那么,这些波列之间又是如何叠加的呢?

毫无疑问,每一列波都被双缝分成了相干的两部分,经过双缝的所有到达 $P$ 点的光波都将进行叠加。由于不同波列是不相干的,所以在 $P$ 点,只是按照强度进行叠加,即 $I = \sum\limits_{i=1}^{N} I_i$。

将 $I_i$ 的表达式带入,可以得到

$$I = \sum_{i=1}^{N} I_i = \sum_{i=1}^{N} (A_{i1}^2 + A_{i2}^2 + 2A_{i1}A_{i2}\cos\Delta\varphi_i) \tag{6.1.2}$$

在式(6.1.2)中,尽管有干涉项 $\sum\limits_{i=1}^{N} 2A_{i1}A_{i2}\cos\Delta\varphi_i$,但是,这也仅仅是来自同一列光波的两个部分之间的干涉,不同的波列之间,例如 $U_{i1}$ 和 $U_{j2}$ 之间并没有干涉。所以式(6.1.2)所表示的是一种非相干叠加的过程。

由图 6.1.4 可以看出,在同一个装置中,从很小的光源 $S$ 经过双缝到 $P$ 点的两条路径,对于所有的光波,光程差都是相同的,则所有经过双缝分出的两部分的相位差 $\Delta\varphi_i$ 也相同,记 $\Delta\varphi_i = \Delta\varphi$,于是有

$$I = \sum_{i=1}^{N} (A_{i1}^2 + A_{i2}^2) + 2\cos\Delta\varphi \sum_{i=1}^{N} A_{i1}A_{i2} \tag{6.1.3}$$

式中的干涉项 $2\cos\Delta\varphi \sum\limits_{i=1}^{N} A_{i1}A_{i2}$ 并未由于多列光波之间相位差的随机性而抵消,而是一个由光源 $S$ 的位置和观察点 $P$ 的位置所决定的固定值,因而可以形成干涉。

式(6.1.2)和式(6.1.3)所表示的就是每列波各自干涉后所形成的干涉花样的强度的叠加。结果使得接收屏上的亮条纹的强度更强而已。

## 6.1.3 相干光的获得

在图 6.1.1 所示的杨氏干涉装置中,可以将光源后面的单狭缝看作是很细的缝光源或线光源,发出的每一列光波到达双缝,然后被分成两部分,或者,双缝可以看作是两个新的线光源。但是,由于这两个光源所发出的光波都是从一列光波中分出来的,故是相干的,即双缝是两个相干的光源。

杨氏干涉实验给人们最重要的启示就是光波的特殊性以及获得相干光的方

法。只有从同一列光波中分出的两个或几个部分之间才是相干的,而任何两个实际的光源都是不相干的。或者换用一种更强调光的特性的说法:一列光波只与它自己相干。

对于实际的光源,要想得到相干光,只有一种方法,就是采用分光波的装置,设法将一个原子所发出的一列光波分为几部分,这几部分光波由于来自同一列光波,所以具有相同的频率、固定的相位差,而且存在相互平行的振动分量,就是相干的。这就是干涉的物理本质。

2002 年,美国科学杂志《物理世界》发表了根据读者投票所评出的前十个"最美的物理实验",其中托马斯·杨的双缝干涉实验排在第五位,而位列第一的是电子的双缝干涉实验。电子双缝干涉实验的物理基础是电子的波粒二象性,在 20 世纪 20 年代,玻恩、薛定谔等人就是基于这个实验中电子不同量子态之间的干涉(就是一个电子自己与自己的干涉)而建立了量子力学中波动力学的理论体系,而电子的干涉实验的思想就是来源于光的干涉实验。需要指出的是,当时,他们并没有去做这样的实验,甚至根本就没想过要做这样的实验,真正的实验是在 1961 年由德国图宾根大学的约恩逊(Claus Jönsson)首先做成的,但"想象的实验"并没有影响量子力学的建立和取得的巨大成功。

## 6.1.4　杨氏干涉花样

### 1. 双孔干涉

双孔可视作两个相干的点光源 $S_1$, $S_2$,各自发出球面波,设它们的初相位分别为 $\varphi_{01}$ 和 $\varphi_{02}$。如图 6.1.5 所示,在场点 $P$,这两列波的光程差为

$$\Delta L = n_2 r_2 - n_1 r_1$$

其中 $n_2 r_2$, $n_1 r_1$ 为光程,则 $n_2 r_2 - n_1 r_1$ 就是两列光波的**光程差**,记作

$$\Delta L = n_2 r_2 - n_1 r_1 \qquad (6.1.4)$$

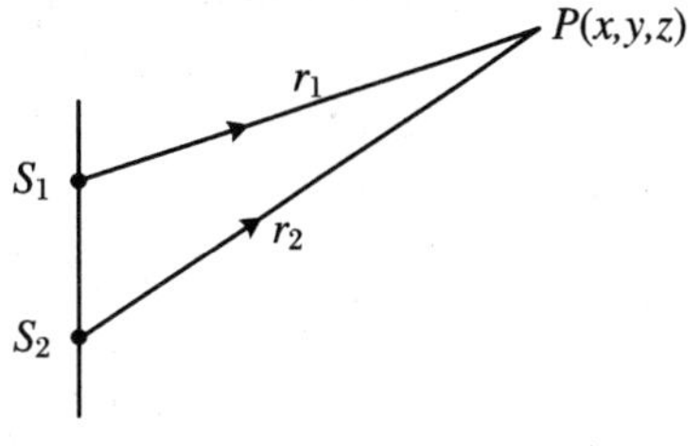

相位差为

$$\Delta \varphi = k \Delta L + \varphi_{02} - \varphi_{01}$$

$$= \frac{2\pi}{\lambda}(n_2 r_2 - n_1 r_1) + \Delta \varphi_0 \qquad (6.1.5)$$

如果是在真空中,$n_2 = n_1 = 1$,则

$$\Delta L = r_2 - r_1, \quad \Delta \varphi = \frac{2\pi}{\lambda}(r_2 - r_1) + \Delta \varphi_0$$

图 6.1.5　点光源到场点 $P$ 的光程

于是干涉的光强为

$$I = A_1^2 + A_2^2 + 2A_1A_2\cos\Delta\varphi = A_1^2 + A_2^2 + 2A_1A_2\cos\left[\frac{2\pi}{\lambda}(r_2 - r_1) + \Delta\varphi_0\right]$$

由于空间各处的光程差不等,在干涉场中会出现明暗交错的干涉条纹 (interference fringe)。

不妨设 $\Delta\varphi_0 = 0$,在满足 $2\pi(r_2 - r_1)/\lambda = 2j\pi$ 处,干涉相长,出现亮条纹,即

$$\Delta L = r_2 - r_1 = j\lambda \qquad (6.1.6)$$

其中 $j = 0$,$\pm 1$,$\pm 2$,$\cdots$,称作**干涉级数**(order of interference)。

在满足 $2\pi(r_2 - r_1)/\lambda = (2j + 1)\pi$ 处,干涉相消,出现暗条纹,即

$$\Delta L = r_2 - r_1 = (2j + 1)\frac{\lambda}{2} \qquad (6.1.7)$$

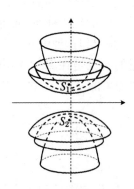

**图 6.1.6 亮条纹的双叶旋转双曲面族**

由式(6.1.6)和式(6.1.7)可知,亮条纹和暗条纹在空间形成一系列的双叶旋转双曲面,或者称作双叶旋转双曲面族,如图 6.1.6 所示。在竖直方向的平面接收屏上为一组双叶双曲线;在水平方向的平面接收屏上是一系列圆环;当接收屏倾斜放置时,也可以得到椭圆环,都呈明暗交错分布。干涉条纹为非定域的,因为在空间各处均可见到。

下面讨论满足傍轴条件时,干涉花样的强度分布特征。

如图 6.1.7 所示,对于距离为 $d$ 的两个点光源 $S_1$ 和 $S_2$ 的干涉,光源 $S_1$ 到接收屏上 $P$ 点的光程为 $r_1 = \sqrt{(x - x')^2 + (y - y')^2 + (z - z')^2}$。由于 $z = 0$,$z' = D$,故有

$$r_1 = \sqrt{x^2 + y^2 + x'^2 + y'^2 + D^2 - 2(xx' + yy')}$$

$$= D\sqrt{1 + \frac{x^2 + y^2}{D^2} + \frac{x'^2 + y'^2}{D^2} - \frac{2(xx' + yy')}{D^2}}$$

光源和场点都满足傍轴条件,即 $x^2 + y^2 \ll D^2$,$x'^2 + y'^2 \ll D^2$,则上式可化为

$$r_1 \approx D + \frac{x^2 + y^2}{2D} + \frac{x'^2 + y'^2}{2D} - \frac{xx' + yy'}{D}$$

注意到 $x = d/2$,$y = 0$,则

$$r_1 = D + \frac{(d/2)^2 + x'^2 + y'^2}{2D} - \frac{d}{2D}x'$$

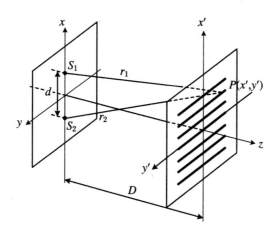

**图 6.1.7　傍轴条件下的双孔干涉**

同样可得光源 $S_2$ 到接收屏上 $P$ 点的光程为

$$r_2 = D + \frac{(d/2)^2 + x'^2 + y'^2}{2D} + \frac{d}{2D}x'$$

则两个点光源 $S_1$ 和 $S_2$ 发出的光波在接收屏 $x'y'$ 上的波前函数分别为

$$\widetilde{U}_1(x', y') = \frac{a}{D}\exp\left\{ik\left[D + \frac{(d/2)^2 + x'^2 + y'^2}{2D}\right]\right\}\exp\left(\frac{-ikd}{2D}x'\right)$$

$$\widetilde{U}_2(x', y') = \frac{a}{D}\exp\left\{ik\left[D + \frac{(d/2)^2 + x'^2 + y'^2}{2D}\right]\right\}\exp\left(\frac{ikd}{2D}x'\right)$$

合成的复振幅为

$$\begin{aligned}
\widetilde{U}(x', y') &= \widetilde{U}_1(x', y') + \widetilde{U}_2(x', y')\\
&= \frac{a}{D}\exp\left\{ik\left[D + \frac{(d/2)^2 + x'^2 + y'^2}{2D}\right]\right\}\left[\exp\left(\frac{-ikd}{2D}x'\right) + \exp\left(\frac{ikd}{2D}x'\right)\right]\\
&= \frac{2a}{D}\exp\left\{ik\left[D + \frac{(d/2)^2 + x'^2 + y'^2}{2D}\right]\right\}\cos\left(\frac{kd}{2D}x'\right)
\end{aligned}\qquad(6.1.8)$$

强度分布为

$$I = \left(\frac{2a}{D}\right)^2\cos^2\left(\frac{kd}{2D}x'\right) = 4\left(\frac{A}{D}\right)^2\cos^2\left(\frac{kd}{2D}x'\right) = 4I_0\cos^2\left(\frac{kd}{2D}x'\right)\quad(6.1.9)$$

其中

$$I_0 = \left(\frac{a}{D}\right)^2\qquad(6.1.10)$$

为从一个孔中出射的球面光波满足傍轴条件时在接收屏上的强度。

式(6.1.9)说明,在接收屏上一个不大的区域内,干涉花样是一系列等间隔的平行直条纹(图6.1.8)。亮条纹的中心位置由 $kdx'/(2D) = j\pi$ 决定,即

$$x'_j = j\frac{D}{d}\lambda \tag{6.1.11}$$

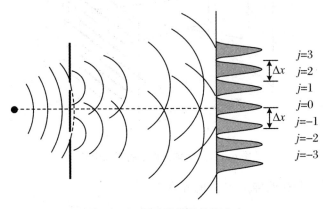

图6.1.8 杨氏干涉的光强分布

暗条纹的中心位置 $kdx'/(2D) = (j + 1/2)\pi$ 决定,从中心数起第 $j$ 条暗纹的位置为

$$x' = \left(j \pm \frac{1}{2}\right)\frac{D}{d}\lambda \tag{6.1.12}$$

请注意,亮条纹的零级在干涉装置的中心处,而暗条纹如果也要对称分布的话,应该有

$$x' = \left(j - \frac{1}{2}\right)\frac{D}{d}\lambda \ (j = 1,2,\cdots), \quad x' = \left(j + \frac{1}{2}\right)\frac{D}{d}\lambda \ (j = -1, -2,\cdots)$$

相邻亮(暗)条纹的间距由 $kd\Delta x'/(2D) = \pi$ 决定,有

$$\Delta x' = \frac{D}{d}\lambda \tag{6.1.13}$$

### 2. 双缝干涉

如果将两个点光源沿着相互平行的直线扩展,就得到了两个线光源,两条平行的透光狭缝就是这种情形。此时,干涉场中不同 $y$ 值处的复振幅相等,因而在接收屏上得到一系列相互平行的直条纹,明暗交错。满足傍轴条件时,亮条纹的位置、暗条纹的位置、亮(暗)条纹间距分别由式(6.1.11)~式(6.1.13)决定。

与双孔干涉不同的是,由于缝可以使更多的光透过,故干涉花样要比双孔明显得多,而且在接收屏上傍轴区域内,双缝干涉的条纹是一系列等间隔的平行直条

纹,沿着缝的方向可以延伸得较长。图 6.1.9 分别表示单色光和白光的杨氏双缝干涉花样。白光中含有不同的波长成分,所以不同波长的同一干涉级在屏上的不同位置,但由于零级亮纹的光程差为零,与波长无关,所以不同波长的零级亮纹在屏上的同一位置,这也是确定杨氏干涉零级位置的一种方法。

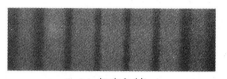
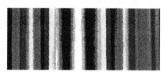

(a) 红光入射　　　　　　　　　　　(b) 白光入射

**图 6.1.9　红光和白光的杨氏双缝干涉**

【例 6.1】　杨氏双缝干涉装置中,接收屏到双缝的距离 $D = 4$ m,双缝间距 $d = 1$ mm。

(1) 对于 $\lambda = 500$ nm 的光,计算接收屏上干涉条纹的间隔。

(2) 如光源和接收屏之间充满折射率为 $n$ 的介质,屏上的干涉条纹有何变化?

(3) 如果 $t = 5.00\ \mu$m 的云母片($n = 1.58$)覆盖在下狭缝处,讨论干涉条纹变化的情况。

(4) 如果入射光的波长范围是 $\lambda_0 \sim \lambda_0 + \Delta\lambda$,讨论屏上干涉条纹的情况。

【解】　(1) 屏上相邻条纹的间隔

$$\Delta x' = \frac{D\lambda}{d} = \frac{4 \times 10^3}{1} \times 500 \times 10^{-6} = 2(\text{mm})$$

(2) 如光源和接收屏之间充满介质,光的波长变为 $\lambda/n$,第 $j$ 级亮条纹的位置为

$$x'_j = j\frac{D}{d}\frac{\lambda}{n}$$

则条纹间距为

$$\Delta x' = \frac{D}{d}\frac{\lambda}{n}$$

(3) 在 $S_2$ 后面插入云母片之后,则所有来自 $S_2$ 的光波到达接收屏所经历的光程为

$$\overline{S_2 P} = r_2 - t + nt = r_2 + (n-1)t$$

相对于原来的装置,接收屏上 $P$ 点处的光程差增加了 $\delta L = (n-1)t$,此处干涉条纹的级数也增大。但在接收屏上两列光波的波长没有改变,所以条纹间隔不变,只是整体向下移动。

在接收屏上，相邻条纹的光程差的改变是一个波长，则 $\delta L$ 为波长的多少倍，某一根干涉条纹就移动了多少个条纹间隔。因而

$$\frac{\delta L}{\lambda} = \frac{(n-1)t}{\lambda} = \frac{(1.58-1) \times 5.00 \times 10^3}{500} = 5.8$$

即每一根条纹都向下移动 6.8 个条纹间隔，为 11.6 mm。

或者换用另一种方法，计算接收屏上 $j$ 级亮条纹的位置。

两列光的光程差

$$\Delta L = r_2 - r_1 + (n-1)t$$

如图 6.1.10 所示，用直线连接双缝中心点 $A$ 与场点 $P$，记光程 $\overline{AP} = r_0$，作 $AP$ 的垂线 $S_1B_1$ 和 $AB_2$。由于满足傍轴条件，$r_1 \gg \overline{S_1B_1}$，$r_2 \gg \overline{AB_2}$，所以 $r_0 - r_1 \approx \overline{AB_1}$，$r_2 - r_0 \approx \overline{S_2B_2}$。光程差

$$r_2 - r_1 \approx \overline{AB_1} + \overline{S_2B_2} = \frac{d}{2}\sin\theta + \frac{d}{2}\sin\theta = d\sin\theta = x'\frac{d}{D}$$

于是 $j$ 级亮纹满足

$$x'_j\frac{d}{D} + (n-1)t = j\lambda$$

$$x'_j = j\frac{D}{d}\lambda - (n-1)t\frac{D}{d} = j\Delta x' - \frac{(n-1)t}{\lambda}\Delta x'$$

其中 $j\Delta x'$ 为原来 $j$ 级亮纹的位置，而 $-(n-1)t\Delta x'/\lambda$ 为由于附加光程差 $\delta L$ 所导致的亮条纹移动的距离。结果与前面的算法相同。

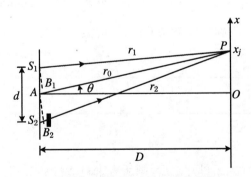

**图 6.1.10　双缝干涉光程差的计算**

（4）当入射光为非单色光时，除了零级亮纹，在接收屏上不同波长的同一级亮纹不重合，一方面会产生彩色的条纹，另一方面也会由于亮纹的扩散而暗纹消失，在接收屏上难以观察到明显的条纹。

# 6.2 分波前的干涉装置

按照光的相干性的要求及光源的特点,一列光只有和它自身才是相干的。所以,干涉装置,就是要设法将一列波分解为相干的几个部分,然后才能进行相干叠加。

将光波进行分解的方法有许多种,其中一种就是在光波场中的一个波列上取两个或几个点,如图 6.2.1 所示,将这些点作为新的光源,这些新光源可以取在一列波(平面波、球面波等)的波面上,即等相位面上,但一般情况下,不容易也不必要这样做,只要这些新光源处在同一列波上即可。由于光场中的任意一个面都称作波前,我们可以将这些光源所在的面,可能是平面,也可能是曲面,看作一个波前,那么,这种将波前分解,然后获得相干光的装置就称作"**分波前的干涉装置**"(wavefront-splitting interferometer)。杨氏双孔或双缝干涉就是最典型的分波前的干涉装置。

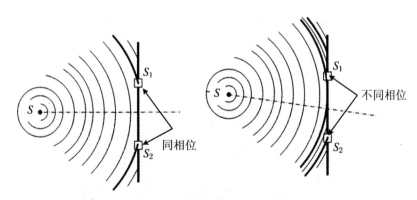

**图 6.2.1 分波前的干涉装置**

## 6.2.1 菲涅耳双棱镜

将两个完全相同的三棱镜(实际上是顶角很小的光楔)的底面相对,黏合起来,就组成了一个双棱镜。从光源 $S$ 发出的光经棱镜折射后,就相当于是从两个虚像

点 $S_1$ 和 $S_2$ 射过来的,在重叠区域产生干涉,如图 6.2.2 所示,这种装置称作**菲涅耳双棱镜**(Fresnel biprism)。实际上,并不需要先做好两块一模一样的棱镜再将其黏合,而是用一块薄的等腰三棱镜即可。

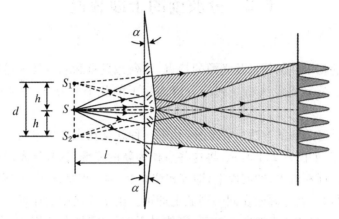

**图 6.2.2　菲涅耳双棱镜:球面波的干涉**

在图 6.2.2 所示的单个点光源的情形中,光源经过上下两棱镜所成的两个像分别是 $S_1$ 和 $S_2$,这两个像是虚像,虚像相对于 $S$ 在竖直方向上下各移动了 $h = (n-1)\alpha l$,其中 $l$ 为 $S$ 到棱镜的距离。与杨氏干涉相比,就相当于双缝间隔为 $d = 2(n-1)\alpha l$。其干涉花样与杨氏双缝干涉相同(图 6.2.3),但是由于进入干涉场的光通量比杨氏双缝要大得多,故干涉条纹的可见度要大得多。

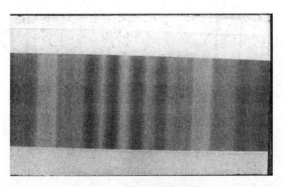

**图 6.2.3　菲涅耳双棱镜花样**

如果是平行光(平面波)入射,经过棱镜的折射仍然是平行光,但从上下棱镜出射的光波,其方向相对于入射光各偏转了 $\mp\theta$,成了两列相干的平面波,在这两列波的重叠区域就会产生干涉,如图 6.2.4 所示。

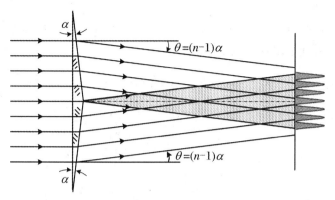

**图 6.2.4　菲涅耳双棱镜:平面波的干涉**

　　设棱镜的顶角为 $\alpha$,玻璃的折射率为 $n$,如图 6.2.5 所示,由于 $\sin i = n\sin\alpha$, 而 $\alpha$ 是小角,$\sin i = n\sin\alpha \approx n\alpha$,故折射光的倾角 $\theta = i - \alpha = (n-1)\alpha$。因此,这是两列平行光(平面波)之间的干涉。

　　对于平面波,由于可以认为其光源在无穷远处,所以讨论干涉问题时,不能根据光程差计算两列波叠加时的相位差。但是,由于在平面波前上,平面波的相位分布表达式非常简单,所以,可以直接根据相位差讨论干涉条纹的分布,通过下面的例题说明这一方法。

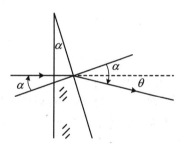

**图 6.2.5　平面波的偏转角**

　　**【例 6.2】**　设有两列相干的平面光波,振幅分别为 $A_1$ 和 $A_2$,波矢与直角坐标轴的夹角分别为 $(\alpha_1, \beta_1, \gamma_1)$ 和 $(\alpha_2, \beta_2, \gamma_2)$。试讨论这两列波在平面接收屏上干涉条纹的特征。

　　**【解】**　取接收屏所在的平面为 $xy$ 平面,在该波前上,平面波的相位为 $\varphi(x, y) = \boldsymbol{k} \cdot \boldsymbol{r}$。而

$$\boldsymbol{k} = k(\cos\alpha\, \boldsymbol{e}_x + \cos\beta\, \boldsymbol{e}_y + \cos\gamma\, \boldsymbol{e}_z), \quad \boldsymbol{r} = x\boldsymbol{e}_x + y\boldsymbol{e}_y$$

于是

$$\varphi_1(x, y) = k(\cos\alpha_1 x + \cos\beta_1 y) + \varphi_{10}$$

$$\varphi_2(x, y) = k(\cos\alpha_2 x + \cos\beta_2 y) + \varphi_{20}$$

其中 $\varphi_{10}, \varphi_{20}$ 分别为两列波在接收屏中心处 $(0,0)$ 的相位。可求得在点 $P(x, y)$ 处的相位差

$$\Delta\varphi(x,y) = k(\cos\alpha_2 - \cos\alpha_1)x + k(\cos\beta_2 - \cos\beta_1)y + (\varphi_{20} - \varphi_{10})$$

$P(x,y)$处的强度

$$I(x,y) = A_1^2 + A_2^2 + 2A_1 A_2\cos\Delta\varphi = (A_1^2 + A_2^2)[1 + V\cos\Delta\varphi(x,y)]$$

由相位差可确定出现亮暗干涉条纹的条件为

$$k(\cos\alpha_2 - \cos\alpha_1)x + k(\cos\beta_2 - \cos\beta_1)y + (\varphi_{20} - \varphi_{10}) = \begin{cases} 2j\pi \\ (2j+1)\pi \end{cases}$$

即亮、暗条纹都是等间隔的平行直线,形成平行直线族,斜率为

$$\tan\theta = -\frac{\cos\alpha_2 - \cos\alpha_1}{\cos\beta_2 - \cos\beta_1}$$

条纹间隔为

$$\begin{cases} \Delta x = \dfrac{2\pi}{k(\cos\alpha_2 - \cos\alpha_1)} = \dfrac{\lambda}{\cos\alpha_2 - \cos\alpha_1} \\ \Delta y = \dfrac{2\pi}{k(\cos\beta_2 - \cos\beta_1)} = \dfrac{\lambda}{\cos\beta_2 - \cos\beta_1} \end{cases}$$

或者表示为

$$\Delta = \frac{\Delta x \Delta y}{\sqrt{\Delta x^2 + \Delta y^2}}$$

如图 6.2.6 所示。

通常,可以选取坐标轴的方向,以使上述表达式得到简化。例如,取 $xz$ 平面与波矢 $\boldsymbol{k}_1,\boldsymbol{k}_2$ 平行,如图 6.2.7 所示,则

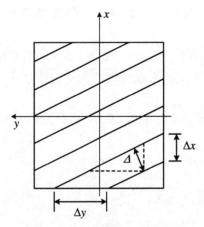

图 6.2.6　平行光的干涉条纹

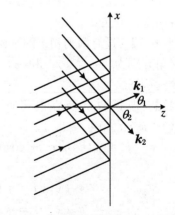

图 6.2.7　光波的波矢平行于 $xz$ 平面

$$\boldsymbol{k}_1 = k(x\sin\theta_1\,\boldsymbol{e}_x + z\cos\theta_1\,\boldsymbol{e}_z), \quad \boldsymbol{k}_2 = k(x\sin\theta_2\,\boldsymbol{e}_x + z\cos\theta_2\,\boldsymbol{e}_z)$$

而

$$\boldsymbol{r} = x\boldsymbol{e}_x + y\boldsymbol{e}_y$$

于是

$$\varphi_1(x,y) = \boldsymbol{k}_1 \cdot \boldsymbol{r} = kx\sin\theta_1 + \varphi_{10}, \quad \varphi_2(x,y) = \boldsymbol{k}_2 \cdot \boldsymbol{r} = kx\sin\theta_2 + \varphi_{20}$$

亮条纹满足 $\Delta\varphi = k(\sin\theta_2 - \sin\theta_1)x + \Delta\varphi_0 = 2j\pi$，即

$$x_j = \frac{j\lambda}{\sin\theta_2 - \sin\theta_1} - \frac{\lambda\Delta\varphi_0/(2\pi)}{\sin\theta_2 - \sin\theta_1} = \frac{j\lambda}{\sin\theta_2 - \sin\theta_1} + x_0$$

是平行于 $y$ 轴的等间隔直条纹,间隔为

$$\Delta x = \frac{\lambda}{\sin\theta_2 - \sin\theta_1}$$

对于图 6.2.4 的菲涅耳双棱镜,如果入射光为波长 632.8 nm 的 He-Ne 激光、棱镜顶角为 0.1°,则干涉条纹的间隔为

$$\Delta x = \frac{\lambda}{2\sin\theta} = \frac{\lambda}{2\theta} = \frac{\lambda}{2(n-1)\alpha} = 0.36 \text{ mm}$$

## 6.2.2 菲涅耳双面镜

如图 6.2.8 所示,两个反射镜 $M_1$, $M_2$ 之间有较小的夹角 $\varepsilon$,光源 $S$ 位于两反

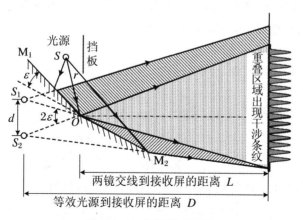

**图 6.2.8 菲涅耳双面镜**

射镜的上方。在光源与接收装置(例如接收屏)间有一个不透光的挡板,使得光不能直接射到接收屏幕上,而只有经过两镜反射的光才能到达屏幕。对于屏幕而言,经反射镜 $M_1$, $M_2$ 射过来的光,就相当于分别是从 $S$ 的像 $S_1$, $S_2$ 射过来的,

而 $S_1, S_2$ 是同一个光源的像,因而是相干的。这两列反射光在屏幕上的交叠区域进行相干叠加,产生干涉条纹。这种干涉装置就是**菲涅耳双面镜**(Fresnel bimirror)。

因为反射镜的大小总是有限的,所以反射光只能照射屏幕上有限大小的区域,而两列光的交叠区域还要小,因而只能在屏幕上一个较小的区域内产生干涉。

经过简单的几何推算,可以得到,两相光源 $S_1, S_2$ 对反射镜交线的张角等于反射镜之间夹角的 2 倍,即 $2\varepsilon$。如果两镜交线到光源 $S$ 的距离为 $r$,到屏幕的距离为 $L$,则像光源到屏幕的距离为 $L + r\cos\varepsilon \approx L + r$,而两像光源间的距离为 $2r\sin\varepsilon$。将该装置与杨氏双缝干涉比较,在满足傍轴条件时,相当于双缝间距 $d = 2r\varepsilon$,双缝到接收屏的距离 $D = L + r$,所以接收屏上干涉条纹的间距为

$$\Delta x = \frac{L + r}{2r\varepsilon}\lambda$$

**【例 6.3】** 设菲涅耳双面镜的夹角为 $20'$,缝光源距两镜交线 10 cm,接收屏幕与光源的两个像点的连线平行,且与两镜连线间的距离为 210 cm,光波长为 600.0 nm。问:

(1) 干涉条纹的间距为多少?

(2) 如果光源到两镜交线的距离增大 1 倍,干涉条纹有何变化?

(3) 如果光源与两镜交线的距离保持不变,而在横向有所移动,干涉条纹有何变化?

(4) 如果要在屏幕上观察到有一定反衬度的干涉条纹,所允许的缝光源的最大宽度是多少?

**【解】** (1) 利用式(6.2.1),可得

$$\Delta x = \frac{L + r}{2r\varepsilon}\lambda = \frac{210 + 10}{2 \cdot 10 \cdot \dfrac{20}{60} \cdot \dfrac{\pi}{180}} \cdot 600.0\,(\text{nm}) = 1.13\,(\text{mm})$$

(2) 光源到两镜交线的距离增大 1 倍,即 $r' = 2r$,可得

$$\Delta x' = \frac{L + r'}{2r'\varepsilon}\lambda = \frac{210 + 20}{2 \cdot 20 \cdot \dfrac{20}{60} \cdot \dfrac{\pi}{180}} \cdot 600.0\,(\text{nm}) = 0.59\,(\text{mm})$$

(3) 如图 6.2.9 所示,光源做横向移动时,由于距离 $r$ 保持不变,像光源 $S_1, S_2$ 对两镜交线的张角 $2\varepsilon$ 保持不变,即 $S_1, S_2$ 的间距不变,所以干涉条纹的间距没有变化。光源 $S$ 移动前引起像光源 $S_1, S_2$ 的移动,但是,由于光源的移动引起了两个

像光源的整体平移,所以屏上的条纹也会整体平移。

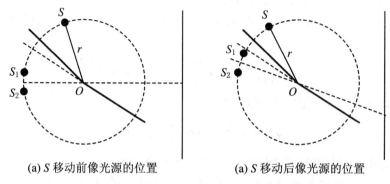

(a) $S$ 移动前像光源的位置　　(a) $S$ 移动后像光源的位置

**图 6.2.9　光源 $S$ 移动前引起像光源 $S_1$, $S_2$ 的移动**

（4）光源有一定宽度,所成的像亦有一定宽度,即光源 $AB$ 的像光源为 $A_1B_1$ 和 $A_2B_2$,如图 6.2.10 所示。由于两平面镜之间的夹角很小,所以两个像几乎是相互平行的。

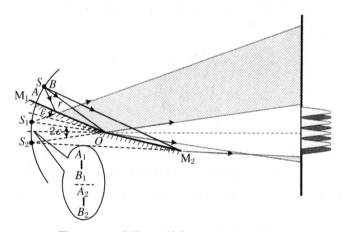

**图 6.2.10　光源 $AB$ 的像 $A_1B_1$ 及其干涉条纹**

但是必须注意到, $A_1$ 和 $A_2$ 对应于光源上的点 $A$,而 $B_1$ 和 $B_2$ 对应于光源上的 $B$ 点。所以, $A_1$ 和 $A_2$ 是一对相干光源,而 $B_1$ 和 $B_2$ 是另一对。由于光源上不同的点是不相干的,故像上的非对应点之间也不相干。

由图可见,这两对像光源上的相干点的对称轴是不重合的,因而它们各自所形成的干涉条纹也是相互错开的。这样就会导致干涉条纹由于相互重叠而可见度降低。

以下对干涉强度及可见度进行计算。

如图 6.2.11(a) 所示,在坐标系中,两个对称的相干点光源在屏上的干涉强度为

$$I(x') = 4\left(\frac{A}{D}\right)^2 \cos^2\left(\frac{kd}{2D}x'\right) = 4I_0 \cos^2\left(\frac{kd}{2D}x'\right)$$

宽度为 $dx$ 的一对光源的干涉强度为

$$dI(x') = 4i_0 \cos^2\left(\frac{kd}{2D}x'\right)dx$$

其中 $i_0$ 为单个单位宽度光源发出的光波在屏上的强度。

如图 6.2.11(b) 所示,距离上述光源 $x$ 的一对光源,相当于其对称轴移动了 $x$,原来坐标系中的 $x'$ 点在移动了 $z$ 轴的新坐标系中的位置成为 $x' - x$,这样一对光源在屏上 $x'$ 点的干涉强度为

$$dI(x') = 4i_0 \cos^2\left[\frac{kd}{2D}(x' - x)\right]dx$$

由于不相干的光波之间是强度叠加,所以宽度为 $a$ 的像光源 $A_1B_1$ 和 $A_2B_2$ 在接收屏上的光强为

$$I(x') = 4i_0 \int_0^a \cos^2\left[\frac{kd}{2D}(x' - x)\right]dx$$
$$= 2i_0\left\{a + \frac{D}{kd}\left[\sin\frac{kd}{D}(x' - a) - \sin\frac{kd}{D}x'\right]\right\}$$

式中 $D/(kd)\{\sin[kd(x' - a)/D] - \sin(kdx'/D)\}$ 代表屏上光强周期改变形成明暗条文的因素,量值在 $\pm 2D/(kd)$ 之间。当 $kd/(Da) = 2m\pi$,即光源宽度为 $a = m(D/d)\lambda = m\Delta x$ 时,可见度为 0。其中 $\Delta x$ 为点光源所形成的干涉条纹间隔。但是随着 $a$ 的增大,背景光增强,明暗条纹的反差迅速减小,即条纹的可见度降低,如图 6.2.12 所示。

不妨作如下估算:

$$I_{max} = 2i_0\left(a + \frac{2D}{kd}\right), \quad I_{min} = 2i_0\left(a - \frac{2D}{kd}\right)$$

则可见度为

$$V \approx \frac{D/(kd)}{a} = \frac{D\lambda}{2\pi ad} = \frac{\Delta x}{2\pi a}$$

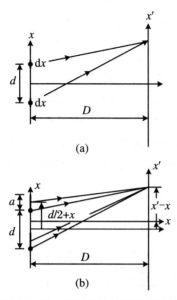

(a)

(b)

图 6.2.11　不同位置的相干光源的
干涉强度计算

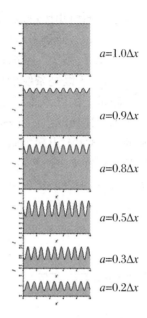

$a=1.0\Delta x$

$a=0.9\Delta x$

$a=0.8\Delta x$

$a=0.5\Delta x$

$a=0.3\Delta x$

$a=0.2\Delta x$

图 6.2.12　光源宽度引起的条纹
可见度变化

## 6.2.3　劳埃德镜

如图 6.2.13 所示,在平面反射镜的上方有一光源,则光源发出的光,一部分直接到达接收屏,另一部分经镜面反射后到达接收屏。在它们重叠的区域产生干涉,这种干涉装置就是**劳埃德镜**(Lloyd's mirror)。在这种装置中,光源 $S$ 与它的几何像 $S'$ 等效于杨氏干涉装置中的双孔或双缝。

劳埃德镜的干涉花样与杨氏干涉相似,图 6.2.14 就是一个劳埃德镜的干涉花样。

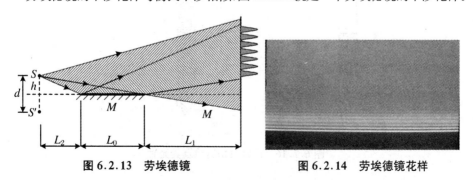

图 6.2.13　劳埃德镜

图 6.2.14　劳埃德镜花样

与菲涅耳双面镜相比,劳埃德镜的干涉光中,有一列没有经过镜面反射,而是直接到达了屏幕。这样一来,就产生了不同的结果。实验研究发现,如果让反射镜的前端抵住接收屏,则镜与幕的接触点应该是整个装置的对称中心,按照杨氏干涉的原理,这应该是零级亮条纹的位置。然而,实验表明,这里却出现了暗纹。这当然不是由于测量上的误差而产生的,而是有物理上的原因。

两光源到上述接触点的光程是相等的,如图 6.2.15 所示,两列波在此本来应该是同相的,而事实上出现了暗纹,说明两列波的相位相反,相当于实际的光程相差半个波长。而这半个波长的光程差只能是由于其中的一列波反射而产生的,因而称其为"半波损失"(half wave loss),意思是其中一个波列由于反射而损失了(当然也可以说是额外增加了)半个波长的光程。

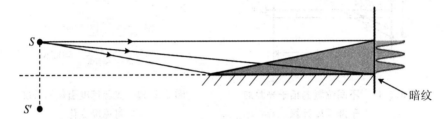

**图 6.2.15　劳埃德镜干涉的半波损失**

## 6.2.4　比累对切透镜

如图 6.2.16 所示,将一个完整的透镜从中间对称地切去高度为 $2a$ 的部分,再将剩余的两部分黏合起来,就制成了**比累对切透镜**(Billet's split lens)。

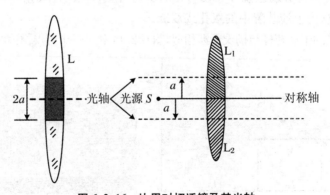

**图 6.2.16　比累对切透镜及其光轴**

比累对切透镜看起来像一个透镜,但是,该透镜的对称轴并不是光轴,上半部分的光轴在对称轴下 $a$ 处,而下半部分的光轴在对称轴上 $a$ 处。因而这样的透镜实际上是两个光轴上下错开的透镜。一个物点(光源)经过这样的透镜,将会成两个对称的像。

在图 6.2.17 的情形中,一个光源 $S$ 经过比累透镜的上下两部分后分别成虚像 $S_1$ 和 $S_2$。对于透镜的物方,就是有两列中心分别在 $S_1$ 和 $S_2$ 的球面光波,这两列光波都是从中心在 $S$ 处的光波分出来的,因而是相干的。在两列波的重叠区域的波前上,会出现干涉条纹,与杨氏干涉类似,是两列发散球面波的干涉。

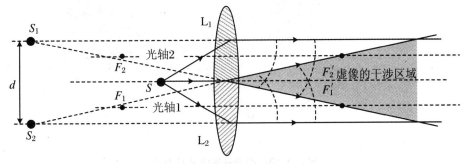

**图 6.2.17　比累对切透镜:虚像的干涉**

当光源 $S$ 在物方焦点外侧时,光波经透镜后在物方是两列分别向 $S_1$ 和 $S_2$ 会聚的球面波,如图 6.2.18 所示,就是 $S$ 成实像于 $S_1$ 和 $S_2$。从图 6.2.18 中可以看出,实像的干涉区域比虚像要小得多。

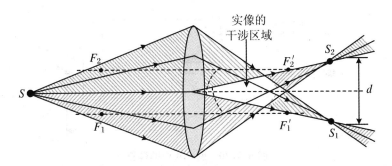

**图 6.2.18　比累对切透镜:实像的干涉**

## 6.2.5　梅斯林对切透镜

如图 6.2.19 所示,将一个透镜沿其直径对称地剖开为两部分,然后将这两部分相互错开放置，一个光源 $S$ 经上一半 $L_1$ 成像于 $S_1$，经下一半 $L_2$ 成像于 $S_2$，在物方，就形成了两列分别向 $S_1$ 和 $S_2$ 会聚的球面波，在这两列波的重叠区域会出现干涉。这种干涉装置称作**梅斯林对切透镜**（Meslin's split lens）。

对位于两列波重叠区域的接收屏来说，两列光的情况是不一样的：$S_2$ 是发散球面波的中心，其波前函数为 $e^{ikr_2}$；而 $S_1$ 是会聚球面波的中心，其波前函数为 $e^{-ikr_1+i\varphi_0}$，其中 $\varphi_0$ 为 $S_1$ 相对于 $S_2$ 的相位滞后。

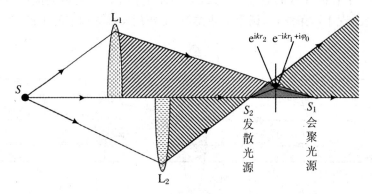

**图 6.2.19　梅斯林透镜及其干涉**

【例 6.4】　如图 6.2.20 所示，一凸透镜的焦距 $f=30$ cm，将其剖开为两部分，记为 $L_1$ 和 $L_2$，再沿光轴将两半错开 8.0 cm，光轴上有一光源，与 $L_1$ 相距 60 cm，波长为 500 nm。$S_1'$，$S_2'$ 分别为 $S$ 经 $L_1$，$L_2$ 的像点。设光波在 $S_1'$ 的初位相 $\varphi_1=0$。

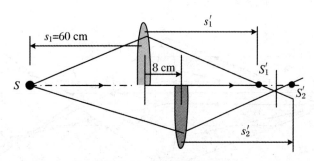

**图 6.2.20　例 6.4 中的装置**

（1）求出光波在像点 $S_2'$ 处的初位相 $\varphi_2$；

（2）如果在 $S_1'S_2'$ 的中点处放置一垂直于光轴的平面，在图上标出干涉条纹出现的区域；

（3）说明在此平面上干涉条纹的形状，并计算相邻亮条纹的间距。

**分析**　点光源经上述透镜后成两个像,可以看作是两个相干的点光源。于是在这两个点光源所发出的球面波的交叠区域,就可产生干涉。

**【解】**　(1) 由 $1/s' + 1/s = 1/f$,得到 $s' = sf/(s-f)$,算得像距

$$s'_1 = 60 \text{ cm}, \quad s'_2 = 53.684 \text{ cm}$$

即 $\overline{SS'_1} = 120 \text{ cm}, \overline{SS'_2} = 121.684 \text{ cm}$。两像点间距 $\overline{S'_1 S'_2} = 1.684 \text{ cm}$。

由物像间的等光程性,可知两像点的光程差为

$$\Delta L = 1.684 \text{ cm}$$

$S'_1, S'_2$ 间的位相差为

$$\Delta \varphi_0 = \varphi_2 - \varphi_1 = k \Delta L = \frac{2\pi}{\lambda} \Delta L = 3.368 \times 2\pi \times 10^6$$

这说明 $S'_2$ 的位相比 $S'_1$ 滞后。

(2) 如图 6.2.21 所示,只有在两列波的交叠区域才能出现干涉

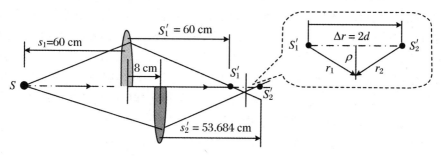

图 6.2.21　相干光源的位置及相位差

(3) 由于像点可以看作两个相干的点光源,但是在观察平面处,$S'_2$ 是发散的点光源,$S'_1$ 是会聚的点光源,其表达式分别为 $\tilde{U}_2(r_2) = A e^{-ikr_2 + i\varphi_2}$ 和 $\tilde{U}_1(r_1) = A e^{ikr_1}$,亮条纹满足的条件为 $\Delta \varphi = k(r_1 + r_2) + (\varphi_1 - \varphi_2) = 2j\pi$。

对于观察平面上距离轴线为 $\rho$ 的点,由于 $r_1 = r_2 = r = \sqrt{\rho^2 + d^2}$,其中 $2d$ 为两像点的间距,由光轴上的距离计算,得到 $\Delta \varphi_0 = \varphi_1 - \varphi_2 = -2kd$。于是有

$$\sqrt{\rho^2 + d^2} = \frac{j}{2}\lambda + d$$

即 $\rho^2 = (j/2\lambda + d)^2 - d^2$,可见干涉条纹是同心圆环,圆心的干涉级数 $j_0 = 0$。

亮条纹半径 $\rho = \sqrt{x^2 + y^2}$,即

$$\rho = \sqrt{\left(\frac{j}{2}\lambda + d^2\right)^2 - d^2} = \sqrt{\frac{j^2 \lambda^2}{4} + j\lambda d}$$

由于 $\lambda \ll d$,所以有 $\rho \approx \sqrt{j\lambda d}$。

# 6.3 空间相干性与时间相干性

本章前面所介绍的几种干涉装置,都是在理想条件下工作的,例如杨氏双缝干涉装置中,假设光源是单色的线光源。而实际情况是,光源通常有一定大小,而且所发出的也不可能是严格的单色光。本节针对这类实际的问题进行讨论。

## 6.3.1 干涉条纹的可见度

双孔或双缝的干涉花样是一系列明暗交错的条纹,由前面的推导可以看出,条纹的间隔与干涉装置有关,同时还应当注意,两相干光源的强度不相等,对干涉条纹也有一定的影响。前面的推导是假设两光源强度相等,因而在暗条纹的中心处,由于干涉相消,光强为零,所以干涉花样明暗反差很大,条纹清晰可辨。但是,如果两缝的情况不相同,例如缝宽不等,或对光的透过率不同,则从每一缝出射的光的复振幅也不相等,此时暗条纹处光强不再为零,干涉花样的亮暗条纹就不再那么明显。为了衡量干涉花样的明暗反差程度,引入了**可见度**(visibility)的概念。

可见度是这样定义的:在接收屏上选定的区域中,取光强最大值 $I_{\max}$ 和最小值 $I_{\min}$,则可见度为

$$V = \frac{I_{\max} - I_{\min}}{I_{\max} + I_{\min}} \tag{6.3.1}$$

可见度也称作**反衬度**。由干涉的特性,可得到 $I_{\max} = (A_1 + A_2)^2$,$I_{\min} = (A_1 - A_2)^2$,则有

$$V = \frac{2A_1 A_2}{A_1^2 + A_2^2} = \frac{2A_1/A_2}{1 + (A_1/A_2)^2} \tag{6.3.2}$$

当 $A_1 = A_2$ 时,$V = 1$,即两列光的强度相当时,可见度最大;当 $A_1 \gg A_2$ 或 $A_1 \ll A_2$ 时,$V \approx 0$,即两列光的强度相差悬殊时,可见度最小。

如果记 $I_0 = I_1 + I_2 = A_1^2 + A_2^2$,则屏上各处条纹的强度可表示为

$$I = A_1^2 + A_2^2 + 2A_1 A_2 \cos\Delta\varphi$$

$$= (A_1^2 + A_2^2)\left(1 + \frac{2A_1 A_2}{A_1^2 + A_2^2}\cos\Delta\varphi\right)$$

$$= I_0(1 + V\cos\Delta\varphi) \tag{6.3.3}$$

因而可以用可见度表示干涉强度的分布。

## 6.3.2　光源的空间相干性

图 6.3.1 表示的是一个扩展光源的杨氏干涉,在扩展光源上,发光的原子很多,各个原子独自发光,因而光源本身是非相干的。

**1. 两个不相干点光源经杨氏装置的干涉**

不妨在光源上任取两个点分析对干涉的影响。在图 6.3.2 中,点光源 $O_1$ 和 $O_2$ 所发的光波经过双缝各自形成一套干涉花样。由于 $O_1$ 和 $O_2$ 的位置不同,所以在接收屏上两套干涉花样的零级亮纹的位置也不同。如果一套花样的亮纹恰与另一套花样的暗纹重合,则在屏上两套花样重叠,就不再有明显的亮暗条纹,各处光强变得均匀了,就观察不到干涉现象了。

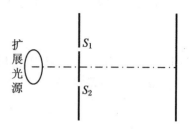

**图 6.3.1　扩展光源的杨氏干涉**

可以通过下面的例题对上述分析加以定量的计算。

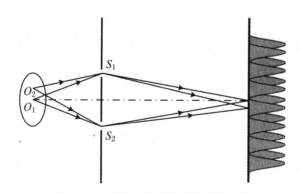

**图 6.3.2　扩展光源导致干涉花样重叠**

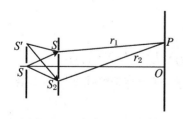

**图 6.3.3　例 6.5 中的装置**

【**例 6.5**】　在杨氏双缝实验中,除了原有的光源缝 $S$ 外,再在 $S$ 的正上方开一狭缝 $S'$,如图 6.3.3所示。问:

(1) 若使 $\overline{S'S_2} - \overline{S'S_1} = \lambda/2$,试求单独打开 $S$ 或 $S'$ 以及同时打开它们时屏上的光强分布。

(2) 若 $\overline{S'S_2} - \overline{S'S_1} = \lambda$,$S$ 和 $S'$ 同时打开时,屏上的光强分布如何?

**【解】** （1）单独打开中央缝，光强

$$I = 4I_0\cos^2\left(\frac{kd}{2D}x'\right) = 4I_0\cos^2\left(\frac{\pi d}{\lambda D}x'\right)$$

零级亮纹的位置为 $x'_0 = 0$，亮纹间隔为 $\Delta x = D\lambda/d$。

单独打开旁边缝，则计入双缝前的光程差 $\Delta L_1$，两列光在 $P$ 点的总位相差为 $k\Delta L = 2\pi/\lambda(\Delta L_1 + x'd/D)$，光强为

$$I' = 4I_0\cos^2\left(\frac{\pi\Delta L_1}{\lambda} + \frac{\pi d}{\lambda D}x'\right)$$

这相当于 $S$ 点的干涉花样在屏上做了平移。零级亮纹的位置由 $\pi\Delta L_1/\lambda + \pi d/(\lambda D)x' = 0$ 确定，为

$$x''_0 = -\frac{D}{d}\Delta L_1$$

如果 $\overline{S'S_2} - \overline{S'S_1} = \lambda/2$，则

$$\Delta L_1 = \lambda/2, \quad x''_0 = -\frac{D\lambda}{2d} = -\frac{\Delta x}{2}$$

向下移动了半个条纹间隔。

两缝同时打开时，总光强为

$$I + I' = 4I_0\cos^2\left(\frac{\pi d}{\lambda D}x'\right) + 4I_0\cos^2\left(\frac{\pi\Delta L_1}{\lambda} + \frac{\pi d}{\lambda D}x'\right)$$

由于 $\Delta L_1 = \lambda/2$，$\pi\Delta L_1/\lambda = \pi/2$，所以

$$I + I' = 4I_0\cos^2\left(\frac{\pi d}{\lambda D}x'\right) + 4I_0\cos^2\left(\frac{\pi}{2} + \frac{\pi d}{\lambda D}x'\right)$$

$$= 4I_0\cos^2\left(\frac{\pi d}{\lambda D}x'\right) + 4I_0\sin^2\left(\frac{\pi d}{\lambda D}x'\right) = 4I_0$$

这时屏上光强均匀分布，没有干涉条纹。

（2）易知

$$\overline{S'S_2} - \overline{S'S_1} = \lambda, \quad \Delta L_1 = \lambda, \quad \frac{\pi\Delta L_1}{\lambda} = \pi$$

于是

$$I + I' = 4I_0\cos^2\left(\frac{\pi d}{\lambda D}x'\right) + 4I_0\cos^2\left(\pi + \frac{\pi d}{\lambda D}x'\right) = 8I_0\cos^2\left(\frac{\pi d}{\lambda D}x'\right)$$

这是由于两套花样恰好错开一个条纹间隔，亮纹重叠，屏上亮条纹强度增加 1 倍。

**2. 扩展光源的干涉**

对于扩展光源，上述的发光点不仅仅只有两个，而是有无穷多个，所以由此所引起的对干涉花样的影响与上例有所不同，应当进一步分析。

如图 6.3.4 所示,扩展光源上的任意一点 $S'$ 发出的光波,经过双缝到达 $P$ 点时,光程差包括两部分:在双缝之前,$\Delta L_1 = \overline{S_2 S'} - \overline{S_1 S'}$;在双缝之后,$\Delta L_2 = \overline{PS_2} - \overline{PS_1}$。总的光程差为 $\Delta L = \Delta L_1 + \Delta L_2$。

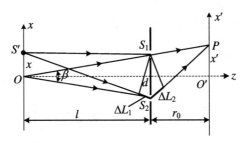

**图 6.3.4　扩展光源上任一点光程的计算**

当光源位置改变时,$\Delta L_1$ 变化,而 $\Delta L_2$ 保持不变。

设 $S'$ 的坐标为 $x$,光源具有较大的宽度,同时距双缝较远,例如恒星等天体,则 $b \gg d$,$x \gg d$,且 $l$ 也很大,$l \gg b$,$l \gg x$,于是可得到

$$\overline{S'S_1} = \sqrt{l^2 + \left(x - \frac{d}{2}\right)^2} = \sqrt{l^2 + x^2 - xd + \frac{d^2}{4}}$$

$$\approx \sqrt{l^2 + x^2 - xd} \approx \sqrt{l^2 + x^2}\left(1 - \frac{1}{2}\frac{xd}{l^2 + x^2}\right)$$

$$\overline{S'S_2} = \sqrt{l^2 + \left(x + \frac{d}{2}\right)^2} = \sqrt{l^2 + x^2 + xd + \frac{d^2}{4}}$$

$$\approx \sqrt{l^2 + x^2 + xd} \approx \sqrt{l^2 + x^2}\left(1 + \frac{1}{2}\frac{xd}{l^2 + x^2}\right)$$

$$\Delta L_1 = \overline{S'S_2} - \overline{S'S_1} = x\frac{d}{\sqrt{l^2 + x^2}} \approx x\frac{d}{l} = x\beta \tag{6.3.3}$$

其中

$$\beta = \frac{d}{l} \tag{6.3.4}$$

是光源中心对双缝的张角,称为**干涉孔径(角)**。

注意,当 $S'$ 上下移动时,对于接收屏上的固定点 $P$,$\Delta L_2$ 保持不变。

杨氏干涉的强度公式为

$$I = A_1^2 + A_2^2 + 2A_1 A_2 \cos\Delta\varphi$$

设双缝宽度相等,即从双缝出射的光具有相等的振幅和强度,即上式中 $A_1 = A_2$,$I_1 = I_2 = I_0$,从而上式可以化为

$$I = I_1 + I_2 + 2\sqrt{I_1 I_2}\cos\Delta\varphi = 2I_0(1 + \cos\Delta\varphi)$$

其中 $I_0$ 为只打开一条狭缝时(没有干涉,同时忽略单缝的衍射),接收屏上的光强。

如果有一宽度为 $b$ 的扩展光源,即分布范围为 $(-b/2, b/2)$ 的一段光源,其中位于 $x$ 附近的一段 $\mathrm{d}x$ 光源在屏上所形成的干涉强度为

$$\mathrm{d}I = 2I_0\mathrm{d}x\left(1 + \cos\frac{2\pi}{\lambda}\Delta L\right) = 2I_0\mathrm{d}x\left[1 + \cos\frac{2\pi}{\lambda}(\beta x + \Delta L_2)\right]$$

总的干涉场的强度为

$$I = 2I_0\int_{-\frac{b}{2}}^{\frac{b}{2}}\mathrm{d}x\left[1 + \cos\frac{2\pi}{\lambda}(\beta x + \Delta L_2)\right]$$

$$= 2I_0\left(b + \frac{\lambda}{\pi\beta}\sin\frac{\pi b\beta}{\lambda}\cos\frac{2\pi}{\lambda}\Delta L_2\right) \tag{6.3.5}$$

在傍轴条件下,双缝到接收屏上 $x'$ 点的两条路径的光程差 $\Delta L_2 = dx'/D$。

从式(6.3.5)可以看出,当光源宽度增大,屏上暗纹的强度(即所谓背景光强)持续增大,从而使干涉花样的反衬度持续下降。

在屏上形成干涉花样,最大光强和最小光强分别为

$$I_{\max} = 2I_0 b + 2I_0\frac{\lambda}{\pi\beta}\left|\sin\frac{\pi b\beta}{\lambda}\right|$$

$$I_{\min} = 2I_0 b - 2I_0\frac{\lambda}{\pi\beta}\left|\sin\frac{\pi b\beta}{\lambda}\right|$$

于是干涉花样的可见度为

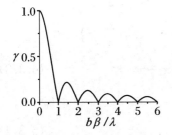

图6.3.5　扩展光源杨氏
干涉的可见度

$$V = \frac{I_{\max} - I_{\min}}{I_{\max} + I_{\min}} = \frac{\left|\sin\dfrac{\pi b\beta}{\lambda}\right|}{\dfrac{\pi b\beta}{\lambda}} \tag{6.3.6}$$

接收屏上条纹的可见度与光源宽度可用图6.3.5表示

将式(6.3.4)代入式(6.3.6),可得到

$$V = \frac{\left|\sin\dfrac{\pi bd}{\lambda l}\right|}{\dfrac{\pi bd}{\lambda l}} \tag{6.3.7}$$

可以看出,随着光源宽度 $b$ 或者双缝间距 $d$ 的增大,干涉花样的可见度迅速减小。

**3. 相干孔径与空间相干性**

在扩展光源的条件下,杨氏干涉的可见度是一个振荡衰减的函数。当 $b\beta/\lambda =$

0 时,可见度函数取得极大值 $V=1$,相当于 $b\ll\lambda$,即光源可视作一个几何点;随着 $b\beta/\lambda$ 的增大,可见度迅速衰减,到 $b\beta/\lambda=1$ 时,$V=0$;此后,虽然随着 $b\beta/\lambda$ 的增大,$V$ 的值还会有一定幅度的起伏变化,但是数值很小,可见度很低。所以,通常认为当 $b\beta/\lambda\geqslant1$ 时,干涉条纹的反衬度已经很小。这种情况下,就是光源在空间的扩展导致了干涉的消失。

于是,能够产生明显干涉的条件是 $b\beta/\lambda<1$,由此可以得到

$$b < \frac{\lambda}{\beta} = \frac{l}{d}\lambda \tag{6.3.8}$$

上式就是与双缝间距 $d$ 对应的扩展光源的尺度范围,以保证有一定反衬度的干涉场可供观测。

当 $b_m = l\lambda/d$ 时,$\gamma=0$,此时 $b_m$ 为扩展光源的极限宽度。

由扩展光源导致干涉消失的现象,称作光的**空间相干性**。

或者,在光源宽度保持一定的情况下,空间相干性要求双缝间距

$$d \leqslant \frac{l}{b}\lambda \tag{6.3.9}$$

此时干涉孔径角为 $\beta = d/l\leqslant\lambda/b$。由此可得最大干涉孔径角为

$$\Delta\theta_0 = \frac{\lambda}{b} \tag{6.3.10}$$

$\Delta\theta_0$ 称作**相干孔径(角)**。只有处于这一角度范围之内的光是相干的。

也可以将式(6.3.10)改写作

$$b\Delta\theta_0 = \lambda \tag{6.3.11}$$

式(6.3.11)称作空间相干性的反比公式。

只有当 $\beta<\Delta\theta_0$ 时才有干涉,也就是当双缝对光源中心的张角,即干涉孔径(角)小于相干孔径(角)时,才有干涉。也就是说,当双缝处于相干孔径角之内时,可出现干涉,否则无干涉。如图 6.3.6 所示。

有时也用面积表示空间相干的尺度。相干面积的定义为

$$S = d^2 \tag{6.3.12}$$

### 4. 迈克耳孙测星干涉仪

空间相干性的一个重要应用就是迈克耳孙测星干涉仪。

如图 6.3.7 所示,在双缝干涉装置的

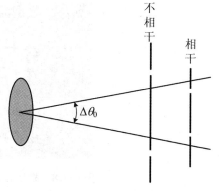

**图 6.3.6　相干孔径的说明**

前端光路上对称地安装两对平面镜 $M_1$，$M_2$ 和 $M_3$，$M_4$，其中 $M_2$ 和 $M_3$ 的间距固定，与双缝的间距相等，而 $M_1$ 和 $M_4$ 的间距 $h$ 可调。从遥远恒星发出的光经平面镜反射后，通过双缝 $S_1$，$S_2$ 进行干涉。由于双缝 $S_1$ 和 $S_2$ 经反射镜的像分别为 $S_1'$ 和 $S_2'$，则 $S_1$ 和 $S_2$ 的相干性与 $S_1'$ 和 $S_2'$ 的相干性相同。所以对恒星而言，双缝的间距是 $S_1'$ 和 $S_2'$ 的间距 $h$。若恒星的宽度为 $b$，到干涉仪的距离为 $l$，则空间相干性的条件为 $h \leqslant \lambda l/b$，由此可得 $b/l \leqslant \lambda/h$。若测出干涉条纹消失时的 $h$，即可得到恒星的张角为 $\alpha = b/l = \lambda/h$。

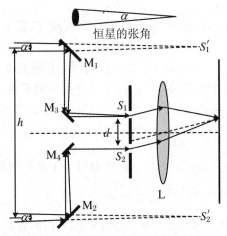

**图 6.3.7　迈克耳孙测星干涉仪原理**

　　图 6.3.8 为安装在 100 英寸口径的胡克望远镜构架之上的 20 英尺迈克耳孙干涉仪(1920 年)。100 英寸胡克望远镜，位于美国洛杉矶的威尔逊天文台，1917 年建成。

**图 6.3.8　胡克望远镜上的迈克耳孙干涉仪**

### 6.3.3 光源的时间相干性

**1. 非单色光的干涉**

光的相干性要求各个波列是波长相等的单色光,而实际上,任何光源所发出的光都具有一定的波长范围 $\Delta\lambda$,可以表示为 $\lambda \sim \lambda + \Delta\lambda$,$\Delta\lambda$ 称作带宽。

光源的非单色性对干涉的影响可以用杨氏干涉加以说明。

入射光的波长范围为 $\lambda \sim \lambda + \Delta\lambda$,其中的任一个波长成分都可以形成一套干涉条纹。

如图 6.3.9 所示,波长为 $\lambda$ 的成分的亮条纹中心在屏上位置为 $x = j(r_0/d)\lambda$;波长为 $\lambda + \Delta\lambda$ 的成分的亮条纹中心在屏上的位置为 $x = j(r_0/d)(\lambda + \Delta\lambda)$。

除 $j = 0$ 级之外,由于入射光的波长有一定的范围 $\Delta\lambda$,故 $j$ 级亮纹在接收屏上扩展开来,为一条从 $x(\lambda) = j(r_0/d)\lambda$ 到 $x(\lambda + \Delta\lambda) = j(r_0/d)(\lambda + \Delta\lambda)$ 的宽带。$j$ 级亮条纹的宽度为 $\Delta x_j(\lambda \sim \lambda + \Delta\lambda) = j(r_0/d) \cdot \Delta\lambda \propto j$。干涉级数越高,其宽度也越大。在某一个 $j$ 值处,如果亮带的宽度足够大,不同级次的条纹将会重叠。也就是说,大于 $j$ 的级次全部被亮纹覆盖,无法分辨,干涉消失。

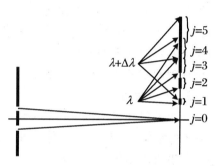

**图 6.3.9 非单色光的杨氏干涉**

当长波限 $\lambda + \Delta\lambda$ 的 $j$ 级与短波限 $\lambda$ 的 $j + 1$ 级重合时,干涉消失,即 $j(\lambda + \Delta\lambda) = (j + 1)\lambda$,可得最大相干级数为

$$j_{\max} = \frac{\lambda}{\Delta\lambda} \qquad (6.3.13)$$

对应的光程差 $\Delta L = j(\lambda + \Delta\lambda) = (j + 1)\lambda = \lambda^2/\Delta\lambda + \lambda \approx \lambda^2/\Delta\lambda$,即最大相干光程差为

$$\Delta L_{\max} = \lambda^2/\Delta\lambda \qquad (6.3.14)$$

$\Delta L_{\max}$ 也叫**相干长度**。

**2. 相干长度**

在第 5 章中,我们讨论了非单色光叠加产生波包的问题,并计算出了非单色光叠加后所形成的波包的有效长度 $L_0 = \lambda^2/\Delta\lambda$,波包的长度正是上述的最大相干长度 $\Delta L_{\max}$,于是对上述非相干光的干涉可以作如下解释:

由于光源是非单色波,$\lambda \sim \lambda + \Delta\lambda$,故发出的光是非定态光波,在空间中是一个

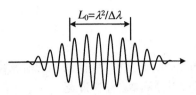

图 6.3.10 非单色光叠加所形成的波包

有效长度为 $L_0 = \lambda^2/\Delta\lambda$ 的波包(图6.3.10)。

在图 6.3.11 中,对于屏上的中心点 $O$,到双缝 $S_1$, $S_2$ 的光程相等,因而从 $S_1$, $S_2$ 出发的两个波包总是同时达到 $O$ 点,在 $O$ 点总能相遇,于是相干叠加产生干涉;而对于 $P_1$ 点,到双缝的光程差不相等,但是小于波包的有效长度,即 $0 < \Delta L(P_1) < L_0$,于是,上述两个波包虽然是先后到达 $P_1$ 点,但在该点能够相遇,于是也能相干叠加产生干涉;对于 $P_2$ 点,由于 $\Delta L(P_2) = L_0$,当第二个波包到达该点时,第一个波包恰好离开,故两者不能相遇,因而不能产生干涉,仅仅是将该点照明。在 $P_2$ 点之外的所有区域,都有 $\Delta L(P) > L_0$,而不能产生干涉。正是由于波包到达空间某点时间上的差异,所以干涉不能发生,因而称作**时间相干性**(图6.3.12)。

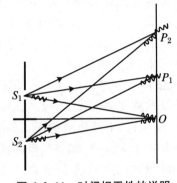

图 6.3.11 时间相干性的说明

### 3. 相干时间

一个波包经过空间某一点(或者说在该点逗留)的时间为 $\tau = L_0/c$。$\tau$ 称为相干时间。而波包的长度可以用频率表示为

$$L_0 = \frac{\lambda^2}{\Delta\lambda} = \left(\frac{c}{\nu}\right)^2 / \left(\frac{c}{\nu^2}\Delta\nu\right) = c/\Delta\nu$$

所以 $\tau = L_0/c = 1/\Delta\nu$,即

$$\tau\Delta\nu = 1 \tag{6.3.15}$$

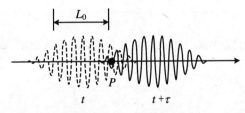

图 6.3.12 波包经过一个点所用的时间为相干时间

### 4. 时间相干性

波长范围为 $\Delta k$ 的准单色波叠加所形成的波列的复振幅可以表示为

$$\widetilde{U}(z,t) = A\frac{\sin(\Delta k/2)(z - v_g t)}{(\Delta k/2)(z - v_g t)}e^{i(k_0 z - \omega_0 t)}$$

该波列的振幅为 $A \dfrac{\sin(\Delta k/2)(z - v_{\mathrm{g}} t)}{(\Delta k/2)(z - v_{\mathrm{g}} t)}$。与定态光波不同的是,它在空间某一点 $z$ 所引起的扰动会随着时间 $t$ 的增加而快速衰减。可以从其振幅表达式计算出扰动衰减到一定程度,例如 $1/2$ 或 $1/\mathrm{e}$ 所经历的时间 $\tau$,在这一段时间内,波列对该点的扰动有影响,超过这一时间,该点将不受波列的影响。由于非单色波是一个有限长度的波包,也可以从波包在空间传播的角度看,当波包穿过该点后,对该点的影响将消失,那么这一时间其实就是相干时间 $\tau$。所以相干时间的物理意义,也可以理解为有限波列在空间点所引起的扰动的有效持续时间。

空间中沿着波线有两个不同的点 $P_1$,$P_2$,两者间的距离为 $r_{12}$,如图 6.3.13 所示。那么容易理解,如果 $r_{12} < L_0$,这两点的扰动是由一个波列(实际是一个波包)所引起的,因而是相干的;反之,如果 $r_{12} > L_0$,则这两点的扰动不是由一个波列引起的,因而是不相干的。

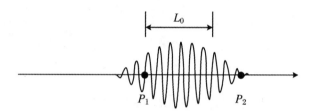

**图 6.3.13　相干长度与相干时间**

因此,无论从时间上看(对空间中的同一点),还是从空间距离上看(在同一时刻),相干时间 $\tau$ 和相干长度 $L_0$ 都反映了光波场的时间相干性。

而式(6.3.15)称为**时间相干性的反比公式**。

**5. 非单色光干涉的强度分布**

当入射光为非单色光时,除了零级亮纹,在接收屏上不同波长的同一级亮纹不重合,一方面会产生彩色的条纹,另一方面暗纹也会由于亮纹的扩散而消失,在接收屏上难以观察到明显的条纹。通过对接收屏上的光强分布进行计算可以得到具体的结果。易知,波矢大小为 $k$ 的单色成分经双缝干涉所形成的强度分布为

$$i(k) = 4\left(\frac{A}{D}\right)^2 \cos^2\left(\frac{kd}{2D}x'\right) = 4I_0 \cos^2\left(\frac{kd}{2D}x'\right)$$

式中 $4I_0$ 为单位波长范围的光波在接收屏上的强度。

由于只有相同波长的光才能进行相干叠加,不同波长的光是不相干的,故按强度叠加,有

$$I = \int_{k_0}^{k_0 + \Delta k} i(k)\mathrm{d}k = 4I_0 \int_{k_0}^{k_0 + \Delta k} \cos^2\left(\frac{kd}{2D}x'\right)\mathrm{d}k = 2I_0 \int_{k_0}^{k_0 + \Delta k}\left[1 + \cos\left(\frac{kd}{D}x'\right)\right]\mathrm{d}k$$

$$= 2I_0\left[\Delta k + \frac{D}{x'd}\sin\frac{(k_0 + \Delta k)dx'}{D} - \frac{D}{x'd}\sin\frac{k_0 dx'}{D}\right]$$

当 $\Delta\lambda = 50\ \mathrm{nm}$ 时,强度分布如图 6.3.14 所示

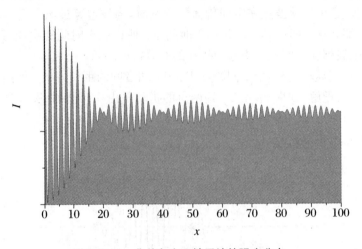

**图 6.3.14  非单色光双缝干涉的强度分布**

当 $\Delta k dx'/D > 2\pi$ 时,屏上明暗条纹相差较小,已不容易分辨,所以,对于非单色光而言,接收屏上有效的干涉范围为 $x' < 2\pi D/(\Delta kd)$,即

$$x' < \frac{D}{\lambda d}\frac{\Delta\lambda}{\lambda} = \Delta x'\frac{\Delta\lambda}{\lambda}$$

与亮条纹的公式 $x'_j = j(D/d)\lambda = j\Delta x'$ 比较,可知能够出现的最大干涉级数为

$$j_{\max} = \frac{\lambda}{\Delta\lambda}$$

或者,先计算接收屏上的合振动。由于不再是定态光波,所以不能仅仅计算复振幅,还要考虑频率的作用,于是从两缝出射的相同波长的光叠加后的振动为

$$\tilde{U}(k) = \frac{2a}{D}\cos\left(\frac{kd}{2D}x'\right)\exp\left\{ik\left[D + \frac{(d/2)^2 + x'^2 + y'^2}{2D}\right] + i\omega t\right\}$$

$$\tilde{U} = \int_{k_0 - \Delta k/2}^{k_0 + \Delta k/2}\tilde{U}(k)\mathrm{d}k$$

$$= \frac{2a}{D}\int_{k_0}^{k_0 + \Delta k}\cos\left(\frac{kd}{2D}x'\right)\exp\left\{ik\left[D + \frac{(d/2)^2 + x'^2 + y'^2}{2D} + ct\right]\right\}\mathrm{d}k$$

$$= \frac{a}{D} \int_{k_0 - \Delta k/2}^{k_0 + \Delta k/2} \exp\left(\frac{-\mathrm{i}kd}{2D}x'\right) \exp\left\{\mathrm{i}k\left[D + \frac{(d/2)^2 + x'^2 + y'^2}{2D} + ct\right]\right\}\mathrm{d}k$$

$$+ \frac{a}{D} \int_{k_0 - \Delta k/2}^{k_0 + \Delta k/2} \exp\left(\frac{\mathrm{i}kd}{2D}x'\right) \exp\left\{\mathrm{i}k\left[D + \frac{(d/2)^2 + x'^2 + y'^2}{2D} + ct\right]\right\}\mathrm{d}k$$

$$= \frac{a}{D} \int_{k_0 - \Delta k/2}^{k_0 + \Delta k/2} \exp\left\{\mathrm{i}k\left[D + \frac{(d/2)^2 + x'^2 + y'^2 - dx'}{2D} + ct\right]\right\}\mathrm{d}k$$

$$+ \frac{a}{D} \int_{k_0 - \Delta k/2}^{k_0 + \Delta k/2} \exp\left\{\mathrm{i}k\left[D + \frac{(d/2)^2 + x'^2 + y'^2 + dx'}{2D} + ct\right]\right\}\mathrm{d}k$$

记

$$D + \frac{(d/2)^2 + x'^2 + y'^2 - dx'}{2D} + ct = a^-$$

$$D + \frac{(d/2)^2 + x'^2 + y'^2 - dx'}{2D} + ct = a^-$$

可得

$$\widetilde{U} = \frac{2a}{D} \frac{\mathrm{e}^{\mathrm{i}k_0 a^-} \sin \frac{a^- \Delta k}{2}}{a^-} + \frac{2a}{D} \frac{\mathrm{e}^{\mathrm{i}k_0 a^+} \sin \frac{a^+ \Delta k}{2}}{a^+}$$

$$+ \frac{2a}{D} \frac{\exp\left\{\mathrm{i}k_0\left[D + \frac{(d/2)^2 + x'^2 + y'^2 + dx'}{2D} + ct\right]\right\}}{D + \frac{(d/2)^2 + x'^2 + y'^2 + dx'}{2D} + ct}$$

$$\times \frac{\sin \frac{\Delta k}{2}\left[D + \frac{(d/2)^2 + x'^2 + y'^2 + dx'}{2D} + ct\right]}{D + \frac{(d/2)^2 + x'^2 + y'^2 + dx'}{2D} + ct}$$

这样也可以得到非单色光干涉的强度分布。

# 6.4　薄　膜　干　涉

## 6.4.1　一般透明薄膜的干涉

如图 6.4.1 所示,设薄膜的折射率为 $n_2$,上部介质的折射率为 $n_1$,下部介质的折射率为 $n_3$。一列从上部射来的光波,在薄膜的上表面处,一部分被反射,另一部分折射进入薄膜。进入薄膜的光波,在下表面处,一部分折射进入下部介质,另一

部分被反射回薄膜内部,这部分反射光又在薄膜的上表面处分为反射和透射两部

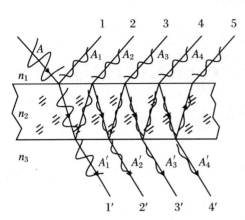

图 6.4.1　光在薄膜表面上的反射和折射

分……这样,在上部介质中,就有 1,2, …一系列反射光波,在下部介质中,也有 1′,2′,…一系列的透射光波。一方面,由于这些光都是从同一列光分得的,所以是相干的;另一方面,这些光是将原来入射光的能量(振幅)分为几部分得到的,所以反射光之间、透射光之间的干涉称作**分振幅的干涉**(amplitude-splitting interference)。

尽管薄膜的两个表面都有很多列反射光和透射光,但是,只有强度相差不是很大的光波之间才能产生有效的

干涉,形成具有一定可见度的干涉花样。因此,这里有必要估算一下各列光波的相对强度。

根据实际的情况,假设薄膜两侧是相同的介质,在光波从外部进入薄膜时,振幅反射率和透射率分别为 $r$ 和 $t$,光波从薄膜内部进入外部时,振幅反射率和透射率分别为 $r'$ 和 $t'$。

由斯托克斯倒逆关系,$r' = -r$,$tt' = 1 - r^2$,可以计算出各列反射波的振幅为

$$A_1 = Ar$$
$$A_2 = Artr' = Artt' = Ar(1 - r^2)$$
$$A_3 = Ar^3 tt' = Ar^3(1 - r^2) \quad (6.4.1)$$
$$A_4 = Ar^5(1 - r^2)$$
…

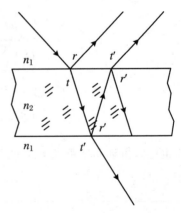

图 6.4.2　薄膜表面处的透射率与反射率

用通式表示,第二列反射波及其后面的各列反射波的振幅为

$$A_n = Ar^{2n-3}(1 - r^2) \quad (6.4.2)$$

而各列透射波的振幅为

$$A_1' = Att' = A(1 - r^2)$$
$$A_2' = Ar^2(1 - r^2)$$

$$A'_3 = Ar^4(1 - r^2)$$

用通式表示,各列透射波的振幅为

$$A'_n = Ar^{2(n-1)}(1 - r^2) \tag{6.4.3}$$

对透明介质,其反射率通常很小,即 $r \ll 1$,因而,反射波中 $A_1 \approx A_2 \gg A_3 \gg A_4 \gg \cdots$;所以只有第一列和第二列反射波之间有显著的干涉,其他的波列,由于强度太小而对总的干涉效果无甚贡献,可以忽略。而透射波中,$A'_1 \gg A'_2 \gg A'_3 \gg \cdots$,从而不能产生有效的干涉效应,即透射光的干涉条纹的可见度极小。因此,对于透明的薄膜,只需要考虑第一列和第二列反射光的干涉即可。

当然,如果薄膜的反射率较高,即 $r \approx 1$,则要计算所有透射波间的干涉,对于反射波亦然。这一问题我们将在后面处理。

从场的角度看,从上表面反射的光波,可以向任意方向传播,从薄膜内部透射出来的光波,同样也可以向任意方向传播,所以在空间各处都可以产生干涉。因而采用不同的光学装置,可以在不同的区域观察光的干涉。

### 6.4.2　等倾干涉

在所有的反射光和透射光中,相互平行的光将会聚在无穷远处,则它们的干涉也将在无穷远处发生。如果在薄膜上面置一凸透镜,并将接收屏放置在该透镜的像方焦平面处,如图 6.4.3 和图 6.4.4 所示,则凡是在屏上能够相遇而进行叠加的光,都是平行地射向透镜的,或者说,这些进行干涉的光相对于透镜的光轴有相同的倾角,因而这种干涉称作**等倾干涉**(equal inclination interference)。

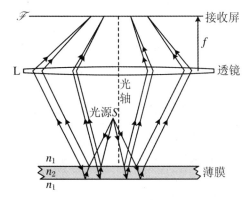

图 6.4.3　等倾干涉:光轴垂直于薄膜

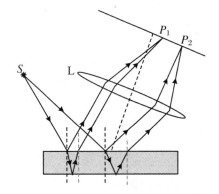

图 6.4.4　等倾干涉:光轴倾斜

### 1. 等倾干涉中相邻两列波的光程差

如图 6.4.5 所示,入射光波在入射点反射,产生第一列反射波;折射进入薄膜的光波在下表面 $B$ 处反射,又经过上表面 $C$ 处折射,这是第二列反射波。因为仅仅考虑两列相互平行的光波之间的干涉,所以相应的入射角、折射角的关系如图中所示。

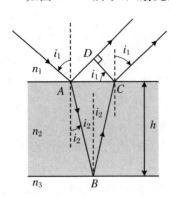

如果过 $C$ 点作一个与这两列反射光的波矢垂直的平面 $CD$,则 $CD$ 上各点到它们在接收屏上的会聚点的光程都是相等的。因而这两列反射波接收屏上会聚点的光程差就是图中 $\overline{AD}$ 段与 $\overparen{ABC}$ 段的光程差,即为 $\Delta L = n_2(\overline{AB} + \overline{BC}) - n_1 \overline{AD}$。而

$$\overline{AB} + \overline{BC} = \frac{2h}{\cos i_2}$$

$$\overline{AD} = \overline{AC}\sin i_1 = 2h\tan i_2 \sin i_1$$

图 6.4.5　等倾干涉中相邻两列光波的光程差

所以

$$n_2(\overline{AB} + \overline{BC}) - n_1 \overline{AD} = 2h\left(\frac{n_2}{\cos i_2} - n_1 \tan i_2 \sin i_1\right)$$

$$= \frac{2h}{\cos i_2}(n_2 - n_2\sin^2 i_2)$$

$$= \frac{2n_2 h}{\cos i_2}(1 - \sin^2 i_2) = 2n_2 h\cos i_2$$

$$= 2h\sqrt{n_2^2 - n_1^2\sin^2 i_1}$$

即

$$\Delta L = 2n_2 h\cos i_2 = 2h\sqrt{n_2^2 - n_1^2\sin^2 i_1} \tag{6.4.1}$$

其中 $h$ 为薄膜的厚度。

### 2. 等倾花样的干涉级

上述两列波之间要计入半波损失,相当于在光程中加入 $\lambda/2$ 或 $\pm\lambda/2$ 的奇数倍。则干涉相长的条件为

$$2h\sqrt{n_2^2 - n_1^2\sin^2 i_1} \quad 或 \quad 2n_2 h\cos i_2 = (2j+1)\frac{\lambda}{2} \tag{6.4.2}$$

干涉相消的条件为

$$2h\sqrt{n_2^2 - n_1^2\sin^2 i_1} \quad 或 \quad 2n_2 h\cos i_2 = j\lambda \tag{6.4.3}$$

由上式可以看出,等倾干涉中,如果入射角相同,则光程差相同,对应同一干涉级,

也就是同一级干涉条纹。

需要指出的是,有些教材把式(6.4.2)、式(6.4.3)的右端写成$(2j \pm 1)\lambda/2$的形式,则$j$的最小值可以是0(取"＋"时)或1(取"－"时)。本书写作$(2j+1)\lambda/2$,则明确要求其中的干涉级数$j$的最小取值为0,相当于薄膜的厚度为0时,没有实际的光程差,而只有半波损失。

### 3. 干涉条纹与光源大小的关系

**(1) 点光源**

如图6.4.6所示,可见,无论点光源处于什么位置,经薄膜的两个面反射后,与透镜光轴具有相等倾角的反射光在接收屏上形成一个圆环,这些圆环的中心位于透镜的光轴。

**(2) 扩展光源**

如图6.4.7所示,设有两个不同的发光点$S$和$S'$,各自发出球面光波,其中凡是相互平行的光波都将会聚到屏上的同一点;具有与光轴相同倾角的光,都将会聚到屏上的同一个圆环上,这些光由于有相同的倾角,所以又具有相等的光程差,从而形成同一个干涉条纹。

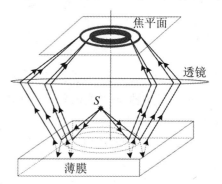

**图 6.4.6　点光源的等倾条纹**

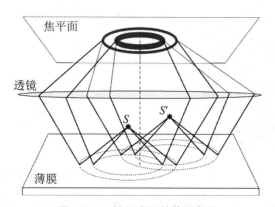

**图 6.4.7　扩展光源的等倾条纹**

因此两个不同的发光点所形成的干涉条纹的形态与只有一个点光源是一样的。那么,对于扩展光源,条纹的形态也与只有一个点光源相同。而且,由于扩展光源的强度比点光源大,所以,实际上使用的都是扩展光源,如图 6.4.8 所示。

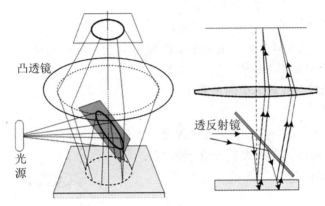

**图 6.4.8 等倾干涉的观察装置**

在透镜光轴与薄膜法线一致的情况下,干涉花样是明暗交错的同心圆环,如图 6.4.9 所示,这时光线与法线的夹角 $i_1$ 等于光线与光轴的夹角。由于经过透镜光心的光线方向不变,所以,从图 6.4.10 可以看出,上述角度就是干涉环对透镜光心张角的一半。

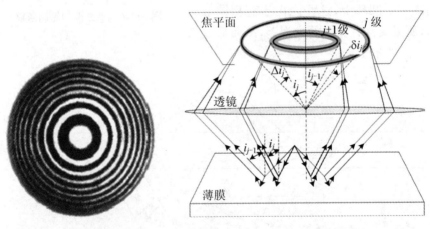

**图 6.4.9 等倾干涉花样**　　**图 6.4.10 干涉环的特征**

如果光轴与法线不平行,如图 6.4.4 中所示的情况,则与光轴倾角相等的光线的光程差却不相等,从而不能形成同一个亮环,所以这种情形下的干涉纹的形状不再是圆环。

### 4. 等倾干涉条纹的特征

（1）条纹的级数与角半径

亮条纹应满足

$$2h\sqrt{n_2^2 - n_1^2\sin^2 i_1} = (2j+1)\frac{\lambda}{2} \quad \text{或} \quad 2n_2 h\cos i_2 = (2j+1)\frac{\lambda}{2}$$

中央条纹对应的角度为 $i_1 = 0$，是沿薄膜法线和透镜光轴的光波的会聚点，$\sin i_1 = 0$，$2n_2 h = (2j+1)\lambda/2$，对应的 $j$ 取最大值，即中央条纹的干涉级数最大，$j = 2n_2 h/\lambda - 1/2$。越是外侧的条纹，级数越小。

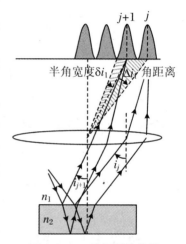

由于光波与透镜光轴的夹角 $i_1$ 就是干涉环对光心张角的一半，所以 $i_1$ 称作条纹的角半径。根据公式可以看出，膜厚 $h$ 增大，每一级圆环的角半径也相应增大，观察到的现象就是在膜厚增大的过程中，不断有圆环从屏幕的中心冒出并向周围扩散，而在膜厚减小的过程中，每一个圆环都向中心收缩并消失（被"吞入"）。

（2）条纹的角距离

如图 6.4.11 所示，相邻两条纹的倾角记作 $i_1(j)$ 和 $i_1(j+1)$，这两个角就是干涉圆环的角半

**图 6.4.11　等倾干涉花样**

径。由于 $2h\sqrt{n_2^2 - n_1^2\sin^2 i_1(j)} = (2j+1)\lambda/2$，

$j$ 改变所引起的角度改变就是干涉条纹之间的角距离，记作 $\Delta i$，即 $j$ 改变所引起的角度的改变量。也可以用薄膜中折射角的改变衡量条纹间的角距离。因为 $2n_2 h\cos i_2 = (2j+1)\lambda/2$，所以有

$$2nh\sin i_2 \Delta i_2 = -\lambda$$

可求得

$$\Delta i_2 = -\frac{\lambda}{2nh\sin i_2} \tag{6.4.4}$$

$\Delta i_2$ 不是圆环实际的角距离 $\Delta i_1$，但两者有相同的变化趋势。

从式（6.4.4）可以看出，对于中心处的条纹，$i_2$ 较小，条纹的角距离较大；而对于边缘处的条纹，$i_2$ 较大，所以角距离很小。即条纹的分布是中央稀疏，边缘紧密。另一方面，厚度 $h$ 增大，条纹的角距离变小，即较厚的薄膜，其条纹将比较密，不容易观察，而较薄的膜，干涉条纹稀疏，清晰可辨。

（3）条纹的角宽度

每一个亮条纹并非一条几何上的亮线，而是有一定的强度分布的宽带。由于干涉条纹的强度分布公式为

$$I(i) = A_1^2 + A_2^2 + 2A_1A_2\cos\Delta\varphi$$

而

$$A_1 = Ar, \quad A_2 = Atrt' = Artt' = Ar(1 - r^2)$$

$$\Delta\varphi = \frac{2\pi}{\lambda}\Delta L = \frac{4\pi}{\lambda}n_2 h\cos i_2 \pm \pi \qquad (6.4.11)$$

故有

$$I(i) = Ar^2\left[1 + (1 - r^2)^2 + 2(1 - r^2)\cos\left(\frac{4\pi}{\lambda}n_2 h\cos i_2\right)\right]$$

可以将两相邻暗条纹间的角度差（角距离）作为亮条纹的半角宽度 $\delta i$。由于 $j$ 级亮条纹和与之相邻的暗条纹分别满足下述公式

$$2n_2 h\cos i_2 = (2j + 1)\frac{\lambda}{2} \quad \text{和} \quad 2n_2 h\cos(i_2 + \delta i_2) = j\lambda$$

故有 $2n_2 h\sin i_2\delta i_2 = \lambda/2$，即

$$\delta i_2 = \frac{\lambda}{4n_2 h\sin i_2} \qquad (6.4.5)$$

中央的亮条纹的角宽度大，看起来较宽，边缘的亮条纹角宽度小，看起来细锐。另一方面，膜厚减小，条纹变得较宽，而膜厚增大，条纹变得较细锐。

等倾干涉条纹的特征列于表 6.4.1，以便于读者对其有一个全面的了解。

表 6.4.1  等倾干涉条纹的特征

| 参 数 | 分 布 | | 薄膜厚度的影响 | |
|---|---|---|---|---|
| | 中央 | 边缘 | 薄 | 厚 |
| 角半径 | | | 大 | 小 |
| 角距离 | 大 | 小 | 小 | 大 |
| 角宽度 | 大 | 小 | 小 | 大 |

## 6.4.3  等厚干涉

如果薄膜上下两表面不平行，而是有一夹角，如图 6.4.12 所示，则在入射光波与反射光波的相遇处均有干涉，整个空间都有干涉条纹。

下面研究两列相干光波在薄膜上表面的光程差，见图 6.4.13。由于薄膜两表

面的夹角往往很小,所以,两列反射波的光程差 $n_2(\overline{AB} + \overline{BC}) - n_1\overline{DC}$。可以直接引用等倾干涉的结果进行计算,即

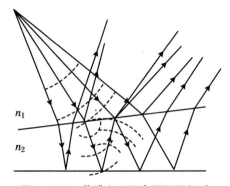

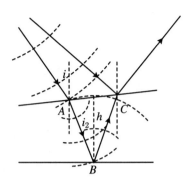

图 6.4.12　薄膜上下两表面不平行时,干涉的非定域性　　图 6.4.13　等厚干涉的光程差

$$\Delta L = 2n_2 h \cos i_2 = 2h \sqrt{n_2^2 - n_1^2 \sin^2 i_1}$$

则亮条纹满足的条件为

$$2h \sqrt{n_2^2 - n_1^2 \sin^2 i_1} = (2j + 1)\frac{\lambda}{2}$$

或

$$2n_2 h \cos i_2 = (2j + 1)\frac{\lambda}{2}$$

暗条纹满足的条件为

$$2h \sqrt{n_2^2 - n_1^2 \sin^2 i_1} = j\lambda \quad 或 \quad 2n_2 h \cos i_2 = j\lambda$$

对于射垂直入射的光波,在薄膜的上表面处,第一列与第二列反射波几乎重合,因而能进行相干叠加,如图 6.4.14 所示。这时两列波间的光程差为 $2n_2 h$,如果计入半波损失,则在薄膜的上表面,两列波的相位差为 $\Delta\varphi = (4\pi/\lambda)n_2 h \pm \pi$,则亮条纹出现的条件是

$$2n_2 h = (2j + 1)\frac{\lambda}{2} \tag{6.4.13}$$

暗条纹出现的条件是

$$2n_2 h = j\lambda \tag{6.4.14}$$

由于同一级(条)亮纹出现在薄膜厚度相等的地方,故这种干涉称作**等厚干涉**(equal thickness interference)。

对于图 6.4.14 所示的楔形薄膜(wedge film),相邻两根亮条纹间的厚度差为

$$\Delta h = \frac{\lambda}{2} n_2 \qquad (6.4.15)$$

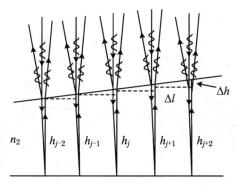

图 6.4.14　楔形薄膜条纹的横向间距

如果楔角为 $\alpha$ ,则在表面上,亮条纹的间距为

$$\Delta l = \frac{\Delta h}{\sin\alpha} = \frac{\lambda}{2 n_2}\sin\alpha \qquad (6.4.16)$$

在尖端处,只有半波损失,反射光永远是暗纹,透射光是亮纹。

如果薄膜的上下表面都是平整的,等厚条纹应该是相互平行的等间隔直条纹,如图 6.4.15 所示。但实际上,我们看到的往往是弯曲的弧形条纹,其原因可以用图 6.4.16 说明。观察者处于薄膜正上方时,进入其瞳孔的光的角度是不同的,中央部分的光沿竖直方向进入,而两侧的光只有倾斜才能进入。即中央部分的光的角度 $i_1 = 0$ ,条纹满足 $2 n_2 h = (2j + 1)\lambda/2$ ;对于两侧的光,由于 $i_1 \neq 0$ ,所以应该采

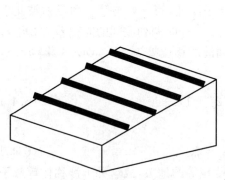

图 6.4.15　楔形薄膜上干涉形成的
等间隔平行直条纹

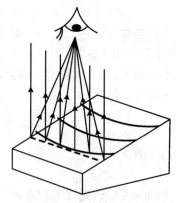

图 6.4.16　条纹向膜厚处弯曲

用公式 $2n_2h\cos i_2 = (2j+1)\lambda/2$。由于 $i_2 \neq 0$,$\cos i_2 < 1$,对于同一干涉级,
$(2j+1)\lambda/2$是不变的,而对于中央部分,$2n_2h = (2j+1)\lambda/2$,那么在两侧同一厚度
的光,有 $2n_2h\cos i_2 < (2j+1)\lambda/2$,不满足亮条纹出现的条件,只有在膜增加一定
厚度的地方,才有 $2n_2(h+\Delta h)\cos i_2 = (2j+1)\lambda/2$,而且,越靠边,$i_2$ 越大,$\Delta h$ 就
越大,所以,看到的条纹是向膜厚的地方弯曲。

在观察者正下方,光线的入射角最小,
而愈靠边缘的位置,光线的入射角比中央
处大,故 $h$ 必须增加才能使得满足干涉相
长条件,因而条纹向厚的一端弯曲。

由于同一个干涉条纹只在厚度相等处
出现,等厚干涉可用于检测工件表面的平
整度,并可以确定凸凹。

如图 6.4.17 所示,如果观察到如图
6.4.18 所示弯曲的干涉纹,则可判断待测
表面的中央部分有一凸起,理由如下。

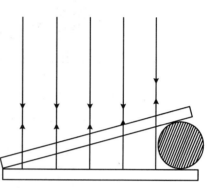

图 6.4.17 检测表面平整

直纹说明表面是平整的,设此处厚度

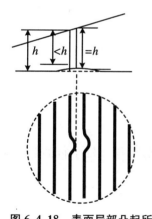

图 6.4.18 表面局部凸起所引
起的等厚条纹弯曲

为 $h$,若中央有一凸起,则厚度小于 $h$,不满足亮纹
的条件,而同级亮纹只能出现在厚度为 $h$ 的地方,
向右端移动一段距离,则会有厚度恰等于 $h$ 的地
方,亮纹在这里出现,这一部分的条纹因而向楔形的
后部弯曲。条纹弯曲的区域对应于凸起的区域,而
条纹弯曲的程度对应于凸起的高度。

【例 6.6】 (1)维纳驻波的干涉如图 6.4.19 所
示,一列单色平行光垂直射向反射面。求反射波与
入射波所形成的干涉条纹。

(2)如果在反射面上方放一半透半反的平行
板,该板与反射面间夹角为 $\theta$。求板上干涉条纹的
间距。(设反射面对光的反射率为100%。)

【解】 (1)入射波为

$$\psi_1 = A_1\cos(kz - \omega t)$$

设反射波的振幅与入射波相等,表示为

$$\psi_2 = A_2\cos(-kz - \omega t + \varphi) = A_2\cos(kz + \omega t - \varphi)$$

设 $A_1 = A_2$，合振动

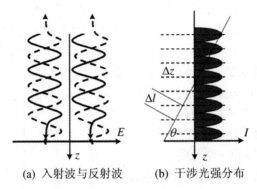

(a) 入射波与反射波　　(b) 干涉光强分布

**图 6.4.19　维纳驻波的干涉**

$$\psi = \psi_1 + \psi_2 = A\cos(kz - \omega t) + A\cos(kz + \omega t - \varphi)$$

$$= 2A\cos\left(\omega t - \frac{\varphi}{2}\right)\cos\left(kz - \frac{\varphi}{2}\right)$$

在上述表达式中，时间因子 $\omega t$ 与空间因子 $kz$ 分开，这种形式的波动无法在空间传播，而只能在原位振动，因而形成**驻波**（standing wave）。实验表明，在 $z = 0$ 处，$I = 0$，说明 $\varphi = \pi$，即反射时有半波损失，从而有 $\psi = -2A\sin\omega t\sin kz$，光强 $I = 4A^2\sin^2 kz$。

在 $z = 0$ 处，$I = 0$，为极小值。

可以由 $k\Delta z = (2\pi/\lambda)\Delta z = \pi$ 求得暗纹间隔，即 $\Delta z = \lambda/2$。

(2) 板上条纹的间隔为

$$\Delta l = \frac{\Delta z}{\sin\theta} = \frac{\lambda}{2\sin\theta}$$

斜入射时，将波矢分解为平行和垂直于 $z$ 轴的两部分。与 $z$ 轴平行的部分无反射波，不发生干涉。

# 6.5　分振幅的干涉装置

依据薄膜分振幅干涉的原理，制成了多种干涉装置。

## 6.5.1 迈克耳孙干涉仪

**1．干涉仪的结构与原理**

图6.5.1为迈克耳孙干涉仪（Michelson interferometer）的光路及原理示意图。

图6.5.2为实用的干涉仪构造，图6.5.3显示了干涉仪的调节机构。其中主要的原件如下：

$G_1$：分光板（beam splitter），其背面涂敷半透半反膜；$G_2$：补偿板（compensating plate）；$M_1$，$M_2$：反光镜。其中，$M_1$，$M_2$相互垂直，$G_1$与$G_2$平行，且与$M_1$，$M_2$成45°角。

入射波在分光板的涂膜处分为两部分，分别射向$M_1$，$M_2$，在图6.5.1中记为1和2。被$M_1$，$M_2$反射后，沿原路返回到分光板的涂膜上。由$M_1$反射的波1透过涂膜；而由$M_2$反射的波2被涂膜反射。1和2两列波进行相干叠加，产生干涉条纹。补偿板与分光板由相同的材料制成，形

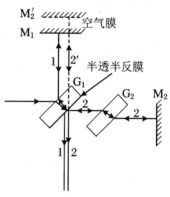

**图6.5.1 迈克耳孙干涉仪的光路及原理示意图**

状也完全一样，只是没有涂膜。则1和2两列波都各自经涂膜反射、透射一次、经玻璃板透射三次、被反光镜反射一次，只是在空气中经过的路程不同，因而光程差就是由于两反射镜到涂膜层的距离不同而造成的。

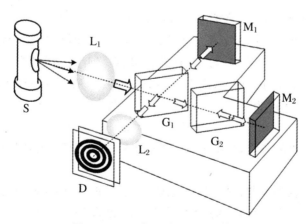

**图6.5.2 迈克耳孙干涉仪的构造**

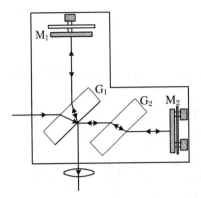

图6.5.3 迈克耳孙干涉仪的调节机构

在两列光波所经过的路径上,需要注意的是,波1和波2各被反光镜反射一次,因而半波损失的情况一致。但是,在分光板处,光束1由玻璃射向涂膜被反射,而光束2由空气射向涂膜被反射,因此这两次反射的情况恰好相反,即两列波的反射角、折射角互换,如图6.5.4所示,所以两列波之间会产生半波损失。其实有无半波损失仅仅会影响到干涉条纹的具体位置,而不会影响到整个干涉花样以及条纹之间的距离,好在通常受关注的是条纹整体移动变化的情况,所以不必考虑半波损失的细节。

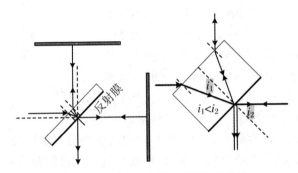

图6.5.4 两列光之间半波损失的产生

图6.5.2中,$M_2$相对于涂膜有一个镜像$M_2'$,光波2相当于从$M_2'$反射过来的,而$M_2'$与$M_1$构成了一个空气薄膜,所以迈克耳孙干涉仪就相当于"空气膜"的干涉。两列波的光程差就是$M_2'$与$M_1$间距的2倍。$M_1$与$M_2'$或平行,或不平行,都能产生等倾或等厚干涉。此时,由于$n_1 = n_2$,$i_1 = i_2$,所以在不计半波损失的情况下,亮条纹产生的条件为

$$2h\cos i = j\lambda \qquad (6.5.1)$$

处于视场中央的条纹,是由平行于透镜光轴的光束产生的,因而$i = 0$,于是有

$$2h = j\lambda \qquad (6.5.2)$$

当移动干涉仪的一臂,便可改变上述"空气膜"的厚度,从而引起视场中央条纹级数的改变。设移动$\Delta h$,看到视场中央条纹改变了$\Delta j$次,则

$$2\Delta h = \Delta j\lambda \qquad (6.5.3)$$

宏观的长度$\Delta h$与微观的波长$\lambda$通过$\Delta j$联系起来,式(6.6.3)可用于长度精确

的测量。

**2. 条纹的形状**（图 6.6.5）

（1）$M_1$ 平行于 $M'_2$，即 $M_1$ 垂直于 $M_2$，为等倾干涉，同心圆环，圆心在视场中央；

（2）$M_1$ 不平行于 $M'_2$，为等厚干涉。此时，条纹的形状与 $M_1$，$M'_2$ 间的距离有关。

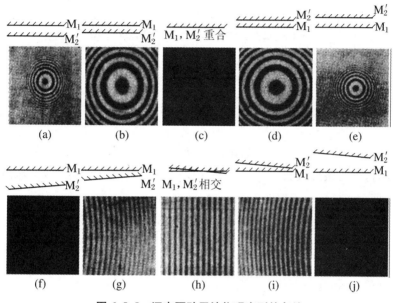

图 6.5.5　迈克耳孙干涉仪观察到的条纹

【**例 6.7**】　用钠光的 589.3 nm 谱线观察迈克耳孙干涉条纹，先看到干涉场中有 16 个亮环（包括中心亮斑），且中心是亮的；移动平面镜 $M_1$ 后，看到中心吞（吐）了 20 环，干涉场中心还剩 6 个亮环（包括中心亮斑），中心仍是亮的。试求：（1）$M_1$ 移动的距离；（2）开始时中心亮斑的干涉级；（3）$M_1$ 移动后，干涉场中最外亮环的干涉级。

**分析**　在视场中心，光线的入射角为 0；在视场的外边缘，即最外干涉环所对应的角度，在 $M_1$ 移动过程中是不变的。

【**解**】（1）等倾干涉时，中心条纹：

$$2h = j_0\lambda \tag{1}$$

最外条纹：

$$2h\cos i = j_1\lambda \tag{2}$$

以上两式相减,得到

$$2h(1 - \cos i) = (j_0 - j_1)\lambda \tag{3}$$

其中 $j_0 - j_1$ 为干涉场(视场)中条纹的数目。

由于 $M_1$ 移动后,视场中条纹减少,所以 $h$ 减小。

吞入了 20 环,说明中心级次减小 20。由式(1),得到

$$2\Delta h = \Delta j\lambda = -20\lambda \tag{4}$$

即 $M_1$ 移动了

$$\Delta h = \Delta j \frac{\lambda}{2} = -20 \frac{\lambda}{2} = -5.893 \, \mu\text{m}$$

(2) 设开始时中心斑的级数为 $j_0$,最外条纹的级数为 $j_0 - 15$,则有

$$2h = j_0\lambda \tag{5}$$
$$2h\cos i = (j_0 - 15)\lambda \tag{6}$$

即

$$j_0\lambda\cos i = (j_0 - 15)\lambda \tag{7}$$

结束时,中心条纹级数 $j_0' = j_0 - 20$,最外的条纹为 $j_0' - 5 = j_0 - 25$,从而有

$$2(h + \Delta h) = (j_0 - 20)\lambda \tag{8}$$
$$2(h + \Delta h)\cos i = (j_0 - 25)\lambda \tag{9}$$

因此

$$(j_0 - 20)\lambda\cos i = (j_0 - 25)\lambda \tag{10}$$

由式(7)和式(10),可得

$$\frac{j_0 - 20}{j_0} = \frac{j_0 - 25}{j_0 - 15}$$

解得 $j_0 = 30$。

(3) $j_0 - 25 = 30 - 25 = 5$,视场中还有 5 条亮纹。

**【例 6.8】** 若用波长 $\lambda = 589.0 \sim 589.6$ nm 的光照明迈克耳孙干涉仪,首先调整干涉仪,得到清晰的干涉条纹,然后移动 $M_1$,干涉图样为什么会逐渐变得模糊?问第一次视场中干涉条纹消失时,$M_1$ 移动了多少距离?

**分析** 由于不同波长的干涉条纹分布不同,所以会相互重叠,导致反衬度下降,直至看不见条纹。

**【解】** 这是非单色光的时间相干性问题。

非单色波的相干长度,即波列有效长度 $L = \lambda^2/\Delta\lambda$,要求经过两镜的光波能够相遇,必须使 $L \geqslant 2h$,于是 $h \leqslant \lambda^2/(2\Delta\lambda) = 0.289$ (mm)。

## 6.5.2　傅里叶变换光谱仪

在迈克耳孙干涉仪中，当入射光是具有一定光谱分布的非单色光时，可以让进行干涉的两束光 1 和 2 的强度相等，即它们的振幅相等，记为 $A(k)$。如果此时两列波的光程差为 $\delta$，则它们的干涉强度可以表示为

$$\begin{aligned} I(k) &= 2A^2(k)[1+\cos\Delta\varphi(k)] \\ &= 2A^2(k)[1+\cos(k\delta)] \end{aligned}$$

而仪器(图 6.5.7)接收到的光强为各种波长的强度之和，即

$$\begin{aligned} I(\delta) &= \int_0^\infty I(k)\mathrm{d}k \\ &= \int_0^\infty 2A^2(k)(1+\cos k\delta)\mathrm{d}k \\ &= \int_0^\infty 2A^2(k)\mathrm{d}k + \int_0^\infty 2A^2(k)\cos k\delta\mathrm{d}k \\ &= I_0 + \int_0^\infty 2A^2(k)\cos k\delta\mathrm{d}k \\ &= I_0 + \int_0^\infty i(k)\cos k\delta\mathrm{d}k \end{aligned}$$

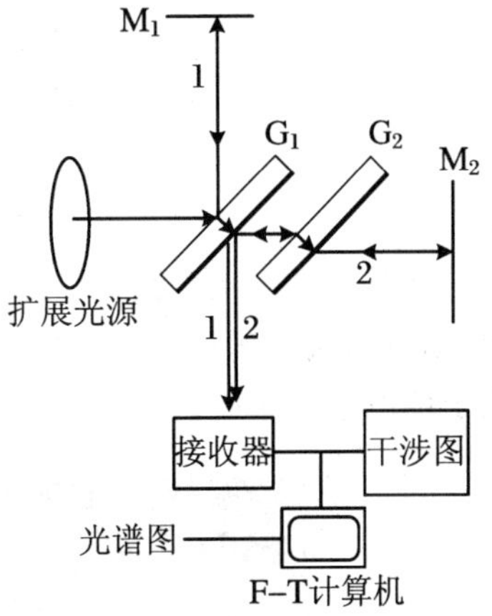


图 6.5.6　傅里叶变换光谱仪

其中 $i(k)=2A^2(k)$，就是入射光强按波长的分布，也就是入射光的光谱，即有

$$\int_0^\infty i(k)\cos k\delta\mathrm{d}k = I(\delta) - I_0$$

其中 $I_0$ 与波长无关，是光程差为零时的光强；而后面的积分是一个傅里叶余弦变换的表达式。其逆变换为

$$i(k) = \frac{2}{\pi}\int_0^\infty [I(\delta) - I_0]\cos k\delta\mathrm{d}\delta \tag{6.5.4}$$

在迈克耳孙干涉仪中，光程差 $\delta$ 即为两反光镜之间距离的 2 倍，即 $2h$，所以，只要在一系列不同的位置上记录到衍射光强，即可通过傅里叶变换得到光源的光谱分布。由此可以得到光源的光谱分布 $i(k)$或 $i(\lambda)$。

## 6.5.3　马赫-曾特干涉仪

如图 6.5.7 所示，采用两个反射镜 $M_1$，$M_2$，以及两个分束镜 $BS_1$，$BS_2$ 就可以

组成一种分振幅的反射装置,称作马赫-曾特干涉仪(Mach-Zehnder interferometer)。

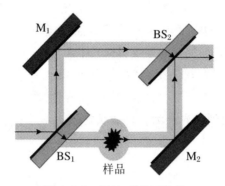

图 6.5.7　马赫-曾特干涉仪

　　在其中的一条光路中,可以置入样品,如受力的透明介质、气体或者等离子体等,则可以通过测量干涉条纹的变化获得样品的光学参数,图 6.5.8 为测量到的等离子体的干涉条纹。该装置近年来更是被用于量子密钥通信。

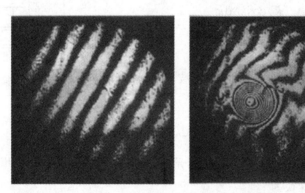

图 6.5.8　马赫-曾特干涉仪干涉花样

## 6.5.4　干涉滤波片

　　利用薄膜干涉相长或干涉相消原理,可以对某些波长增透或增反。如在玻璃板上镀一层薄膜(图 6.5.9),则入射光中满足干涉相长的波长被反射,其他的波长则由于干涉而减弱,可以只让特定波长的光被反射,起到滤光的作用。也可以在光学仪器的镜头表面镀(涂)膜,使得透射光由于干涉而得到增强,这种膜称作增透膜。现在使用的照相机、望远镜、显微镜,由于都采用了较复杂的透镜组,透镜较多,每个透镜的表面都会反射一部分光,故造成的光能量损失比较严重。在每一个镜头的表面镀上增透膜,可以大大降低入射光能量的损失。

　　由于仅有一层增透膜或增反膜还不能充分起作用,所以现在往往采用多层膜。将光学常数(折射率)不同的材料按一定的次序和厚度镀在镜头表面,其效果比仅有一层薄膜要好得多。

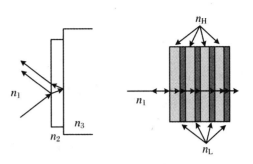

图 6.5.9　干涉滤波片

【**例 6.9**】　为了减少玻璃的反射,通常的做法是在玻璃表面上涂一层很薄的透明薄膜(增透膜)。其结构如图6.5.10所示,膜上方为空气($n_1 = 1$),膜下方是玻璃($n_2 = 1.5$),膜的折射率 $n = 1.3$。

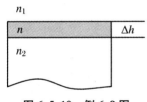

图 6.5.10　例 6.9 图

　　(1) 不涂增透膜时,玻璃的光强反射率是多少?一个由六片透镜构成的镜头,其光强透过率为多少?

　　(2) 若想使波长为 600.0 nm 的反射光减小到最小,应涂多厚的膜? 涂膜后光强反射率为多少?

　　(3) 要想使反射光完全干涉相消,增透膜的折射率应取多少?

　　**分析**　涂膜后,由于在膜的上下表面,反射光干涉相消,所以可以提高透过率。透射率、反射率可以由菲涅耳公式计算。但一般情况下,由于两列光的振幅不相等,所以不能完全相消。只有膜的折射率满足一定条件时,干涉才完全相消,即两列光既有相反的相位,又有相同的光强(振幅)。

　　【**解**】　(1) 光线由空气向玻璃正入射时,或从玻璃向空气正入射时,光强反射率

$$R = \left( \frac{n_1 - n_2}{n_1 + n_2} \right)^2 = 4\%$$

光透过 6 片透镜,即经过 12 个表面的反射,每个表面的透射率

$$T = 1 - R = 96\%$$

因而总的透射率

$$T_{\text{total}} = T^{12} = 0.96^{12} = 0.607 = 60.7\%$$

　　(2) 由于膜的折射率 $n = 1.3$,介于空气($n_1 = 1$)和玻璃($n_2 = 1.5$)之间,故没有半波损失,于是干涉相消的条件是

$$2n\Delta h = \left(m + \frac{1}{2}\right)\lambda$$

膜厚

$$\Delta h = \left(m + \frac{1}{2}\right)\frac{\lambda}{2n} = 230.8\left(m + \frac{1}{2}\right) \text{nm} \quad (m = 0,1,2,\cdots)$$

涂膜后,上表面:

$$R_1 = \left(\frac{n_1 - n}{n_1 + n}\right)^2 = 1.7\%$$

下表面:

$$R_2 = \left(\frac{n_2 - n}{n_2 + n}\right)^2 = 0.5\%$$

(3) 此时应使两列反射光的振幅相等,即

$$E_1 = \frac{n_1 - n}{n_1 + n}E_0, \quad E_2 = \frac{2n_1}{n_1 + n}\frac{n_2 - n}{n_2 + n}\frac{2n}{n_1 + n}E_0$$

即有

$$\left|\frac{n_1 - n}{n_1 + n}\right| = \left|\frac{2n_1}{n_1 + n}\frac{n_2 - n}{n_2 + n}\frac{2n}{n_1 + n}\right|$$

整理得

$$n^3 - (4n_1 - n_2)n^2 + n_1(4n_2 - n_1)n - n_1^2 n_2 = 0$$

或者

$$n^3 + (4n_1 + n_2)n^2 - n_1(4n_2 + n_1)n - n_1^2 n_2 = 0$$

化简为

$$n^3 - 2.5n^2 + 5n - 1.5 = 0 \tag{1}$$

或

$$n^3 + 5.5n^2 - 7n - 1.5 = 0 \tag{2}$$

在 1~3 范围内,式(1)无合理解;式(2)的解为 $n \approx 1.22$。

实际上,尚未发现 $n \approx 1.22$ 的透明薄膜,使用氟化镁涂膜,其折射率为 1.38。

## 6.5.5 牛顿环干涉装置

如图 6.5.11 所示,在一玻璃平板上放一平凸透镜,则两者之间就形成了一层空气薄膜。从上方垂直入射的光,由于分别被空气膜的上下两个表面反射,于是就产生了干涉。在空气膜的上表面或下表面观察,由于空气膜的形状取决于透镜球面的形状,这是一种等厚干涉装置,称作**牛顿环**(Newton ring)干涉。可以判断,干涉条纹的形状是一系列的同心圆环。这些圆环称作牛顿环。图 6.5.12 为实际的

观察牛顿环装置的原理图。

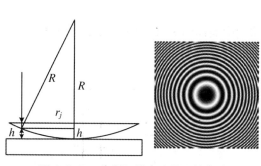

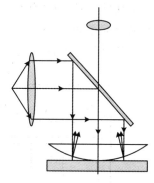

图 6.5.11　牛顿环的产生及干涉条纹　　　图 6.5.12　牛顿环的观察装置

观察反射光在空气膜上表面的干涉,一列在球面(玻璃-空气界面)被反射,没有半波损失;而另一列在平面(空气-玻璃界面)被反射,有半波损失。于是亮条纹产生的条件为 $\Delta L = 2h \pm \lambda/2 = j\lambda$, $\Delta L$ 为光程差,即 $2h = j\lambda \pm \lambda/2$。设球面半径为 $R$,在空气膜厚度为 $h$ 处干涉条纹的半径为 $r$。由相交弦定理,有 $h(2R - h) = r^2$, $2Rh - h^2 = r^2$。由于 $R \gg h$, $h = r^2/(2R)$,牛顿环的半径为

$$r_j = \sqrt{(j + 1/2)\lambda R} \quad (j = 0, 1, 2, \cdots) \tag{6.5.5}$$

对于透射光在空气膜下表面的干涉,一列直接透过,另一列在平面和球面间反射后透过,由于两次反射,无半波损失。在这种情况下,光程差为 $\Delta L = 2h = j\lambda$,透射光牛顿环的半径为

$$r_j = \sqrt{j\lambda R} \quad (j = 0, 1, 2, \cdots) \tag{6.5.6}$$

可利用式(6.6.5)和式(6.6.6)检验、测量球面透镜的质量和曲率半径 $R$。

图 6.5.13　用牛顿环检验、测量球面透镜

【例 6.10】　如图 6.5.14 所示,A 为平凸透镜,B 为平板玻璃,C 为金属柱,D 为框架,A,B 之间留有气隙,而 A 被固结在框架的边缘上。温度变化时,C 发生伸

缩,而假设 A,B,D 都没有伸缩。现用波长 $\lambda = 632.8\,\text{nm}$ 的激光垂直照射。

(1) 在反射光中观察时,看到牛顿环的条纹都移向中央,这表明金属柱 C 的长度是增加还是缩短?

(2) 如果观察到有 10 个明条纹移到中央而消失,C 的长度变化了多少?

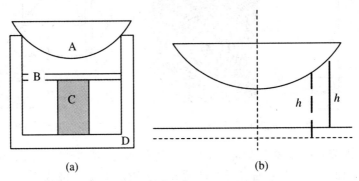

(a)　　　　　　　　　　　　(b)

**图 6.5.14　例 6.10 中的装置及示意图**

**分析**　在平凸透镜 A 和平板玻璃 B 之间是空气膜,这是牛顿环干涉装置。

**【解】**　(1) 条纹向中间移动,即 $j$ 级干涉环的半径减小。由于这是等厚干涉,即某一级条纹,例如 $j$ 级,总是处在相同的膜厚处,见图 6.5.14(b),所以可以判断膜厚增大了。这说明气隙增加,即金属柱 C 缩短。

(2) 由牛顿环干涉公式

$$2nh = \frac{nr_j^2}{R} = \left(j + \frac{1}{2}\right)\lambda$$

可得 $2n\Delta h = \Delta j\lambda$,即

$$\Delta h = \frac{\Delta j\lambda}{2n} = \frac{10 \times 632.8}{2} = 3\,164\,(\text{nm}) = 3.164\,(\mu\text{m})$$

# 6.6　法布里-珀罗干涉仪

## 6.6.1　干涉装置

在薄膜干涉装置中,如果膜的两个表面对光的反射率很高,则各列反射光的强度相差不是很大,这时,除了第 1 列、第 2 列之外,其他的反射波列对干涉的贡献就

不可忽略;同样,所有的透射波列之间也会产生明显的干涉。因而,在这种情况下,就必须计算多光束的干涉。

实用的多光束干涉装置通常如图 6.6.1 所示。其中 $G_1$,$G_2$ 是两块用光学玻璃或石英晶体制成的直角梯形,相对的两个表面彼此严格平行,并镀有高反射率薄膜。这样,在其中就形成了一个具有高反射率表面的平行空气薄膜。经过准直的平行光从一端射入,在另一端就可以得到相干的平行波列。这种装置称作**法布里-珀罗干涉仪**(Fabry-Perot interferometer)。干涉仪中,两反射面 $G_1$,$G_2$ 的间距可以进行精确的调整。如果 $G_1$,$G_2$ 的间距是固定不变的,则称之为**法布里-珀罗标准具**(Fabry-Perot etalon),可用来对长度进行精确的标定。

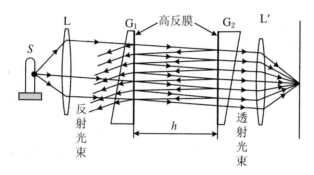

图 6.6.1 法布里-珀罗干涉仪

## 6.6.2 光强分布

容易判断,法布里-珀罗干涉仪是一种多光束的等倾干涉装置,条纹为同心圆环。在图 6.6.2 所示的情形中,可以算得各列反射光和透射光的振幅。

第一列反射光的振幅为 $A_1 = Ar$;当 $n > 1$ 时,反射光的振幅可用通式表示为 $A_n = Ar^{2n-3}(1-r^2)$;而透射光的振幅用通式表示为 $A'_n = Ar^{2(n-1)}(1-r^2)$。

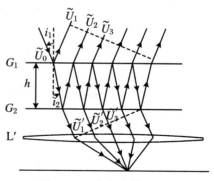

除第一列反射光要计入额外光程 $(\pm\lambda/2,$半波损失)外,其余相邻两列反射光间有相同光程差,相邻两列透射光也有相同光程差和位相差,为 $\Delta L = 2h\sqrt{n_2^2 - n_1^2\sin^2 i_1}$,而相位差为 $\Delta\varphi = k\Delta L = 2\pi/(\lambda\Delta L)$。

图 6.6.2 多光束相干叠加

取一个与反射光束垂直的平面,则在该平面到透镜焦平面上的会聚点之间,所有光束是等光程的。考虑到第一列反射波与其他各列反射波之间有半波损失,所以不妨干脆设第一列反射波在焦平面上的相位为 $\varphi_0 + \pi$(也可以设第一列反射波在该平面处的相位为 $\varphi_0 + \pi$),则由于相邻波列间有相等的光程差,所以第 $n$ 列反射波在焦平面的位相为 $\varphi_0 + (n-1)\Delta\varphi$,即有

$$\widetilde{U}_1 = A_1 \mathrm{e}^{\mathrm{i}(\pi + \varphi_0)} = Ar\mathrm{e}^{\mathrm{i}(\pi + \varphi_0)} = A\rho^{1/2}\mathrm{e}^{\mathrm{i}(\varphi_0 + \pi)} \tag{6.6.1}$$

其中 $\rho = r^2 = r'^2$,为对薄膜光强的反射率。其他各列反射波的复振幅为

$$\widetilde{U}_n = Ar^{2n-3}(1 - r^2)\mathrm{e}^{\mathrm{i}[\varphi_0 + (n-1)\Delta\varphi]} = A\rho^{n-3/2}(1 - \rho)\mathrm{e}^{\mathrm{i}[\varphi_0 + (n-1)\Delta\varphi]} \tag{6.6.2}$$

所有反射波相干叠加,得到

$$\begin{aligned}
\widetilde{U}_{\mathrm{R}} &= A\rho^{1/2}\mathrm{e}^{\mathrm{i}(\varphi_0 + \pi)} + \sum_{n=2}^{N} A\rho^{n-3/2}(1 - \rho)\mathrm{e}^{\mathrm{i}[\varphi_0 + (n-1)\Delta\varphi]} \\
&= -A\rho^{1/2}\mathrm{e}^{\mathrm{i}\varphi_0} + A\rho^{-1/2}(1 - \rho)\mathrm{e}^{\mathrm{i}\varphi_0}\sum_{n=2}^{N} \rho^{n-1}\mathrm{e}^{\mathrm{i}(n-1)\Delta\varphi} \\
&= -A\rho^{1/2}\mathrm{e}^{\mathrm{i}\varphi_0} + A\rho^{-1/2}(1 - \rho)\mathrm{e}^{\mathrm{i}\varphi_0}\sum_{n=1}^{N-1} \rho^{n}\mathrm{e}^{\mathrm{i}n\Delta\varphi} \\
&= -A\rho^{1/2}\mathrm{e}^{\mathrm{i}\varphi_0} + A\rho^{-1/2}(1 - \rho)\mathrm{e}^{\mathrm{i}\varphi_0}\frac{\rho\mathrm{e}^{\mathrm{i}\Delta\varphi}\left[1 - \rho^{N-1}\mathrm{e}^{(N-1)\Delta\varphi}\right]}{1 - \rho\mathrm{e}^{\mathrm{i}\Delta\varphi}}
\end{aligned}$$

由于反射率 $\rho < 1$,所以当 $N \to \infty$ 时,$\rho^N = 0$。因此

$$\widetilde{U}_{\mathrm{R}} = A\rho^{1/2}\mathrm{e}^{\mathrm{i}\varphi_0}\left[-1 + \frac{(1 - \rho)\mathrm{e}^{\mathrm{i}\Delta\varphi}}{1 - \rho\mathrm{e}^{\mathrm{i}\Delta\varphi}}\right] = A\rho^{1/2}\mathrm{e}^{\mathrm{i}\varphi_0}\left(\frac{-1 + \mathrm{e}^{\mathrm{i}\Delta\varphi}}{1 - \rho\mathrm{e}^{\mathrm{i}\Delta\varphi}}\right) \quad (N \to \infty)$$

$$\begin{aligned}
I_{\mathrm{R}} &= \widetilde{U}_{\mathrm{R}}\widetilde{U}_{\mathrm{R}}^* = A^2\rho\left(\frac{-1 + \mathrm{e}^{\mathrm{i}\Delta\varphi}}{1 - \rho\mathrm{e}^{\mathrm{i}\Delta\varphi}}\right)\left(\frac{-1 + \mathrm{e}^{-\mathrm{i}\Delta\varphi}}{1 - \rho\mathrm{e}^{-\mathrm{i}\Delta\varphi}}\right) \\
&= A^2\rho\frac{1 - \mathrm{e}^{\mathrm{i}\Delta\varphi} - \mathrm{e}^{-\mathrm{i}\Delta\varphi} + 1}{1 - \rho(\mathrm{e}^{\mathrm{i}\Delta\varphi} - \mathrm{e}^{-\mathrm{i}\Delta\varphi}) + \rho^2} = \frac{2A^2\rho(1 - \cos\Delta\varphi)}{1 - 2\rho\cos\Delta\varphi + \rho^2}
\end{aligned}$$

由于

$$1 - \cos\Delta\varphi = 2\sin^2\frac{\Delta\varphi}{2}$$

$$\begin{aligned}
1 - 2\rho\cos\Delta\varphi + \rho^2 &= (1 - \rho)^2 + 2\rho - 2\rho\cos\Delta\varphi \\
&= (1 - \rho)^2 + 2\rho\left(1 - 1 + 2\sin^2\frac{\Delta\varphi}{2}\right) \\
&= (1 - \rho)^2 + 4\rho\sin^2\frac{\Delta\varphi}{2}
\end{aligned}$$

所以反射光的强度为

$$I_R = I_0 \frac{4\rho \sin^2 \frac{\Delta\varphi}{2}}{(1-\rho)^2 + 4\rho\sin^2 \frac{\Delta\varphi}{2}} = \frac{I_0}{1 + \frac{(1-\rho)^2}{4\rho\sin^2 \frac{\Delta\varphi}{2}}} \tag{6.6.3}$$

其中 $I_0 = A^2$，相当于入射光的光强。

对于透射光，振幅可表示为

$$A'_n = Ar^{2(n-1)}(1-r^2) = A(1-r^2)r^{-2}r^{2n} = A'_1\rho^{n-1}$$

其中 $A'_1 = A(1-r^2)$，是第一列透射波的振幅。

第 $n$ 列透射光的复振幅为

$$\widetilde{U}'_n = A'_1\rho^{n-1}e^{i[\varphi_0 + (n-1)\Delta\varphi]} \tag{6.6.4}$$

其中 $\varphi'_0$ 为第一列透射波的初位相。所有透射波的相干叠加为

$$\widetilde{U}_T = \sum_{n=1}^{N} A'_1\rho^{n-1}e^{i[\varphi'_0 + (n-1)\Delta\varphi]} = A'_1\rho e^{i\varphi'_0} \sum_{n=0}^{N-1} \rho^n e^{in\Delta\varphi}$$

$$= A'_1 e^{i\varphi'_0} \frac{1 - \rho^N e^{iN\Delta\varphi}}{1 - \rho e^{i\Delta\varphi}}$$

当 $N \to \infty$ 时，$\widetilde{U}_T = A'_1 e^{i\varphi'_0}/(1 - \rho e^{i\Delta\varphi})$，则透射光强为

$$I_T = \widetilde{U}\widetilde{U}^* = \frac{A'^2_1}{(1 - \rho e^{i\Delta\varphi})(1 - \rho e^{-i\Delta\varphi})}$$

$$= \frac{A'^2_1}{1 - \rho e^{i\Delta\varphi} - \rho e^{-i\Delta\varphi} + \rho^2} = \frac{A'^2_1}{1 - 2\rho\cos\Delta\varphi + \rho^2}$$

而 $A'^2_1 = A^2(1-\rho)^2 = I_0(1-\rho)^2$，于是得到透射光的强度为

$$I_T = \frac{I_0}{1 + \frac{4\rho\sin^2\frac{\Delta\varphi}{2}}{(1-\rho)^2}} \tag{6.6.5}$$

当然，式(6.6.5)也可以利用反射光强分布公式(6.6.4)直接求得，即

$$I_T = I_0 - I_R = \frac{I_0}{1 + 4\rho\sin^2\frac{\Delta\varphi}{2}\big/(1-\rho)^2}$$

在不同的反射率下，所得到的透射光强分布如图 6.6.3 所示，从图中可以看出，当反射率较高时，随着相位差的变化，透射光是一系列在黑暗背景上的明亮细锐的同心圆环。将该图反过来，即可得到图 6.6.4，这就是反射光的强度分布。也可以看出，反射光的亮环较宽，暗环细锐，相当于亮背景上的一系列细锐的暗环，而且，反射、透射的干涉花样是互补的。

　　需要指出的是,上述干涉花样是在光源处于薄膜之外(图中光源在薄膜之上)的条件下形成的。之所以这样,主要是由于薄膜的反射率很高,第一列反射光的强度为 $I_1 = \rho I_0$,比其他所有波列的强度之和还要大得多,所以,反射光的背景很强。如果将光源安置在干涉仪内部,则从任何一个侧面出射的光的总功率(通量)差不多,而且都可以用前面所推导的透射光的强度公式来描述。

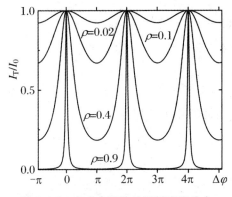

图 6.6.3　多光束干涉的透射光强分布

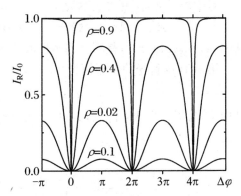

图 6.6.4　多光束干涉的反射光强分布

## 6.6.3　光波场的特性

### 1. 亮条纹的半值宽度

　　为了衡量干涉条纹的细锐程度,通常采用**半值宽度**(也称**半值半宽**,half width at half maximum,简写作 HWHM)。

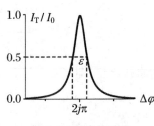

图 6.6.5　半值宽度

　　半值宽度的定义是光强降为峰值一半时峰的宽度,如图 6.6.5 所示,在光强的极大值附近,相位差改变 $\pm \varepsilon/2$,光的强度降为峰值的一半,则 $\varepsilon$ 就是用相位差表示的亮条纹半值宽度。

　　强度降低是由于波列之间的相位不同步(相位差不是 $2j\pi$),而相位差既与光程差有关,也与光的波长有关,即

$$\Delta\varphi = k\Delta L = \frac{4\pi h\sqrt{n_2^2 - n_1^2\sin^2 i_1}}{\lambda}$$

所以这样的半值宽度既可以用相位差 $\delta\varphi$ 的数值表示,也可以用条纹在空间角度分布 $\Delta i$ 的数值表示,或者用光的波长分布范围 $\Delta\lambda$ 表示。

　　在峰值 $2j\pi$ 附近,当 $\Delta\varphi$ 的数值改变 $\pm \varepsilon/2$ 时,光强变为峰值的一半,即 $I_T/I_0$

$= 1/2$，于是可得 $4\rho\sin^2\dfrac{2j\pi\pm\varepsilon}{2}/(1-\rho)^2 = 1$。而由于条纹很细锐，$\varepsilon$ 很小，$\sin\dfrac{\varepsilon}{2}$ $\approx\dfrac{\varepsilon}{2}$，所以半值宽度的条件为

$$\frac{4\rho\sin^2\dfrac{\varepsilon}{4}}{(1-\rho)^2} \approx \frac{4\rho\left(\dfrac{\varepsilon}{4}\right)^2}{(1-\rho)^2} = \frac{\rho\varepsilon^2}{4\,(1-\rho)^2} = 1$$

整理后得到

$$\varepsilon = \frac{2(1-\rho)}{\sqrt{\rho}} \tag{6.7.6}$$

可见 $\rho$ 越大，$\varepsilon$ 越小，相应的 $\delta i$ 也越小，条纹越锐。

**2. 亮条纹角的分布**

由于 $\Delta\varphi_j = (2\pi/\lambda)\Delta L = 4\pi n_2 h\cos i_2/\lambda$，光波在空间方向的改变可以引起相位差的改变，即

$$d(\Delta\varphi_j) = -\frac{4\pi n_2 h\sin i_2}{\lambda}di_2$$

当 $d(\Delta\varphi_j) = \varepsilon$ 时，$di_2 = \Delta i_j$ 就是亮条纹空间角度的半值宽度：

$$\Delta i_j = \frac{\lambda\varepsilon}{4\pi n_2 h\sin i_2} = \frac{\lambda}{2\pi n_2 h\sin i_2}\frac{1-\rho}{\sqrt{\rho}} \tag{6.6.7}$$

若 $\rho$ 大，$h$ 长，$\Delta i$ 小，则条纹锐。中央条纹宽，周围细锐。图 6.6.6 为一组法布里-珀罗干涉仪的干涉条纹。

而普通的薄膜干涉，即双光束干涉时，$\Delta i_2 = \lambda/(4n_2 h\sin i_2)$，可见法布里-珀罗条纹锐得多，即出射的条纹的发散角很小，保证了激光的平行性。

**3. 亮条纹的频率（波长）分布**

在固定的方向上，只有特殊的波长才能满足干涉相长的极大值条件，即 $j$ 级亮纹的中心波长

$$\lambda_j = \frac{1}{j}2n_2 h\cos i_2 \tag{6.6.8}$$

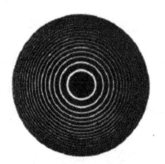

**图 6.6.6　法布里-珀罗干涉仪细锐的条纹**

在中心波长 $\lambda_j$ 附近，虽经干涉，但未全部相消。设半值宽度的波长范围为 $\Delta\lambda_j$，则波长改变所引起的相位差改变为

$$d(\Delta\varphi_j) = \frac{-4\pi n_2 h\cos i_2}{\lambda_j^2}d\lambda_j = \varepsilon$$

于是可得

$$\Delta\lambda_j = \frac{\lambda^2}{2\pi n_2 h\cos i_2}\frac{1-\rho}{\sqrt{\rho}} = \frac{\lambda}{j\pi}\frac{1-\rho}{\sqrt{\rho}} \tag{6.6.9}$$

当 $h$ 大,$\rho$ 大时,$\Delta\lambda$ 小,可用于选模,这保证了激光的单色性。图 6.6.7 显示了入射到法布里-珀罗干涉仪的白光,出射光中只有特定的频率成分。

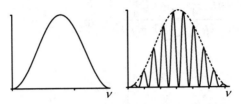

图 6.6.7　利用法布里-珀罗干腔选模

### 4. 光谱的精细结构分辨

两列不同波长的光波,经过同一个多光束干涉装置,由于干涉相长的条件为 $2nh\cos i_j = j\lambda$,所以不同波长的光的亮条纹的位置不同,即亮环的角半径不同。根据干涉相长的条件,波长改变所导致的亮环角半径的改变可用公式表示为

$$2nh\cos(i_j + \delta i) = j(\lambda + \delta\lambda)$$

即

$$-2nh\sin i_j \mathrm{d}i_j = j\mathrm{d}\lambda$$

所以波长改变 $\delta\lambda$ 所引起的角度变化为

$$\delta i = \frac{j}{2nh\sin i_j}\delta\lambda$$

这就是波长差为 $\delta\lambda$ 的同一级亮条纹分开的角距离。多光束干涉的 $\delta i$ 与普通透明薄膜双光束干涉所形成的条纹的 $\delta i$ 是相同的,但由于多光束干涉的条纹要细锐得多,所以靠得很近的两个条纹也可以分辨清楚(图 6.6.8)。

当 $\delta i = \Delta i$ 时,即相邻的不同波长的两条纹的角距离等于每一个条纹的半角宽度时,为可以分辨的极限,这就是所谓的泰勒判据。

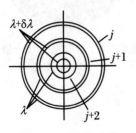

图 6.6.8　条纹分辨

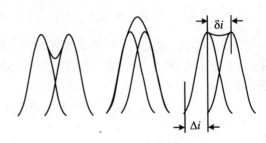

图 6.6.9　泰勒判据

$$\delta i = \frac{j}{2nh\sin i_j}\delta\lambda, \quad \Delta i = \frac{\lambda}{2\pi n_2 h\sin i_2}\frac{1-\rho}{\sqrt{\rho}}, \quad \delta i \geqslant \Delta i$$

因而

$$\frac{j}{2nh\sin i_j}\delta\lambda \geqslant \frac{\lambda}{2\pi n_2 h\sin i_2}\frac{1-\rho}{\sqrt{\rho}}, \quad 即 \quad \delta\lambda \geqslant \frac{\lambda}{j\pi}\frac{1-\rho}{\sqrt{\rho}}$$

可分辨最小波长间隔

$$\delta\lambda = \frac{\lambda}{j\pi}\frac{1-\rho}{\sqrt{\rho}} \tag{6.6.10}$$

通常用分辨本领表示仪器对波长的分辨能力,分辨本领的定义是 $A = \lambda/\delta\lambda$,于是法布里-珀罗干涉仪的分辨本领

$$A = \frac{\lambda}{\delta\lambda} = \frac{\sqrt{\rho}}{1-\rho}j\pi \tag{6.6.10}$$

【例 6.11】　假设法布里-珀罗腔长 5 cm,用扩展光源做实验,光波波长 $\lambda = 600.0$ nm,问:

(1) 中心干涉级数是多少?

(2) 在倾角为 $1°$ 附近,干涉环的半角宽度是多少?（设反射率 $R = 0.98$。）

(3) 如果用该法布里-珀罗腔分辨谱线,其色分辨本领有多大? 可分辨的最小波长间隔是多少?

(4) 如果用其对白光进行选频,透射最强的谱线有几条? 每条的谱线宽度是多少?

(5) 由于热胀冷缩所引起的腔长的改变量为 $10^{-5}$（相对值）,则谱线的漂移量是多少?

**分析**　法布里-珀罗干涉仪是一种多光束干涉装置,其透射光强为

$$I_T = \frac{I_0}{1 + \frac{4R\sin^2(\delta/2)}{(1-R)^2}} \tag{1}$$

其中 $R$ 为光强反射率,$\delta$ 为相邻两列光的位相差,

$$\delta = \frac{2\pi}{\lambda}2nh\cos i \tag{2}$$

$\delta = 2j\pi$ 为亮条纹出现的位置。

【解】　(1) 在中心处,$i = 0$。由式(2),得

$$2h = j_0\lambda$$

中心干涉级数

$$j_0 = \frac{2h}{\lambda} = \frac{2 \times 5 \times 10^4}{0.6} = 166\ 666$$

(2) 半角宽度

$$\Delta i_j = \frac{\lambda}{2\pi n h \sin i} \frac{1-R}{\sqrt{R}} = \frac{(1-0.98) \times 0.6}{2\pi \times 5 \times 10^4 \sin 1° \sqrt{0.98}} = 2.21 \times 10^{-6}$$

(3) 色分辨本领

$$A = \frac{\lambda}{\Delta\lambda} = \frac{\sqrt{\rho}}{1-\rho} j\pi = \frac{\sqrt{0.98}}{1-0.98} \times 16\ 666\pi = 2.59 \times 10^7$$

可分辨的最小波长间隔

$$\Delta\lambda = \frac{\lambda}{A} = \frac{600}{2.59 \times 10^6} = 2.32 \times 10^{-5} (\text{nm})$$

(4) 易知

$$\lambda = \frac{1}{j} 2nh, \quad j = \frac{2nh}{\lambda} = 131\ 578 \sim 250\ 000$$

共 118 422 条。因此

$$\Delta\lambda_j = \frac{\lambda}{j\pi} \frac{1-\rho}{\sqrt{\rho}}$$

或

$$\Delta\nu_j = \frac{c}{\pi j \lambda_j} \frac{1-\rho}{\sqrt{\rho}} = \frac{c}{2n\pi h} \frac{1-\rho}{\sqrt{\rho}} = 1.93 \times 10^7\ \text{Hz}$$

(5) 由 $2h = j_0\lambda$，得到 $2\Delta h = j_0\Delta\lambda = \frac{2h}{\lambda}\Delta\lambda$，即 $\frac{\Delta\lambda}{\lambda} = \frac{\Delta h}{h}$，因而

$$\Delta\lambda = \lambda \frac{\Delta h}{h} = 600 \times 10^{-5} (\text{nm}) = 6 \times 10^{-3} (\text{nm})$$

或者

$$\frac{\Delta\lambda}{\lambda} = \frac{\Delta h}{h} = \frac{600 \times 10^{-5}}{600.0} = 1 \times 10^{-5}$$

# 习 题 6

1. 如图所示，在杨氏实验装置中，若单色光源的波长 $\lambda = 500.0$ nm，$d = \overline{S_1 S_2} = 0.33$ cm，$r_0 = 3$ m。

(1) 求条纹间隔。

(2) 若在 $S_2$ 后面置一厚度 $h = 0.01$ mm 的平行平面玻璃片，试确定条纹移动方向，计算位移的公式；假设一直条纹的位移为 4.73 mm，试计算玻璃的折射率。

2. 用很薄的云母片($n=1.58$)覆盖在双缝装置中的一条缝上。这时,光屏上的中心为原来的第七级亮纹所占据。若 $\lambda=550$ nm,则云母片有多厚?

3. 在双缝干涉的情况下,若 $\theta$ 为接收屏上一点到缝间中点的连线与光轴的夹角。证明:

(1) 屏幕上的光强为

$$I(\theta)=4A_0^2\cos^2\left(\frac{\pi d}{\lambda}\sin\theta\right)=I_0\cos^2\left(\frac{\pi d}{\lambda}\sin\theta\right)$$

(2) 第一极小出现在 $\theta_1=\lambda/(2d)$。

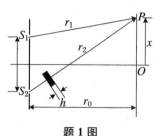

**题 1 图**

4. 设有两个点光源 $S_1,S_2$,相距 $t$,接收屏垂直于 $S_1S_2$ 连线放置,垂足为接收屏上的原点,接收屏至 $S_1,S_2$ 中点的距离为 $D$,且 $D\gg t,x$。问在接收屏上生成的干涉图像是什么形状?并证明:第 $k$ 级亮纹至屏原点的距离 $\rho=D\sqrt{2(1-j\lambda/t)}$。

5. 波长为 $\lambda$ 的平行单色光以小倾角 $\theta$ 斜入射到间距为 $t$ 的双缝上,设接收屏到双缝的距离为 $D$。

(1) 求零级主极大的位置;

(2) 假设在屏上到双缝距离都相等的地方恰好出现暗条纹,倾角 $\theta$ 必须满足什么条件?

6. 考虑如图所示的三缝干涉,假设三狭缝的宽度相同($\leqslant\lambda/2$)。

(1) 第一主极大的 $\theta$ 角是多少(从三狭缝出来的子波同相位)?

(2) 把(1)的结果写为 $\theta_1$,在零级主极大($\theta=0$)方向的能流可写为 $F_0$。在 $\theta_1/2$ 方向上的能流是多少?(以 $F_0$ 为单位,设 $\lambda\ll d$。)

7. 在杨氏双缝实验中,除了原有的光源缝 $S$ 外,再在 $S$ 的正上方开一狭缝 $S'$,如图所示。

(1) 若使 $\overline{S'S_2}-\overline{S'S_1}=\lambda/2$,试求单独打开 $S$ 或 $S'$,以及同时打开它们时屏上的光强分布。

(2) 若 $\overline{S'S_2}-\overline{S'S_1}=\lambda/2$,$S$ 和 $S'$ 同时打开时,屏上的光强分布如何?

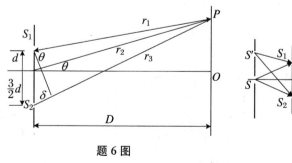

**题 6 图**

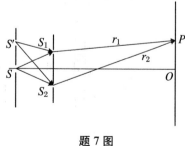

**题 7 图**

8. 如图所示,一种利用干涉现象测定气体折射率的原理性装置,在 $S_1$ 后面放置一长度

为 $l$ 的透明容器,在待测气体注入容器而将空气排出的过程中,幕上的干涉条纹会移动,由移过条纹的个数即可推知气体的折射率。试求:

(1) 设待测气体的折射率大于空气的折射率,干涉条纹如何移动?

(2) 设 $l = 2.0 \text{ cm}$,条纹移过 20 个,光波为 589.3 nm,空气折射率为 1.000 276,求待测气体(氯气)的折射率。

9. 瑞利干涉仪的结构和使用原理如下(见图):以钠光灯作为光源置于透镜 $L_1$ 的前焦面,在透镜 $L_2$ 的后焦面上观测干涉条纹的变动,在两个透镜之间安置一对完全相同的玻璃管 $T_1$ 和 $T_2$。实验开始时,$T_2$ 管充以空气,$T_1$ 管抽成真空,此时开始观察干涉条纹。然后逐渐使空气进入 $T_1$ 管,直到它与 $T_2$ 管的气压相同。记下这一过程中条纹移过的数目。入射光波长为 589.3 nm,管长 20 cm,条纹移了 98 个,求空气的折射率。

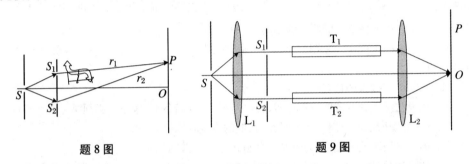

题 8 图　　　　　　　　　　　题 9 图

10. 设菲涅耳双面镜的夹角 $\varepsilon = 10^{-3} \text{rad}$,有一单色狭缝光源 $S$ 与两镜相交处 $C$ 的距离 $r$ 为 0.5 m,单色波的波长 $\lambda = 5\,000 \text{ Å}$。在距两镜相交处的距离为 $L = 1.5$ m 的屏幕 $\Sigma$ 上出现明暗干涉条纹。

(1) 求屏幕 $\Sigma$ 上两相邻明条纹之间的距离;

(2) 问在屏幕 $\Sigma$ 上最多可以看到多少明条纹?

11. 如图所示,将一焦距 $f' = 50$ cm 的会聚透镜的中央部分截取 6 mm,把余下的上下两部分再粘在一起,成为一块透镜 L。在透镜 L 的对称轴上,左边 300 cm 处有一波长 $\lambda = 5\,000 \text{ Å}$ 的单色点光源 $S$,右边 450 cm 处置一光屏 D。

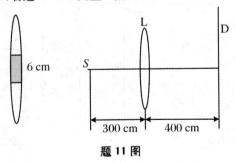

题 11 图

(1) 分析 S 发出的光经过透镜 L 后的成像情况,如所成的像不止一个,计算各像之间的距离。

(2) 在光屏 D 上能否观察到干涉条纹? 如能观察到干涉条纹,相邻明条纹的间距是多少?

12. 波长 $\lambda = 0.5\ \mu m$ 的平行单色光垂直入射到双缝平面上,已知双缝间距 $d$ 为 0.5 mm,在双缝另一侧 5 cm 远处,正放置一个像方焦距 $f' = 10$ cm 的理想透镜 L,在 L 右侧 12 cm 远处放置一屏幕。问屏幕上有无干涉条纹? 若有,条纹间距是多少?

13. 波长 $\lambda = 0.5\ \mu m$ 的平行单色光垂直入射到双孔平面上,已知双孔间距 $t = 0.5$ mm,在双孔屏另一侧 5 cm 远处,正放置一枚像方焦距 $f' = 5$ cm 的理想薄透镜 L,并在 L 的像方焦平面处放置接收屏。

(1) 干涉条纹的间距等于多少?

(2) 将透镜往左移 2 cm,接收屏上干涉条纹的间距又等于多少?

14. 一束波长为 500 nm 的平行光正入射到菲涅耳双棱镜上,已知棱镜的顶角为 $3.5'$,折射率为 1.5,距棱镜 5.0 m 处有一接收屏。

(1) 求屏上干涉条纹间距;

(2) 求屏上出现的条纹数。

15. 一劳埃德镜面宽 5.0 cm,一缝光源在其左侧,离镜边缘 2.0 cm,比镜面高出 0.5 mm,接收屏幕在镜右侧,距其边缘 300 cm,入射光波长 589 nm。

(1) 求幕上的条纹间距以及出现的条纹数。

(2) 若缝光源上下平移以改变其到镜面的高度,幕上条纹将如何变化?

16. 沿着与肥皂膜的法线成 $35°$ 角的方向观察膜呈绿色($\lambda = 5\ 000$ Å),设肥皂水的折射率为 1.33。

(1) 求薄膜的厚度;

(2) 如果垂直注视,膜呈何种颜色?

17. 一束白光垂直照射厚度为 $0.4\ \mu m$ 的玻璃片,玻璃的折射率为 1.5,在可见光谱范围内($\lambda = 4\ 000$ Å 到 $\lambda = 7\ 000$ Å),反射光的哪些波长成分将被加强?

18. 白光以 $45°$ 角射在肥皂($n = 1.33$)膜上,试求使反射光呈黄色($\lambda = 6\ 100$ Å)的最小膜厚度。

19. 玻璃板上有一层油膜,波长可连续改变的单色光正入射,在 $\lambda = 6\ 000$ Å,$\lambda = 6\ 000$ Å 时,观察到反射光干涉相消,并且在这两波长之间再无其他波长的光相消。

(1) 证明:油膜的折射率一定小于 1.5(玻璃的折射率为 1.5),

(2) 若油的折射率为 1.3,求油膜的厚度。

20. 一个迈克耳孙干涉仪被调节,当用波长 $\lambda = 5\ 000$ Å 的扩展光源照明时会出现同心圆环形条纹。若要移动其中一臂而使圆环中心处相继出现 1 000 个条纹,则该臂要移动多少? 若中心是亮的,计算第一个暗环的角半径。(要求用两臂的路径距离差和波长表示。)

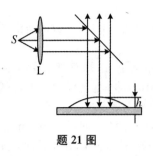

题 21 图

21. 如图所示,在一洁净的玻璃片的上表面上放一滴油,当油滴展开成油膜时,在波长 $\lambda = 6\,000$ Å 的单色光垂直照射下,从反射光中观察到油膜所形成的干涉条纹。实验中,是由读数显微镜向下观察油膜所形成的干涉条纹。油膜的折射率 $n = 1.20$,玻璃的折射率 $n' = 1.50$。

(1) 当油膜中心的最高点与玻璃片的上表面相距 $h = 12\,000$ Å 时,描述所观察到的条纹的形状,即可以观察到几个亮条纹,亮条纹所在处油膜的厚度是多少? 中心点的明暗程度又如何?

(2) 当油膜逐渐扩展时,所看到的条纹将如何变化?

22. 如图所示,在牛顿环的干涉装置中,平凸透镜球面的曲率半径 $R = 1.00$ m,折射率 $n_1 = 1.50$,平板玻璃由左右两部分组成,折射率分别是 $n_3 = 1.50$ 和 $n_4 = 1.75$,平凸透镜的顶点在这两部分玻璃的分界处,中间充以折射率 $n_2 = 1.62$ 的二硫化碳液体。若用单色光垂直照射,在反射光中测得右边 $j$ 级明条纹的半径 $r_j = 4$ mm,$j + 5$ 级明条纹的半径 $r_{j+5} = 6$ mm。

(1) 求入射光的波长;

(2) 分析观察到的干涉图样。

23. 如图所示,A 为平凸透镜,B 为平板玻璃,C 为金属柱,D 为框架,A 和 B 之间留有气隙,而 A 被固结在框架的边缘上。当温度变化时,C 发生伸缩,而假设 A,B 和 D 都没有伸缩。现用波长 $\lambda = 6\,328$ Å 的激光垂直照射。

(1) 在反射光中观察时,看到牛顿环的条纹都已移向中央,这表明金属柱 C 的长度是增加还是缩短?

(2) 如果观察到有 10 个明条纹移到中央而消失,C 的长度变化了多少?

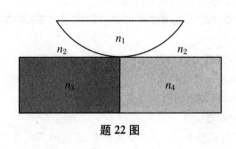

题 22 图

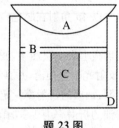

题 23 图

24. 在傍轴条件下,等倾条纹的半径与干涉级有什么样的依赖关系? 牛顿环的情况又怎样? 能够将两者区别吗? 如何区别?

25. 如图所示,在观察干涉条纹的实验装置中,$R_1$ 为透镜 $L_1$ 下表面的曲率半径,$R_2$ 为透镜 $L_2$ 上表面的曲率半径,今用一束波长 $\lambda = 5\,893\ \text{Å}$ 的单色平行钠光垂直照射,由反射光测得 20 级暗条纹半径 $r$ 为 2.4 cm,又已知 $R_2 = 2.5\ \text{cm}$。

(1) 分析干涉图样的形状和特性;

(2) 求透镜下表面的曲率半径 $R_1$。

26. 将光滑的平板玻璃覆盖在柱形平凹透镜上,如图所示。

(1) 用单色光垂直照射时,画出反射光中干涉条纹分布的大致情况;

(2) 若圆柱面的半径为 $R$,且中央为暗纹,问从中央数第 2 条暗纹与中央暗纹的距离是多少?

(3) 连续改变入射光的波长,在 $\lambda = 5000\ \text{Å}$ 和 $6000\ \text{Å}$ 时,中央均为暗纹,求柱面镜的最大深度;

(4) 若轻压上玻璃片,条纹如何变化?

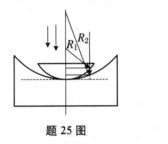

**题 25 图**　　　　　　　**题 26 图**

27. 如图所示,在一厚玻璃中有一气泡,形状类似球面透镜,用单色光从玻璃的左侧垂直入射。

(1) 在右侧看,分析干涉条纹的特点,即形状、间距、级数和边界处的条纹特点;

(2) 若均匀用力挤压玻璃的左右两侧,条纹有何变化?(干涉条纹是同心圆环;挤压,则圆环被吞入中心)

28. 用迈克耳孙干涉仪精密测长,以 He-Ne 激光器的 632.8 nm 谱线作光源,其谱线宽度为 0.000 1 nm,对干涉强度信号测量的灵敏度可达1/8个条纹。

**题 27 图**

(1) 这台干涉仪的测场精度是多少?

(2) 该测长仪一次测长的量程是多少?

29. 镉灯为准单色光源,其红色谱线的中心波长为 642.8 nm,谱线宽度为 0.001 nm。

(1) 求其光场的相干长度和相干时间;

(2) 求该红色谱线的频宽;

(3) 用此灯作为迈克耳孙干涉仪的光源,用镜面移动来观测干涉场输出的光信号曲线,设镜面移动速度为 0.5 mm/s,试估算需要多长时间可以获得显示有两个波包形状的信号曲线?

30. 如果法布里-珀罗干涉仪两反射面间距为 1.00 cm,用波长为 500 nm 的绿光做实验,干涉条纹中心正好是一亮斑。求第 10 个亮环的角直径。

31. 两条光谱线,中心为 600 nm,波长差 $10^4$ nm,现在要用法布里-珀罗干涉仪将其分辨,问法布里-珀罗干涉仪的镜面间距至少要多大?(设每一个镜面的反射率为 95%。)

32. 设法布里-珀罗腔长 5 cm,用扩展光源做实验,光波波长 $\lambda = 6\,000$ Å。

(1) 中心干涉级数是多少?

(2) 在倾角为 1° 附近,干涉环的半角宽度是多少?(设反射率 $R = 0.98$。)

(3) 如果用该法布里-珀罗腔分辨谱线,其色分辨本领有多大? 可分辨的最小波长间隔是多少?

(4) 如果用它对白光进行选频,透射最强的谱线有几条? 每条的谱线宽度是多少?

(5) 由热胀冷缩所引起的腔长的改变量为 $10^{-5}$(相对值),则谱线的漂移量是多少?

33. 在杨氏双缝实验中,双缝间距为 0.5 mm,接收屏距双缝 1 m,点光源距双缝 30 cm,它发射波长 $\lambda = 5\,000$ Å 的单色光。

(1) 求屏上干涉条纹间距;

(2) 若点光源由轴上向下平移 2 mm,屏上干涉条纹向什么方向移动? 移动多少?

(3) 如点光源发出的光波为 $(500.0 \pm 2.5)$nm 范围内的准单色光,求屏上能看到的干涉极大的最高级次。

(4) 若光源具有一定的宽度,则屏上干涉条纹消失时,它的临界宽度是多少?

34. 利用多光束干涉可以制成一种干涉滤波片,在玻璃平晶上蒸镀一层银,在银面上蒸镀一层透明膜,在膜上在再蒸镀一层银。这样就在两层高反射率的银面之间形成一个膜层,从而可实现多光束干涉。透明膜的材料可选用水晶石($3NaF \cdot AlF_3$),其折射率 $n = 1.55$。设银面对光强的反射率 $R = 0.96$,透明膜厚 $h = 0.40\ \mu m$。

(1) 在可见光范围内,透射光最强的光谱线有几条?

(2) 每条透射谱线的宽度 $\Delta\lambda_k$ 为多少?

# 第7章 光的衍射与衍射装置

## 7.1 惠更斯-菲涅耳原理

### 7.1.1 波的衍射和次波模型

#### 1. 波的衍射

通常,在没有障碍物的自由空间中,波总是可以在各个方向上均匀传播。但是,在波的传播路径上,如果有障碍物,则波会传播到被障碍物遮挡的区域,如图7.1.1所示,沿着某一直线传播的平面波被一个开有狭缝的平板挡住,经过狭缝的波,不再是平面波,其传播方向改变,能够传播到被平板挡住的区域,即波会传播到障碍物的"阴影"区域,仿佛绕过了障碍物,这就是波的**衍射**(diffraction)。

水波的衍射现象很容易被观察到,由于波仿佛绕过了障碍物,所以"衍射"通常被说成"绕射",其实这并不是很准确的理解和描述。

然而,光的衍射现象却不是那么容易被观察到。在自由空间中,光总是沿着直线传播的;当有障碍物遮挡时,则会产生明显的阴影,

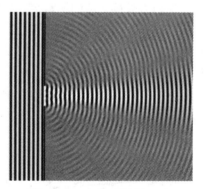

**图 7.1.1 波经过狭缝的衍射**
狭缝宽度为波长的 4 倍

如图 7.1.2 所示。在由于遮挡而产生的阴影区域,光不能进入,这一现象可以非常直观地用"光沿直线传播"的观点加以解释。

我们知道,衍射是波的基本特征,既然光是电磁波,就必然会有衍射。只不过,明显的衍射现象只发生在衍射障碍物的空间尺度与波长相当的情况下。而日常生

活中的墙壁、窗口、树木等等，它们的尺寸（$10^0$ m）要比光的波长（$10^{-7}$ m）大得多，所以光的衍射现象并不明显。如果障碍物的尺度很小，比如让光通过很细的狭缝，或很小的孔，或者在平直的挡板边缘，如果仔细观察的话，还是可以看到光的衍射现象的。例如，让日光或灯光通过手指间的缝隙，在两指非常靠近，即将接触时，将会看到实际上并没有碰触的指间会出现或明或暗的条纹，如图 7.1.3 所示，这实际上是由光的衍射所造成的。

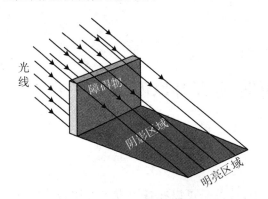

图 7.1.2　光的直线传播

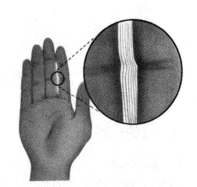

图 7.1.3　发生在手指缝隙间的衍射现象

对衍射进行定性的解释，最早是由惠更斯提出来的，尽管这一解释来源于在弹性介质中传播的机械波，而光波是可以在真空中传播的电磁波。但是，把机械波的衍射作为解释光波衍射的一种模型，在目前看起来也没有什么不妥。

### 2. 次波

为了解释波（包括光波）的衍射，惠更斯提出了"次波"（secondary wavelet）的概念（1678 年）。

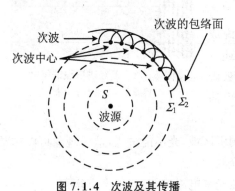

图 7.1.4　次波及其传播

波是振动的传播，波在空间各处都引起振动。因而也可以认为波场中的任何一点都是振动中心，在弹性介质中，这个振动中心又引起临近的点做振动，进一步发出新的球面波，称为**次波**，振动中心称为**次波中心**。后续的波面（或波前）就是这些球面次波的包络面（envelope）。

按照惠更斯的观点，可以将波传播的过程看作是次波不断产生并传播的过程。

任何一个次波中心发出的次波,又在其周围引起新的振动,即次波又可以产生新的振动中心,形成新的次波中心,这些次波中心继续发出次波,由此波不断地向前传播,如图 7.1.4 所示。或者说,次波是由波场中的振动中心"衍生"出来的,而任何一个次波中心又进一步衍生出新的次波,这就是"衍射"一词的准确含义。

如果实际的波源为点源 $S$,从 $S$ 发出球面波。波场中球面 $\Sigma_1$ 就是一个波面,即等相位面。$\Sigma_1$ 上有无数个次波中心,从次波中心发出新的次波,经过一段时间后,这些次波的包络面就是球面 $\Sigma_2$。新的波面 $\Sigma_2$ 上又有无数个新的次波中心,从新的次波中心发出新的次波,由此不断向前传播。

用次波的模型可以很容易解释波遇到障碍物时的衍射现象。如图 7.1.5 所示,有一个带狭缝的挡板,狭缝所在处就是波场中的一个波前。该波前上有无数个次波中心,这些中心所发出的次波又衍生出新的次波中心,所发出的次波将会在空间不断地扩展,于是振动就扩展到了被障碍物遮挡的区域,即产生所谓的"衍射"现象。

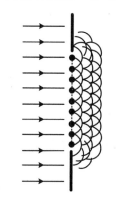

**图 7.1.5   用次波传播的模型解释衍射的成因**

上述用次波模型对衍射的解释,就是所谓的**惠更斯原理**(Huygens's Principle)。

从对物理学名词准确把握的角度出发,将上述现象和过程称作"衍射"更加准确,因为其物理上的原因是"衍生"出了新的次波中心,不断发出次波,从而波在空间才得以弥散开来。

波前上任一点都是一个次波中心,即一个点光源,从次波中心可发出球面次波。按照这一模型,即使是平行光束,也将由于衍射而逐渐扩展。所以,从波动的观点看,是没有"光线"或"光束"之类的概念的。

## 7.1.2   次波的相干叠加:惠更斯-菲涅耳原理

**1. 次波引起的复振幅**

在光波场中的某一点 $Q$ 周围取一个面元 $\mathrm{d}\Sigma$,考察该面元所发出的次波在某一场点 $P$ 处的复振幅 $\mathrm{d}\tilde{U}(P)$ 和光强 $\mathrm{d}I(P)$,如图 7.1.6 所示。

由于面元 $\mathrm{d}\Sigma$ 足够小,所以可以认为该面元上各点都有相同的几何和物理性质,即作为次波中心的各点都有相同的复振幅,记为 $\tilde{U}_0(Q)$,称之为该面元的**瞳函**

数（pupil function）。

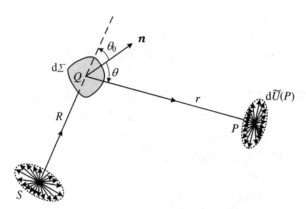

**图 7.1.6　面元发出的次波所引起的复振幅**

面元 d$\Sigma$ 上的每一个点是一个点光源，发出球面次波，则 $P$ 点处的复振幅符合球面波的特征，即

$$\mathrm{d}\widetilde{U}(P) \propto \frac{\widetilde{U}_0(Q)\mathrm{e}^{ikr}}{r}$$

其中 $r$ 为场点到面元的光程。

由于面元上的各点是相同的，所以 d$\widetilde{U}(P)$ 正比于面元上次波中心的数目，即

$$\mathrm{d}\widetilde{U}(P) \propto \mathrm{d}\Sigma$$

考虑到光是横波，并且具有偏振的特性，因而 $P$ 点的复振幅还与面元的相对取向有关。具体来说，设光源为 $S$，$Q$ 对于光源 $S$ 的位矢 $\overrightarrow{SQ}$ 记为 $R$，场点 $P$ 相对于 $Q$ 的位矢 $\overrightarrow{QP}$ 记为 $r$，面元的法线记为 $n$，则 d$\widetilde{U}(P)$ 的大小还与 $R$ 和 $n$ 间的夹角 $\theta_0$、$r$ 和 $n$ 的夹角 $\theta$ 有关，这种关系可以用函数 $F(\theta_0, \theta)$ 表示，即

$$\mathrm{d}\widetilde{U}(P) \propto F(\theta_0, \theta)$$

$F(\theta_0, \theta)$ 称为**倾斜因子**（obliquity 或 inclination factor）。

菲涅耳根据直觉判断，随着角度 $\theta_0$ 和 $\theta$ 的增大，倾斜因子 $F(\theta_0, \theta)$ 会逐渐减小。

上述 $\widetilde{U}_0(Q)$，$\mathrm{e}^{ikr}/r$，d$\Sigma$ 以及 $F(\theta_0, \theta)$ 可称为次波复振幅的四要素，综合考虑上述所有因素，可以得到一个总的表达式

$$\mathrm{d}\widetilde{U}(P) = KF(\theta_0, \theta)\widetilde{U}_0(Q)\frac{\mathrm{e}^{ikr}}{r}\mathrm{d}\Sigma \qquad (7.1.1)$$

这就是一个微分面元发出的次波在场点所引起的元振幅，其中 $K$ 为比例常数。

从理论上说，面元 d$\Sigma$ 足够小，是取在某一列波上的，因而上面所有的次波中

心是相同的,这些点光源当然是相干的,所以式(7.1.1)表示的是面元所发出的各列次波的相干叠加。

**2. 次波的相干叠加**

按照前面所讨论的惠更斯原理,某一场点的振动,既可以直接采用真实波源所引起的振动求得,也可以看作是次波所引起的合振动。为了讨论任意点光源 $S$ 在场点 $P$ 处所引起的复振幅 $\widetilde{U}(P)$,可以选取一个封闭的空间曲面,如图 7.1.7 所示,该曲面可以是包含光源 $S$ 的 $\Sigma_1$,也可以是不包含光源 $S$ 的 $\Sigma_2$,将该曲面上所有次波中心所发出的球面次波在 $P$ 点的振动进行叠加即可。也就是说,波场中某一点的振动,就是某一波前上发出的所有次波在该点的合振动。

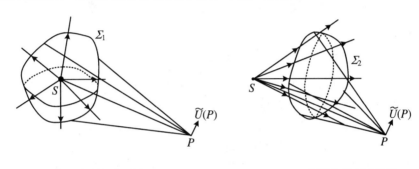

(a) 光源在封闭曲面内　　　　　　　　　　　(b) 光源在封闭曲面外

图 7.1.7　等效次波的叠加

惠更斯原理总是用来处理衍射问题的,所以,在没有障碍物的自由空间中,用上述方法没有什么实际的意义。

实际的情况可以用图 7.1.8 进行说明,波场中有一个障碍物(称作**衍射屏**),屏上透光的部分为 $\Sigma$。为了讨论该衍射屏对光波场复振幅分布的影响,只需要研究来自 $\Sigma$ 的次波即可。

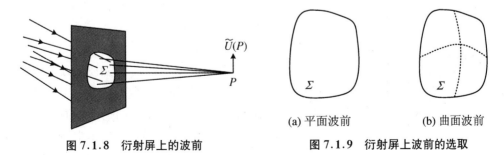

图 7.1.8　衍射屏上的波前　　　　　　(a) 平面波前　　　　(b) 曲面波前

　　　　　　　　　　　　　　　　　　图 7.1.9　衍射屏上波前的选取

可以选取一个以 $\Sigma$ 的边缘为界的空间曲面,即光学中所谓的波前。该波前可以是平面、球面,或其他形状,如图 7.1.9 所示,完全根据实际情况而定。

在这种情况下,场点 $P$ 的复振幅,就是将波前 $\Sigma$ 所发出的所有次波的复振幅的叠加,即

$$\tilde{U}(P) = \sum_{\Sigma} K\tilde{U}_0(Q)F(\theta_0, \theta)\frac{\mathrm{e}^{ikr}}{r}\mathrm{d}\Sigma \tag{7.1.2}$$

式中 $\sum_{\Sigma}$ 表示对波前 $\Sigma$ 上所有的点(即次波中心)求和。

实际上,上述波前 $\Sigma$ 总可以取在任何一列光波上,因而,该波前上的次波中心都是相干的,所以式(7.1.2)所表示的仍然是相干叠加。

由于波前上的点是连续分布的,所以式(7.1.2)所表示的求和自动转化为曲面积分,即

$$\tilde{U}(P) = K\iint_{\Sigma}\tilde{U}_0(Q)F(\theta_0, \theta)\frac{\mathrm{e}^{ikr}}{r}\mathrm{d}\Sigma \tag{7.1.3}$$

即波前 $\Sigma$ 上所有次波中心发出的次波在 $P$ 点振动的相干叠加,就是该波前发出的次波传播到 $P$ 点时所引起的合振动。

式(7.1.3)就是**惠更斯-菲涅耳原理**(Huygens-Fresnel principle)。

### 3. 菲涅耳-基尔霍夫衍射积分公式

惠更斯-菲涅耳原理是菲涅耳根据惠更斯次波的思想进行直观的推理而得到的,尽管当时用于解释某些形式的衍射屏所引起的衍射现象获得了成功,但是这一原理并没有经过严格的数学论证,因而没有对倾斜因子的表达式、比例常数的取值、波前 $\Sigma$ 选取的原则加以说明。

经过基尔霍夫(Kirchhoff,1882 年)用光的电磁理论加以严格的论证,菲涅耳根据物理直觉所建立的积分公式基本上是正确的。

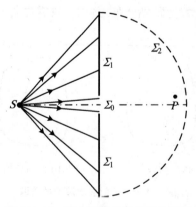

基尔霍夫的论证可以用图 7.1.10 进行说明,衍射屏取在点光源和场点之间,选取包含衍射屏的封闭空间曲面 $\Sigma$,该曲面由三部分构成:衍射屏上的透光部分 $\Sigma_0$、不透光部分 $\Sigma_1$,以及在空间扩展的半球面 $\Sigma_2$,即 $\Sigma = \Sigma_0 + \Sigma_1 + \Sigma_2$。可以忽略 $\Sigma_1$ 对 $\Sigma_0$ 处光波场分布的影响,即在透光部分的瞳函数 $\tilde{U}_0(Q)$ 取作自由传播时的数值,而不透光部分的瞳函数 $\tilde{U}_0(Q)$ 自然等于 0。相对于光的波长,衍射屏的不透光部分也可以认为是无限大的,所以第三部分可

**图 7.1.10 基尔霍夫边界条件的说明**

以取一个半径无穷大的半球面,经过基尔霍夫严格的数学证明,积分公式(7.1.2)在球面 $\Sigma_2$ 上的积分值等于 0,不必考虑。则在求解衍射积分公式(7.1.2)时,只需要对衍射屏的透光部分作积分就可以了,即将曲面积分的范围局限于光孔(也可称为有效波前)$\Sigma_0$ 即可。这种做法,称作**衍射积分的基尔霍夫边界条件**。

基尔霍夫也推导出了积分公式中的比例常数和倾斜因子的表达式,其中

$$K = -\frac{\mathrm{i}}{\lambda} = \frac{\mathrm{e}^{-\mathrm{i}\pi/2}}{\lambda} \tag{7.1.4}$$

$$F(\theta_0, \theta) = \frac{1}{2}(\cos\theta_0 + \cos\theta) \tag{7.1.5}$$

比例常数中的相位因子不为 0,而是 $\mathrm{e}^{-\mathrm{i}\pi/2}/\lambda$,即对于次波而言,有一个 $\pi/2$ 的相位超前,说明等效次波源的相位不等于波前上 $Q$ 点扰动的相位。而倾斜因子的表达式说明向后倒退的次波也对 $P$ 点的复振幅产生作用,只有在波前取为球面的情况下,$\theta_0 = 0$,$F(\theta_0, \theta) = (1 + \cos\theta)/2$,此时 $\theta = \pi$,才有 $F(\theta_0, \theta) = 0$。

将上述表达式(7.1.4)、式(7.1.5)代入式(7.1.3),即可得到

$$\widetilde{U}(P) = \frac{\mathrm{e}^{-\mathrm{i}\pi/2}}{2\lambda} \iint\limits_{\Sigma_0} \widetilde{U}_0(Q)(\cos\theta_0 + \cos\theta)\frac{\mathrm{e}^{\mathrm{i}kr}}{r}\mathrm{d}\Sigma \tag{7.1.6}$$

经过基尔霍夫修正的公式(7.1.6)称作**菲涅耳-基尔霍夫衍射积分公式**(Fresnel-Kirchhoff formula)。处理光的衍射问题,都可以归结为求解菲涅耳-基尔霍夫衍射积分公式。

式(7.1.6)是一个空间曲面的积分,在直角坐标系下,平面接收屏位于 $z$ 处,屏上的场点为 $P(x, y)$,衍射屏上 $Q$ 点的波前函数(即瞳函数)表示为 $\widetilde{U}_0(x', y', z')$,将具体的参数代入,则积分表示为

$$\widetilde{U}(x, y) = \frac{\mathrm{e}^{-\mathrm{i}\pi/2}}{2\lambda} \iint\limits_{\Sigma} \frac{\widetilde{U}_0(Q)(\cos\theta_0 + \cos\theta)\mathrm{e}^{\mathrm{i}(2\pi/\lambda)\sqrt{(x-x')^2+(y-y')^2+(z-z')^2}}}{\sqrt{(x-x')^2 + (y-y')^2 + (z-z')^2}}\mathrm{d}x'\mathrm{d}y'$$

$$\tag{7.1.7}$$

可以看出,这是一个比较复杂的空间曲面积分。事实上,这样的积分是无法求解的,不能得到一个明确的解析表达式。

**4. 衍射的分类**

根据前面的讨论,求解衍射问题,就变成了求解上述积分公式(7.1.7)的问题。但是,由于积分计算的复杂性,上述积分是无法严格求解的,因而,总是在一定条件下将菲涅耳-基尔霍夫衍射积分公式简化为可以求解的形式。

为了求解积分式(7.1.7),需要根据实际情况作一些近似。这些近似,一方面基于光波场的传播特征,另一方面,可以采用特定的实验条件,根据实验条件进行。在采取了一定的近似处理之后,积分公式可以得到简化,并给出了很好的结果。

正是出于通过近似求解衍射积分公式的需要,可以通过系统的配置,将衍射分为两类。大体来说,是根据衍射屏到光源和接收屏的距离将衍射进行分类的,对不同类别的衍射系统,采用不同的近似方法以求解衍射积分公式。

如图7.1.11(a)所示,衍射屏到光源的距离是有限的,到接收屏的距离也是有限的,或者上述距离中至少一个是有限的,这种衍射称作**菲涅耳衍射**(Fresnel diffraction)。此时,波前通常为球面,在接收屏上的任一点,是来自波前上不同点的球面次波进行相干叠加的结果。

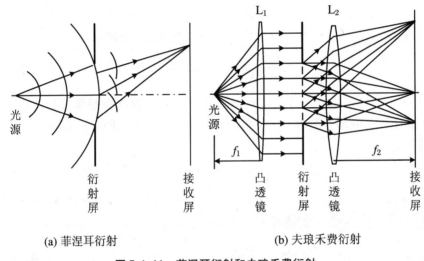

(a) 菲涅耳衍射　　　　　　　(b) 夫琅禾费衍射

**图7.1.11　菲涅耳衍射和夫琅禾费衍射**

若衍射屏到光源的距离和到接收屏的距离都是无限远的,则称之为**夫琅禾费衍射**(Fraunhofer diffraction)。这种情况,相当于平行光入射到衍射屏上,从波前上发出的相互平行的次波进行相干叠加。事实上,在衍射屏前后各放置一个凸透镜 $L_1$,$L_2$,并将光源置于 $L_1$ 的焦点处或焦平面上,而将接收屏置于透镜 $L_2$ 的像方焦平面处,如图7.1.11(b)所示。这样一来,射向衍射屏的是平面波,而在接收屏上能够相遇而进行叠加的次波,都是从波前上发出的相互平行的次波。

## 7.2　菲涅耳圆孔和圆屏衍射

### 7.2.1　衍射装置与衍射现象

典型的菲涅耳衍射是圆孔衍射或圆屏衍射,光源通常是点光源,接收屏在衍射障碍物(即圆孔或圆屏)的另一侧。

在圆孔衍射中,在接收屏上可以看见明暗交替的同心圆环,如图 7.2.1 所示。当圆孔的半径改变时,衍射图样圆环中心明暗迅速交替变化;当接收屏沿着系统做轴向移动时,圆环中心明暗缓慢地交替变化。

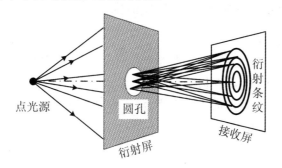

**图 7.2.1　菲涅耳圆孔衍射**

在圆屏衍射中,接收屏上同样呈现同心圆环形的明暗条纹。但与圆孔衍射不同的是,当圆屏直径改变,或接收屏沿轴向移动时,圆环中心永远是亮点,不会出现暗纹(图 7.2.2)。

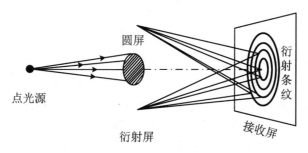

**图 7.2.2　菲涅耳圆屏衍射**

图 7.2.3 是一些圆孔或圆屏的衍射花样。

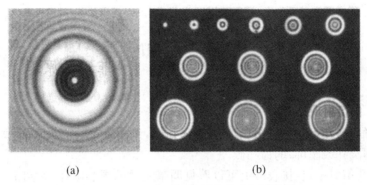

(a)          (b)

图 7.2.3　菲涅耳圆屏衍射与圆孔衍射花样

## 7.2.2　用半波带法分析菲涅耳圆孔衍射

### 1. 菲涅耳半波带

对菲涅耳圆孔衍射系统而言,通常是球面光波入射,因而考虑通过圆孔的次波叠加时,一般将次波中心取在恰好露出圆孔的一个球面上,该球面就是入射波的一个波面,设这样的球面波前的半径为 $R$,球面顶点到位于轴上的场点 $P$ 的距离(光程)为 $b$,圆孔的半径为 $\rho$,如图 7.2.4 所示。

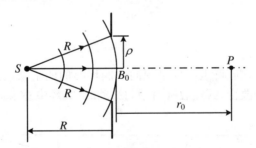

图 7.2.4　菲涅耳圆孔衍射系统的物理参数

从理论上解决上述圆孔或圆屏衍射问题,应当设法求解菲涅耳-基尔霍夫衍射积分公式(7.1.7)。既然将波前取在圆孔处的一个波面上,则积分公式中瞳函数是常量。但是,尽管如此,也不能对积分公式严格求解。菲涅耳采用巧妙的方法,将复杂的衍射积分经过近似化为了简单的求和形式。

菲涅耳是这样解决求解衍射积分问题的:将圆孔处的波前(球面)划分为一系列的同心圆环带,并使各个带的边缘到轴上场点 $P$ 的距离(光程)依次相差半个波长。例如,第一个环带的中心到 $P$ 的光程为 $r_0 = b$,其外缘到 $P$ 的光程为 $r_1 = r_0 + \lambda/2$;第二个环带的外缘到 $P$ 的光程为 $r_2 = r_0 + \lambda$ ……第 $m$ 个半波带的外边缘到场点 $P$ 的光程为 $r_m = r_0 + m\lambda/2$,如图 7.2.5 所示。这样划分出的圆环带称为**菲涅耳半波带**(Fresnel half-period zone)。

两个相邻的半波带上有一系列的对应点(其实是对应的圆环),如图 7.2.6 所示,它们到场点 $P$ 的光程差为 $\lambda/2$,因而在 $P$ 点振动的相位差为 π,相位相反,振动方向也相反,因而振动相互抵消。

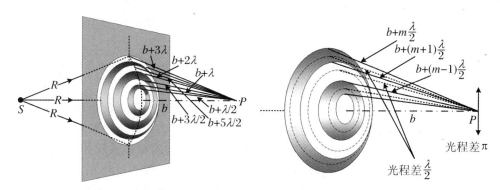

图 7.2.5　菲涅耳半波带的划分　　　图 7.2.6　相邻半波带的合振动

### 2. 半波带的面积

由于相邻半波带到 $P$ 点的距离相差半个波长,所以半波带实际上是非常细的圆环,每一个半波带的面积也是很小的。下面首先计算每个半波带的面积 $\Sigma_m$。

如图 7.2.7 所示,设露出圆孔的球冠对光源的张角为 $\varphi$,球冠高度为 $h$,则球冠的面积为 $S = 2\pi R h = 2\pi R^2(1 - \cos\varphi)$,对该式的两端求微分,则有

$$dS = 2\pi R^2 \sin\varphi \, d\varphi \tag{7.2.1}$$

这是由于张角的改变 $d\varphi$ 所引起的球冠面积的改变。

对于图 7.2.7 中的 $\triangle SMP$,利用余弦公式,得到

$$\cos\varphi = \frac{R^2 + (R + r_0)^2 - r_m^2}{2R(R + r_0)}$$

两端求微分,则有

$$\sin\varphi \, d\varphi = \frac{r_m}{R(R + r_0)} dr_m$$

$$\tag{7.2.2}$$

将式(7.2.1)和式(7.2.2)结合,得到

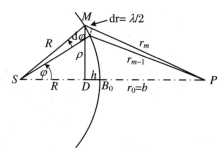

图 7.2.7　半波带面积的计算

$$\mathrm{d}S = 2\pi R^2 \frac{r_m}{R(R + r_0)} \mathrm{d}r_m$$

按照半波带的定义,当 $\mathrm{d}r_m = \lambda/2$ 时,$\mathrm{d}S = \Sigma_m$,$\Sigma_m$ 为第 $m$ 个半波带的面积。于是上式变为 $\Sigma_m = \pi R r_m \lambda/(R + r_0)$,即

$$\frac{\Sigma_m}{r_m} = \frac{\pi R}{R + r_0}\lambda \tag{7.2.3}$$

可见,对于各个不同的半波带,其面积与到场点的光程之比为常数。

### 3. 单个半波带的复振幅

要求出一个半波带在场点 $P$ 的振动,就要将其发出的所有次波在点 $P$ 的振动进行叠加。

每一个半波带尽管很小,上面各点所发出的次波到场点 $P$ 处的光程还是不同的,因而还要将每一个半波带作进一步的细分。

如图 7.2.8 所示,若将每个半波带分为两个波带,使其到 $P$ 点的光程相差 $\lambda/4$,则这两个波带在 $P$ 点的相位相差 $\pi/2$;若将每个半波带细分为 4 个波带,使各个波带到 $P$ 点的光程依次相差 $\lambda/8$,则各个波带在 $P$ 点的相位依次相差 $\pi/4$······将每个半波带细分为 $m$ 个波带,使各个波带到 $P$ 点的光程依次相差 $\lambda/(2m)$,则各个波带在 $P$ 点的相位依次相差 $\pi/m$。用振幅矢量计算合振动,则它是 $m$ 个矢量依次首尾相接,每个矢量相对于前一个矢量转过的角度为 $\pi/m$,最后一个矢量相对于第一个矢量转过的角度为 $\pi$,如图 7.2.9 所示。

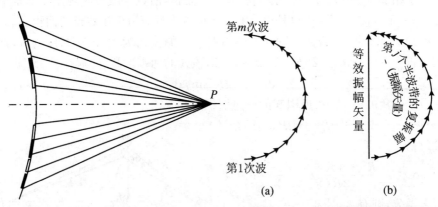

图 7.2.8 将一个半波带分为 $m$ 份    图 7.2.9 一个半波带的振幅矢量

需要指出的是,由于这些矢量对应的是一个半波带所发出的次波的复振幅,各列次波的倾斜因子非常接近,光程也相差不大(最多相差半个波长),因而这些复振幅的大小可近似认为是相等的,所以图中的各个矢量的长度相等。

　　进一步,将一个半波带无限细分,则上述矢量将有无穷多个,同时每个矢量将变得无限小,于是上述折线将演变为一个半圆弧。即一个完整半波带的振幅矢量近似地为一个半圆弧,这样的振幅矢量也等效于圆弧直径所代表的矢量。

　　如果将每一个半波带都用上述方法分析,则可得到各个半波带在场点 $P$ 处的振幅矢量,相邻的半波带的振幅矢量由于相位相反(相位差为 $\pi$),矢量的方向也相反,再考虑倾斜因子的影响,易知靠外的半波带的振幅矢量将逐渐减小。但是,由于相邻的半波带的倾斜因子十分接近,所以相邻的振幅矢量的大小也十分接近,如图 7.2.10 所示。

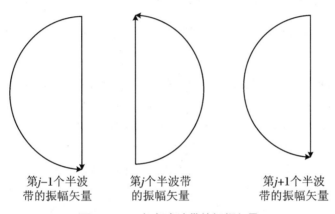

第 $j$-1 个半波
带的振幅矢量　　　第 $j$ 个半波带
的振幅矢量　　　第 $j$+1 个半波
带的振幅矢量

**图 7.2.10　相邻半波带的振幅矢量**

### 4. 衍射积分公式求解

　　按照惠更斯-菲涅耳原理,每个半波带在场点 $P$ 的复振幅等于该半波带上发出的所有次波在 $P$ 点振动的叠加,仍然需要通过求解衍射积分公式获得,即

$$\widetilde{U}_m(P) = K \iint\limits_{\Sigma_m} \widetilde{U}(Q_m) F_m(\theta_0, \theta) \frac{\mathrm{e}^{ikr}}{r} \mathrm{d}\Sigma$$

其中 $\widetilde{U}_m(P)$ 为第 $m$ 个半波带所发出的所有次波在场点所引起的合振动的复振幅,可简写作 $\widetilde{U}_m$。$\widetilde{U}(Q_m)$ 为第 $m$ 个半波带上的瞳函数,由于波前取在球面波的一个波面上,所以所有半波带的瞳函数相等,可作为常数处理,记作 $\widetilde{U}$。$F_m(\theta_0, \theta)$ 为第 $m$ 个半波带的倾斜因子,由于是球面波前,故 $\theta_0 = 0$。尽管每个半波带都很小,但由于从带上不同点到场点的光程不尽相同,所以不同的次波在 $P$ 点的复振幅也不尽相等。

　　如果比较相邻两个半波带所引起的合振动,则可以发现,由于两带上对应圆环上的光源发出的次波在 $P$ 点振动的相位差为 $\pi$,所以这两个波带在 $P$ 点的合振动的相位差也是 $\pi$,即振动方向相反;同时,由于这两个半波带是近邻的,所以它们合振动振幅的大小也十分接近。

因此相邻半波带发出的次波到达 $P$ 点时,光程差为半个波长,相位差为 $\pi$,由于相位相反,故振动方向相反,振动相互抵消。

将波面划分为一系列的半波带之后,衍射积分公式可以化为对于各个半波带的次波的复振幅求和。设共有 $n$ 个半波带,则有

$$\widetilde{U}(P) = K \iint\limits_{\Sigma_0} \widetilde{U}(Q) F(\theta_0,\theta) \frac{\mathrm{e}^{ikr}}{r} \mathrm{d}\Sigma \widetilde{U} = K \sum_{m=1}^{n} \iint\limits_{\Sigma_m} \widetilde{U}_m(Q) F_m(\theta_0,\theta) \frac{\mathrm{e}^{ikr}}{r} \mathrm{d}\Sigma$$

$$= K \sum_{m=1}^{n} \widetilde{U}(Q_m) F_m(\theta_0,\theta) \frac{\mathrm{e}^{ikr_m}}{r_m} \Sigma_m = \sum_{m=1}^{n} \widetilde{U}_m$$

其中 $\widetilde{U}_m$ 为第 $m$ 个半波带所发出的所有次波在场点所引起的合振动的复振幅。既然前面已经用振幅矢量法求出了各个半波带的振幅矢量,也分析了相邻振幅矢量之间的关系,则只需将所有半波带的振幅矢量相加即可。

当然,也可以从数值分析入手得到 $P$ 点合振动振幅的表达式。

在上述求和公式中,各半波带的光程都从其内侧边缘算起,即第一个半波带的光程为 $r_0$,第二个半波带的光程为 $r_0 + \lambda/2$……第 $m$ 个半波带的光程为 $r_m = r_0 + (m-1)\lambda/2$,等等。由于相邻的两个半波带在 $P$ 点复振幅的相位差是 $\pi$,所以不妨将 $\widetilde{U}_m$ 写作下面的形式:

$$\widetilde{U}_m = \mathrm{e}^{i[(m-1)\pi + \varphi_1]} A_m$$

其中 $\varphi_1$ 为第一个半波带在 $P$ 点复振幅的相位。根据式(7.2.3),$\dfrac{\Sigma_m}{r_m} = \dfrac{\pi R}{R + r_0}\lambda$,则

$$\widetilde{U}(P) = K \sum_{m=1}^{n} \widetilde{U} F(\theta_m) \mathrm{e}^{ik[r_0 + (m-1)\lambda/2]} \frac{\Sigma_m}{r_m} = K\widetilde{U} \frac{\pi R\lambda}{R + r_0} \sum_{m=0}^{n-1} F(\theta_m) \mathrm{e}^{i(\varphi_1 + m\pi)}$$

$$= K\widetilde{U} \mathrm{e}^{i\varphi_1} \frac{\pi R\lambda}{R + r_0} \sum_{m=0}^{n-1} F(\theta_m) \mathrm{e}^{im\pi}$$

$$= K\widetilde{U} \mathrm{e}^{i\varphi_1} \frac{\pi R\lambda}{R + r_0} \sum_{m=0}^{n-1} \frac{1}{2}(1 + \cos\theta_m)(-1)^m$$

$$= \widetilde{A} \sum_{m=1}^{n} (1 + \cos\theta_m)(-1)^m$$

这里 $\widetilde{A} = \dfrac{1}{2} K \widetilde{U} \mathrm{e}^{i\varphi_1} \dfrac{\pi R\lambda}{R + r_0}$,因此 $\widetilde{U}_m = \widetilde{A}(1 + \cos\theta_m)(-1)^m$ 为第 $m$ 个半波带发出

的次波在 $P$ 点的复振幅,大小为 $A_m = \dfrac{1}{2} KA \dfrac{\pi R \lambda}{R + r_0}(1 + \cos\theta_m)$,相位为 $\varphi_0 - (-1)^m$。可见,相邻半波带次波的相位相反,且由于 $\theta_m$ 较小,$m$ 较大的半波带的振幅也较小。于是,总的复振幅可表示为

$$\widetilde{U}(P) = \sum_{m=1}^{n}(-1)^m \widetilde{U}_m = (A_1 - A_2 + A_3 - A_4 + \cdots)\mathrm{e}^{\mathrm{i}\varphi_1} \qquad (7.2.4)$$

振幅为

$$\begin{aligned}
A &= \frac{1}{2}A_1 + \left(\frac{1}{2}A_1 - A_2 + \frac{1}{2}A_3\right) + \left(\frac{1}{2}A_3 - A_4 + \frac{1}{2}A_5\right) \\
&\quad + \cdots + (-1)^{n-1}\frac{1}{2}A_n \\
&= \frac{1}{2}\left[A_1 + (-1)^{n-1}A_n\right] \qquad\qquad\qquad\qquad\qquad (7.2.5)
\end{aligned}$$

式(7.2.4)中,虽然求和式中的第一项 $(-1)^1 \widetilde{U}_1 = -\widetilde{U}_1$,但是并不代表第一个半波带在 $P$ 点的复振幅是负值。事实上,半波带的取法只是让相邻半波带的次波在 $P$ 点的相位相反,所以,为便于表述,不妨假设第一个半波带在 $P$ 点的复振幅为正值,则通项 $\widetilde{U}_n$ 的相位因子相应地改为 $(-1)^{n-1}$ 即可。由于倾斜因子是连续、缓慢变化的,所以可以认为某一个半波带的振幅是与其相邻的两个半波带振幅的平均值,即 $\dfrac{1}{2}A_1 - A_2 + \dfrac{1}{2}A_3 = 0 \cdots\cdots$

### 5. 衍射现象的解释

从式(7.2.5),可以得到:

在圆孔衍射中,如果露出的半波带数 $n$ 为奇数,则 $\widetilde{U}(P) = (A_1 + A_n)/2$,为亮点;

如果露出的半波带数 $n$ 为偶数,则 $\widetilde{U}(P) = (A_1 - A_n)/2$,为暗点;

自由传播,相当于 $n \to \infty$,而 $A_n \to 0$,所以 $A(P) = A_1/2$,始终为亮点;

在圆屏衍射中,相当于前面 $n$ 个半波带被遮住,则 $\widetilde{U}(P) = \sum_{n+1}^{\infty} A_m = \dfrac{1}{2}A_{n+1}$,因而总是亮点。

也可以用振幅矢量方法分析菲涅耳衍射,如图 7.2.11 所示,设奇数的半波带在 $P$ 点的振幅用向上的矢量表示,则偶数的半波带的振幅用向下的矢量表示。由于倾斜因子的作用,随着 $n$ 的增大,振幅逐渐减小,即越靠外的半波带,其振幅越

小。这些矢量合成的结果与上述分析完全一致。

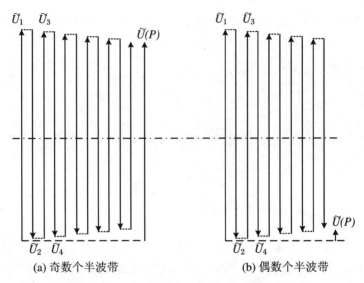

(a) 奇数个半波带　　　　　　(b) 偶数个半波带

**图 7.2.11　菲涅耳半波带合振动的振幅矢量**

### 6. 轴外物点的衍射

由于对称性,光轴上的点的衍射比较容易分析。而对于轴外的物点,分析起来比较复杂,但也可以定性地进行说明。

如图 7.2.12 所示,轴外一点 $Q$ 与光源 $S$ 的连线与圆孔处的波面交于 $M$ 点,可以以 $M$ 为中心在波面上作出一系列的半波带。

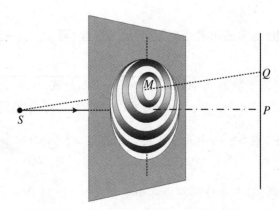

**图 7.2.12　轴外观察点半波带的划分**

这样划分的半波带，不是每个都能完整地露出来，如图 7.2.13 所示，不完整的半波带的面积有较大的差别，所以也能在轴外形成亮暗交替分布的条纹。由于衍射装置是轴对称的，所以衍射花样也是轴对称分布的，是一系列的同心圆环。

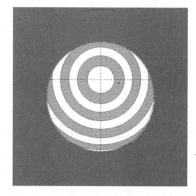

图 7.2.13　轴外观察点露出的半波带

### 7.2.3　半波带方程

由上述分析可知，轴上一点 $P$ 的振幅或者光强取决于圆孔所露出的半波带的数目 $n$，下面讨论 $n$ 与各个因素的数学关系。

此时，由于需要知道圆孔所露出的完整的半波带的数目，故半波带到场点 $P$ 的光程要从各个半波带的外边缘算起，即 $r_n = r_0 + n\lambda/2$，

$$r_n^2 - r_0^2 = \left(r_0 + n\frac{\lambda}{2}\right)^2 - r_0^2 = nr_0\lambda + \left(\frac{n}{2}\lambda\right)^2 \approx n\lambda r_0 \qquad (7.2.6)$$

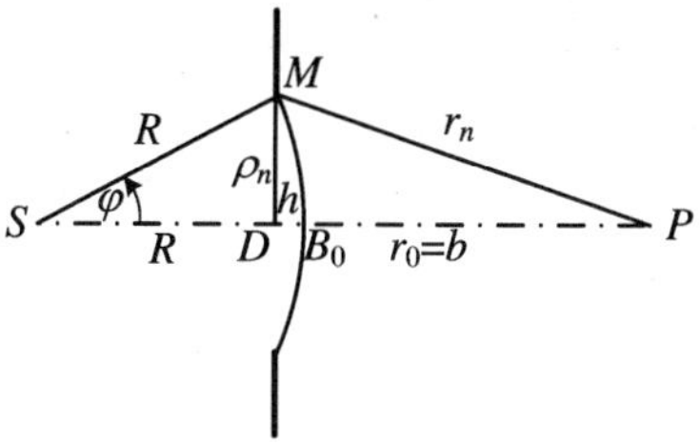

图 7.2.14　半波带方程的推导

如图 7.2.14 所示，记圆孔的半径为 $\rho_n$，在 $\triangle MDP$ 中，有

$$\rho_n^2 = r_n^2 - (r_0 + h)^2$$
$$= r_n^2 - r_0^2 - 2r_0h - h^2 \qquad (7.2.7)$$

在 $\triangle MDS$ 中，有

$$\rho_n^2 = R^2 - (R - h)^2 = 2Rh - h^2 \qquad (7.2.8)$$

可得到

$$r_n^2 - r_0^2 - 2r_0h = 2Rh$$

求出 $h$ 的表达式，并利用式(7.2.6)，得到

$$h = \frac{r_n^2 - r_0^2}{2(R + r_0)} \approx \frac{nr_0}{2(R + r_0)}\lambda \qquad (7.2.9)$$

考虑到 $h \ll r_0$，式(7.2.7)可以进一步化为

$$\rho_n^2 \approx n\lambda r_0 - 2r_0h \qquad (7.2.10)$$

将式(7.2.9)代入式(7.2.10)，有

$$\rho_n^2 = n\lambda r_0 - \frac{n\lambda r_0^2}{R + r_0} = \frac{nr_0 R}{R + r_0}\lambda$$

整理后，得到

$$n = \frac{\rho^2}{\lambda}\left(\frac{1}{r_0} + \frac{1}{R}\right) \qquad (7.2.11)$$

式(7.2.11)称为**半波带方程**。

由方程(7.2.11)可见,圆孔所露出的半波带的数目 $n$ 及其奇偶性由 $r_0$ 决定,即在轴上不同的位置看同一个圆孔,其所露出的半波带的数目是不同的。

### 7.2.4  一般情形下的波带

在一般情况下,一个圆孔所划分出的半波带往往不是整数个,这时,就需要对最外面的不是完整的半波带作进一步的细分。如何细分半波带,以及细分后的半波带的振幅矢量已经在前面讨论过。

每个完整半波带所引起的复振幅都可以用一段转过 $\pi$ 角的弧形矢量表示,圆孔衍射的振幅矢量就可以用许多个逐渐缩小的弧线形矢量依次首尾相接表示,不仅可以表示整数个半波带的合振动(图7.2.15),也可以方便地表示最后一个波带不是完整半波带的情形(图7.2.16)。如果圆孔不能分成完整数的半波带,则最后一个波带所对应的振幅矢量将不是一个完整的半圆弧,此时,整个振幅矢量将是倾斜的,但光强只与矢量的长度有关。

图 7.2.15  恰好整数个半波带的振幅矢量    图 7.2.16  不是整数个半波带的振幅矢量

**【例 7.1】**  图7.2.17为两个特殊形状的菲涅耳衍射装置,其中标出了各个圆环到轴上场点的光程和场点处的衍射光强。

**【解】**  在图7.2.17(a)中,第一个半波带是全开放的,第三个半波带仅沿径向前一半开放,第五个半波带沿角度开放了1/4。

用振幅矢量方法,第一个半波带是整个半弧,第三个半波带中,次波的相位为$0\sim\pi/2$,故仅仅是前1/4弧,第五个半波带虽然仅开放了1/4,但次波的相位却是$0\sim\pi$,故仍是完整的半弧,但由于面积仅为一个完整半波带的1/4,所以点光源的数目仅为完整半波带的1/4,合振动的振幅为完整半波带的1/4。各个透光部分的振幅矢量及其合成结果如图 7.2.18 所示。

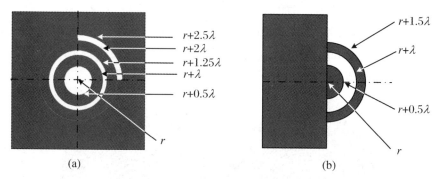

图 7.2.17　特殊形状的菲涅耳衍射装置

光强为

$$I = \left(A_1 + \frac{1}{2}A_1 + \frac{1}{4}A_1\right)^2 + \left(\frac{1}{2}A_1\right)^2 = \frac{53}{16}A_1^2$$

由于自由传播时的光强为 $I_0 = \left(\frac{1}{2}A_1\right)^2 = \frac{1}{4}A_1^2$，所以 $I = \frac{53}{4}I_0$。

在图 7.2.17(b)中，所有波带都被沿角度遮挡了一半，因而每个半波带的振幅都是完整半波带的一半，即半弧的直径缩小一半。

对于遮挡了 $n$ 个半波带的圆屏的衍射，合振动振幅为 $A_{n+1}/2$，因而本题中第三半波带之外的振幅为 $(A_4/2)/2$，本例中振幅矢量及其合成结果如图 7.2.19 所示。

光强为

$$I = \left(\frac{1}{2}A_1 + \frac{1}{4}A_1\right)^2 = \frac{9}{16}A_1^2 = \frac{9}{4}I_0$$

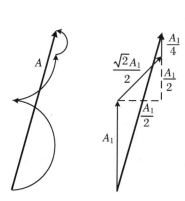

图 7.2.18　(a)的振幅矢量及其合成

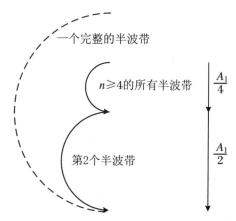

图 7.2.19　(b)的振幅矢量及其合成

### 7.2.5 菲涅耳半波带的应用——波带片

用半波带将波面分割,然后只让其中的奇数(或偶数)半波带透光,即可以制成**菲涅耳波带片**(Fresnel zone plate),见图 7.2.20。透过波带片的光,在光轴上的场点有相同的相位,振动方向相同,则合振动的振幅大大增强。

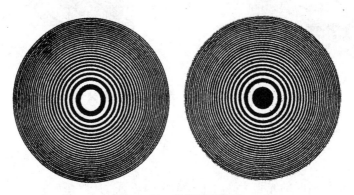

**图 7.2.20 菲涅耳波带片**

在一般情况下,可以认为前面几个半波带的倾斜因子相差不大,即满足傍轴条件,所以它们发出的次波的振幅近似相等。例如,波带片共有 20 个半波带,其中偶数的半波带被挡住,则在 $P$ 点的复振幅为 $\widetilde{U}(P) = A_1 + A_3 + \cdots + A_{19} \approx 10 A_1$,因而 $P$ 点的光强为 $I(P) = 100 A_1^2$。

当自由传播时,振幅 $\widetilde{U}_0(P) = A_1/2$,光强 $I_0(P) = A_1^2/4$。所以 $I(P) = 400 I_0(P)$,两者相差 400 倍,可见波带片具有使光会聚的作用。

可以将半波带方程(7.2.11)写成如下形式:

$$\frac{1}{R} + \frac{1}{r_0} = \frac{k\lambda}{\rho_n^2} \tag{7.2.12}$$

同透镜的高斯公式 $1/s + 1/s' = 1/f$ 比较,形式上相同,因而波带片的焦距为

$$f = \frac{\rho_n^2}{k\lambda} \tag{7.2.13}$$

经过波带片之后,衍射光在焦点处会聚,出现一个光强的极大值。

对平行入射光而言,由于 $R = \infty$,所以平面波的波带片应当制成平面形状的。

从式(7.2.13)看出,任何一个波带片,通常都只适用于一个波长,其焦距是固定的。但其实并非如此,见下例。

【例 7.2】 一菲涅耳波带片对 900.0 nm 的红外光的主焦距为 30 cm。改用

632.8 nm 的氦氖激光照明,主焦距变为多少?

**【解】** 由于波带片不变,各个半波带的半径和序号都不改变,所以 $f\lambda = \rho_n^2/k$ 不变,即 $f_1\lambda_1 = f_2\lambda_2$。因此

$$f_1 = f_2 \frac{\lambda_2}{\lambda_1} = 80 \times \frac{9\,000}{6\,328} = 113\,(\text{cm})$$

一个菲涅耳波带片,除由式(7.2.13)所决定的主焦点之外,还有许多次焦点。次焦点的形成,可以证明如下:

平行光入射时,$R = \infty$,有 $n = \frac{\rho_n^2}{\lambda}\frac{1}{r_0}$,即在距离 $r_0$ 处,半径为 $\rho_n$ 的带是第 $n$ 个半波带。

当波带片不变时,$r_0$ 改变,会引起 $n$ 的改变,即可划分的半波带数目改变。

如图 7.2.21 所示,场点到圆孔的距离 $r_0$ 减小,到 $r_0/2$ 时,$n' = 2n$,即相当于原来的每一个半波带都变成了两个半波带,这两个半波带的次波相互抵消,因而该点为暗点。

$r_0$ 进一步减小,到 $r_0/3$ 时,$n' = 3n$,原来的每一个半波带都变成了三个,其中两个半波带的次波相互抵消后,还余下一个半波带的次波,因而该点为亮点。但是每一个半波带的面积约只有原来的1/3,所以亮度比主焦点要暗一些,因此称作次焦点。

$r_0$ 进一步减小,到 $r_0/4$ 时,$n' = 4n$,该点为暗点。

··············

所以有一系列次焦点,相应的焦距可以表示为

$$f' = \frac{f}{3}, \frac{f}{5}, \cdots, \frac{f}{2m+1}, \cdots \quad (m = 1, 2, \cdots) \tag{7.2.14}$$

当 $m = 0$ 时,为主焦点的焦距。

除了圆环形的波带片之外,还有其他形式的波带片,如图 7.2.22 所示。

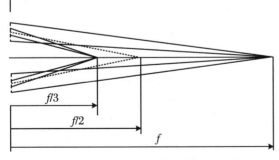

图 7.2.21 场点改变,半波带数目改变

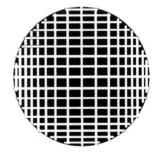

图 7.2.22 可以将入射平行光会聚成"十"字形的波带片

# 7.3 其他形式的菲涅耳衍射

菲涅耳半波带法是一种分割波前的方法,这样分割所得到的每一个较小的次波源所引起的振动,与近邻次波源振动的相位相反而振幅接近,因而非常巧妙地克服了求解衍射积分所遇到的困难,得到虽不十分精确却非常有效的结果。将波前分割得越细,所得到的结果就越接近衍射积分的值,用半弧矢量表示一个半波带的复振幅,就是将波前无限细分的结果。这种用求和代替积分的方法,用于分析其他类型的衍射也是非常有效的。

## 7.3.1 直边衍射

光掠过锋利的刀刃,往往会出现耀眼的光芒。如果仔细观察,则能在刃口附近看到明暗交错的条纹,这种现象,就是直边障碍物所导致的衍射。

**1. 半波带**

如图 7.3.1 所示,直边形衍射屏挡住了一半的入射波,通过的光波由于次波的相干叠加而产生衍射。

为简单起见,我们仅分析入射波是平面或圆柱面的情形。对衍射屏处的波面,仍用菲涅耳的方法将其分割为一系列半波带。由于衍射屏的边缘是直线,故这样分割的半波带都是直条形的,如图 7.3.2 所示。

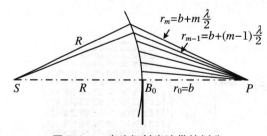

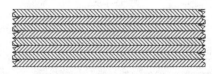

图 7.3.1　直边衍射半波带的划分　　　　图 7.3.2　直条形半波带

**2. 直边形半波带的面积**

每个半波带都是圆柱形的,如图 7.3.3 所示,记直边的宽度为 $l$,圆心角为 $\mathrm{d}\theta$ 的一个直边条的面积为 $\mathrm{d}S = lR\mathrm{d}\theta$。

在 $\triangle SMP$ 中，$\cos\theta = \dfrac{R^2 + (R + r_0)^2 - r_m^2}{2R(R + r_0)}$，于是有 $\mathrm{d}\theta = \dfrac{r_m}{R(R + r_0)\sin\theta}\mathrm{d}r_m$，则

$$\mathrm{d}S = \frac{lr_m}{(R + r_0)\sin\theta}\mathrm{d}r_m$$

当 $\mathrm{d}r_m = \lambda/2$ 时，$\mathrm{d}S = S_m$ 为第 $m$ 个半波带的面积，即 $S_m = \dfrac{l\lambda r_m}{2(R + r_0)\sin\theta}$。

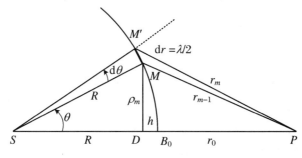

图 7.3.3　直边形半波带

### 3. 半波带发出的次波的振幅

每个半波带的复振幅为

$$\widetilde{U}_m(P) = K \iint\limits_{\Sigma_m} \widetilde{U}(Q_m) F_m(\theta_0,\theta)\frac{\mathrm{e}^{ikr}}{r}\mathrm{d}\Sigma$$

衍射的复振幅为各个半波带复振幅的叠加，即

$$\widetilde{U}(P) = K \sum_{m=1}^{\infty} \widetilde{U} F(\theta_m) \mathrm{e}^{ik[r_0 + (m-1)\lambda/2]}\frac{S_m}{r_m}$$

而 $\dfrac{S_m}{r_m} = \dfrac{l\lambda}{R + r_0}\dfrac{1}{2\sin\theta_m}$，即

$$\widetilde{U}(P) = \frac{K\widetilde{U}l\lambda}{2(R + r_0)}\sum_{m=0}^{\infty}\frac{F(\theta_m)}{\sin\theta_m}\mathrm{e}^{i(\varphi_1 + m\pi)}$$

$$= \frac{K\widetilde{U}l\lambda\mathrm{e}^{i\varphi_1}}{4(R + r_0)}\sum_{m=0}^{\infty}\frac{(-1)^m(1 + \cos\theta_m)}{\sin\theta_m}$$

说明随着 $m$ 的增大，半波带次波的复振幅快速减小。

不仅仅是序数越大的半波带的振幅越小，如果将一个半波带按等光程差的规则进一步细分，也将得到一组逐渐减小的振幅矢量，这些小矢量按图 7.3.4 中的方式首尾相接，构成一段转过 $\pi$ 的螺线。直边上所有半波带的振幅矢量构成一段逐渐缩小的螺旋线，当 $\theta$ 接近于 $\pi/2$ 时，上述振幅接近于恒定值，因而这样的螺线并不会无限收缩，如图 7.3.5 所示。这样画出的螺旋线并不是很准确，事实上，可以

在一定条件下对衍射积分求解,得到较准确的表达式。

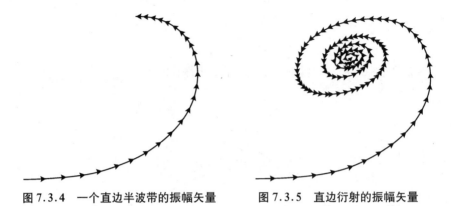

图 7.3.4　一个直边半波带的振幅矢量　　图 7.3.5　直边衍射的振幅矢量

　　上述分析针对的是一种特殊情形,即光源 $S$、直边边缘 $B_0$ 和场点 $P$ 共线的情形,也即分析的是 $SB_0$ 连线上一点的振幅矢量。对于直线 $SB_0$ 之外的场点,可以按如下方式进行分析。

　　对于柱面光波或平面光波,如果衍射屏不存在,则不会发生衍射。在这种情况下,可以将自由传播的波面划分成一系列的直条形半波带,半波带的分布总是上下对称的,所以其振幅矢量也是上下对称的。若将每个半波带都无线细分,则每个振幅矢量都变得无限小,合振动的振幅矢量变为光滑的曲线,如图 7.3.6 所示。这样的曲线称作**考钮螺线**(Cornu spiral)。自由传播时,合振动的振幅矢量就是螺线左右两个收缩中心之间的连线。

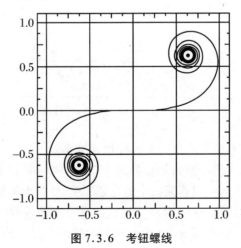

图 7.3.6　考钮螺线

　　直边衍射时，对于过光源和直边连线的场点，合振动振幅矢量就是螺线中点到一个收缩点的矢量；对于直线外的场点，合振动振幅矢量的起点不能取在螺线的中点，而应取在中点的左侧（直线上的场点）或右侧（直线下的场点），这样，矢量的长短就有所变化，代表不同的场点，衍射强度有所不同。菲涅耳直边衍射的花样和强度分布可用图 7.3.7 表示，图中横坐标表示观察点到直边的横向距离（单位任意）。

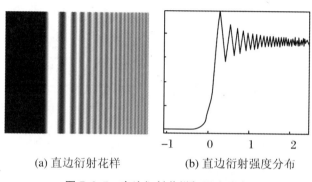

(a) 直边衍射花样　　　　(b) 直边衍射强度分布

**图 7.3.7　直边衍射花样与强度分布**

## 7.3.2　菲涅耳单缝衍射

　　分析菲涅耳单缝衍射的方法与直边衍射相似，但是，由于缝宽是确定的，故对某一场点而言，单缝可划分的半波带的数目是有限的，用振幅矢量法分析，就是一条没有完全收缩的考钮螺线。衍射的花样和强度如图 7.3.8 所示。

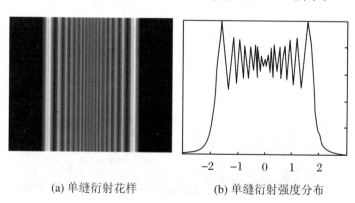

(a) 单缝衍射花样　　　　(b) 单缝衍射强度分布

**图 7.3.8　菲涅耳单缝衍射的花样和强度分布**

　　除了上述装置之外，任意形状的孔或缝，都能产生相应的衍射。可以看出，总是可以用适当的方法(例如半波带法)对衍射作出分析。但是,由于求解积分公式的复杂性,较难得出衍射强度的简单的解析表达式。

# 7.4 夫琅禾费单缝和矩孔衍射

## 7.4.1 夫琅禾费单缝衍射装置

夫琅禾费单缝衍射装置如图 7.4.1 所示,平行光入射,衍射屏上有一宽度为 $a$ 的单狭缝,在衍射屏之后,置一凸透镜 $L_2$,接收屏位于透镜的像方焦平面。

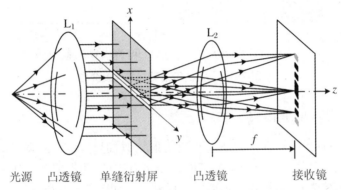

图 7.4.1　夫琅禾费单缝衍射装置

单缝衍射屏除了可以做成这种透射式的之外,还可以做成反射式的,即衍射屏上只有一条窄的反射面,其余部分不反射。这种反射式衍射屏的原理和分析方法与透射式的衍射屏完全相同。

夫琅禾费单缝衍射花样如图 7.4.2 所示。

图 7.4.2　夫琅禾费单缝衍射花样

在这样的衍射装置中,由于只有在透镜物方相互平行的光才能会聚到其焦平面上的同一点,所以,在接收屏上得到的是从单缝出射的相互平行的次波相干叠加所形成的条纹。

## 7.4.2 单缝衍射强度分布

求解接收屏上的衍射强度分布,应该先通过求解衍射积分公式,得到屏上的复振幅分布,然后再计算光强分布。然而,由于严格计算积分非常复杂,所以要在一定的条件下采取近似。

由于衍射孔径,即单缝是比较小的,故可以认为衍射光是满足傍轴条件的。

求解夫琅禾费衍射通常可以采用振幅矢量法和数值积分法,前者简单直观,适用于处理形状较简单的衍射屏,后者则可以处理形状较复杂的衍射屏。下面分别介绍。

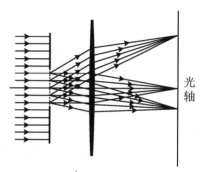

**图 7.4.3 正入射到衍射屏**

### 1. 振幅矢量法

取狭缝处的平面为次波源所在的波前,射向单缝平行光,既可以是垂直于狭缝平面的(正入射,图 7.4.3),也可以是不垂直于狭缝平面的(斜入射,图 7.4.4)。在正入射的情形中,狭缝处的波前就是入射光的波面,即等相位面,在斜入射的情形中,狭缝不是等相位面。

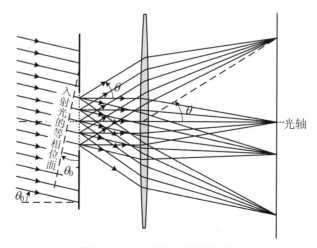

**图 7.4.4 任意角入射到衍射屏**

由于只有相互平行的次波才能在接收屏上相遇于同一点并进行叠加,所以只需讨论从狭缝上的次波源发出的相互平行的光波之间的光程差即可。如图7.4.5所示,沿$\theta$方向的次波在接收屏上的会聚点,对透镜光心的张角也是$\theta$。过狭缝上端$A$作一个与$\theta$方向衍射光垂直的平面,则该平面上各点到会聚点的光程是相等的,狭缝上下两端$A,B$处波源到会聚点的光程差为$a\sin\theta$。

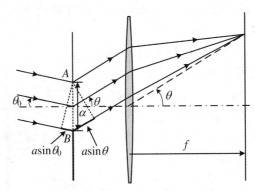

**图7.4.5 狭缝两端点处沿$\theta$方向次波的光程差**

对于沿$\theta_0$方向的入射光,$A,B$两点间的光程差为$a\sin\theta_0$,则从狭缝上下端两个次波中心发出的次波光程差和相位差分别为

$$\Delta L = a(\sin\theta \pm \sin\theta_0), \quad \Delta\Phi = ka(\sin\theta \pm \sin\theta_0)$$

式中,入射光和衍射光位于光轴的同一侧时,取"$+$",否则取"$-$"。

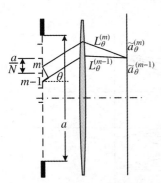

**图7.4.6 $N$ 等分狭缝上相邻单元次波的光程差**

如图7.4.6所示,若将狭缝均分为$N$个单元,各个单元的次波在接收屏上的复振幅分别记为$\tilde{a}_\theta^{(1)}$,$\tilde{a}_\theta^{(2)},\cdots,\tilde{a}_\theta^{(m)},\cdots,\tilde{a}_\theta^{(N)}$,其中下标$\theta$表示次波的方向,上标$(m)$表示发出次波的单元的序号,每个单元发出次波的复振幅可以表示为

$$\tilde{a}_\theta^{(m)} = K\iint_{\Sigma_m} \tilde{U}(Q_m)F_m(\theta_0,\theta)\frac{e^{ikr}}{r}d\Sigma$$

$$= K\tilde{U}(Q_m)F_m(\theta_0,\theta)\frac{e^{ikr_m}}{r_m}\frac{a}{N}$$

则相邻两部分次波的光程差和相位差分别为

$$\Delta l = \frac{\Delta L}{N} = \frac{a(\sin\theta \pm \sin\theta_0)}{N}, \quad \Delta\varphi = \frac{\Delta\Phi}{N} = \frac{ka(\sin\theta \pm \sin\theta_0)}{N}$$

由于是平面波,波前上各点具有相等的振幅,即 $|\widetilde{U}(Q_m)|$ 为常数;在满足傍轴条件时,忽略倾斜因子的影响,有 $F_m(\theta_0, \theta) = 1$。因此可以认为狭缝上各个部分发出的所有次波在接收屏上都具有相等的振幅,即上述每个单元的振幅矢量是等长的。相邻的振幅矢量之间的夹角为 $\Delta\varphi$。

整个狭缝发出的次波的合振动矢量就是这 $N$ 个矢量的合成,即

$$\widetilde{A}_\theta = \sum_{m=1}^{N} \widetilde{a}_\theta^{(m)}$$

如图 7.4.7(a)所示,$N$ 个矢量首尾相接,并且依次转过 $\Delta\varphi$ 的角度。如果 $\theta = \theta_0$,则 $\Delta\varphi = 0$,各个次波的振幅矢量相互平行,构成一段直线,合振动矢量为 $\widetilde{A}_0$。

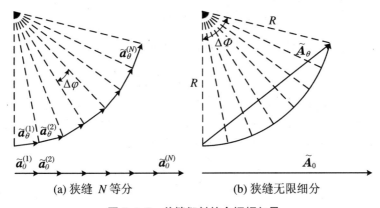

(a) 狭缝 $N$ 等分        (b) 狭缝无限细分

图 7.4.7　单缝衍射的合振幅矢量

$\widetilde{A}_0$ 的振幅记为 $A_0$,就是该圆的 $N$ 段弦,每一段弦所张的圆心角为 $\Delta\varphi$,这 $N$ 段弦所张的总圆心角为 $N\Delta\varphi = \Delta\Phi$。所有这些波矢的合矢量为 $\widetilde{A}_\theta$,其振幅记为 $A_\theta$。

如果对狭缝作无限细的划分,即 $N \to \infty$,则上述 $N$ 段折线渐变成一段圆弧,该圆弧的圆心角为 $\Delta\Phi$,如图 7.4.7(b)所示。圆弧的长度就是 $\Delta\varphi = 0$ 时直线矢量的长度 $A_0$。圆弧的半径为 $R = A_0/\Delta\Phi$,于是 $A_\theta = 2R\sin(\Delta\Phi/2)$,即

$$A_\theta = A_0 \frac{\sin(\Delta\Phi/2)}{\Delta\Phi/2} \tag{7.4.1}$$

将 $\Delta L = a(\sin\theta \pm \sin\theta_0)$ 代入式(7.4.1),即可得到

$$A_\theta = A_0 \frac{\sin\dfrac{ka(\sin\theta - \sin\theta_0)}{2}}{\dfrac{ka(\sin\theta - \sin\theta_0)}{2}} = A_0 \frac{\sin\dfrac{\pi a(\sin\theta - \sin\theta_0)}{\lambda}}{\dfrac{\pi a(\sin\theta - \sin\theta_0)}{\lambda}}$$

记 $u = \pi a (\sin\theta - \sin\theta_0)/\lambda$，则

$$A_\theta = A_0 \frac{\sin u}{u} \qquad (7.4.2)$$

其中 $A_0$ 为沿着 $\theta = \theta_0$ 方向上所有次波合振动的振幅，也就是入射光在透镜的焦平面上几何像点处的振幅。

衍射的光强为

$$I_\theta = I_0 \frac{\sin^2 u}{u^2} \qquad (7.4.3)$$

其中 $I_0$ 为焦平面上几何像点处的光强。

**2. 数值积分法**

就是直接求解菲涅耳-基尔霍夫衍射积分公式

$$\tilde{U}(P) = K \iint\limits_{\Sigma_0} \tilde{U}(Q) F(\theta_0, \theta) \frac{e^{ikr}}{r} d\Sigma$$

在焦平面上，$P$ 点对透镜光心的方位角为 $\theta$，在该点会聚的光波都是次波源发出的沿 $\theta$ 方向的光波，倾斜因子相同。又因为满足傍轴条件，即可以认为所有 $F(\theta_0, \theta)$ ≡1。狭缝上各点的瞳函数有相等的振幅，记作 $A_0$，如果设狭缝中心处 $O$ 点的相位为 $\varphi_0$，则 $x$ 点处的瞳函数可以表示为

$$\tilde{U}(x) = A_0 e^{-ikx\sin\theta_0 + i\varphi_0}$$

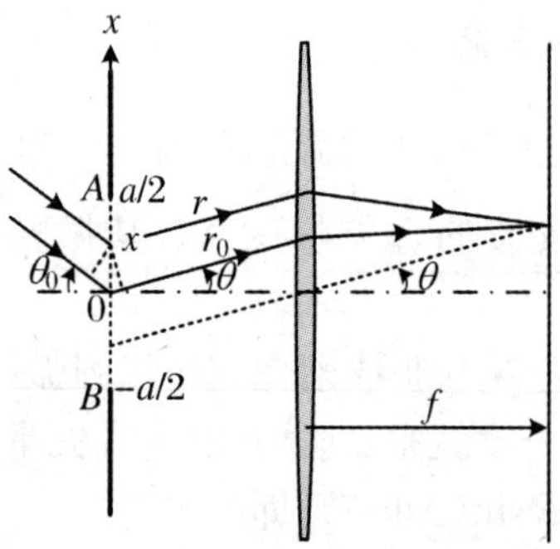

记 $K_0 = KA_0$，则衍射积分公式化为

$$\tilde{U}(\theta) = K \iint\limits_{\Sigma} \tilde{U}(x) \frac{e^{ikr}}{r} dx = K_0 \int_{-a/2}^{a/2} \frac{e^{ikr}}{r} dx$$

从 $O$ 点到 $P$ 点的光程记作 $r_0$，那么 $x$ 点到 $P$ 点的光程为 $r = r_0 + \Delta r$，由图 7.4.8，可见 $\Delta r = -x\sin\theta$。于是衍射积分公式为

$$\tilde{U}(\theta) = K_0 e^{ikr_0} \int_{-a/2}^{a/2} \frac{e^{-ikx(\sin\theta + \sin\theta_0)}}{r} dx$$

在傍轴条件下，各次波中心所发出的球面波在接收屏上的振幅相等，即上述积分公式中表示球面波振幅的因子 $1/r$ 为常数，记作 $1/r_A$，积分公式进一步化为

图 7.4.8 数值积分法示意

$$\tilde{U}(\theta) = K_0 \frac{1}{r_A} e^{ikr_0} \frac{i}{-ik(\sin\theta + \sin\theta_0)} \left[ e^{-ik\frac{a}{2}(\sin\theta + \sin\theta_0)} - e^{ik\frac{a}{2}(\sin\theta + \sin\theta_0)} \right]$$

$$= K_0 \frac{\mathrm{e}^{\mathrm{i}kr_0}}{r_A} \frac{-2\mathrm{i}\sin\left[\dfrac{ka}{2}(\sin\theta + \sin\theta_0)\right]}{-\mathrm{i}k(\sin\theta + \sin\theta_0)}$$

$$= KA_0 a \frac{\mathrm{e}^{\mathrm{i}kr_0}}{r_A} \frac{\sin\left[\dfrac{1}{2}ka(\sin\theta + \sin\theta_0)\right]}{\dfrac{1}{2}ka(\sin\theta + \sin\theta_0)}$$

记 $KA_0 a \dfrac{\mathrm{e}^{\mathrm{i}kr_0}}{r_A} = \widetilde{U}_0$，即可得到

$$\widetilde{U}(\theta) = \widetilde{U}_0 \frac{\sin u}{u} \tag{7.4.4}$$

与采用振幅矢量法得到的结果式(7.4.2)一致。

下面对 $r_A$ 进行一些讨论。

$r_A$ 应该是点光源发出的球面波的光程，但是，由于经过透镜后，发散的球面波转化为会聚的球面波，所以 $r_A$ 的取值在这里变得相当复杂。实际是，由于透镜的孔径比狭缝大得多，所以从狭缝出射的光可以认为全部都被会聚到接收屏上，那么，就不必认为 $r_A$ 是球面波的光程。也就是说，在透镜和狭缝之间，不必考虑球面波的振幅随距离的衰减。那么，只需要考虑透镜到接收屏的距离即可。因而，$r_A \approx f$。

由上还讨论知，$KA_0\mathrm{e}^{\mathrm{i}kr_0}/f$ 为狭缝上 $x$ 点附近单位宽度光源发出的沿光轴方向的次波在光轴上的 $F$ 点(焦点)所引起的复振幅，$\widetilde{U}_0 = KA_0\mathrm{e}^{\mathrm{i}kr_0}/f$，为通过整个狭缝的、沿光轴方向传播时在光轴上的焦点所引起的振动，即复振幅。则 $I_0 = \widetilde{U}_0 \widetilde{U}_0^*$ 为光轴上焦点处的光强。

$\widetilde{U}_0 \dfrac{\sin u}{u}$ 称为**单缝(单元)衍射因子**。

对于沿光轴方向入射的光，$\theta_0 = 0$，$u = (\pi a/\lambda)\sin\theta$。因此，为了后面推导过程的简洁，可以只讨论入射光沿透镜光轴的情形，此时积分的波前即是入射光的波面，总的光程差中就只要计算在衍射屏之后的部分即可，即

$$\Delta r = -x\sin\theta, \quad u = \frac{1}{2}ka\sin\theta = \frac{\pi a}{\lambda}\sin\theta$$

如果入射光的倾角为 $\theta_0$，则在计入衍射屏之前的光程差后，有

$$\Delta r = \pm x\sin\theta_0 - x\sin\theta = -x(\sin\theta_0 \mp \sin\theta)$$

$$u = \frac{1}{2}ka(\sin\theta_0 \pm \sin\theta) = \frac{\pi a}{\lambda}(\sin\theta_0 \pm \sin\theta)$$

光在法线的同侧,取"＋";异侧,取"－"。

### 7.4.3 单缝衍射花样的特点

单缝衍射花样如图 7.4.9 所示,是一系列明暗交错的条纹;而且衍射花样与单缝的宽度有关,当缝宽越大时,衍射条纹越细锐。在图 7.4.1 中,由于单缝在 $y$ 方向的线度较大,所以,光沿着 $x$ 方向发生衍射。即衍射条纹只在 $x$ 方向有一定的宽度,在 $y$ 方向的光,由于没有衍射,经过透镜的会聚,变得相当窄。

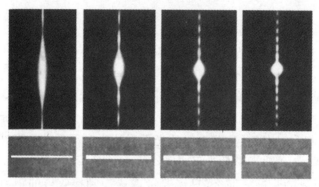

**图 7.4.9 不同缝宽的单缝衍射花样**

衍射的复振幅和光强分布图可以按照式(7.4.4)和式(7.4.3)得到,如图 7.4.10所示。

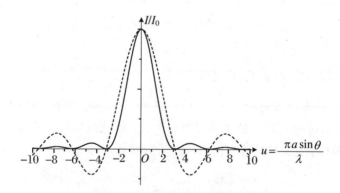

**图 7.4.10 单缝衍射的光强分布曲线**

下面分析单缝衍射的特征。

**1. 极值点**

由于光强分布为 $I_\theta = I_0 \sin^2 u / u^2$，其极值点可以由 $(\sin u/u)' = 0$ 求得，结果为 $(u\cos u - \sin u)/u^2 = 0$，即

$$\tan u = u \tag{7.4.5}$$

这是一个超越方程，可以根据图 7.4.11 求得其数值解：

$$\sin\theta = \pm 1.43\frac{\lambda}{a}, \ \pm 2.46\frac{\lambda}{a}, \ \pm 3.47\frac{\lambda}{a}, \cdots \tag{7.4.6}$$

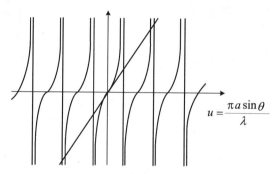

**图 7.4.11　超越方程的数值解**

光强公式中分子为 0 而分母不为 0 的点为极小值点，极小值点满足

$$u = \frac{\pi a}{\lambda}\sin\theta = j\pi \quad 且 \quad j \neq 0$$

即

$$\sin\theta = \pm\frac{\lambda}{a}, \ \pm 2\frac{\lambda}{a}, \cdots, \ \pm j\frac{\lambda}{a}, \ \pm(j+1)\frac{\lambda}{a}, \cdots \tag{7.4.7}$$

**2. 亮条纹角宽度**

可以用相邻暗条纹之间的角距离来描述亮条纹的角宽度。在傍轴条件下，由于 $\sin\theta \approx \theta$，故有（图 7.4.12）

$$\theta \approx \pm\frac{\lambda}{a}, \ \pm 2\frac{\lambda}{a}, \cdots, \ \pm j\frac{\lambda}{a}, \ \pm(j+1)\frac{\lambda}{a}, \cdots$$

因此零级主极大，即**中央主极大**（central maximum）的角宽度为

$$\Delta\theta_0 = 2\frac{\lambda}{a} \tag{7.4.8}$$

而其他高级次条纹的角宽度为

$$\Delta\theta = \frac{\lambda}{a} \tag{7.4.9}$$

可见亮条纹的角宽度与狭缝的宽度成反比,所以式(7.4.8)和式(7.4.9)称作**衍射的反比关系**。

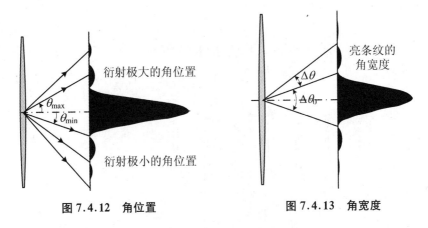

图 7.4.12　角位置　　　　　　　　　图 7.4.13　角宽度

### 3. 衍射屏与透镜的相对位置

当衍射屏上下移动时,衍射花样不变(图 7.4.14)。这是因为衍射强度分布只与衍射方向 $\theta$ 有关,而 $\theta$ 是接收屏上的场点相对于透镜光心的张角。因而,条纹的位置由透镜的光轴决定。也就是说,如果衍射屏上另外有一条狭缝,则这条狭缝的衍射花样与原来狭缝的衍射花样是完全重合的。

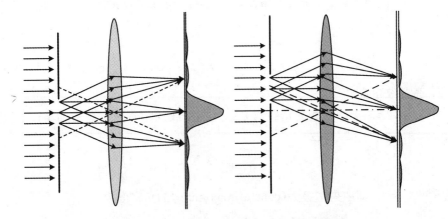

图 7.4.14　狭缝上下移动,衍射花样不变

但是,当透镜移动时,衍射条纹随着透镜的光轴移动(图 7.4.15)。

衍射条纹的零级主极大对应系统的几何像点,就是入射的平行光经过透镜之后在其焦平面上的会聚点。所以,入射光方向改变,衍射花样整体平移。

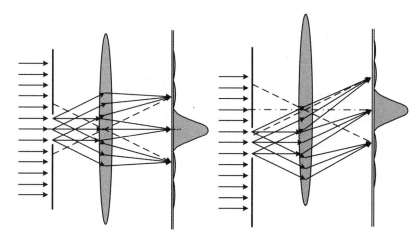

图 7.4.15  衍射花样随透镜的光轴移动

## 7.4.4  单缝衍射的应用

两个互补屏,即 $\Sigma_1 + \Sigma_2 = \Sigma$ 时,透光部分相加等于无衍射屏,如图 7.4.16 所示。

衍射屏$\Sigma_1$     衍射屏$\Sigma_2$     衍射屏$\Sigma_1+\Sigma_2$

图 7.4.16  互补屏

两个互补的衍射屏,在相同的衍射装置中,积分公式为

$$\widetilde{U}_1(P) = K \iint\limits_{\Sigma_1} \widetilde{U}_0(Q) F(\theta_0, \theta) \frac{\mathrm{e}^{ikr}}{r} \mathrm{d}\Sigma$$

$$\widetilde{U}_2(P) = K \iint\limits_{\Sigma_2} \widetilde{U}_0(Q) F(\theta_0, \theta) \frac{\mathrm{e}^{ikr}}{r} \mathrm{d}\Sigma$$

则

$$\tilde{U}_1(P) + \tilde{U}_2(P) = K \iint_{\Sigma_1} \tilde{U}_0(Q)F(\theta_0,\theta)\frac{\mathrm{e}^{\mathrm{i}kr}}{r}\mathrm{d}\Sigma + \iint_{\Sigma_2} \tilde{U}_0(Q)F(\theta_0,\theta)\frac{\mathrm{e}^{\mathrm{i}kr}}{r}\mathrm{d}\Sigma$$

$$= K \iint_{\Sigma_1+\Sigma_2} \tilde{U}_0(Q)F(\theta_0,\theta)\frac{\mathrm{e}^{\mathrm{i}kr}}{r}\mathrm{d}\Sigma = K\iint_{\Sigma} \tilde{U}_0(Q)F(\theta_0,\theta)\frac{\mathrm{e}^{\mathrm{i}kr}}{r}\mathrm{d}\Sigma$$

这就是没有衍射障碍物而自由传播的情况。

上述结果称作**巴比涅原理**(巴比涅,Jacques Babinet,1794~1872)。

在没有衍射屏时,按几何光学原理成像,除像点之外,接收屏上振动处处为零。于是有 $\tilde{U}_1(P) = -\tilde{U}_2(P)$,即 $I_1(P) = I_2(P)$。

因此细丝与狭缝的衍射花样,除零级中央主极大外,处处相同。这就是激光测径仪的原理(图 7.4.15)。

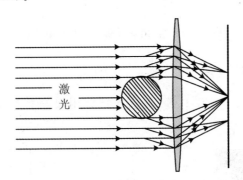

**图 7.4.17　激光测径仪**

## 7.4.5　夫琅禾费矩孔衍射

如图 7.4.18 所示,衍射屏上有一个 $a \times b$ 矩孔,其上任一点 $Q(x,y)$ 发出沿 $\mathbf{k}(\theta_1,\theta_2,\theta_3)$ 方向的次波,其中 $\theta_1,\theta_2,\theta_3$ 为波矢与 $yz$ 平面,$xz$ 平面和 $xy$ 平面的夹角,即 $\alpha+\theta_1=\pi/2,\beta+\theta_2=\pi/2$,其中 $\alpha,\beta,\gamma$ 是波矢 $\mathbf{k}$ 的方向余角。则矩孔发出的次波在 $P$ 点的复振幅为

$$\tilde{U}(P) = K\iint \tilde{U}_0(x,y)F(\theta_0,\theta)\frac{\mathrm{e}^{\mathrm{i}kr}}{r}\mathrm{d}x\mathrm{d}y$$

其中 $r$ 为 $Q$ 点到 $P$ 点的光程。从中心 $O$ 点处引一条与 $\mathbf{k}$ 同方向的直线,它到 $P$ 点的光程为 $r_0$,$r$ 与 $r_0$ 的光程差即为矢量 $\overrightarrow{OQ}$ 在 $r_0$ 上的投影,如图 7.4.19 所示。而在直角坐标系 $Oxyz$ 中,矢量

$$\overrightarrow{OQ} = xe_x + ye_y, \quad \frac{r_0}{r_0} = \sin\theta_1 e_x + \sin\theta_2 e_y + \sin\theta_3 e_z$$

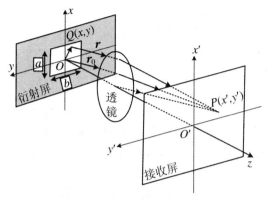

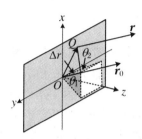

图 7.4.18 夫琅禾费矩孔衍射装置　　图 7.4.19 矩孔衍射光程差的计算

则上述光程差为

$$\Delta r = -\overrightarrow{OQ} \cdot \frac{r_0}{r_0} = -(xe_x + ye_y) \cdot (\sin\theta_1 e_x + \sin\theta_2 e_y + \sin\theta_3 e_z)$$

$$= -(x\sin\theta_1 + y\sin\theta_2)$$

即 $r = r_0 + \Delta r = r_0 - (x\sin\theta_1 + y\sin\theta_2)$。上述积分中,同方向的衍射光的倾斜因子相同。在傍轴条件下,积分化为

$$\tilde{U}(P) = KF(\theta_0, \theta)\,\tilde{U}_0(0,0)\iint\limits_{\Sigma} \frac{\mathrm{e}^{\mathrm{i}kr_0 - \mathrm{i}k(x\sin\theta_1 + y\sin\theta_2)}}{r}\mathrm{d}x\mathrm{d}y$$

$$= KF\tilde{U}_0(0,0)\frac{\mathrm{e}^{\mathrm{i}kr_0}}{f}\int_{-a/2}^{a/2}\mathrm{e}^{-\mathrm{i}kx\sin\theta_1}\mathrm{d}x\int_{-b/2}^{b/2}\mathrm{e}^{-\mathrm{i}ky\sin\theta_2}\mathrm{d}y$$

$$= KF\tilde{U}_0(0,0)ab\frac{\mathrm{e}^{\mathrm{i}kr_0}}{f}\frac{\sin u_1}{u_1}\frac{\sin u_2}{u_2}$$

其中

$$u_1 = \frac{\pi a}{\lambda}\sin\theta_1, \quad u_2 = \frac{\pi b}{\lambda}\sin\theta_2$$

强度分布

$$I(P) = I_0\left(\frac{\sin u_1}{u_1}\right)^2\left(\frac{\sin u_2}{u_2}\right)^2$$

这里 $I_0 = |KF\tilde{U}_0(0,0)ab\mathrm{e}^{\mathrm{i}kr_0}/f|^2$,为矩孔发出的光波沿 $(0,0)$ 方向达到焦点,即轴上 $F$ 点的光强。

衍射花样具有二维衍射强度分布,如图7.4.20所示。

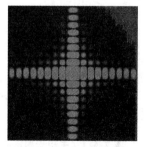

图 7.4.20 夫琅禾费矩孔衍射花样

# 7.5 夫琅禾费圆孔衍射

## 7.5.1 圆孔衍射强度

夫琅禾费圆孔衍射装置如图 7.5.1 所示,圆孔上任一点 $Q$ 发出沿任意方向的光线 $r$,与光轴间的夹角为 $\theta$。由于整个装置是轴对称的,故可以断定接收屏上衍射光的复振幅和强度分布亦是轴对称的,因此,只需讨论在任意一个包含光轴的平面内的衍射情况即可。

如图 7.5.2 所示,从圆孔中心 $O$ 点发出的次波的方向以 $r_0$ 表示,$r_0$ 在竖直平面 $xz$ 内,与光轴的夹角为 $\theta$,经透镜后到达接收屏(焦平面处)上 $P(\theta)$ 点,该点也在 $xz$ 平面内,则圆孔上所有传播方向与 $r_0$ 平行的次波都会会聚到 $P(\theta)$ 点。由于对称性,在衍射屏上建立极坐标系,任一点 $Q(\rho,\varphi)$ 发出的与 $r_0$ 平行的次波路径记作 $r$。过 $Q$ 作与 $r$ 和 $r_0$ 垂直的平面,该平面到 $P(\theta)$ 点是等光程的。该平面与 $x$ 轴交点的次波的路径记作 $r_1$,沿 $r_1$ 方向的次波与沿 $r_0$ 方向的次波之间的光程差为 $\Delta r = -\rho\cos\varphi\sin\theta$,$\Delta r$ 也是沿 $r$ 方向的次波与沿 $r_0$ 方向的次波之间的光程差。

在傍轴条件下,按菲涅耳-基尔霍夫衍射积分公式,可得到焦平面上 $P(\theta)$ 点的复振幅为

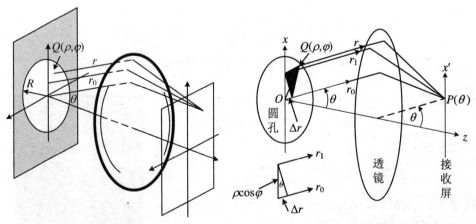

图 7.5.1 夫琅禾费圆孔衍射装置          图 7.5.2 圆孔衍射次波间的光程差计算

$$\widetilde{U}(\theta) = K\iint_{\Sigma}\widetilde{U}_0(\rho,\varphi)F(\theta_0,\theta)\frac{\mathrm{e}^{ikr_0-ik\rho\cos\varphi\sin\theta}}{r}\mathrm{d}\Sigma$$

$$= K\widetilde{U}_0(0,0)\frac{\mathrm{e}^{ikr_0}}{f}\iint_{\Sigma}\mathrm{e}^{-ik\rho\cos\varphi\sin\theta}\rho\mathrm{d}\varphi\mathrm{d}\rho$$

不妨取上述复振幅的实部,即

$$U(\theta) = K\frac{U_0(0,0)}{f}\int_0^R\rho\mathrm{d}\rho\int_0^{2\pi}\cos\left(\frac{2\pi}{\lambda}\rho\cos\varphi\sin\theta\right)\mathrm{d}\varphi$$

令 $m = 2\pi R\sin\theta/\lambda = kR\sin\theta$,则上式化为

$$U(\theta) = K\frac{U_0(0,0)}{f}\int_0^R\rho\mathrm{d}\rho\int_0^{2\pi}\cos(m\rho\cos\varphi)\mathrm{d}\varphi$$

积分计算的结果为

$$U(\theta) = KU_0(0,0)\frac{\pi R^2}{f}\times\frac{2\mathrm{J}_1(m)}{m}$$

或者用复振幅表示为

$$\widetilde{U}(\theta) = K\widetilde{U}_0(0,0)\pi R^2\frac{\mathrm{e}^{ikr_0}}{f}\times\frac{2\mathrm{J}_1(m)}{m} \tag{7.5.1}$$

其中 $\mathrm{J}_1(m)$ 为一阶贝塞尔函数,可用级数表示为

$$\frac{2\mathrm{J}_1(m)}{m} = \sum_{k'=0}^{\infty}\frac{(-1)^{k'!}}{(k'+1)!\,k'!}\left(\frac{m}{2}\right)^{2k'}$$

$$= \frac{m}{2}\left\{1-\frac{1}{2}\left(\frac{m}{2}\right)^2+\frac{1}{3}\left[\frac{(m/2)^3}{2!}\right]^2-\frac{1}{4}\left[\frac{(m/2)^4}{3!}\right]^2+\cdots\right\}$$

复振幅 $\widetilde{U}(\theta)$ 的分布可以用曲线表示,如图 7.5.3 所示。

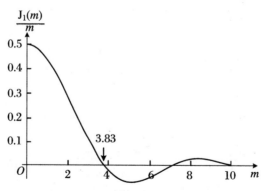

**图 7.5.3　夫琅禾费圆孔衍射的复振幅分布**

衍射的光强分布为

$$I(\theta) = I_0 \left[\frac{2J_1(m)}{m}\right]^2 \tag{7.5.2}$$

衍射强度分布如图 7.5.4 所示,图 7.5.5 为衍射花样。

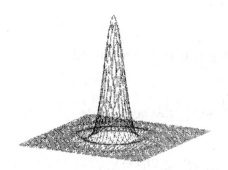

图 7.5.4　夫琅禾费圆孔强度分布

图 7.5.5　夫琅禾费圆孔衍射花样

### 7.5.2　衍射花样的特点

根据上述理论计算和实验测量的结果,夫琅禾费圆孔衍射花样有以下特点:

(1) 在接收屏上的衍射条纹是一系列的同心圆环,明暗交错;

(2) 中央是零级衍射斑,级次愈大,条纹的角半径愈大;

(3) 不同级次的圆环之间的角距离不相等;

(4) 不同级次的衍射亮纹的辐射通量并不相等。其中,中央主极大(零级斑)为一圆形亮斑,其通量约占衍射总通量的 84%,如图 7.5.6 所示。

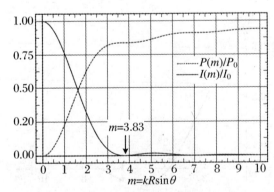

图 7.5.6　衍射强度与光通量的分布

零级斑亦称作**艾里斑**(艾里,George Biddell Airy,1801~1892)。研究表明,

在衍射的第一极小值处，$m = 3.83$，即 $2\pi R\sin\theta_1/\lambda = 0.83$，第一极小值所对应的角半径为

$$\theta_1 \approx \sin\theta_1 = \frac{3.83\lambda}{2\pi R} = \frac{0.61\lambda}{R}$$

则艾里斑的半角宽度，即中央极大值到第一极小值的角半径（图7.5.7）为

$$\Delta\theta_0 = 0.61\frac{\lambda}{R} = 1.22\frac{\lambda}{D} \tag{7.5.3}$$

其中 $D$ 为衍射屏上圆孔的直径。当平行光直接通过透镜时，也可以把透镜的通光孔径作为衍射屏的孔径，则艾里斑的大小为

$$\Delta l = f\Delta\theta_0 = 1.22\frac{f\lambda}{D} \tag{7.5.4}$$

这就是平行光通过透镜后衍射斑的大小。

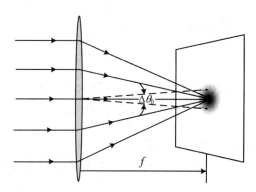

图7.5.7 夫琅禾费圆孔衍射花样中央主极大的半角宽度

**【例7.3】** 设观察太阳时，人眼的瞳孔直径为 1 mm，焦距为 23 mm。计算视网膜上所形成的太阳光斑的大小。

**【解】** 由于地球到太阳的距离足够远，而瞳孔的孔径又足够小，所以，可以认为射入眼睛的太阳光都是平行光。这时，可以将眼睛会聚太阳光的过程看作是夫琅禾费圆孔衍射。由此得

$$\Delta l \approx 1.22\frac{f\lambda}{D} = \frac{1.22 \times 23 \times 500 \times 10^{-6}}{1} = 1.4 \times 10^{-2}\,(\text{mm})$$

**【例7.4】** 针孔相机是一个带有小孔的暗盒。成像平面在针孔的对面，到针孔的距离为 $L$。用针孔相机拍摄太阳，孔径 $D$ 为何值才能使像最清晰？

**【解】** 针孔相机的成像原理可以用图7.5.8表示。由于没有透镜，从一个物点发出的同心光束，经针孔后散开，在成像屏上形成一个像斑。物 $AB$ 经针孔所成

的像即为 $A'B'$。

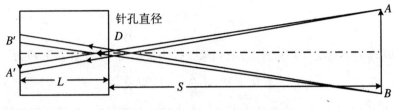

**图 7.5.8　针孔相机的成几何像的原理**

设物到针孔的距离为 $S$，根据图中的相似三角形，可以算出每个物点所成像斑的直径为

$$\Delta l = \frac{S}{L+S} D$$

由于物距往往比像距大得多，即 $S \gg L$，所以有

$$\Delta l \approx \frac{S}{S} D = D$$

即每个像斑的大小与针孔相当。相应地，每个物点的像斑对针孔中心的张角为

$$\Delta \theta = \frac{\Delta l}{L} = \frac{D}{L} \tag{1}$$

这就是针孔相机所成的几何像的特性。

实际上，由于衍射，每个物点在像平面上都将形成一个艾里斑，该艾里斑对针孔中心的张角为

$$\Delta \theta_0 = 1.22 \frac{\lambda}{D} \tag{2}$$

这就是衍射像的特征。

比较式(1)和式(2)，可以看出，几何像与衍射像的特征恰恰相反：为了获得清晰的几何像，针孔应当尽量小；而为了消除衍射的限制，针孔应当尽量大。所以，为了使像尽可能清晰，则只有使两者相等，即 $\Delta\theta = \Delta\theta_0$，于是得到 $D/L = 1.22\lambda/D$，算得

$$D = \sqrt{1.22 L\lambda}$$

当然还有另外一种判断的方法：一个物点在像平面上所成的像斑是几何斑和衍射斑重叠而成的，总像斑对针孔中心的张角不超过 $\Delta\theta + \Delta\theta_0$，则该张角最小时，像最清晰。即 $D/L + 1.22\lambda/D$ 取最小值即可，由此得到 $1/L - 1.22\lambda/D^2 = 0$。同样可得

$$D = \sqrt{1.22L\lambda}$$

利用该例题的方法和结论,可以估算昆虫复眼的结构特征。如图 7.5.9 所示,复眼是由许多小眼一个个密集排放在眼睛的整个表面上构成的。每个小眼顶部有一个透光的圆形集光装置,叫角膜镜;下面连着圆锥形的透明晶体,使得外部入射的光线会聚到圆锥顶点处的感光细胞上,从而形成一个像点,也就是所谓的像素。正如成语所说,"管中窥豹,可见一斑"。不同的小眼,指向不同的方向,这样,不同方向的景物分别经不同的小眼形成一个像斑,所有小眼的影像点就拼接起来,从而形成了一个范围宽广的视场完整的像。所以,尽管昆虫的复眼不能像哺乳动物的眼睛那样转动,但却有很大的视角,能够同时观察到各个方位的物体。

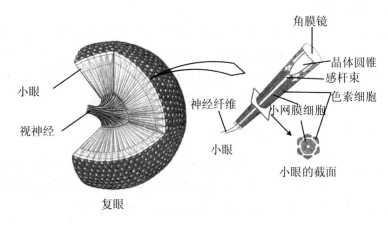

图 7.5.9　昆虫的复眼及小眼

费恩曼假设蜜蜂复眼的半径,也就是每个小眼的宽度为 2 mm,对 400 nm 的光最敏感,由此算出最合适的小眼的孔径为 35 μm(参见《费曼物理学讲义》)。

# 7.6　衍射的零级近似与几何光学

前面对衍射的讨论,都是以惠更斯的次波模型为基础,通过求解菲涅耳-基尔霍夫衍射积分公式而进行的。从次波的观点来看光的传播,衍射总是时时处处存在的。当然,对于在没有障碍物的自由空间中传播的光波,完全没有必要再用次波进行分析,因为这样的光波场在空间各点都有振动,如果说各处的复振幅或强度有区别,这种区别也是平缓而均匀的,或者说,光波场中的任何一个波前上没有显著的明暗条纹分布。例如,所谓的"平面波",从理论上说,指波面是平面,而自由空间中的任何平面都是无穷大的,因而只能认为各处的振幅和光强都相等;所谓的"球面波",指波场中任一点的振幅和强度与该点到中心的距离呈反比和平方反比的关系,即光波场中的能量密度是球对称分布的。

然而,实际中,人们总会注意到似乎没有衍射的情形。例如,探照灯的光束、激光的光束都像是一条直线;光的阴影也像是光沿着直线传播而造成的。因而,在很多情况下,用光线的模型,以及直线传播定律、反射定律、折射定律分析各种光的现象总是能够获得成功的。

这样的结果往往会给读者带来困惑:光既然是电磁波,就应当遵循波的传播规律。从波的观点看,所谓的"直线传播"、"反射"、"折射"等概念都是不存在的。或者说,几何光学的基本规律是违背光波的基本特性的。而在很多情形下,几何光学无疑又是正确的。那么,如何从波的观点理解几何光学的规律呢?

## 7.6.1 衍射中央主极大的特殊性

根据前面各节的讨论,光经过诸如单缝、矩孔,或圆孔的衍射屏之后,能量在空间的分布是不均匀的,其中,大部分光通量处于衍射的零级亮斑中,而其他级次亮斑的光通量要小得多。因而,零级衍射亮斑称作"中央主极大"。

由于夫琅禾费衍射有简单明晰的数学解,便于进行定量的讨论,以下就以各种类型的夫琅禾费衍射为例分析衍射与障碍物孔径的关系。其实,夫琅禾费衍射要求衍射屏与光源和接收屏的距离都无限大,对应到实际的装置,就是在没有透镜的情况下,光学系统只要满足远场条件。

### 1. 中央主极大的位置

如图 7.6.1 所示,零级衍射,是指所有次波的光程差为 0 的衍射,对于单缝衍射,由于远处次波间的光程差为 $\delta l = a(\sin\theta \pm \sin\theta_0)/N$,故零级衍射的方向为 $\theta = \theta_0$,与入射光的方向一致,就是几何光学中光的直线传播定律;如果衍射屏是反射式的,零级衍射的方向依然为 $\theta = \theta_0$,就是几何光学中的反射定律;如果衍射屏两侧介质的折射率不同,分别为 $n_1$ 和 $n_2$,则上述光程差为 $\delta l = a(n_2\sin\theta \pm n_1\sin\theta_0)/N$,衍射零级的方向为 $\sin\theta = (n_1/n_2)\sin\theta_0$,这就是几何光学中折射光的方向。可见,零级衍射,即中央主极大的方向恰是几何光学中光线传播、反射或折射的方向,因而零级衍射亮斑往往称作"几何像点"。

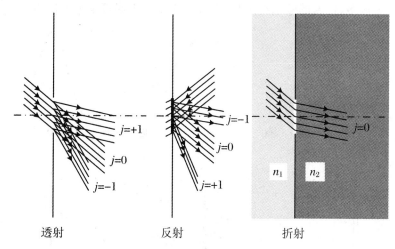

**图 7.6.1 零级衍射的方向**

### 2. 中央主极大的角宽度

衍射零级的半角宽度及其所包含的辐射通量是衡量衍射程度的一个重要参数。无论是单缝衍射、矩孔衍射还是圆孔衍射,都存在所谓"衍射的反比关系",即衍射的半角宽度与衍射孔径的大小成反比,例如,在单缝衍射中,中央主极大的半角宽度为 $\Delta\theta_0 = \lambda/a$;对于圆孔衍射的中央主极大,亦有 $\Delta\theta_0 = 1.22\lambda/D$,其中 $a$ 和 $D$ 是衍射孔径的几何尺度。据此推断,如果衍射孔径比波长大得多,则中央主极大的半角宽度将趋于 0,这时,衍射光的辐射通量主要集中在入射光的方向上,其他方向,即偏离入射的方向上的辐射通量很小。

## 7.6.2 衍射与孔径的关系

图 7.6.2 表示正入射的单色光波经不同宽度狭缝后的衍射情况,图中的曲线对应不同方向的强度,而曲线下的面积则是衍射光的辐射通量。从图中可见,当衍射孔径(即缝宽)$a$ 比波长 $\lambda$ 小得多时,从狭缝出射的光在不同方向的通量相差很小,这就类似于点光源所发出的球面波;当 $a$ 与 $\lambda$ 接近时,衍射现象仍然明显,即在偏离入射的方向上,仍有显著的辐射通量;而当 $a$ 比 $\lambda$ 大很多时,出射光基本上局限在入射方向上(即图中 $0°$ 附近),在偏离入射的方向上,辐射通量几乎可以忽略,说明衍射已不显著。

在 $a \gg \lambda$ 的条件下,衍射的各种效应几乎可以忽略,可以认为光沿着入射方向传播,即沿直线传播,这就相当于几何光学的情况。可见,只要衍射孔径的尺度比光的波长大得多,衍射的效果将不显著,几何光学的规律将起主导作用。

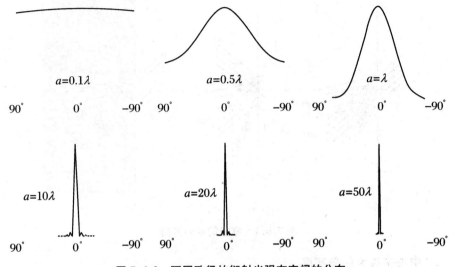

$a=0.1\lambda$  $a=0.5\lambda$  $a=\lambda$

$90°$  $0°$  $-90°$  $90°$  $0°$  $-90°$  $90°$  $0°$  $-90°$

$a=10\lambda$  $a=20\lambda$  $a=50\lambda$

$90°$  $0°$  $-90°$  $90°$  $0°$  $-90°$  $90°$  $0°$  $-90°$

图 7.6.2　不同孔径的衍射光强在空间的分布

上述结果很容易推广到反射、折射的情况,并可得到类似的结论,即在 $a \gg \lambda$ 的条件下,衍射光的通量集中在反射、折射的方向上。

### 7.6.3　几何光学是衍射的零级近似

从前面的讨论可以看出,在夫琅禾费衍射中,即在远场条件下,无论是透射、反射还是折射,零级衍射的方向都与几何光学的实验规律一致。

如果仅仅考虑零级衍射,当然可以认为几何光学的规律也是成立的,但是,在 $a \ll \lambda$ 和 $a \approx \lambda$ 的情形下,在零级主极大中偏离几何光学的方向上,光的辐射通量依然很大,而且,这时其他高级次的衍射也占有显著的比例。所以这时并不能将几何光学的定律用于所有级次的衍射。

而在衍射障碍物的空间尺度比光的波长大很多时,即 $a \gg \lambda$ 时,衍射光中,零级衍射的辐射通量基本上都集中于符合几何光学规律的方向上,而高级次的衍射通量几乎为 0。在这种情形下,绝大部分衍射通量都集中于零级衍射。

因而可以说,在 $a \gg \lambda$ 的条件下,几何光学就是衍射的零级近似,衍射光学可以相当准确地用几何光学替代。

### 7.6.4　望远镜的分辨本领与衍射极限

　　根据几何光学的规律,平行光经过透镜后,将在其焦平面上会聚成一个像点。这个所谓的像点,是没有大小的数学点或几何点。如果将透镜的口径 $D$ 作为衍射孔径,从波动光学出发,通过对圆孔的夫琅禾费衍射分析,发现在焦平面上是由一系列同心圆环所构成的衍射斑。仅仅考虑零级衍射,也是一个有一定大小的艾里斑,其角半径为 $\Delta\theta_0 = 1.22\lambda/D$,而不是几何光学所认为的一个几何点。只有在 $D \gg \lambda$ 时,几何光学的结论才是正确的。

　　也就是说,任何一个物经有一定大小的光学孔径成像后,由于衍射效应,在几何像点的位置上,总会有一个艾里斑。远处的两个物,沿不同角度投射过来两束光,则会有两个艾里斑(图 7.6.3)。这两个艾里斑如果靠得很近,则有可能由于相互重叠而无法分辨,如图 7.6.4 和图 7.6.5 所示。

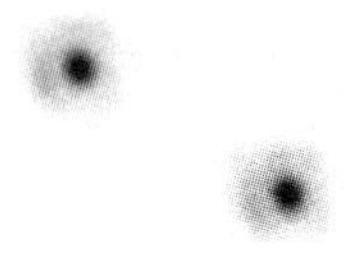

**图 7.6.3　天文望远镜中双星的艾里斑**

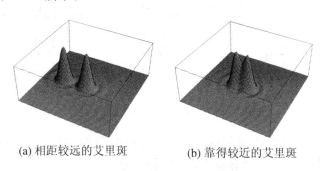

(a) 相距较远的艾里斑　　　　　(b) 靠得较近的艾里斑

**图 7.6.4　两个艾里斑相互重叠**

**图 7.6.5　两个艾里斑相互重叠的光学图像**

这样一来,两个实际上在空间分开的物,经光学系统成像后,由于衍射,所成的两个像可能因靠得很近而在实际中无法分开。对于这种情况,通常采用瑞利的方法来判断它们能否分辨。图 7.6.6 表示两个艾里斑由于重叠而光强相加的情况。由于实际中这两列光波的波长往往相差不大,所以这是两个光强分布相同的光斑,用 $\Delta\theta_0$ 表示艾里斑的半角宽度,$\delta\theta$ 表示两个艾里斑分开的角距离。当 $\delta\theta > \Delta\theta_0$ 时,两者重叠部分的光强小于任一光斑的中心光强,因而可以分辨;当 $\delta\theta < \Delta\theta_0$ 时,重叠部分的光强大于任一光斑的中心光强,因而不能分辨;而 $\delta\theta = \Delta\theta_0$ 时,重叠部分的光强略小于任一光斑的中心光强,恰好可以分辨。这种方法称作**瑞利判据**(Rayleigh criterion)。

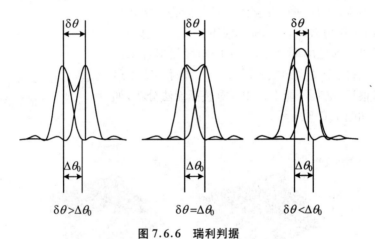

$$\delta\theta > \Delta\theta_0 \qquad \delta\theta = \Delta\theta_0 \qquad \delta\theta < \Delta\theta_0$$

**图 7.6.6 瑞利判据**

所以,按照瑞利判据,在望远镜的光学孔径为 $D$ 时,可以分辨的两列光波的最小夹角,或远处两个物点间的最小张角(视角)为

$$\delta\theta_{\max} = \Delta\theta_0 = 1.22 \frac{\lambda}{D} \tag{7.6.1}$$

$\lambda$ 越小,$D$ 越大,可分辨的间隔越小,分辨本领越大。

式(7.6.1)常用来表征望远镜的分辨本领。

望远镜的分辨本领是根据夫琅禾费衍射的特点得到的,对于普通的光学仪器,如照相机、显微镜等,上述结果仍然适用,这些几何光学仪器都是应用在 $D \gg \lambda$ 和远场条件下,作为估算,往往将式(7.6.1)写作

$$\delta\theta_{\max} \approx \frac{\lambda}{D} \tag{7.6.2}$$

由于分辨受到限制的根源是衍射,所以式(7.6.1)或式(7.6.2)也称作分辨的

衍射极限,这是在远场条件下无法克服的。

　　需要指出的是,分辨本领与放大本领不同,光学仪器在将像放大的过程中,艾里斑也相应被放大,在物距不变的条件下,是通过增大像距来增大放大率的,对于望远镜来说,就是增大焦距,但是,两个光斑的角距离和角宽度并没有改变,即 $\delta\theta$ 和 $\Delta\theta_0$ 保持不变,所以分辨本领仍然不变。

　　为了提高分辨本领,首先可以采用增大光学孔径的方法,所以高分辨的光学仪器的孔径要尽可能做得很大。因此,大光圈的照相镜头的成像质量要好得多。对于天文望远镜,其孔径越大,探测的结果越精确。由于受到技术条件的限制,单个望远镜的孔径不能做得很大,目前用于测量的最大的天文望远镜是位于美国加利福尼亚洛杉矶附近的威尔逊山天文台的胡克反射式望远镜,孔径 100 英寸,见图 7.6.7。但是,可以用多个望远镜组成阵列,联合起来使用,这就等效于增大了孔径,可以大大提高分辨本领。

**图 7.6.7　胡克天文望远镜**

　　还可以通过减小波长的方式提高分辨本领,比可见光波长更短的是紫外光和 X 射线,然而,紫外光在玻璃中的吸收系数很大,X 射线在介质中的折射率几乎等于 1,没有折射,所以它们并不适于成像。由于粒子具有波粒二象性,按照德布罗意物质波的公式

$$\lambda = h/p$$

其中 $h = 6.63 \times 10^{-34}$ J·s 是普朗克常量,$p$ 为粒子的动量。可见动量大的粒子,其德布罗意波长很短,所以可以将电子加速用于探测物质的微观结构,这就是电子显微镜。

　　由于衍射源于光的波动性,是相干叠加的结果,如果接收屏距离衍射屏很近,两者间距小于光的波长,在这种情况下衍射就不再出现。当然,上述的衍射极限也就无从谈起,这就是所谓的“近场光学”,利用这一原理制成的近场光学显微镜,可以突破衍射极限,分辨本领大大提高。

# 7.7　衍　射　光　栅

　　除了前述的圆孔、单缝、矩孔等结构简单的衍射屏之外,还有许多空间结构比较复杂的衍射屏,例如图 7.7.1 所示的具有多条狭缝或多个圆孔的衍射屏。

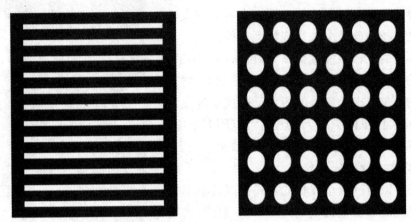

**图 7.7.1　周期性光学结构的衍射屏**

　　在种种结构复杂的衍射屏中,有一类是具有空间周期性结构或光学周期性结构的,其衍射的结果有比较简单的规律,而且容易进行数学上的分析,所以获得了很广泛的应用。这种衍射屏就是衍射光栅。

　　衍射光栅可以具有反射或透射结构,也可以按不同的透射率或反射率分为黑白光栅、正弦光栅等等。这类光栅由于使透射光或反射光的振幅改变,故统称为振幅光栅。

　　还有一类光栅,对于入射光而言,是全透或全反的,但是透射光或反射光的相位将被改变,因而称作相位光栅。

## 7.7.1　多缝夫琅禾费衍射

　　衍射屏上周期性地分布着一系列透光狭缝,就形成了一种最简单的平面型透射式光栅,如图 7.7.2 所示。这种光栅上,相邻两缝的距离为 $d$,透光部分的狭缝

宽度为 $a$，不透光部分的宽度为 $b$，则 $a+b=d$，见图 7.7.3。$d$ 是这种光栅的结构周期，称作光栅常数。由于这类光栅仅在一个方向上具有周期性结构，所以是一种一维光栅。

图 7.7.2　透射光栅及其周期

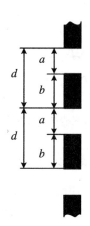

图 7.7.3　光栅常数

如果采用夫琅禾费衍射的方式，即平行光射向光栅之后，有一焦距为 $f$ 的会聚透镜，将衍射光会聚到位于透镜焦平面处的接收屏上，那么，解决这类光栅的衍射问题，其实就是求解多缝夫琅禾费衍射。

## 7.7.2　周期性光栅的衍射强度

在讨论单缝夫琅禾费衍射时，本书曾经指出，如果单缝沿着衍射屏平移，而衍射装置的其他部分保持不变，则衍射的强度分布将不发生改变，因为位于透镜焦平面上的光强只与衍射光的方向有关。所以对于多缝衍射屏来说，其中每一个单缝，即每一个衍射单元在接收屏上所产生的衍射条纹都是相同的。

但是，来自不同狭缝的光，由于是相干的，所以相互之间也要进行相干叠加，如图 7.7.4 和图 7.7.5 所示。不同缝之间衍射波的相干叠加，实际上是一种干涉过程，而不是简单的光强相加。对于衍射光栅来说，既有来自每一个衍射单元的波列各自的衍射，也有来自不同单元（狭缝）的波列之间的干涉。

因而，对于光栅的每一个单元，可以按衍射进行分析；而不同的单元之间，则要按干涉分析。

可以采用振幅矢量方法或者积分方法求衍射强度分布,以下分别加以说明。

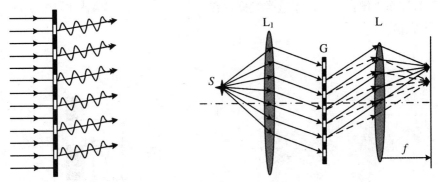

图 7.7.4　透过光栅的光波相干叠加　　图 7.7.5　用透镜将光波会聚到焦平面上进行叠加

### 7.7.3　用振幅矢量法分析光栅的衍射

如图 7.7.6 所示,沿着与光轴夹角为 $\theta$ 方向的衍射光,经过透镜后,都将会聚到焦平面上的某一点 $P$。$P$ 点对于透镜光心的方位角就是 $\theta$。由光栅上第 $n$ 个衍射单元(光缝)射出的光在 $P$ 点的合振动(复振幅)可以用一个矢量表示,记为 $\tilde{a}_n^\theta$。由夫琅禾费单缝衍射的结果,可知 $|\tilde{a}_n^\theta| = a_\theta \sin u/u$,其中 $u = (\pi a/\lambda)\sin\theta$。

由光栅的周期性结构和夫琅禾费衍射的特征,可知来自任意相邻两个单元(即相邻两缝)的衍射矢量间具有相等的光程差 $\Delta L$ 和相位差 $\Delta\varphi$。

$P$ 点的合振动,就是所有单元衍射的矢量和,也就是入射光经光栅衍射的复振幅。

设第 $n$ 个狭缝的中心到 $P$ 点的光程为 $L_n$。由图 7.7.7 可以看出

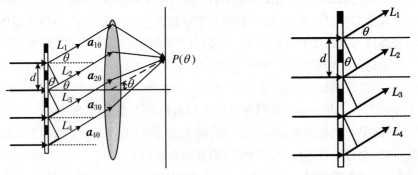

图 7.7.6　透过每个狭缝的光所对应的振幅矢量　　图 7.7.7　相邻两狭缝出射光的光程差

$$L_2 = L_1 + d\sin\theta, \quad L_3 = L_2 + d\sin\theta, \quad \cdots$$

即

$$L_n = L_1 + (n - 1)d\sin\theta \tag{7.7.1}$$

相邻衍射单元间的光程差

$$\Delta L = d\sin\theta \tag{7.7.2}$$

相邻衍射单元间的相位差

$$\Delta\varphi = kd\sin\theta = \frac{2\pi}{\lambda}d\sin\theta \tag{7.7.3}$$

记 $2\beta = \Delta\varphi$，则

$$\beta = \frac{\pi}{\lambda}d\sin\theta \tag{7.7.4}$$

设光栅共有 $N$ 条狭缝，则合矢量就是 $N$ 个单元衍射复振幅的和，即 $N$ 个对应的矢量相加。如图 7.7.8 所示，将 $N$ 个矢量依次首尾相接，而且第 $n$ 个矢量相对于第 $n-1$ 个矢量转过 $\Delta\varphi$，即 $2\beta$ 角，则 $\boldsymbol{A}_\theta = \boldsymbol{a}_{1\theta} + \boldsymbol{a}_{2\theta} + \cdots + \boldsymbol{a}_{n\theta}$，即

$$A_\theta = \overline{OB_N} = 2R\sin N\beta$$
$$= 2\frac{a_\theta/2}{\sin\beta}\sin N\beta = a_\theta\frac{\sin N\beta}{\sin\beta}$$

用复振幅表示为

$$\widetilde{U}_\theta = \widetilde{U}_0\frac{\sin u}{u}\frac{\sin N\beta}{\sin\beta} \tag{7.1.5}$$

衍射光强为

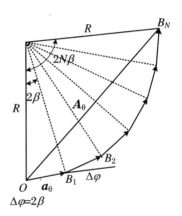

**图 7.7.8　振幅矢量的叠加**

$$I_\theta = I_0\left(\frac{\sin u}{u}\right)^2\left(\frac{\sin N\beta}{\sin\beta}\right)^2 \tag{7.1.6}$$

【例 7.5】　衍射屏上有两条不等宽的平行狭缝，宽度分别为 $a$ 和 $2a$，两缝中心间距 $d = 3a$。求正入射时夫琅禾费衍射分布。

【解】　用振幅矢量方法求解。

衍射屏结构示于图 7.7.9。按照单缝衍射的性质，两狭缝的单缝衍射的振幅矢量分别为 $\widetilde{a}_1^\theta$ 和 $\widetilde{a}_2^\theta$，因为缝宽分别为 $a$ 和 $2a$，所以

$$a_1^\theta = a_0\frac{\sin u}{u}, \quad a_2^\theta = 2a_0\frac{\sin 2u}{2u} = 2a_0\cos u\frac{\sin u}{u}$$

其中 $u = (\pi a/\lambda)\sin\theta$，如图 7.7.10 所示，合振动矢量大小为

$$A_\theta^2 = (a_1^\theta)^2 + (a_2^\theta)^2 + 2a_1^\theta a_2^\theta \cos\Delta\varphi$$

$$= \frac{a_0^2 \sin^2 u}{u^2}\left[1 + (2\cos u)^2 + 4\cos u \cos\Delta\varphi\right]$$

而 $\Delta\varphi = kd\sin\theta = \frac{2\pi}{\lambda}d\sin\theta = \frac{2\pi}{\lambda}3a\sin\theta = 6u$，于是

$$A_\theta^2 = \frac{a_0^2 \sin^2 u}{u^2}(1 + 4\cos^2 u + 4\cos u \cos 6u)$$

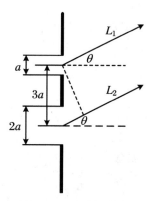

图 7.7.9　衍射屏结构

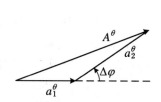

图 7.7.10　振幅矢量图解

【例 7.6】　设有 $2N$ 条平行狭缝，每条缝宽为 $a$，缝间不透明部分周期性变化，间距依次为 $2a,6a,2a,6a,\cdots$。求这种光栅的夫琅禾费衍射强度分布。

【解】　这样的衍射屏等效于两个缝宽为 $a$、周期为 $d = 8a$ 且错开 $2a$ 的光栅的衍射之和（图 7.7.11）。

如果第一个光栅衍射的振幅（图 7.7.12(a)）为

$$\tilde{U}_{1\theta} = \tilde{U}_{10}\frac{\sin u}{u}\frac{\sin N\beta}{\sin\beta}$$

则第二个光栅的振幅（图 7.7.12(b)）为

$$\tilde{U}_{2\theta} = \tilde{U}_{20}\frac{\sin u}{u}\frac{\sin N\beta}{\sin\beta}$$

其中 $\tilde{U}_{20}$ 与 $\tilde{U}_{10}$ 之间的夹角（图 7.7.13）为两光栅第一条狭缝所发出的同方向次波间的相位差，即

$$\Delta\varphi = \frac{2\pi}{\lambda}2a\sin\theta$$

合矢量为 $\boldsymbol{A}_\theta$，分量为

$$A_\theta^2 - A_{1\theta}^2 + A_{2\theta}^2 + 2A_{1\theta}A_{2\theta}\cos\Delta\varphi$$

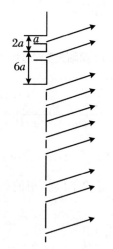

图 7.7.11　两套光栅叠合

$$= A_0^2 \frac{\sin^2 u}{u^2} \frac{\sin^2 N\beta}{\sin^2 \beta}(2 + 2\cos\Delta\varphi)$$

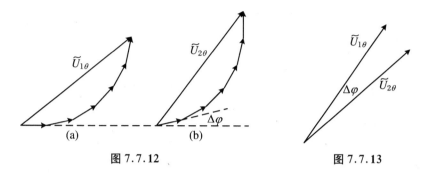

图 7.7.12　　　　　　　　　　　图 7.7.13

而

$$u = \frac{\pi}{\lambda}a\sin\theta, \quad \beta = \frac{\pi}{\lambda}4a\sin\theta = 8u$$

所以

$$\Delta\varphi = \frac{\pi}{\lambda}4a\sin\theta = 4u$$

$$= 2A_0^2 \frac{\sin^2 u}{u^2} \frac{\sin^2 8Nu}{\sin^2 8u}(1 + \cos 4u)$$

## 7.7.4　用菲涅耳-基尔霍夫衍射积分公式分析光栅的衍射

菲涅耳-基尔霍夫衍射积分公式为

$$\tilde{U}(P) = K\iint\limits_{\Sigma}\tilde{U}_0(Q)F(\theta_0,\theta)\frac{e^{ikr}}{r}d\Sigma = K\frac{1}{f}\iint\limits_{\Sigma}\tilde{U}_0(Q)e^{ikr}d\Sigma$$

平行光入射时,屏上的衍射满足傍轴条件,倾斜因子 $F(\theta_0,\theta) = 1, 1/r$ 为常数,记为 $1/r_0, r_0 = f$。瞳函数 $\tilde{U}_0(Q)$ 具有周期性的数值,在狭缝处, $\tilde{U}_0(Q) = \tilde{U}_0(0)$;在不透光处, $\tilde{U}_0(Q) = 0$,所以仅对衍射屏的透光部分求积分,沿 $\theta$ 方向的次波在接收屏上 $P$ 点的复振幅为

$$\tilde{U}(\theta) = \frac{K\tilde{U}_0(0)}{f}\left(\int_{\Sigma_1}e^{ikr_1}d\Sigma_1 + \int_{\Sigma_2}e^{ikr_2}d\Sigma_2 + \cdots + \int_{\Sigma_N}e^{ikr_N}d\Sigma_N\right)$$

$$= \frac{K\tilde{U}_0(0)}{f}\sum_{n=1}^{N}\left(\int_{\Sigma_n}e^{ikr_n}d\Sigma_n\right)$$

对每一个狭缝积分是求得入射光经该狭缝后的衍射在 $P$ 点引起的振动,即复振幅,为光的衍射;对所有狭缝求和是将从每一个狭缝射出的光在 $P$ 点引起的振

动,即复振幅进行叠加,自然是相干叠加,为光的干涉。物理过程为:每一个单狭缝的光在 $P$ 点先进行衍射,衍射后的复振幅再进行干涉。

在第 $n$ 个狭缝中,位置在 $x_j$ 的点光源发出的光与狭缝中心发出的光到达 $P$ 点的光程差为 $\Delta r_n = -x_n\sin\theta$,即 $r_n = L_n - x_n\sin\theta$,如图 7.7.14 所示,上述积分化为

$$\widetilde{U}(\theta) = \frac{K\widetilde{U}_0(0)}{f}\sum_{n=1}^{N}\int_{-a/2}^{a/2}\mathrm{e}^{\mathrm{i}kr_n}\,\mathrm{d}x_n = \frac{K\widetilde{U}_0(0)}{f}\sum_{n=1}^{N}\int_{-a/1}^{a/2}\mathrm{e}^{\mathrm{i}kL_n-\mathrm{i}kx_n\sin\theta}\,\mathrm{d}x_n$$

$$= \left[\frac{K\widetilde{U}_0(0)}{f}\int_{-a/2}^{a/2}\mathrm{e}^{-\mathrm{i}kx\sin\theta}\,\mathrm{d}x\right]\left(\sum_{n=1}^{N}\mathrm{e}^{\mathrm{i}kL_n}\right) = \left[K\frac{\widetilde{U}_0(0)}{f}a\,\frac{\sin u}{u}\right]\left(\sum_{n=1}^{N}\mathrm{e}^{\mathrm{i}kL_n}\right)$$

其中 $\dfrac{K\widetilde{U}_0(0)}{f}\displaystyle\int_{-a/2}^{a/2}\mathrm{e}^{-\mathrm{i}kx\sin\theta}\,\mathrm{d}x$ 就是单缝衍射的复振幅,而 $\displaystyle\sum_{n=1}^{N}\mathrm{e}^{\mathrm{i}kL_n}$ 就是多光束干涉的结果。

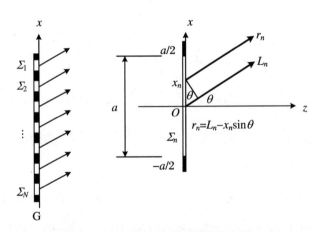

图 7.7.14　一个狭缝中各点的光程

单缝衍射的复振幅为

$$\frac{K\widetilde{U}_0(0)}{f}\int_{-a/2}^{a/2}\mathrm{e}^{-\mathrm{i}kx\sin\theta}\,\mathrm{d}x = \frac{Ka\widetilde{U}_0(0)}{f}\frac{\sin u}{u} = \frac{Ka\widetilde{U}_0(0)}{f}\frac{\sin\left(\dfrac{\pi a}{\lambda}\sin\theta\right)}{\dfrac{\pi a}{\lambda}\sin\theta}$$

这就是单元(单缝)衍射因子,由瞳函数决定。

多光束干涉的结果为

$$\sum_{n=1}^{N}\mathrm{e}^{\mathrm{i}kL_n} = \sum_{n=1}^{N}\mathrm{e}^{\mathrm{i}k(n-1)d\sin\theta} = \sum_{n=0}^{N-1}\mathrm{e}^{\mathrm{i}nkd\sin\theta} = \frac{1-\mathrm{e}^{2\mathrm{i}N\frac{\pi d}{\lambda}\sin\theta}}{1-\mathrm{e}^{2\mathrm{i}\frac{\pi d}{\lambda}\sin\theta}} = \frac{\mathrm{e}^{\mathrm{i}N\beta}}{\mathrm{e}^{\mathrm{i}\beta}}\frac{\mathrm{e}^{-\mathrm{i}N\beta}-\mathrm{e}^{\mathrm{i}N\beta}}{\mathrm{e}^{-\mathrm{i}\beta}-\mathrm{e}^{\mathrm{i}\beta}}$$

$$= e^{i(N-1)\beta} \frac{\sin N\beta}{\sin\beta} = e^{i(N-1)\beta} N(\theta)$$

其中 $\beta = kd\sin\theta = (\pi d/\lambda)\sin\theta$，$N(\theta)$ 称作 **N 元干涉因子**（或光栅的**缝间干涉因子**）。

最后得到光栅衍射的复振幅为

$$\widetilde{U}(\theta) = \widetilde{U}_0 U(\theta) e^{i\varphi(\theta)} N(\theta) \tag{7.7.7}$$

衍射光强为

$$I(\theta) = I_0 \left(\frac{\sin u}{u}\right)^2 \left(\frac{\sin N\beta}{\sin\beta}\right)^2 \tag{7.7.8}$$

与振幅矢量法得到的结果一致。

从上述两种不同的推导过程，能够很清楚地看出光栅衍射光强分布公式中各个参数的物理含义。其中 $I_0 = |\widetilde{U}_0|^2$，而 $\widetilde{U}_0$ 为衍射屏处的瞳函数，即光栅狭缝处的瞳函数，其含义与单缝夫琅禾费衍射相同。

光栅的衍射光强分布可以用图 7.7.15 表示，该图中所选参数为缝宽 $a = 2\lambda$，光栅常数 $d = 4a$，周期 $N = 5$。图 7.7.15(a) 为单缝衍射，图(b)为多缝干涉，而图(c)所示总光强相当于单缝衍射因子对多缝干涉因子振幅的调制。可以看出，只有在单缝衍射的中央主极大内，才有比较强的光强分布。

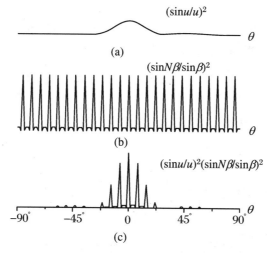

**图 7.7.15　光栅的衍射光强分布**

上面以透射光栅为例，求出了衍射的光强分布。除了透射式光栅（图 7.7.16），还有反射式光栅（图 7.7.17），就是先在平面上镀一层反射膜，然后在反射膜上刻出或腐蚀出一系列平行等间隔的划痕,则被刻蚀的地方不反光,保留下来的部分将入射光反射。对于反射式光栅,方法和结果都是相同的。

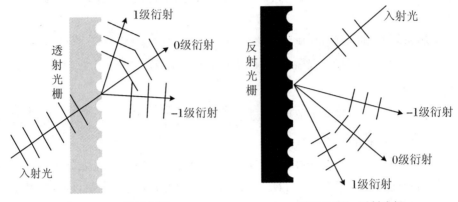

图 7.7.16  透射光栅　　　　　　　　图 7.7.17  反射光栅

【例 7.7】 设有三条平行狭缝,宽为 $a$,缝距分别为 $d$ 和 $2d$。求正入射时夫琅禾费衍射分布。

【解】 利用积分方法求解。

如图 7.7.18 所示,各个狭缝中心发出的沿 $\theta$ 方向的次波到衍射屏的光程之间有如下关系:
$$L_2 = L_1 + d\sin\theta, \quad L_3 = L_1 + 3d\sin\theta$$
而 $r_j = L_j - x\sin\theta$。根据衍射积分公式,可得

$$\widetilde{U}(\theta) = K\left(\int_{\Sigma_1} \widetilde{U}_0 \frac{\mathrm{e}^{\mathrm{i}kr}}{r}\mathrm{d}x + \int_{\Sigma_2} \widetilde{U}_0 \frac{\mathrm{e}^{\mathrm{i}kr}}{r}\mathrm{d}x + \int_{\Sigma_3} \widetilde{U}_0 \frac{\mathrm{e}^{\mathrm{i}kr}}{r}\mathrm{d}x\right)$$

$$= K\widetilde{U}_0 a \frac{\sin u}{u}\left(\frac{\mathrm{e}^{\mathrm{i}kL_1}}{r_0} + \frac{\mathrm{e}^{\mathrm{i}kL_2}}{r_0} + \frac{\mathrm{e}^{\mathrm{i}kL_2}}{r_0}\right)$$

$$= K\widetilde{U}_0 a \frac{\sin u}{u}\frac{\mathrm{e}^{\mathrm{i}kL_1}}{r_0}\left[1 + \mathrm{e}^{\mathrm{i}k(L_2-L_1)} + \mathrm{e}^{\mathrm{i}k(L_3-L_1)}\right]$$

$$= K\widetilde{U}_0 a \frac{\sin u}{u}\frac{\mathrm{e}^{\mathrm{i}kL_1}}{r_0}\left[1 + \mathrm{e}^{\mathrm{i}kd\sin\theta} + \mathrm{e}^{\mathrm{i}3kd\sin\theta}\right]$$

强度分布

$$I(\theta) = I_0\left(\frac{\sin u}{u}\right)^2(1 + \mathrm{e}^{\mathrm{i}kd\sin\theta} + \mathrm{e}^{\mathrm{i}3kd\sin\theta})^2$$

$$= I_0\left(\frac{\sin u}{u}\right)^2(3 + \mathrm{e}^{\mathrm{i}2\beta} + \mathrm{e}^{\mathrm{i}6\beta} + \mathrm{e}^{-\mathrm{i}2\beta} + \mathrm{e}^{-\mathrm{i}6\beta} + \mathrm{e}^{\mathrm{i}4\beta} + \mathrm{e}^{-\mathrm{i}4\beta})$$

$$= I_0\left(\frac{\sin u}{u}\right)^2(3 + 2\cos2\beta + 2\cos4\beta + 2\cos6\beta)$$

本题也可以用振幅矢量法求解。

### 7.7.5 双缝衍射

如果光栅只有两条狭缝,即 $N = 2$,则衍射光强为

$$I(P) = 4I_0\cos^2\beta\,\frac{\sin^2 u}{u^2}$$

而双缝的杨氏干涉强度分布为

$$I = I_0\left[1 + \cos\left(\frac{2\pi d}{\lambda}\sin\theta\right)\right]$$

$$= I_0(1 + \cos2\beta) = 4I_0\cos^2\beta$$

比较发现,两者的区别在于一个衍射因子 $\sin^2 u / u^2$,这当然是由于杨氏干涉中不考虑单缝衍射的结果。或者,认为在杨氏干涉装置中,$\sin u / u = 1$,则必须有 $u = (\pi a/\lambda)\sin\theta = 0$,这只有在 $a \ll \lambda$ 条件下才能实现。也就是说,在杨氏干涉实验中,由于每一个狭缝本身的宽度比光的波长要小得多,这种情况相当于每一个狭缝,或者每个针孔中只有一个次波波源。因而不需要考虑衍射的作用。

图 7.7.18 画出了周期分别为 1(单缝),2(双缝),3~6 的衍射光栅的光强分布。

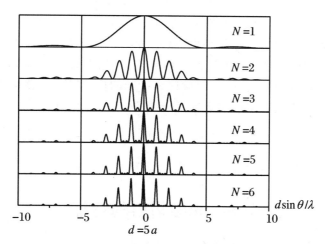

图 7.7.18　不同周期的衍射光栅的光谱

### 7.7.6 干涉与衍射的区别和联系

干涉和衍射都是波的相干叠加,因而其物理本质都是相同的,所以,无论是光的叠加原理,还是惠更斯-菲涅耳衍射积分公式,都遵循振动矢量叠加的原理。如果仅从这一点来看,实在没有必要将干涉和衍射加以区分。之所以区分,无非是基于以下几种考虑:

其一,从实验所采用的装置和方法看,两者有区别;

其二,从采用的数学手段上看,两者有区别;

其三,从物理结果上看,两者有区别。

干涉是"光束"之间的相干叠加,因而要求每一条"光束"都要足够细,所以杨氏干涉实验装置中,每一个狭缝或针孔都要足够小,以至于可以认为其中仅包含有一个振动源。这些光束是有限的,或虽然有无限多条,但是光束之间是离散的、不连续的、可数的。

而衍射则是连续分布的无限多个点光源(次波中心)发出的光波的相干叠加,所以每一个衍射单元可以比较大,例如菲涅耳圆孔、夫琅禾费单缝、圆孔、矩孔等等,其中每一个衍射单元包含有许多(无限多)个扰动源。

由于干涉的"光束"是离散的,故其叠加的过程可以在数学上用求和的方法解决,即可以直接应用波的叠加原理;而衍射的扰动源是连续分布的,则在数学上必须采用积分(曲面积分)的方法求解,所以需要求解菲涅耳-基尔霍夫衍射积分公式。

从最后的效果看,干涉之后光的能量在空间均匀分布,无论杨氏干涉还是薄膜干涉,各级亮条纹有相差不大的空间角宽度和强度;而衍射所产生的一系列亮条纹中,光强有着显著的差别。其中只有一个条纹具有较大的强度,例如夫琅禾费圆孔衍射的艾里斑、单缝衍射的零级条纹,这个特殊的衍射级其实就是系统的几何像点,因而衍射的结果更接近于几何成像的情况,或者,几何光学就是衍射的零级近似。

# 7.8 光栅衍射的特征

## 7.8.1 衍射花样的极大值和极小值

由图 7.7.15 可以看出,光栅的衍射强度是单元衍射和 $N$ 元干涉的乘积,总的效果相当于缝间干涉的强度受到单元衍射的调制,衍射的结果是形成一系列细锐的衍射峰,而各个衍射峰其实就是缝间干涉的结果。因而在光强分布公式 $I(\theta)$ $= I_0(\sin u/u)^2(\sin N\beta/\sin\beta)^2$ 中,光强的极值是由缝间干涉因子 $N(\theta) = \sin N\beta/\sin\beta$ 所决定的。

### 1. 衍射的极大值

根据缝间干涉因子的表达式容易看出,在 $\sin N\beta$ 和 $\sin\beta$ 同时为 0 的条件下,即当 $\beta = j\pi$ 时,$(\sin N\beta/\sin\beta)^2$ 可以取得极大值 $N^2$,相应的光强为

$$I = N^2 I_0 (\sin u/u)^2 \tag{7.8.1}$$

光强图如 7.8.1 所示。

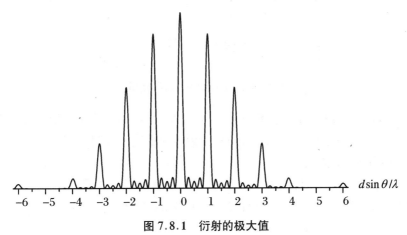

**图 7.8.1 衍射的极大值**

然而,一般情况下缝间干涉因子的极值点应按以下方法确定:对 $N(\theta)$ 求微分,即可得到取极值的位置,所以有

$$N(\theta)' = \left(\frac{\sin N\beta}{\sin\beta}\right)' = \frac{N\cos N\beta\sin\beta - \cos\beta\sin N\beta}{\sin^2\beta} = 0$$

由此得到

$$N\tan\beta = \tan N\beta \tag{7.8.2}$$

这是一个超越方程,可以从图 7.8.2 中看出,在每一个 $[-\pi/2,\pi/2]$ 区间内,除去 $N-1$ 个位于 $(2m+1)\pi/(2N)$ 奇点之外,共有 $N-1$ 个解,都是极大值点。

$\beta = j\pi$ 为超越方程 $N\tan\beta = \tan N\beta$ 的一组解。由于 $\beta = \pi d\sin\theta/\lambda$,所以

$$d\sin\theta = j\lambda \quad (j = 0, \pm 1, \pm 2, \cdots) \tag{7.8.3}$$

每一个主极大值代表接收屏上的一个亮条纹,接收屏上有一系列的亮条纹,这

就是光栅衍射的光谱线,而 $j$ 为谱线级数。

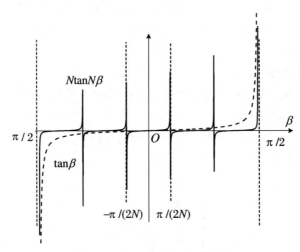

图 7.8.2　$N\tan\beta = \tan N\beta$ 的解

由式(7.8.3)可见,光谱线的位置与 $N$ 无关,由 $d,j,\lambda$ 决定。谱线位置与衍射因子无关。谱线强度与 $N^2$ 成正比,同时受到衍射强度的调制。

**2. 衍射的极小值**

当衍射因子为 0,或缝间干涉因子为 0 时,强度都是极小值。

要使衍射因子 $\sin u/u = 0$,只有 $\sin u = 0$,且 $u \neq 0$,即 $u = n\pi (n = \pm 1, \pm 2, \cdots)$,而 $u = \pi a\sin\theta/\lambda$,于是得到

$$a\sin\theta = n\lambda \quad (n = \pm 1, \pm 2, \cdots) \tag{7.8.4}$$

要使干涉因子 $\sin N\beta/\sin\beta = 0$,必须使 $\sin N\beta = 0$,同时 $\sin\beta \neq 0$,即 $d\sin\theta = (j/N)\lambda$ $(j = 1, 2, \cdots, N-1, N+1, \cdots)$,可以表示为

$$d\sin\theta = \boxed{0}, \frac{\lambda}{N}, \frac{2\lambda}{N}, \cdots, \frac{(N-1)\lambda}{N}; \boxed{\lambda}, \frac{(N+1)\lambda}{N}, \cdots, \frac{(2N-1)\lambda}{N}; \boxed{2\lambda}, \cdots$$

$$\tag{7.8.5}$$

可见,每两个相邻的主极大值之间有 $N-1$ 个极小值。

**3. 衍射的次极大值**

在任意两个主极大值 $d\sin\theta_j = j\lambda$,$d\sin\theta_{j+1} = (j+1)\lambda$ 之间,有 $N-1$ 个极小值;而每两个极小值之间还有一个次极大值,所以每两个主极大值之间还有 $N-2$ 个次极大值。次极大值的位置就是由超越方程 $N\tan\beta = \tan N\beta$ 的另一组解所决定的。

**4．谱线的缺级**

在干涉的主极大值与衍射的极小值重合的位置，干涉的极大值不能出现，从而产生缺级。

干涉主极大值的位置为 $d\sin\theta = j\lambda$，衍射极小的位置为 $a\sin\theta = n\lambda$，所以缺级条件为 $j/d = n/a$，即

$$j = n\,\frac{d}{a} \quad (n \neq 0) \tag{7.8.6}$$

具有上述级数的光谱线由于衍射而缺失。

## 7.8.2 光栅方程

前面推导光栅衍射的复振幅及强度分布时，为了表达简单，假设入射光是沿着平行于系统的光轴方向入射的，即入射光沿着光栅的法线。而实际上，入射光可以沿任意方向，设入射光与系统光轴的夹角为 $\theta_0$，如图 7.8.3 所示，则对于透射式光栅，斜入射时，光程差

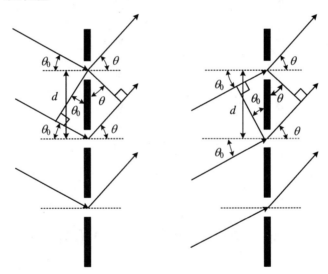

**图 7.8.3 透射式光栅**

$$\Delta L = -d(\sin\theta_0 \pm \sin\theta) = j\lambda$$

入射、出射在光栅平面法线的同侧，

$$d(\sin\theta_0 + \sin\theta) = j\lambda \tag{7.8.7}$$

入射、出射在光栅平面法线的异侧

$$d(\sin\theta_0 - \sin\theta) = j\lambda \tag{7.8.8}$$

反射式光栅如图 7.8.4 所示,同样有

$$d(\sin\theta \pm \sin\theta_0) = j\lambda$$

同侧取"+",异侧取"−"。

正入射时

$$d\sin\theta = j\lambda \quad (j = 0, \pm 1, \pm 2, \cdots)$$

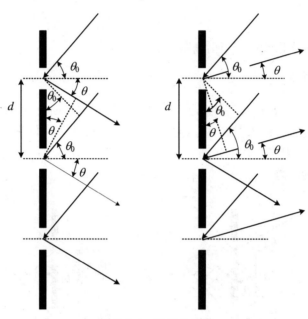

图 7.8.4  反射式光栅

## 7.9  光栅光谱在空间的角分布

由光栅方程 $d\sin\theta = j\lambda$ 可以看出,一方面,对于单色光,经过衍射,不同的衍射级次具有不同的衍射角(图 7.7.15);另一方面,对于复色光(通常所说的白光),在同一级衍射谱中,不同的波长具有不同的衍射角,即 $\theta = \theta(\lambda) = \arcsin(j\lambda/d)$,不同波长的光经光栅后会在空间散开,这说明光栅具有色散能力。

### 7.9.1　光栅的色散与自由光谱范围

**1. 光栅的色散**

不同波长的光在空间分开称为色散,通常用数学式 $\theta = \theta(\lambda)$ 表示色散。光栅具有色散能力。

通常用以下参数衡量光栅的色散能力。

(1) $\mathrm{d}\theta/\mathrm{d}\lambda$,角色散率,反映光栅的分光能力。

定义为:两条纯数学的光谱线在空间分开的角距离。

由光栅方程,可以得到

$$\frac{\mathrm{d}\theta}{\mathrm{d}\lambda} = \frac{j}{d\cos\theta} \tag{7.9.1}$$

由色散率的定义和光栅衍射特征,可以得到:

(a) 当 $j = 0$ 时,$\mathrm{d}\theta/\mathrm{d}\lambda = 0$,零级光谱无色散,即所有不同波长的零级光谱线都集中于同一位置。原因是零级谱的干涉的光程差等于零。

(b) 当 $\theta$ 很小时,$\mathrm{d}\theta/\mathrm{d}\lambda = j/d$,对于固定的衍射级数 $j$,角色散率为常数。角色散率与 $N$ 无关。

(2) 线色散率 $\mathrm{d}l/\mathrm{d}\lambda$,反映光谱线在焦平面上分开的距离。对于夫琅禾费衍射,线色散率与角色散率的关系为

$$\frac{\mathrm{d}l}{\mathrm{d}\lambda} = f\frac{\mathrm{d}\theta}{\mathrm{d}\lambda} \tag{7.9.2}$$

**2. 光栅的量程**

由光栅方程 $d\sin\theta = j\lambda$ 或 $d(\sin\theta \pm \sin\theta_0) = j\lambda$ 可以看出,由于 $|\sin\theta| < 1$,所以

$$\lambda < d\sin\theta/j < d \tag{7.9.3}$$

即波长大于光栅常数的光不满足光栅方程,因而光栅的量程,即可以测量的最大波长为光栅的周期 $d$。

**3. 光栅的自由光谱范围**

如果入射光的波长范围为 $\lambda_{\mathrm{m}} \sim \lambda_{\mathrm{M}} = \lambda_{\mathrm{m}} + \Delta\lambda$,则经光栅衍射后,每一级光谱都有一定的空间分布范围,即角度分布范围。根据光栅方程,$j$ 级光谱中,短波端和长波端的衍射角分别满足 $d\sin\theta_{\mathrm{m}}(j) = j\lambda_{\mathrm{m}}$ 和 $d\sin\theta_{\mathrm{M}}(j) = j\lambda_{\mathrm{M}} = j(\lambda_{\mathrm{m}} + \Delta\lambda)$。

为了使光谱线不重叠,必须使 $j$ 级长波端 $\lambda_{\mathrm{M}}$ 的谱线与第 $j+1$ 级的短波端 $\lambda_{\mathrm{m}}$ 的谱线不重叠,就要求 $\theta_{\mathrm{M}}(j) < \theta_{\mathrm{m}}(j+1)$。由上面两式可以看出,应当有

$$j(\lambda_{\mathrm{m}} + \Delta\lambda) < (j+1)\lambda_{\mathrm{m}}$$

由此可以得到 $\Delta\lambda < \lambda_m/j$,即

$$\lambda_M - \lambda_m < \lambda_m/j \tag{7.9.4}$$

入射光的波长范围必须满足式(7.9.4),才能保证第 $j$ 级光谱不与 $j+1$ 级光谱重叠,这一波长范围称作**自由光谱范围**,即光栅可以自由工作的波长范围。

对于 1 级($j=1$)光谱,可以从光的短波端 $\lambda_m$ 计算出光栅的自由光谱范围,$\lambda_M - \lambda_m = \Delta\lambda < \lambda_m$,所以 1 级光谱的自由光谱范围为($\lambda_m, 2\lambda_m$)。同样,也可以从其长波端确定此范围,对于 1 级光谱,有 $\Delta\lambda < \lambda_m = \lambda_M - \Delta\lambda$,即 $\Delta\lambda < \lambda_M/2$,1 级光谱的自由光谱范围为($\lambda_M/2, \lambda_M$)。同时,由于光栅的量程要求 $\lambda_M < d$,即当 $\lambda_M = d$ 时,自由光谱范围为($d/2, d$)。

### 7.9.2 光谱线的角宽度和光栅的色分辨本领

波长改变所引起的光谱线空间角度的改变可以根据光栅方程方便地求得,为 $d\cos\theta\delta\theta = j\delta\lambda$,波长相差 $\delta\lambda$ 的光经光栅后在空间分开的角距离 $\delta\theta$ 为

$$\delta\theta = \frac{j}{d\cos\theta}\delta\lambda \tag{7.9.5}$$

图 7.9.1 中表示非单色光入射到光栅上,波长 $\lambda$ 分别为 540 nm,597 nm 和 640 nm 的 $j=0, j=1$ 和 $j=2$ 级的光谱线色散的情况。可以看出,0 级光谱没有色散,2 级光谱中的谱线分开的角距离比 1 级光谱要大。而在同一级光谱中,波长差 $\delta\lambda$ 越大,分开的角距离 $\delta\theta$ 也越大。

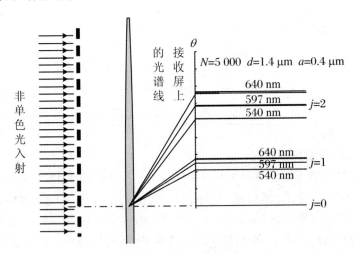

**图 7.9.1  光栅光谱的色散**

### 1. 光谱线的角宽度

经过光栅衍射的每一级光谱线,在空间都有一定的角宽度,通常用谱线的极大值与相邻极小值的角度差表示谱线的角宽度,这其实是光谱线的**半角宽度**。

光谱线极大值的位置由光栅方程决定,为

$$\sin\theta_j = j\frac{\lambda}{d}$$

而与之相邻的最小值的位置为

$$\sin\theta'_j = \left(j + \frac{1}{N}\right)\frac{\lambda}{d}$$

其中 $\theta'_j = \theta_j + \Delta\theta_j$。因而有

$$\sin\theta'_j - \sin\theta_j = \cos\theta_j \Delta\theta_j = \frac{\lambda}{Nd}$$

由此可得光谱线的半角宽度为

$$\Delta\theta_j = \frac{\lambda}{Nd\cos\theta_j} = \frac{\lambda}{L\cos\theta_j} \tag{7.9.6}$$

光栅的周期数与光栅常数的乘积 $L = Nd$ 就是光栅的有效宽度。

光谱线的角宽度与光栅的有效宽度成反比,也与衍射角(即衍射级数)有关,衍射角大,则角宽度也较大。但是,由于光栅系统基本上都满足傍轴条件,也就是说,通常都是小角度衍射,故衍射角度对谱线的角宽度的影响并不大。

从图 7.9.2 中可以看出,波长为 500 nm 的光谱线,衍射级次越大,半角宽度也越大。

### 2. 光栅的分辨本领

非单色光经光栅后,在同一级衍射谱中,不同的波长成分有不同的衍射角。但是,由于每一根衍射光谱都有一定的空间分布角宽度,这时,如果波长差为 $\delta\lambda$ 的两根光谱线靠得较近,则有可能相互重叠而无法分辨(图7.9.3)。

设波长差为 $\delta\lambda$ 的同级衍射光谱线的空间的角距离为 $\delta\theta$,则由光栅方程 $d\sin\theta = j\lambda$,可以得到 $d\cos\theta\delta\theta =$

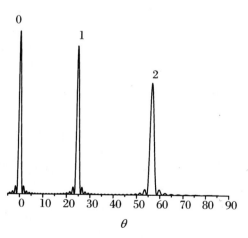

**图 7.9.2　光栅光谱的半角宽度**

$j\delta\lambda$,即式(7.9.5)。

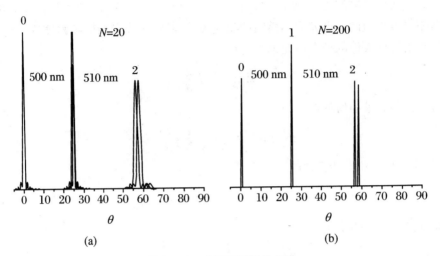

图 7.9.3　光栅光谱线的分辨

用瑞利判据(图7.9.4),当$\delta\theta\geqslant\Delta\theta$时,可以认为$\lambda$与$\lambda+\delta\lambda$的谱线是可以分辨的,因而,由式(7.9.5)和式(7.9.6),有$j\dfrac{\delta\lambda}{d\cos\theta}\geqslant\dfrac{\lambda}{Nd\cos\theta}$,从而得到

$$\delta\lambda\geqslant\frac{\lambda}{jN} \tag{7.9.7}$$

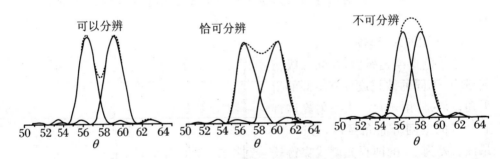

图 7.9.4　光栅光谱分辨的瑞利判据

只有波长差大于式(7.9.7)所表示的数值,才可以分辨。或者,可分辨的最小波长间隔为

$$\delta\lambda_{\min}=\frac{\lambda}{jN} \tag{7.9.8}$$

一般用分辨本领表示光栅对光谱线波长的分辨能力,分辨本领的定义是

$$A = \frac{\lambda}{\delta\lambda_{\min}} = jN \qquad\qquad (7.9.9)$$

由于分辨本领是针对波长的分辨,故也称作色分辨本领。

由式(7.9.11)可见,$N$ 越大,$j$ 越大,分辨本领越大;分辨本领与光栅常数 $d$ 无关。

【例 7.8】　设有一光栅,光栅常数为 $4~\mu m$,总宽度为 $10~cm$,波长为 $500.0~nm$ 和 $500.01~nm$ 的平面波正入射,光栅工作在 2 级光谱。问此双线分开多大角度? 能否分辨?

【解】　焦距离 $\delta\theta = j\dfrac{\delta\lambda}{d\cos\theta} = \dfrac{2\delta\lambda}{d\cos\theta}$。考虑到

$$\cos\theta = \sqrt{1 - \sin^2\theta} = \sqrt{1 - (j\lambda/d)^2} = \sqrt{1 - 4(\lambda/d)^2}$$

$$\delta\theta = j\frac{\delta\lambda}{d\cos\theta} = \frac{2\delta\lambda}{\sqrt{d^2 - 4\lambda^2}} = \frac{2 \times 0.01~nm}{\sqrt{4^2 - 4 \times 0.5^2}~\mu m} = 5.16 \times 10^{-6}$$

光栅的刻线数 $N = W/d = 10~cm/4~\mu m = 2.5 \times 10^4$,由瑞利判据知

$$\delta\lambda = \frac{\lambda}{jN} = \frac{5~000}{2 \times 2.5 \times 10^4} = 0.1(\text{Å})$$

恰可分辨。

# 7.10　闪　耀　光　栅

## 7.10.1　问题的提出与解决方案

前面所讨论的平面型光栅,无论是透射式的还是反射式的,$j = 0$ 级的色散都为零,但该级衍射的强度却是最大的,如图 7.10.1 所示。

需要指出的是,能量集中是衍射的结果,即大部分能量都集中在零级衍射,而零级衍射就是所谓的“几何像点”。细锐的光栅光谱是缝间干涉的结果。对于平面型光栅,单元衍射零级的位置与缝间干涉的零级的位置恰好是重合的,因为这样的位置无论对于衍射还是干涉,所有次波的光程差都等于 0。如果让零级干涉与零级衍射在空间上分开,则可以使衍射的绝大部分能量集中在一个非零的、有色散的衍射级上。要做到这一点并不困难,通过前面的分析过程可以知道,对于光栅而

言,单缝衍射与缝间干涉实际上是可以独立的。

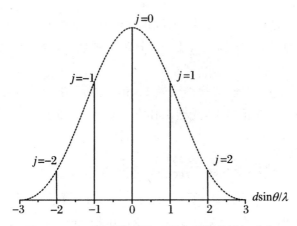

**图 7.10.1  无色散的零级干涉与衍射的零级重合**

## 7.10.2  闪耀光栅的结构

图 7.10.2 画出了两种不同的光栅,对于平面型光栅,无论是透射还是反射,几

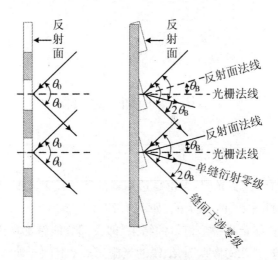

**图 7.10.2  平面光栅与闪耀光栅比较**

何像点的方向(即零级衍射的方向),缝间干涉的光程差总是 0,所以也是零级干涉的方向。如果让光栅的反射面与光栅平面之间保持一定的夹角 $\theta_B$,如图 7.10.3 所示,对于缝间干涉,零级干涉依然在相对于光栅法线对称的方向上;由于衍射是

每个反射面的行为,对于反射面而言,零级衍射在相对于每个反射面对称的方向上,所以零级衍射与零级干涉之间有 $2\theta_B$ 的夹角。这样一来,光强最大的谱线就不再是 $j=0$ 级,如图 7.10.4 所示。

**图 7.10.3  闪耀光栅的闪耀面**

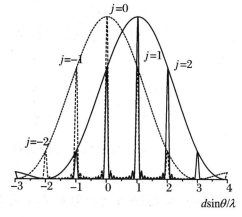

**图 7.10.4  零级衍射移动使 $j=1$ 级谱线最强**

具有这种结构的光栅,即反射面与光栅平面不平行,而是保持一定夹角的光栅,称作**闪耀光栅**(blazing grating)。闪耀光栅同样也具有周期性结构,每一个反射面称作**闪耀面**,闪耀面与光栅平面间的夹角称为**闪耀角**,记作 $\theta_B$。

闪耀光栅的工作方式可以这样看:缝间干涉的光谱仍然由光栅的周期性结构(即光栅常数 $d$)决定,但由于闪耀面的倾斜,单缝衍射的光谱会产生相对移动,即衍射中央主极大产生移动,从而使衍射主极大峰值与某个非零的干涉级重合。

### 7.10.3  闪耀光栅衍射的一般性分析

**1. 闪耀面的单元衍射**

如图 7.10.5 所示,以光栅的法线为基准,每个反射面的法线沿 $\theta_B$ 方向,沿 $\theta_0$ 方向的入射光对反射面的入射角为 $\theta_0' = \theta_0 - \theta_B$,沿 $\theta$ 方向的衍射光对反射面的衍射角为 $\theta' = \theta + \theta_B$,于是衍射的复振幅分布可以表示为

$$\widetilde{U}(\theta) = \widetilde{U}_0 \frac{\sin u}{u} = \widetilde{U}_0 \frac{\sin \dfrac{\pi a \left[ \sin(\theta + \theta_B) - \sin(\theta_0 - \theta_B) \right]}{\lambda}}{\dfrac{\pi a \left[ \sin(\theta + \theta_B) - \sin(\theta_0 - \theta_B) \right]}{\lambda}}$$

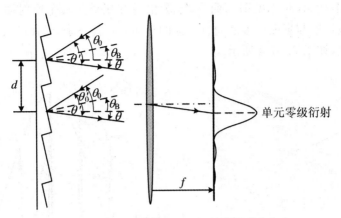

**图 7.10.5　闪耀光栅单元衍射的强度分布**

零级衍射的方向由 $\sin(\theta + \theta_B) - \sin(\theta_0 - \theta_B) = 0$ 决定，即 $\theta = \theta_0 - 2\theta_B$。而对于图 7.10.6 所示的平面型反射光栅，零级衍射的方向为 $\theta = \theta_0$。

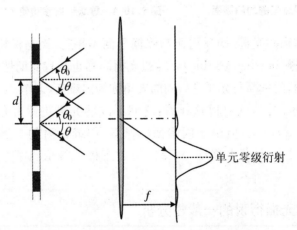

**图 7.10.6　平面光栅单元衍射的强度分布**

**2. 各个闪耀面之间的干涉**

由于不同闪耀面的次波之间的相干叠加是由光栅的周期性结构所决定的，所以缝间干涉的复振幅分布仍然为

$$\tilde{N}(\theta) = \frac{\sin N\beta}{\sin \beta} = \frac{\sin N \dfrac{\pi d(\sin\theta - \sin\theta_0)}{\lambda}}{\sin \dfrac{\pi d(\sin\theta - \sin\theta_0)}{\lambda}}$$

各个干涉级次仍然由光栅方程决定，为 $d(\sin\theta - \sin\theta_0) = j\lambda$。

**3. 闪耀光栅的光谱线**

同时计入单元衍射与缝间干涉，整个光栅的衍射强度分布为

$$I(\theta) = I_0 \left(\frac{\sin u}{u}\right)^2 \left(\frac{\sin N\beta}{\sin\beta}\right)^2$$

强度最大的光谱线位于零级衍射的方向，即衍射角为 $\theta = \theta_0 - 2\theta_B$，相应的级数为

$$j = \frac{d\left[\sin(\theta_0 - 2\theta_B) - \sin\theta_0\right]}{\lambda}$$

不再是缝间干涉的零级谱线，该谱线的色散不等于 0。结果如图 7.10.7 所示。

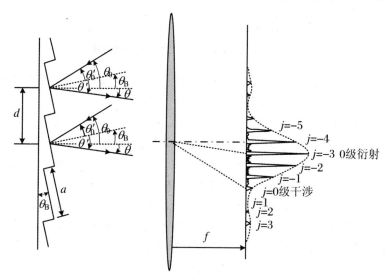

**图 7.10.7　闪耀光栅单元衍射的光谱特征**

## 7.10.4　两种常用的照明方式

对于闪耀光栅，入射光通常采用以特殊角度入射的方式，这种入射方式称作闪耀光栅的照明方式。

通常采用图 7.10.8 所示的两种方式入射（照明）。

第一种方式，如图 7.10.8(a)所示，光沿着闪耀面的法线入射，即 $\theta_0 = \theta_B$，在反射光的方向上，缝间干涉的光程差为 $\Delta L = 2d\sin\theta_B$，在这一方向上的光谱线满足的条件是 $2d\sin\theta_B = -j\lambda$。当 $j = -1$ 时，衍射最强的波长为 $\lambda_{1B} = 2d\sin\theta_B$，$\lambda_{1B}$ 称

**作一级闪耀波长。**

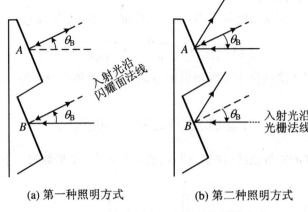

(a) 第一种照明方式          (b) 第二种照明方式

**图 7.10.8　闪耀光栅两种常用的照明方式**

其他波长的一级光谱出现在闪耀波长附近。由于零级衍射有很大的宽度,所以,其他波长的一级谱线也有足够的强度(图 7.10.9)。

第二种方式,如图 7.10.8(b) 所示,光沿着光栅平面的法线入射,即 $\theta_0 = 0$,入射光与反射面(即闪耀面)间的夹角为 $\theta_B$,则反射光与入射光之间的夹角为 $2\theta_B$,因而,在反射光的方向上,相邻两个单元干涉的光程差为 $\Delta L = d\sin 2\theta_B$。因此在反射方向上,有 $d\sin 2\theta_B = -j\lambda$,一级闪耀波长为 $\lambda_{1B} = d\sin 2\theta_B$。

具有一级闪耀波长的谱线会出现在零级衍射的方向,而波长为 $\lambda_{1B} + \delta\lambda$ 的谱线将出现在 $2d\sin(\theta_B + \delta\theta) = \lambda_{1B} + \delta\lambda$ 处(在采用第一种照明方式时),当波长差 $\delta\lambda$ 不是很大时,$\delta\theta$ 也不是很大,所以该谱线依然有足够的强度,如图 7.10.9 所示。

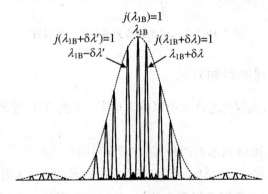

**图 7.10.9　闪耀光栅不同波长的一级光谱**

同理,若采用第二种照明方式,波长为 $\lambda_{1B} + \delta\lambda$ 的谱线将出现在 $d\sin(2\theta_B + 2\delta\theta) = \lambda_{1B} + \delta\lambda$ 处。

# 7.11 单色仪与光谱仪

衍射光栅具有色散能力,平行入射到光栅上的白光,经过光栅的色散,具有不同的波长的谱线将会出现在空间不同的位置上,即 $\theta = \theta(\lambda)$。如果保持整个系统不变,而只让某一个具有特定衍射角的谱线出射,则从系统中出射的光具有单一的波长,这种仪器就是单色仪。如果转动光栅,使不同波长的谱线能够在某个方位依次出射,从而测量出入射光中不同波长成分的强度,这就是光谱仪。其实,单色仪与光谱仪是同一种仪器,只是根据使用目的不同而有不同的名称。早期的光谱仪或单色仪,是用玻璃棱镜作为色散元件的,现在的光谱仪或单色仪中,几乎都采用闪耀光栅作为色散元件。

光栅光谱仪的结构可用图 7.11.1 说明。入射狭缝 $S_1$ 和出射狭缝 $S_2$ 的位置是固定的,而缝宽可以调节。球面反射镜 $M_1$ 的焦点就是入射狭缝,入射光经 $M_1$ 反射后变为平行光,射向光栅 G,经过光栅衍射的光经球面反射镜 $M_2$ 后,射向出射狭缝 $S_2$。由于出射狭缝 $S_2$ 位于 $M_2$ 的焦平面处,故从 G 发出的同方向次波将

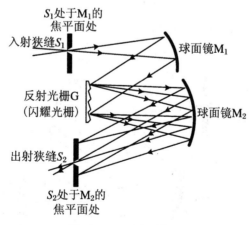

图 7.11.1 光栅光谱仪

在狭缝处会聚,而从光栅发出的同方向次波,就是光栅的某一级单色谱线。保持其他元件不动,转动光栅 G,不同波长的谱线就可以从 $S_2$ 射出。在 $S_2$ 处,连接探测器,如光电倍增管等,即可以测得射入 $S_1$ 的光谱。

在光谱仪中,之所以不用透镜而采用反射镜作为聚光元件,是因为透镜会由于玻璃材料的色散而产生色差,无法使不同波长的光会聚在同一焦平面处,而球面反射镜对所有波长的光,其焦点或焦平面都在同一处。

如果将光栅 G 固定在某一角度保持不变,则从 $S_2$ 出射的光具有固定的波长,从而可以通过该装置从入射的白光中获得单一波长的出射光。

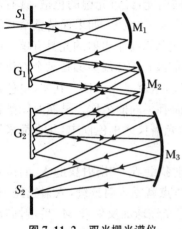

图 7.11.2  双光栅光谱仪

为了提高光谱仪的分辨本领,往往在其中安置两块衍射光栅,如图 7.11.2 所示。在这种仪器中,入射狭缝 $S_1$ 位于球面镜 $M_1$ 的焦点处,闪耀光栅 $G_2$ 位于球面镜 $M_2$ 的焦平面处,而出射狭缝 $S_2$ 位于球面镜 $M_3$ 的焦平面处。这样,经过第一块光栅 $G_1$ 色散的光再入射到第二块光栅 $G_2$ 上,再经过一次色散,相邻波长间的角距离进一步增大,则最后从狭缝 $S_2$ 出射的光,单色性将进一步提高。双光栅单色仪的色分辨本领为

$$A = A_1 A_2 = j_1 j_2 N_1 N_2$$

其中 $A_1, N_1, j_1$ 和 $A_2, N_2, j_2$ 分别是第一块光栅和第二块光栅的色分辨本领,光栅刻线数,谱线级数。

如果将闪耀光栅加工成球面,则这样的光栅同时具有色散和聚光功能,如图 7.11.3所示。

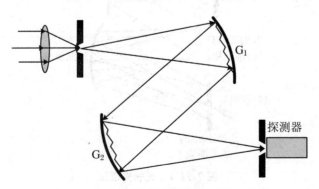

图 7.11.3  由球面光栅制成的双光栅单色仪

双光栅光谱仪在工作过程中,两块光栅的转动机构要实现联动,通过两块光栅的同步转动,使得单色性很好的谱线从狭缝 $S_2$ 射出。

# 7.12 正 弦 光 栅

前面讨论的光栅称作黑白型光栅,即透光部分与遮光部分截然分开,中间没有过渡:在狭缝处,透过率为1,其他部分,透过率为0。与黑白型光栅不同,正弦光栅具有可以用正弦或余弦函数表示的振幅透过率,其透过率往往表示为 $t \propto 1 + \cos(2\pi/d)x$,其中 $d$ 为光栅的空间周期。

在衍射屏上,其瞳函数为

$$\widetilde{U}_0(x) = \widetilde{U}_0 \big[ 1 + \cos(2\pi/d)x \big] \tag{7.12.1}$$

单元衍射因子为

$$
\begin{aligned}
\widetilde{u}(\theta) &= K\widetilde{U}_0 \frac{\mathrm{e}^{\mathrm{i}kr_0}}{f} \int_{-d/2}^{d/2} \big[ 1 + \cos(2\pi/d)x \big] \mathrm{e}^{-\mathrm{i}kx\sin\theta} \mathrm{d}x \\
&= K\widetilde{U}_0 \frac{\mathrm{e}^{\mathrm{i}kr_0}}{f} \int_{-d/2}^{d/2} \Big( 1 + \frac{1}{2}\mathrm{e}^{\mathrm{i}\frac{2\pi}{d}x} + \frac{1}{2}\mathrm{e}^{-\mathrm{i}\frac{2\pi}{d}x} \Big) \mathrm{e}^{-\mathrm{i}kx\sin\theta} \mathrm{d}x \\
&= K\widetilde{U}_0 \frac{\mathrm{e}^{\mathrm{i}kr_0}}{f} \int_{-d/2}^{d/2} \Big[ \mathrm{e}^{-\mathrm{i}kx\sin\theta} + \frac{1}{2}\mathrm{e}^{\mathrm{i}(2\pi/d - \mathrm{i}k\sin\theta)x} + \frac{1}{2}\mathrm{e}^{\mathrm{i}(-2\pi/d - k\sin\theta)x} \Big] \mathrm{d}x
\end{aligned}
$$

而

$$\int_{-d/2}^{d/2} \frac{1}{2}\mathrm{e}^{\mathrm{i}(2\pi/d - k\sin\theta)x} \mathrm{d}x = \frac{d}{2} \frac{\sin\left(\pi - k\dfrac{d}{2}\sin\theta\right)}{\pi - k\dfrac{d}{2}\sin\theta} = \frac{d}{2} \frac{\sin(\pi - \beta)}{\pi - \beta}$$

$$\int_{-d/2}^{d/2} \frac{1}{2}\mathrm{e}^{\mathrm{i}(-2\pi/d - k\sin\theta)x} \mathrm{d}x = \frac{d}{2} \frac{\sin(\beta + \pi)}{\beta + \pi}$$

于是

$$\widetilde{u}(\theta) = K\widetilde{U}_0 d \frac{\mathrm{e}^{\mathrm{i}kr_0}}{f} \Big[ \frac{\sin\beta}{\beta} + \frac{1}{2}\frac{\sin(\beta - \pi)}{\beta - \pi} + \frac{1}{2}\frac{\sin(\beta + \pi)}{\beta + \pi} \Big] \tag{7.12.2}$$

相当于具有三个不同的夫琅禾费单缝衍射因子,缝宽为 $d$,狭缝中心分别在 $0,\pi$,$-\pi$ 处。正是多元衍射因子 $\widetilde{N}(\theta)$ 的 0 级和 ±1 级的位置,其余的级次全部抵消,所以只有这三级衍射,如图 7.12.1 所示。

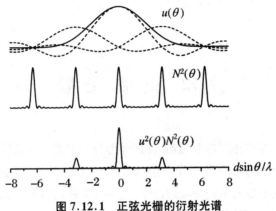

**图 7.12.1  正弦光栅的衍射光谱**

各列波的半角宽度分别为 $\Delta\theta_0 = \lambda/D$,$\Delta\theta_{\pm1} = \lambda/(D\cos\theta_{\pm1})$,其中 $D$ 是光栅的有效宽度。

上述各种黑白光栅和正弦光栅都属于**振幅型光栅**,振幅型衍射屏使得经过衍射屏的光的振幅发生变化。除此之外,还有一种**相位型光栅**,可以使经过的光的相位发生变化,从而重新构建光波场,具有周期性变化的相位因子的衍射屏就是相位光栅。其实,闪耀光栅就是一种相位型光栅。

例如,将光学玻璃做成阶梯形结构,每一阶都有相等高度 $d$ 和宽度 $a$。设玻璃的折射率为 $n$,则从相邻台阶射出的光的光程差为 $\Delta l = (n-1)a$,相位差为 $\Delta\varphi = k\Delta L = \dfrac{2\pi(n-1)a}{\lambda}$。

【例 7.9】 设有三狭缝衍射屏,缝宽均为 $a$,彼此间距为 $d$,中间缝盖有可以引起 $180°$ 相位改变的滤光片,波长为 $\lambda$ 的单色光正入射。计算下列各种情况下的角度:(1) 第一衍射极小;(2) 第一干涉极小;(3) 第一干涉极大。

【解】 (1) 衍射只与单缝有关,由于是等宽狭缝,所以各个缝的衍射花样完全重叠,则第一衍射极小出现在 $\sin\theta = j\dfrac{\lambda}{a} = \dfrac{\lambda}{a}(j=1)$。

(2) 干涉由缝间光的相干叠加决定,干涉因子为

$$
\begin{aligned}
\tilde{U}(\theta) &= e^{ikL_1} + e^{i(kL_1 + kd\sin\theta \pm \pi)} + e^{i(kL_1 + 2kd\sin\theta)} \\
&= e^{i(kL_1 + kd\sin\theta)}\left[e^{ikd\sin\theta} - 1 + e^{ikd\sin\theta}\right] \\
&= e^{ikL_1}(2\cos\beta - 1)e^{i\beta}
\end{aligned}
$$

光强

$$I(\theta) = (2\cos\beta - 1)^2$$

极小值条件为

$$\cos\beta = 1/2, \quad 即 \quad \frac{2\pi}{\lambda}d\sin\theta = j\pi \pm \frac{\pi}{3}$$

于是得到

$$\sin\theta = \left(j \pm \frac{1}{3}\right)\frac{\lambda}{2d}$$

即第一干涉极小的位置为 $\sin\theta = \lambda/(6d)$。

（3）干涉极大的条件为

$$\cos\beta = -1, \quad \frac{2\pi}{\lambda}d\sin\theta = (2j+1)\pi, \quad \sin\theta = \left(j + \frac{1}{2}\right)\frac{\lambda}{2d}$$

第一干涉极大值的位置为 $\sin\theta = \lambda/(4d)$。

# 7.13　X 射线在晶体中的衍射

## 7.13.1　晶格点阵

晶体具有周期性的空间结构，这是由于晶体中的原子、分子或离子在空间做周期性排列的结果，图 7.13.1 为 NaCl 中两种离子在空间周期性排列所形成的结构。晶体的这种周期性可以用晶格描述。晶体的每一个结构单元，是仅包含一个原子、分子或离子基团的最小单元，称作晶体的原胞。将这些原胞在空间周期性排列，就组成了晶体。

在晶体结构学上，通常将一个原胞用一个点表示，则原胞的排列就变成了点的排列。由于每一个点代表一个原胞，所以这些点就构成了与晶体结构一致的三维空间网格，这种反映晶体结构的网格称作晶格，或晶格点阵，如图 7.13.2 所示。

每一个格点都是由若干原子、分子或离子基团组成，入射到晶体中的 X 射线，被其中的带电粒子所散射。因而入射到格点的电磁波将会向各个方向散射，散射波遵循波的叠加原理进行叠加。散射的过程可能是相干的，也可能是非相干的。对于相干散射，散射波进行相干叠加，叠加的结果使得沿某些方向散射的波得到大大增强，而某些方向的散射波则显著减弱。这种过程实际上就是衍射。因此，具有空间周期性结构的晶体可以作为衍射光栅。这是一种三维光栅。

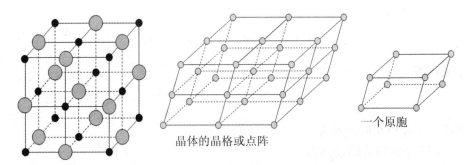

图 7.13.1 NaCl 的原子结构 　　　图 7.13.2 晶格点阵、原胞

## 7.13.2 X 射线在晶体中的衍射

但是晶体的结构周期,即相邻格点的间距,或称作晶格常数,通常是 1 nm 或 0.1 nm 的数量级,比可见光的波长小得多,所以可见光不能在晶体中出现衍射。

但 X 射线的波长较短,与晶格常数匹配,因而 X 射线在晶体中可以发生衍射。

入射的 X 射线可以被其中的每一个格点散射,各个格点的散射波进行相干叠加,产生衍射。有一系列的衍射极大值。衍射极大值的方向就是 X 射线出射的方向。

晶体中有很多的晶面族(图 7.13.3),不同的晶面族有不同的间距,即晶格常数,用 $d_{hkl}$,其中下标 $hkl$ 代表不同的晶面族。

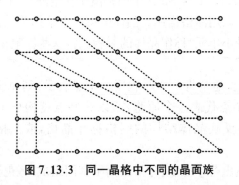

图 7.13.3 同一晶格中不同的晶面族

### 1. 衍射的极大值条件

可以将晶格中每一个格点作为一个散射单元。散射光是可以沿着任意方向的,但是,这些光都是相干光,因而要进行相干叠加,叠加的结果只有在某些特殊的

方向上得到加强,而其他方向上的散射光,由于叠加,强度很弱。这就是衍射的过程。所以,从晶体中射出的 X 射线,其衍射的极大值条件取决于其晶格点阵的结构,也就是取决于晶体的空间周期性。

由于晶体具有三维的周期性结构,相当于一个三维的光栅,故对其衍射过程的分析,比起前面讲过的具有一维结构的光栅要复杂一些。

从衍射的角度,可以将晶体看作是由一系列的晶面构成的,因而,我们可以先求出在同一个晶面上散射光相干叠加出现极大值的条件,再进一步讨论不同晶面的衍射光相干叠加出现极大值的条件。

**2. 同一个晶面上的衍射**

首先计算每一个晶面上不同点间的散射光的相干叠加,即点间干涉,或称为晶面的衍射。

记入射 X 光相对于晶面的夹角为 $\theta$,而散射光相对于晶面的夹角为 $\theta'$,如图 7.13.4(a)所示。相对于晶面的入射角、散射角都是掠射角。

一个晶面上各个格点都对入射光散射,其中相邻两个格点沿 $\theta$ 方向散射光的光程差为
$$\Delta L_1 = a(\cos\theta' - \cos\theta)$$
如果上述光程差满足
$$\Delta L_1 = a(\cos\theta' - \cos\theta) = j\lambda$$
则散射光相干叠加,将会出现极大值。然而,晶格沿不同方向的散射光的强度并不相同,只有 $j=0$ 的方向光强最大,其他方向的散射光,即使满足干涉相长的条件,强度也要弱得多。因而,对于每一个晶面的散射光,相干叠加的极大条件为
$$\theta' = \theta \qquad (7.13.1)$$
这类似于衍射的情形,相当于晶面的反射,即衍射的大部分能量集中在中央主极大。

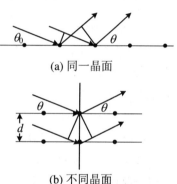

(a) 同一晶面

(b) 不同晶面

**图 7.13.4　同一晶面和不同晶面上散射 X 射线的叠加**

**3. 晶面间干涉**

如图 7.13.4(b)所示,对于满足式(7.13.1)的衍射光,相邻晶面对应格点间的光程差为 $2d\sin\theta$。当该光程差等于波长的整数倍时,相干叠加后,有极大值。因此晶面间干涉的极大值条件,也就是晶体衍射的条件为
$$2d\sin\theta = j\lambda \qquad (7.13.2)$$
该方程称作**布拉格条件**。这是布拉格父子(William Henry Bragg,1862～1942;

William Lawrence Bragg,1890～1971)首先发现的。

X射线经过晶体衍射后,在空间形成一系列的衍射极大值分布。对于周期性很好的单晶体,由于这种晶体光栅是三维的,故衍射花样与一维光栅是不同的,并没有一个个的衍射条纹,而是一系列的衍射斑点(图7.13.5),但是,在某些情况下,例如多晶体的衍射,也可以得到圆环形的衍射条纹(图7.13.6)。

图 7.13.5 单晶的衍射斑

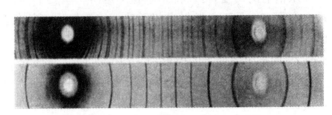

图 7.13.6 多晶体的圆环形衍射条纹

## 7.13.3 晶体 X 射线衍射的实验方法

### 1. 劳厄照相法

对于晶格常数未知的单晶体,可以采用具有连续谱的 X 射线衍射,用照相底版或其他探测器测量并记录衍射光的强度和方位,这是劳厄照相法(劳厄,Max von Laue,1879～1960)。

由于入射光的波长有很大的取值范围,所以,总可以有某些特定的波长 $\lambda$ 和角度 $\theta$ 满足布拉格方程式(7.13.2)。

如图 7.13.7 所示,射入晶体中的 X 射线,从各个满足布拉格公式的方向射出。对于晶体中的某一个晶面族,如果发生衍射的掠入射角为 $\theta$,则衍射光为向对于该晶面族的掠射角也是 $\theta$,如图 7.13.8 所示,那么,相对于入射光的方向而言,衍射光偏转了 $2\theta$ 角;换言之,在不知晶面族的方向时,从衍射光相对于入射光的偏转角 $2\theta$,可以确定衍射角为 $\theta$,进而确定晶面的取向。

用照相法获得的单晶体 X 射线衍射图样,可以由上述方法根据衍射光的偏转角确定发生衍射的掠入射角 $\theta$,进而确定发生衍射的晶面族的取向以及晶面间距。

对于单晶体,也可以采用衍射仪测量晶面取向以及晶格常数。在这种装置中,入射光的方向是不变的,晶体放在可以绕轴转动的样品台上,而 X 射线探测器则处在以转轴为中心的一个圆周上。探测器处在 X 射线的入射方向,即 $\theta = 0$,然后两者的转角保持联动,即样品转过 $\theta$ 角,探测器同时转过 $2\theta$ 角,如图 7.13.9 所示。

用这种"$\theta-2\theta$"扫描方式,可以测得各级衍射光,进而得到晶格常数 $d$。

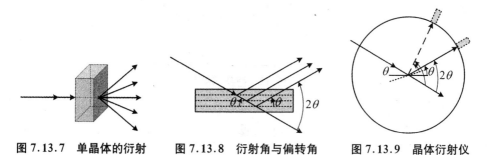

图7.13.7 单晶体的衍射　　　图7.13.8 衍射角与偏转角　　　图7.13.9 晶体衍射仪

## 2. 德拜粉末法

除了有严格周期性的单晶体,实际中大量存在的是非晶体和多晶体。多晶体是由很多个细小的单晶颗粒组成的,其中的各个小颗粒是任意取向的,如图7.13.11所示,用上述的劳厄方法无法得到好的衍射花样。为了得到多晶体样品的衍射花样,可以将多晶体压制成粉末,并制成细棒状。在粉末样品中,多晶粒的晶面取向更加均匀,也就是相对于固定方向入射的单色 X 射线,不同晶粒的掠入射角有相当大的取值范围,其中总有一部分晶粒的掠入射角满足布拉格方程 $2d\sin\theta = j\lambda$。满足方程的衍射光,相对于入射光转过 $2\theta$ 角,而与入射光成 $2\theta$ 角的直线在空间构成了一个圆锥面,该圆锥的顶角为 $4\theta$。所以采用图 7.13.11 的照相装置,将照相底片安装在一个以样品棒为中心的圆筒壁上,衍射光就在照相底版上形成了以入射光为中心的一系列的同心圆环(图 7.13.12),这种方法称作德拜粉末法(德拜,Petrus Josephus Wilhelmus Debye,1884~1966)。为了使得晶粒的取向更充分,可以让棒状的样品绕轴旋转,这种衍射装置也称作德拜照相机。根据各个德拜圆环的半径,可以计算出发生衍射的掠入射角,进一步得到粉末样品的晶格常数 $d$。

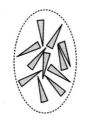
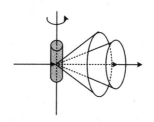

图 7.13.10 粉末样品　　　图 7.13.11 粉末样品的衍射

晶体的 X 射线衍射成了确定材料空间结构的重要手段。例如,DNA 分子的双螺旋结构就是根据其 X 射线衍射的结果确定的。

**图 7.13.12   德拜衍射花样**

# 习 题 7

1. 在菲涅耳圆孔衍射实验中,保持其他条件不变,而使圆孔的半径连续增大,大致画出观察点 $P$ 处光强随圆孔半径变化的曲线。

2. 波长 $\lambda = 5\,633\,\text{Å}$ 的单色光从远处的光源发出,经过一个直径 $D = 2.6\,\text{mm}$ 的圆孔,在距孔 $1\,\text{m}$ 处放一屏幕。问:

(1) 幕上正对孔中心的点 $P$ 是亮的还是暗的?

(2) 要使 $P$ 点的明暗变成与(1)相反的情况,至少要将屏幕移动多少?

3. 对于波长为 $500\,\text{nm}$ 的光,波带片的第 8 个半波带的直径为 $5\,\text{mm}$。求此波带片的焦距以及距焦点最近的两个次焦点到波带片的距离。

4. 一硬币半径为 $1.2\,\text{cm}$,距波长 $500\,\text{nm}$ 的点光源 $10\,\text{cm}$。求在两者的中心连线上,硬币后 $10\,\text{cm}$ 处的光强表示式 $(a_{k+1}/2)^2$ 中 $k$ 的数值。

5. 平行光正入射到单圆孔衍射屏上,在轴上距离孔 $L$ 处记录光强变化,发现光强随孔径的增加呈振荡型变化。

(1) 求第一极大时圆孔的半径 $r_a$;

(2) 求第一极小时圆孔的半径 $r_b$;

(3) 上述两半径趋于无限大时,求两者光强的比值;

(4) 如果用半径为 $r_a$ 的不透光圆屏代替衍射屏,此时的强度如何?

6. 波长为 $500.0\,\text{nm}$ 的单色光垂直入射到直径为 $4\,\text{mm}$ 的圆孔上,确定轴线上光强极大和极小值点的位置。

7. 波长为 $500.0\,\text{nm}$ 的单色光垂直入射到直径为 $4\,\text{mm}$ 的圆孔上,接收屏在圆孔后 $1.5\,\text{m}$ 处。问孔的轴线与屏的焦点处是亮点还是暗点? 如果要使该点的光强发生相反的变化,孔的直径要改变多少?

8. 波长为 $632.8\,\text{nm}$ 的平行光垂直入射到圆孔衍射屏上,屏后轴上距离 $1\,\text{m}$ 处出现一个亮点,设此时圆孔恰好仅露出第一个半波带。

(1) 求圆孔的半径;

(2) 由该点向衍射屏移动多远可以出现第一个暗点?

9. 用平行光照射图中的衍射屏,图中标出的是观察点到屏上的光程。在傍轴条件下,用矢量方法求出观察点的光强(用自由传播时该点的光强表示)。

10. 波长为 $500.0\,\mathrm{nm}$ 的光正入射到图中衍射屏上,$r_1 = \sqrt{2}\,\mathrm{mm}$,$r_2 = 1\,\mathrm{mm}$,轴上观察点距衍射屏 $2\,\mathrm{m}$。计算该点的振幅和强度。

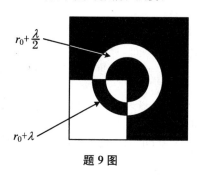

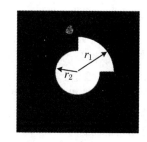

题 9 图       题 10 图

11. 波带片第 5 环的半径为 $1.5\,\mathrm{mm}$,对于 $500.0\,\mathrm{nm}$ 的光,其焦距和第一环的半径是多少? 若在波带片和屏幕间充以折射率为 $n$ 的介质,将发生什么变化?

12. 若将一个菲涅耳波带片的前 5 个偶数半波带挡住,其余全开放,衍射场中心的强度与自由传播时相比扩大了多少倍?

13. 若将一个菲涅耳波带片的前 5 个奇数半波带挡住,其余全开放,衍射场中心的强度与自由传播时相比扩大了多少倍?

14. 一菲涅耳波带片的第一个半波带的半径 $\rho_1 = 5.0\,\mathrm{mm}$。

(1) 若用波长为 $1.06\,\mu\mathrm{m}$ 的单色平行光照明,求其主焦距;

(2) 若要求对此波长主焦距缩短为 $25\,\mathrm{cm}$,需要将此波带片缩小或放大多少?

15. 波长为 $632.8\,\mathrm{nm}$ 的激光垂直入射在有一半径为 $1.25\,\mathrm{mm}$ 孔的衍射屏上,为了观察夫琅禾费衍射,观察屏大约要放多远?

16. 如图所示,用波长为 $632.8\,\mathrm{nm}$ 的平行光垂直照射宽度为 $0.2\,\mathrm{mm}$ 的单狭缝,缝后有一焦距为 $60\,\mathrm{cm}$ 的透镜,光屏在此透镜的焦平面上。求衍射图样中心到第二条暗纹的距离。

17. 当缝宽分别是 (1) $1\lambda$,(2) $5\lambda$,(3) $10\lambda$ 时,单缝夫琅禾费衍射的半强角宽度是多大?(半强角宽度是光强等于中央衍射主极大光强一半处的衍射角宽度。)

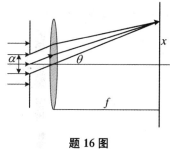

题 16 图

18. (1) 平行单色光以 $\theta$ 角入射到一单缝的衍射屏上,屏后有一透镜,设透镜无限大。求后焦面上的光强分布。

(2) 如果将上述狭缝换为长板条,强度又如何?

19. 波长为 $480\,\mathrm{nm}$ 的平行单色光垂直入射到缝宽 $0.4\,\mathrm{mm}$ 的单缝衍射屏上,缝后透镜焦距为 60 cm。计算当屏上一点到缝两端的位相差分别为 $\pi/2$ 和 $\pi/6$ 时,该点到焦点的距离分别是多少?

20. 平行白光正入射到 0.320 mm 宽的狭缝上,缝后 1 m 远处有一小的分光镜的入射缝正对该狭缝,对图样进行分光研究。如果狭缝沿着垂直方向移动 1.250 cm,分光镜中的图样如何?

21. 针孔相机没有透镜,而是用一个前后相距 10 cm 的带针孔的暗盒构成的。用它拍摄太阳时要得到最清晰明亮的像,针孔的直径应该多大?

22. 一束激光(波长为 630 nm)掠入射于一钢尺上(最小刻度为 1/16 英寸),反射光投射到 10 m 以外的竖立墙壁上。

(1) 推导墙上干涉极大处的角度 $\theta$。为简单起见,设入射激光束平行于钢尺表面。

(2) 墙上 0 级和 1 级干涉图样的垂直分布又如何?

23. 已知光栅缝宽为 $1.5 \times 10^{-4}$ cm,波长为 600 nm 的单色光垂直入射,发现第 4 级缺级,透镜焦距为 1 m。试求:

(1) 屏幕上第 2 级亮条纹与第 3 级亮条纹的距离;

(2) 屏幕上所呈现的全部亮条纹数。

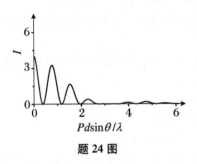

题 24 图

24. 有一三缝衍射屏,缝宽为 $a$,缝间不透光部分宽度为 $b$,薄透镜焦距为 2 m。

(1) 把中间缝关闭,平行单色光垂直照射。在透镜焦平面上得到如图所示的衍射条纹,求出三缝均打开时的衍射条纹分布;

(2) 若打开三缝,用 400 nm、600 nm 的双色平行光入射,在屏上 $x = 10$ cm 处,同时观察到 400 nm 的 $k$ 级主极大和 700 nm 的 $k+1$ 级主极大,则三缝的 $a$ 和 $b$ 各是多大?

25. 如图所示,有一四缝衍射屏,缝宽为 $a$,缝间不透光部分宽度为 $b$,且 $a = b$,其中缝 1 一直打开,其他缝可以关闭,单色平行光正入射。

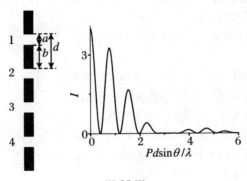

题 25 图

(1) 打开缝几可得到图示的强度分布?

(2) 画出 4 个缝全打开时的强度分布。

(3) 若缝 1、缝 3 打开,$d$ 不变,而 $a$ 减小至 $a \ll b$,画出强度分布曲线;

(4) 按(2)的情况,中央最大光强为 $I$ 和 $I_0$($I_0$ 为图中的中央最大光强)的关系是什么?

26. 为了能分辨第二级钠光谱的双线,长度为 10 cm 的平面光栅的常数是多少?

27. 将一块随手撒上大量粉笔灰的玻璃放在感光底片上,先曝光一次,微微移动后再曝光一次,经过两次曝光后的底片冲洗后作为衍射屏。用单色平行光照明时,接收屏上得到什么图样? 解释其形成的原因。

28. 平行光正入射到宽度为 6 cm 的平面透射光栅上,在 $30°$ 的衍射角方向上恰可分辨的两谱线的频率差 $\Delta \nu$ 是多少?

29. 有一光栅,光栅常数为 4 μm,总宽度为 10 cm,波长为 500.0 nm 和 500.01 nm 的平面波正入射,光栅工作在二级光谱。问这双线分开多大角度? 能否分辨?

30. 某光源发射波长为 650 nm 的红光,用刻线数为 $10^5$ 的光栅测量发现这是双线,在该光栅的第三级光谱中刚好能分辨此双线。求这两条谱线的波长差。

31. 一光栅宽 5 cm,每毫米有 400 条刻线。波长为 500 nm 的平行光正入射时,光栅的第 4 级衍射光谱在单缝衍射的第一极小值位置。

(1) 求每缝的宽度;

(2) 求第二级衍射谱的半角宽度;

(3) 求第二级可分辨的最小波长差;

(4) 如果入射光的入射方向与光栅平面的法线成 $30°$ 角,光栅能分辨的最小波长差是多少?

32. 绿光波长为 500.0 nm,正入射在光栅常数为 $2.5 \times 10^{-3}$ mm、宽度为 30 mm 的光栅上,聚光镜的焦距为 500 mm。

(1) 求第一级光谱的线色散率;

(2) 求第一级光谱中能分辨的最小波长差;

(3) 求该光栅最多能看到第几级光谱?

33. 某型 1 m 平面光栅摄谱仪的技术数据如下:物镜焦距 1 050 mm,光栅刻划面积 $(60 \times 40)$ mm$^2$,闪耀波长 635.0 nm(1 级),刻线 1 200 条/mm,色散(现色散率的倒数)0.8 nm/mm,理论分辨率 7 2000(1 级)。

(1) 求该摄谱仪能分辨的最小波长间隔;

(2) 摄谱仪的角色散本领是多少?

(3) 光栅的闪耀角多大? 闪耀方向与光栅平面方向成多大的角度?

34. 阿波罗 11 号登月后,在月球上将 100 块阿波罗小棱镜排成方阵,用来精确测量月地之间距离的变化。不采用整块大棱镜的原因有二:一是月球温差大,大棱镜易变形;二是月地间有相对运动,返回光束将偏离原发射地。因此,将每一个小棱镜置于一个保护圆筒中,利用衍射使返回的光束在地面上有一展布直径罩住发射地。若该直径需要 10.67 英里，红宝石激光器发出的光波长为 694.3 nm，月地间距离为 $2.4\times10^5$ 英里，请设计保护圆筒的直径。

35.（1）相比于 550.0 nm 的可见光，用 275.0 nm 的紫外光，显微镜的分辨本领可以增大多少倍？

（2）显微镜的物镜在空气中的数值孔径为 0.9，若用紫外光，可以分辨的两条线的最小间距是多少？

（3）用油浸系统时，可分辨的最小间距又是多少？（油的折射率为 1.6。）

（4）照相底片上感光微粒的大小约为 0.5 mm，问当油浸系统的紫外光显微镜的横向放大率为多少时，底片上恰能分辨？

36. 一反射式天文望远镜的通光孔径为 2.5 m，求可以分辨的双星的最小夹角。与人眼相比，分辨本领提高了多少倍？（人眼瞳孔的直径约为 2 mm。）

37. 双星之间的角距离为 $1\times10^{-6}$ rad，辐射波长为 577.0 nm 和 579.0 nm，要分辨此双星，望远镜的孔径至少多大？

# 第8章 傅里叶变换光学与光全息术

## 8.1 衍射屏对波前的变换

### 8.1.1 衍射系统的屏函数

波在自由空间中传播是不会出现衍射的,衍射发生的条件是,在波场中有障碍物。衍射障碍物的存在,使得经过衍射障碍物后,光波在空间的分布发生了变化,即光的波面发生改变,或者说波前的复振幅分布发生了变化。所以,把能使波前的复振幅发生改变的物统称为衍射屏。单缝、圆孔、光栅等等,是我们熟悉的衍射屏,透镜、棱镜等,也是衍射屏。

例如,平面波经过棱镜后依然是平面波,但波矢的方向发生了变化;平面波经过透镜后,变为向焦点会聚的球面波,等等,这些都是衍射屏引起光波改变的例子。

衍射屏将波所在的空间分为前场和后场两部分,前场为**照明空间**,后场为**衍射空间**,如图 8.1.1 所示。

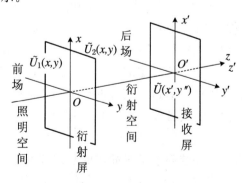

**图 8.1.1 衍射系统**

在衍射屏和接收屏处分别建立坐标系 $Oxyz$ 和 $O'x'y'z'$，用函数来描述光波场的分布特征。由于其中的衍射屏、接收屏在大多数情况下都是平面，所以上述函数都是波场的复振幅在某一个平面波前上的分布，这就是波前函数。将波在衍射屏前后表面处的波前函数(复振幅分布函数)记为 $\tilde{U}_1(x,y)$ 和 $\tilde{U}_2(x,y)$，分别称之为**入射场**和**透射场**(或**反射场**)；接收屏上的波前函数(复振幅分布函数)记为 $\tilde{U}(x',y')$，称为**接收场**。可见，衍射屏的作用就是使函数 $\tilde{U}_1(x,y)$ 转换为函数 $\tilde{U}_2(x,y)$，用公式表示，即为

$$\tilde{t}(x,y) = \frac{\tilde{U}_2(x,y)}{\tilde{U}_1(x,y)} = \frac{A_2(x,y)e^{i\varphi_2(x,y)}}{A_1(x,y)e^{i\varphi_1(x,y)}} = \frac{A_2(x,y)}{A_1(x,y)}e^{i[\varphi_2(x,y)-\varphi_1(x,y)]}$$

其中 $\tilde{t}(x,y)$ 为透过率或反射率函数，是由衍射屏的特性决定的，称为**屏函数**。

屏函数为复数，一般情况下可以写成

$$\tilde{t}(x,y) = t(x,y)e^{i\varphi_t(x,y)} \tag{8.1.1}$$

屏函数的模 $t(x,y)$ 和幅角 $\varphi_t(x,y)$ 都是空间位置 $(x,y)$ 的函数，其中模 $t(x,y) = A_2(x,y)/A_1(x,y)$ 表示光波的振幅透过率，而幅角 $\varphi_t(x,y) = \varphi_2(x,y) - \varphi_1(x,y)$ 表示衍射屏所引起的相位改变。

有些特殊的衍射屏，其屏函数的模 $t(x,y)$ 为常数，这类衍射屏称为**相位型**的，例如不计吸收和反射的透镜、棱镜等等；有些衍射屏，其屏函数的幅角 $\varphi_t(x,y)$ 为常数，如黑白光栅、正弦光栅、单缝、圆孔等等，这类衍射屏称为**振幅型**的。但一般情况下，大多数的衍射屏都是**相幅型**的，即屏函数的模和幅角都不是常数。

## 8.1.2　简单光波场的波前函数

如果知道了衍射屏的屏函数，就可以确定已知入射场 $\tilde{U}_1(x,y)$ 经过衍射屏之后的衍射场 $\tilde{U}_2(x,y)$ 的复振幅变化的情况，进而完全确定接收场 $\tilde{U}(x',y')$。但由于衍射屏的复杂性以及衍射积分求解的困难，完全确定屏函数通常较困难，或者说几乎是不可能的，所以只能采取一定的近似方法获取衍射场的主要特征。如果能够确定屏函数的相位，则可以通过研究波的相位改变来确定波场的变化。这种方法称为波前相因子分析法，或者称作相因子判断法。这里所谓的相因子，就是屏函数的相位。

在某些情况下，入射场和透射场都是简单的平面波或球面波。所以熟悉简单光波的波前函数，对判断光波场的特性有很大帮助。以下将对简单光波的波前函数作一汇总。

取波前所在的平面为 $z=0$，则该波前上任一点的位矢为 $\boldsymbol{r}=x\boldsymbol{e}_x+y\boldsymbol{e}_y$。

### 1．平面波的波前函数
设波矢为

$$\boldsymbol{k}=k(\sin\theta_1\boldsymbol{e}_x+\sin\theta_2\boldsymbol{e}_y+\sin\theta_3\boldsymbol{e}_z)$$

如图 8.1.2 所示，由于

$$\boldsymbol{k}\times\boldsymbol{r}=k(x\sin\theta_1\boldsymbol{e}_x+y\sin\theta_2\boldsymbol{e}_y)$$

所以，平面波的波前函数的相因子为 $k(x\sin\theta_1+y\sin\theta_2)$。

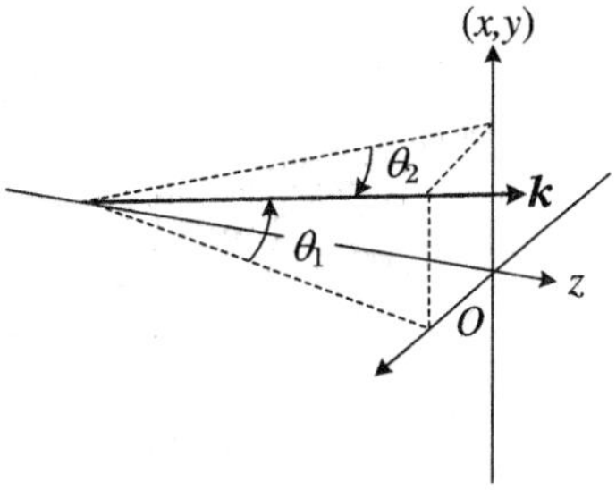

**图 8.1.2　平面波**

### 2．轴上物点的球面波的波前函数
如图 8.1.3(a)所示，从轴上距离波前 $z$ 处发出的球面波，在傍轴条件下，波前函数的相因子为

$$\exp\left(\mathrm{i}k\frac{x^2+y^2}{2z}\right)$$

向轴上距离波前 $z$ 处会聚的球面波，如图 8.1.3(b)所示，在傍轴条件下，波前函数的相因子为

$$\exp\left(-\mathrm{i}k\frac{x^2+y^2}{2z}\right)$$

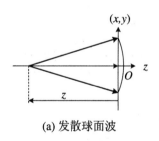

(a) 发散球面波　　　　　　(b) 汇聚球面波

**图 8.1.3　轴上物点的球面波**

### 3．轴外物点的球面波的波前函数
如图 8.1.4(a)所示，从轴外物点 $(x_0,y_0,-z)$ 处发出的球面波，在傍轴条件下，波前函数的相因子为

$$\exp\left[\mathrm{i}k\left(\frac{x^2+y^2}{2z}-\frac{xx_0+yy_0}{z}\right)\right]$$

向轴外物点 $(x_0,y_0,z)$ 处会聚的球面波，如图 8.1.4(b)所示，在傍轴条件下，波前函数的相因子为

$$\exp\left[-\mathrm{i}k\left(\frac{x^2 + y^2}{2z} - \frac{xx_0 + yy_0}{z}\right)\right]$$

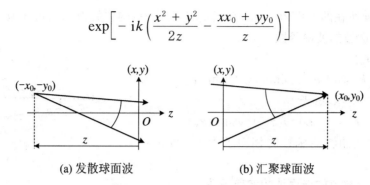

(a) 发散球面波 　　　　　　　(b) 汇聚球面波

**图 8.1.4　轴外物点的球面波**

## 8.1.3　透镜的相位变换函数

设薄透镜中心处厚度为 $d_0$，有效口径为 $D$，即光束被限制在直径为 $D$ 的范围内。

如图 8.1.5 所示，在透镜前后各取一个平面，入射波和透射波的复振幅分别为

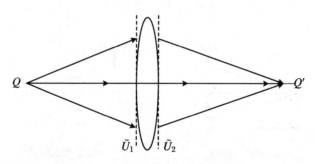

**图 8.1.5　透镜的入射波与透射波**

$$\widetilde{U}_1(x,y) = A_1 \mathrm{e}^{\mathrm{i}\varphi_1(x,y)} \quad \text{和} \quad \widetilde{U}_2(x,y) = A_2 \mathrm{e}^{\mathrm{i}\varphi_2(x,y)}$$

透镜的透过率函数可表示为

$$\widetilde{t}_L = \frac{A_2}{A_1}\mathrm{e}^{\mathrm{i}(\varphi_2 - \varphi_1)} = \begin{cases} a(x,y)\mathrm{e}^{\mathrm{i}\varphi_L(x,y)}, & r < \dfrac{D}{2} \\ 0, & r > \dfrac{D}{2} \end{cases}$$

其中 $\varphi_L(x,y) = \varphi_2(x,y) - \varphi_1(x,y)$，$r = \sqrt{x^2 + y^2}$ 为透镜上一点到光轴的距离。

忽略透镜的吸收和反射，即 $a(x,y) = A_2/A_1 = 1$，则有

$$\tilde{\tau}_{L}(x,y) = e^{i\varphi_{L}(x,y)} = e^{i(\varphi_2 - \varphi_1)} \tag{8.1.2}$$

式(8.1.2)就是透镜的屏函数。由于透镜是相位型的衍射屏,所以其屏函数也称作相位变换函数。

对于薄透镜,采取傍轴近似,可以认为镜中的光线平行于光轴。根据图 8.1.6,可以求得经透镜后的相位差为

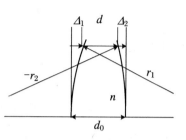

$$
\begin{aligned}
\varphi_{L}(x,y) &= \frac{2\pi}{\lambda}[\Delta_1 + \Delta_2 + nd(x,y)] \\
&= \frac{2\pi}{\lambda}[\Delta_1 + \Delta_2 + n(d_0 - \Delta_1 - \Delta_2)] \\
&= \varphi_0 - \frac{2\pi}{\lambda}(n-1)(\Delta_1 + \Delta_2)
\end{aligned}
$$

**图 8.1.6　薄透镜的相位变换**

其中 $\varphi_0 = (2\pi/\lambda)nd_0$ 是一个由透镜所决定的常数。在傍轴条件下,

$$\Delta_1(x,y) = r_1 - \sqrt{r_1^2 - (x^2 + y^2)} = r_1\left(1 - \sqrt{1 - \frac{x^2 + y^2}{r_1^2}}\right) \approx \frac{x^2 + y^2}{2r_1}$$

$$\Delta_2(x,y) = -r_2 - \sqrt{r_2^2 - (x^2 + y^2)} \approx -\frac{x^2 + y^2}{2r_2}$$

于是得到

$$\varphi_{L}(x,y) = \varphi_0 - \frac{2\pi}{\lambda}\frac{n-1}{2}\left(\frac{1}{r_1} - \frac{1}{r_2}\right)(x^2 + y^2)$$

记 $F = \dfrac{1}{(n-1)(1/r_1 - 1/r_2)}$ 为薄透镜的焦距,则有

$$\varphi_{L}(x,y) = \varphi_0 - k\frac{x^2 + y^2}{2F} \tag{8.1.3}$$

忽略常数 $\varphi_0 = (2\pi/\lambda)nd_0$,可得透镜的相位变换函数为

$$\tilde{\tau}_L(x,y) = \exp\left(-ik\frac{x^2 + y^2}{2F}\right) \tag{8.1.4}$$

透镜的相因子为 $-k(x^2 + y^2)/(2F)$。

可以用上述函数得到几何光学的物像公式。

【**例 8.1**】　讨论沿光轴的平面波经透镜之后,光波场的特征。

【**解**】　平行光沿光轴入射,入射波在透镜主平面处的复振幅为 $\tilde{U}_1 = Ae^{i\varphi_1}$。利用屏函数,可得到透射波的复振幅为

$$\tilde{U}_2(x,y) = \tilde{U}_1(x,y)\tilde{\tau}_L(x,y) = A\exp[i(\varphi_0 + \varphi_1)]\exp\left(-ik\frac{x^2 + y^2}{2F}\right)$$

这是会聚到透镜后 $F$ 处的球面波,可见 $F$ 为透镜的焦距。相位的常数部分不起作

用,所以可以略去不写。

【例8.2】 轴上点光源发出的球面,经透镜之后,具有何种特征?

【解】 设入射波的光源在透镜前 $s$ 处,则透镜主平面处的入射场为

$$\tilde{U}_1(x,y) = A\exp\left(\mathrm{i}k\frac{x^2+y^2}{2s}\right)$$

衍射波为

$$\tilde{U}_2(x,y) = A\exp\left(\mathrm{i}k\frac{x^2+y^2}{2s}\right)\exp\left(-\mathrm{i}k\frac{x^2+y^2}{2F}\right)$$

$$= A\exp\left[-\mathrm{i}k\frac{x^2+y^2}{2}\left(\frac{1}{F}-\frac{1}{s}\right)\right]$$

这是会聚到 $(1/F-1/s)^{-1}$ 处的球面波。会聚点到透镜主平面的距离为

$$s' = 1\Big/\left(\frac{1}{F}-\frac{1}{s}\right) = \frac{sF}{s-F}$$

物点和会聚点的关系也可以表示为

$$\frac{1}{s} + \frac{1}{s'} = \frac{1}{F}$$

这就是透镜成像的高斯公式。当 $s=F$ 时,球面波经过透镜后变为平面波。

【例8.3】 讨论轴外点光源发出的光波经透镜变换之后的情况。

【解】 设发光的物点位于 $(-x_0,-y_0,-s)$,则在透镜的主平面处,入射场为

$$\tilde{U}_1(x,y) = A\exp\left[\mathrm{i}k\left(\frac{x^2+y^2}{2s}-\frac{xx_0+yy_0}{s}\right)\right]$$

衍射场为

$$\tilde{U}_2(x,y) = A\exp\left[\mathrm{i}k\left(\frac{x^2+y^2}{2s}-\frac{xx_0+yy_0}{s}\right)\right]\exp\left(-\mathrm{i}k\frac{x^2+y^2}{2F}\right)$$

$$= A\exp\left[-\mathrm{i}k\frac{x^2+y^2}{2}\left(\frac{1}{F}-\frac{1}{s}\right)-\frac{-xx_0-yy_0}{s}\right]$$

$$= A\exp\left[-\mathrm{i}k\frac{x^2+y^2}{2Fs/(F-s)}-\frac{-xx_0-yy_0}{Fs/(F-s)}\frac{F}{F-s}\right]$$

可以判断出,经透镜后,光波是向轴外会聚的球面波,会聚点为

$$\left(-\frac{Fx_0}{F-s},-\frac{Fy_0}{F-s},\frac{Fs}{F-s}\right)$$

即像距为 $s'=Fs/(F-s)$,横向放大率为 $-F/(F-s)$。

## 8.1.4 光楔的相位变换函数

在光楔前后各取一相互平行的平面,入射波和透射波在两平面上的复振幅

各为

$$\tilde{U}_1(x,y) = A_1 \exp[\mathrm{i}\varphi_1(x,y)], \quad \tilde{U}_2(x,y) = A_2 \exp[\mathrm{i}\varphi_2(x,y)]$$

对于如图 8.1.7 所示的薄楔形棱镜，取底边为 $y$ 轴，竖直方向为 $x$ 轴，可以得到

$$\begin{aligned}
\varphi_P(x) &= \frac{2\pi}{\lambda}(\Delta + nd) \\
&= \frac{2\pi}{\lambda}(\Delta + nd_0 - n\Delta) \\
&= \varphi_0 - \frac{2\pi}{\lambda}(n-1)\Delta
\end{aligned}$$

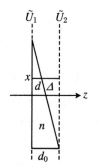

图 8.1.7　光楔的相位变换

$\varphi_0 = (2\pi/\lambda)nd_0$ 为常数，相当于光从光楔的底部通过造成的相位滞后。如果光楔的楔角为 $\alpha$，则 $\Delta = d_0/2 + x\alpha$。（$d_0$ 为棱镜底部的厚度）。

略去相位中的常数部分，得到棱镜（光楔）的相因子为

$$\varphi_P(x,y) = -k(n-1)\alpha x \tag{8.1.5}$$

如果光楔的前表面保持在 $xy$ 平面内，而前后两面的交棱在 $xy$ 平面内沿任意方向，即相当于棱镜绕光轴转过一个角度。斜面法线的方向余弦角用 $\alpha_1, \alpha_2$ 表示，则屏函数为

$$\tilde{t}_P(x,y) = \exp[-\mathrm{i}k(n-1)(\alpha_1 x + \alpha_2 y)]$$

例如，轴上一物点到光楔的距离为 $s$，则其发出的球面波经过光楔后出射的波前可以按以下方法求得：

$$\begin{aligned}
\tilde{U}_2(x,y) &= \tilde{U}_1(x,y)\tilde{t}_P(x,y) \\
&= A_1 \exp\left(\mathrm{i}k\frac{x^2+y^2}{2s}\right)\exp[-\mathrm{i}k(n-1)(\alpha_1 x + \alpha_2 y)] \\
&= A_1 \exp\left\{\mathrm{i}k\left[\frac{x^2+y^2}{2s} - (n-1)(\alpha_1 x + \alpha_2 y)\right]\right\}
\end{aligned}$$

这是轴外物点发出的球面波，点源的位置为

$$x_0 = (n-1)\alpha_1 s, \quad y_0 = (n-1)\alpha_2 s, \quad z_0 = s$$

透镜和棱镜仅仅是相位型的衍射屏，只对波的相位起变换作用，是一种简单的变换装置。

# 8.2 接收场的傅里叶变换

经过衍射屏的光波在接收屏上所形成的复振幅称作接收场。

在入射场已知的情况下，要想确定接收场至少还要经过以下两个步骤：

第一，求出透射场。如果屏函数已知，则可以得到透射场为

$$\widetilde{U}_2(x,y) = \widetilde{U}_1(x,y)\widetilde{t}(x,y)$$

第二，求出接收场。要利用菲涅耳-基尔霍夫衍射积分公式

$$\widetilde{U}(x',y') = K\oiint_{\Sigma}\widetilde{U}_2(x,y)F(\theta_0,\theta)\frac{e^{ikr}}{r}dxdy$$

总的过程用公式表达就是

$$\widetilde{U}(x',y') = K\iint_{\Sigma}\widetilde{U}_1(x,y)\widetilde{t}(x,y)F(\theta_0,\theta)\frac{e^{ikr}}{r}dxdy \tag{8.2.1}$$

其中 $r = \sqrt{(x'-x)^2+(y'-y)^2+z^2}$，$z'=0$，$z$ 为接收屏到衍射屏的距离。上式中的积分区域只要取在衍射屏处即可。

## 8.2.1 衍射积分的近似

### 1. 积分公式的简化

对于夫琅禾费衍射系统，设入射光为 $xz$ 平面内的平面光，即 $\widetilde{U}_1(x,y) = A_1 e^{ikx\sin\theta_0}$，衍射屏函数记为 $\widetilde{t}(x,y)$，系统满足傍轴条件，即倾斜因子 $F(\theta_0,\theta)\approx 1$，在接收屏上的复振幅为

$$\widetilde{U}(x',y') = K\iint_{\Sigma}\widetilde{U}_1(x,y)\widetilde{t}(x,y)\frac{e^{ik\cdot r}}{f}dxdy$$

其中 $\boldsymbol{r} = \boldsymbol{r}_0 + \Delta\boldsymbol{r}$，$\boldsymbol{k}\cdot\boldsymbol{r} = \boldsymbol{k}\cdot\boldsymbol{r}_0 + \boldsymbol{k}\cdot\Delta\boldsymbol{r} = \boldsymbol{k}\cdot\boldsymbol{r}_0 + kx\sin\theta$。上式也可写作

$$\widetilde{U}(x',y') = \frac{KA_1}{f}e^{ik\cdot r_0}\iint_{\Sigma}\widetilde{t}(x,y)e^{ik(\sin\theta_0+\sin\theta)x}dxdy$$

对于一般情形下的衍射，严格求解上述积分几乎是不可能的，因而，总是在一定的条件下采取近似，才能求解。

衍射中常采用的近似方法主要有傍轴条件和远场条件，由此将衍射分为菲涅耳衍射和夫琅禾费衍射。

### 2. 衍射场的近似条件

(1) 菲涅耳衍射

如果接收屏距离衍射屏较近,在傍轴条件下,即 $z^2 \gg (x'-x)^2 + (y'-y)^2$ 时,积分公式中的因子 $\mathrm{e}^{\mathrm{i}kr}/r$ 可以化为如下形式:

$$r = \sqrt{(x'-x)^2 + (y'-y)^2 + z^2} = z\sqrt{1 + \left(\frac{x'-x}{z}\right)^2 + \left(\frac{y'-y}{z}\right)^2}$$

$$\approx z + \frac{(x'-x)^2}{2z} + \frac{(y'-y)^2}{2z}$$

并注意到分母中的 $r$ 可以用 $z$ 代替。于是积分公式(8.2.1)可化为

$$\tilde{U}(x',y') = K\frac{\mathrm{e}^{\mathrm{i}kz}}{z}\iint\limits_{\Sigma}\tilde{U}_1(x,y)\tilde{t}(x,y)\exp\left\{\mathrm{i}k\left[\frac{(x'-x)^2}{2z} + \frac{(y'-y)^2}{2z}\right]\right\}\mathrm{d}x\mathrm{d}y$$

这就是菲涅耳衍射积分公式。

(2) 夫琅禾费衍射

如果接收屏距离衍射屏较远,满足远场条件,即 $z \gg (x^2+y^2)/\lambda$,

$$kr \approx k\left[z + \frac{(x'-x)^2}{2z} + \frac{(y'-y)^2}{2z}\right]$$

$$= k\left(z + \frac{x^2+y^2}{2z} - \frac{xx'+yy'}{z} + \frac{x'^2+y'^2}{2z}\right)$$

$$= k\left(z - \frac{xx'+yy'}{z} + \frac{x'^2+y'^2}{2z}\right) + \frac{\pi(x^2+y^2)}{z\lambda}$$

$$\approx k\left(z - \frac{xx'+yy'}{z} + \frac{x'^2+y'^2}{2z}\right)$$

由于入射波 $\tilde{U}_1(x,y)$ 是平面波,其相位为 $k(x\sin\theta_1 + y\sin\theta_2)$,总是可以表示为 $x,y$ 的线性函数,则衍射积分化为

$$\tilde{U}(x',y') = A_1 K\frac{\exp\left[\mathrm{i}k\left(z + \frac{x'^2+y'^2}{2z}\right)\right]}{z}\iint\limits_{\Sigma}\tilde{t}(x,y)\exp\left[\mathrm{i}k(x\sin\theta_1 + y\sin\theta_2)\right]$$

$$\cdot \exp\left(-\mathrm{i}k\frac{x'x+y'y}{z}\right)\mathrm{d}x\mathrm{d}y$$

这就是夫琅禾费衍射积分公式。

可见,对于夫琅禾费衍射,积分公式可化为 $\iint\tilde{t}(x,y)\mathrm{e}^{\mathrm{i}(f_1x+f_2y)}\mathrm{d}x\mathrm{d}y$ 的形式。

### 8.2.2　衍射系统的傅里叶变换

夫琅禾费衍射系统的接收场可通过以下积分确定：

$$\tilde{U}(x', y') = K' \iint \tilde{t}(x, y) e^{i(f_1 x + f_2 y)} \, dx \, dy$$

从数学上看，上式就是对屏函数 $\tilde{t}(x, y)$ 的傅里叶变换，所以，求解夫琅禾费衍射问题，就变成了屏函数的傅里叶变换问题。

# 8.3　夫琅禾费光栅衍射的傅里叶频谱分析

### 8.3.1　屏函数的傅里叶变换

#### 1. 空间频率的概念

单缝、矩孔、圆孔或者光栅，都是衍射屏，其作用是使入射波的波前改变，可以用屏函数表示衍射屏的作用。有一类应用广泛的衍射屏是衍射光栅，函数具有周期性结构的衍射屏。

衍射光栅具有空间的周期性，无论是黑白型的光栅还是正弦型的光栅，其周期都可以用光栅常数 $d$ 表示。

周期的倒数是频率，例如对于振动，其振动周期 $T$ 的倒数是振动的频率 $\nu$，这是时间上的周期和频率。同样，在空间上也可以定义周期和频率，空间周期的倒数就是空间频率，即有 $f = 1/d$，$f$ 称为空间频率。周期性的衍射屏，既可以用空间周期描述，也可以用空间频率描述。

前面说过的反射、透射光栅，可以认为是"黑白型"的。即一部分使光全部透射或反射，另一部分全部不透光，其透过率函数可表示为图 8.3.1；透过率函数也可以是二维分布的（图 8.3.2），这些都是典型的振幅型衍射屏，其屏函数表示为

$$\tilde{t}(x, y) = \begin{cases} 1, & \text{透光部分} \\ 0, & \text{遮光部分} \end{cases} \tag{8.3.1}$$

严格的周期函数，应该是定义在整个 $xy$ 平面上的周期函数，而实际的光栅大小总是有限的。

如果 $x$ 方向的透过率表示为

$$\tilde{t}(x) = \begin{cases} 1, & x_0 + nd < x < x_0 + nd + a \\ 0, & x_0 + nd + a < x < x_0 + (n+1)d \end{cases} \tag{8.3.2}$$

则其透过率函数的周期性表示为 $\tilde{t}(x) = \tilde{t}(x + nd)$，$d$ 为最小的空间周期，即空间周期，空间频率 $f = 1/d$。

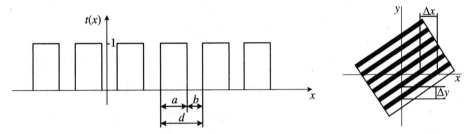

图 8.3.1　振幅型光栅的透过率函数　　　图 8.3.2　二维振幅型光栅

### 2. 正弦光栅的傅里叶变换

如果光栅的透过率是三角函数形式，即余弦型或正弦型的，则称之为正弦光栅。

如果正弦光栅的刻线与 $y$ 轴平行，则其透过率在 $x$ 方向做周期性变化，周期为 $d$，空间频率 $f = 1/d$。其屏函数可以写成

$$\tilde{t}(x) = t_0 + t_1 \cos(2\pi f x + \varphi_0) \tag{8.3.3}$$

如果平行光正入射，则由于 $\tilde{U}_1(x) = A_1$，透射波的复振幅为

$$\tilde{U}_2(x) = \tilde{U}_1(x)\tilde{t}(x) = A_1[t_0 + t_1 \cos(2\pi f x + \varphi_0)]$$

将透射波用复振幅表示。由于

$$\cdot \cos(2\pi f x + \varphi_0) = \frac{1}{2}\{\exp[i(2\pi f x + \varphi_0)] + \exp[-i(2\pi f x + \varphi_0)]\}$$

所以

$$\tilde{U}_2(x) = A_1 t_0 + \frac{1}{2}A_1 t_1 \{\exp[i(2\pi f x + \varphi_0)] + \exp[-i(2\pi f x + \varphi_0)]\}$$

$$\tag{8.3.4}$$

即

$$\tilde{U}_2(x) = \tilde{U}_0(x) + \tilde{U}_{+1}(x) + \tilde{U}_{-1}(x) \tag{8.3.5}$$

透射波实际上变为三列平面波，分别为

$$\tilde{U}_0(x) = A_1 t_0, \quad \tilde{U}_{+1}(x) = \frac{1}{2}A_1 t_1 e^{i(2\pi f x + \varphi_0)}, \quad \tilde{U}_{-1}(x) = \frac{1}{2}A_1 t_1 e^{-i(2\pi f x + \varphi_0)}$$

下面讨论上述三列透射波的方向。

$\widetilde{U}_0(x) = A_1 t_0$ 为沿 $z$ 方向的平面波。

$\widetilde{U}_{+1}(x) = \dfrac{1}{2} A_1 t_1 \mathrm{e}^{\mathrm{i}(2\pi fx + \varphi_0)}$ 的波矢在 $x$ 方向的分量为 $k_x^{+1} = 2\pi f$,其方向角 $\theta^{+1}$ 满足条件

$$\sin\theta^{+1} = \frac{k_x^{+1}}{k^{+1}} = \frac{2\pi f}{2\pi/\lambda} = f\lambda$$

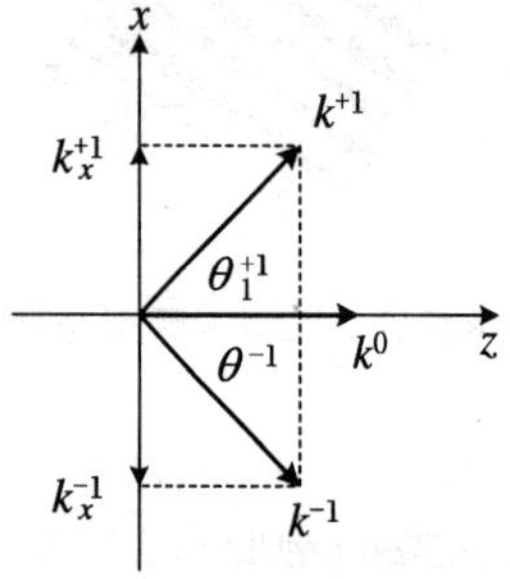

$\widetilde{U}_{-1}(x) = \dfrac{1}{2} A_1 t_1 \mathrm{e}^{-\mathrm{i}(2\pi fx + \varphi_0)}$ 的波矢在 $x$ 方向的分量为 $k_x^{-1} = -2\pi f$,其方向角 $\theta^{-1}$ 满足条件

$$\sin\theta^{-1} = \frac{k_x^{-1}}{k^{-1}} = -f\lambda$$

$\widetilde{U}_0(x) = A_1 t_0$,称作 0 级波,是直流成分;

$\widetilde{U}_{+1}(x) = \dfrac{1}{2} A_1 t_1 \mathrm{e}^{\mathrm{i}(2\pi fx + \varphi_0)}$,称作 +1 级波;

$\widetilde{U}_{-1}(x) = \dfrac{1}{2} A_1 t_1 \mathrm{e}^{-\mathrm{i}(2\pi fx + \varphi_0)}$,称作 -1 级波。

图 8.3.3 平面波透过正弦光栅后的方向

上述结果与 7.12 节用衍射积分公式得到的结果是不一样的,积分公式的结果是

$$\widetilde{U}(x) = KF\widetilde{U}_0 d \frac{\mathrm{e}^{\mathrm{i}kr_0}}{f}\left[\frac{\sin\beta}{\beta} + \frac{1}{2}\frac{\sin(\beta-\pi)}{\beta-\pi} + \frac{1}{2}\frac{\sin(\beta+\pi)}{\beta+\pi}\right]$$

不同的原因是光栅的宽度是有限的,所以 7.12 节中的屏函数或透过率函数实际上不是严格的周期性函数,因而每一列波不是平面波,而是有相应的半角宽度。

## 8.3.2 周期性屏函数的傅里叶变换

### 1. 一般的周期性函数的傅里叶变换

对于一般的周期性的屏函数,可以用傅里叶级数将其展开为一系列正弦和余弦函数的和。

如果周期函数为 $t(x)$,其周期为 $d$,$x\in(-\infty,+\infty)$,则 $t(x)$ 可以用傅里叶级数表示,即

$$t(x) = t_0 + \sum_{n>0} a_n\cos(2\pi f_n x) + \sum_{n>0} b_n\sin(2\pi f_n x) \qquad (8.3.6)$$

其中 $f_1 = 1/d$ 是基频,$f_n = nf_1 = n/d$ 是 $n$ 倍频。而相应的傅里叶系数为

$$t_0 = \frac{1}{d}\int_{-d/2}^{d/2} t(x)\mathrm{d}x \qquad (8.3.7)$$

$$a_n = \frac{2}{d} \int_{-d/2}^{d/2} t(x) \cos(2\pi f_n x) \mathrm{d}x \qquad (8.3.8)$$

$$b_n = \frac{2}{d} \int_{-d/2}^{d/2} t(x) \sin(2\pi f_n x) \mathrm{d}x \qquad (8.3.9)$$

或者,也可以写作余弦函数的形式:

$$t(x) = t_0 + \sum_{n>0} c_n \cos(2\pi f_n x - \varphi_n) \qquad (8.3.10)$$

其中

$$c_n = \sqrt{a_n^2 + b_n^2} \qquad (8.3.11)$$

$$\varphi_n = \arctan \frac{b_n}{a_n} \qquad (8.3.12)$$

或者用复指数表示:

$$t(x) = t_0 + \sum_{n \neq 0} t_n \mathrm{e}^{\mathrm{i}(2\pi f_n x - \varphi_n)} = t_0 + \sum_{n \neq 0} \tilde{t}_n \mathrm{e}^{\mathrm{i}2\pi f_n x} \qquad (8.3.13)$$

其中

$$\tilde{t}_n = t_n \mathrm{e}^{-\mathrm{i}\varphi_n} = \frac{1}{2}(a_n - \mathrm{i}b_n) \qquad (8.3.14)$$

傅里叶系数 $\tilde{t}_n$ 可以直接求出:

$$\tilde{t}_n = \frac{1}{d} \int_{-d/2}^{d/2} t(x) \mathrm{e}^{-2\mathrm{i}\pi f_n x} \mathrm{d}x \qquad (8.3.15)$$

在波动光学中,用复数表示有简单明了的优点,所以上述的复数表达式具有代表性。

**2. 屏函数的傅里叶频谱**

$\tilde{t}_n$ 是将周期性函数展开为傅里叶级数后频率为 $f_n$ 成分的系数,实际上表示了每一个频率成分所占的比重。如果从波的角度看,将 $\tilde{t}_n \mathrm{e}^{\mathrm{i}2\pi f_n x}$ 视为波的复振幅,则 $\tilde{t}_n$ 表示的就是 $\mathrm{e}^{2\mathrm{i}\pi f_n x}$ 的振幅。

$\tilde{t}_n$ 的集合称为**傅里叶频谱**,即空间频率为 $f_n$ 成分的振幅。对于周期性的屏函数,$\tilde{t}_n$ 的取值是离散的,而非周期性的屏函数。由于必须以傅里叶积分形式表示,故 $\tilde{t}_n$ 的取值为连续的。

从傅里叶变换的角度来看,任何形式的衍射屏或物体,即任何形式的屏函数,都可以看成是一系列具有空间周期性函数的线性叠加,即空间频谱的线性叠加。每一个周期函数的相因子可以表示为 $\varphi_n = 2\pi f_n x$。单色平面波照射到这些物体上,由于平面波的相位因子也是线性的,即 $\varphi(x,y) = \boldsymbol{k} \cdot \boldsymbol{r} + \varphi_0 = k_x x + k_y y + k_z z + \varphi_0$,所以透射波也是一系列具有空间周期性函数的线性叠加,其每一成分的周期

与 $f_n$ 和屏函数的周期有关,该成分的相因子为 $\varphi'_n = \varphi(x,y) + \varphi_n = k_x x + k_y y + k_z z + 2\pi f_n x + \varphi_0$,则波可分解成为一系列向不同方向出射的单色平面波,或者是离散的,或者是连续的。

### 3. 傅里叶面

每一个空间频谱代表一个衍射波,该衍射波是平面波。用透镜可以将不同方向的平面衍射波会聚到其像方焦平面上的不同位置,从而得到一系列的衍射斑,则焦平面就是入射波经过衍射屏之后形成的空间频谱面,即衍射屏,或原图像的**傅里叶频谱面**,简称为**傅里叶面**。夫琅禾费衍射装置实际上就是傅里叶频谱分析器。

### 4. 黑白型光栅屏函数的傅里叶级数与衍射场

对于一维情形,即光栅的刻线方向与坐标轴平行,设与 $y$ 轴平行,屏函数是 $x$ 方向上的周期性函数,其周期性屏函数可以表示为 $\tilde{t}(x) = \tilde{t}(x + nd)$。设 $x \in (-\infty, +\infty)$,$n$ 为整数。可以直接用傅里叶级数表示为

$$\tilde{t}(x) = \sum_{n=-\infty}^{\infty} a_n e^{i2\pi nfx}$$

则其中的傅里叶频谱为

$$a_n = \frac{1}{d}\int_{-d/2}^{d/2} t(x)e^{-i2\pi nfx}dx = \frac{1}{d}\int_{-a/2}^{a/2} e^{-i2\pi nfx}dx$$

$$= -\frac{1}{di2\pi nf}(e^{-i\pi nfa} - e^{i\pi nfa}) = \frac{\sin(\pi nfa)}{d\pi nf}$$

$$= \frac{a}{d}\frac{\sin(\pi nfa)}{\pi nfa} = \frac{a}{d}\frac{\sin(\pi na/d)}{\pi na/d}$$

其方向为 $\sin\theta_n = nf\lambda = (n/d)\lambda$,即 $d\sin\theta_n = n\lambda$,为光栅方程。

$n$ 级谱的强度为

$$I_n = |a_n|^2 = \left[\frac{a}{d}\frac{\sin(\pi na/d)}{\pi na/d}\right]^2 = \left(\frac{a}{d}\right)^2 \frac{\sin\left(\frac{\pi a}{\pi}\sin\theta_n\right)^2}{\left(\frac{\pi a}{\pi}\sin\theta_n\right)^2} \tag{8.3.16}$$

即单元衍射因子对应的强度分布。

例如,对于 $a = d/2$ 的光栅,其屏函数的傅里叶展开式为

$$t(x) = \frac{1}{2} + \frac{2}{\pi}\cos(2\pi fx) - \frac{2}{3\pi}\cos(2\pi \cdot 3fx) + \frac{2}{5\pi}\cos(2\pi \cdot 5fx) - \cdots$$

或用指数表示为

$$\tilde{t}(x) = \frac{1}{2} + \frac{1}{\pi}(e^{i2\pi fx} - e^{-i2\pi fx}) - \frac{1}{3\pi}(e^{i3\pi\cdot 3fx} - e^{i3\pi\cdot 3fx})$$

$$+ \frac{1}{5\pi}(e^{i2\pi \cdot 5fx} - e^{-i2\pi \cdot 5fx}) - \cdots$$

其衍射缺级。

### 8.3.3　非周期性的屏函数的傅里叶变换

非周期性的函数相当于 $f = 1/d = 0 (d = \infty)$ 的周期性函数。

如对于定义域为 $(-L/2, L/2)$ 的函数 $g(x)$，如图 8.3.4 所示，可以将上述定义域作为函数的周期，其空间周期为 $L$，取其在一个周期，即 $(-L/2, L/2)$ 间的一段，展开为

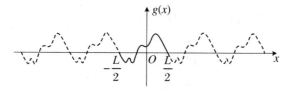

图 8.3.4　非周期性的函数

$$g(x) = g_0 + \sum_{n \neq 0} \widetilde{g}_n e^{i2\pi nfx} = \sum_{n=-\infty}^{\infty} \widetilde{g}_n e^{i2\pi nfx} \tag{8.3.17}$$

其中 $f = 1/L$ 为基频。其傅里叶系数为

$$\widetilde{g}_n = \frac{1}{L} \int_{-L/2}^{L/2} g(x) e^{-i2\pi nfx} dx \tag{8.3.18}$$

式中 $f_n = nf$。相应有

$$g(x) = \sum_{n=-\infty}^{\infty} L\widetilde{g}_n e^{i2\pi nfx} \frac{1}{L} = \sum_{n=-\infty}^{\infty} L\widetilde{g}_n e^{i2\pi nfx} (f_{n+1} - f_n)$$

$$= \sum_{n=-\infty}^{\infty} L\widetilde{g}_n e^{i2\pi f_n x} \Delta f_n \tag{8.3.19}$$

若 $L = \infty$，则上述求和化为积分，有

$$g(x) = \sum_{n=-\infty}^{\infty} L\widetilde{g}_n e^{i2\pi f_n x} \Delta f_n = \int_{-\infty}^{\infty} G(f) e^{i2\pi f_n x} df_n = \int_{-\infty}^{\infty} G(f) e^{i2\pi fx} df$$

$$\tag{8.3.20}$$

作逆变换，得傅里叶系数为

$$G(f) = L\widetilde{g}_n = \int_{-L/2}^{L/2} g(x) e^{-i2\pi fx} dx = \int_{-\infty}^{\infty} g(x) e^{-i2\pi fx} dx \tag{8.3.21}$$

即对于非周期性函数的傅里叶积分变换，或傅里叶变换，可以用积分表示其频

谱,为

$$g(x) = \int_{-\infty}^{\infty} G(f) e^{i2\pi fx} \mathrm{d}f$$

$$G(f) = \int_{-\infty}^{\infty} g(x) e^{-i2\pi fx} \mathrm{d}x$$

可见,非周期函数的频谱 $G(f)$ 为连续谱。

例如,对于单缝衍射屏,其屏函数为

$$g(x) = \begin{cases} A, & |x| < a/2 \\ 0, & |x| > a/2 \end{cases}$$

作傅里叶逆变换,有

$$\begin{aligned} G(f) &= \int_{-a/2}^{a/2} A e^{-i2\pi fx} \mathrm{d}x \\ &= \frac{A}{-i2\pi f} \int_{-a/2}^{a/2} A e^{-i2\pi fx} \mathrm{d}(-i2\pi fx) \\ &= \frac{A}{-i2\pi f} (e^{-i\pi fa} - e^{i\pi fa}) \\ &= A \frac{-i2\sin(\pi fa)}{-i2\pi f} = aA \frac{\sin\alpha}{\alpha} \end{aligned}$$

其中 $\alpha = \pi fa$。

如果平面波正入射,$\widetilde{U}_1(x) = A_1$,屏函数中 $A = 1$,则透射波为

$$\begin{aligned} \widetilde{U}_2(x) &= \widetilde{U}_1(x) g(x) \\ &= \int_{-\infty}^{+\infty} aA_1 \frac{\sin\alpha}{\alpha} e^{i2\pi fx} \mathrm{d}x \\ &= \int_{-\infty}^{+\infty} aA_1 \frac{\sin\pi fa}{\pi fa} e^{i2\pi fx} \mathrm{d}x \end{aligned}$$

透射波中空间频率为 $f$ 的部分,即方向为 $\sin\theta = 2\pi f/k = f\lambda$ 的成分,透射波为

$$G(f) = aA_1 \frac{\sin\pi fa}{\pi fa}$$

将其中的空间频率 $f$ 以方向表示,$f = \sin\theta/\lambda$,则有

$$G(f) = aA_1 \frac{\sin\left(\dfrac{\pi a}{\lambda}\sin\theta\right)}{\dfrac{\pi a}{\lambda}\sin\theta}$$

即为单元衍射因子。

# 8.4　阿贝成像原理

## 8.4.1　阿贝成像原理的数学推导

用单色平行相干光照明傍轴小物 $ABC$,该物经透镜后成像于 $A'B'C'$。由于入射光是相干的,这便构成了一个相干成像系统。对于成像过程,可以用几何光学的物像关系理解,也可以从频谱转换的角度解释。

物可以看作是一系列不同空间频谱的集合。图 8.4.1 所示的相干成像分两步完成:第一步是物上的光发生夫琅禾费衍射,在透镜的后焦平面上形成一系列的衍射斑;第二步是将各个衍射斑作为新的光源,其发出的各个球面次波在像平面上进行相干叠加,像是干涉的结果,即干涉场。这就是相干成像的**阿贝原理**。阿贝成像原理可以用数学方法说明。

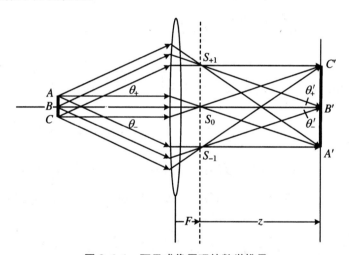

**图 8.4.1　阿贝成像原理的数学推导**

不妨设物为正弦光栅,其发出的光波为 $\widetilde{U}_O(x,y) = A_1(t_0 + t_1\cos2\pi fx)$,为三列平面波。

三列平面衍射波在透镜的像方焦平面上形成三个衍射斑 $S_{+1}, S_0, S_{-1}$,就是三个点光源。

三个衍射斑作为三个点光源,发出的球面波在像平面上进行相干叠加。在焦平面上,应用衍射积分公式,其瞳函数振幅分别为 $A_{\pm 1} \propto A_1 t_1/2, A_0 \propto A_1 t_0$,初相位为 $\varphi(\theta) = kL_0(\theta)$,$L_0(\theta)$ 为光栅(物)中心到衍射场点,即焦平面上衍射斑点的光程,分别表示为 $\overline{BS}_{\pm 1}$ 和 $\overline{BS}_0$,则三个次波光源的复振幅可写为

$$\widetilde{U}_{+1} \propto \frac{1}{2}A_1 t_1 \exp(ik\,\overline{BS}_{+1})$$

$$\widetilde{U}_0 \propto A_1 t_0 \exp(ik\,\overline{BS}_0)$$

$$\widetilde{U}_{-1} \propto \frac{1}{2}A_1 t_1 \exp(ik\,\overline{BS}_{-1})$$

在像平面 $x'y'$ 上的复振幅可以按如下方法求得:

对于轴上物点 $S_0$,在像平面上的复振幅为

$$\widetilde{U}_0(x',y') \propto \widetilde{U}_0 \exp(ik\,\overline{S_0 B'})\exp\left(ik\frac{x'^2 + y'^2}{2z}\right)$$

$$\propto A_1 t_0 \exp(ik\,\overline{BS_0 B'})\exp\left(ik\frac{x'^2 + y'^2}{2z}\right)$$

对于轴外物点 $S_{\pm 1}$,由于 $(x,y) \approx (z\sin\theta'_{\pm 1}, 0)$,在相因子中,

$$-ik\frac{x'x_0 + y'y_0}{z} = -ik\frac{x_{\pm 1}}{z}x' = -ik\sin\theta'_{\pm 1}x'$$

所以有

$$\widetilde{U}_{\pm 1}(x',y') \propto \widetilde{U}_{\pm 1}\exp(ik\,\overline{S_{\pm 1} B'})\exp\left(ik\frac{x'^2 + y'^2}{2z}\right)\exp\left(-ik\frac{x'x_0 + y'y_0}{z}\right)$$

$$= \widetilde{U}_{\pm 1}\exp(ik\,\overline{S_{\pm 1} B'})\exp\left(ik\frac{x'^2 + y'^2}{2z}\right)\exp[-ik(\sin\theta'_{\pm 1})x']$$

$$\propto \frac{1}{2}A_1 t_1 \exp(ik\,\overline{BS_{\pm 1} B'})\exp\left(ik\frac{x'^2 + y'^2}{2z}\right)\exp[-ik(\sin\theta'_{\pm 1})x']$$

由于物像之间的等光程性,$\overline{BS_0 B'} = \overline{BS_{\pm 1} B'}$,所以可以把前两个相位因子合写成 $\varphi(x',y')$,即

$$\varphi(x',y') = k\,\overline{BS_0 B'} + k\frac{x'^2 + y'^2}{2z} = k\,\overline{BS_{\pm 1} B'} + k\frac{x'^2 + y'^2}{2z}$$

三列波在像平面上相干叠加的干涉场为

$$\widetilde{U}_I(x',y') = \widetilde{U}_0(x',y') + \widetilde{U}_{+1}(x',y') + \widetilde{U}_{-1}(x',y')$$

$$= A_1 \exp[\varphi(x',y')]$$

$$\cdot \left\{ t_0 + \frac{t_1}{2}[\exp(ik\sin\theta'_{+1}x') + \exp(-ik\sin\theta'_{-1}x')] \right\}$$

根据阿贝正弦条件 $\dfrac{\sin\theta'_{\pm1}}{\sin\theta_{\pm1}} = \dfrac{y}{y'} = \dfrac{1}{\beta}$（$\beta$ 为像的横向放大率），有 $\sin\theta'_{\pm1} = \sin\theta_{\pm1}/\beta$，即 $k\sin\theta'_{\pm1}x' = k\sin\theta_{\pm1}x'/\beta$，而

$$k\sin\theta_{\pm1} = \frac{2\pi}{\lambda}(\pm f\lambda) = \pm 2\pi f$$

代入 $U_1$ 的表达式，有

$$\widetilde{U}_1(x',y') \propto A_1 e^{i\varphi(x',y')}\left[t_0 + t_1\cos\left(2\pi\frac{f}{\beta}x'\right)\right]$$

而物光波为

$$\widetilde{U}_O(x,y) = A_1(t_0 + t_1\cos2\pi fx)$$

两者除相因子 $\varphi(x',y')$ 之外，有相似的表达式。而相因子在强度表达式中不出现，故像与物有相同的光强分布，即物像之间是相似的。此外，有两点需要说明：

（1）物的空间频率为 $f$，而像的空间频率为 $f/V$，或空间周期由 $d$ 变为 $Vd$，表示像的几何放大或缩小，不影响像的质量。

（2）像质的反衬度可以通过交流部分与直流部分的比值体现，对于物像，都有 $\gamma_O = \gamma_1 = t_1/t_0$，即 $\gamma_1/\gamma_O = 1$，即像的反衬度没有下降。

对于任意的物，都可以通过傅里叶变换，使之成为一系列正弦光栅的和，所以上述证明具有普遍的意义。

### 8.4.2 阿贝成像原理的实验验证

#### 1. 关于空间滤波

前面已经说明，正弦光栅的 $\pm1$ 级波的方向为 $\sin\theta_{\pm} = \pm f\lambda = \pm\lambda/d$，$f = 1/d$ 为衍射屏或物的空间频率。即空间频率与波的衍射角相关，所以可以据此做成低通、高通或带通的滤波装置，见图 8.4.2。

**图 8.4.2 空间滤波装置**

对于正弦光栅，仅有 $0$，$\pm1$ 级，而对于其他类型的周期或非周期的光栅，则存在一系列的离散或连续的空间频率。每一个频率都有相对应的衍射角，不同频率的波将会会聚到透镜的像方焦平面，即傅里叶面上。

在傅里叶面上采用不同的装置可以起到空间滤波的效果，可以有低通、带通或高通的滤波器。

实际的物包含各种信息，即具有各种从低到高的空间频率，但透镜的口径总是有限的，所以会滤掉一些高频信息。但有时，需要对图像进行改造，这就要采取一些措施进行滤波。

### 2. 阿贝-波特空间滤波实验

阿贝-波特空间滤波实验装置如图 8.4.3 所示，以黑白光栅为物，在傅里叶面上加一可调狭缝，观察像的变化，图 8.4.4 和图 8.4.5 显示了该滤波实验中黑白光栅的透过率函数 $\tilde{t}(x)$、空间频谱、像平面上的复振幅分布 $\tilde{U}(x')$、像平面上的光强分布 $I(x')$ 以及像的图样。对结果的说明如下：

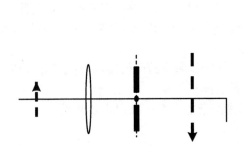

图 8.4.3　阿贝-波特空间滤波实验装置

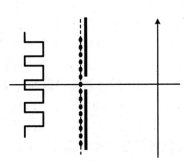

图 8.4.4　傅里叶面上的可调狭缝

（1）只让 0 级，即直流成分通过，如图 8.4.4 所示，则像平面被 0 级斑发出的球面波照明。在傍轴条件下，像平面被均匀照明。

（2）让 0 级和 ±1 级通过，则傅里叶面上的频谱如图 8.4.5(b) 左边所示，而像平面上是 0 和 ±1 三个衍射斑发出的次波的相干叠加。在像平面上的复振幅如图 8.4.5(c) 左边所示，光强以及像的图样为下面左侧两幅。

由于在像平面上，上述三列次波的复振幅可表示为

$$a_0\exp\left(\mathrm{i}k\frac{x^2+y^2}{2z}\right) \quad \text{和} \quad a_1\exp\left[\mathrm{i}k\left(\frac{x^2+y^2}{2z}-\frac{xx_{\pm1}+yy_{\pm1}}{z}\right)\right]$$

叠加

$$\tilde{U}_1(x,y)=\exp\left(\mathrm{i}k\frac{x^2+y^2}{2z}\right)\left\{a_0+a_1\left[\exp\left(-\mathrm{i}k\frac{xx_{+1}+yy_{+1}}{z}\right)\right.\right.$$
$$\left.\left.+\exp\left(-\mathrm{i}k\frac{xx_{-1}+yy_{-1}}{z}\right)\right]\right\}$$

由于 $x_{+1}$ 和 $x_{-1}$ 的对称性，以及在 $y$ 方向（水平方向）上都是相同的，故可取 $y=0$，

上式变为

$$\tilde{U}_1(x,y) = \exp\left(ik\frac{x^2}{2z}\right)\left\{a_0 + a_1\left[\exp\left(-ik\frac{xx_1}{z}\right) + \exp\left(ik\frac{xx_1}{z}\right)\right]\right\}$$

$$= \left[\exp\left(ik\frac{x^2}{2z}\right)\right]\left[a_0 + 2a_1\cos\left(k\frac{x_1}{z}x\right)\right]$$

其中前面的因子是共有的,则像面上波的特征由振幅 $a_0 + 2a_1\cos\left(k\dfrac{x_1}{z}x\right)$ 确定。

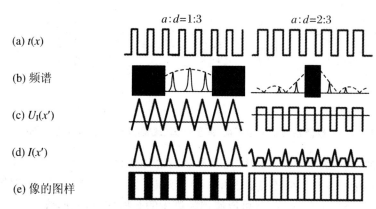

图 8.4.5 空间滤波的振幅与光强

值得注意的是,交流成分的空间频率为 $f_1 = \dfrac{k}{2\pi}\dfrac{x_1}{z} = \dfrac{x_1}{\lambda z}$,即高级次的衍射斑的空间频率高。交流与直流的相对振幅由 $a_0$ 与 $2a_1$ 的相对大小决定。如果 $2a_1 > a_0$,上式可以出现负值。

(3) 进一步展宽狭缝,使 $0$,$\pm 1$ 和 $\pm 2$ 级都通过,则有

$$\tilde{U}_1 = \left[\exp\left(ik\frac{x^2}{2z}\right)\right]\left[a_0 + 2a_1\cos\left(k\frac{x_1}{z}x\right) + 2a_2\cos\left(k\frac{x_2}{z}x\right)\right]$$

由于更多的高频信号加入,这时复振幅的分布更接近于方波,而像的黑白界限更清晰。

(4) 使 $0$ 级之外的所有衍射斑都通过狭缝,这时傅里叶面上的频谱、像平面上的振幅和光强分布如图 8.4.5(b),(c),(d)的右边所示。像平面的复振幅为

$$\tilde{U}_1 = 2\left[\exp\left(\frac{ikx^2}{2z}\right)\right]\left[a_1\cos\left(k\frac{x_1}{z}x\right) + a_2\cos\left(k\frac{x_2}{z}x\right) + a_3\cos\left(k\frac{x_3}{z}x\right) + \cdots\right]$$

可见,与(2)和(3)相比,原来不透光的部分也是亮的。

### 8.4.3　图像处理

由阿贝原理,成像系统总是先在傅里叶面上形成衍射斑,然后衍射斑作为新的光源,发出的光在像平面上相干叠加而形成物的像,如图 8.4.6 所示。因而,通过对傅里叶面的处理,可以对图像进行处理。

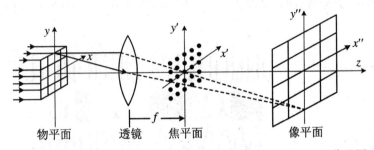

**图 8.4.6　成像系统中的物平面、傅里叶面(透镜的焦平面)以及像平面**

例如,如果物是矩形网格,则其夫琅禾费衍射频谱就是二维的点(图 8.4.7);物是直线,则衍射斑为一维的点(图 8.4.8)。此时,如果在频谱面上,即傅里叶面上,采用相应的空间滤波装置,就可以遮挡频谱中的某些成分,从而改变像。

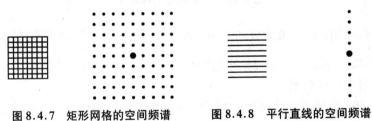

**图 8.4.7　矩形网格的空间频谱**　　　　**图 8.4.8　平行直线的空间频谱**

这种图像处理可以有两种不同的方式。第一,可以采用通过遮挡频谱中某些成分的方式,将图像中的某些部分去掉。例如网格形的物,其傅里叶面上的频谱是二维分布的衍射斑,若用竖直狭缝将其他部分遮挡,而只让中央一列衍射斑通过,则像平面上就只剩下水平方向的直线(图 8.4.9(a));用水平狭缝将其他部分遮挡,而只让中央一排衍射斑通过,则像平面上就只剩下竖直方向的直线(图 8.4.9(b));如果狭缝是倾斜的,则只剩下斜着分布的像点构成的倾斜直线(图 8.4.9(c));要是拍摄到了笼中的小鸟,则可以通过在傅里叶面上放置图 8.4.9(d)的滤波装置将网格去掉,等等。这时傅里叶面起到了变换平面的作用。

第二,由于衍射角与波长有关,波长越长,衍射角越大,因而,可以在每一衍射斑上设置一个狭缝,该狭缝位置不同,则通过的光的波长不同,从而起到滤色的作用。

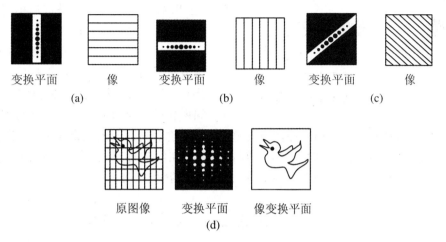

图 8.4.9　对傅里叶面遮挡的效果

### 8.4.4　$\theta$ 调制

如图 8.4.10 所示,用白光照射物平面,在傅里叶面上,不同波长的同一级频谱的空间位置不同,可以通过空间滤波进行色彩选择,从而得到彩色图像,或对图像的色彩进行控制。这种彩色图像是对不同角度 $\theta$ 的光栅产生的光学信息选择的结果,所以称作 $\theta$ 调制,又称**分光调制**。

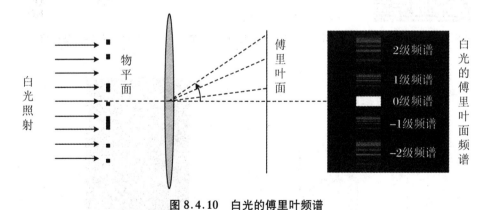

图 8.4.10　白光的傅里叶频谱

例如,在傅里叶面上的 1 级频谱处,使透光缝开在不同的 $\theta$ 角处,就可以使不同波长的频谱通过(图8.4.11)。

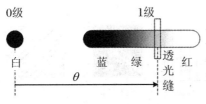

**图 8.4.11  对一级频谱进行 $\theta$ 调制**

可以将缝沿不同方向的光栅进行拼接,如图8.4.12所示,并将拼接后的光栅置于物平面处,用白光照射。

在傅里叶面上,不同方向的光栅的傅里叶频谱沿不同方向散开,如图8.4.13所示,得到三组沿不同方向散开的彩色光带。

如果将图8.4.14所示的透光缝频谱置于傅里叶面(图8.4.15),并调节各缝的位置,使不同方向的频谱中的红、黄、蓝光分别通过光缝。即在傅里叶面上进行 $\theta$ 调制,在像平面上,不同方向的光栅就以不同的颜色显现,即可得到一幅彩色的拼接光栅的图像(图8.4.16)。

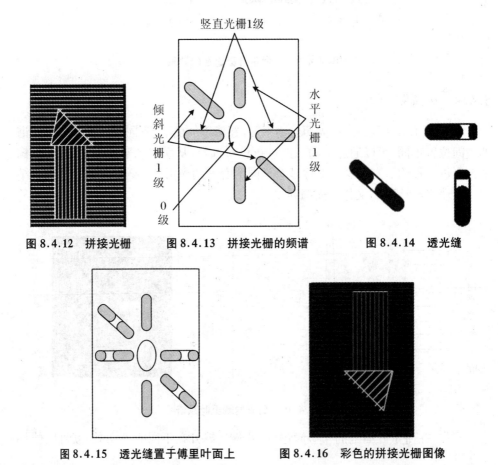

**图 8.4.12  拼接光栅**　　**图 8.4.13  拼接光栅的频谱**　　**图 8.4.14  透光缝**

**图 8.4.15  透光缝置于傅里叶面上**　　**图 8.4.16  彩色的拼接光栅图像**

# 8.5 相衬显微镜

普通显微镜容易观察不同位置处透射率或反射率相差较大的样品,即振幅型样品。但是对于均匀透明的样品,即透过率函数是相位型的样品,则由于反衬度太小而无法观察。

可以采用附加相移的办法改变透过率。

设相位型样品的屏函数为 $\tilde{t}(x,y) = e^{i\varphi(x,y)}$,对振幅或光强的透过率没有变化,因此,在普通显微镜下显示一片均匀的亮度,看不清样品的结构。设物平面发出的光波为 $\tilde{U}_O = A_1 \tilde{t}(x,y) = A_1 e^{i\varphi(x,y)}$。依泰勒展开,有

$$\tilde{U}_O = A_1 e^{i\varphi(x,y)} = A_1 \left(1 + i\varphi - \frac{1}{2!}\varphi^2 - \frac{i}{3!}\varphi^3 + \cdots\right)$$

若在显微镜物镜的傅里叶面处加一相位板,即在一玻璃板的中心加一小滴液体。该液体由于处于傅里叶面上零级斑的位置,只能使直流成分产生附加的相位 $\delta$,$\delta$ 称作相移。透过相位板的光波,即进入像面的光波变为

$$\tilde{U}_I = \tilde{U}_O e^{i\delta} = A_1 e^{i\varphi(x,y)} e^{i\delta}$$

$$= A_1 \left(e^{i\delta} + i\varphi - \frac{1}{2!}\varphi^2 - \frac{i}{3!}\varphi^3 + \cdots\right) \quad (\text{仅作用于零级})$$

$$= A_1 \left(e^{i\delta} - 1 + 1 + i\varphi - \frac{1}{2!}\varphi^2 - \frac{i}{3!}\varphi^3 + \cdots\right) = A_1(e^{i\delta} - 1 + e^{i\varphi})$$

通过相位板的光强为

$$I(x,y) = A_1^2(e^{i\delta} - 1 + e^{i\varphi})(e^{-i\delta} - 1 + e^{-i\varphi})$$

$$= A_1^2\{3 + 2[\cos(\varphi - \delta) - \cos\varphi - \cos\delta]\}$$

$$= A_1^2[3 + 2(\sin\varphi\sin\delta + \cos\varphi\cos\delta - \cos\varphi - \cos\delta)]$$

此时,光强与相位 $\varphi$,$\delta$ 的空间分布有关,因而在显微镜下能够分辨样品由于相位分布不同而呈现的空间结构。

所使用的显微样品的厚度一般都很小,因而 $\varphi \ll 1$,此时 $\sin\varphi \approx \varphi$,$\cos\varphi \approx 1$,上式变为

$$I = A_1^2[3 + 2(\varphi\sin\delta + \cos\delta - 1 - \cos\delta)] = A_1^2[1 + 2\varphi(x',y')\sin\delta]$$

$\sin\delta$ 就是观察到的像的反衬度。如果使相移等于 $\pi/2$,则可以得到最大的反衬度。

上述方法称为相位反衬法,即相位法,由泽尼克(Frederik Zernike,1888 ～ 1966)于 1935 年提出。按照这一原理制成的光学显微装置,就是相衬显微镜。

# 8.6 全息照相

## 8.6.1 全息照相的基本原理

### 1. 全息照相的原理

照相是一种记录方式,即通过光学系统将物体的像保存在记录介质中。但是,普通的照相方法,只是记录了物光波的光强,或者说振幅。

但任何光波场既有振幅,也有相位,所以普通的照相方法是对光波场信息不完整的记录,没有办法记录和反映光波场相位的情况。

能够记录光波场的振幅分布和相位分布的照相方法就是全息照相。全息,就是指光波场振幅、相位的全部信息。

容易理解,全息照相就是一定要采用相干叠加的方法,或者,要采用相干光作为光源。

那么,如何记录光波场的全部信息呢? 更进一步说,记录的目的当然是再现,那么,怎样才能使光波场再现呢?

设想一个发光物体,从物体上各个点所发出的光在空间形成了一个光波场。根据惠更斯-菲涅耳原理,场点 $P$ 的振动的复振幅是由波前上的振动情况,即复振幅分布决定的。而波前上的复振幅分布,是由光源决定的。所以,只要确定了波前上的复振幅,振动在波场中的分布就可以确定。或者说,波前上的波前函数和实际物体上的各个发光点对光波场的作用是等效的,如果设法将某个波前函数全部复制下来,那么,即使将物体移走,该波前函数仍可以将原来的光波场再现,总的效果,就像物还在那里一样。

可以用某种方法记录波前,再用另一种方法使波前再现。当波前再现时,在场点 $P$ 看来,就相当于光源,即发出光波的实物被再现了。由于实物再现时,其光波场的所有因素,如振幅、相位等等均出现,即光波场的全部信息都再现了,所以这种记录波前的方法称作**全息照相**。

全息照相再现的是一个立体的实物。

## 2. 波前函数的记录

如图 8.6.1 所示，设在场点 $Q$，物体所发出的光波（简称物光波，记作 O 光）和另一束参考光波（记作 R 光）的复振幅分别为

$$\widetilde{U}_O(Q) = A_O e^{i\varphi_O(Q)} \tag{8.6.1}$$

$$\widetilde{U}_R(Q) = A_R e^{i\varphi_R(Q)} \tag{8.6.2}$$

上述两列波相干叠加，即

$$\widetilde{U}(Q) = \widetilde{U}_O(Q) + \widetilde{U}_R(Q) = A_O e^{i\varphi_O(Q)} + A_R e^{i\varphi_R(Q)}$$

$Q$ 点处物光波和参考光波相干叠加（干涉）的光强为

$$
\begin{aligned}
I(Q) &= |\widetilde{U}|^2 \\
&= (\widetilde{U}_O + \widetilde{U}_R)(\widetilde{U}_O + \widetilde{U}_R)^* \\
&= \widetilde{U}_O \widetilde{U}_O^* + \widetilde{U}_R \widetilde{U}_R^* + \widetilde{U}_O \widetilde{U}_R^* + \widetilde{U}_R \widetilde{U}_O^* \\
&= A_O^2 + A_R^2 + \widetilde{U}_O \widetilde{U}_R^* + \widetilde{U}_R \widetilde{U}_O^* \tag{8.6.3}
\end{aligned}
$$

在波场中放置记录介质（图 8.6.1），例如照相底片，在记录介质上记录的就是由 O 光和 R 光干涉产生的光强分布，就是式(8.6.3)中的 $I(Q)$。$I(Q)$ 是干涉场的光强分布，其中含有关于振幅和相位的信息，故底片所记录的是**全息图**（hologram）（图 8.6.2）。全息图是一张干涉花样的照片，从上面看不出物的形貌。

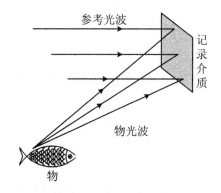

图 8.6.1　记录物光波

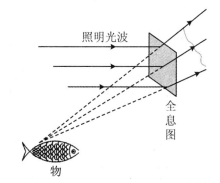

图 8.6.2　再现物光波

## 3. 全息图的处理

全息图记录了物光波与参考光波干涉的强度分布。在底片上，必须使感光介质所呈现的光学性质（即透光率）与光强成正比，保持线性关系，所以要进行线

性冲洗。经线性冲洗,全息图的透过率函数是干涉强度分布的线性函数,可表示为

$$t(Q) = t_0 + \beta I(Q) = t_0 + \beta(A_O^2 + A_R^2 + \tilde{U}_O\tilde{U}_R^* + \tilde{U}_R\tilde{U}_O^*) \quad (8.6.4)$$

### 4. 光波场的再现

用一束单色光 $\tilde{U}_R' = A_R'\mathrm{e}^{\mathrm{i}\varphi_R'}$ 照射全息图,如图 8.6.2 所示,则从全息图上透射的光的复振幅为

$$\tilde{U}_T = \tilde{U}_R' t = (t_0 + \beta A_R^2 + \beta A_O^2)\tilde{U}_R' + \beta A_R' A_R[\mathrm{e}^{\mathrm{i}(\varphi_R' - \varphi_R)}\tilde{U}_O + \mathrm{e}^{\mathrm{i}(\varphi_R' + \varphi_R)}\tilde{U}_O^*]$$
$$(8.6.5)$$

经过全息图后的光波分成了三个部分:

$(t_0 + \beta A_R^2 + \beta A_O^2)\tilde{U}_R'$ 为透射波,由于 $t_0 + \beta A_R^2 + \beta A_O^2$ 为实数,它就是入射的照明光波振幅被调制后的透射,方向、相位分布没有改变。其中 $(t_0 + \beta A_R^2)\tilde{U}_R'$ 部分,在参考光波是平面波的情况下,$\tilde{U}_R'$ 的系数为实常数(由于 $t_0$,$\beta$,$A_R$ 都是常数,在全息图上各处都一样),称为零级波,而在 $\beta A_O^2 \tilde{U}_R'$ 中,$A_O^2$ 为物光波的振幅,有一个空间分布,在全息图上各处不相等,因而称为调制波。

$\beta A_R' A_R\mathrm{e}^{\mathrm{i}(\varphi_R' - \varphi_R)}\tilde{U}_O$ 是物光波的再现,是振幅和初相位改变了的物光波,是发散的光波。由于其系数中,$\beta$,$A_R'$,$A_R$,$\varphi_R'$,$\varphi_R$ 都与物光波的分布无关,在参考波、照明波都是平面波的情况下,是实常数,所以这列波看起来就相当于实物的光强发生了变化($\beta A_R' A_R$ 的作用),空间位置发生了平移($\mathrm{e}^{\mathrm{i}(\varphi_R' - \varphi_R)}$ 的作用),这列波也称作 $+1$ 级波。

$\beta A_R' A_R\mathrm{e}^{\mathrm{i}(\varphi_R' + \varphi_R)}\tilde{U}_O^*$ 是物光波的共轭波乘以系数 $\beta A_R' A_R\mathrm{e}^{\mathrm{i}(\varphi_R' + \varphi_R)}$,前面已经讨论过,这个系数在参考波、照明波都是平面波的情况下是常数,所以这列波通常是向另一方向会聚的光波,也称作 $-1$ 级波。

$+1$ 级波和 $-1$ 级波称为孪生波,其中 $+1$ 级波再现了实物。

在这一过程中,全息图的作用就是衍射屏;再现的过程,就是照明光波经过全息图衍射的过程。

从前面的分析可以看出,全息照相记录和再现过程都是相干叠加的过程,因而要求物光波、参考光波、照明光波都是很好的相干光,即要求光源的时间相干性好,最好是单色光,因此通常都使用激光进行全息照相。对记录介质也有较高的要求,记录介质对光强的反应是线性的,如使用照相底版,必须用线性的底版,并采用线性的冲洗工艺。

## 8.6.2 全息照相的装置

### 1. 记录装置

如图 8.6.3 所示,用分束板将相干光分为两部分,一束直接照射到记录介质上,这就是参考光波;另一束照射到物体上,作为物体的照明光,经物体反射后,照射到记录介质上,这就是物光波,与参考光进行干涉。

### 2. 再现装置

如图 8.6.4 所示,用照明光波(也要求相干性好)照射全息图,经过全息图的光波分为 +1 级波、0 级波和 −1 级波,其中 +1 级波就是再现的物光波。

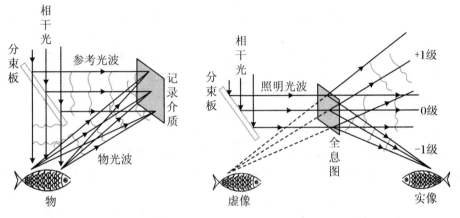

图 8.6.3  记录装置          图 8.6.4  再现装置

### 3. 离轴全息装置

要想得到不受干扰的物光波,应使透射波(0 级波)和会聚波(−1 级波)与再现的物光波(+1 级波)在空间上分开,在照相时,设法使物光波和参考光波以较大的夹角射向记录介质,这样的装置称作离轴全息装置。

全息照相的原理是由伽伯(Dennis Gabor,1900~1979)于 1948 年提出的,1960 年激光发明后,由于有了优质的相干光源,全息照相技术得到了广泛的应用。伽伯于 1971 年获得诺贝尔物理学奖。

# 习 题 8

1. 设薄透镜由折射率为 $n_L$ 的材料做成,其物方、像方的折射率分别为 $n$ 和 $n'$。试导出其相位变换函数。

2. 用薄透镜的相位变换函数导出傍轴条件下的横向放大率公式.

3. 用劈形棱镜的相位变换函数导出傍轴光束斜入射时所产生的偏向角。

4. 用变折射率材料做成如图所示的微透镜,其折射率变化呈抛物线形,为

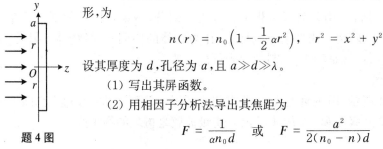

$$n(r) = n_0 \left(1 - \frac{1}{2}ar^2\right), \quad r^2 = x^2 + y^2$$

设其厚度为 $d$,孔径为 $a$,且 $a \gg d \gg \lambda$。

(1) 写出其屏函数。

(2) 用相因子分析法导出其焦距为

$$F = \frac{1}{an_0 d} \quad \text{或} \quad F = \frac{a^2}{2(n_0 - n)d}$$

**题 4 图**

(3) 若要求 $F \approx 1$ mm,问折射率系数 $a$ 的值应为多少?(设 $d \approx 10\ \mu m, a \approx 100\ \mu m, n_0 \approx 1.68$。)

5. 有一块条状余弦光栅,其栅条密度 $1/d_0$ 为 300 线/mm。现将其作为衍射屏被一平行光照射,而在后焦面 $(x', y')$ 上接收其夫琅禾费衍射场,设焦距 $F = 200$ mm,光波长为 $\lambda = 500$ nm。

(1) 当栅条平行于 $x$ 轴方向时,写出其屏函数 $\tilde{t}(x, y)$、空间频率 $(f_x, f_y)$ 的值,以及其在后焦面上三个衍射斑中心坐标 $(x', y')$ 的值,并画出图示。

(2) 当栅条逆时针转过 $45°$ 而处于 $xy$ 平面的第 1、第 3 象限时,写出其屏函数 $\tilde{t}(x, y)$、空间频率 $(f_x, f_y)$ 的值,以及其在后焦面上三个衍射斑中心坐标 $(x', y')$ 的值,并画出图示。

(3) 当栅条顺时针转过 $30°$ 而处于 $xy$ 平面的第 2、第 4 象限时,写出其屏函数 $\tilde{t}(x, y)$、空间频率 $(f_x, f_y)$ 的值,以及其在后焦面上三个衍射斑中心坐标 $(x', y')$ 的值,并画出图示。

6. 在一相干成像系统中,作为入射光瞳的镜头的相对孔径为 1/5。求此系统的截止频率( mm$^{-1}$ )。(设物平面在前焦面附近,照明波长为 500 nm。)

7. 采用远场装置接收单缝的夫琅禾费衍射场,如图所示,设单缝宽约 $100\ \mu m$,入射光波长 632.8 nm。

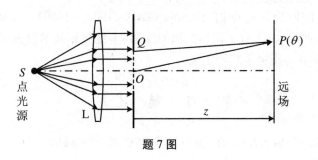

**题 7 图**

（1）接收屏幕至少应放在多远？

（2）在接收屏幕上的多大范围内才算是夫琅禾费衍射场？

（3）零级半角宽度为多少？

（4）在接收屏幕上，零级的线宽度为多少？

8. 采用像面接收装置接收单缝的夫琅禾费衍射场，如图所示，设单缝宽约 1 mm，入射光波长 488.0 nm，物距 40 cm，像距 80 cm。

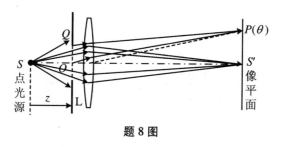

题 8 图

（1）如果单缝置于透镜后方，要求在像面 1 cm 范围内准确地接收到夫琅禾费衍射场，单缝离像面至少多远？

（2）如果单缝紧贴透镜后侧，求零级半角宽度和接收屏幕上零级的线宽度。

（3）如果单缝离透镜 40 cm 远，求零级半角宽度和接收屏幕上零级的线宽度。

（4）如果单缝置于透镜前方，紧贴其左侧，情况如何？

9. 如图（a）所示，参考光束 $R$ 和物光束 $O$ 均为平行光，对称地斜入射于记录介质上，两者间的夹角为 $\theta = 2\theta_0$。

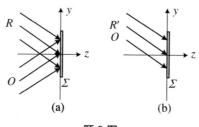

题 9 图

（1）说明全息图上干涉条纹的形状。

（2）分别写出物光波和参考光波在记录介质平面上的相位分布 $\varphi_O(y)$ 和 $\varphi_R(y)$。

（3）证明全息图上干涉条纹的间距为 $d = \dfrac{1}{2d\sin\theta_0}$。

（4）计算夹角 $\theta = 1°$ 时，间距 $d$ 为多少？夹角 $\theta = 60°$ 时，间距 $d$ 为多少？（设入射光为 He-Ne 激光，波长 632.8 nm。）

（5）如图（b）所示，如果物光波和参考光波是同方向、同波长的，分析 0 级、+1 级、-1

级三个衍射波出现在什么方向上,画图说明。

10. 若在上题中用正入射的平面波再现,+1级波和-1级波各发生什么变化?

11. 如图(a)所示,用正入射的平面参考光波 $R$ 记录轴外物点 $O$ 发出的球面波。

(1) 如图(b)所示,用轴上的点光源发出的球面波来重建波前,求+1级和-1级两像点的位置;

(2) 用与记录全息图时波长不同的正入射平面光波照明,求+1级和-1级两像点的位置。

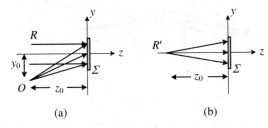

(a)　　　　　　　　(b)

**题 11 图**

# 第9章 光的偏振与光在晶体中的双折射

## 9.1 光的偏振特性

### 9.1.1 横波的偏振性

光是电磁波,其电场分量(电场强度)$E$、磁场分量(磁感应强度)$B$ 都与光的传播方向(用波矢 $k$ 表示)垂直,所以光波是横波。在可见光波段的电磁波不会引起大多数介质磁性的变化,即 $\mu_r = 1$,所以只考虑其电矢量(亦称**光矢量**)。

由于横波的振动方向与传播方向垂直,所以往往会表现出**偏振**(polarization)的特性。所谓偏振,指的就是振动方向相对于传播方向的不对称性。如图 9.1.1 所示,虽然在与传播方向垂直的各个方向都有振动,但不同方向的振幅却各不相同(图 9.1.1(a));或者,电矢量只在一个平面内有振动(图 9.1.1(b))。

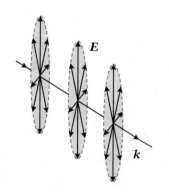 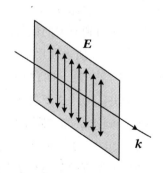

(a) 振动的振幅各方向不等      (b) 只在一个平面内振动

图 9.1.1 光的偏振性

其实,早在麦克斯韦电磁波理论建立之前,人们就已经通过实验观察,意识到了光是横波。例如,可以通过观察反射光或散射光间接证明光的横波性。光的双散射实验装置如图 9.1.2 所示,一束光经过界面 $M_1$ 反射后入射到界面 $M_2$ 上,如果在界面 $M_1$ 处使反射光与折射光的方向相互垂直,而且使 $M_2$ 的入射面与 $M_1$ 的入射面垂直,则在界面 $M_2$ 处就没有反射光而只有折射光。对于这样的实验结果,只有假设光是横波才能予以解释。

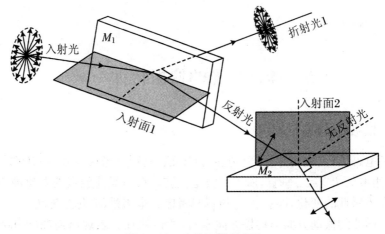

**图 9.1.2 光的双散射实验**

马吕斯(Etienne-Louis Malus,1775~1812)通过另一种实验证实了光是横波,并研究了光的偏振特性(1809 年)。他通过电气石晶体观察由其他物体表面反射的光,结果发现,将电气石晶体绕着光束转动时,透过晶体的光的强度会发生改变;晶体转动一周,重新回到原来的位置时,透过晶体的光强也回到原来的数值。这说明光是横波,而且,从介质表面反射的光,振动矢量相对于传播方向的分布是不对称的。电气石晶体是一种二向色性(dichroism)晶体,分子式可表示为 $NaR_3 Al_6$ $[Si_6 O_{18}][BO_3]_3(OH,F)_4$,这类晶体有一个特殊的方向,凡是从晶体中透射出来的光,振动矢量(电场强度矢量)都沿着该方向,这个特殊的方向称作晶体的**透振方向**,也叫**透光轴**。如图 9.1.3 所示。或者说,只有振动方向与透振方向平行的光,才能从晶体透射;振动方向与透振方向垂直的光,是无法透过该晶体的。所以,将两块电气石晶体按图 9.1.4 前后摆放,转动其中一块晶体,透射光的强度将会改变。如果这两块晶体的透光轴相互平行,则透射光最强;当两晶体的透光轴相互垂直时,没有光透过。除了电气石晶体之外,硫酸碘奎宁晶体也是一种典型的二向色性晶体。

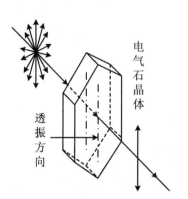

图 9.1.3　光通过二向色性晶体

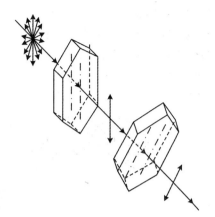

图 9.1.4　光连续通过两块电气石晶体

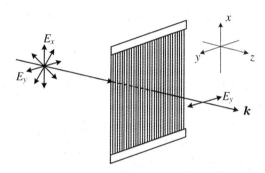

图 9.1.5　金质线栅对光矢量的吸收

　　除了用天然的二向色性晶体获得或检验光的横波性和偏振特性外,还可以采用人工的方法。

　　最初的器件是用拉直的细导线做成的密排线栅,例如图 9.1.5 所示的金质线栅,线栅间隔 $d = 5.08 \times 10^{-4}$ mm。光通过这种线栅时,金线中的电子由于吸收了电磁场的能量而做相应的振动,这种振动由于受到金线尺度的限制,而只能沿着金线进行,所以与金线平行的电场分量将被吸收,如图 9.1.6 所示。由于与金线同方向的电场被吸收,只有电矢量振动方向与金线垂直的光可以从线栅透过。

　　1928 年,美国哈佛大学的学生兰德(Edwin Herbert Land,1909～1991)发明了一种人造偏振片。将聚乙烯醇薄膜在碘溶液中浸一段时间,然后从碘液中提出,并沿着聚乙烯醇分子链的方向拉伸。由于碘原子吸附在聚乙烯醇的分子链上,拉伸后,碘原子就沿着被拉直的分子链整齐而密集地排列起来。碘原子中的电子较容易脱离其束缚成为自由电子，因此，在外电场的作用下，电子就可以沿着分子链自由运动。这样就用有机分子链制成了导电的线栅，而分子链的间隔比导线做成的密排线栅要小得多，因而，浸碘的聚乙烯醇膜对光的振动的吸收更加充分。这就是 **J 型偏振片**（polaroid J-sheet）。到 1938 年，兰德又发明了 **H 型偏振片**（polaroid H-sheet），原理与 J 型偏振片相同。

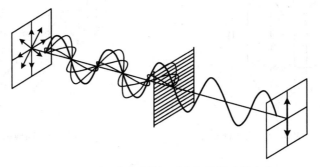

图 9.1.6　通过金质线栅后光矢量振动的变化

### 9.1.2　起偏与检偏

在偏振光中，有几个重要而常见的概念，例如起偏、检偏、起偏器、检偏器等等，以下作简单的定义和解释。

起偏：指通过某种方法或使用某种光学元件，使光具有偏振特性。

检偏：指通过某种方法或使用某种光学元件，检验光的偏振特性。

透振方向：指从偏振器件通过的光的电矢量的振动方向。例如上述金属线栅中垂直于金属丝的方向就是透振方向。

用来起偏或检偏的光学元件称作起偏器或检偏器。图 9.1.7 表示光经过第一个偏振元件（起偏器）后，再用另一个偏振元件（检偏器）观察其偏振特性。

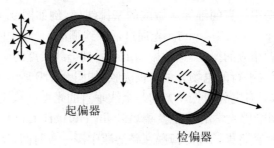

起偏器

检偏器

图 9.1.7　起偏器与检偏器

由于通过偏振片的光波的电矢量只能沿着一条直线的方向,故上述起偏器和检偏器也称作"线起偏器"和"线检偏器"。

# 9.2　光的各种偏振态

## 9.2.1　光波的特征与其发射机制有关

光是电磁波,从前面的讨论,我们似乎得到了这样的结论:在考虑光的传播、叠加等物理过程时,光波与普通的电磁波没有什么区别,甚至可以将机械波的各种结论直接应用到光波之中。

但是,如果稍加留意的话,我们将会发现光波具有非常明显的不同特征。

第一,从物理特征看,光波的频率非常高,对于可见光,频率基本是 $10^{14}$ Hz。对于一般的机械波,由于它们都是由机械振动产生的,所以时间频率都不高,以最常见的声波为例,人耳可听见的声波,频率在 20 Hz 到 20 kHz 之间,频率高于 20 kHz 的机械振动称作超声波。而普通的电磁波,其波长通常范围通常为 $\mu$m 到 m 的量级,甚至可以达到几千米的量级,所以,其频率一般低于 $10^7$ Hz。可见,光波的频率远远大于普通的电磁波和机械波的频率。对于较低频率的振动,可以用机械或电子装置观察或记录其振动过程,例如我们可以在示波器上看到低频振动的过程;但对于高达 $10^{14}$ Hz 的振动,远远大于电子的固有振动频率,无法用电子仪器直接观察或记录其瞬时过程。

第二,从产生的机制看,机械波由机械振动产生,例如音叉的振动、弦的振动、簧片的振动、声带的振动等等,由于其过程是可控的,所以,由此而产生的机械波是可控的,即波的传播方向、振动方向、振幅、频率、相位都是可控的。电磁波由电磁振荡产生,而电磁振荡也是可以通过电路的参数控制的,所以,普通的电磁波也是可控的。

但是,光波产生的机制是完全不同的。

从波动的观点看,可以认为光波是由带电粒子(原子、分子等)的振动而产生的,通常可以用电偶极子的模型来模拟光波的发射机制。

光源中总是包含大量的原子,例如对于固态物质而言,原子的密度约为 $10^{23}$ 个/cm³,假设其中发光的原子占 0.1%～1%,则发光中心原子的密度约为 $10^{20}$ 个/cm³,数目非常多。

由于光源中包含有数量巨大的电偶极子,这些电偶极子的振动都是随机的,无法用人工的方式加以调控,所以,任何一个普通的光源,在任一时刻总是能够发射出大量的、相互之间无任何关联的光波。

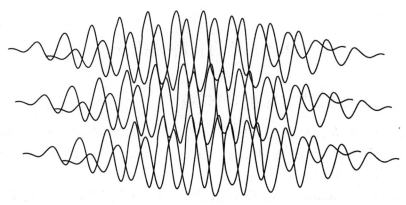

**图 9.2.1 大量的随机波列**

从微观的角度看,电偶极子振动的过程并不像没有损耗的谐振子那样以不变的频率持续振动,由于能量的损耗和传递,电偶极子每次振动发光的持续时间(称作"弛豫时间")往往很短,通常不到 $10^{-9}$ 秒,因而发光的过程实际上是断续的。或者说,尽管有数量巨大的波列,但每列光波都是很短的,无论其空间长度还是持续时间。

## 9.2.2 自然光

如前所述,普通光源的发光过程是不受控制和干扰的随机过程,因而,尽管在极短的时间内,有大量光波由于原子的跃迁而发射,但是,这些光波之间没有任何关联。也就是说,这些光波的传播方向、电矢量的振动方向、相位等物理量都是随机的,相互之间没有固定的关系。

如果采用透镜或反射镜等相应的光学装置,可以将这些光波变成沿着相同方向传播的平行波列。但是,在这些大量的随机波列中,各列波的振动方向是随机的,在各个方向是均等的,因而总的来看,电矢量相对于波矢是对称分布的;同时,由于各个波列之间的相位差是随机的,所以是不相干的,光波叠加的结果是各个波列强度的相加。这种光就是**自然光**,日光、灯光、热辐射光等任何自发辐射光源所发出的光都是自然光。

自然光是大量原子同时发出的光波的集合。其中的每一列是由一个原子发出的,有一个偏振方向和相位,但光波之间是没有任何关系的。所以,它们的集合,就是在各个方向振动相等、相位差随机的自然光。自然光电矢量(光矢量)的分布如图9.2.2所示。

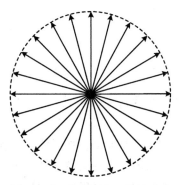

图9.2.2　自然光电矢量的分布

实验表明,让一束强度为 $I_0$ 的自然光通过吸收可以忽略的起偏器,如图9.2.3所示,不论起偏器的透振方向怎样旋转,透射光的光强都不发生改变,通过起偏器后的光强

$$I = \frac{1}{2} I_0 \tag{9.2.1}$$

上述实验中观察到的结果可以很容易地从理论上证明。设自然光沿着 $z$ 轴方向传播,其在任一方向的振幅都等于 $A_0$。其中任一列光的振动方向与 $x$ 轴的夹角为 $\theta$,则该振动在 $x$ 方向振动分量的振幅为

$$A_x^\theta = A_0 \cos\theta$$

如图9.2.4所示。由于自然光中的各个波列是不相干的,所以按强度进行叠加,从而有

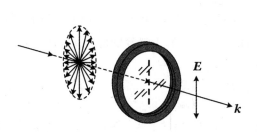

图9.2.3　自然光经过偏振片后光矢量的改变

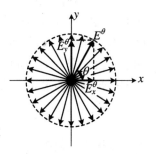

图9.2.4　光矢量正交分解

$$I_x = \int_0^{2\pi} (A_x^\theta)^2 \mathrm{d}\theta = \int_0^{2\pi} A_0^2 \cos^2\theta \mathrm{d}\theta = \pi A_0^2$$

同理,可得

$$I_y = \pi A_0^2$$

而总光强

$$I = \int_0^{2\pi} A_0^2 \mathrm{d}\theta = 2\pi A_0^2$$

因此 $I_x = I_y = I_0/2$。即自然光通过起偏器后,如果不考虑起偏器对光强的吸收,则透射光强为入射光强的一半。

细心的读者也许会有疑问:按照矢量叠加或波的叠加原理,自然光中相反方向振动的电矢量应该相互抵消,而不会出现如图 9.2.2 所示的矢量分布形式;但是,通过偏振片的检验,这些反方向的振动又确实没有抵消,对此应该如何解释?

对上述疑问,不妨根据前述的发光机制从两个方面加以理解。其一,由于每个电偶极子持续振动的时间极短,故从微观的过程看,实际上每列光波的时间长度和空间长度都是极短的,尽管实际的光波都是由数量巨大的这样的波列组成的,但是这些波列都不是"同时"(这种"同时"是微观的概念)在某一点出现的,因而不能抵消。其二,组成光波的大量波列并不是始终沿着一条直线(这种"直线"也是微观的概念)传播的,因而这些波列也不在同一点(这样的"点"也是微观的概念)出现,所以也无法抵消。

### 9.2.3 部分偏振光

如果光波在垂直于波矢的平面内各个方向上都有振动,但不同方向的振幅却不相同,如图 9.2.5,则称之为**部分偏振光**(partially polarized light)。用检偏器检验,转动检偏器的透振方向,会发现透射光的强度会改变(图 9.2.6),但在任何一个方向上,都会有光透过,即不会出现**消光现象**。

这种偏振光电矢量的振幅在不同的方向上有不同的大小。记电矢量振幅的最大值和最小值分别为 $A_{max}$ 和 $A_{min}$,则相应方向上的光强分别记为 $I_{max}$ 和 $I_{min}$,可以将部分偏振光的**偏振度**定义为

$$P = \frac{I_{max} - I_{min}}{I_{max} + I_{min}} \tag{9.2.2}$$

部分偏振光的偏振度介于 1 和 0 之间,即 $0 \leqslant P \leqslant 1$。如果 $I_{max} = I_{min}$,偏振度 $P = 0$,就是自然光;偏振度越接近于 1,与自然光相差越远。

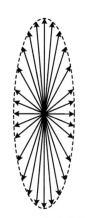

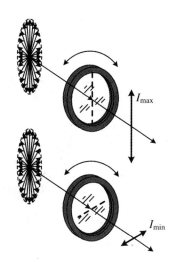

图 9.2.5　部分偏振光　　图 9.2.6　部分偏振光通过检偏器各个方向光强改变

## 9.2.4　平面偏振光

自然光或部分偏振光经过线起偏器(二向色性晶体、偏振片等等)后,由于只有平行于起偏器透振方向的电矢量能够通过,故透射光只包含单一振动方向的电矢量。这种电矢量始终在一个平面内振动的光,或者电矢量振动的投影是一条直线的光,就是**平面偏振光**(plane-polarized light),也称作**线偏振光**(linearly polarized light)。

如果使平面偏振光垂直地射向偏振片,而该偏振片的透振方向与入射光的偏振平面之间的夹角为 $\theta$,如图 9.2.7 所示,则可以将入射光的电矢量 $E_0$ 正交分解为平行于偏振片透振方向的矢量 $E_{//}$ 和垂直于偏振片透振方向的矢量 $E_{\perp}$。由于只有 $E_{//}$ 可以通过,故透射光的光强为

$$I_{\theta} = \langle |E_{//}|^2 \rangle = \langle |E_0|^2 \rangle \cos^2\theta = I_0 \cos^2\theta \qquad (9.2.3)$$

这就是马吕斯定律。

【**例 9.1**】　两偏振片的透振方向成 $30°$ 夹角,自然光入射,此时透过的光强为 $I_1$。若其他条件不变而使上述夹角变为 $45°$,透射光强如何变化?

【**解**】　入射光为自然光,光强为 $I_0$,则通过第一个偏振片后,光强变为

$$I_1 = \frac{1}{2} I_0$$

再通过第二个偏振片,光强变为

$$I_2 = I_1 \cos^2 30° = \frac{3}{8} I_0$$

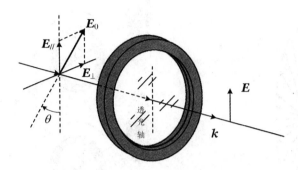

**图 9.2.7　平面偏振光通过偏振片图**

如果上述夹角变为 $45°$,则

$$I_2' = \frac{1}{2} I_0 \cos^2 45° = \frac{1}{4} I_0 = \frac{2}{3} I_2$$

**【例 9.2】**　欲使一平面偏振光的振动面旋转 $90°$。

(1) 只用两块理想的偏振片,怎样做到这一点?

(2) 如果用两理想偏振片使平面偏振光的振动面旋转了 $90°$,最大的光强为原来的多少倍?

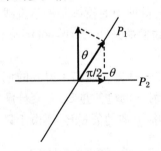

**图 9.2.8　例 9.2**

**【解】**　(1) 使第二片的透振方向与平面偏振光的振动方向保持垂直,同时第一片的透振方向与平面偏振光的振动方向不垂直即可。

(2) 如果第一片与平面偏振光的振动方向夹角为 $\theta$(图 9.2.8),则

$$I = I_0 \cos^2 \theta \cos^2 \left( \frac{\pi}{2} - \theta \right) = \frac{1}{4} I_0 \quad \left( \theta = \frac{\pi}{4} \right)$$

对于平面偏振光而言,偏振度 $P = 1$。自然光与平面偏振光叠加,可以得到部分偏振光,如图 9.2.9 所示。

任何一个平面偏振光,都可以分解为两个电矢量相互正交的平面偏振光,如图 9.2.10 所示,在直角坐标系中,可以将任意方向的振动矢量 $E = A\cos(kz - \omega t)$ 分解为 $E_x$ 和 $E_y$,即

$$E = E_x + E_y = E_x e_x + E_y e_y \tag{9.2.4}$$

其中

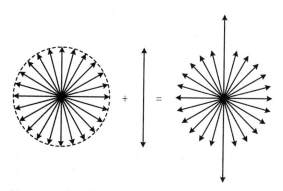

**图 9.2.9　部分偏振光是自然光与平面偏振光的叠加**

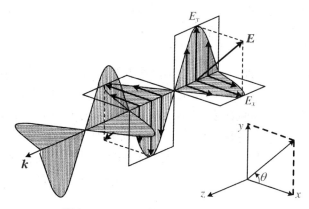

**图 9.2.10　平面偏振光的两正交分量**

$$\begin{cases} E_x = A_x\cos(kz - \omega t) \\ E_y = A_y\cos(kz - \omega t) \end{cases} \tag{9.2.5}$$

或者

$$\begin{cases} E_x = A_x\cos(kz - \omega t) \\ E_y = -A_y\cos(kz - \omega t) = A_y\cos(kz - \omega t + \pi) \end{cases} \tag{9.2.6}$$

而 $A_x = A\cos\theta, A_x = A\sin\theta$。

式(9.2.5)中,两个正交分量是等相位的(同相),表示光矢量在第1、第3象限,式(9.2.6)中两个正交分量的相位差是 π(反相),表示光矢量在第2、第4象限。

任何形式的光经过偏振片后,由于电矢量都只沿着透光轴方向振动,故都成为平面偏振光。

但是,实际的偏振片不可能将与透光轴垂直的振动完全消除,或者,通过实际

的线起偏器后,所得到的并不是完全的平面偏振光。可以用**消光比**来衡量偏振仪器(线起偏器)的起偏效果,消光比的定义为

$$消光比 = \frac{最小透射光强}{最大透射光强}$$

【例 9.3】 一束自然光和平面偏振光的混合光,通过一个可旋转的理想偏振片后,光强随着偏振片的取向可以有 5 倍的改变。求混合光中各个成分光强的比例。

【解】 自然光透过偏振片后,光强变为原来的一半;线偏光有一个可以消光的位置。设入射自然光的强度为 $I_1$,平面偏振光的强度为 $I_2$,因此

$$\frac{1}{2}I_1 + I_2 = 5 \times \frac{1}{2}I_1$$

由此得到 $I_2 = 2I_1$,即自然光约占 33.3%,线偏光约占 66.7%。

## 9.2.5 圆偏振光

在一个与光的波矢(即光的传播方向)垂直的平面内观察其电矢量,如果光的电矢量不是在一个固定的平面内振动,而是绕着传播的方向匀速旋转,即 $t_0$, $t_1$, $t_2$,…时刻,电矢量的方位依次变化,且旋转中电矢量的大小保持不变,则其端点轨迹为圆(图 9.2.11),这就是**圆偏振光**(circular polarized light)。

由波的矢量叠加可以判断,圆偏振光可以分解为两个振幅相等的相互垂直的平面偏振光,这两个平面偏振光具有 $\pi/2$ 的相位差,如图 9.2.12 和图 9.2.13 所示。

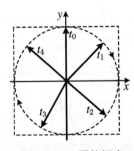

图 9.2.11 圆偏振光

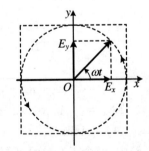

图 9.2.12 圆偏振光正交分解

圆偏振光可以看作是两个电矢量正交的平面波的叠加,即

$$\begin{cases} E_x(z,t) = A\cos(kz - \omega t) \\ E_y(z,t) = A\cos(kz - \omega t \pm \pi/2) \end{cases} \tag{9.2.7}$$

式中 $+\pi/2$ 表示 $E_y(z,t)$ 比 $E_x(z,t)$ 滞后,而 $-\pi/2$ 表示 $E_y(z,t)$ 比 $E_x(z,t)$ 超前。

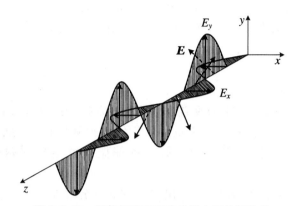

**图 9.2.13　圆偏振光两正交分量之间的相位差**

迎着光的传播方向观察,如果电矢量是顺时针方向旋转的,则称为**右旋圆偏振光**(right-circularly polarized);如果电矢量按逆时针方向旋转,则称为**左旋圆偏振光**(left-circularly polarized)。

可以用一种形象的方法记住左旋或右旋的规定:迎着光的传播方向,设某一时刻电矢量指向正上方。下一时刻,电矢量转向观察者的右侧(顺时针转动),就是右旋的;而某一时刻,电矢量转向观察者的左侧(逆时针转动),就是左旋的。

容易从圆偏振光的分量表达式判断出电矢量的旋转方向。例如,设 $y$ 分量与 $x$ 分量之间的相位差为 $\Delta\varphi=\pi/2$,即 $E_y(z,t)$ 比 $E_x(z,t)$ 滞后 $\pi/2$。如果 $t=0$ 时刻电矢量沿 $x$ 轴正向,则可以得到 $t=\pi/(4\omega)$,$t=\pi/(2\omega)$,$t=3\pi/(4\omega)$,$\cdots$ 时刻光矢量的位置,如图 9.2.14 所示,从而判断这是一个左旋的圆偏光。反之,若 $E_y(z,t)$ 比 $E_x(z,t)$ 超前 $\pi/2$,则为右旋圆偏振光。

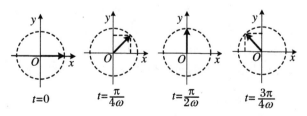

**图 9.2.14　$\Delta\varphi=+\pi/2$ 时圆偏振光电矢量的旋转方向**

圆偏振光正确的物理图像应该这样描述:在一个与波矢垂直的固定平面内,其光矢量(电矢量)以固定的角速度绕波矢旋转。但实际上,这一现象是无法直接观察到的,因为电矢量旋转的周期 $T = 2\pi/\omega$,就是其正交分量简谐振动的周期,是一个非常小的数值,约为 $10^{-14}$ 秒,这么小的周期是难以测量的。

用偏振片检验,圆偏光与自然光相同。即无论偏振片的透振方向如何,出射光的强度总是相等的。

### 9.2.6 椭圆偏振光

在一个固定的平面(该平面垂直于光的传播方向)内观察,如果光矢量绕传播方向旋转,而且在不同的角度,光矢量的大小不同,但其数值做周期性变化,矢量端点的轨迹为椭圆,如图 9.2.15 所示,这种偏振光就是**椭圆偏振光**(elliptical polarized light)。

如图 9.2.16 所示,椭圆偏振光的电矢量可正交分解为

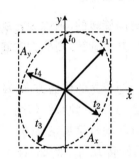

图 9.2.15 椭圆偏振光

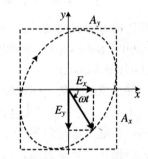

图 9.2.16 椭圆偏振光电矢量的正交分解

$$E = E_x e_x + E_y e_y = A_x \cos(kz - \omega t) e_x + A_y \cos(kz - \omega t + \Delta\varphi) e_y$$

$$(9.2.8)$$

即

$$\begin{cases} E_x = A_x \cos(kz - \omega t) \\ E_y = A_y \cos(kz - \omega t + \Delta\varphi) \end{cases} \tag{9.2.9}$$

上面两式中,$\Delta\varphi$ 表示 $y$ 分量比 $x$ 分量滞后的相位。

可以消去参量 $kz - \omega t$,而得到两正交分量 $E_x$ 和 $E_y$ 的方程。将上式化为

$$\begin{cases} \dfrac{E_x}{A_x} = \cos(kz - \omega t) \\ \dfrac{E_y}{A_y} = \cos(kz - \omega t)\cos\Delta\varphi - \sin(kz - \omega t)\sin\Delta\varphi \end{cases}$$

则得到

$$\begin{cases} \dfrac{E_x}{A_x} = \cos(kz - \omega t) \\[3mm] \dfrac{1}{\sin\Delta\varphi}\left[\cos(kz - \omega t)\cos\Delta\varphi - \dfrac{E_y}{A_y}\right] = \sin(kz - \omega t) \end{cases}$$

将第二式中的 $\cos(kz - \omega t)$ 以 $E_x/A_x$ 替换，即可在上述方程中消去参量 $kz - \omega t$，有

$$\left(\frac{E_x}{A_x}\right)^2 + \left[\frac{1}{\sin\Delta\varphi}\left(\frac{E_x}{A_x}\cos\Delta\varphi - \frac{E_y}{A_y}\right)\right]^2 = \cos^2\omega t + \sin^2\omega t = 1$$

最后得到

$$\frac{E_x^2}{A_x^2} + \frac{E_y^2}{A_y^2} - \frac{2E_xE_y}{A_xA_y}\cos\Delta\varphi = \sin^2\Delta\varphi \tag{9.2.10}$$

这是一个 $xy$ 平面中的椭圆方程。上述公式中的电场分量 $E_x$ 和 $E_y$ 就是直角坐标系 $Oxy$ 中的坐标值。

椭圆长轴或短轴与坐标轴的夹角满足

$$\tan 2\alpha = \frac{2A_xA_y}{A_x^2 - A_y^2}\cos\Delta\varphi \tag{9.2.11}$$

如果 $\Delta\varphi = 0$，或 $\Delta\varphi = \pi$，则 $\dfrac{E_x^2}{A_x^2} + \dfrac{E_y^2}{A_y^2} \pm \dfrac{2E_xE_y}{A_xA_y} = 0$，可得到 $\dfrac{E_x}{E_y} = \pm\dfrac{A_x}{A_y}$，这就是平面偏振光；如果 $\Delta\varphi = \pm\pi/2$，同时 $A_x = A_y$，则得到 $E_x^2 + E_y^2 = A^2$，这就是圆偏振光；如果仅仅 $\Delta\varphi = \pm\pi/2$，而不要求 $A_x = A_y$，则得到 $\dfrac{E_x^2}{A_x^2} + \dfrac{E_y^2}{A_y^2} = 1$，这就是长、短轴分别沿 $x$ 轴、$y$ 轴的椭圆偏振光，即所谓的"**正椭圆**"偏振光。

由于上述两分量总是在同一时刻、同一空间点 $z$ 处进行合成，而且，合成之后光的偏振特性取决于两个分量之间的相位差，所以，在不引起混淆的前提下，在式 (9.2.9) 中，通常可以略去相位中的空间部分 $kz$，或者使观察平面在 $z = 0$ 处，这样就可以得到

$$\begin{cases} E_x = A_x\cos\omega t \\ E_y = A_y\cos(\omega t - \Delta\varphi) \end{cases} \tag{9.2.12}$$

式 (9.2.12) 中，$\Delta\varphi$ 同样表示 $E_y(z, t)$ 比 $E_x(z, t)$ 的相位滞后。

需要特别指出的是，在许多光学著作中，偏振光两个正交分量的表达式往往写作

$$\begin{cases} E_x(z, t) = A\cos\omega t \\ E_y(z, t) = A\cos(\omega t + \Delta\varphi) \end{cases} \tag{9.2.13}$$

由于 $\omega t$ 和 $\Delta\varphi$ 之间以加号"$+$"联系,则式(9.2.13)中 $\Delta\varphi$ 表示 $E_y(z,t)$ 比 $E_x(z,t)$ 的超前相位。即:如果 $\Delta\varphi$ 为正值,表示 $E_y(z,t)$ 比 $E_x(z,t)$ 超前;如果 $\Delta\varphi$ 为负值,表示 $E_y(z,t)$ 比 $E_x(z,t)$ 滞后。读者一定要注意式(9.2.12)与式(9.2.13)中相位差的含义是有所区别的。

在一个与波矢垂直的平面内观察时,椭圆偏振光的电矢量也是绕波矢旋转的,也有右旋和左旋两种情况,如图 9.2.17 所示。

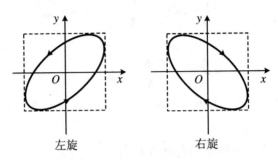

左旋          右旋

图 9.2.17　左旋和右旋椭圆偏振光

椭圆偏振光电矢量的旋转方向以及椭圆长短轴的取向是由相位差 $\Delta\varphi$ 决定的。

例如,以 $\begin{cases} E_x = A_x\cos(kz-\omega t) \\ E_y = A_y\cos(kz-\omega t+\Delta\varphi) \end{cases}$ 表示光的两个正交分量,如果相位差 $\Delta\varphi = -\pi/6$,即该相位差处于第 4 象限,则 $t_0 = 0$ 时刻,两正交分量的相位分别为 $\varphi_x(t_0) = 0$,$\varphi_y(t_0) = -\pi/6$,电矢量的初始位置在直角坐标系的第 1 象限。随着时间的增大,可以分别在后续的 $t_1 = \dfrac{\pi}{2\omega}+\dfrac{\Delta\varphi}{\omega}$,$t_2 = \dfrac{\pi}{2\omega}$,$t_3 = \dfrac{\pi}{\omega}+\dfrac{\Delta\varphi}{\omega}$ 等时刻算得上述两分量的相位依次为 $\varphi_x(t_1) = -\pi/3$,$\varphi_y(t_1) = -\pi/2$;$\varphi_x(t_2) = -\pi/2$,$\varphi_y(t_2) = -2\pi/3$;$\varphi_x(t_3) = -2\pi/3$,$\varphi_y(t_3) = -\pi$。画出电矢量在上述各个时刻的位置,即得图 9.2.18,可看出它是右旋的。

同样,如果 $\Delta\varphi = \pi/6$,即处于第 1 象限时,分别画出在 $t = 0$,$t = \dfrac{\pi}{2\omega}$,$t = \dfrac{\pi}{2\omega}+$

$\dfrac{\Delta\varphi}{\omega}$,$t = \dfrac{\pi}{\omega}$ 等时刻电矢量的位置,可看出它是左旋的(图 9.2.19)。

容易得到电矢量的旋转方向与两正交分量相位差之间的关系,即

$$\begin{cases} \Delta\varphi \text{ 在第 1、第 2 象限,左旋} \\ \Delta\varphi \text{ 在第 3、第 4 象限,右旋} \end{cases} \tag{9.2.14}$$

如果抛开具体的表达式,而用相位的超前或滞后来描述,则可以避免一些讹误。当 $y$ 分量比 $x$ 分量的相位超前 $0 \sim \pi$,则是左旋椭圆偏振光;当 $y$ 分量比 $x$ 分量的相位滞后 $0 \sim \pi$,则是右旋椭圆偏振光。

Δφ 在第4象限

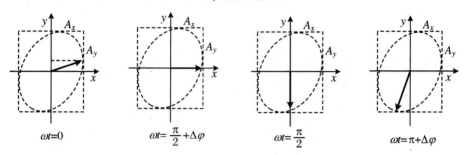

$$\omega t = 0 \qquad \omega t = \frac{\pi}{2} + \Delta\varphi \qquad \omega t = \frac{\pi}{2} \qquad \omega t = \pi + \Delta\varphi$$

**图 9.2.18** $\Delta\varphi = -\pi/6$ 时电矢量的旋转方向(右旋)

Δφ 在第1象限

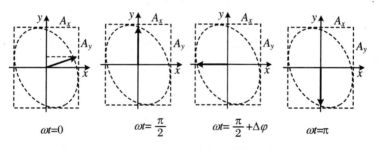

$$\omega t = 0 \qquad \omega t = \frac{\pi}{2} \qquad \omega t = \frac{\pi}{2} + \Delta\varphi \qquad \omega t = \pi$$

**图 9.2.19** $\Delta\varphi = \pi/6$ 时电矢量的旋转方向(左旋)

相位差 $\Delta\varphi$ 的取值范围还决定了椭圆长短轴的取向。例如,画出一个四边形,其边长分别为两正交分量的振幅 $A_x$ 和 $A_y$,则椭圆与其相切。当 $\Delta\varphi$ 处于第 3 象限($-\pi < \Delta\varphi < 0$),从 $t = 0$ 时刻开始,电矢量的椭圆与四边形相切的时刻依次为 $t = 0$,$t = (\pi + \Delta\varphi)/\omega$,$t = \pi/\omega$,$t = (2\pi + \Delta\varphi)/\omega$,在这些切点处,两分量的取值依次如下:

$$\begin{cases} E_x = A_x > 0, \\ E_y = A_y \cos\Delta\varphi < 0, \end{cases} \quad \text{切点在第 4 象限;}$$

$$\begin{cases} E_x = A_x \cos(\pi - \Delta\varphi) > 0, \\ E_y = -A <0_y, \end{cases} \quad \text{切点在第 4 象限;}$$

$$\begin{cases} E_x = -A_x < 0, \\ E_y = A_y\cos(\pi + \Delta\varphi) > 0, \end{cases}$$ 切点在第 2 象限；

$$\begin{cases} E_x = A_x\cos\Delta\varphi < 0, \\ E_y = A_y > 0, \end{cases}$$ 切点在第 2 象限。

分别就 $A_x > A_y$，$A_x < A_y$ 画出图 9.2.20，可见其长轴总是在第 2、第 4 象限。

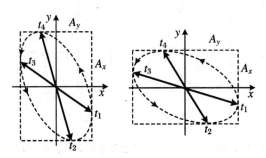

**图 9.2.20　$\Delta\varphi$ 处于第 2 象限时椭圆长轴的取向**

如果 $\Delta\varphi$ 处于第 1 象限（$0 < \Delta\varphi < \pi/2$），则从 $t = 0$ 时刻开始，电矢量的椭圆与四边形相切的时刻仍然依次为 $t = 0$（第 1 象限），$t = \pi/\omega$（第 3 象限），$t = (\pi + \Delta\varphi)/\omega$（第 3 象限），$t = 2\pi/\omega$（第 1 象限），则可得到如图 9.2.21 所示的椭圆，可见这是一个长轴位于第 1、第 3 象限的椭圆偏振光。

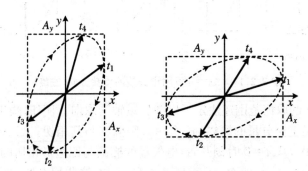

**图 9.2.21　$\Delta\varphi$ 处于第 1 象限时椭圆长轴的取向**

椭圆偏振光的旋转方向、长轴取向与相位差间的关系用图 9.2.22 表示，再次提醒读者，此处的相位差 $\Delta\varphi$ 表示 $E_y(z, t)$ 比 $E_x(z, t)$ 滞后的相位。

当 $\Delta\varphi = \pm\pi/2$ 时，椭圆的长短轴沿坐标轴的方向，是所谓的正椭圆。当 $A_y = A_x$ 时，正椭圆演化为圆。

通过上面的讨论可以看出，平面偏振、圆偏振和椭圆偏振的光矢量都可以看作

是两个正交分量的叠加,分量的表达式一般为

$$\begin{cases} E_x = A_x\cos(kz - \omega t) \\ E_y = A_y\cos(kz - \omega t + \Delta\varphi) \end{cases}$$

当 $\Delta\varphi = 0, \pi$ 时,为平面偏振光;当 $\Delta\varphi = \pm\pi/2$ 且 $A_y = A_x$ 时,为圆偏振光;当 $\Delta\varphi \neq 0, \pi$ 时,为椭圆偏振光。所以,可以把椭圆偏振光看作是最一般的偏振态,在一定条件下,可以演变为圆偏振或平面偏振。正如图 9.2.22 所示。

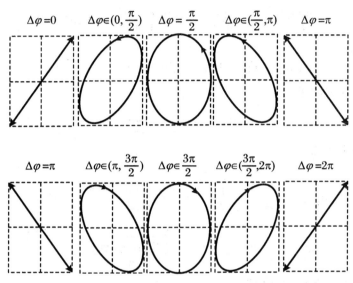

**图 9.2.22 椭圆偏振光的旋转方向、长轴取向与相位差间的关系**

其实,可以通过坐标系的变换,将一般位置的椭圆变为长短轴沿坐标轴的正椭圆。下面对这一变换作简单的说明。

一般形式的椭圆方程为

$$\frac{x^2}{A_x^2} + \frac{y^2}{A_y^2} - \frac{2xy}{A_xA_y}\cos\Delta\varphi = \sin^2\Delta\varphi$$

可通过坐标系的旋转,在新坐标系中将其转化为标准椭圆 $\dfrac{x^2}{A_x'^2} + \dfrac{y^2}{A_y'^2} = 1$。

如图 9.2.23 所示,将坐标系 $Oxy$ 旋转 $\alpha$ 角,得到新的坐标系 $O'x'y'$,则两坐标系之间的关系为

$$\begin{cases} x = x'\cos\alpha - y'\sin\alpha \\ y = x'\sin\alpha + y'\cos\alpha \end{cases}$$

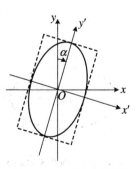

**图 9.2.23 坐标系旋转**

代入椭圆方程,得到

$$x'^2\left(\frac{\cos^2\alpha}{A_x^2} + \frac{\sin^2\alpha}{A_y^2} - \frac{2\sin\alpha\cos\alpha\cos\Delta\varphi}{A_xA_y}\right) + y'^2\left(\frac{\sin^2\alpha}{A_x^2} + \frac{\cos^2\alpha}{A_y^2} + \frac{2\sin\alpha\cos\alpha\cos\Delta\varphi}{A_xA_y}\right)$$

$$- 2x'y'\left(\frac{\sin\alpha\cos\alpha}{A_x^2} - \frac{\sin\alpha\cos\alpha}{A_y^2} + \frac{\cos^2\alpha - \sin^2\alpha}{A_xA_y}\cos\Delta\varphi\right)$$

$$= \sin^2\Delta\varphi$$

要在新坐标系中将椭圆化为标准形式,则要求

$$\frac{\sin\alpha\cos\alpha}{A_x^2} - \frac{\sin\alpha\cos\alpha}{A_y^2} + \frac{\cos^2\alpha - \sin^2\alpha}{A_xA_y}\cos\Delta\varphi = 0$$

整理后得到

$$\sin2\alpha(A_y^2 - A_x^2) + \cos2\alpha\cos\Delta\varphi A_xA_y = 0$$

即旋转的角度要满足

$$\tan2\alpha = \frac{A_xA_y}{A_x^2 - A_y^2}\cos\Delta\varphi$$

标准椭圆的方程为

$$\frac{x'^2}{\sin^2\Delta\varphi\left(\dfrac{\cos^2\alpha}{A_x^2} + \dfrac{\sin^2\alpha}{A_y^2} - \dfrac{2\sin\alpha\cos\alpha\cos\Delta\varphi}{A_xA_y}\right)^{-1}}$$

$$+ \frac{y'^2}{\sin^2\Delta\varphi\left(\dfrac{\sin^2\alpha}{A_x^2} + \dfrac{\cos^2\alpha}{A_y^2} + \dfrac{2\sin\alpha\cos\alpha\cos\Delta\varphi}{A_xA_y}\right)^{-1}} = 1$$

椭圆的长轴和短轴分别为

$$A_x'^2 = \frac{A_x^2A_y^2\sin^2\Delta\varphi}{A_x^2\sin^2\alpha - A_xA_y\sin2\alpha\cos\Delta\varphi + A_y^2\cos^2\alpha}$$

$$A_y'^2 = \frac{A_x^2A_y^2\sin^2\Delta\varphi}{A_x^2\cos^2\alpha + A_xA_y\sin2\alpha\cos\Delta\varphi + A_y^2\sin^2\alpha}$$

**【例 9.4】** 一束椭圆偏振光通过一偏振片,透射光的强度将随着偏振片透振方向的转动而变化。若测得最大的和最小的透射光强分别为 $I_{max}$ 和 $I_{min}$,问当透射方向与光强最大透射方向间夹角为 $\theta$ 时,透射光强为多少?

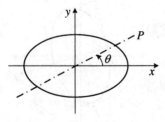

**图 9.2.24 例 9.4 中的坐标系**

**【解】** 取坐标系(图 9.2.24),$x$ 轴沿椭圆长轴方向,$y$ 轴沿椭圆短轴方向,则上述椭偏振光可用分量表示为

$$\begin{cases} E_x = \sqrt{I_{\max}}\cos\omega t \\ E_y = \sqrt{I_{\min}}\cos\left(\omega t \pm \dfrac{\pi}{2}\right) \end{cases}$$

当透射方向与光强最大透射方向间的夹角为 $\theta$ 时,透射光为

$$E_\theta = E_x\cos\theta + E_y\sin\theta$$

$$= \sqrt{I_{\max}}\cos\theta\cos\omega t + \sqrt{I_{\min}}\sin\theta\cos\left(\omega t \pm \frac{\pi}{2}\right)$$

这是两列相位差为 $\pm\pi/2$ 的平面偏振光的相干叠加,强度为

$$I_\theta = I_{\max}\cos^2\theta + I_{\min}\sin^2\theta$$

**【例 9.5】**　一束椭圆偏振光与自然光的混合光沿 $z$ 轴方向传播,通过一偏振片。当偏振片的透振方向沿 $x$ 轴时,透射光强度最大,为 $1.5I_0$;透振方向沿 $y$ 轴时,透射光强度最小为 $I_0$。当透振方向与 $x$ 轴成 $\theta$ 角时,透射光强是多少? 与入射光中的无偏振部分相关吗?

**【解】**　椭圆的长轴沿 $x$ 轴方向。设自然光的光强为 $I_1$,而椭圆偏振光的分量振幅为 $A_x, A_y$,则

$$\begin{cases} \dfrac{1}{2}I_1 + A_x^2 = 1.5I_0, \\ \dfrac{1}{2}I_1 + A_y^2 = I_0, \end{cases} \qquad \begin{cases} A_x^2 = 1.5I_0 - \dfrac{1}{2}I_1 \\ A_y^2 = I_0 - \dfrac{1}{2}I_1 \end{cases}$$

$P$ 与 $x$ 轴成 $\theta$ 角,透过光强

$$I(\theta) = \frac{1}{2}I_1 + A_x^2\cos^2\theta + A_y^2\sin^2\theta$$

$$= \frac{1}{2}I_1 + \left(1.5I_0 - \frac{1}{2}I_1\right)\cos^2\theta + \left(I_0 - \frac{1}{2}I_1\right)\sin^2\theta$$

$$= 1.5I_0\cos^2\theta + I_0\sin^2\theta = I_0(1 + 0.5\cos^2\theta)$$

可见,与入射光中无偏振部分,即自然光的光强 $I_1$ 无关。

# 9.3　反射、折射所引起的偏振态的改变

## 9.3.1　偏振态的改变

光在介质的分界面上发生反射、折射时,复振幅的变化可以用 4.1.3 小节中所

介绍的式(4.1.2)~式(4.1.5)描述。

菲涅耳公式是用电矢量的瞬时值或复振幅写出的表达式,如果只考虑绝对值的改变,而忽略相位的改变,则上述公式也可以理解为振幅的改变。

由菲涅耳公式可以看出,反射光、折射光的 P 分量、S 分量都将发生改变,因而会引起偏振态的改变。在一般情况下,自然光经过反射、折射后,都成为部分偏振光。因而,要拍摄商店橱窗内的物体时,往往要在照相机前加一支偏振滤光镜,目的就是消除橱窗玻璃的反射光,而使橱窗玻璃后的物体清晰成像。同样,由于大气层对光的散射的作用,空气中的光也是部分偏振的,在拍摄空中的景象时,为了突出蓝天白云,使用偏振滤光片也能获得很好的效果。

【例 9.6】 振动面平行和垂直于入射面的平面偏振光分别以 45°角入射到折射率为 1.52 的平行平面玻璃片上,经折射后透射的光强变为原来的多少?

【解】 振动面平行于入射面的平面光,就是 P 分量;振动面垂直于入射面的平面偏振光,就是 S 分量(图 9.4.1)。应用菲涅耳公式,得到

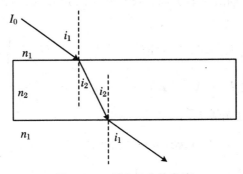

图 9.3.1 例 9.7 中的光路

$$\frac{E_{S2}}{E_{S1}} = \frac{2n_1\cos i_1}{n_1\cos i_1 + n_2\cos i_2} = \frac{2\sin i_2\cos i_1}{\sin(i_1 + i_2)}$$

$$\frac{E_{P2}}{E_{P1}} = \frac{2n_1\cos i_1}{n_2\cos i_1 + n_1\cos i_2} = \frac{2\sin i_2\cos i_1}{\sin(i_1 + i_2)\cos(i_1 - i_2)}$$

$$\frac{I}{I_0} = T_1 T_2$$

其中 $T_1$,$T_2$ 分别为两表面的光强透过率,而

$$T_{S1} T_{S2} = \frac{n_2}{n_1}\left(\frac{E_{S1}}{E_{S0}}\right)^2 \frac{n_1}{n_2}\left(\frac{E_{S2}}{E_{S1}}\right)^2 = \left[\frac{2\sin i_2\cos i_1}{\sin(i_1 + i_2)}\frac{2\sin i_1\cos i_2}{\sin(i_1 + i_2)}\right]^2$$

$$= \left[\frac{\sin 2i_1\sin 2i_2}{2\sin^2(i_1 + i_2)}\right]^2$$

$$T_{P1}T_{P2} = \frac{n_2}{n_1}\left(\frac{E_{P1}}{E_{P0}}\right)^2 \frac{n_1}{n_2}\left(\frac{E_{P2}}{E_{P1}}\right)^2$$

$$= \left[\frac{2\sin i_2 \cos i_1}{\sin(i_1+i_2)\cos(i_1-i_2)}\frac{2\sin i_1\cos i_2}{\sin(i_1+i_2)\cos(i_2-i_1)}\right]^2$$

$$= \left[\frac{\sin 2i_1 \sin 2i_2}{2\sin^2(i_1+i_2)\cos^2(i_1-i_2)}\right]^2$$

由 $i_1 = \pi/4, n_2 = 1.52, \sin i_2 = \dfrac{1}{n_2}\sin\dfrac{\pi}{4} = \dfrac{\sqrt{2}/2}{1.53} = 0.462\,2, \cos i_2 = 0.885\,2$，可得 S 分量的透过率为 $81.59\%$，P 分量的透过率为 $98.14\%$。

可见两正交分量的透射光强并不相等。

在特殊的条件下，自然光经过反射、折射可以得到平面偏振光。以下具体讨论。

## 9.3.2 垂直入射的情形

由菲涅耳公式，当垂直入射时，$i_1 = 0, i_2 = 0$，因而

$$\left|\frac{E'_{S1}}{E_{S1}}\right| = \left|\frac{n_1\cos 0 - n_2\cos 0}{n_1\cos 0 + n_2\cos 0}\right| = \left|\frac{n_1 - n_2}{n_1 + n_2}\right|$$

$$\left|\frac{E'_{P1}}{E_{P1}}\right| = \left|\frac{n_2\cos i_1 - n_1\cos i_2}{n_2\cos i_1 + n_1\cos i_2}\right| = \left|\frac{n_2 - n_1}{n_2 + n_1}\right|$$

$$\left|\frac{E_{S2}}{E_{S1}}\right| = \left|\frac{2n_1\cos i_1}{n_1\cos i_1 + n_2\cos i_2}\right| = \frac{2n_1}{n_1 + n_2}$$

$$\left|\frac{E_{P2}}{E_{P1}}\right| = \left|\frac{2n_1\cos i_1}{n_2\cos i_1 + n_1\cos i_2}\right| = \frac{2n_1}{n_2 + n_1}$$

由此可见

$$\left|\frac{E'_{S1}}{E_{S1}}\right| = \left|\frac{E'_{P1}}{E_{P1}}\right| = \left|\frac{n_1 - n_2}{n_1 + n_2}\right|, \quad \left|\frac{E_{S2}}{E_{S1}}\right| = \left|\frac{E_{P2}}{E_{P1}}\right| = \frac{2n_1}{n_1 + n_2}$$

无论反射光还是折射光，各个分量的改变是成比例的。由于在垂直入射的情形中，入射光、反射光、折射光都与分界面的法线重合，故入射面不唯一，也就是说，上述的 P 分量、S 分量是任意的。因此反射光和折射光的偏振特性不变。

## 9.3.3 布儒斯特定律

要想使得反射光或折射光变为平面偏振光，则必须要使其中的某一个分量为 0。

按照菲涅耳公式，只有当 $i_1 + i_2 = \pi/2$ 时，

$$\frac{E'_{P1}}{E_{P1}} = \frac{\tan(i_1 - i_2)}{\tan(i_1 + i_2)} = 0$$

在这种情形下,反射光中只包含 S 分量,为线偏光,如图 9.3.2 所示。由折射定律,可知此时必须有 $n_1 \sin i_1 = n_2 \sin i_2 = n_2 \cos i_1$,即 $\tan i_1 = n_2/n_1$,将这种情形下的入射角记为 $i_B$,则

$$i_B = \arctan \frac{n_2}{n_1} \tag{9.3.1}$$

上述公式称为**布儒斯特定律**,$i_B$ 称为**布儒斯特角**。4.2.2 小节中对此有过简单的说明。

当入射角为布儒斯特角时,无论入射光的偏振态如何,反射光都是平面偏振光,只有与入射面垂直的 S 分量。

【例 9.7】 自然光入射到玻璃(折射率为 1.5)表面上,要使反射光为平面偏振光,入射角为多大? 该角度是否与波长有关? 折射光的偏振度是多大?

【解】 由布儒斯特定律,可以算得此时的布儒斯特角为

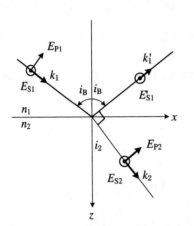

**图 9.3.2 以布儒斯特角入射的自然光,反射光为线偏光**

$$i_B = \arctan \frac{n}{n_a} = \arctan \frac{1.5}{1} = 56.31°$$

因为光的色散,该角度与波长有关,即对于同一介质,不同波长的光有不同的布儒斯特角。

此时折射光为部分偏振光,其振幅为

$$(A_{P2})^{(1)} = A_{P1} \frac{2\sin^2 i_2}{\sin 2i_2} = A_{P1} \tan i_2, \quad (A_{S2})^{(1)} = A_{S1} \cdot 2\sin^2 i_2$$

光强为

$$(I_{P2})^{(1)} = \frac{n_1}{n_2} \frac{I_0}{2} \tan^2 i_2, \quad (I_{S2})^{(1)} = \frac{n_1}{n_2} \frac{I_0}{2} \cdot 4\sin^4 i_2$$

按偏振度的定义,

$$P = \frac{I_{max} - I_{min}}{I_{max} + I_{min}} = \frac{\tan^2 i_2 - 4\sin^4 i_2}{\tan^2 i_2 + 4\sin^4 i_2} = \frac{1 - 4\sin^2 i_2 \cos^2 i_2}{1 + 4\sin^2 i_2 \cos^2 i_2}$$

$$= \frac{1 - 4\sin^2 i_B \cos^2 i_B}{1 + 4\sin^2 i_B \cos^2 i_B}$$

而

$$\sin^2 i_B = \frac{\tan^2 i_B}{1 + \tan^2 i_B} = \frac{(n_2/n_1)^2}{1 + (n_2/n_1)^2} = \frac{n_2^2}{n_1^2 + n_2^2}, \quad \cos^2 i_B = \frac{n_1^2}{n_1^2 + n_2^2}$$

于是

$$P = \frac{1 - \dfrac{4n_2^2 n_1^2}{(n_1^2 + n_2^2)^2}}{1 + \dfrac{4n_2^2 n_1^2}{(n_1^2 + n_2^2)^2}} = \frac{(n_1^2 - n_2^2)^2}{n_1^4 + 6n_2^2 n_1^2 + n_2^4} = \frac{(1 - 1.5^2)^2}{1 + 6 \times 1.5^2 + 1.5^4} = 0.079\,87$$

### 9.3.4 玻璃片堆和布儒斯特窗

如果自然光以布儒斯特角入射,则由于反射光中只有 S 分量,显然折射光中的 S 分量将小于 P 分量,所以折射光为部分偏振光,其中 S 分量较弱。

利用菲涅耳公式对此作进一步的讨论,可知在折射光中,P 分量的振幅

$$\left| \frac{E_{S2}}{E_{S1}} \right| = \frac{2\sin i_2 \cos i_B}{\sin(i_2 + i_B)} = \frac{2\sin(\pi/2 - i_B)\cos i_B}{\sin(\pi/2)} = 2\cos^2 i_B$$

S 分量的振幅

$$\left| \frac{E_{P2}}{E_{P1}} \right| = \frac{2\sin i_2 \cos i_B}{\sin(i_B + i_2)\cos(i_B - i_2)} = \frac{2\sin i_2 \sin i_2}{\sin(\pi/2)\cos(\pi/2 - i_2 - i_2)}$$

$$= \frac{2\sin^2 i_2}{\sin(2i_2)} = \tan i_2 = \frac{n_1}{n_2}$$

将上面的表达式以振幅 $A$ 表示,由于这是第一次折射的结果,所以可以记成

$$(A_{S2})^{(1)} = A_{S1} 2\cos^2 i_B, \quad (A_{P2})^{(1)} = A_{P1} \tan i_2 = A_{P1}\frac{n_1}{n_2}$$

如果有一个如图 9.3.3 所示的玻璃平板,入射光在上表面以布儒斯特角 $i_B$ 入射,则在下表面的入射角 $i_2$ 也是布儒斯特角。经过一对平行面的透射光,其分量的振幅变化如下:

对于 P 分量,第一次,从上表面透射,

$$(A_{P2})^{(1)} = A_{P1} \tan i_2$$

第二次,从下表面透射,

$$(A_{P2})^{(2)} = (A_{P1} \tan i_2) \tan i_B$$

$$= A_{P1} \tan i_2 \tan\left(\frac{\pi}{2} - i_2\right) = A_{P1}$$

即 P 分量全透射。

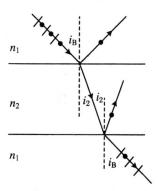

**图 9.3.3 两次折射**

对于 S 分量，第一次，从上表面透射，
$$(A_{S2})^{(1)} = A_{S1}2\sin^2 i_2$$

第二次，从下表面透射，
$$(A_{S2})^{(2)} = (A_{S1}2\sin^2 i_2)2\cos^2 i_2 = A_{S1}(2\sin i_2\cos i_2)^2 = A_{S1}\sin^2 2i_2$$

由于 $\sin^2 2i_2 \leqslant 1$，故 $(A_{S2})^{(2)} \leqslant A_{S1}$。

上述推导说明，以布儒斯特角入射的自然光经过一个表面相互平行的玻璃平板后，P 分量保持不变，全部透射，而 S 分量将会比仅经过单侧表面减小得更多。

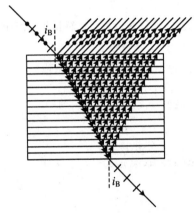

图 9.3.4　玻璃片堆

如果通过 $n$ 对这样的相互平行的表面，则最终的透射光中，
$$(A_{S2})^{(2n)} = A_{S1}\sin^{2n}(2i_2)$$

当 $n\to\infty$ 时，$(A_{S2})^{(2n)}\to 0$，透射光中没有 S 分量，但由于 $(A_{P2})^{(2n)} = A_{P1}$，透射光中 P 分量保持不变。即透射光中只有 P 分量，是平面偏振光，振动方向与入射面平行。

依据这样的原理，可以用玻璃片堆（图 9.3.4）得到平面偏振的透射光。

激光就是利用上述原理获得的很好的平面偏振光，图 9.3.5 为激光器的光学结构。由一个反射镜和一个透反射镜构成的法布里-珀罗腔就是激光器的谐振腔；激光腔内有一对光学平板玻璃，玻璃板的法线与谐振腔

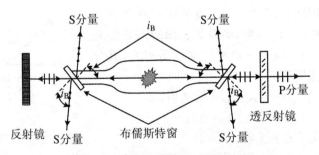

图 9.3.5　激光器中的布儒斯特窗

的轴线间的夹角就是布儒斯特角，这样的一对玻璃板称作**布儒斯特窗**。激光器介质受激辐射发出的光在谐振腔中反复振荡，每振荡一次，就通过布儒斯特窗四次，结果就只有 P 分量从透反射镜（激光器的窗口）出射，而 S 分量则被布儒斯特窗反

射。因而激光是具有 P 分量的平面偏振光。

### 9.3.5 全反射的相移和菲涅耳六面体棱镜

可见光发生全内反射时,相对于入射波,反射波的 S 分量和 P 分量都会出现 $0\sim\pi$ 的额外相位差,即**相移**(phase shift)。而 S 分量和 P 分量的相移并不相等,因而这两个正交分量之间会有一定的相位差,所以,平面偏振光经过全反射,一般情形下会成为椭圆偏振光。如果选择合适的入射角,则不仅可以使反射光的 S 分量和 P 分量具有相等的振幅,还可以使两者间有 $\pi/2$ 的相位差。

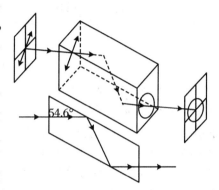

例如,在折射率 $n=1.51$ 的玻璃中,平面偏振光以 $54.6°$ 角入射,同时保持电矢量振动面与入射面的夹角是 $45°$,则经过两次连续的全反射,就会成为圆偏振光。据此,就可以做成获得圆偏振光的元件,这就是**菲涅耳六面体棱镜**(Fresnel rhomb),如图 9.3.6 所示。

**图 9.3.6 菲涅耳六面体棱镜**

# 9.4 光在晶体中的双折射

## 9.4.1 晶体的光学特征

晶体是具有周期性空间结构的一类凝聚态物质,在固体物理学中,这种周期性可以用对称性表示,这种对称性包括平移对称性、旋转对称性和反演对称性。

这种对称性当然是由于晶体的晶格在空间排列所决定的。

晶体结构上的对称性导致其物理性质是各向异性的。在晶体中,沿不同的方向具有不同的介电常数、电导率、磁导率、热传导系数、热膨胀系数等等,对于透光的晶体,其光学性质也是各向异性的。按照对称性,将晶体分为 14 种布拉菲格子;这 14 种布拉菲格子又可以归类为七大晶系。如果按照光学性质,可以将晶体分为三类:

第一类,有三个相互正交的等效的结晶学方向,如图 9.4.1 所示,其空间构型是简单立方、面心立方、体心立方结构,这就是结晶学上的立方晶系。在这种晶系中,任何一个晶格点上的原子沿三个正交方向的固有振动频率都相等,即三个相互正交的方向是等效的,因而,具有相同的介电常数,其光学性质是各向相同的,与非晶体相同。

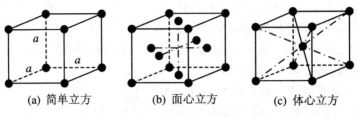

(a) 简单立方　　　　(b) 面心立方　　　　(c) 体心立方

图 9.4.1　立方晶系

第二类,有两个或两个以上的等效结晶学方向可以取在同一个平面内,而该平面与晶体的三、四、六重对称轴垂直。这就是结晶学上的三角晶系(图9.4.2)、六角晶系(图9.4.3)、四方晶系(图9.4.4)。容易看出,图9.4.3和图9.4.4所示的六角晶系和四方晶系中,原子在水平面内的各个方向的固有振动频率相等,而竖直方向就是该类晶体的对称轴;而图9.4.2中的三角晶系,其中一个格点由三条夹角相等的棱构成,则通过该点并与三条棱成等角的直线就是这类晶体的对称轴,在与对称轴垂直的平面内,原子的固有振动频率都相等。上述对称轴是这类晶体的一个特殊方向,称作晶体的光轴,这类晶体称作**单轴晶体**(uniaxial crystal)。

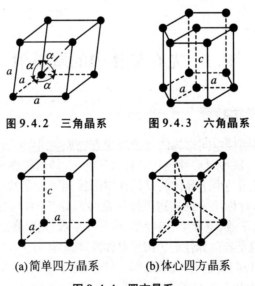

图 9.4.2　三角晶系　　　图 9.4.3　六角晶系

(a)简单四方晶系　　　(b)体心四方晶系

图 9.4.4　四方晶系

第三类,这类晶体中不存在两个等效的结晶学方向,包括正交晶系(图9.4.5)、单斜晶系(图 9.4.6)和三斜晶系(图 9.4.7)。对于正交晶系而言,由于每个晶格中相邻的原子不等间隔,故它们沿三个正交方向的固有振动频率各不相等;单斜和三斜晶系更是如此,因而这类晶体的对称性是最低的。这类晶体称作**双轴晶体**(biaxial crystal)。

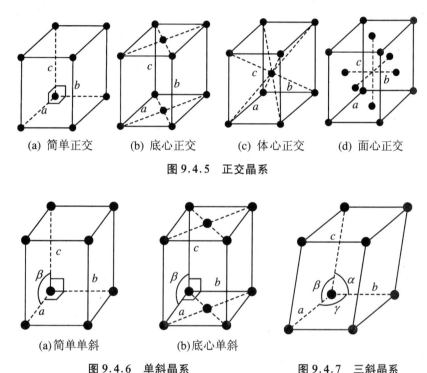

(a) 简单正交　　　　(b) 底心正交　　　　(c) 体心正交　　　　(d) 面心正交

**图 9.4.5　正交晶系**

(a)简单单斜　　　　　　(b)底心单斜

**图 9.4.6　单斜晶系**　　　　　　　**图 9.4.7　三斜晶系**

## 9.4.2　双折射现象与双折射晶体

### 1. 双折射现象

晶体具有各向异性,其光学性质与各向同性的介质有很大的差异。例如,将一块方解石晶体覆盖在文字上,则会观察到这些字都有重影(图 9.4.8),这说明一束光经过方解石晶体的折射后成为两束。这就是**双折射**(birefringence)现象。光在上述的单轴晶体或双轴晶体中传播时,都表现出双折射特性。

如图 9.4.9 所示,一束光入射到双折射晶体中分为两束,其中一束光遵循折射定律,传播特性与在各向同性介质中相同,因而将这束光称为**寻常光**(ordinary

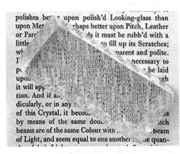

**图 9.4.8　方解石晶体的双折射**

ray），简称为 **o 光**；而另一束光则不遵循折射定律，例如入射角为零时，在晶体中的折射角并不为零，在某些情况下甚至会出现折射角为负值的特例，因而将这束光称为 **非常光** (extraordinary ray)，简称为 **e 光**。

所谓的 o 光、e 光都是针对在晶体中的光而言，离开晶体之后，则两束光无所谓"寻常"、"不寻常"，所以，对从晶体出射的光，不再以 o 光、e 光作为称谓。

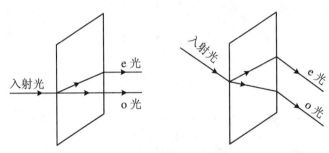

**图 9.4.9　光在晶体中的双折射**

实验研究发现，折射后的两束光都是平面偏光。如图 9.4.10 所示，将一块方解石晶体覆盖在画有箭头的白纸上，则会看到两个箭头的像；通过一个偏振片观察，当偏振片转到某一角度时，则只能看到一个像，该像的位置与纸面上的箭头重合，因而可以判断这是 o 光折射的结果；继续将偏振片转过约 90°，则会看到另一个像，这是 e 光折射的结果，而 o 光的像则几乎看不见。说明 o 光、e 光都是平面偏振光。

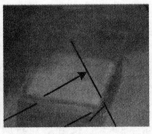
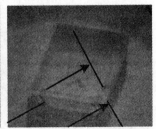

(a) 箭头经过方解石　　　(b) 经过线偏振器后，　　(c) 将线偏振器旋转90°后，
　　晶体的两个像　　　　　　　o光的像　　　　　　　　　e光的像

**图 9.4.10　o 光、e 光的偏振特性**

### 2. 双折射晶体

光在很多晶体中都能够产生双折射。

例如,方解石是一种典型的双折射晶体,其成分为 $CaCO_3$,属于碳酸钙的三角晶系。自然界的方解石中由于含有一些金属杂质往往呈现出各种颜色,如图 9.4.11所示。而比较纯净的方解石则是无色透明的,亦称冰洲石晶体。图 9.4.12 是一块双折射的方解石晶体。石英(水晶)、红宝石、冰等也是双折射晶体。云母、蓝宝石、橄榄石、硫磺等是另一类双折射晶体。

图 9.4.11 矿物形态的方解石

图 9.4.12 冰洲石晶体

### 3. 晶体双折射特征的表示

具有双折射特性的晶体,都具有各向异性的结构,可以用晶体中某些特殊方向和平面作为其结构和性能特征的标志。

(1) 晶体的光轴

在双折射晶体中有一个特殊的方向,光沿此方向入射时不发生双折射,这个方向就称作晶体的**光轴**(optical axis of crystal)。

按光轴可以将具有双折射特性的晶体分为单轴晶体(方解石晶体、石英、红宝石、冰等)、双轴晶体(云母、蓝宝石、橄榄石、硫黄等)。

例如,方解石晶体属于三角晶系,天然方解石晶体的外观是平行六面体,它的每一个表面都是一个角度为 102°和 78°的平行四边形,如图 9.4.13 所示。在方解石晶体的八个顶点中,有一对顶点是由三个 102°的钝角构成的,这样的顶点称为钝顶点。过钝顶点并且与该顶点的三条棱有相等夹角的直线就是方解石的光轴。由于晶体具有平移对称性,故所有与上述光轴平行的直线也是该晶体的光轴。

（2）主截面

晶体某一表面的法线与晶体光轴所构成的平面，就是晶体的**主截面**（principal section）。同样由晶体的平移对称性可知，每一个表面实际上有一个平行的主截面族。对于方解石而言，由于其外形是平行六面体，故每一组相对的面都有相同的主截面，而相邻的表面有不同的主截面，图9.4.14画出了晶体上、下表面的主截面。

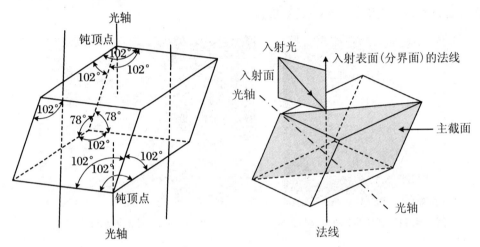

图9.4.13　方解石晶体的光轴　　　图9.4.14　晶体中的光轴和主截面

光轴和主截面是与晶体相关的特征，由晶体结构所决定。

（3）主平面

晶体中的光线与晶体的光轴所构成的平面就是光在晶体中的**主平面**（principal plane）。

在晶体中，由于双折射而产生了o光和e光，而o光和e光往往是分开的，所以，o光与光轴构成的平面就是**o光主平面**；e光与光轴构成的平面就是**e光主平面**。图9.4.15画出了晶体中的o光主平面和e光主平面。实验研究表明，o光、e光具有如下特征：

o光：电矢量的振动方向垂直于其主平面，因而o光的电矢量垂直于光轴。

e光：电矢量的振动方向平行于其主平面，因而e光的电矢量在e光主平面内。

一般情况下，光以任意的角度射入晶体，则入射面（即入射光线与晶体表面法线构成的平面）、主截面、o光主平面、e光主平面是不重合的，如图9.4.16

所示。

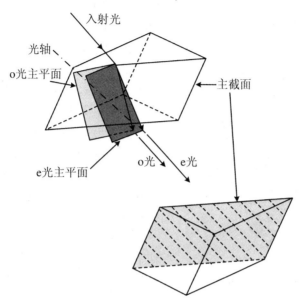

**图 9.4.15　晶体中 o 光和 e 光的主平面**

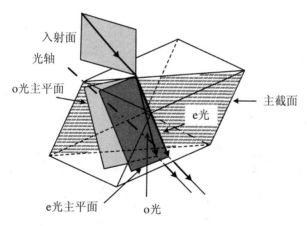

**图 9.4.16　晶体的主截面与两个主平面不重合**

　　但是,通过选择合适的入射方向,可以使入射面与主截面重合,即光轴处于入
射面之中。此时,o 光主平面、e 光主平面重合,且均与主截面重合(图 9.4.17)。

**4. o 光、e 光的光强**

　　在入射面与主截面重合的条件下,晶体中的 o 光主平面、e 光主平面都与晶体的主截面重合,则可以计算两束光的相对强度。例如,入射光是平面偏振光,电矢量与主截面间的夹角为 $\theta$,当光轴与表面倾斜时(图 9.4.18),在晶体中 o 光、e 光分开,从晶体出射后,这两列光波的相对强度的比值为 $\tan^2\theta$;当光轴与表面平行时(图 9.4.19),在晶体中,o 光、e 光的方向仍然相同,但折射率不同,所以传播的速度不相同,从晶体出射后,这两列光波的相对强度仍为 $\tan^2\theta$。虽然两列光波的方向相同,但是由于这两个相互正交的振动之间的相位差不再是 0 或 $\pi$,所以出射光不再是与原来相同的平面偏振光。

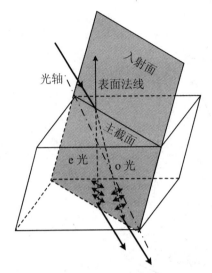

**图 9.4.17 与主截面平行的入射光在晶体中的主平面**

如图 9.4.19 所示,设入射平面偏振光的振动平面与晶体的主截面间的夹角为 $\theta$,则正交分解所得的 o 光、e 光的振幅分别为

$$A_o = A\sin\theta \tag{9.4.1}$$

$$A_e = A\cos\theta \tag{9.4.2}$$

光强分别为

$$I_o = I\sin^2\theta \tag{9.4.3}$$

$$I_e = I\cos^2\theta \tag{9.4.4}$$

其中 $\theta$ 为入射光的偏振方向与主截面的夹角。

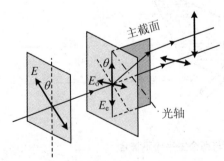

**图 9.4.18 一般情形下晶体中 o 光、e 光的光强**

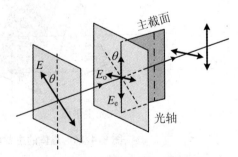

**图 9.4.19 晶体光轴与表面平行**

# 9.5 单轴晶体中光的波面

## 9.5.1 晶体中 o 光和 e 光的波面

三角晶系、四方晶系等单轴晶体中,光轴是一个特殊的方向,而与光轴垂直的各个方向是等效的,因而可以认为,其中的带电粒子沿着光轴方向振动时固有振动频率为 $\omega_1$,而沿着与光轴垂直方向振动时固有振动频率为 $\omega_2$,如图 9.5.1 所示。

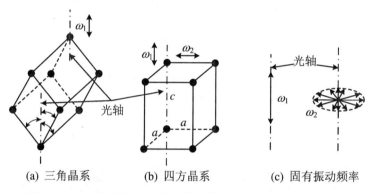

(a) 三角晶系     (b) 四方晶系     (c) 固有振动频率

**图 9.5.1 三角晶系、四方晶系的光轴即晶体中的固有振动频率**

由于沿着不同的方向有不同的固有振动频率,故光在单轴晶体中传播时,沿着不同的方向,就会有不同的速度。光是横波,沿着光轴方向传播时,由于其振动矢量总是与光轴垂直,故其相速度受 $\omega_2$ 控制,速度为 $v_2$;而沿着与光轴垂直的方向传播时,由于其振动矢量总是与光轴平行,其速度受 $\omega_1$ 控制,速度为 $v_1$;沿着其他方向传播时,速度介于上述 $v_1$ 和 $v_2$ 之间。

光的波面是等相位面,如果单轴晶体中有一个扰动点源,则会将扰动向各个方向传播,如图 9.5.2 所示。晶体中的波线(即光的传播方向)与晶体的光轴就构成了光的主平面。如果扰动电矢量的方向与光的主平面垂直,这就是晶体中的 o 光。o 光的电矢量与光轴垂直,则该扰动沿着各个方向传播的速度均等于 $v_2$,因而晶体中 o 光的波面是球面。

如果扰动电矢量的方向与光的主平面平行,就是晶体中的 e 光。e 光沿着光轴方向传播时,电矢量与光轴垂直,速度为 $v_2$;沿着与光轴垂直方向传播时,电矢量与光轴平行,速度为 $v_1$;而沿着其他方向传播时,相速度介于 $v_1$ 和 $v_2$ 之间,因而 e 光的波面就是一个椭球面。由于单轴晶体具有绕光轴的旋转对称性,所以该椭球面是一个绕晶体光轴的旋转椭球面。

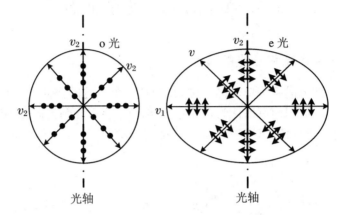

图 9.5.2　单轴晶体中 o 光、e 光电矢量的方向

晶体中 o 光的球形波面、e 光旋转椭球形的波面如图 9.5.3 所示。

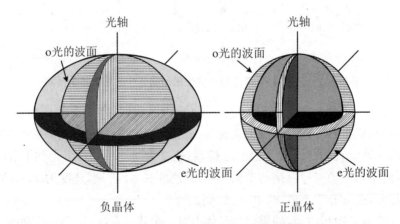

图 9.5.3　单轴晶体中 o 光和 e 光的波面

如图 9.5.4 所示,由于 o 光、e 光沿着光轴方向传播时具有相同的速度 $v_2$,故它们在同一时刻的波面在光轴处总是相切的。在与光轴垂直的方向传播时,o光、e 光的速度取决于 o 光、e 光在晶体中的折射率。如果 o 光的折射率大于 e 光的折射率,那么 e 光的速度 $v_2$ 就大于 o 光的速度 $v_1$,则球面被包裹在椭球面内,这样的晶体称作**负晶体**;反之,如果 o 光的折射率小于 e 光的折射率,那么 e 光

的速度 $v_2$ 就小于 o 光的速度 $v_1$, 则椭球面被包裹在球面内, 这样的晶体称作**正晶体**。

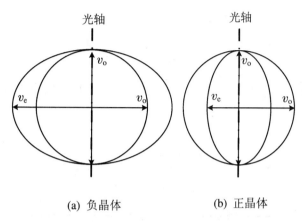

(a) 负晶体          (b) 正晶体

**图 9.5.4   单轴晶体中 o 光、e 光沿不同方向的速度**

由于 e 光在不同方向上的传播速度不同, 其折射率也不同。当 e 光沿着与光轴垂直的方向传播时, 将 e 光的折射率定义为**主折射率**, 即记 e 光沿着与光轴垂直方向传播的速度为 $v_e$, 则其主折射率为

$$n_e = \frac{c}{v_e} \tag{9.5.1}$$

o 光的折射率与方向无关, 为

$$n_o = \frac{c}{v_o} \tag{9.5.2}$$

表 9.5.1 给出了方解石和石英对某些波长的 $n_o$ 和 $n_e$。

**表 9.5.1   方解石与石英晶体的 $n_o$ 和 $n_e$**

| 谱线波长(nm) | | 方　解　石 | | 石　英 | |
|---|---|---|---|---|---|
| | | $n_o$ | $n_e$ | $n_o$ | $n_e$ |
| Hg | 546.072 | 1.681 34 | 1.496 94 | 1.557 16 | 1.566 71 |
| | 404.656 | 1.661 68 | 1.487 92 | 1.546 17 | 1.555 35 |
| Na | 589.290 | 1.658 36 | 1.486 41 | 1.544 25 | 1.533 36 |

实际上是根据两种光折射率的相对大小, 将晶体分为正晶体和负晶体的。$v_o > v_e$, 为正晶体; $v_o < v_e$, 为负晶体。正晶体中, $n_o < n_e$; 负晶体中, $n_o > n_e$。

图9.5.3给出了正负晶体中o光、e光的波面。根据表9.5.1所给出的某些波长的光在方解石和石英中的折射率,方解石为负晶体,石英为正晶体。

## 9.5.2 单轴晶体的惠更斯作图法

根据单轴晶体中o光、e光的波面特征,可以利用惠更斯作图法确定晶体中o光、e光的方向。

针对光轴在入射面内的情形,惠更斯作图法可以用下述步骤表述,参见图9.5.5。

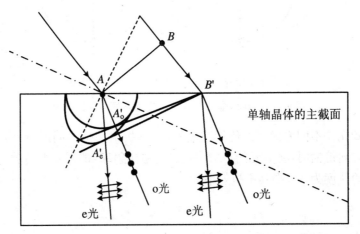

图 9.5.5 双折射的惠更斯作图法

设入射光的波面为 $AB$,晶体中o光、e光的波面分别为 $A_o'B'$ 和 $A_e'B'$。

(1) 将入射光束用一对平行线画出,这两条平行线分别与晶体的表面交于 $A$ 点和 $B'$ 点。过 $A$ 点作平行线的垂线 $AB$,则 $AB$ 即为入射光的波面。

入射光由 $B$ 点传播到 $B'$ 点的时间为 $\Delta t = \overline{BB'}/c$,则在 $\Delta t$ 内, $A$ 点的光将在晶体中传播一定的距离。

(2) o光的波面为球面,作o光的波面:以 $A$ 为中心, $v_o\Delta t$ 为半径作球面,该球面即为o光的波面。过 $B'$ 点作该球面的切平面,切点为 $A_o'$,则 $A_o'B'$ 就是o光在晶体中的波面,即 $AA_o'$ 就是o光的传播方向。

(3) e光的波面为旋转椭球面,作e光的波面:光轴为椭球面的一个轴,e光的波面与o光的波面在光轴上相切;椭球的另一轴与该轴垂直,半轴长度为 $v_e\Delta t$。从 $B'$ 点作椭球面的切平面,切点为 $A_e'$,则 $AA_e'$ 即为e光的方向。

由上述作图过程可以看出,在晶体中,o光的波面仍然与其传播方向垂直,但是 e 光的波面与其传播方向不再垂直。

晶体中 e 光的方向往往与 o 光相差明显,e 光的折射有时还会出现与折射定律相反的情况。例如,在入射角不等于 0 时,e 光的折射角可能会等于 0(图 9.5.6),甚至出现负值(图 9.5.7)。

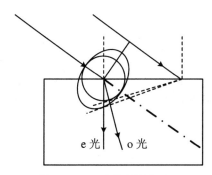

图 9.5.6　e 光的折射角为 0

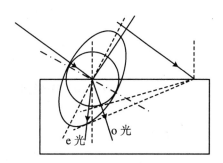

图 9.5.7　e 光的折射角为负值

### 9.5.3　几种特例

如图 9.5.8 所示,当光轴与晶体表面垂直,且入射光垂直入射时,按照惠更斯方法作出的 o 光和 e 光的波面是重合的,即不仅 o 光、e 光的方向相同,速度也是相同的,这时,并没有发生双折射。这就是沿着光轴方向入射的特殊情形。

如果光轴与晶体表面平行,则由于在与光轴垂直的方向上,o 光、e 光的速度不同,故 o 光、e 光的波面虽然相互平行,但是已经在空间分离,见图 9.5.9。这说明虽然 o 光、e 光的方向相同,但传播速度不同,因而,发生了双折射。

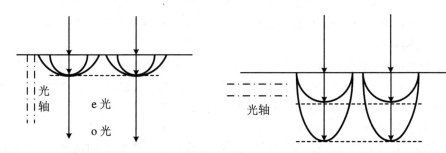

图 9.5.8　沿光轴入射的光不发生又折射　　图 9.5.9　e 光虽然方向相同,但发生了双折射

如果入射面与光轴垂直,如图 9.5.10 所示,则球面和椭球面在入射面的投影都是圆,由于 o 光、e 光的速度不同,两圆的半径不同,故发生双折射,o 光、e 光不

仅方向不同,速度也不同。但这时,e 光的波面与其传播方向垂直。

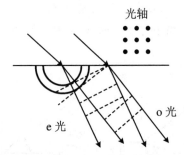

**图 9.5.10　用惠更斯作图法确定 o 光、e 光的方向**

# 9.6　晶体光学器件

光在晶体中的双折射产生了两种不同的结果,其一,o 光、e 光都是平面偏振光;其二,由于 o 光、e 光的速度不同,一列光相对于另一列光有一定的相位滞后。利用这两点,可以用双折射晶体制成偏振棱镜(birefringent polarizer)和相位延迟波晶片(retarder)。

## 9.6.1　偏振棱镜

既然晶体中的 o 光、e 光都是平面偏振光,如果设法将这两束光分开,就可以得到平面偏振光,这样的晶体就是偏振棱镜。以下简单介绍几种常用的偏振棱镜。

### 1. 尼科耳棱镜

**尼科耳棱镜**(尼科耳,William Nicol,1770～1851)用方解石晶体制成。首先对晶体切割,使长为宽的 3 倍,如图 9.6.1 所示。晶体的光轴过顶点 $A$,对于表面 $ABCD$ 而言,主截面为 $ACC'A'$,对于天然晶体,此主截面中,$\angle A = \angle C' = 71°$。

将两相对面磨去一部分,使得 $\angle C = 71°$,$\angle C'' = 68°$。

再用一个与主截面垂直的平面 $A''EC''F$ 将晶体剖开为相等的两部分,之后用加拿大树胶将剖面黏合。

在晶体中,o 光和 e 光有不同的折射率,但加拿大树胶由于是各向同性的,故折射率相同。例如,对于钠黄光,有 $n_e = 1.486\ 41 < n = 1.55 < n_o = 1.658\ 36$,在

用加拿大树胶黏合处,如果角度合适,则可以使 o 光全反射,e 光透射,因而两列平面偏振光可分开,如图 9.6.2 所示。

但加拿大树胶吸收紫外线,所以尼科耳棱镜不能用于紫外波段。

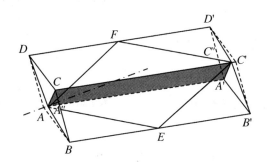

图 9.6.1 由方解石制作尼科耳棱镜

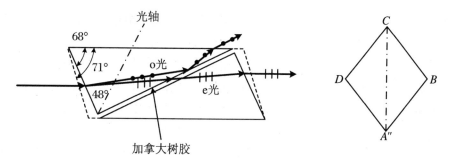

(a) 从尼科耳棱镜获得平面偏振光　　　　(b) 尼科耳棱镜的主截面

图 9.6.2 尼科耳棱镜的结构

## 2. 格兰-汤普森棱镜

**格兰-汤普森棱镜**(Glan-Thompson prism)的结构如图 9.6.3 和图 9.6.4 所示,由两块方解石的直角三棱镜组成,而且两棱镜的光轴相互平行。两棱镜的斜面既可以用胶黏合,也可以直接接触(中间有空气层)。由于胶对紫外光有强烈的吸收作用,所以直接接触的格兰-汤普森棱镜可以透射紫外光。容易看出,在两块棱镜的分界面处,o 光发生全反射,从另一侧面透出,而 e 光无通过接触面后直接射出。

由于 o 光在棱镜的底面有一部分会被反射,反射光会从另一端面与 e 光一起射出(图 9.6.3),所以,往往将其底面涂黑;或采用图 9.6.4 的结构,保证出射光有好的偏振度。

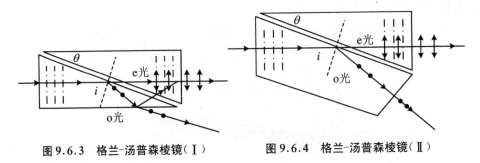

图 9.6.3　格兰-汤普森棱镜（Ⅰ）　　　　　图 9.6.4　格兰-汤普森棱镜（Ⅱ）

### 3. 渥拉斯顿棱镜

**渥拉斯顿棱镜**（渥拉斯顿，William Hyde Wollaston，1766～1828）用两块方解石的直角三棱镜制成。两棱镜的光轴相互垂直，斜面相对组合在一起，如图 9.6.5 所示。

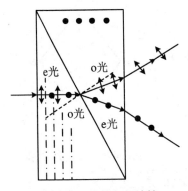

图 9.6.5　渥拉斯顿棱镜

　　由于两块晶体的光轴相互垂直，如果入射面与第一块棱镜的光轴垂直，且保持入射光垂直射向第一块晶体，则第一块晶体中，由于 o 光、e 光的方向相同，它们的主平面相同，都与晶体的主截面重合；第二块晶体中，由于折射，o 光、e 光的方向不同，主截面也不重合，但都和第一块晶体中光的主截面垂直。因而，第一镜中 o 光进入第二镜时，变为 e 光；第一镜中 e 光进入第二镜时，变为 o 光。在分界面处，将入射角记为 $i_1$；第二块晶体中，o 光、e 光的折射角分别记为 $i_{2o}$，$i_{2e}$。由于 $n_o > n_e$，所以 $i_{2o} < i_1 < i_{2e}$，即

$$\begin{cases} n_o \sin i_1 = n_e \sin i_{2e} \\ n_e \sin i_1 = n_o \sin i_{2o} \end{cases} \Rightarrow \begin{cases} \sin i_{2e} = \dfrac{n_o}{n_e} \sin i_1 > \sin i_1 \\ \sin i_{2o} = \dfrac{n_e}{n_o} \sin i_1 < \sin i_1 \end{cases}$$

因此 o 光、e 光分开。

### 4. 洛匈棱镜

**洛匈棱镜**（Rochon prism）的结构与渥拉斯顿棱镜有些相似，如图 9.6.6 所示，仍然由两个光轴相互垂直的方解石直角三棱镜制成，但第一棱镜的光轴与光入射

的表面垂直。当光垂直入射时,在第一镜中无双折射,第二镜中有双折射。

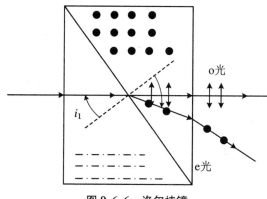

图 9.6.6 洛匈棱镜

可以看出,经过棱镜后,由于双折射,两列光的折射角满足

$$\begin{cases} n_{\mathrm{o}}\sin i_1 = n_{\mathrm{o}}\sin i_{2\mathrm{o}} \\ n_{\mathrm{o}}\sin i_1 = n_{\mathrm{e}}\sin i_{2\mathrm{e}} \end{cases}$$

由此得

$$\begin{cases} i_{2\mathrm{o}} = i_1 \\ \sin i_{2\mathrm{e}} = \dfrac{n_{\mathrm{o}}}{n_{\mathrm{e}}}\sin i_1 > \sin i_1 \end{cases} \Rightarrow i_{2\mathrm{e}} > i_{2\mathrm{o}}$$

因而 o 光、e 光分开。

由于上述偏振棱镜利用了晶体的双折射性质,可以得到偏振度很好的平面偏振光。

## 9.6.2 波晶片

**波晶片**通常用石英制成,也称作**波片**,是从石英晶体中切割出来的薄片。薄片的两个表面相互平行,而且石英的光轴也与表面平行,如图 9.6.7 所示。当平行光正入射时,在波片中,虽然有双折射,但是 o 光、e 光的方向一致,只是速度不同,有的超前,有的滞后。我们也可以将传播速度快、相位超前的光称作"快光",而传播速度慢、相位滞后的光称作"慢光"。

在图 9.6.7 所示的波片中,由于 e 光沿光轴方向振动,而 o 光的振动方向与光轴垂直,故光轴的方向也称 e 轴,而与光轴垂直的方向称作 o 轴。e 轴是波片中 e 光电矢量的方向,而 o 轴是波片中 o 光电矢量的方向。那么可以建立一个直角坐标系,通常取 z 轴为光的入射、出射方向,即波矢的方向,xy 平面与波片的表面平行,为了表示的方便,通常取坐标轴的方向与 o 轴、e 轴的方向平行。

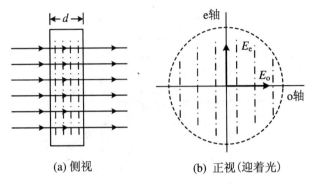

(a) 侧视　　　　　　　(b) 正视(迎着光)

**图 9.6.7　波片及其中的双折射**

　　o 轴、e 轴在波片中的折射率不同。由于 e 光的传播方向与光轴垂直,所以,e 光的折射率就是其主折射率。设波片的厚度为 $d$,则 o 光、e 光在波晶片中的光程分别为 $L_o = n_o d$,$L_e = n_e d$。当光从波片出射时,光程差为

$$\Delta L = L_e - L_o = (n_e - n_o)d \tag{9.6.1}$$

相位差

$$\Delta \varphi = \frac{2\pi}{\lambda}(n_e - n_o)d \tag{9.6.2}$$

　　如果波片是正晶体,$n_o < n_e$,出射时,o 光的相位比 e 光超前;如果是负晶体,$n_o > n_e$,出射时,o 光的相位比 e 光滞后。所以,式(9.6.2)中的 $\Delta \varphi$ 是由波片引起的 e 光相对于 o 光的相位滞后(延迟)。

　　对于特定的入射光波长,可以通过选择不同厚度的波片,产生不同的相位差。

　　设 $m$ 为整数,入射光的波长为 $\lambda$,那么:

　　如果 $\Delta L = m\lambda \pm \lambda/4$,则 $\Delta \varphi = 2m\pi \pm \pi/2$。波片使得 o 光、e 光(严格地说,从波片射出后,就不能再称其为 o 光、e 光了,而是两列光矢量正交的光)之间产生额外的 $\pm \pi/2$ 的相位差,这就是 1/4 波片,也可记作 $\lambda/4$ 片。实际上,在经过晶体的过程中,o 光、e 光的光程差为 $\Delta L = m\lambda/2 \pm \lambda/4$ 时,两列波之间额外产生的相位差为 $\Delta \varphi = m\pi \pm \pi/2$,其作用仍然等效于 $\lambda/4$ 片。

　　如果 $\Delta L = \pm \lambda/2 + m\lambda$,则 $\Delta \varphi = 2m\pi \pm \pi$。从波片出射的两列光矢量中正交的光之间额外产生 $\pi$ 相位差,这种波片称作 1/2 波片,或记作 $\lambda/2$ 片。

　　如果 $\Delta L = \pm m\lambda$,则 $\Delta \varphi = \pm 2m\pi$,即额外产生的相位差是 $2\pi$,这就是全波片。

　　由于晶体中 e 光、o 光的速度,或者相位是超前还是滞后取决于晶体的正负,故习惯有"快轴"、"慢轴"的说法。

**快轴**:晶体中传播速度较快的光的振动方向(轴)。负晶体的 e 轴、正晶体的 o 轴都是快轴。

**慢轴**:传播速度慢的光的振动方向(轴)。负晶体的 o 轴、正晶体的 e 轴都是慢轴。

具有偏振特性(平面偏振光、圆偏光和椭圆偏振光)的单色平行光束正入射到波片上,从波片的另一侧出射的光,方向相同,但由于双折射,成为具有一定相位差,且电矢量相互垂直的两部分,其偏振特性将发生改变。而自然光和部分偏振光,由于其正交分量之间的相位差是随机无规的,故经过波片后,仍然是自然光和部分偏振光,即波片对这两种光不起作用。

### 9.6.3　相位补偿器

波片具有固定的厚度,因而只适用于特定的波长,而且只能产生固定的相位差。如果设法将波片做成厚度可以改变的元件,则可以产生任意的相位差,这种元件就是补偿器。

#### 1. 巴比涅补偿器

将两块光轴相互垂直且顶角很小的直角三棱镜的斜面相对接触组合起来,就做成了**巴比涅补偿器**(Babinet compensator)(巴比涅,Jacques Babinet,1794~1872),如图 9.6.8 所示。该补偿器的结构实际上与渥拉斯顿棱镜相同,区别仅在于该补偿器很薄,且三棱镜的顶角很小。所以在棱镜斜面处光近似垂直入射,因此透过的光并没有分开,还基本保持原有的方向,也避免了全反射的发生。

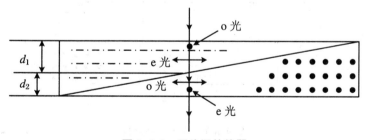

**图 9.6.8　巴比涅补偿器**

由于上下两部分的光轴相互垂直,第一块晶体中的 o 光,振动方向与纸面垂直,这列光进入第二块晶体后,振动方向与光轴平行,就变成了 e 光;同样,第一块晶体中的 e 光,振动方向与光轴平行,进入第二块晶体后,振动方向与纸面垂直,就变成了 o 光。在光经过的路径上,设第一块晶体的厚度为 $L_1$,第二块晶体的厚度为 $L_2$,则其中振动方向垂直于纸面和平行于纸面的两列光的光程分别为

$$L_{o1} = n_o d_1, \quad L_{e2} = n_e d_2; \quad L_{e1} = n_e d_1, \quad L_{o2} = n_o d_2$$

从补偿器出射的两列振动方向正交的光波之间的光程差为

$$\Delta L = (n_o d_1 + n_e d_2) - (n_e d_1 + n_o d_2) = (n_o - n_e)(d_1 - d_2) \quad (9.6.3)$$

因此，改变光入射的位置，就可以使得 $d_1 - d_2$ 的数值改变，从而改变出射光的相位差，即

$$\Delta \varphi = k \Delta L = \frac{2\pi}{\lambda}(n_o - n_e)(d_1 - d_2) \quad (9.6.4)$$

由于 $d_1 - d_2$ 有很大的取值范围，故出射光的相位差的取值范围也可以很大，起到相位补偿的作用。

巴比涅补偿器的缺点在于，由于光束的截面不可能是无限小的，所以一束光经过补偿器后，光束中不同的部分所经历的厚度 $d_1$ 和 $d_2$ 都不相同，因而相位差也不相同；同时，由于光在斜面处总有折射，快光和慢光的传播方向也会相互偏离。所以，这种补偿器仅仅适用于足够细的光束。

### 2. 索列尔补偿器

**索列尔补偿器**（Soleil compensator）由两块光轴方向一致的三棱镜和一块光轴与它们垂直的平板晶体构成，结构如图 9.6.9 所示。上面两块晶体可以沿斜面相对滑动，以改变其厚度 $d_1$，这种补偿器克服了巴比涅补偿器的缺点。由于上下两块晶体等效于平行平板，所以宽光束入射时，也能产生相同的相位差，且光的传播方向不会改变。

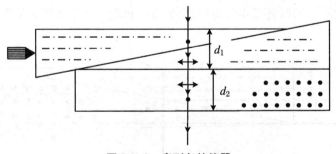

**图 9.6.9 索列尔补偿器**

如果上下两块晶体材料相同，光轴方向也相同，则有 $L_o = n_o d, L_e = n_e d$，于是 $\Delta L' = (n_o - n_e)d$。这时，看起来只要将上下两块晶体相对滑动，使得晶体的厚度 $d$ 变化，即可改变出射光的相位差，如图 9.6.10 所示。但是，由于厚度 $d$ 不是一个小量，所以 $\Delta L' \gg \Delta L$，即光程差要大得多，而实际的光不总是严格的非单色波，而是准单色波，其波列长度有限，是 $L = \lambda^2 / \Delta \lambda$，如果该光程差 $\Delta L'$ 超出波列的

长度 $L$，受时间相干性的限制，出射的两列电矢量正交的光已经无法叠加。而厚度差 $d_1 - d_2$ 可以变得足够小，从而使得光程差 $\Delta L = (n_o - n_e)(d_1 - d_2)$ 足够小，满足对时间相干性的要求。正是由于这样，补偿器都是由两块光轴正交的棱镜组成，而波片的厚度也是很薄的。

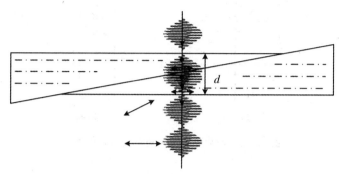

**图 9.6.10　光程差太大导致两列波分离**

# 9.7　用波片改变光的偏振态

## 9.7.1　光在波晶片中传播引起的相位差

图 9.7.1 给出了晶体波片中 o 光、e 光的波面以及相对传播速度，其中 o 光、e 光的光矢量的方向如图 9.7.2 所示。

具有某种偏振态的光射入波片，在波片中，o 光、e 光的振动相互垂直，从波片射出后，这两个相互垂直的、同方向的波列之间会产生一个相位差，因而合成后，所得到的光可以具有各种偏振态。以下作具体分析。

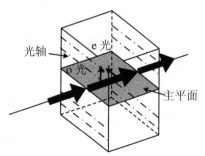

**图 9.7.1　波片中 o 光、e 光的主平面**

首先取定坐标系，$z$ 轴沿光的传播方向，不妨设 $x$ 轴与光轴平行，为 e 轴，则 $y$ 轴为 o 轴。设在入射点 $z_0$ 处，o 光、e 光的相位分别为 $\varphi_o(z_0)$ 和 $\varphi_e(z_0)$，即入射光可以用两个正交分量表示为

$$\begin{cases} E_x = A_x \cos[kz_0 - \omega t + \varphi_o(z_0)] \\ E_y = A_y \cos[kz_0 - \omega t + \varphi_e(z_0)] \end{cases} \tag{9.7.1}$$

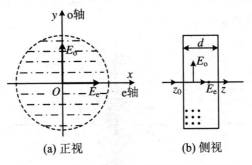

(a) 正视　　　　　(b) 侧视

图 9.7.2　波片中 o 光、e 光的光矢量的方向

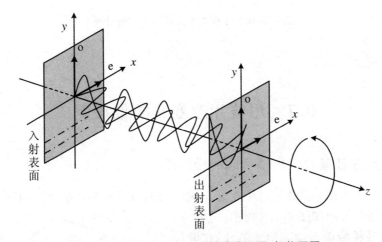

图 9.7.3　波片中 o 光、e 光的速度不同，相位不同

在同一时刻，在波片后表面出射点 $z$ 处，两正交分量的相位为

$$\varphi_o(z) = kz_0 - \omega t + \frac{2\pi}{\lambda}n_o d + \varphi_o(z_0) \tag{9.7.2}$$

$$\varphi_e(z) = kz_0 - \omega t + \frac{2\pi}{\lambda}n_e d + \varphi_e(z_0) \tag{9.7.3}$$

它们之间的相位差为

$$\Delta\varphi(z) = \varphi_o(z) - \varphi_e(z) = \frac{2\pi}{\lambda}(n_o - n_e)d + [\varphi_e(z_0) - \varphi_o(z_0)] = \Delta\varphi + \Delta\varphi_0$$

其中 $\Delta\varphi_0 = \varphi_e(z_0) - \varphi_o(z_0)$ 为在波片前表面处 o 光、e 光的相位差，即两正交分量

的初相位差,就是 $y$ 方向振动相对于 $x$ 方向振动的相位滞后 $\Delta\varphi_0$。$\Delta\varphi = \dfrac{2\pi}{\lambda}(n_o - n_e)d$ 就是由于光在波片中的双折射而额外产生的 o 光、e 光的相位差,则经过波片后,$y$ 方向振动的光相对于 $x$ 方向振动的光,相位滞后 $\Delta\varphi + \Delta\varphi_0$。

由于离开波片后,光在均匀介质中传播,两个正交分量之间不会再有额外的相位差,所以在后面的任何位置处,它们之间的相位差都将保持为 $\Delta\varphi + \Delta\varphi_0$,也就是说,可以将两个正交分量的表达式写作

$$\begin{cases} E_x = A_x\cos(kz - \omega t + \varphi_0) \\ E_y = A_y\cos(kz - \omega t + \Delta\varphi + \Delta\varphi_0 + \varphi_0) \end{cases}$$

沿快轴振动的光,折射率小,传播速度快,在 $z$ 点的相位较小,即相位超前;沿慢轴振动的光,折射率大,传播速度慢,在 $z$ 点的相位大,即相位滞后。

### 9.7.2  经过波片后光的偏振态的改变

#### 1. 自然光经波晶片

自然光进入波片,由于晶体中 o 光和 e 光的初相位在 $z_0$ 点是任意的,经波晶片后的相位差是任意的,所以仍是自然光。

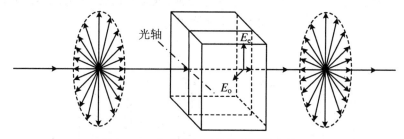

**图 9.7.4  自然光经过波片后仍是自然光**

#### 2. 线偏光经过波晶片

入射的线偏振光,在波片的前表面处分为 o 光、e 光,两者之间的相位差 $\Delta\varphi_0$ 为 0 或 $\pi$,经过波片后,这两个正交的振动之间会产生额外的相位差 $\Delta\varphi$。以下通过一些例子对此进行具体的分析。

(1) 如图 9.7.5 所示,入射线偏光的振动面与 $\lambda/4$ 片光轴之间的夹角为 $\theta$,光轴为快轴,讨论经过波片后光的偏振态。

看起来,这两种情况是一样的,因为经过 $\lambda/4$ 片后,都是竖直方向的分量比水平方向的分量相位要滞后 $\pi/4$。但是,如果取定坐标系后将会发现,在两种情况下,入射光的两个正交分量之间的相位差是不同的。如果设第一种情形下入射光

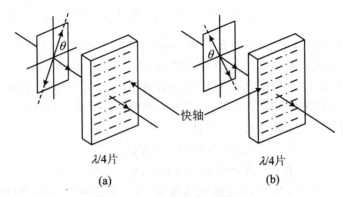

快轴

λ/4片  (a)              λ/4片  (b)

**图 9.7.5  入射光为线偏振光**

两个正交分量间的相位差为 0,则第二种情形下,两者间的相位差是 π。因而,经过波片后,竖直方向比水平方向的相位分别滞后

$$\Delta\varphi_1 = 0 + \frac{\pi}{2} = \frac{\pi}{2}, \quad \Delta\varphi_2 = \pi + \frac{\pi}{2} = \frac{3\pi}{2}$$

第一种情况下,出射光是左旋椭圆偏振光;第二种情况下,出射光是右旋椭圆偏振光。椭圆的长短轴分别沿竖直和水平方向,就是所谓的"正椭圆",且长短轴之比为 $\sin\theta : \cos\theta$,或 $\tan\theta : 1$,如图 9.7.6 所示。

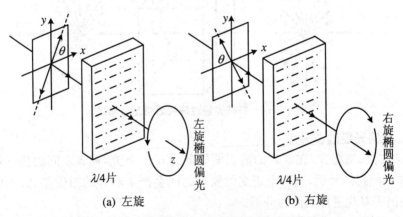

左旋椭圆偏光        右旋椭圆偏光

λ/4片  (a) 左旋        λ/4片  (b) 右旋

**图 9.7.6  出射光分别为左旋和右旋的椭圆偏振光**

通过上述例子可以看出,建立坐标系有助于准确地描述光的偏振状态,如图 9.7.7 所示,对于第 1、第 3 象限的线偏振光,其两个分量 $E_x$ 和 $E_y$ 总是同时取正值和负值,即两者是同相的,故相位差为 0;而第 2、第 4 象限的线偏振光,其 $E_x$ 和 $E_y$

的正负取值恰恰相反,是反相的,故相位差为 π。

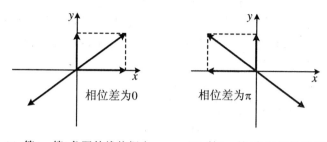

(a) 第1、第3象限的线偏振光　　(b) 第2、第4象限的线偏振光

**图 9.7.7　线偏振光的两正交分量之间的相位差**

若入射光与光轴间的夹角 $\theta = 45°$,则两正交分量的振幅相等,出射光为圆偏振光。

(2) 如图 9.7.8 所示,入射线偏光的振动面与 $\lambda/2$ 片光轴之间的夹角为 $\theta$,光轴为快轴,讨论出射光的偏振态。

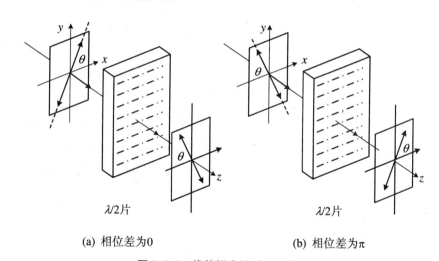

(a) 相位差为0　　　　　　　　　(b) 相位差为 π

**图 9.7.8　线偏振光经过 $\lambda/2$ 波片**

如果入射光中两分量间的相位差是 0,经过 $\lambda/2$ 片后,相位差为 π,成为第2、第4象限的线偏振光;如果入射光中两分量间的相位差是 π,经过 $\lambda/2$ 片后,相位差为0,成为第1、第3象限的线偏振光。两种情形下,光矢量与光轴的夹角仍为 $\theta$,相当于振动平面对 e 轴或 o 轴作了镜像变换。

### 3. 圆偏振光经过波晶片

圆偏振光两正交分量间本来就有 $\pi/2$ 的相位差,再经过 $\lambda/4$ 片,在波片慢轴方向振动的分量,相位进一步滞后 $\pi/2$,因而出射的光波中,两正交分量之间的相位差为 0 或 $\pi$,一定是线偏振光。同时,由于两正交分量的振幅是相等的,故线偏振光与光轴间的夹角 $\theta = 45°$。

(1) 右旋圆偏振光,波片快轴沿 $y$ 方向。

入射光的分量表达式为

$$\begin{cases} E_x = A\cos(kz_0 - \omega t) \\ E_y = A\cos\left(kz_0 - \omega t - \dfrac{\pi}{2}\right) \end{cases}$$

经过波片,快轴 $y$ 方向额外产生的相位差为 $-\pi/2$,于是出射光为

$$\begin{cases} E_x = A\cos(kz - \omega t) \\ E_y = A\cos(kz_0 - \omega t - \pi) \end{cases}$$

是第 2、第 4 象限的线偏振光,如图 9.7.9(a)所示。

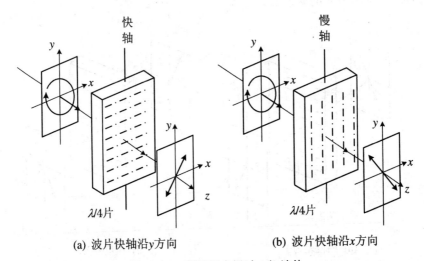

(a) 波片快轴沿 $y$ 方向　　　　　　(b) 波片快轴沿 $x$ 方向

**图 9.7.9　圆偏振光经过 $\lambda/4$ 波片**

(2) 右旋圆偏振光,波片快轴沿 $x$ 方向。

经过波片,慢轴 $y$ 方向额外产生的相位差为 $\pi/2$,于是出射光为

$$\begin{cases} E_x = A\cos(kz - \omega t) \\ E_y = A\cos(kz_0 - \omega t) \end{cases}$$

两正交分量的相位差为 0,是第 1、第 3 象限的线偏振光,如图 9.7.9(b)所示。

圆偏振光经过 $\lambda/2$ 片,无论波片的快轴在哪个方向,都会在两分量之间额外增加 $\pi$ 相位差,因而出射的光波中,两正交分量之间的相位差为 $\pm\pi/2$,还是圆偏振光,但由于额外增加了 $\pi$ 相位差,原来的右旋光变成为左旋的,而原来左旋的变为右旋的,如图 9.7.10 所示。

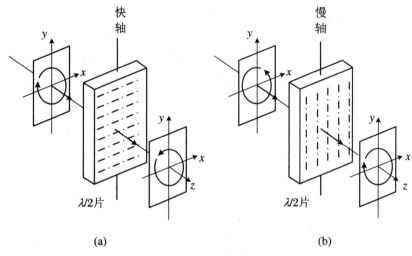

(a)　　　　　　　　　　　　　　　(b)

**图 9.7.10　圆偏振光经过 $\lambda/2$ 片**

#### 4. 椭圆偏振光经过波晶片

如果入射光为椭圆偏振光,则两正交分量为

$$\begin{cases} E_x = A_x\cos(kz_0 - \omega t) \\ E_y = A_y\cos(kz_0 - \omega t + \Delta\varphi_0) \end{cases}$$

其中 $\Delta\varphi_0$ 为任意值,出射后为

$$\begin{cases} E'_x = A_x\cos(kz - \omega t) \\ E'_y = A_y\cos(kz - \omega t + \Delta\varphi_0 + \Delta\varphi) \end{cases}$$

由于 $\Delta\varphi_0 + \Delta\varphi$ 仍然是任意值,所以一般情况下,出射光仍然是椭圆偏振光。至于其长轴取向和电矢量的旋转方向,要通过具体的计算才能确定,以下是几个具体的例子。

(1) 左旋正椭圆偏振光入射,$\lambda/4$ 片的快轴沿 $x$ 方向。

入射光的 $y$ 分量相位滞后 $\pi/2$,可以表示为

$$\begin{cases} E_x = A_x\cos(kz_0 - \omega t) \\ E_y = A_y\cos\left(kz_0 - \omega t + \dfrac{\pi}{2}\right) \end{cases}$$

经过波晶片后,由于 $y$ 为慢轴,$y$ 方向的相位额外滞后 $\pi/2$,即两正交分量的表达式为

$$\begin{cases} E'_x = A_x\cos(kz - \omega t) \\ E'_y = A_y\cos\left(kz - \omega t + \dfrac{\pi}{2} + \dfrac{\pi}{2}\right) = A_y\cos(kz - \omega t + \pi) \end{cases}$$

为第 2、第 4 象限的平面偏振光,结果示于图 9.7.11。

读者也许会有疑问:分析的结果是否受到坐标轴取法的影响。答案当然是否定的,因为波片所引起的光的偏振态的改变肯定只与客观条件有关,而坐标系仅仅是一个分析问题的参考系,坐标系的取法往往依据方便的原则并且会因人而异。例如,本例中可使 $x$ 轴沿慢轴方向(图 9.7.12)。

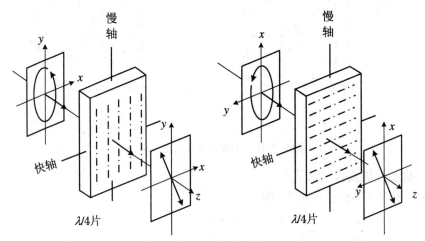

**图 9.7.11   椭圆偏振光经过 $\lambda/4$ 波片   图 9.7.12   另一种坐标系中相同的结果**

(2) 右旋椭圆偏振光经过 $\lambda/4$ 片,长轴与光轴夹角为 $\theta$,光轴为快轴。

既然坐标系的取法对结果的判断没有影响,不妨取 e 轴为 $x$ 轴的方向。椭圆与光轴间的夹角包括两种不同的情况,如图 9.7.13 所示。根据椭圆偏振光的特性,可知入射光的两正交分量间的相位差分别满足 $\Delta\varphi_0 \in (-\pi/2, 0)$ 和 $\Delta\varphi_0 \in (-\pi, -\pi/2)$。

先看入射光长轴在第 1、第 3 象限的情况,经过 $\lambda/4$ 片后,$y$ 方向又多了 $\pi/2$ 的相位滞后,即 $\Delta\varphi = \pi/2$,所以 $\Delta\varphi_0 + \Delta\varphi \in (0, \pi/2)$,是左旋椭圆偏振光,长轴仍然在第 1、第 3 象限,如图 9.7.14(a)所示。

再看入射光长轴在第 2、第 4 象限的情况,,经过 $\lambda/4$ 片后,$y$ 方向同样又多了 $\pi/2$ 的相位滞后,所以 $\Delta\varphi_0 + \Delta\varphi \in (-\pi/2, 0)$,还是右旋椭圆偏振光,但长轴变到

了第1、第3象限,如图9.7.14(b)所示。

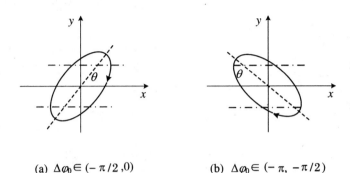

(a) $\Delta\varphi_0 \in (-\pi/2, 0)$　　　　(b) $\Delta\varphi_0 \in (-\pi, -\pi/2)$

**图9.7.13　取 e 轴为 x 轴**

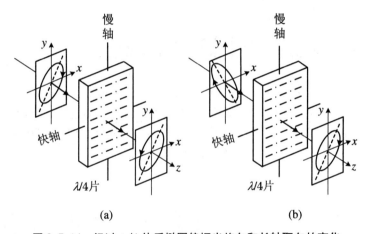

(a)　　　　　　　　　　(b)

**图9.7.14　经过 $\lambda/4$ 片后椭圆偏振光旋向和长轴取向的变化**

由于椭圆的方程是 $\dfrac{E_x^2}{A_x^2} + \dfrac{E_y^2}{A_y^2} - \dfrac{2E_xE_y}{A_xA_y}\cos\Delta\varphi = \sin^2\Delta\varphi$,椭圆长轴或短轴与坐标轴的夹角满足 $\tan2\alpha = \dfrac{2A_xA_y}{A_x^2 - A_y^2}\cos\Delta\varphi$,所以相位差改变 $\dfrac{\pi}{2}$,上式中 $\cos\Delta\varphi$ 和 $\sin^2\Delta\varphi$ 的数值都要变化,因而椭圆的形状和取向还是有所改变的。

　　**【例9.8】** 右旋椭圆偏振光入射到方解石制成的 $\lambda/4$ 片,椭圆的长轴与晶体光轴的夹角为 $60°$,且长短轴之比为 $\sqrt{3}:1$。讨论从波片出射的光的偏振态。

　　**【解】** 如图9.7.15所示,在沿着椭圆长短轴建立的坐标系 $Ox'y'$ 中,$y$ 方向的电矢量相位超前 $\pi/2$,且 $A_y':A_x' = \sqrt{3}:1$。为了分析经过波片后椭圆偏振光两

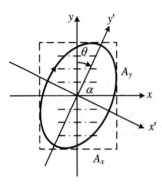

**图 9.7.15　例 9.9 中的光路**

正交分量间的关系,可以将椭圆看作是沿着晶体快慢轴的两正交分量的叠加。设沿晶体光轴建立的坐标系为 $Oxy$。

　　如果将坐标系按逆时针旋转 $30°$,则可将椭圆化为正椭圆。根据椭圆变换的关系式(9.2.10)和式(9.2.11),可以得到

$$\tan2\alpha = \frac{2A_xA_y\cos\Delta\varphi}{A_x^2 - A_y^2} = \frac{2\cos\Delta\varphi}{A_x/A_y - A_y/A_x}$$

$$= \frac{2\cos\Delta\varphi}{k - 1/k} = -\frac{\sqrt{3}}{3}$$

$$\frac{A_y'^2}{A_x'^2} = 3$$

而

$$A_x'^2 = \frac{A_x^2A_y^2\sin^2\Delta\varphi}{A_x^2\sin^2\alpha - A_xA_y\sin2\alpha\cos\Delta\varphi + A_y^2\cos^2\alpha}$$

$$A_y'^2 = \frac{A_x^2A_y^2\sin^2\Delta\varphi}{A_x^2\cos^2\alpha + A_xA_y\sin2\alpha\cos\Delta\varphi + A_y^2\sin^2\alpha}$$

$$\frac{A_y'^2}{A_x'^2} = \frac{A_y^2}{A_x^2}\frac{(A_x^2/A_y^2)\sin^2\alpha - (A_x/A_y)\sin2\alpha\cos\Delta\varphi + \cos^2\alpha}{(A_x^2/A_y^2)\cos^2\alpha + (A_x/A_y)\sin2\alpha\cos\Delta\varphi + \sin^2\alpha}$$

$$= k^{-2}\frac{k^2 - 2\sqrt{3}k\cos\Delta\varphi + 3}{3k^2 + 2\sqrt{3}k\cos\Delta\varphi + 1} = 3$$

解得

$$k^2 = \frac{A_x^2}{A_y^2} = \frac{2\sqrt{3}-3}{3}, \quad \cos\Delta\varphi = -\frac{\sqrt{3}}{6}(k - 1/k) = \frac{\sqrt{3}+1}{3}, \quad \Delta\varphi \in \left(-\frac{\pi}{2}, 0\right)$$

这就是在晶体光轴坐标系中椭圆偏振光两正交分量振幅的比值及相位差。

　　方解石的光轴是快轴,即图 9.7.15 中 $y$ 为慢轴,经过波片后,两正交分量的相位差为 $\Delta\varphi' = \Delta\varphi + \pi/2$,由于 $\Delta\varphi \in (-\pi/2, 0)$,所以 $\Delta\varphi' \in (0, \pi/2)$,从而变为左旋椭圆偏振光,长轴依然在第 1、第 3 象限。

　　(3) 椭圆偏振光经过 $\lambda/2$ 片。

　　经过 $\lambda/2$ 片,无论快轴是 $x$ 轴还是 $y$ 轴,都将增加附加相位差 $\pi$,则两分量的相位差与入射光相比,正好相反,电矢量的旋转方向也相反。即右旋的光将变为左旋的,左旋的光将变为右旋的,但椭圆的形状不变。

　　同时,椭圆长轴的取向也相应变化,即相对于光轴(坐标轴)作镜像变换。

　　变化的情况示于图 9.7.16。

通过上面的各种例子,读者可以看出 $\lambda/4$ 片与 $\lambda/2$ 片的作用是不同的。其中 $\lambda/2$ 片由于使相位相反,所以并不改变光的偏振态,只是使偏振光作一个镜像变换;而 $\lambda/4$ 片可以使偏振态有显著的改变,如将正椭圆偏振光变为线偏光,将圆偏光变为线偏光,将线偏光变为椭偏光,等等。

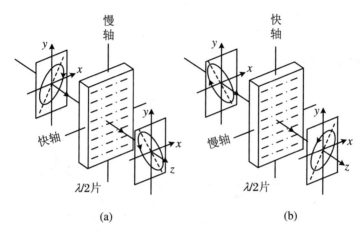

图 9.7.16 经过 $\lambda/2$ 片后椭圆偏振光旋向和长轴取向的变化

【例 9.9】 不同波长的光在方解石中的折射率不相等,当 $\lambda_1 = 404.6\ \text{nm}$ 时,$n_{o1} = 1.681\ 34$,$n_{e1} = 1.496\ 94$;当 $\lambda_2 = 706.5\ \text{nm}$ 时,$n_{o2} = 1.644\ 69$,$n_{e2} = 1.483\ 59$。今取一个对 404.6 nm 光波的方解石 $\lambda/4$ 片(o 光较 e 光的光程大),使波长为 706.5 nm 的圆偏光入射,试详细讨论出射光的偏振态,并指出其特征方向(即:若是平面偏振光,指出其偏振方向;若是圆偏振光或椭圆偏振光,指出其旋转方向)。

【解】 对于 $\lambda_1 = 404.6\ \text{nm}$,$\Delta n_1 = n_o - n_e = 0.184\ 4$,

$$\Delta n_1 d = \frac{\lambda_1}{4}$$

对于 $\lambda_2 = 706.5\ \text{nm}$,$\Delta n_2 = n_o - n_e = 0.161\ 1$,

$$\frac{\Delta n_2 d}{\lambda_2} = \frac{\Delta n_1 d}{\lambda_2} \frac{\Delta n_2}{\Delta n_1} = \frac{1}{4} \frac{\lambda_1}{\lambda_2} \frac{\Delta n_2}{\Delta n_1} = \frac{1}{4} \frac{404.6}{706.5} \frac{0.161\ 1}{0.184\ 4} \approx \frac{1}{8}$$

对于 $\lambda_2 = 706.5\ \text{nm}$ 的光,晶体相当于 $\lambda/8$ 片,经过波片后,两正交分量之间额外增加 $\pi/4$ 的相位差。

由于圆偏振光的电矢量具有轴对称性分布,所以无论波片的光轴方向取何种方向,经过该波片后,光的偏振态都是唯一确定的。不妨将坐标系的 $x$ 轴沿光轴(即方解石波片的快轴)方向选取,如图 9.7.17 所示。

入射光为左旋圆偏振光(图 9.7.17(a)),即

$$\begin{cases} E_x = A\cos(kz - \omega t) \\ E_y = A\cos\left(kz - \omega t + \dfrac{\pi}{2}\right) \end{cases}$$

经过该波片后,$y$ 方向(即 o 轴方向)为慢轴(图 9.7.17(b)),于是

$$\begin{cases} E'_x = A\cos(kz - \omega t) \\ E'_y = A\cos\left(kz - \omega t + \dfrac{3\pi}{4}\right) \end{cases}$$

显然,这是左旋椭圆偏振光。

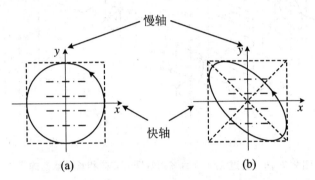

图 9.7.17　例 9.9 中入射光与出射光的偏振态

【**例 9.10**】　图 9.7.18 中,强度为 $I_0$ 的单色平行自然光沿 $z$ 轴入射,P 为偏振片,C 为 $\lambda/4$ 片,M 为与光轴垂直的平面镜。已知波片的快轴沿 $y$ 方向,P 的透振方向与 $x$ 轴的夹角为 $30°$。

(1) 详细描述从 $\lambda/4$ 片右侧出射的光的偏振态。

(2) 光经平面镜反射后,又经过波片 C,详细描述经过波片 C 后,光的偏振态。

(3) 反射光经过偏振片 P 后,强度是多少?

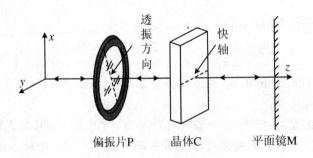

图 9.7.18　例 9.10 中的装置

**【解】** (1) 如图 9.7.19 所示,经过偏振片 P 后,平行光成为与 $x$ 轴的夹角为 $30°$方向的平面偏振光 $E$,振幅 $A = A_0/\sqrt{2}$。

再经过晶体 C,由于 $y$ 方向的相位超前 $\pi/2$,两正交分量为

$$\begin{cases} E_x = A\cos30°\cos(kz - \omega t) \\ E_y = A\sin30°\cos(kz - \omega t - \pi/2) \end{cases}$$

这是一列右旋正椭圆偏振光。

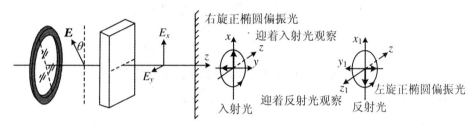

**图 9.7.19 例 9.10 中光的偏振态分析**

(2) 经平面镜 M 反射后,尽管有半波损失,或者,不管是否有半波损失,上述两正交分量之间的相位差保持不变,即电矢量的旋转方向是不变的。然而,光学中所谓左旋、右旋的规定,是在观察者迎着光的传播方向时作出的,因而反射光成为一列左旋的椭圆偏振光。

这时光波沿着 $-z$ 方向传播,或者,对于观察者来说,上述坐标系是一个左手系,所以上述表达式在新的右手系中成为

$$\begin{cases} E_{x1} = A\cos30°\cos(kz - \omega t) \\ E_{y1} = A\sin30°\cos(kz - \omega t + \pi/2) \end{cases}$$

这显然是左旋的椭圆偏振光。

(3) 上述反射光经过波片后,$y$ 方向又有了 $\pi/2$ 的相位超前,偏振态变为

$$\begin{cases} E'_{x1} = A\cos30°\cos(kz - \omega t) \\ E'_{y1} = A\sin30°\cos(kz - \omega t) \end{cases}$$

这是一列平面偏振光,振幅满足 $A\cos2\theta = A_0\cos2\theta/\sqrt{2}$,强度 $I = I_0\cos2\theta/2 = I_0/4$。

### 9.7.3 偏振态的实验鉴定

如果使一束光通过一个线偏振检偏器,如尼科耳棱镜,则变为线偏振光。如果使检偏器的透振方向绕光线旋转 $360°$,则对不同的入射光,将观察到如下不同的现象:

对于平面偏振光,光强改变,并会在两个位置出现消光,如图 9.7.20 所示。

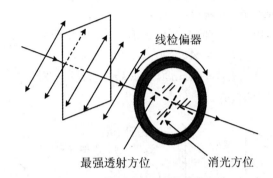

**图 9.7.20　用线检偏器鉴定平面偏振光**

对于自然光和圆偏振光,光强不变,如图 9.7.21 所示。

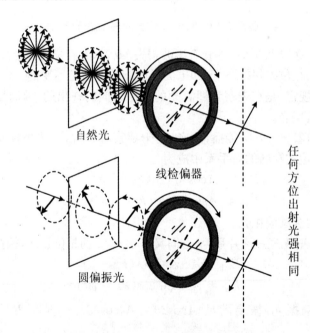

**图 9.7.21　通过线检偏器的自然光和圆偏振光**

对于部分偏振光和椭圆偏振光,光强改变,在两个相互垂直的位置出现极大值和极小值,如图 9.7.22 所示。

于是,仅仅通过一个线检偏器,就可以鉴定出平面偏振光,但自然光和圆偏振光的表现相同,部分偏振光和椭圆偏振光的表现也相同,因而无法将它们进一步区分。所以,还需要用其他光学元件做进一步的鉴别。

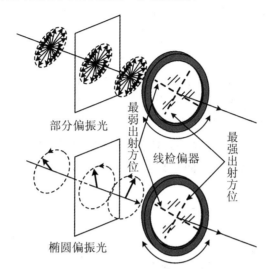

**图 9.7.22　通过线检偏器的部分偏振光和椭圆偏振光**

如果在检偏器前放置一个 $\lambda/4$ 片,则由于圆偏振光经过 $\lambda/4$ 片后变为线偏振光,而自然光经过 $\lambda/4$ 片后还是自然光,所以在该波片后放置一个线检偏器,就可以将自然光、圆偏振光区别开,如图 9.7.23 所示。

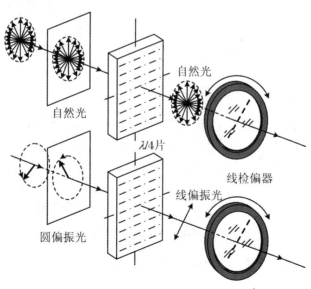

**图 9.7.23　自然光与圆偏振光的鉴定**

　　部分偏振光通过 $\lambda/4$ 片后仍然是部分偏振光，在一般情况下，椭圆偏振光经过 $\lambda/4$ 片后仍是椭圆偏振光，所以这样仍无法将椭圆偏振光与部分偏振光区别开。

　　设想将坐标系建在波片上，并使 $x$ 轴或 $y$ 轴与波片的光轴平行，那么一般情况下，入射的是一个倾斜的椭圆偏振光，即 $x, y$ 方向的分量之间的相位差是任意值；但是如果入射的是一个正椭圆偏振光，即椭圆的长短轴与坐标轴重合，则上述相位差就是 $\pm\pi/2$，这样的偏振光经过 $\lambda/4$ 片后，变为平面偏振光。所以，可以使 $\lambda/4$ 片的光轴绕着入射光束旋转，并同时转动检偏器，则部分偏振光不会消光，椭圆偏振光会在特殊的位置消光，从而可以将椭圆偏振光与部分偏振光区别开，如图9.7.24所示。

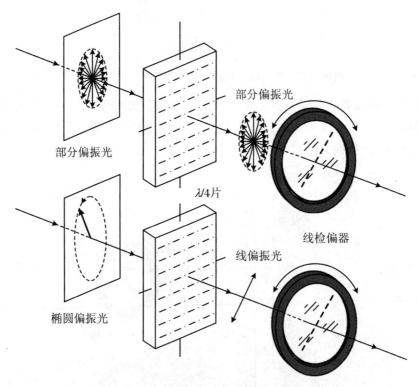

图 9.7.24　部分偏振光与椭圆偏振光的鉴定

　　可以将上述鉴定方法用表9.7.1加以概括。

表 9.7.1　鉴别光的偏振态

| 光的种类 | 仅使用偏振器,并使其旋转 | λ/4 片 + 偏振器 |
|---|---|---|
| 自然光 | 光强不变,不消光 | 光强不变,转动检偏器,不消光 |
| 圆偏振光 | 光强不变,不消光 | 转动检偏器,光强改变,并消光 |
| 线偏振光 | 光强改变,消光,可以鉴定 | |
| 部分偏振光 | 光强改变,但不消光 | 旋转上述元件,光强改变,但不消光 |
| 椭圆偏振光 | 光强改变,但不消光 | 旋转上述元件,光强改变,并出现消光 |

# 9.8　偏振光的干涉

波片的 e 光和 o 光的电矢量分别沿 e 轴和 o 轴的方向,是相互垂直的;通过波片后,成为两列电矢量相互垂直的平面偏振光,因而是不相干的,只能合成为椭圆等形式的偏振光。但是,可以通过电矢量振动面的变换,使得它们进行相干叠加。

## 9.8.1　平行光偏振光的干涉装置

平行偏振光的干涉装置如图 9.8.1 所示,由两个偏振片和位于其间的双折射晶体(波晶片)组成。从线偏振器 $P_1$ 出射的平面偏振光正入射到晶体中,分为 o 光和 e 光;从晶体出射后,再使电矢量正交的两列波经过一个偏振片 $P_2$,从 $P_2$ 射出的光的电矢量相互平行,成为相干光,进行相干叠加。

光波经过各个元件后,光矢量的方向和大小如图 9.8:2 所示。设晶体的 e 轴和 o 轴分别沿 $x,y$ 方向,$P_1$ 的透振方向(透光轴)与 $x$ 轴的夹角为 $\alpha$,$P_2$ 的透光轴与 $x$ 轴的夹角为 $\beta$。

可以看出,在这种装置中,偏振光的干涉与自然光干涉的区别主要有:

(1) 干涉光为线偏振光,振动面相互平行;

(2) 光程差由波晶片的厚度,以及波晶片的光轴与 $P_1$,$P_2$ 透光轴之间的夹角决定,不同于双缝或薄膜干涉。

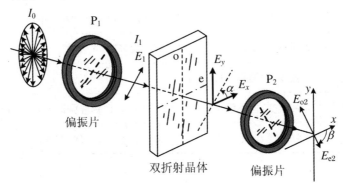

**图 9.8.1 平行偏振光的干涉装置**

## 9.8.2　干涉分析与实验现象

### 1.参与干涉的光波的振幅及相位

如图 9.8.2 所示,设入射的自然光强度为 $I_0$,经 $P_1$ 后的线偏振光的电矢量和振幅分别为 $E_1$ 和 $A_1$。在波晶片中,e 光、o 光的振幅分别为

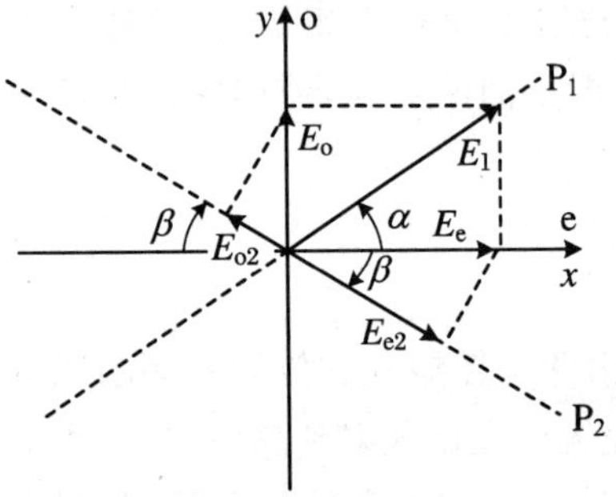

$$A_e = A_1\cos\alpha \qquad (9.8.1)$$

$$A_o = A_1\sin\alpha \qquad (9.8.2)$$

从波晶片射出的 e 光、o 光,再经过 $P_2$,相应的振幅为

$$A_{e2} = A_1\cos\alpha\cos\beta \qquad (9.8.3)$$

$$A_{o2} = A_1\sin\alpha\sin\beta \qquad (9.8.4)$$

**图 9.8.2 光矢量的分解**

e 光、o 光中都有一部分可以从 $P_2$ 透射,它们的振动分别表示为 $E_{e2}$,$E_{o2}$,且 $E_{e2}$ // $E_{o2}$,这两部分是相干的;相干叠加可表示为 $E_2 = E_{e2} + E_{o2}$,干涉光强

$$I = A_{e2}^2 + A_{o2}^2 + 2A_{e2}A_{o2}\cos\Delta\varphi$$

$$= A_1^2(\cos^2\alpha\,\cos^2\beta + \sin^2\alpha\,\sin^2\beta + 2\cos\alpha\cos\beta\sin\alpha\sin\beta\cos\Delta\varphi) \qquad (9.8.5)$$

式中 $\Delta\varphi$ 为两列光的相位差,由以下因素决定:

(1) $P_1$ 透光轴的方向所引起的相位差记作 $\Delta\varphi_1 = 0,\pi$。当其透光轴在第 1、第 3 象限时(图 9.8.3(a)),$\Delta\varphi_1 = 0$;而当其透光轴在第 2、第 4 象限时(图 9.8.3(b)),

$\Delta \varphi_1 = \pi$。

（2）波晶片引起的

$$\Delta \varphi_c = \frac{2\pi}{\lambda}(n_e - n_o) d$$

（3）$P_2$透光轴的方向所引起的相位差记作 $\Delta \varphi_2 = 0, \pi$。当其透光轴在第 1、第 3 象限（图 9.8.3(c)），$\Delta \varphi_2 = 0$；而当其透光轴在第 2、第 4 象限时（图 9.8.3(d)），$\Delta \varphi_2 = \pi$。

总的相位差为

$$\Delta \varphi = \Delta \varphi_1 + \Delta \varphi_c + \Delta \varphi_2 \qquad (9.8.6)$$

当各个元件的方向固定时，$\Delta \varphi_1$，$\Delta \varphi_2$ 固定不变。

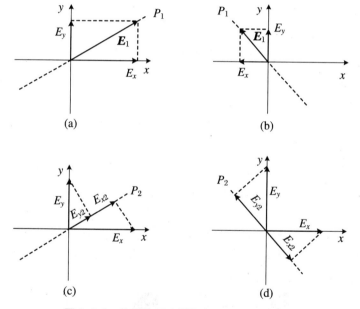

(a)  (b)

(c)  (d)

**图 9.8.3 偏振片透光轴取向所引起的相位差**

例如，$P_1 \perp P_2$，且波晶片的光轴平分 $P_1$，$P_2$ 的夹角（图 9.8.4(a)），则有 $\alpha = \beta = \pi/4$，$\Delta \varphi_1 = \pi$，$\Delta \varphi_2 = 0$，干涉光强

$$I = A_1^2 \left[ \frac{1}{2} + \frac{1}{2}\cos(\pi + \Delta \varphi_c) \right]$$

$$= \frac{1}{4} I_0 (1 - \cos \Delta \varphi_c) = \frac{1}{2} I_0 \sin^2 \left( \frac{1}{2} \Delta \varphi_c \right) \qquad (9.8.7)$$

如果 $P_1 // P_2$，且波晶片的光轴平分 $P_1$，$P_2$ 的夹角（图 9.8.4(b)），则有 $\alpha = \beta =$

$\pi/4, \Delta\varphi_1 = 0, \Delta\varphi_2 = 0$,干涉光强

$$I = A_1^2 \left[ \frac{1}{2} + \frac{1}{2}\cos(\Delta\varphi_c) \right] = \frac{1}{4}I_0(1 + \cos\Delta\varphi_c) = \frac{1}{2}I_0\cos^2\left( \frac{1}{2}\Delta\varphi_c \right)$$

$$(9.8.8)$$

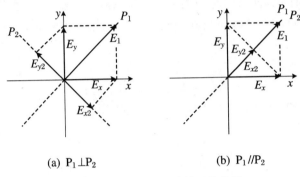

(a) $P_1 \perp P_2$      (b) $P_1 /\!/ P_2$

图 9.8.4 偏振光干涉的两种特例

### 2. 干涉现象

(1) 波晶片等厚,$\Delta\varphi_c = 2\pi/\lambda(n_e - n_o)d$ 不变。

① 单色光入射,屏上照度均匀;转动元件,会引起振幅以及 $\Delta\varphi_1, \Delta\varphi_2$ 的改变,接收屏上的照度改变。

② 白光入射,由于不同成分的波长,相位差 $\Delta\varphi_c(\lambda)$ 不同,所以有些是干涉相长,而有些是干涉相消,因此接收屏上会出现彩色。转动元件,色彩、照度都改变。这种现象就是显色偏振。

(2) 波晶片不等厚,$\Delta\varphi_c$ 随厚度而变,不同的厚度处,有些是干涉相长,而有些是干涉相消,因而接收屏上的照度不再均匀,会有干涉条纹出现,见图 9.8.5。这些干涉条纹的分布和形状都与波晶片的形状有关。

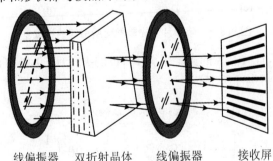

线偏振器    双折射晶体    线偏振器    接收屏

图 9.8.5 通过不等厚晶体的干涉

【例9.11】 将巴比涅补偿器放在两个正交偏振片之间,光轴与它们的透振方向之间成 $45°$ 角,会看到什么现象? 若补偿器的楔角 $\alpha = 2.75°$,用平行的钠黄光(5892.90 Å)照射,求干涉条纹的间隔。转动补偿器的光轴,对干涉条纹有什么影响?

【解】 通过巴比涅补偿器后,两正交分量间的光程差为 $\Delta L = (n_o - n_e)(d_1 - d_2)$,干涉后的光强分布为

$$I = \frac{1}{2}I_0\sin^2\left(\frac{1}{2}\Delta\varphi_c\right) = \frac{1}{2}I_0\sin^2\left[\frac{\pi}{\lambda}(n_o - n_e)(d_1 - d_2)\right]$$

由于厚度差 $d_1 - d_2$ 沿着与棱边垂直的方向线性分布,所以干涉花样是一系列平行于补偿器棱边的等间隔直条纹。

如图9.8.6所示,设补偿器高度为 $h$,则在距离补偿器一端 $x$ 处,

$$d_1 - d_2 = x\tan\alpha - (h - x)\tan\alpha = 2x\tan\alpha - h\tan\alpha$$

亮条纹的间隔满足 $2\Delta x\tan\alpha = \lambda$,即 $\Delta x = \dfrac{\lambda}{2\tan\alpha} = \dfrac{\lambda}{2\alpha}$。

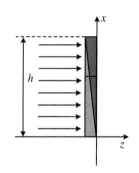

【例9.12】 以线偏振光照射巴比涅补偿器,通过偏振片观察,发现在两楔形棱镜中央,即厚度 $d_1 = d_2$ 处有一条暗线,与中央暗线相距 $a$ 处又有一条暗线。若以同一波长的椭圆偏振光照射,发现暗线移至距离中央 $b$ 处。

**图9.8.6 例9.11中的光路**

(1) 求椭圆偏振光在补偿器晶体中所分解成的两个振动分量的初始相位差与 $a$,$b$ 的关系;

(2) 如果椭圆的长短轴正好分别与两棱镜晶体的光轴平行,试证 $b = a/4$;

(3) 设已知偏振片的透振方向与补偿器的光轴的夹角为 $\theta$,找出 $\theta$ 与(2)中椭圆长短轴比值的关系。

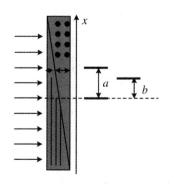

**图9.8.7 例9.12中的光路**

【解】 (1) 如图9.8.7所示,通过补偿器后,两正交分量的光程差为 $\Delta = (n_o - n_e)(d_1 - d_2)$,而在距离补偿器中线 $x$ 处,$d_1 - d_2 = 2x\tan\alpha$。于是 $a$ 处的暗线满足条件 $\Delta_1 = 2(n_o - n_e)a\tan\alpha = \lambda$,即 $2(n_o - n_e)\tan\alpha = \lambda/a$。

入射光为椭圆偏振光时,$b$ 处的暗线满足条件

$$\Delta\varphi_0 \pm 2bk(n_o - n_e)\tan\alpha = \Delta\varphi_0 \pm \frac{bk\lambda}{a}$$

$$= \Delta\varphi_0 \pm \frac{2\pi b}{a} = 0$$

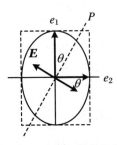

图 9.8.8　偏振片的取向

（2）如果是正椭圆，$\Delta\varphi_0 = \dfrac{\pi}{2}$，则有 $\dfrac{\pi}{2} - b\,\dfrac{2\pi}{\lambda}\dfrac{\lambda}{a} = 0$，即 $b = \dfrac{a}{4}$。

（3）此时偏振片的透振方向与晶体光轴的关系如图9.8.8所示。在暗线处，出射光可表示为

$$\begin{cases} E_x = A\cos\theta\cos\omega t \\ E_y = A\sin\theta\cos(\omega t + \pi) \end{cases}$$

据此，有

$$A_x = A\cos\theta, \quad A_y = A\sin\theta$$

即长短轴之比为 $\cos\theta : \sin\theta$。

### 9.8.3　会聚偏振光的干涉

#### 1. 干涉装置

会聚偏振光的干涉装置如图 9.8.9 所示，其中包括单色光源 $S$，凸透镜 $L_1$，$L_2$，$L_3$，$L_4$，光轴平行（或垂直）于系统轴线的波晶片 $C$，偏振片 $P_1$，$P_2$，以及接收屏。

$S$ 位于 $L_1$ 的焦点处，平行光波通过 $P_1$ 后，被 $L_2$ 会聚到波片上；从波片出射的光经 $L_3$ 后成为平行光，然后通过 $P_2$，$L_4$ 在接收屏上干涉。系统的配置，要求透镜 $L_4$ 将 $L_3$ 的像方焦平面成像在接收屏上，而在 $L_3$ 的像方焦平面会聚的光波，是通过晶体后相互平行的光波，也是同一条射向晶体的光波经双折射后分成的两列光波。

与平行偏振光的干涉不同，这样的干涉装置在接收屏上得到的干涉花样是明暗交错的同心圆环，其中还有暗或亮的"十"字形图案，垂直或平行于 $P_1$ 的透振方向。当 $P_1 \perp P_2$ 时，是暗"十"字；当 $P_1 /\!/ P_2$ 时，是亮"十"字。

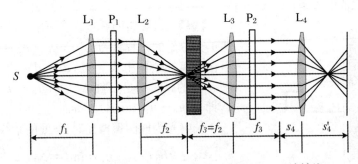

图 9.8.9　会聚偏振光的干涉装置，光轴平行于系统轴线

### 2. 光轴平行于系统轴线的干涉花样

如前所述,由于只有相互平行的入射光线才能会聚到透镜 $L_3$ 的像方焦平面上,所以在这样的装置中,进行干涉的光是从波片出射的相互平行的光,实际上也是从晶体入射表面同一点处入射的光波。干涉的光程差可以按图 9.8.10 计算。在晶体中,e 光的光程为 $d/\cos i_e$,o 光的光程为 $d/\cos i_o$。在出射表面,两列光波出射点的距离为 $d(\tan i_e - \tan i_o)$,所以在晶体之外,光程差为 $d(\tan i_e - \tan i_o)$ · $\sin i$。由于 e 光的传播方向并不垂直于光轴,故 e 光的折射率沿不同方向是不同的。总的光程差为

$$\Delta L = d(\tan i_e - \tan i_o) + d(\tan i_e - \tan i_o)\sin i$$

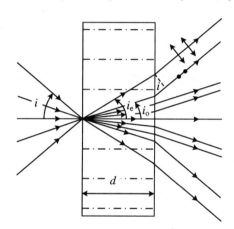

**图 9.8.10　会聚光在晶体中的双折射**

由于折射角是入射角的函数,所以光程差实际上是由入射光线的方向决定的,即沿不同方向的入射光,在 $L_3$ 的焦平面的光程差,也就是相位差不同,经过相干叠加,就形成明暗交错的干涉圆环。

但是,仅仅考虑上述相位差的因素是不够的,因为这是偏振光的干涉,沿不同方向入射的光波,经过偏振片 $P_1$,$P_2$ 后,由于透射光的振幅受到振动方向与透振方向之间角度的影响,所以也会改变干涉的强度分布。

如图 9.8.11 所示,所有以入射角 $i$ 射向晶体的光线,构成了顶角为 $2i$ 的一个圆锥面。由于入射光波经过了线偏振片 $P_1$,所以射向晶体的光的电矢量沿 $P_1$ 方向。设入射光线在与 $P_1$ 的夹角为 $\theta$ 的入射面内,振幅为 $A$,则 o 光、e 光的振幅分别为

$$A_o = A\sin\theta \quad \text{和} \quad A_e = A\cos\theta$$

再经过 $P_2$ 后,振幅分别为

$$A_{o2} = A\sin\theta\cos\theta \quad 和 \quad A_{e2} = A\cos\theta\sin\theta$$

于是干涉强度为

$$I = A_{o2}^2 + A_{e2}^2 + 2A_{o2}A_{e2}\cos(\Delta\varphi + \pi) = \frac{A^2}{2}\sin 2\theta(1 - \cos\Delta\varphi)$$

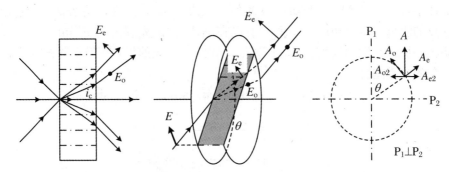

**图 9.8.11　会聚偏振光经晶体发生双折射后在偏振片上的光矢量**

当 $\theta = 0, \pi/2, \pi, 3\pi/2$ 时，$I = 0$，这就形成了图 9.8.12 所示的暗"十"字形干涉花样。

当 $P_1 \parallel P_2$ 时，经过 $P_2$ 的偏振光的矢量分解如图 9.8.13 所示，这种情形下，参与干涉的两列波的振幅分别为 $A_{o2} = A_o\sin\theta = A\sin\theta\sin\theta$ 和 $A_{e2} = A_e\cos\theta = A\cos\theta\cos\theta$，干涉强度

$$I = A_{o2}^2 + A_{e2}^2 + 2A_{o2}A_{e2}\cos\Delta\varphi$$

$$= A^2\sin^4\theta + A^2\cos^4\theta + 2A^2\sin^2\theta\cos^2\theta\cos\Delta\varphi$$

当 $\sin^2\theta = \cos^2\theta$ 时，即 $\theta = \pi/4, 3\pi/4, 5\pi/4, 7\pi/4$ 时，光强取极大值，这就形成了亮"十"字形干涉花样(图 9.8.14)。

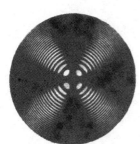

**图 9.8.12　$P_1 \perp P_2$，暗"十"字**

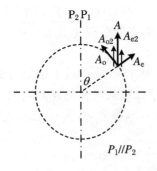

**图 9.8.13　$P_1 \parallel P_2$ 时偏振片上光矢量的分解**

**图 9.8.14　$P_1 \parallel P_2$，亮"十"字**

### 3．光轴垂直于系统轴线的干涉花样

将整个系统按图 9.8.15 配置。这时，晶体的光轴与系统的轴线垂直，对于会聚到晶体上的光波而言，由于系统不再是轴对称配置的，以相同入射角 $i$ 会聚到晶体表面的光线，在晶体中分为 o 光和 e 光，晶体中的各条光线的主平面以及 o 光、e 光电矢量的方向如图 9.8.16 所示。从图中可以看出，所有的 o 光具有相同的折射率和折射角，而不同方向的 e 光由于折射率不等，折射角也不等，所以，从晶体的另一侧出射时，o 光与轴线的夹角是 $i$，仍分布在一个圆锥面上，而与轴线的夹角是 $i$ 的 e 光则不再分布在一个圆锥面上，所以干涉花样也不再是轴对称的，即不再是同心圆环形的干涉花样。

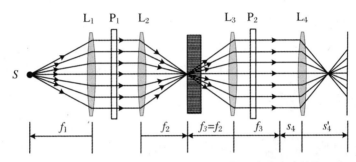

**图 9.8.15　会聚偏振光的干涉装置（光轴垂直于系统轴线）**

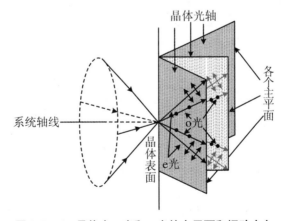

**图 9.8.16　晶体中 o 光和 e 光的主平面和振动方向**

这样的装置所形成的干涉花样是类似猫眼形状的"十"字形条纹，如图 9.8.17 所示。当 $P_1 /\!/ P_2$ 时，中央是亮的"十"字形条纹，而当 $P_1 \perp P_2$ 时，中央是暗的"十"字

形条纹。

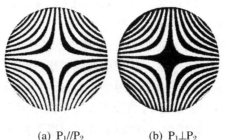

(a) $P_1 // P_2$        (b) $P_1 \perp P_2$

**图 9.8.17　光轴垂直于系统轴线时,会聚偏振光的干涉花样**

### 4．双轴晶体的干涉花样

双轴晶体的结构和特性比单轴晶体要复杂得多,因而会聚偏振光经过这样的晶体所形成的干涉条纹也要复杂得多,图 9.8.18 是某种双轴晶体的干涉条纹。

**图 9.8.18　会聚偏振光通过双轴晶体的干涉花样**

通过上面的各种分析和实例可以看出,具有双折射特性的晶体所形成的干涉花样是由其结构决定的;反过来,干涉条纹的分布也能反映晶体的结构特征和双折射特性。所以,在实际研究工作中,可以根据晶体在偏光显微镜中的干涉条纹判断其结构特征。

### 5．偏振光干涉的应用:光测弹性

金属制成的柱、梁、钓钩等机件,受外力时,内部有一定的应力分布。但是,由于金属是不透明的,所以其内部应力往往难以直接观察到。为了研究其中的应力分布,可以将透明的塑料制成与机件相同的形状,然后仿照机件的受力,在塑料件上施加相应的外力。塑料是各向同性介质,不受外力时,没有双折射现象,但是,加外力后,其内部的应力分布不均匀,会在应力方向产生光轴,出现双折射现象。研究表明,由应力所引起的折射率差与应力的大小成正比,即

$$(n_c - n_e)d = cpd \tag{9.8.9}$$

其中 $p$ 为应力,$c$ 为材料系数,$d$ 为沿应力方向材料的厚度。

针对这种情况下,可以采用适当的装置,观察到偏振光的干涉,并且由干涉条纹的分布,可推知折射率差在塑料中的分布,从而分析机件中应力分布的情况,这就是**光测弹性**。图 9.8.19 是一个汽车轮毂形状的塑料受到压力时其中的干涉条

纹,而图 9.8.20 为一个 200 mm F/2.5 望远镜玻璃镜片在不同受力方式下的光测弹性干涉条纹。

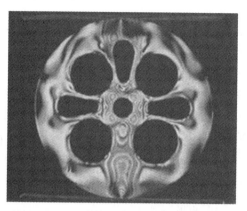

**图 9.8.19**　汽车轮毂受力时的光测弹性照片

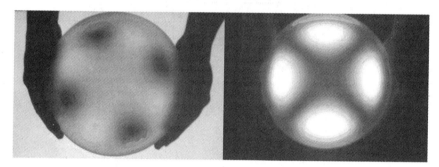

**图 9.8.20**　不同受力方式下玻璃透镜的光测弹性照片

# 9.9　电　光　效　应

某些材料在电场作用下,可以产生双折射效应。例如,有些液体,本来是各向同性的,没有双折射,但在外加电场的作用下,光可在其中产生双折射;一些晶体,光沿其光轴入射时,本来不会发生双折射,但加上电场后,沿这一方向的光也发生双折射。这种现象都是电场引起了介质光学性质的变化,称作**电光效应**(electrooptic effect），也称作**人工双折射**。

## 9.9.1 克尔效应

如图 9.9.1 所示，将液态硝基苯（$C_6H_5NO_2$）封入有一对平行玻璃窗口的小盒中，盒中有一对平行的电极板，这就是克尔盒。将小盒置于两个透光轴正交的线偏振片之间，在没有外电场时，光是无法通过这一系统的，但是，如果在极板上加电压（偏振片透光轴与电场的方向之间成 45°夹角），便有光透过这个系统，说明盒内的液体在外电场的作用下，变成了双折射物质，光轴沿着电场的方向，光在其中分解成了 o 光和 e 光，e 光的电矢量沿着光轴方向（$y$ 方向），而 o 光的电矢量垂直于光轴，沿着 $x$ 方向，如图 9.9.2，这一现象称作**克尔效应**（Keer effect）。电场的方向与光的传播方向垂直，这是一种横向电场。

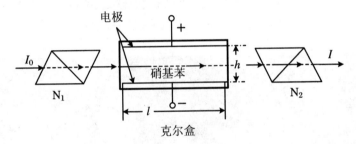

**图 9.9.1 克尔效应**

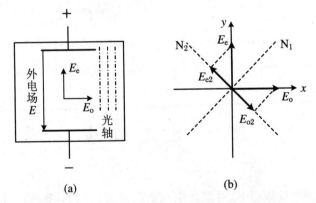

(a)        (b)

**图 9.9.2 克尔效应中，o 光、e 光的电矢量及其分解**

实验表明，在液体中，o 光和 e 光的折射率差 $n_{//} - n_{\perp}$ 与外电场有关，称作感生折射率差，可表示为

$$\Delta n = n' - n'' = n_{/\!/} - n_{\perp} = kE^2 \tag{9.9.1}$$

其中 $k$ 为克尔常数,例如,硝基苯对钠黄光(D 线,$\lambda = 589.3$ nm)的克尔常数为 $k = 220 \times 10^7$ CGSE 单位。由于式(9.9.1)为电场强度的二次式,所以克尔效应也称作**二级电光效应**。

在 $N_1 \perp N_2$ 且与外电场 $\boldsymbol{E}$ 成 $\pi/4$ 角时,由式(9.8.7),出射光的强度为

$$I = I_0 \frac{1}{2}\sin^2\frac{\Delta\varphi_c}{2} = I_0 \frac{1}{2}\sin^2\left(\frac{k\Delta n}{2}\right) = I_0 \frac{1}{2}\sin^2\left(\frac{\pi}{\lambda}dE^2\right)$$

而 $E = V/h$,于是得到

$$I = I_0 \frac{1}{2}\sin^2\left(\frac{\pi}{\lambda}d\frac{V^2}{h^2}\right) \tag{9.9.2}$$

可以通过改变加在极板上的电压控制输出的光强。

硝基苯有剧毒,而且液态的克尔盒使用不很方便。

## 9.9.2　泡克尔斯效应

某些晶体,其中最典型的是 KDP 晶体,即磷酸二氢钾($KH_2PO_4$)晶体,在没有外电场时,为单轴晶体,但是,在外加电场的作用下,变为双轴晶体。当入射光沿着原来的光轴方向入射时,光在晶体中分为 o 光和 e 光。在这种晶体中,o 光和 e 光的折射率差与外电场的强度有关,这就是**泡克尔斯效应**(Pockels effect)。例如,入射光经过线起偏器 $N_1$ 后,射入 KDP 晶体,从晶体出射后,再经过另一个检偏器(偏振片或尼科耳棱镜等)。可以让两偏振片的透光轴相互垂直,即 $N_1 \perp N_2$,如图 9.9.3 所示。这时,在没有外加电场的情况下,光是无法通过这一系统的。但是沿着光的传播方向(也是 KDP 晶体光轴的方向)加上电场后,系统中立刻就有光输出,而且输出的光强与所加的电压有关。

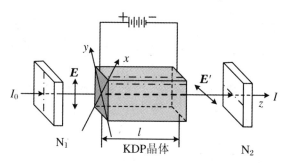

**图 9.9.3　泡克尔斯效应(纵向电场)**

如果所加电场为纵向的,即电场与光的传播方向平行,在相互垂直的 $x, y$ 方

向的感生折射率分别为 $n', n''$,沿 $x, y$ 方向振动的 o 光和 e 光的传播速度分别为 $v', v''$。

泡克尔斯效应的感生折射率差为

$$n' - n'' = n_o^3 \gamma E \qquad (9.9.3)$$

其中 $n_o$ 是对 o 光的折射率,$\gamma$ 为介质的电光系数。由于感生折射率差与电场强度成正比,所以泡克尔斯效应也称作**一级电光效应**。

沿 $x, y$ 方向振动的光的相位差为

$$\Delta\varphi = \frac{2\pi}{\lambda}(n' - n'')d = \frac{2\pi}{\lambda}n_o^3 \gamma V \qquad (9.9.4)$$

其中 $d$ 为晶体的纵向长度,$V$ 为晶体两端的电压。

由式(9.4.7),出射光的强度为

$$I = \frac{1}{2}I_0 \sin^2 \frac{\Delta\varphi}{2} = \frac{1}{2}I_0 \sin^2\left(\frac{\pi}{\lambda}n_o^3 \gamma V\right) \qquad (9.9.5)$$

如果加横向电场(图9.9.4),则感生折射率差为

$$n' - n'' = n_o^3 \gamma' E \qquad (9.9.6)$$

两正交分量的相位差为

$$\Delta\varphi = \frac{2\pi}{\lambda}(n' - n'')l = \frac{2\pi}{\lambda}n_o^3 \gamma' E l = \frac{2\pi}{\lambda}n_o^3 \gamma' V\left(\frac{l}{h}\right) \qquad (9.9.7)$$

其中 $h$ 为晶体横向的线度。

使相位差等于 $\pi/2$ 的电压称作**半波电压**(图9.9.5),记作 $V_{\lambda/2}$。式(9.9.7)中,由于通常有 $l > h$,与纵向电场相比,可降低半波电压。

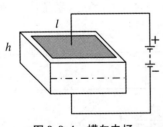

图 9.9.4　横向电场

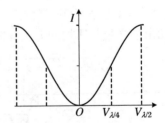

图 9.9.5　半波电压

### 9.9.3　电光效应的应用

**1. 激光光强调制**

从式(9.9.5)可以看出,改变加在 KDP 晶体上的电压,输出光强相应改变。在 $\Delta\varphi = \pi/4$ 附近的一个小的范围内,光强电压的关系近似为线性的(图9.9.5),即

$\Delta I \propto \Delta V$,这一区域称作线性区,使 $\Delta \varphi = \pi/4$ 的电压称作 $\lambda/4$ 电压,记作 $V_{\lambda/4}$。

如果先在 KDP 晶体上施加电压 $V_{\lambda/4}$,使其处于线性区,再加上一个幅度较小的调制电压 $\tilde{V} = a\sin\omega t$(图 9.9.6),则输出光的强度将会随着调制电压变化,即

$$\Delta I \propto \Delta V = a\sin\omega t \tag{9.9.8}$$

这样就可以实现用正弦波对输出光强进行调制,例如调制激光器的输出光强。如果调制电压是某种信号,那么可以将信号加载在激光上,以实现激光通信(图 9.9.7)。

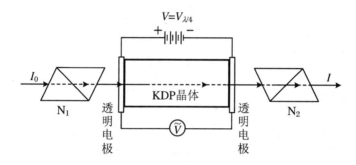

**图 9.9.6　在 KDP 晶体上加调制电压 $\tilde{V}$**

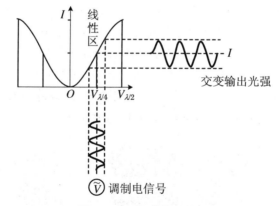

**图 9.9.7　加载调制信号**

## 2. 高速光闸

克尔盒,或者 KDP 晶体,对外加电压的响应非常快,例如硝基苯克尔效应的弛豫时间约为 $10^{-9}$ 秒的数量级。所以,除了用作光强调制,还可以作为高速光闸(高速光开关)使用。

由式(9.9.2)或式(9.9.5),当 $V = 0$ 时,没有光输出,系统处于对光截止状态(关);当 $V = V_{\lambda/2}$ 时,输出光强最大,系统对光处于开通状态(开),如图9.9.8所示。而从施加电压到光的输出状态改变,所用的响应时间约为 $10^{-9}$ 秒。

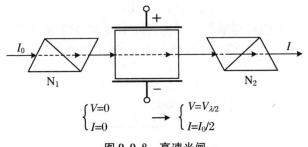

**图9.9.8 高速光闸**

## 9.9.4 液晶显示器

顾名思义,液晶就是液态的晶体,是一种介于固态和液态之间的物态。这种物态是奥地利植物生理学家 Friedrich Reintzer（1858～1927）在1888年研究一种胆甾型甲苯酸盐时发现的。他注意到这类物质有两个相变点:在一点变为雾状的液体,在另一点变为透明的晶体。这种新的物相,就是所谓的"液晶相"。

液晶多是有机分子材料,其分子具有长雪茄的形状,这些分子的位置可以移动,具有液体的特征;但是,这些分子之间又有较强的相互作用,因而做较规则的排列,呈现出一定的长程有序状态,这就是晶体的特征。依据分子的排列特征,可以将液晶的相分为三类:向列相（nematic phase）液晶、近晶相（smectic phase）和胆甾相（cholesteric phase）,如图9.9.9所示。除此之外,还有碟型液晶（discotic LC）、热致液晶（thermotropic LC）、重现性液晶（reentrant LC）等。

(a) 向列相　　　　(b) 近晶相　　　　(c) 胆甾相

**图9.9.9 液晶的三种形态**

### 1. 液晶的光学特性

下面以向列相液晶为例解释其显示原理。向列相液晶的分子排列近乎平行，但分子的位置又不完全固定，因而可以借助外力使分子定向排列。例如，可以在玻璃基底上蒸镀一系列平行的凹槽，液晶分子就会沿着凹槽排列，处于两块这样带凹槽的玻璃之间的向列相液晶，其分子之间相互平行，并且都与玻璃表面平行。这样的液晶就具有了各向异性结构，表现出单轴晶体的双折射特征，分子的取向就是 e 轴或慢轴。

如果在上述玻璃基底上蒸镀一层透明电极（例如 ITO，即氧化铟锡，对 450～1 800 nm 波长的光有很大的透射率），并加上电压，如图 9.9.10 所示，则在外电场的作用下，液晶分子将呈现出沿电场方向排列的趋势（除了与基底接触的分子之外），如图 9.9.11 所示。外电场越强，分子排列越一致，对于沿电场方向入射的光，其双折射特性越弱，即感生折射率差随着电场的增强而减小。

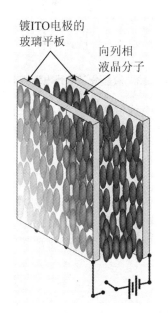

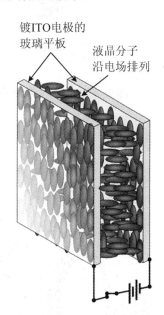

**图 9.9.10　处在透明电极之间的液晶**　　**图 9.9.11　液晶分子沿外电场方向排列**

如果将其中一个电极旋转 90°，则液晶分子的排列也做相应的改变，从一个电极到另一个电极，分子逐渐转过 90°，如图 9.9.12 和图 9.9.13 所示。这种情况下，如果入射线偏振光的电矢量沿慢轴方向，从另一侧出射时的电矢量也沿慢轴，即相当于 $\lambda/4$ 片，使电矢量转过了 90°。

如果在两极板上加电压,则液晶分子沿电场方向排列,相位延迟效应消失,线偏振光经过晶体后,电矢量的方向不变。

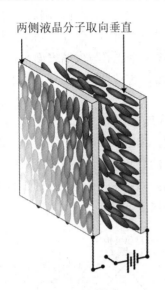 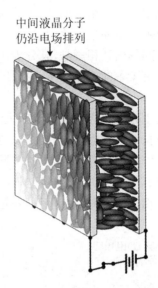

图 9.9.12　逐渐转过 90° 的液晶分子　　图 9.9.13　液晶分子沿外电场方向排列

根据液晶的双折射特性,可以将其置于两正交线偏振器之间,通过外加电场控制光的通过与截止,如图 9.9.14 和图 9.9.15 所示。

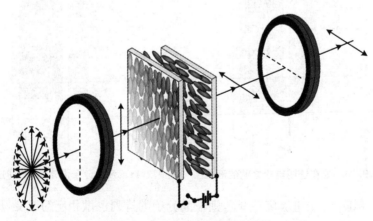

图 9.9.14　无电场时,光路导通

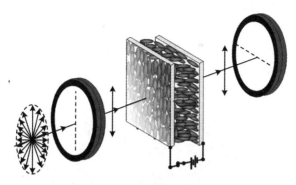

**图 9.9.15　有电场时，光路截止**

### 2．液晶的黑白显示

可以将液晶一侧的电极做成图 9.9.16 所示的字符"8"的形状，并对构成字符的每个部分用单独的导线控制。这样，不加电时，所有的部分都是透明的；而对某写部分加电时，这些部分是不透明的。这样便可以进行数字和字母的显示。

事实上，这类显示元件本身并不发光，而是利用环境光实现的，如图 9.9.17 所示，在内侧的偏振片后放置一反光镜，对不加电的部分，入射光可以通过，到达反光镜并被反射回来，所以呈现淡绿色；加电的部分，入射光不能通过，被第二块偏振片吸收，当然也没有光被反射回来，因而呈现黑色。这样一来，就可以将需要的部分显示出来。

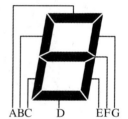

**图 9.9.16　数字、字母显示单元电极**

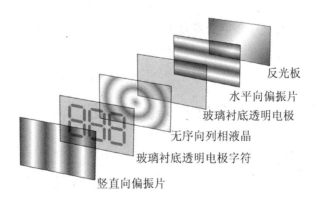

反光板
水平向偏振片
玻璃衬底透明电极
无序向列相液晶
玻璃衬底透明电极字符
竖直向偏振片

**图 9.9.17　反射式液晶显示器**

这样的液晶显示装置也可以称作反射式的。

**3. 液晶的彩色显示**

彩色显示器的每一个显示单元,实际上包含红、绿、蓝三个显示单元,红、绿、蓝称作彩色显示的"三基色"。这三种色光以不同的比例混合,就可以呈现各种颜色,如图 9.9.18 所示。

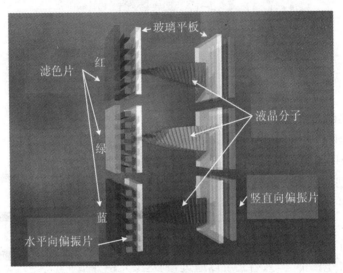

**图 9.9.18　透射式彩色液晶显示器**

在液晶显示单元的一侧分别加上红、绿、蓝滤色片,并用白色光照明,则通过调节各部分的电压,就可以改变每个基色的输出光强,从而获得所需要的色彩及强度。

这种彩色的液晶显示器本身带有光源,是透射式的。

# 9.10　旋　　光

## 9.10.1　自然旋光

### 1. 石英晶体

将石英晶体加工成光轴垂直于表面薄片,线偏振光沿着其光轴方向入射,发现出射光的振动面旋转。这一现象称作**旋光**(optical activity,或 optical rotation opticity),如图 9.10.1 所示。

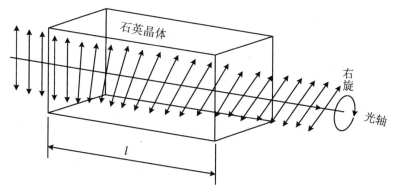

**图 9.10.1 偏振光通过石英晶体后振动面旋转**

通过晶体后,电矢量 $E$ 转过的角度 $\theta$ 与晶体的厚度 $l$ 成正比,即

$$\theta = \alpha l \qquad\qquad (9.10.1)$$

其中 $\alpha$ 是与晶体有关的常数,称作**旋光本领**,或**旋光率**(specific rotation)。该常数通常与光的波长有关,即可表示为

$$\alpha = \alpha(\lambda) \qquad\qquad (9.10.2)$$

表 9.10.1 列出了石英的旋光率与波长的关系,从中可以看出,在石英的透光范围内(从紫外到近红外),旋光率随着波长的增大有显著的减小。这样,如果白光入射,则出射光中,不同的波长成分的电矢量 $E$ 转过的角度不同。如果用检偏器观察,就会发现在不同的角度处,有不同颜色的光射出,这一现象称作旋光色散。

**表 9.10.1 石英旋光率随波长的变化**

| 波长(nm) | 旋光率(deg/mm) | 波长(nm) | 旋光率(deg/mm) | 波长(nm) | 旋光率(deg/mm) |
|---|---|---|---|---|---|
| 175.0 | 458.5 | 430.7 | 42.604 | 589.3 | 21.724 |
| 226.5 | 210.9 | 435.8 | 41.458 | 648.8 | 18.023 |
| 250.3 | 158.9 | 467.8 | 35.601 | 670.8 | 16.535 |
| 308.4 | 95.02 | 486.1 | 32.761 | 728.1 | 18.924 |
| 340.37 | 72.45 | 508.6 | 29.728 | 760.4 | 12.668 |
| 404.7 | 48.945 | 546.1 | 25.535 | 794.8 | 11.589 |

实验还发现,迎着光的传播方向观察,线偏光通过石英晶体,其电矢量 $E$ 的振动平面既可能向右旋转,也可能向左旋转(图 9.10.2)。这样的右旋、左旋称作 Dextrorotatory 和 Levorotatory,其中前缀 Dextro 和 Levo 是拉丁文,分别表示"右"和"左"。也可以简记 d-rotatory 和 l-rotatory。进一步的研究表明,这与石英晶体结构有关,尽管石英的成分都是氧化硅($SiO_2$),晶体的外观也相同,但分子方式却有右手和左手两种次序,分子按右手次序排列和左手次序排列所形成的晶体外观是互为镜像的,如图 9.10.3 所示,这种结构称作对映异构体(enantiomorph),或旋光异构体(optical enantiomorph,或 optically active enantiomorph)。据此,可以将石英分为右旋石英和左旋石英(图 9.10.4)。

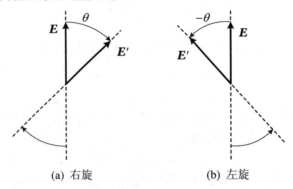

(a) 右旋   (b) 左旋

图 9.10.2   $E$ 的右旋和左旋

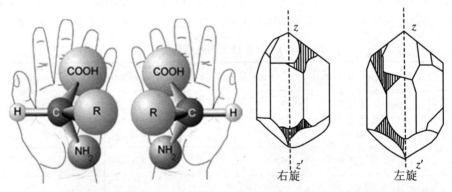

图 9.10.3   分子的左手和右手排列方式       图 9.10.4   右旋石英和左旋石英

除了石英之外,酒石酸(tartaric acid)晶体是另一种具有明显旋光异构特征的晶体。尽管分子组成都是 $C_4H_6O_6$,但却有四种不同的分子排列(图 9.10.5 和

图 9.10.6)。

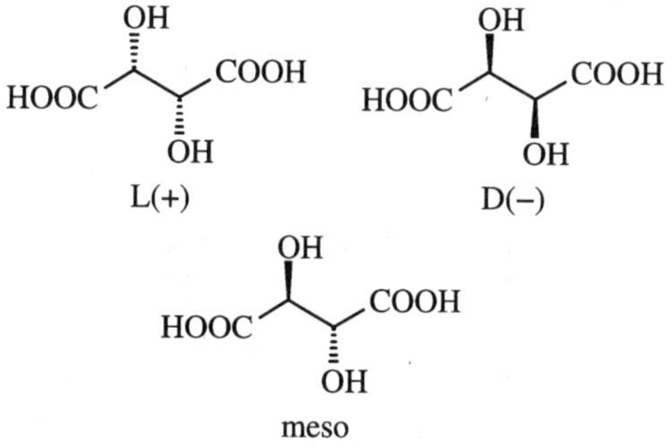

图 9.10.5　酒石酸晶体中分子的
　　　　　排列及其旋光异构体

图 9.10.6　右旋和左旋酒石酸
　　　　　晶体的外观

### 2. 溶液

某些溶液也有明显的旋光特性,例如蔗糖溶液中,线偏光的光矢量转过的角度可表示为

$$\theta = \beta N l \tag{9.10.3}$$

其中 $\beta$ 与溶液的种类有关,称作**比旋光率**(specific rotatory power),而 $N$ 为溶液的浓度,例如室温下,蔗糖的水溶液对钠黄光的比旋光率 $\beta = 66.46°/[\mathrm{dm} \cdot (\mathrm{g/cm^3})]$,$\beta$ 取正值表示右旋。由于溶液都是各向同性的,所以,同一种类的溶液使光矢量都向同一方向旋转。

由于光矢量旋转的角度可以反映蔗糖溶液的浓度,故通过测量旋光,就可以知道溶液的浓度,这种方法称作**量糖术**(saccharimetry)。

### 3. 旋光的解释

菲涅耳用非常简单的模型解释了旋光现象,他认为,线偏振光可以看作是两列同方向传播的旋转方向相反的圆偏振光的合成,如图 9.10.7 所示。如果这两列圆偏振光在各处都以相同的频率旋转,则合成的平面偏振光就在同一个平面内振动。

在同一种旋光介质中,右旋光和左旋光的折射率 $n_L$ 和 $n_R$ 不同,因而 $k_L$ 和 $k_R$ 也不同。表 9.10.2 给出了在右旋石英晶体中左旋光和右旋光的折射率。

表 9.10.2　右旋石英的折射率

| 波长(nm) | $n_L$ | $n_R$ | $n_o$ | $n_e$ |
|---|---|---|---|---|
| 396.8 | 1.558 10 | 1.558 21 | 1.558 15 | 1.567 71 |
| 762.0 | 1.539 14 | 1.539 20 | 1.539 17 | 1.548 11 |

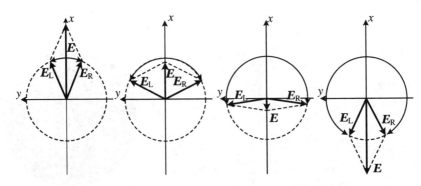

**图 9.10.7　两列圆振偏光合成为平面偏振光**

在介质中与入射表面相距 $z$ 的 $O'$ 点处,由于 $O'$ 比 $O$ 时间滞后,所以相对于 $O$ 点的光,$O'$ 点处左旋和右旋圆偏光的相位分别滞后

$$\varphi_L = k_L z = \frac{2\pi}{\lambda_0} n_L z \quad \text{和} \quad \varphi_R = k_R z = \frac{2\pi}{\lambda_0} n_R z$$

即 $O'$ 点的光矢量还没有旋转到 $O$ 点处的位置,相对于原来的电矢量分别转过了 $-\varphi_L$ 和 $-\varphi_R$ 角,如图 9.10.8 所示。由于 $\varphi_L \neq \varphi_R$,合成后的线偏光振动面旋转,如图 9.10.8 所示。

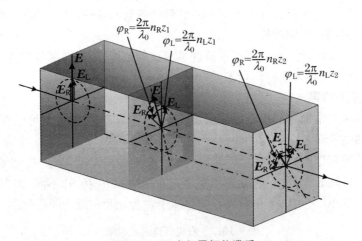

**图 9.10.8　光矢量相位滞后**

光的电矢量到底是左旋,还是右旋,取决于 $n_L$ 和 $n_R$ 的相对大小,如图 9.10.9 所示。

在右旋晶体中,$n_R < n_L$;在左旋晶体中,$n_L < n_R$。右旋光在右旋晶体中,折射

率小;右旋光在左旋晶体中,折射率大。反之,左旋光在左旋晶体中,折射率小;左旋光在右旋晶体中,折射率大。

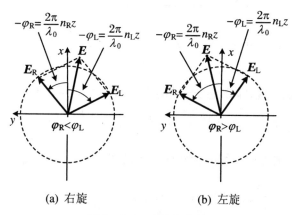

(a) 右旋　　　　　　　(b) 左旋

图9.10.9　右旋和左旋

可以将菲涅耳的思想用矢量表达。设两列圆偏振光的表达式分别为

$$E_R = \frac{A_0}{2}\Big[e_x\cos(k_Rz-\omega t)+e_y\cos\Big(k_Rz-\omega t-\frac{\pi}{2}\Big)\Big]$$

$$E_L = \frac{A_0}{2}\Big[e_x\cos(k_Lz-\omega t)+e_y\cos\Big(k_Lz-\omega t+\frac{\pi}{2}\Big)\Big]$$

其中

$$k_R = \frac{2\pi}{\lambda_R} = \frac{2\pi n_R}{\lambda_0} = n_R k_0,\quad k_L = \frac{2\pi}{\lambda_L} = \frac{2\pi n_L}{\lambda_0} = n_L k_0$$

分别代表两列光的波矢大小。这两列圆偏光的合成结果为

$$\begin{aligned}
E &= E_R + E_L \\
&= \frac{A_0}{2}\big[\cos(k_Rz-\omega t)+\cos(k_Lz-\omega t)\big]e_x \\
&\quad + \frac{A_0}{2}\Big[\cos\Big(k_Rz-\omega t-\frac{\pi}{2}\Big)+\cos\Big(k_Lz-\omega t+\frac{\pi}{2}\Big)\Big]e_y \\
&= A_0\Big[\cos\Big(\frac{k_R+k_L}{2}z-\omega t\Big)\cos\Big(\frac{k_R-k_L}{2}z\Big)\Big]e_x \\
&\quad + A_0\Big[\cos\Big(\frac{k_R+k_L}{2}z-\omega t\Big)\cos\Big(\frac{k_R-k_L}{2}z-\frac{\pi}{2}\Big)\Big]e_y \\
&= A_0\cos\Big(\frac{k_R+k_L}{2}z-\omega t\Big)\Big[\cos\Big(\frac{k_R-k_L}{2}z\Big)e_x+\sin\Big(\frac{k_R-k_L}{2}z\Big)e_y\Big]
\end{aligned}$$

从上式可以看出,因子 $\cos\left(\dfrac{k_R+k_L}{2}z-\omega t\right)$ 表明介质中光波电矢量的振动频率仍

为 $\omega$,但波矢大小为 $\dfrac{k_R+k_L}{2}=\dfrac{n_R+n_L}{2}\dfrac{2\pi}{\lambda_0}$,即波长为 $\dfrac{2\lambda_0}{n_R+n_L}$。而电矢量的方向是

由 $\cos\left(\dfrac{k_R-k_L}{2}z\right)e_x+\sin\left(\dfrac{k_R-k_L}{2}z\right)e_y$ 所决定的,这一部分与时间无关,仅仅是
位置的函数。

在入射的初始位置,即旋光介质的前表面 $O$ 点处,$z=0$,$E=A_0e_x\cos\omega t$,是沿着
$e_x$ 方向的平面偏振光。在介质中,矢量 $\cos\left(\dfrac{k_R-k_L}{2}z\right)e_x+\sin\left(\dfrac{k_R-k_L}{2}z\right)e_y$ 沿

$\arctan\left(\dfrac{k_R-k_L}{2}z\right)$ 的方向。因而相对于初始的入射方位,电矢量转过的角度为 $\theta=$

$\dfrac{k_R-k_L}{2}z=\dfrac{\pi(n_R-n_L)}{\lambda_0}z$。电矢量的方向随着位置而改变,如图9.10.10所示。

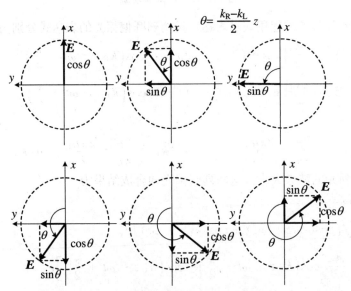

图 9.10.10 电矢量的方向随着位置而改变

菲涅耳巧妙地采用图 9.10.11 所示的复合棱镜,验证了上述假设。

将左旋晶体和右旋晶体制成三棱镜的形状,并按图 9.10.11 使各个棱镜的光
轴平行地组合起来,做成复合棱镜。如平面偏振光从左端面首先入射到右旋晶体
中,在右旋晶体中,$n_R<n_L$;进入第二块左旋晶体后,左旋光的折射率变小,折射

角大于入射角;而右旋光在左旋晶体中的折射率变大,折射角小于入射角。所以经过一个界面的折射后,左旋光和右旋光分别向上下两个方向偏折。再进入右旋晶体中,左旋光的折射率增大,折射角小于入射角,由于第二界面与第一界面的方向不同,所以左旋光进一步向上偏折,而右旋光则进一步向下偏折。依次进入后面的晶体中,这种现象不断出现,使得两束光进一步分开。

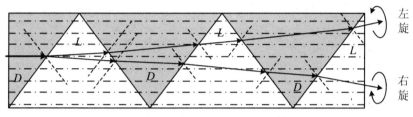

图 9.10.11  菲涅耳复合棱镜

尽管菲涅耳的假设被复合棱镜实验证实,也定性地解释了旋光现象,但这一模型过于简单,并没有从光波与物质的相互作用角度对旋光的机理进行分析,因而,仅仅是一个唯象的理论。其实,旋光的物理机制非常复杂,要采用量子理论加以解释。

## 9.10.2 磁致旋光

### 1. 法拉第效应

当某些介质处于外磁场中时,这些介质具有旋光性,这就是所谓的法拉第效应(Faraday magneto-optics effect),如图 9.10.12 所示。平面偏振光沿着磁场方向通过介质后,其振动平面发生偏转,实验测得偏转角

$$\theta = VBl \tag{9.10.4}$$

其中 $B$ 为外磁场的磁感应强度,$l$ 为磁场区域的长度,而 $V$ 是与介质有关的常数,称作维尔德(Verdet)常数。一般物质的维尔德常数都很小,例如,液体中二硫化碳的 $V$ 值较大,为 $0.042'/(\text{cm} \cdot \text{Gs})$,而固体中重火石玻璃的 $V$ 值为 $0.09'/(\text{cm} \cdot \text{Gs})$。

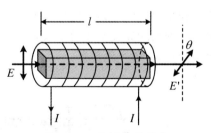

图 9.10.12  法拉第效应

实验研究表明,电矢量振动平面的旋转方向与光的传播方向有关。在图9.10.13

中,如果从左端入射时,电矢量左旋,则从右端入射时,电矢量右旋。

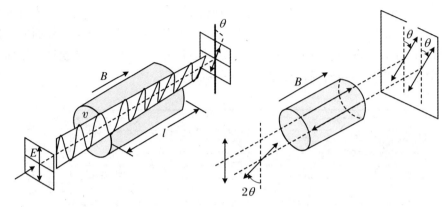

图 9.10.13　磁致旋光的方向性

### 2．康顿-莫顿效应

在磁场作用下,各向同性介质会产生双折射现象,如图 9.10.14 所示。

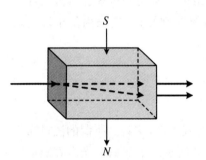

图 9.10.14　介质在磁场中的
康顿-莫顿效应

与法拉第效应不同,康顿-莫顿效应不会导致线偏振光振动平面的旋转,是一种磁致的双折射效应。

## 9.10.3　磁致旋光的应用

### 1．单通光闸

如图 9.10.15 所示,自然光经过一个尼科耳棱镜后,得到平面偏振光。该平面偏振光通过磁场中的介质后,振动平面转过 45°,被平面镜 M 反射后,沿原路返回,再次通过介质。由于法拉第效应中光矢量旋转的方向与光的传播方向有关,所以光矢量又转过 45°,则反射回来的光矢量相对于入射光恰转过 90°,不能通过尼科耳棱镜。这就是单通光闸(也称作磁光隔离器)。

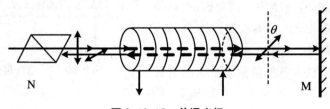

图 9.10.15　单通光闸

### 2. 溶液浓度的控制

工业生产中要求某溶液维持在某一特定的浓度。如果该溶液具有旋光性,则可以利用这一特性和磁光效应实现溶液浓度的自动控制。

如图 9.10.16 所示,一束光经过尼科耳棱镜 $N_1$ 后,再经过溶液。设标准浓度的溶液使得入射光左旋 $\theta$,则使光在经过一个右旋 $\theta$ 的法拉第旋光装置,该装置后是一尼科耳棱镜 $N_2$,两尼科耳棱镜的主截面相互垂直,则光不能透过 $N_2$。如果溶液的浓度发生改变,则引起角度 $\theta$ 的改变,则光可以透过 $N_2$,$N_2$ 后面的光电探测器就会响应。

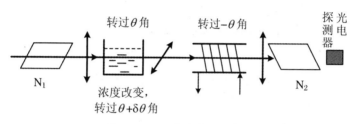

转过 $\theta$ 角　　　转过 $-\theta$ 角

探测器　光电

$N_1$　　浓度改变,转过 $\theta+\delta\theta$ 角　　$N_2$

**图 9.10.16 溶液浓度的控制**

### 3. 光通信

利用图 9.10.17 的装置,可以通过控制励磁线圈电流而改变介质中的磁场,从而改变出射光的偏转角,使得通过偏振棱镜 $N_2$ 的光强与线圈中的电流做同步的变化。由此就可以将电信号转化为光信号,实现光通信。

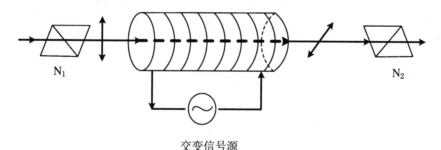

$N_1$　　　　　　　　　　　　　　$N_2$

交变信号源

**图 9.10.17 利用法拉第效应实现光通信**

### 4. 磁光克尔效应与磁光存储

如图 9.10.18 所示,一列光波被磁性介质反射之后,其偏振态会发生变化。通常的情况是,一列平面偏振光入射到具有磁性的介质表面,经该表面反射的光,往往成为椭圆偏振光,而且光的反射率也与介质的磁化率有关,这一现象称作**磁光克**

尔效应(magneto-optic Kerr effect,MOKE)。

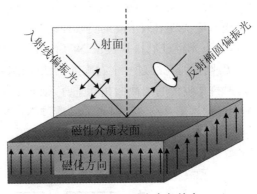

图 9.10.18 磁光克尔效应

磁光克尔效应当然是入射的电磁波与磁性介质相互作用的结果,反射光的状态,包括偏振态、反射强度等都与介质的磁化方向有关。通常根据介质磁化方向与入射面的相对取向,将磁光克尔效应分为极向、纵向、横向等,如图 9.10.19 所示。

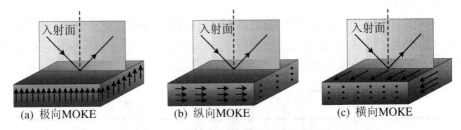

(a) 极向MOKE      (b) 纵向MOKE      (c) 横向MOKE

图 9.10.19 极向、纵向和横向的磁光克尔效应

比较简单的情形是极向磁光克尔效应。在这种情形下,介质有两种相反的磁化方向,如图 9.10.20 所示。如果入射线偏光的电矢量平行于入射面,即只有 P 分量。当介质向上磁化时,反射光虽然是椭圆偏振光,但其 P 分量增强,S 分量则弱得多,通过一个透振方向与入射面平行的偏振片,仍具有较大的光强。而当介质被向下磁化,则反射光中的 P 分量要减弱,通过上述偏振片后,光强则很弱。对于偏振片后面的光电探测器及数字电路,可以将强的信号规定为"1",而将弱的信号规定为"0",则介质向上和向下的磁化方向就分别对应于二进制的"1"和"0",因此可以利用这一效应读取磁介质中所存储的信息,从而这样的装置就可以用作磁光盘。

磁光盘不仅要能读取信息,还要求能够写入信息。因为光本身是电磁波,当强度足够大时,光的电磁场可以改变介质的磁化特性,即改变介质的磁化方向。

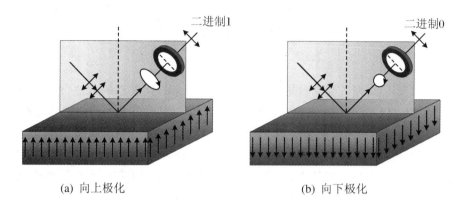

(a) 向上极化                       (b) 向下极化

**图 9.10.20  信息的激光读取**

例如,将激光束会聚到磁介质表面上某一点,该处磁畴的磁化方向将出现反转,即原来的信息"1"就被改写成了"0",如图 9.10.21 所示。

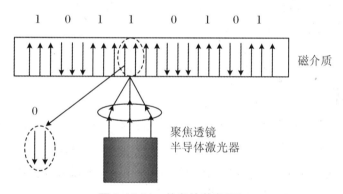

**图 9.10.21  信息的激光写入**

目前,磁盘信息的写入和读取都需要磁头与磁盘表面做机械式接触,日积月累,两者间的磨损难以避免;同时,受到磁头惯性质量和空间尺度的制约,磁盘的存储密度和数据的读写速度都受到限制。而磁光盘是利用激光进行数据读写的,因而可以较好地克服上述缺陷。

# 9.11　偏振态的矩阵表示

早在 1852 年,斯托克斯就提出了用矩阵表示光的偏振态的方法,他是采用与光强相关的参量作为矩阵元建立四维矩阵表示光的偏振的。到了 1941 年,琼斯(R. C. Jones)则利用正交分量的振幅及其相位差建立了表示偏振的矩阵方法。利用这种方法,不仅可以方便地表示光的偏振态,还可以表示各种引起偏振态改变的光学元件。通过矩阵的计算,可以方便地判断光学系统的特性和光的偏振状态。在计算机技术已经普及的今天,使用矩阵可以使大量重复的计算变得十分简洁,因而这种方法得到了普遍的应用。

## 9.11.1　琼斯矢量

对于光的平面偏振、圆偏振和椭圆偏振三种状态,其电场强度都可用两个正交分量表示,其一般形式为

$$\begin{cases} E_x = A_x\cos(kz - \omega t + \varphi_{0x}) \\ E_y = A_y\cos(kz - \omega t + \varphi_{0y}) \end{cases}$$

或者写成复指数形式:

$$\begin{cases} \widetilde{E}_x = A_x\mathrm{e}^{\mathrm{i}(kz - \omega t + \varphi_{0x})} = A_x\mathrm{e}^{\mathrm{i}(kz + \varphi_{0x})}\mathrm{e}^{-\mathrm{i}\omega t} = A_x\mathrm{e}^{\mathrm{i}\varphi_x(z)}\mathrm{e}^{-\mathrm{i}\omega t} \\ \widetilde{E}_y = A_y\mathrm{e}^{\mathrm{i}(kz - \omega t + \varphi_{0y})} = A_y\mathrm{e}^{\mathrm{i}(kz + \varphi_{0y})}\mathrm{e}^{-\mathrm{i}\omega t} = A_y\mathrm{e}^{\mathrm{i}\varphi_y(z)}\mathrm{e}^{-\mathrm{i}\omega t} \end{cases}$$

由于是同一列光波,两分量的时间频率 $\omega$ 相同,所以可以去掉两式中的公因子 $\mathrm{e}^{-\mathrm{i}\omega t}$,则得到两分量的复振幅,即

$$\begin{cases} \widetilde{E}_x = A_x\mathrm{e}^{\mathrm{i}\varphi_x(z)} \\ \widetilde{E}_y = A_y\mathrm{e}^{\mathrm{i}\varphi_y(z)} \end{cases} \tag{9.11.1}$$

上述光矢量可以用一个 $2\times1$ 矩阵表示,其两分量的复振幅就是该矩阵的矩阵元,即

$$E = \begin{bmatrix} \widetilde{E}_x \\ \widetilde{E}_y \end{bmatrix} = \begin{bmatrix} A_x\mathrm{e}^{\mathrm{i}\varphi_x(z)} \\ A_y\mathrm{e}^{\mathrm{i}\varphi_y(z)} \end{bmatrix} \tag{9.11.2}$$

这个矩阵称作偏振光的**琼斯矢量**(Jones vector)。

形如式(9.11.2)的琼斯矢量,两分量的振幅和相位可以任意取值,一般为椭圆偏振光。实际上,椭圆偏振光的分量式是最普遍的偏振表达,当 $\varphi_y(z) = \pm\varphi_x(z)$ 时,就是平面偏振光;而 $A_y = A_x$,且 $\varphi_y(z) = \varphi_x(z) \pm \pi/2$ 时,就是圆偏振光。

光强就是光矢量复振幅模的平方,即

$$I = |\boldsymbol{E}|^2 = \boldsymbol{E} \cdot \boldsymbol{E}^* = \widetilde{E}_x\widetilde{E}_x^* + \widetilde{E}_y\widetilde{E}_y^* = A_x^2 + A_y^2$$

由于上述偏振光的强度 $I = |\widetilde{E}_x|^2 + |\widetilde{E}_y|^2 = A_x^2 + A_y^2$,也可以将琼斯矢量写成归一化的形式:

$$\boldsymbol{E} = \frac{1}{\sqrt{A_x^2 + A_y^2}}\begin{bmatrix} A_x\mathrm{e}^{\mathrm{i}\varphi_x(z)} \\ A_y\mathrm{e}^{\mathrm{i}\varphi_y(z)} \end{bmatrix} \tag{9.11.3}$$

归一化的琼斯矢量的模为 1,即 $\boldsymbol{E} \cdot \boldsymbol{E}^* = 1$。

由于光的偏振态,实际上取决于两分量的振幅之比和相位差,所以,可以将各个矩阵元的公因子提出,写成更简洁的形式,即

$$\boldsymbol{E} = A_x\mathrm{e}^{\mathrm{i}\varphi_x}\begin{bmatrix} 1 \\ \dfrac{A_y}{A_x}\mathrm{e}^{\mathrm{i}(\varphi_y - \varphi_x)} \end{bmatrix} = A_x\mathrm{e}^{\mathrm{i}\varphi_x}\begin{bmatrix} 1 \\ \gamma\mathrm{e}^{\mathrm{i}\varphi} \end{bmatrix} \tag{9.11.4}$$

其中 $\gamma = A_y/A_x$ 为两正交分量的振幅之比,$\varphi = \varphi_y - \varphi_x$ 为两正交分量的相位差。

例如,光矢量沿 $x$ 轴的平面偏振光的归一化琼斯矢量为

$$\boldsymbol{E} = \frac{1}{A_x}\begin{bmatrix} A_x\mathrm{e}^{\mathrm{i}\varphi_x} \\ 0 \end{bmatrix} = \mathrm{e}^{\mathrm{i}\varphi_x}\begin{bmatrix} 1 \\ 0 \end{bmatrix}$$

略去公因子 $\mathrm{e}^{\mathrm{i}\varphi_x}$,可得到非常简洁的形式

$$\boldsymbol{E} = \begin{bmatrix} 1 \\ 0 \end{bmatrix}$$

同样,光矢量与 $x$ 轴夹角为 $\theta$ 的平面偏振光的琼斯矢量为

$$\boldsymbol{E} = \frac{1}{\sqrt{A_x^2 + A_y^2}}\begin{bmatrix} A_x\mathrm{e}^{\mathrm{i}\varphi_x(z)} \\ A_y\mathrm{e}^{\mathrm{i}\varphi_y(z)} \end{bmatrix} = \frac{\mathrm{e}^{\mathrm{i}\varphi_x}}{A\sqrt{\cos^2\theta + \sin^2\theta}}\begin{bmatrix} A\cos\theta \\ A\sin\theta \end{bmatrix} = \mathrm{e}^{\mathrm{i}\varphi_x}\begin{bmatrix} \cos\theta \\ \sin\theta \end{bmatrix}$$

略去公因子 $\mathrm{e}^{\mathrm{i}\varphi_x}$,得到

$$\boldsymbol{E} = \begin{bmatrix} \cos\theta \\ \sin\theta \end{bmatrix}$$

而圆偏振光的琼斯矢量为

$$E = \frac{1}{\sqrt{A_x^2 + A_y^2}} \begin{bmatrix} A_x e^{i\varphi_x} \\ A_y e^{i\varphi_y} \end{bmatrix}$$

$$= \frac{1}{\sqrt{2}A} \begin{bmatrix} A e^{i\varphi_x} \\ A e^{\left(i\varphi_x \pm \frac{\pi}{2}\right)} \end{bmatrix} = \frac{e^{i\varphi_x}}{\sqrt{2}} \begin{bmatrix} 1 \\ e^{\pm i\frac{\pi}{2}} \end{bmatrix}$$

简化后,为

$$E = \frac{1}{\sqrt{2}} \begin{bmatrix} 1 \\ \pm i \end{bmatrix}$$

当第二个矩阵元取" + "时,为左旋圆偏光;取" - "时,为右旋圆偏光。

各种偏振态的琼斯矢量列在表 9.11.1 中。

表 9.11.1　各种偏振态的琼斯矢量

| 光的偏振态 | | 图　示 | 琼斯矢量 |
|---|---|---|---|
| 平面偏振光 | $E$ 沿 $x$ 轴 | | $E = \begin{bmatrix} 1 \\ 0 \end{bmatrix}$ |
| | $E$ 沿 $y$ 轴 | | $E = \begin{bmatrix} 0 \\ 1 \end{bmatrix}$ |
| 平面偏振光 | $E$ 与 $x$ 轴的夹角为 $\theta$ | | $E = \begin{bmatrix} \cos\theta \\ \sin\theta \end{bmatrix}$ |
| | $E$ 与 $x$ 轴的夹角为 $\frac{\pi}{4}$ | | $E = \frac{1}{\sqrt{2}} \begin{bmatrix} 1 \\ \pm 1 \end{bmatrix}$ |

续表

| 光的偏振态 | | 图　　示 | 琼斯矢量 |
|---|---|---|---|
| 圆偏振光 | 右旋 | | $E = \dfrac{1}{\sqrt{2}}\begin{bmatrix} 1 \\ -\mathrm{i} \end{bmatrix}$ |
| | 左旋 | | $E = \dfrac{1}{\sqrt{2}}\begin{bmatrix} 1 \\ \mathrm{i} \end{bmatrix}$ |
| 椭圆偏振光 | | | $E = \dfrac{1}{\sqrt{1+\gamma^2}}\begin{bmatrix} 1 \\ \gamma \mathrm{e}^{\mathrm{i}\varphi} \end{bmatrix}$ |

对于椭圆偏振光,当两分量的相位差 $\varphi$ 处于第 1、第 2 象限时,为左旋;处于第 3、第 4 象限时,为右旋。当 $\varphi = \pm\pi/2$,且 $\gamma \neq 1$ 时,为正椭圆,其长短轴与坐标轴平行。

## 9.11.2　正交偏振

如果两列光波的光矢量

$$E_1 = \begin{bmatrix} \widetilde{E}_{1x} \\ \widetilde{E}_{1y} \end{bmatrix}, \quad E_2 = \begin{bmatrix} \widetilde{E}_{2x} \\ \widetilde{E}_{2y} \end{bmatrix}$$

之间满足关系式:

$$E_1 \cdot E_2^* = \widetilde{E}_{1x}\widetilde{E}_{2x}^* + \widetilde{E}_{1y}\widetilde{E}_{2y}^* = 0 \tag{9.11.5}$$

则这两列光波是正交偏振的,其中 $E_2^*$ 为 $E_2$ 的复共轭矢量。

例如,两平面偏振光

$$E_1 = \begin{bmatrix} \cos\theta_1 \\ \sin\theta_1 \end{bmatrix}, \quad E_2 = \begin{bmatrix} \cos\theta_2 \\ \sin\theta_2 \end{bmatrix}$$

则有

$$E_1 \cdot E_2^* = \begin{bmatrix} \cos\theta_1 \\ \sin\theta_1 \end{bmatrix} \cdot \begin{bmatrix} \cos\theta_2 & \sin\theta_2 \end{bmatrix} = \cos\theta_1\cos\theta_2 + \sin\theta_1\sin\theta_2$$

$$= \cos(\theta_1 - \theta_2) = 0$$

即得到 $\theta_2 = \theta_1 + \pi/2$,说明两列偏振光的光矢量相互垂直。因此,相互正交的平面偏振光的一般形式可写作 $\boldsymbol{E}_1 = \begin{bmatrix} \cos\theta \\ \sin\theta \end{bmatrix}$ 和 $\boldsymbol{E}_2 = \begin{bmatrix} -\sin\theta \\ \cos\theta \end{bmatrix}$。

左旋的圆偏振光 $\begin{bmatrix} 1 \\ i \end{bmatrix}$ 与右旋的圆偏振光 $\begin{bmatrix} 1 \\ -i \end{bmatrix}$ 是相互正交的;同样,左旋的椭圆偏振光 $\begin{bmatrix} 2 \\ i \end{bmatrix}$ 与右旋的椭圆偏振光 $\begin{bmatrix} 1 \\ -2i \end{bmatrix}$ 也是正交的。

由于任何偏振光都可以分解为两个正交的偏振光,所以任何一种偏振态都可以写成两个正交偏振的琼斯矢量的和。

例如,$\begin{bmatrix} A \\ B \end{bmatrix} = A \begin{bmatrix} 1 \\ 0 \end{bmatrix} + B \begin{bmatrix} 0 \\ 1 \end{bmatrix}$ 是平面偏振光的分解为两个正交的平面偏振光,当然也可以将其分解为两正交的圆偏振光:

$$\begin{bmatrix} A \\ B \end{bmatrix} = \frac{A + iB}{2} \begin{bmatrix} 1 \\ -i \end{bmatrix} + \frac{A - iB}{2} \begin{bmatrix} 1 \\ i \end{bmatrix}$$

### 9.11.3 琼斯矩阵

为了计算用琼斯矢量表示的偏振光通过偏振元件后偏振态的变化,就要求偏振元件也用矩阵表示,这类矩阵应该是一个 $2 \times 2$ 矩阵,一般形式为

$$\boldsymbol{P} = \begin{bmatrix} p_{11} & p_{12} \\ p_{21} & p_{22} \end{bmatrix} \tag{9.11.6}$$

式(9.11.6)称作线性光学元件的**琼斯矩阵**(Jones matrix)。如果入射的光矢量为 $\boldsymbol{E} = \begin{bmatrix} \widetilde{E}_x \\ \widetilde{E}_y \end{bmatrix}$,从偏振器件出射的光矢量为 $\boldsymbol{E}' = \begin{bmatrix} \widetilde{E}'_x \\ \widetilde{E}'_y \end{bmatrix}$,则偏振元件的变换作用可以用下面的运算表示:

$$\boldsymbol{E}' = \begin{bmatrix} \widetilde{E}'_x \\ \widetilde{E}'_y \end{bmatrix} = \boldsymbol{P}\boldsymbol{E} = \begin{bmatrix} p_{11} & p_{12} \\ p_{21} & p_{22} \end{bmatrix} \begin{bmatrix} \widetilde{E}_x \\ \widetilde{E}_y \end{bmatrix} = \begin{bmatrix} p_{11}\widetilde{E}_x + p_{12}\widetilde{E}_y \\ p_{21}\widetilde{E}_x + p_{22}\widetilde{E}_y \end{bmatrix} \tag{9.11.7}$$

即

$$\begin{cases} \widetilde{E}'_x = p_{11}\widetilde{E}_x + p_{12}\widetilde{E}_y \\ \widetilde{E}'_y = p_{21}\widetilde{E}_x + p_{22}\widetilde{E}_y \end{cases} \tag{9.11.8}$$

如果光依次通过多个偏振元件,而这些元件的琼斯矩阵分别为 $\boldsymbol{P}_1,\boldsymbol{P}_2,\cdots,\boldsymbol{P}_n$,则出射光的琼斯矢量为

$$\boldsymbol{E}' = \boldsymbol{P}_n\cdots\boldsymbol{P}_2\boldsymbol{P}_1\boldsymbol{E} \tag{9.11.9}$$

例如 $\lambda/2$ 片,其快轴沿 $x$ 方向,慢轴沿 $y$ 方向,则通过该波片后,与入射光相比,会在 $y$ 方向额外产生 $\pi$ 的相位滞后,即如果入射光的琼斯矢量为

$$\boldsymbol{E} = \begin{bmatrix} \widetilde{E}_x \\ \widetilde{E}_y \end{bmatrix}$$

则出射光的琼斯矢量应当为

$$\boldsymbol{E}' = \begin{bmatrix} \widetilde{E}_x \\ \widetilde{E}_y \mathrm{e}^{\mathrm{i}\pi} \end{bmatrix} = \begin{bmatrix} \widetilde{E}_x \\ -\widetilde{E}_y \end{bmatrix}$$

即

$$\begin{cases} \widetilde{E}'_x = 1\cdot\widetilde{E}_x + 0\cdot\widetilde{E}_y \\ \widetilde{E}'_y = 0\cdot\widetilde{E}_x + (-1)\cdot\widetilde{E}_y \end{cases}$$

因而可以推算出该波片的琼斯矩阵为

$$\boldsymbol{P}_{+\lambda/2} = \begin{bmatrix} 1 & 0 \\ 0 & -1 \end{bmatrix}$$

快轴沿 $y$ 方向的 $\lambda/2$ 片的琼斯矩阵同样是

$$\boldsymbol{P}_{-\lambda/2} = \begin{bmatrix} 1 & 0 \\ 0 & -1 \end{bmatrix}$$

对于快轴沿 $x$ 方向的 $\lambda/4$ 片,其作用是使 $y$ 方向的振动分量额外增加 $\pi/2$ 的相位滞后,因而出射光的琼斯矢量为

$$\boldsymbol{E}' = \begin{bmatrix} \widetilde{E}_x \\ \widetilde{E}_y \mathrm{e}^{\mathrm{i}\frac{\pi}{2}} \end{bmatrix} = \begin{bmatrix} \widetilde{E}_x \\ \mathrm{i}\widetilde{E}_y \end{bmatrix}, \quad \text{即} \quad \begin{cases} \widetilde{E}'_x = 1\cdot\widetilde{E}_x + 0\cdot\widetilde{E}_y \\ \widetilde{E}'_y = 0\cdot\widetilde{E}_x + i\cdot\widetilde{E}_y \end{cases}$$

于是该波片的琼斯矩阵为

$$\boldsymbol{P}_{-\lambda/4} = \begin{bmatrix} 1 & 0 \\ 0 & i \end{bmatrix}$$

用于起偏的偏振片的作用是将光变为平面偏振光。针对一般的情形,设偏振片的透振方向(即透光轴)与 $x$ 轴的夹角为 $\theta$(即相对于 $x$ 轴转过 $\theta$ 角)以及入射光、出射光的琼斯矢量分别为

$$E = \begin{bmatrix} \tilde{E}_x \\ \tilde{E}_y \end{bmatrix}, \quad E' = \begin{bmatrix} \tilde{E}'_x \\ \tilde{E}'_y \end{bmatrix}$$

从图 9.11.1 可以看出,出射光矢量的大小等于入射光两正交分量在偏振片透振方向上的投影,即 $|E'| = \tilde{E}_x\cos\theta + \tilde{E}_y\sin\theta$,则

$$\begin{cases} \tilde{E}'_x = (\tilde{E}_x\cos\theta + \tilde{E}_y\sin\theta)\cos\theta = \tilde{E}_x\cos^2\theta + \tilde{E}_y\sin\theta\cos\theta \\ \tilde{E}'_y = (\tilde{E}_x\cos\theta + \tilde{E}_y\sin\theta)\sin\theta = \tilde{E}_x\sin\theta\cos\theta + \tilde{E}_y\sin^2\theta \end{cases}$$

用矩阵运算表示,为

$$\begin{bmatrix} \tilde{E}'_x \\ \tilde{E}'_y \end{bmatrix} = \begin{bmatrix} \cos^2\theta & \sin\theta\cos\theta \\ \sin\theta\cos\theta & \sin^2\theta \end{bmatrix} \begin{bmatrix} \tilde{E}_x \\ \tilde{E}_y \end{bmatrix}$$

于是该偏振片的琼斯矩阵为

$$P = \begin{bmatrix} \cos^2\theta & \sin\theta\cos\theta \\ \sin\theta\cos\theta & \sin^2\theta \end{bmatrix}$$

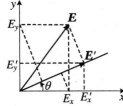

**图 9.11.1  线偏振器**

自然光透过上述偏振片后变为平面偏振光(线偏振光),所以偏振片也称作线起偏器。如果让自然光依次通过一个偏振片和一个 $\lambda/4$ 片,则可以变为圆偏振光,这种起偏器就是圆起偏器。右旋的圆起偏器,可以将输入的自然光变为右旋圆偏振光,以下求出这类圆起偏器的琼斯矩阵。

这时,偏振片的透振方向应当与波片的光轴间成 $\pi/4$ 角。从偏振片透射的线偏光的琼斯矢量是 $\frac{1}{\sqrt{2}}\begin{bmatrix} 1 \\ \pm 1 \end{bmatrix}$,设透振方向在第 1、第 3 象限,则琼斯矢量为 $\frac{1}{\sqrt{2}}\begin{bmatrix} 1 \\ 1 \end{bmatrix}$。

再经过 $\lambda/4$ 片,其快轴沿 $y$ 方向,则出射光的偏振态为

$$\begin{bmatrix} 1 & 0 \\ 0 & -\mathrm{i} \end{bmatrix} \frac{1}{\sqrt{2}} \begin{bmatrix} 1 \\ 1 \end{bmatrix} = \frac{1}{\sqrt{2}} \begin{bmatrix} 1 \\ -\mathrm{i} \end{bmatrix}$$

为右旋圆偏振光。此时的组合元件的琼斯矩阵为

$$\begin{bmatrix} 1 & 0 \\ 0 & -\mathrm{i} \end{bmatrix} \frac{1}{2} \begin{bmatrix} 1 & 1 \\ 1 & 1 \end{bmatrix} = \frac{1}{2} \begin{bmatrix} 1 & 1 \\ -\mathrm{i} & -\mathrm{i} \end{bmatrix}$$

但是,这样的装置还不能算是完整的右旋圆起偏器,因为还要求右旋圆起偏器能阻挡左旋圆偏振光的输出。所以,要设法将到达偏振片之前的左旋圆偏振光变为第 2、第 4 象限的平面偏振光。为此,还需要在偏振片之前再放置一个 $\lambda/4$ 片,这一波片对自然光不起作用。在逆着 $z$ 轴的正方向看来,左旋圆偏光的 $y$ 分量相位滞后 $\pi/2$,因此,需要它经过波片后 $y$ 方向的分量额外再滞后 $\pi/2$,故此波片的慢轴应当在 $y$ 方向。这样,左旋圆偏振光通过该波片后,变为第 2、第 4 象限的平面

偏振光,被偏振片截止。于是琼斯矩阵为

$$\begin{bmatrix} 1 & 0 \\ 0 & -i \end{bmatrix} \frac{1}{2} \begin{bmatrix} 1 & 1 \\ 1 & 1 \end{bmatrix} \begin{bmatrix} 1 & 0 \\ 0 & i \end{bmatrix} = \frac{1}{2} \begin{bmatrix} 1 & 1 \\ -i & -i \end{bmatrix} \begin{bmatrix} 1 & 0 \\ 0 & i \end{bmatrix} = \frac{1}{2} \begin{bmatrix} 1 & i \\ -i & 1 \end{bmatrix}$$

这就是右旋圆起偏器,其构成如图 9.11.2 所示。

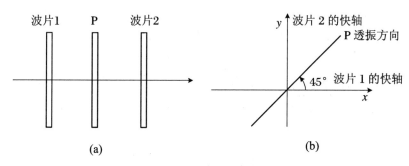

(a)　　　　　　　　　　(b)

**图 9.11.2　右旋圆起偏器**

如果自然光从右侧入射,将坐标系的 $z$ 方向改为自右向左,于是偏振片的透振方向在第 2、第 4 象限,则透射光的琼斯矢量为

$$\begin{bmatrix} 1 & 0 \\ 0 & i \end{bmatrix} \frac{1}{\sqrt{2}} \begin{bmatrix} 1 \\ -1 \end{bmatrix} = \frac{1}{\sqrt{2}} \begin{bmatrix} 1 \\ -i \end{bmatrix}$$

依然是右旋圆偏振光。

可以将各种偏振元件的琼斯矩阵分类排列如表 9.11.2 所示。

**表 9.11.2　各种偏振元件的琼斯矩阵**

| 偏 振 元 件 | | 琼 斯 矩 阵 |
|---|---|---|
| 起偏器 | 透振方向为 $x$ | $\begin{bmatrix} 1 & 0 \\ 0 & 0 \end{bmatrix}$ |
| | 透振方向为 $y$ | $\begin{bmatrix} 0 & 0 \\ 0 & 1 \end{bmatrix}$ |
| | 透振方向与 $x$ 轴的夹角为 $\theta$ | $\begin{bmatrix} \cos^2\theta & \dfrac{\sin2\theta}{2} \\ \dfrac{\sin2\theta}{2} & \sin^2\theta \end{bmatrix}$ |
| | 透振方向与 $x$ 轴的夹角为 $\dfrac{\pi}{4}$ | $\dfrac{1}{2}\begin{bmatrix} 1 & 1 \\ 1 & 1 \end{bmatrix}$ |

续表

| 偏 振 元 件 | | 琼 斯 矩 阵 |
|---|---|---|
| $\dfrac{\lambda}{4}$ 片 | 快轴沿 $x$ 方向 | $\begin{bmatrix} 1 & 0 \\ 0 & i \end{bmatrix}$ |
| | 快轴沿 $y$ 方向 | $\begin{bmatrix} 1 & 0 \\ 0 & -i \end{bmatrix}$ |
| | 快轴与 $x$ 轴的夹角为 $\pm\dfrac{\pi}{4}$ | $\begin{bmatrix} 1 & \pm i \\ \pm i & 1 \end{bmatrix}$ |
| $\dfrac{\lambda}{2}$ 片 | 快轴沿 $x$ 或 $y$ 方向 | $\begin{bmatrix} 1 & 0 \\ 0 & -1 \end{bmatrix}$ |
| | 快轴与 $x$ 轴的夹角为 $\pm\dfrac{\pi}{4}$ | $\begin{bmatrix} 0 & 1 \\ 1 & 0 \end{bmatrix}$ |
| 圆偏振器 | 右旋 | $\dfrac{1}{2}\begin{bmatrix} 1 & i \\ -i & 1 \end{bmatrix}$ |
| | 左旋 | $\dfrac{1}{2}\begin{bmatrix} 1 & -i \\ i & 1 \end{bmatrix}$ |

**【例 9.13】** 右旋椭圆偏振光射入 $\lambda/4$ 片,用 $\theta$ 表示该椭圆长轴与波片快轴间的夹角。问当 $\theta = 0°$ 和 $\theta = 45°$ 时,出射光的偏振态怎样?

**【解】** 为表达方便,可取坐标轴的方向与椭圆长短轴的方向一致,不妨使椭圆长轴沿 $x$ 方向,则此时右旋椭圆偏振光的琼斯矢量为

$$\boldsymbol{E} = \frac{1}{\sqrt{1+\gamma^2}} \begin{bmatrix} 1 \\ \gamma e^{-i\frac{\pi}{2}} \end{bmatrix} = \frac{1}{\sqrt{1+\gamma^2}} \begin{bmatrix} 1 \\ -i\gamma \end{bmatrix} \quad (\gamma < 1)$$

当 $\theta = 0°$ 时,波片的琼斯矩阵为

$$\begin{bmatrix} 1 & 0 \\ 0 & i \end{bmatrix}$$

出射光为

$$\begin{bmatrix} 1 & 0 \\ 0 & i \end{bmatrix} \frac{1}{\sqrt{1+\gamma^2}} \begin{bmatrix} 1 \\ -i\gamma \end{bmatrix} = \frac{1}{\sqrt{1+\gamma^2}} \begin{bmatrix} 1 \\ \gamma \end{bmatrix}$$

为第 1、第 3 象限的平面偏振光。

当 $\theta = 0°$ 时,波片的琼斯矩阵为

$$\begin{bmatrix} 1 & i \\ i & 1 \end{bmatrix}$$

出射光为

$$\begin{bmatrix} 1 & i \\ i & 1 \end{bmatrix} \frac{1}{\sqrt{1+\gamma^2}} \begin{bmatrix} 1 \\ -i\gamma \end{bmatrix} = \frac{1}{\sqrt{1+\gamma^2}} \begin{bmatrix} 1+\gamma \\ i(1-\gamma) \end{bmatrix}$$

而 $1-\gamma > 1$，为左旋椭圆偏振光。

# 习 题 9

1. 一束自然光和平面偏振光的混合光，通过一个可旋转的理想偏振片后，光强随着偏振片的取向可以有 5 倍的改变。求混合光中各个成分光强的比例。

2. 两偏振片的透振方向成 30°夹角时，透过的光强为 $I_1$。若其他条件不变而使上述夹角变为 45°，透射光强如何变化？

3. 假定在两个固定的正交理想偏振片之间插入第三个理想偏振片，其透振方向以角速度 $\omega$ 旋转，试证明透射的光强满足关系式 $I = \frac{1}{8} I_0 (1 - \cos 4\omega t)$。

4. 在两个正交偏振片之间插入第三个偏振片。

(1) 透射光强变为入射光强的 1/8 时，求第三偏振片的方位角；

(2) 如何放置才能使最后的透射光强为零？

(3) 是否可以使透射光强变为入射的自然光强的 1/2？

5. 四个理想偏振片堆叠起来，每一片相对于前一片顺时针转过 30°角，自然光入射，最后出射的光强为原来的多少倍？

6. 一对起偏器和检偏器的取向使透射光强最大，当检偏器转过(1) 30°；(2) 45°；(3) 60°时，透射光强各减小至最大光强的多少？

7. 起偏器和检偏器的透振方向之间的夹角是 $\theta = 30°$。

(1) 如果没有吸收，透射光强变为原来的多少？

(2) 如果它们各吸收了 10%的光强，透射光强又变为原来的多少？

8. 有一类光学元件，可以使一列射入其中的平面偏振光分为振动方向相互垂直的两列，且这两列光由于传播速度不同而产生相位差。如图所示，入射光电矢量在上述元件中分为振幅相等的两个正交分量，当从元件另一侧出射时，$y$ 方向的相位超前，试讨论相位超前分别为(1) $\pi/2$；(2) $\pi$；(3) $3\pi/2$；(4) $2\pi$ 时，出射光的偏振态。

9. 在第 8 题中，$y$ 方向的相位超前分别为(1) $\pi/4$；(2) $7\pi/4$ 时，出射光的偏振态如何？

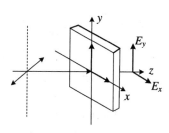

题 8 图

10. 在第8题中,如果 $E_x$ 分量的振幅为 $A\cos\theta$,而 $E_y$ 分量的振幅为 $A\sin\theta$,讨论 $y$ 方向的相位超前分别为(1) $\pi/4$;(2) $\pi/2$ 时,出射光的偏振态。

11. 要使玻璃(折射率为1.5)的反射光为平面偏振光,入射角应多大? 该角度是否与波长有关? 折射光的偏振度多大?

12. 一束自然光入射到折射率为1.72的火石玻璃上,发现反射光是平面偏振光。试求光在该火石玻璃中的折射角。

13. 有一空气-玻璃分界面,已知光从空气一侧射入玻璃时,其布儒斯特角为57°,计算这种光从玻璃一侧射入空气时的布儒斯特角。

14. 自然光以57°角入射到空气-玻璃的分界面上,玻璃的折射率为1.54。通过计算可知S分量和P分量的振幅透过率分别为59.3%和64.9%,计算反射光和透射光的偏振度。

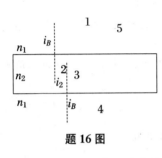

**题 16 图**

15. 自然光以布儒斯特角射入由8块平行平板玻璃组成的玻璃片堆。忽略玻璃对光的吸收,计算通过该玻璃片堆后光的偏振度。

16. 自然光以 $\theta_B$(布儒斯特角)入射到折射率为1.5的平行平面玻璃上。不计吸收,计算图中各处标示的光强值。

17. 如图所示,两块相同的冰洲石晶体 A 和 B 前后排列,强度为 $I$ 的自然光垂直于 A 的表面入射之后依次通过 A 和 B。A 和 B 的主截面之间的夹角为 $\alpha$。求 $\alpha = 0°, 45°$,

90°,180°时,由 B 射出的光束的数目和每束光的强度。

18. 一水晶棱镜的顶角为60°,光轴与棱镜的截面垂直,钠黄光以最小偏向角的方向入射,用焦距为1 m的透镜聚焦,o 光和 e 光两谱线的间隔是多少?

19. 一束线偏振的钠黄光垂直射入一方解石晶体,其光矢量的振动方向与晶体的主截面成20°角,计算出现双折射的两束光的相对振幅和强度。

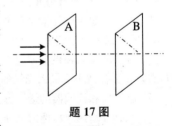

**题 17 图**

20. 一束钠黄光掠入射到冰的晶体平板上,其光轴与入射面垂直,平板厚度为4.2 mm,求平板面上 o 光与 e 光两出射点的间隔。(已知对于钠黄光,冰的折射率为 $n_o = 1.309\ 0, n_e = 1.310\ 4$。)

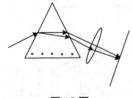

**题 18 图**

21. 一束右旋圆偏光正入射到玻璃表面,反射光是右旋的还是左旋的?

22. 钠黄光以50°角入射到方解石制成的波片上,对于钠黄光(波长为588.0 nm)方解石的折射率为 $n_o = 1.658, n_e = 1.486$。若其光轴垂直于入射面且平行于晶片表面,求两束光在晶体内的夹角。若晶片厚1 mm,求出射后两束光间的垂直距离是多少?

23. 如图所示,一束光从方解石三棱镜的左边入射,晶体的光轴可以有 $x,y,z$ 三种取向,分析每一种情况下出射光束的偏振特征,以及如何测定 $n_o$,$n_e$。

24. 试根据图中所画的情况,判断晶体的正负。

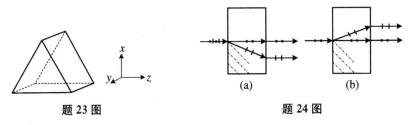

题 23 图　　　　　　　　题 24 图

25. 将方解石分割成厚度相等的两块,并移开一点距离,则一束自然光通过它们后将变为几条? 为什么?

26. 一棱镜由一个负晶体的直角三棱镜(光轴垂直于图面)和玻璃直角三棱镜(折射率为 $n$)组成,自然光垂直入射,讨论以下几种情况双折射光束的传播方向:

(1) $n = n_o$;(2) $n = n_e$;(3) $n > n_o$;(4) $n_o > n > n_e$。

27. 如图所示的是偏振光度计。从光源 $S_1$ 和 $S_2$ 射来的光都被渥拉斯顿棱镜 W 分为两束线偏振光,但其中一束被挡住,只有一束进入视场。来自 $S_1$ 的偏振光的电矢量在图面内,来自 $S_2$ 的偏振光的电矢量垂直于图面。转动偏振片 P,直到视场上下两半的强度相等。设此时偏振片的透振方向与图面的夹角为 $\theta$,试证明光源的强度比为 $\tan^2\theta$。

28. 图中棱镜 ABCD 是由 45° 方解石棱镜组成的,棱镜 ABD 的光轴平行于 AB,棱镜 BCD 的光轴垂直于图面。当光垂直于 AB 入射时,说明为什么 o 光和 e 光在第二块棱镜中分开,并在图中画出它们的波面和振动方向。

29. 单色线偏光垂直射入方解石晶体,其振动方面与晶体的主截面成 30° 角,两折射光再经过方解石后面的尼科耳棱镜,棱镜的主截面与入射光最初的振动面成 50° 夹角。求两条光线的相对强度。

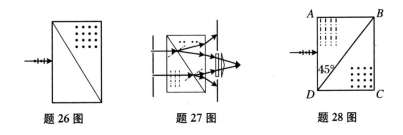

题 26 图　　　　　　题 27 图　　　　　　题 28 图

30. 假设构成渥拉斯顿棱镜的直角三棱镜的顶角为 $\alpha = 30°$，计算两出射光的相对强度。

31. 一束椭圆偏振光与自然光的混合光沿 $z$ 轴方向传播，通过一偏振片。当偏振片的透振方向沿 $x$ 轴时，透射光强度最大，为 $1.5I_0$；透射方向沿 $y$ 轴时，透射光强度最小，为 $I_0$。

(1) 当透振方向与 $x$ 轴成 $\theta$ 角时，透射光强是多少？与入射光中的无偏振部分有关吗？

(2) 如果入射光先通过一个 $\lambda/4$ 片，再通过偏振片，$\lambda/4$ 片的光轴沿 $x$ 轴，而偏振片的透振方向与 $x$ 轴成 $30°$ 角时透射光强最大，求此最大光强值，以及入射光中两成分的强度比例。

32. 用什么方法区分 $\lambda/2$ 片和 $\lambda/4$ 片？

33. 如图所示，在使用激光器的平面偏振光的各种测量仪器上，为避免激光返回谐振腔，在激光器输出窗口外放一 $\lambda/4$ 片，且其主截面与出射激光的振动面间成 $45°$ 夹角，说明此波片的作用。

34. 如图所示，单色光源 $S$ 置于透镜 $L$ 的焦点处，$P$ 为偏振器，$K$ 为此单色光的 $\lambda/4$ 片，其快轴与偏振器的透振方向成 $\alpha$ 角，$M$ 为平面反射镜。已知入射到偏振器的光强为 $I_0$，分析光束经过各个元件后的偏振态，计算返回 $L$ 处的光强（不计反射、吸收的光强损失）。

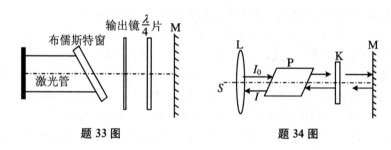

题 33 图　　　　　　题 34 图

35. 若光束射到一个绕着光束旋转的半波片上，其旋转的角速度为 $\omega_0$，出射光的偏振态如何？其光矢量如何变化？

36. 用一块 $\lambda/4$ 片和一块偏振片鉴定一束椭圆偏振光，达到消光位置后，$\lambda/4$ 的光轴与偏振片的透振方向相差 $22°$，求椭圆长短轴之比。

37. 一强度为 $I_0$ 的右旋圆偏振光垂直通过一 $\lambda/4$ 片（快轴沿 $y$ 轴），然后再经过一块主截面相对于 $\lambda/4$ 片向右旋过 $15°$ 的尼科耳棱镜。求最后出射的光强。

38. 当入射线偏光的光矢量与 $\lambda/4$ 片的快轴成 $30°$ 角时，光线透过这 $\lambda/4$ 片后的偏振状态如何？

39. 如图所示，$\lambda/4$ 片在透振方向相互正交的两偏振片之间旋转，自然光从第一偏振片处入射。

(1) 讨论每经过一个元件后光的性质，并用方程表示；

(2) 讨论当 $\lambda/4$ 旋转时，出射光的强度如何变化；

(3) 如果用 $\lambda/2$ 片代替 $\lambda/4$ 片，出射光的强度又如何变化？

40. 如果一个(1) $\lambda/2$ 片,(2) $\lambda/4$ 片的光轴与起偏器的透振方向成30°角,讨论从波片透射的光的偏振态。

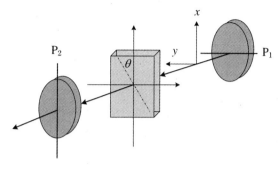

**题 39 图**

41. 一椭圆偏振光入射到一个偏振片上,转动其透振方向,测出最大光强 $I_{max}$ 和最小光强 $I_{min}$,然后在偏振片之前放一块 $\lambda/4$ 片,使其 e 轴平行于最大光强时偏振片的透振方向,求此时从偏振片透射的光强。

42. 用一石英薄片来产生一束椭圆偏振光,要使椭圆的长轴或短轴在其光轴方向,且长、短轴的比值为 1:2,左旋,石英片如何放置? 厚度是多少? (对于 $\lambda = 589.3$ nm, $n_o = 1.544\ 2, n_e = 1.553\ 3$)

43. 在表中,已知正入射偏振光的偏振态,画出其经由方解石制成的各种波片后出射光的偏振态。

**题 43 表**

| 入射光的偏振态 | 经 $\lambda/8$ 片后 | 经 $\lambda/4$ 片后 | 经 $\lambda/2$ 片后 | 经全波片后 |
|---|---|---|---|---|
| $\beta$ ↑y 斜线 ↗ x | | | | |
| ↑y 椭圆 → x | | | | |

续表

| 入射光的偏振态 | 经 λ/8 片后 | 经 λ/4 片后 | 经 λ/2 片后 | 经全波片后 |
|---|---|---|---|---|
| (图) | | | | |
| (图) | | | | |
| (图) | | | | |

44. 实验中常用半波片改变圆偏振光和椭圆偏振光的旋转方向,说明理由,并指出波片如何放置。

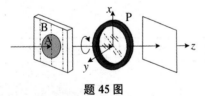

题 45 图

45. 平行右旋圆偏光,正入射到一块两表面平行的方解石晶片上,且照射整个晶片,镜片的光轴平行于其表面(图中 $y$ 方向),晶片的 $A$ 部分为 $\lambda/2$ 片,$B$ 部分为 $\lambda/4$ 片,如图所示。

(1) 分别画出经过镜片两部分的光的偏振态。

(2) 从晶片射出的光如果再经过一个透振方向与 $y$ 轴成 45°角的偏振片,在屏上将见到什么现象?

(3) 将偏振片绕光线方向旋转 360°的过程中,屏上的光强发生什么变化?

46. 用圆偏振光照射一具有等宽双狭缝的屏,双缝间距为 $L$(见图),厚度为 $d$ 的双折射晶体薄片放在其中一缝上,使其 o 轴与狭缝平行,o 轴垂直于狭缝。另一屏幕 $\Sigma$ 平行放置于双缝屏后距离 $D \gg L$ 处。设一个狭缝被挡住时,屏幕 $\Sigma$ 上的总光强为 $I_0$(忽略衍射效应)。当两狭缝都打开时,屏幕 $\Sigma$ 上的干涉图样如何?

47. 巴比涅补偿器由两个光轴相互垂直的劈形石英组成。现有一束极窄的线偏振光正入射,其偏振方向与 $x$ 轴成 45°角,光束偏离补偿器的中心线 $x$。

(1)用 $n_o, n_e, \lambda, L, d, x$ 表示出射光束中 $x, y$ 分量间的相对相移;

(2) $x$ 取什么样的值时,可以得到线偏振光或圆偏振光?

48. 写出第 43 题中第一、三、五种入射偏振光的琼斯矢量。

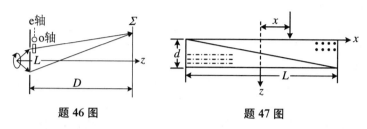

题 46 图　　　　　　　　　题 47 图

49. 用琼斯矩阵方法求解第 43 题。

50. 试求左旋圆起偏器的琼斯矩阵,并证明右旋圆偏振光不能通过左旋起偏器。

51. 在正交偏振片之间放一 $\lambda/4$ 片,以自然光入射,当波带片光轴与偏振片 $P_1$ 的透振方向垂直时,将发生消光现象,试用矩阵法证明之。

52. 从尼科耳棱镜透射的线偏振光,垂直射到一块由石英制成的 $\lambda/4$ 片上,光的振动面与石英光轴成 $30°$ 角,然后又经过第二个尼科耳棱镜,两棱镜的主截面成 $60°$ 角。求最后的透射光强。(设入射光强为 $I_0$。)

53. 将一棱角 $\alpha = 0.33°$ 的石英尖劈放在一对正交的尼科耳棱镜之间,石英尖劈的光轴平行于棱。当波长为 656.3 nm 的红光通过之后产生干涉,计算相邻条纹间的距离。(对于波长为 656.3 nm 的红光,石英的折射率 $n_0 = 1.541\,90$, $n_e = 1.550\,93$。)

54. 如图所示,平行自然单色光正入射到杨氏双缝,在屏幕上得到一组干涉条纹。

(1) 若在双缝后放一偏振片 P,条纹将如何变化?

(2) 在(1)的情况下,偏振片的透振方向与图面成怎样的角度才能使屏幕上的暗条纹是最暗的?

(3) 若在 P 后再放一 $\lambda/2$ 片,使其只挡住一条狭缝射出的光,且其光轴与 P 的透振方向成 $45°$ 角,则屏幕上的条纹又将如何变化?

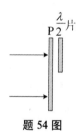

题 54 图

55. 如图所示,一束强度为 $I_1$ 的左旋圆偏振光以 $\theta_1$ 倾角射向 $xy$ 平面;另一束强度为 $I_2$ 的左旋圆偏振光以 $\theta_2$ 倾角射向 $xy$ 平面。

(1) 分析这两束平行光之间的干涉。

(2) 两偏振片之间有一 $\lambda/2$ 片,波片的快轴与 $P_1$ 的透振方向成 $38°$ 角。设波长为 632.8 nm 的光垂直入射到 $P_2$ 上,要使透射光最强,$P_2$ 应如何放置?

(3) 若晶片的折射率 $n_0 = 1.52$, $n_e = 1.48$,计算此晶片的最小厚度。

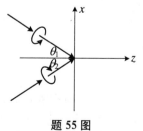

题 55 图

56. 一块厚度为 0.04 mm 的方解石晶片,光轴与表面平行,将其插入正交偏振片之间,且使主截面与第一偏振片的透振方向成 $\theta(\theta \neq 0, \pi/2)$ 角。问白光中哪些波长成分不能通过此装置？

57. 两个正交偏振片之间有一个石英巴比涅补偿器（$n_o = 1.541\,90$，$n_e = 1.550\,93$），石英的光轴与偏振片的透振方向均成 45° 角。

(1) 用平行钠光照明，在第二个偏振片的后面能看到什么现象？

(2) 若楔角 $\alpha = 2.75°$，求干涉条纹间距。

(3) 云母是双轴晶体，很薄时可以按单轴晶体处理，令一云母片的快慢轴与补偿器的快慢轴方向一致，将其放在补偿器上，所有暗条纹移动了 1/4 的条纹间距，求云母片所产生的光程差。

58. 将引起 650 nm 光程差的晶片置于正交偏振片之间，用白光照明，透射光是什么颜色？

59. 用单色线偏振光、椭圆偏振光和自然光分别通过正交偏振片间有一巴比涅补偿器的装置，在透射光中将看到什么现象？

60. 有哪些方法可以使一束线偏光的振动面旋转 90°？

61. 如图所示，玻璃片堆 A 的折射率为 $n$，半波片 C 的光轴与 $y$ 轴的夹角为 30°，偏振片 P 的偏振化方向沿 $y$ 轴，自然光沿水平方向入射。

(1) 要使反射光为完全线偏振光，玻璃片堆 A 的倾角 $\theta$ 应该是多大？

(2) 若将 A 出射的部分偏振光看作是自然光和部分偏振光的叠加，则经过 C 后线偏光的振动面有何变化？说明理由。

(3) 若 A 的透射光中自然光的强度为 $I$，线偏振光的强度为 $3I$，计算从 P 出射的光强。

62. 怎样利用两个偏振片和白光光源区分垂直于光轴和平行于光轴切出的两个石英晶片？

63. 对于波长为 588.3 nm 的钠黄光，石英的旋光率为 21.7°/mm。若将一石英晶片垂直于光轴切割，置于两平行偏振片之间。问当石英片的厚度多少时，没有光透过第二个偏振片？

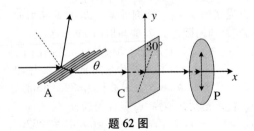

题 62 图

64. 纯蔗糖溶液的比旋光率 $\beta = 6.65°/\text{cm} \cdot (\text{g/cm}^3)$。今有不知纯度的蔗糖溶液，溶度为 20%（即每 100 cm³ 中有 20 g 蔗糖），溶液的厚度为 20 cm，使一线偏振光的振动面旋转 25°，求这种蔗糖的纯度（即纯糖占蔗糖的百分比）。

65. 在两个透振方向平行的偏振片间放一半波片，其主截面沿着 $P_1$ 的透振方向向右旋转 27°,半波片后再放一右旋石英片,其旋光率 $\alpha = 18°/mm$,单色光正入射到 $P_1$。要使 $P_2$ 后消光,石英片的最小厚度是多少?

66. 厚度为 1 mm 的沿垂直于光轴方向切出的石英片放在正交偏振片之间,为什么无论入射光的波长为何值时,晶片总是亮的?

67. 厚度为 1 mm 的沿垂直于光轴方向切出的石英片放在平行的尼科耳棱镜之间,对某一波长的光偏振面旋转 20°。问当石英晶片的厚度为多少时,该波长的光将完全消失?

68. 两尼科耳棱镜之间插入一块石英旋光片,以消除对眼睛最敏感的黄绿光(550 nm),石英对这一波长的光的旋光率为 24°/mm。求下列情形下晶片的厚度:

(1) 两尼科耳棱镜的主截面正交;

(2) 两尼科耳棱镜的主截面平行。

69. 一表面垂直于光轴的水晶片恰好抵消 10 cm 长度的浓度为 20% 的麦芽糖溶液对钠光偏振面所引起的旋转。对此波长水晶的旋光率 $\alpha = 21.75°/mm$,麦芽糖的比旋光率为 $\beta = 144°/dm \cdot (g/cm^3)$,求此水晶片的厚度。

70. 将 14.5 g 蔗糖溶于水,得到 60 $cm^3$ 的溶液。在 15 cm 的量糖计中测得钠光偏振面的旋转角为向右 16.8°,已知 $\beta = 6.65°/cm \cdot (g/cm^3)$,问该蔗糖样品中有多大比例的非旋光杂质?

71. 钠光以最小偏向角射入顶角为 60° 的石英晶体棱镜,棱镜的光轴与底平行。求出射的左、右旋圆偏振光之间的夹角。

# 部分习题参考答案

## 第1章

1. $\theta_i = (n-1)\alpha/2$

2. $\tan i$

6. 不能

7. 41.5°;40.8°;反射光偏红,透射光偏紫

9. 11.1°

13. 2

14. $n = \sqrt{1 + \left(\dfrac{2h}{d}\right)^2}$

15. (1) $\sin\alpha = \sin i_1/n$;$\delta = 2(2\alpha - i_1)$;0

16. 半径满足 $r \geqslant nh/\sqrt{1-n^2}$ 的圆

17. 3.8 mm

18. (1) 以 $(0,r_0)$ 为圆心、半径为 $r_0$ 的圆弧;(2) $n_A \approx 1.3$;(3) $d = 5$ cm

19. 若抛物线方程为 $y = ax^2$,$n(y) = n_0 \sqrt{1+4ay}$

22. (1) 0.796 Hz;(2) 1.17 cm;(3) 0.86 cm$^{-1}$;$k = (2e_x - 3e_y + 4e_z)$;(4) $2x-3y$,$2x-3y+4$

23. (1) $10^2$ V/m,$5 \times 10^{14}$ Hz;(2) 1.54;(3) $2.56 \times 10^6$ m$^{-1}$;(4) $1.82 \times 10^6$ m$^{-1}$

24. $10^3$ N/C,$10.5 \times 10^3$ kW/m$^2$,$8.9 \times 10^4$ N/C

25. $6.11 \times 10^3$ K

26. 9.35 $\mu$m

27. (1) $\varepsilon = \dfrac{hc}{\lambda} = 0.62$ eV;(2) 4.97 eV

28. (1) $E_{max} = \dfrac{hc}{\lambda} - A = 0.624$ eV $= 0.998 \times 10^{-19}$ J;(2) $\lambda_C = \dfrac{hc}{A} = 5.006 \times 10^{-7}$ m

30. $\Delta\varepsilon_1 = \dfrac{424 \times 2\sin^2\dfrac{\theta}{2}}{0.711 + 0.024\,3 \times \sin^2\dfrac{\theta}{2}}$;$\Delta\varepsilon_2 = \dfrac{13\,715 \times 2\sin^2\dfrac{\theta}{2}}{0.022 + 0.024\,3 \times \sin^2\dfrac{\theta}{2}}$

第 2 章

1. $n_2 > n_1, \dfrac{r}{R} \geqslant \dfrac{n_0}{n_1}; n_2 < n_1, \dfrac{r}{R} \geqslant \dfrac{n_0}{n_2}$

2. 中心位置;离前表面 39.53 mm

3. 33.3 cm

4. $-15$ cm,2.67 cm

5. 1.6

6. $\dfrac{8}{3}v$

7. 球面下 21.6 cm

8. 未斟酒时,实像在球面上方 0.13 cm 处,不易观察到;斟酒后,在球面下 0.14 cm 处成虚像,再经酒的上表面成虚像,距离杯口近,且虚像发散角大,容易被观察到。

9. $n = \dfrac{b}{a}$

10. 30 cm

11. 向远离玻璃板方向移动,$\triangle \approx d(1 - 1/n)$

12. 10 cm

13. 22.5 cm

14. 1.74 mm

15. $n = 2$

16. 4.3 mm,3.17 mm

17. $n = 2$

18. 距纸面 5.5 mm,在纸面下;距纸面 6.7 mm,在纸面下

19. 倒立的实像,在透镜左侧 $2f/3$ 处,像高 $h/3$

20. 虚像,0.2 cm,正立,光焦度 $-13.3$ m$^{-1}$

21. $\dfrac{-r}{2} < s < -r$,实像

22. (1) $s_1' = \infty$;(2) 像仍在 $2R$ 处

23. $s' = 12$ cm,$y' = -0.1$ cm

24. 反射镜右方 20 cm,0.4 cm,实像

25. $f = 120$ cm,或 $f = 40/9$ cm

26. 虚像仍在原处,$s' = -1.8$ m

27. $d = \dfrac{2f_1 s_1}{s_1 - 2f_1}, f_2 = \dfrac{f_1 s_1^2}{(s_1 - 2f_1)^2}$

28. 最终像的大小为 0.5 m,正立、虚像

29. $f = s' - d$

30. 最后成像的位置在 $L_4$ 右侧 5 cm 处,即 $L_4$ 的像方焦点上

31. $L = 12$ cm

32. $l = -\dfrac{r}{2n_1 - (n_2 + 1)} = f$

33. 透镜位于水面上方 1 cm 处

35. 物方主平面和像方主平面均在球心处

36. $x_H = 5.0$ cm, $x'_H = -7.5$ cm;像在 $L_2$ 左侧 15 cm 处,横向放大率为 $-1.5$,倒立的虚像

37. (1) 在右侧面的左方 $16R/7$ 处;(2) 在右侧面的左方 $8R/5$ 处

39. 在 $L_2$ 右侧 7.62 cm 处,高 0.24 cm,正立

41. 基点的位置与单个球面镜的基点位置相同

43. 光焦度为 $-0.2$ m$^{-1}$

## 第 3 章

1. 63.3 m$^{-1}$,20 cm

2. 配 330 度的凸透镜

5. 80 cm,10 cm

6. 21 cm,10.5 倍

7. 820 倍

8. 0.86 cm,2.58 cm

9. 远离 0.5 cm

## 第 4 章

1. $\tan\alpha_1 = \dfrac{\dfrac{n_1}{n_2}\sin^2 i + \cos i \sqrt{1 - \left(\dfrac{n_1}{n_2}\sin i\right)^2}}{\dfrac{n_1}{n_2}\sin^2 i - \cos i \sqrt{1 - \left(\dfrac{n_1}{n_2}\sin i\right)^2}} \tan\alpha$ ;

$\tan\alpha_2 = \dfrac{n_2\cos i + n_1 \sqrt{1 - \left(\dfrac{n_1}{n_2}\sin i\right)^2}}{n_1\cos i + n_2 \sqrt{1 - \left(\dfrac{n_1}{n_2}\sin i\right)^2}} \tan\alpha$

2. 0.917;0.500

4. 53°8′

5. 90°,18°18′

6. (1) 0.9%,9%;(2) 99%,91%

7. 7.169 cm;5.029 cm;2.166 cm

8. 20.72 m

10. $\cdot -6.272 \times 10^{-6}$ rad/Å

11. $-2.058 \times 10^{-5}$/Å

12. $0.102°$

13. $0.142I_0$

14. 21.50

## 第 5 章

2. (1) $\varphi(x) = \boldsymbol{k} \cdot \boldsymbol{x} = kx$;(2) $\varphi(y) = \boldsymbol{k} \cdot \boldsymbol{y} = 0$;(3) $\varphi(r) = \boldsymbol{k} \cdot \boldsymbol{r} = kx\cos\theta$

3. (1) $\varphi(\boldsymbol{r}) = \boldsymbol{k} \cdot \boldsymbol{r} + \varphi_0 = kr + \varphi_0$;(2) $\varphi(x) = kx\cos\theta + \varphi_0$;(3) $\varphi(y) = ky\sin\theta + \varphi_0$

4. $A\mathrm{e}^{ikx\sin\delta}$;$\dfrac{A}{s+l}\mathrm{e}^{ikr}$,其中 $r = [x^2 + y^2 + (l+s)^2]^{1/2}$

5. $\dfrac{A}{r}\mathrm{e}^{ikr}$,$\dfrac{A}{r}\mathrm{e}^{-ikr}$,其中 $r = (x^2 + y^2 + f^2)^{1/2}$

6. $\lambda, \lambda/n$

7. 83.3 nm

8. (1) $17.36 \times 10^2$ $\mu$m;(2) $11.40$ $\mu$m

9. 240.6 nm,468.5 nm,247.3 nm,红光超前

10. (1) 发散球面波,光源距波前 $D/10$;(2) 会聚球面波,中心距波前 $D$;(3) 发散球面波,光源在 $(5,8,-D/4)$;

11. (1) 30 m;(2) 1.5 m

12. 满足

13. 波矢的方向余弦为 $(1/\sqrt{14}, 2/\sqrt{14}, 3/\sqrt{14})$

14. $\boldsymbol{k} = -\dfrac{2\pi}{5\lambda}(3\boldsymbol{e}_x - 4\boldsymbol{e}_z)$,$-\dfrac{3}{5}kx$

15. $E = 9.7\cos(2\pi \times 10^{15}t + 0.32)$

16. $A = \sqrt{2+\sqrt{3}}$,$\varphi_0 = \dfrac{\pi}{2} + \arctan\dfrac{2}{2+\sqrt{3}}$

17. 12.25 W/m²,0.25 W/m²

29. $1.840 \times 10^8$ m/s;$1.751 \times 10^8$ m/s;1.708

## 第 6 章

1. (1) 0.5 mm;(2) 条纹向下移动,$j$ 级亮纹的位置 $x\dfrac{d}{r_0} + (n-1)h = j\lambda$,1.52

2. 6.64 $\mu$m

5. (1) $x_0 = D\sin\theta$；(2) $\theta \approx \sin\theta = \left(j + \dfrac{1}{2}\right)\dfrac{\lambda}{t}$

6. (1) $\theta = \dfrac{x}{D} = 2\dfrac{\lambda}{d}$；(2) $\dfrac{F_0}{9}$

7. (1) $4I_0\cos^2\left(\dfrac{\pi d}{\lambda D}x'\right)$；(2) $4I_0\cos^2\left[\pi\left(\dfrac{x}{l} + \dfrac{x'}{D}\right)\dfrac{d}{\lambda}\right]$，两缝同时打开，$I + I'$

8. (1) 条纹上移；(2) 1.000 865 3

9. 1.000 289

10. (1) 1.00 mm；(2) 如果仅考虑屏幕上部，则包括 0 级，可以看见 4 条，下半部分也应该有一些，但考虑到反射镜的遮挡，会少一些。

11. (1) 两像间距 7.12 mm

12. 50 $\mu$m；58 $\mu$m

14. 0.5 mm；10

17. 480 0 Å

18. 13.54 $\mu$m

19. (2) 673 nm

20. 250 $\mu$m；$i = \sqrt{\dfrac{\lambda}{2h}}$

21. (1) 可见 5 条亮纹，$h_1 = j\dfrac{\lambda}{2n}$；(2) 油膜扩展，看见亮条纹向中心收缩并消失，同时可见油膜新扩展的区域有新条纹出现。

22. 648 nm；同一高度处，两侧条纹正好明暗错开

23. (1) 金属柱 C 缩短；(2) 3.164 $\mu$m

25. (1) 亮条纹，$r_j = \sqrt{\dfrac{(2j+1)\lambda R_1 R_2}{2(R_2 - R_1)}}$，暗条纹，$r'_j = \sqrt{\dfrac{j\lambda R_1 R_2}{R_2 - R_1}}$；(2) 192.73 cm

26. (1) 是平行于柱面轴线的直条纹；(2) $d' = \sqrt{2\lambda R}$；(3) 1.5 $\mu$m；(4) 条纹间距变大，且中心有条纹被吞入

27. 40 nm，2 m

29. (1) 41 cm，$1.4 \times 10^{-9}$ s；(2) $7.1 \times 10^2$ MHz；(3) 约 800 s

30. 0.042

31. 约 0.3 cm

32. (1) 166 666；(2) $2.21 \times 10^{-6}$；(3) $2.59 \times 10^7$，$2.32 \times 10^{-5}$ nm；(4) 共 118 422 条，$1.93 \times 10^7$ Hz；(5) $6 \times 10^{-5}$ nm

33. (1) 1.00 mm；(2) 上移 6.7 mm；(3) 100；(4) 0.3 mm

34. (1) $\lambda_1 = 2nh/2 \approx 620$ nm，$\lambda_2 = 2nh/3 \approx 413$ nm；(2) $\Delta\lambda_1 \approx 4.0$ nm，$\Delta\lambda_2 \approx 1.8$ nm

第7章

2. $P$ 为亮点;前移 0.25 m 或后移 0.5 m

3. 1.56 m;0.521 m;0.312 m

4. 48

5. (1) $\sqrt{L\lambda}$;(2) $\sqrt{2L\lambda}$

6. $\dfrac{8}{2m+1}$(m),亮;$\dfrac{4}{m}$(m),暗

7. 暗点;$\rho = 1.88\sqrt{2m+1}$ mm

8. 0.795 mm;0.5 m

9. $\dfrac{9}{16}I_0$

10. $\dfrac{3}{4}A_1$;$\dfrac{9}{4}I_0$

11. 0.9 m;0.67 mm;$f_2 = nf_1$

12. 121

13. 9 801

15. 2.47 m

16. 0.038 mm

17. (1) 0.442 9;(2) 0.088 6;(3) 0.044 3

18. (1) $I(\theta) = I_0\left(\dfrac{\sin u}{u}\right)^2$;(2) $I'(\theta_0) = I(\theta) = (K-1)^2 I_0$

19. 0.018 cm;0.006 cm

20. 可见 9 条紫色条纹(即紫光出现 9 次),红光出现 5 次,其他颜色的光出现的次数介于两者之间。

21. 0.224 mm

22. (1) $\theta = \sqrt{2j\lambda/d}$;(2) 0,28.2 cm

23. (1) 1;(2) 13 条

26. 0.2 mm

28. $1\times10^{10}$ Hz

39. 恰可分辨

30. 约 $2.2\times10^{-3}$ nm

31. (1) $6.25\times10^{-4}$ mm;(2) $1.09\times10^{-5}$;(3) 0.125 Å;(4) 0.003 nm

32. (1) 0.2 mm/nm;(2) 0.042 nm;(3) 4 级

33. (1) 0.005 mm;(2) 0.244 nm/′;(2) 12°39′

35. (1) 2 倍;(2) 186 nm;(3) 116 nm;(4) $4.3 \times 10^3$

36. $2.4 \times 10^{-7}, 10^3$

37. 1 250 nm

## 第 8 章

1. $\exp\left[ -\dfrac{\mathrm{i}k}{2} \left( \dfrac{n_L - n}{r_1} - \dfrac{n_L - n'}{r_2} \right)(x^2 + y^2) \right]$

4. (3) $a \approx 60 \text{ mm}^{-2}$

5. (1) $(300 \text{ mm}^{-1}, 0); (0, 0), (36 \text{ mm}, 0), (-36 \text{ mm}, 0);$ (2) $(212 \text{ mm}^{-1}, -212 \text{ mm}^{-1})$, $(0, 0), (25.5 \text{ mm}, -25.5 \text{ mm}), (-25.5 \text{ mm}, 25.5 \text{ mm})$

6. $200 \text{ mm}^{-1}$

7. (1) 48 cm;(2) 5 cm 内;(3) $6.3 \times 10^{-3} \text{ rad} = 21'42''$;(4) 6.3 mm

8. (1) 大于 5 cm;(2) 半角宽度 $4.9 \times 10^{-4} \text{ rad} = 1'42''$,零级线宽 0.78 mm;(3) 半角宽度 $4.9 \times 10^{-4} \text{ rad} = 1'42''$,零级线宽 0.39 mm;(4) 半角宽度 $4.9 \times 10^{-4} \text{ rad} = 1'42''$,零级线宽 0.78 mm

9. (1) 一组与 $y$ 轴正交的等间隔直线;(2) $\varphi_O(y) = ky\sin\theta_O + \varphi_0, \varphi_R(y) = ky\sin\theta_R$;
   (4) $\theta = 1°$时,36.32 $\mu$m,$\theta = 60°$时,0.632 8 $\mu$m;
   (5) $\theta_0 = -\dfrac{\theta}{2}, \theta_{+1} = \dfrac{\theta}{2}, \sin\theta_{-1} = 3\sin\dfrac{\theta}{2}$

10. $\theta_0 = 0, \sin\theta_{\pm 1} = \pm 2\sin\dfrac{\theta}{2}$

11. $+1$ 级在$(0, y_0/2, z/2)$,$-1$ 级在无穷远处

## 第 9 章

1. 自然光与平面偏振光的强度比为 2

2. $\dfrac{2}{3} I_1$

4. $\theta = \dfrac{\pi}{4}$;$\theta = 0, \dfrac{\pi}{2}$;不可能

5. $\dfrac{27}{128} I_0$

6. (1) 3/4;(2) 1/2;(3) 1/4

7. (1) $\dfrac{3}{8}$;(2) $\dfrac{243}{800}$

8. (1) 右旋圆偏光;(2) 平面偏振光,光矢量在第 2、第 4 象限;(3) 左旋圆偏光;(4) 平面偏振光,光矢量与入射光平行

9. (1) 右旋椭圆偏振光;(2) 左旋椭圆偏振光

11. $56.31°; 0.079\ 87$

16. $I_1 = 0.074\ 0I_0, I_2 = 0.617\ 4I_0, I_3 = 0.033\ 6I_0, I_4 = 0.863\ 0I_0, I_5 = 0.053\ 7I_0$

17. 2 束, 光强相等; 4 束, 光强相等; 2 束, 光强相等; 1 束

18. $14.1\ \text{mm}$

19. $0.364; 0.132$

20. $1.27 \times 10^{-2}\ \text{mm}$

21. 左旋

22. $0.053\ 2\ \text{mm}$

24. 正晶体; 负晶体

29. $22.8$ 或 $0.095$

30. $1.068$

31. (1) $I_0(1 + 0.5\cos^2\theta)$; (2) $7I_0/4, 1.5 : 1$

34. $\dfrac{1}{2}I_0\cos^2 2\alpha$

37. $3I_0/4$

40. (1) 线偏光; (2) 椭偏光

41. $I_{\max}$

42. $\dfrac{j\lambda - \dfrac{\lambda}{4}}{0.009\ 1}$, 或 $d = \dfrac{j\lambda + \dfrac{3\lambda}{4}}{0.009\ 1}$

48. $\begin{pmatrix} \cos\theta \\ \sin\theta \end{pmatrix}, \dfrac{1}{\sqrt{2}}\begin{pmatrix} 1 \\ -\text{i} \end{pmatrix}, \begin{pmatrix} \cos\theta \\ -\sin\theta \end{pmatrix}$

52. $\dfrac{5}{16}I_0$ 或 $\dfrac{1}{8}I_0$

53. $12.6\ \text{mm}$

55. $P_2$ 的透振方向应与 $P_1$ 成 $2 \times 38° = 76°$; $7.91 \times 10^{-6}\ \text{m}$

63. $(j + 1)8.29\ \text{mm}$

64. $93.98\%$

65. $2\ \text{mm}$

67. $4.5\ \text{mm}$

68. (1) $7.5j\ \text{mm}$; (2) $7.5(j + 0.5)\ \text{mm}$

69. $(1.324 + 8.726j)\ \text{mm}$

70. $30.3\%$

71. 右旋石英, $\arcsin\left(\dfrac{\sqrt{3}}{4}\sqrt{4n_L^2 - n_R^2} - \dfrac{n_R}{4}\right) - \arcsin\dfrac{n_R}{2}$;

　　左旋石英, $\arcsin\left(\dfrac{\sqrt{3}}{4}\sqrt{4n_R^2 - n_L^2} - \dfrac{n_L}{4}\right) - \arcsin\dfrac{n_L}{2}$

# 参 考 文 献

[1] Born M，Wolf E. Principles of Optics[M]. 7th ed. Cambridge：Cambridge University Press，1999.

[2] Hecht E. Optics[M]. 4th ed. Boston：Addison Wesley Press，2001.

[3] 赵凯华，钟锡华. 光学[M]. 北京：北京大学出版社，1984.

[4] 章志鸣，沈元华，陈惠芬. 光学[M]. 2版. 北京：高等教育出版社，2000.

[5] 崔宏滨，李永平，段开敏. 光学[M]. 北京：科学出版社，2008.